वानिकी और कृषि वानिकी से परिचय

(Introduction to Forestry & Agroforestry)

संशोधित संस्करण

डॉ. के. टी. पार्थिवन

डीन, फोरेस्ट कॉलेज एण्ड रिसर्च इंस्टीट्यूट
तमिलनाडु एग्रीकल्चरल यूनिवर्सिटी
मेट्टुपलायम–641 301, कोयम्बटूर (तमिलनाडु)

डॉ. मनमोहन जे. डोबरियाल

प्रोफेसर (वानिकी), बागवानी एवं वानिकी महाविद्यालय
रानी लक्ष्मी बाई केन्द्रीय कृषि विश्वविद्यालय
झांसी– 284 003, उत्तर प्रदेश

साईन्टिफिक
पब्लिशर्स

प्रकाशक

साईन्टिफिक पब्लिशर्स (इण्डिया)

5-ए, न्यू पाली रोड, पो. बा. नं. 91

जोधपुर-342 001 (राज.)

E-mail: info@scientificpub.com

Website : www.scientificpubonline.com

Print 2026

द्वितीय (संशोधित) संस्करण

ISBN : 978-93-89412-67-3 [P/B]
E-ISBN : 978-93-89412-66-6

भारत में मुद्रित

भूमिका
(Preamble)

भारतीय कृषि अनुसंधान परिषद् को ध्यान में रखते हुए वानिकी के रूप में उच्च स्तरीय प्रशिक्षण के पाठ्यक्रम की शुरूआत 1985 के अंतर्गत हुई ताकि देश की उच्च स्तरीय/पेशेवर व्यक्ति की आवश्यकताएं पूर्ति हो सकें। यह विभिन्न राज्यों की कृषि विश्वविद्यालय को आकृष्ट करते है जिसके परिणामस्वरूप विशिष्ट वानिकी कॉलेजों एवं उच्च स्तरीय B.Sc (वानिकी) की देश में डिग्री प्रोग्राम की शुरुआत हुई। सामान्यत: वानिकी और कृषि वानिकी को एक विषय के रूप में (कृषिकी), (बागवानी), (रेशम उत्पादन), (वनस्पति विज्ञान), (पर्यावरणीय विज्ञान) के कई स्नातक प्रोग्राम के अंतर्गत सम्मिलित किया गया है। इन शैक्षिक कार्यक्रमों/प्रोग्रामों ने स्नातक छात्रों की शैक्षिक आवश्यकताओं को पूर्ण करने के लिए विस्तृत पाठ्य पुस्तकों की मांग की। इसीलिए वर्तमान पुस्तक वानिकी और कृषि वानिकी का परिचय पर विचार किया गया है और हाल ही में वानिकी और कृषि वानिकी में हुए बदलाव के साथ प्रस्तुत की गई है।

इस पुस्तक के 19 अध्याय में वानिकी की मूल आकृति जैसे वन एवं वानिकी, वन वर्गीकरण एवं प्रकार, प्रमुख देशों के वन स्त्रोत, विश्व वनों की स्थिति, भारतीय वनों की स्थिति, वाणिज्यिक प्रमुख वृक्षों का वन संवर्धन एवं वन संवर्धन के कार्य एवं सिद्धांत सम्मिलित है। मौलिक अवधारणाओं के अलावा पुस्तक में वन उपयोग, वन मापन, कृषि वानिकी, सामाजिक वानिकी, संयुक्त वन प्रबंधन और डेंड्रो ऊर्जा जैसे संसाधनों को सम्मिलित किया गया है। यह विषय स्नातक विद्यार्थियों को वानिकी के प्रायोगिक कार्यों को अच्छे से समझने में सहायता प्रदान करता है। वानिकी के पर्यावरणीय पक्षों को सम्मिलित करने के लिए विशेष रूप से ग्लोबल वार्मिंग और कार्बन पृथक्करण से विद्यार्थियों को पर्यावरण संबंधी ज्ञान/परिचय की जानकारी प्राप्त करने में सहायता मिलती है। लकड़ी उद्योगों पर आधारित सोलहवां अध्याय वानिकी क्षेत्र में समस्त औद्योगिक सहभागिता को बढ़ावा देता है। वानिकी विकास से जुड़े संगठनों और वानिकी की महत्त्वपूर्ण तिथियों और घटनाओं को सम्मिलित करने से न केवल विद्यार्थियों को शैक्षिक उद्देश्यों के लिए बल्कि उनकी प्रतिस्पर्धी आवश्यकताओं के लिए भी सभी आवश्यक जानकारी प्राप्त होती

है। अधिनियमों और नीतियों के बारे में अंतिम अध्याय स्नातक विद्यार्थियों के लिए वन प्रबंधन और संरक्षण में कानूनी और नीतिगत मुद्दों के महत्त्व के बारे में उपयोगी होगा।

मूल रूप से अंग्रेजी में प्रकाशित पुस्तक '**इण्ट्रोडक्शन टु फोरेस्ट्री एण्ड एग्रोफॉरेस्ट्री**' (2018) के सरल हिन्दी अनुवाद कार्य के लिए हम **डॉ. अनिल शर्मा** एवं **श्री ललित कुमार, जोधपुर** के हृदय से आभारी है। आपने हिन्दी अनुवाद संपादन करते हुए बड़ी निष्ठा से सूक्ष्मतापूर्वक कार्य किया है। हमें इन दोनों को धन्यवाद ज्ञापित करते हुए हर्ष अनुभव होता है।

— लेखकगण

अनुक्रमणिका

अध्याय 1

वन एवं वानिकी
(Forest And Forestry)

वन मानव जाति के लिए धरोहर हैं जो कि मानव जाति की प्रत्येक मूलभूत आवश्यकताओं को पूरा करते हैं। वन (Forest) शब्द लैटिन भाषा के शब्द 'बाहर' (Foris) से लिया गया है जिसका अर्थ गाँव की सीमा से बाहर या स्थानीय भूमि से दूर। पेड़ों, झाड़ियों, जड़ी-बूटी और घास आपस में मिलकर जंगल में एक शृंखला का निर्माण होता है। जिससे एक विशिष्ट पारिस्थितिकी तंत्र का निर्माण होता है। सामान्यत: वन को मुख्य रूप से लकड़ी और वन उत्पादों के उत्पादन के लिए एक संसाधन के रूप में माना जाता है। हालांकि वानिकी एक विज्ञान है जो कि वनों की स्थापना, प्रबंधन एवं उपयोग से संबंधित है। यह अध्याय स्नातक अध्ययन तथा अन्य स्नातक शाखाएँ एवं कई प्रतियोगिता परीक्षा का सैद्धांतिक तथा मूलभूत आधार है।

निम्नलिखित बिन्दु इस अध्याय के मूलभूत बिन्दु हैं (*पाठक को अध्याय के मूलभूत उद्देश्यों को समझना चाहिए*)-

- वन संबंधी शब्दावलियों की परिभाषा (Definitions Of Terminologies)
- वनों की ऐतिहासिक पृष्ठभूमि (Historical Background Of Forests)
- वानिकी के उद्देश्य (Objectives Of Forestry)
- वनों की भूमिका - उत्पादन, संरक्षण एवं उन्नतिकर्ता (Role Of Forests Productive, Protective And Ameliorative)
- वन आवरण में गिरावट के कारण (Reasons For Declining Forest Cover)

शब्दावलियों की परिभाषा (Definitions Of Terminologies)

वन (Forest)

- एक अन्य क्षेत्र जहाँ लकड़ी का उत्पादन तथा वनों में वनस्पतियों का उत्पादन करते हैं जिनसे कुछ लाभ मिलता है, जैसे- जलवायु तथा संरक्षण।
- ''वन कानून के तहत जंगल होने के लिए घोषित भूमि का एक क्षेत्र है।'' (कानूनी परिभाषा)

- वन मुख्य रूप से पेड़ों तथा अन्य वनस्पतियों से मिलकर पौधों का एक समुदाय है जो कि एक भीतरी शामियाना (सघन आच्छादन छत्र) बनाते हैं। (पारिस्थितिकी तंत्र के आधार पर परिभाषा)

वानिकी (Forestry)– उन सिद्धांतों और अभ्यासों का निर्माण करना जो कि वन तथा उनके संसाधन का निर्माण, संरक्षण तथा वैज्ञानिक प्रबंधन का गठन करता है। (बी.एस.एफ.टी.)

जड़ी–बूटी (Herbs)– जड़ी–बूटी को एक पौधे के रूप में परिभाषित किया गया है। जिसका तना हमेशा हरा, कोमल तथा ऊँचाई सामान्यत: 3 मीटर से अधिक नहीं होती है।

झाड़ी (Shrub)– एक काष्ठीय बहुवर्षीय पौधा जो कि बहुवर्षीय जड़ी–बूटी के पौधे से भिन्न होता है जिसमें दृढ़ता तथा लकड़ी का तना होता है एवं आकार निश्चित रूप से छोटा होता है जिसकी शाखाएँ आधार तक फैली होती हैं।

पेड़ (Tree)– एक विशाल काष्ठीय बहुवर्षीय पौधा जो कि एक अच्छा तना (ठूंठ या स्तंभ) रखता है जिस पर निश्चित रूप से शीर्ष होता है।

शीर्ष (Crown)– स्तंभ के ऊपर का एक शाखीय हिस्सा।

शीर्ष परिवर्धन (Crown Development)– शीर्ष की वृद्धि, शीर्ष की लंबाई तथा शीर्ष की चौड़ाई में मापी जाती है।

तना (Stem)– पौधे का मुख्य अंश जहाँ से तना तथा कलियों का विस्तार होता है।

ठूंठ, स्कंध (Bole)– तने के निचले बिन्दु तक का क्षेत्र जहाँ तक शाखाएँ होती हैं।

निचला ठूंठ (Clean Bole)– ठूंठ का निचला हिस्सा जहाँ से शाखाएँ नहीं निकलती हैं।

पोल (Pole)– युवा वृक्ष की वह अवस्था, जब निचली शाखाएँ गिरना शुरू हो तो उस समय तक जब वृक्ष को उच्च विकास दर विकास धीमा होने लगे तथा शिखराच्छादन विस्तार थम जाए।

नव पौध, प्ररोह, नवांकुर पौध (Seedling)– बीज से उगा हुआ पौधा लगभग एक मीटर की ऊँचाई प्राप्त करने तक सीडलिंग (Seedling) कहलाता है।

तरुण पौध (Sapling)– एक छोटा तरुण पौधा जब लगभग एक मीटर ऊँचाई से ऊपर बढ़ता है तब से लेकर बाद में उसकी निचली शाखाओं के गिरने/टूटने या पक कर कमजोर हो जाने तक की अवस्था 'सेपलिंग' कहलाता है।

वनों की ऐतिहासिक पृष्ठभूमि (Historical Background Of Forests)

सन्	ऐतिहासिक घटनाएँ
ई.पू. (BC)	
2000	• अग्निपुराण ने कहा कि मनुष्य को भौतिक लाभ और धार्मिक आशीर्वाद पाने के लिए वृक्षों की रक्षा करनी चाहिए।
1000-700	• रामायण–महाभारत वनों का उत्कृष्ट वर्णन दण्डकारण्य, खांडव वन एवं नंदनवन।

सन्	ऐतिहासिक घटनाएँ
500	• गौतम बुद्ध ने उपदेश दिया कि मनुष्य को प्रत्येक पाँच वर्ष में एक वृक्ष लगाना चाहिए।
300	• चंद्रगुप्त मौर्य ने वनों की महत्ता महसूस की तथा वनों के संरक्षण हेतु उच्च अधिकारी की नियुक्ति की।
	• अशोक ने कहा कि जंगली जानवरों और वनों को संरक्षित और सुरक्षित किया जाना चाहिए। उन्होंने बड़े पैमाने पर पेड़ लगाने की योजनाएँ शुरू कीं।
321-180	• मौर्यकाल- संगठिन वन प्रशासन, सड़क के किनारे पेड़ लगाने और कैंप (सार्वजनिक पड़ाव) स्थलों के प्रथम ऐतिहासिक प्रमाण।
ईस्वीं	
1500-1600	• मुगलों ने बागों और उनके विकास में अधिक रूचि दिखाई। • अकबर ने अपने राज्य के विभिन्न भागों में वृक्ष लगाने के आदेश दिए। • जहाँगीर सुंदर बगीचे तैयार कराने के लिए जाने जाते थे।
1790	• टीपू सुल्तान ने मैसूर की नन्दी पहाड़ियों में यूकेलिप्टस वृक्ष लगाने का परिचय दिया।
1800	• मालाबार क्षेत्र में टीक (सागवान की लकड़ी) की उपलब्धता की जाँच के लिए वानिकी आयोग नियुक्त किया गया। • सागोन की कटाई के आधार पर 21 इंच नीचे की कटाई पर प्रतिबंध है। यूरोपीय माँगों के कारण भारी वन विनाश होने से पेड़ों की कमी हो गई।
1806	• मद्रास सरकार द्वारा कैप्टन वॉटसन को वन संरक्षक के रूप में नियुक्त किया गया।
1823	• वन संरक्षक के पद को समाप्त कर दिया गया।
1828	• अनुपयोगी भूमि को सरकारी संपत्ति के रूप में घोषित किया गया।
1842	• मालाबार क्षेत्र के कलैक्टर ने नीलाम्बुर सागवान वृक्षारोपण की स्थापना की। पहला सागवान का बागान नीलांबुर में तैयार हुआ।
1843	• वनरोपण का काम शुरू हुआ। • चैम्पेल ने वेलिंग्टन, मद्रास में नीलगिरी सफेदा (यूकेलिप्टस पिन्नाटा) से परिचित करवाया।
1854	• भारत में प्रथम चिड़ियाघर (कलकत्ता चिड़ियाघर, पश्चिम बंगाल) स्थापित हुआ।
1855	• भारतीय वन का ज्ञापन पत्र क्लीलैंड द्वारा लॉर्ड डलहौजी को प्रस्तुत किया गया। • ब्रिटिश भारत सरकार ने वनों के संरक्षण के नियमों की रूपरेखा तैयार कर ज्ञापन जारी किया। • क्लेगहॉर्न की नियुक्ति पहले नियमित संरक्षक के रूप में की।

सन्	ऐतिहासिक घटनाएँ
1856	• लार्ड डलहौजी द्वारा ड्रीटीज ब्रांड्शि को पेगु वन अधीक्षक नियुक्त किया गया।
1858	• मद्रास, नीलगिरी में बबूल (अकेसिया) और यूकेलिप्टेस का परिचय।
	• वन विभाग की स्थापना की।
1864	• भारत में वैज्ञानिक वन प्रबंधन की शुरुआत।
	• डीट्रीच ब्रांडिश को भारत के वन महानिरीक्षक के रूप में नियुक्त किया गया।
1865	• भारतीय वन अधिनियम पारित।
1866	• चंगमंगा ईंधन काष्ठ वृक्षारोपण की स्थापना।
1867	• भारतीय वन सेवा (Indian Forest Services) की शुरुआत।
1878	• प्रथम भारतीय वन अधिनियम के अंतर्गत वन आरक्षित एवं संरक्षित रूप में वर्गीकृत किये गए।
	• मैकुम में सागवान वृक्षारोपण।
1879	• CF, DCF और ACF पदों के रूप में वन सेवा का पुनर्गठन किया गया।
1870	• ऊटी तथा कोडाईकेनाल में वेटल्स का परिचय।
1871	• कार्य योजना निलांबुर में शुरू हुई।
	• पशु अपराध अधिनियम लागू किया गया।
1875	• बाडन पावेल और डॉ. स्किच द्वारा ''दी इंडियन फॉरेस्टर'' की प्रथम पत्रिका प्रकाशित की गई।
	• देहरादून में वन विद्यालय शुरू हुआ।
	• एफ बेली – वन विद्यालय के प्रथम निदेशक।
1878	• गैर लकड़ी वन उत्पाद (Non Wood Forest Products) पर अनुसंधान शोध शुरू की गई।
1879	• हाथी संरक्षण अधिनियम पारित।
1882	• मद्रास वन अधिनियम पारित।
	• बॉम्बे प्राकृतिक इतिहास संस्था (बॉम्बे नैचुरल हिस्ट्री सोसायटी) (Bombay Neatural History Society) की शुरुआत।
1883	• ब्रांडिश सेवानिवृत्त हुए तथा स्किच द्वितीय वनसंरक्षक (IG) बने।
1884	• वन विद्यालय का नाम इंपीरियल फॉरेस्ट स्कूल (Imperial Forest School) रखा गया।
1885	• कूपर पहाड़ी, इंग्लैंड में भारत के वन अधिकारियों के लिए प्रशिक्षण शुरुआत हुई।
1887	• वन्य पक्षी अधिनियम अधिपारित।
1890	• जर्मनी के डॉ. वोल्कर ने भारतीय कृषि समस्याओं पर अध्ययन शुरू किया।

सन्	ऐतिहासिक घटनाएँ
1894	• प्रथम भारतीय वन नीति पारित।
1895	• प्रथम कार्य योजना– नीलांबुर पूर्ण।
1898	• वेदांतगल को भारत का प्रथम वन्य जीव अभ्यारण्य घोषित किया।
1901	• मद्रास में घास वन संग्रहालय की स्थापना हुई। • विश्व वानिकी कांग्रेस की स्थापना।
1905	• भारत में लुगदी और कागज के क्षेत्र में व्यवस्थित अनुसंधान की शुरुआत हुई।
1906	• इंपीरियल फॉरेस्ट स्कूल का नाम इंपीरियल फॉरेस्ट रिसर्च इंस्टीट्यूट रखा गया। जिसे अब फॉरेस्ट रिसर्च इंस्टीट्यूट वन अनुसंधान संस्थान (FRI) के नाम से जाना जाता है। • रूथर को भारत के प्रथम मुख्य वन संरक्षक के रूप में नियुक्त किया गया।
1909	• विकेन्द्रीकरण पर राजकीय आयोग की स्थापना।
1910	• राष्ट्रीय स्तर पर वानिकी बोर्ड का निर्माण।
1912	• वन्य पक्षी और पशु संरक्षण अधिनियम पारित। • विनाशकारी कीड़े और कीट अधिनियम पारित।
1914	• वानिकी बोर्ड की स्थापना।
1914-1918	• इमारती लकड़ी और लकड़ी के कोयले की आपूर्ति के कारण प्रथम विश्वयुद्ध में भारी तबाही।
1919	• वानिकी अनुसंधान में अधिकारियों को नियुक्त किया गया।
1921	• वन विभाग के ब्रिटिश प्रशासनिक ढांचे के राष्ट्रीय स्वरूप में बदलाव आया क्योंकि राष्ट्रीय वन वन–प्रशासन को विरलित करके 'वन' विषय प्रांतीय सूची में रख दिया गया।
1927	• भारतीय वन अधिनियम पारित।
1928	• भारत में कृषि राजकीय आयोग की स्थापना।
1929	• भारतीय पशुविज्ञान सर्वेक्षण संचालित।
1932	• मद्रास में सागवान स्टंप रोपण की शुरुआत।
1934	• नया वन वानस्पतिक उद्यान स्थापित किया गया।
1935	• वन्य जीव पक्षी एवं पशु (संशोधन) अधिनियम पारित।
1936	• भारत के प्रथम राष्ट्रीय पार्क का नाम 'हैली' रखा गया।
1938	• मद्रास वन कॉलेज बंद हुआ।
1939	• भारतीय वन मिट्टी में अनुसंधान की शुरुआत।
1940-1944	• रक्षा उद्देश्यों की माँग के कारण द्वितीय विश्व युद्ध में भारी विनाश।

सन्	ऐतिहासिक घटनाएँ
1945	• मद्रास वन महाविद्यालय फिर से खुला।
1947	• आयात और निर्यात अधिनियम पारित हुआ। • केन्द्रीय वानिकी बोर्ड की स्थापना की गई।
1948	• ब्रिटिश सत्ता ने वन महाविद्यालय भारत सरकार को सौंप दिया।
1949	• एम.डी. चतुर्वेदी – वन के प्रथम भारतीय महानिरीक्षक।
1950	• वन महोत्सव – के.एम. मुंशी द्वारा पौधा रोपण उत्सव की शुरुआत होती है।
1952	• द्वितीय वन नीति पारित। • भारतीय वन्य जीव बोर्ड की स्थापना।
1954	• विश्व वानिकी सम्मेलन में लघु वन उत्पाद शब्द को गढ़ा गया।
1955	• पहाड़ी क्षेत्र (संरक्षण) अधिनियम पारित।
1957	• हैली नेशनल पार्क का नाम कॉर्बेट नेशनल पार्क रखा गया।
1958	• भारतीय वन्य जीव संरक्षण सोसायटी की स्थापना।
1959	• बटोटे में लॉगिंग रिसर्च इंस्टीट्यूट की स्थापना। • वृक्ष सुधार कार्य FRI, देहरादून में शुरू किया गया।
1960	• पशुओं पर क्रूरता के लिए रोकथाम अधिनियम पारित।
1961	• वनीय बीज परीक्षण की शुरुआत FRI, देहरादून में हुई।
1963	• जी.ए. जोन्स ने कुल्लू वन के हवाई सर्वेक्षण का आयोजन किया।
1965	• वन संसाधनों के पूर्व निवेश सर्वेक्षण ने भारत के वनों के मानचित्र को प्रदर्शित किया।
1966	• बीज अधिनियम पारित। • चैंपियन और सेठ भारत के वनों को 16 वन प्रकारों में वर्गीकृत करते हैं।
1968	• वेस्टोबी ने भारत में आयोजित विश्व वानिकी कांग्रेस में ''सामाजिक वानिकी'' शब्द का उपयोग किया।
1970	• गुजरात भारत का प्रथम राज्य है जिसने सामाजिक वानिकी कार्यक्रम की शुरुआत की। • परियोजना 'हंगुल' जम्मू और कश्मीर में आरंभ हुई।
1972	• 'परियोजना शेर' गिर अभ्यारण्य में शुरू हुई। • वन्यजीव (संरक्षण) अधिनियम पारित।
1973	• बाघ परियोजना की शुरुआत। • सुंदरलाल बहुगुणा ने चिपको आंदोलन की शुरुआत की।

सन्	ऐतिहासिक घटनाएँ
1973	• यूनेस्को ने मानव और जीवमंडल (Man And Biosphere) कार्यक्रम की शुरुआत की। • जल (संरक्षण एवं नियंत्रण) अधिनियम पारित।
1975	• मगरमच्छ प्रजनन एवं प्रबंधन परियोजना शुरू हुई। • वन एवं वन्यजीव पर 7वीं अनुसूची में संविधान में 42वें संशोधन द्वारा समवर्ती सूची बनाई।
1976	• भारत CITES (Convention On International Trade In Endanjered Species Of Wild Fauna And Flora) का सदस्य बनता है। • NCA का विवरण प्रकाशित हुआ।
1978	• केन्द्रीय मगरमच्छ प्रजनन संस्थान की स्थापना हैदराबाद में हुई। • JFM (संयुक्त वन प्रबंधन), पश्चिम बंगाल में शुरू हुआ।
1979	• सामाजिक वानिकी परियोजना की शुरुआत।
1980	• वन प्रदूषण (संरक्षण) अधिनियम पारित।
1981	• वायु (रोकथाम एवं नियंत्रण) अधिनियम पारित। • भारतीय वन प्रबंधन संस्थान (IIFM) की भोपाल में स्थापना।
1982	• भारत वन्य जीव संस्थान (WII) की देहरादून में शुरुआत।
1983	• प्रथम राष्ट्रीय वन्य जीव कार्ययोजना को अपनाया गया।
1984	• पर्यावरण एवं वन मंत्रालय (MOEF) का निर्माण। • B.Sc (वानिकी) पाठ्यक्रम की राज्य कृषि विश्व विद्यालय में शुरुआत। • राष्ट्रीय बंजर भूमि विकास बोर्ड (NWBD) की स्थापना।
1985	• वन्य जीव संरक्षण (संशोधन) अधिनियम अधिनियमित (लागू)। • जानवर तथा जानवरों के सामान के व्यापार पर रोकथाम।
1986	• पर्यावरण (संरक्षण) अधिनियम पारित। • JFM (Joint Forest Managament) की गुजरात में शुरुआत। • भारत में प्रथम जीवमंडल संरक्षण – नीलगिरी जीवमंडल संरक्षण। • भारतीय वन सर्वेक्षण (FSI) वनों की स्थिति संबंधी प्रथम प्रतिवेदन प्रकाशित करता है।
1987	• भारतीय वानिकी अनुसंधान एवं शिक्षा परिषद् (ICFRE) की देहरादून में स्थापना। • इन्दिरा गाँधी राष्ट्रीय वन अकादमी (IGNFA) की स्थापना देहरादून में की गई।
1987	• वायु (प्रदूषण का निवारण एवं नियंत्रण) पर अधिनियम पारित।
1988	• तीसरी राष्ट्रीय वन नीति भारत में पारित हुई। • नयी बीज विकास नीति पारित हुई।

सन्	ऐतिहासिक घटनाएँ
1989	• वृक्ष उन्नति के लिए जैव प्रौद्योगिकी केन्द्र की तिरुपति में स्थापना हुई। • सामाजिक वानिकी एवं पारिस्थितिकी पुनर्वास केन्द्र की स्थापना।
1991	• आइबेक्स (पहाड़ों पर रहने वाली बड़ी सींगों की बकरी) तथा कश्तूरी मृग परियोजना की शुरुआत। • वन्य जीव संरक्षण (संशोधन) अधिनियम, 1991 पारित
1991	• वन्यजीव अभ्यारण्य में अनुसूचित पौधों के संरक्षण एवं वाणिज्यिक कटाई पर रोक लगाई गई।
1992	• हाथी परियोजना की शुरुआत।
1992	• राष्ट्रीय संरक्षण रणनीति तैयार की गई। • ग्रेट इंडियन बस्टर्ड गोड़ावण परियोजना (प्रोजेक्ट) शुरू हुई।
1993	• पर्यावरण कार्य योजना, 1993 तैयार हुई।
1995	• सारस (साइबेरियन क्रेन) परियोजना भरतपुर (राजस्थान) में शुरू हुई।
1996	• बीज अधिनियम पारित। • नॉर्मन बॉरलॉग पुरस्कार की शुरुआत।
1998	• राष्ट्रीय चिड़ियाघर नीति अपनाई गई। • पर्यावरण एवं वन मंत्रालय राष्ट्रीय नीति तैयार करता है।
1999	• सलाहकार प्रक्रिया के माध्यम से जैव विविधता पर बड़े स्तर पर कार्य रणनीति शुरू हुई।
2000	• जैव विविधता विधेयक संसद में प्रस्तुत हुआ। कंचनजंगा (सिक्किम) में शुरू किया गया था जिसे देश में 12वां जैवमंडल संरक्षित क्षेत्र घोषित किया गया। • भारतीय वन्य जीव संस्थान के संरक्षित क्षेत्र नेटवर्क सैल ने राष्ट्रीय उद्यानों (89) और भारत के वन्य जीव अभ्यारण्यों (486) की सूची जारी की।
2001	• एस.के. पांडेय वानिकी के महानिदेशक बने। • हरियाला भारत पर टास्क फोर्स (कार्यदल) गठित। • भारत के प्रधानमंत्री ने राष्ट्रीय वन्य जीव कार्ययोजना (2002-2016) जारी की। • जैव विविधता अधिनियम पारित।
2002	• राष्ट्रीय वनीकरण कार्यक्रम (NAP) शुरू किया गया। • पर्यावरण एवं वन मंत्रालय (MOEF) ने 10वीं पंचवर्षीय योजना (2002-2007) आरंभ की। वन संरक्षण तथा जंगल में आग से बचाव हेतु समग्र सहायता उपलब्ध करवाना आदि। • वन्य जीव (संरक्षण) संशोधन अधिनियम।
2003	• चेन्नई में राष्ट्रीय जैव विविधता प्राधिकरण की स्थापना।

सन्	ऐतिहासिक घटनाएँ
2004	• MOEF ने क्षतिपूरक वनीकरण प्रबंधन और योजना प्राधिकरण (Compensatory Afforestation Management & Plannning Authority) की अधिसूचना जारी की।
2006	• बीससूत्री कार्यक्रम का शुभारंभ। • राष्ट्रीय बाँस मिशन (Bamboo Mission) शुरू किया। • वन अधिकार अधिनियम (PRA) पारित।
2007	• केन्द्रीय सरकार द्वारा वन्य जीव अपराध नियंत्रण ब्यूरो का गठन।
2008	• वन अधिकार अधिनियम (Forest Right Act) का कार्यान्वयन।
2010	• राष्ट्रीय ग्रीन ट्रिब्यूनल न्यायाधिकरण (NGT) अधिनियम पारित।
2011	• ग्रीन इंडिया मिशन (GIM) जलवायु परिवर्तन पर राष्ट्रीय कार्य योजना (NAPCC) के तहत काम शुरू करने वाले आठ मिशनों में से एक है।
2012	• भूमि अधिग्रहण (अर्जन) बिल।
2013	• अपराधी कानून (संशोधन) पारित। • 'कृषि वानिकी विश्व कांग्रेस' की तृतीय बैठक (सभा) नई दिल्ली में आयोजित।
2014	• राष्ट्रीय कृषि वानिकी नीति प्रतिपादित। • डरबन में विश्व वन कांग्रेस का आयोजन।
2017	• भारतीय वन अधिनियम, 1927 में संशोधन द्वारा प्रतिबंधित पेड़ों की सूची से बाँस (बंबू) को छूट दी गई।
2018	• जनमत के लिए राष्ट्रीय वन नीति के मसौदे पर जन-सुझाव आमंत्रित।

वानिकी के उद्देश्य (Objectives Of Forestry)

वानिकी के मुख्य उद्देश्य निम्न हैं-

(i) मौजूदा वनों तथा प्राकृतिक संसाधनों का सभी जैविक तथा अजैविक घटकों से संरक्षण करना।

(ii) घरेलू एवं व्यावसायिक उपयोग के लिए अधिकतम संभव मात्रा में काष्ठीय एवं अकाष्ठीय वनोपज का उत्पादन करना।

(iii) समाज के हित लाभ के लिए वन एवं वानिकी का विकास करना ।

(iv) पर्यावरण का संरक्षण एवं स्वच्छ विकास प्रणाली की संरचना में सहायता देना।

वनों की भूमिका (Role Of Forests)

भारत के सामाजिक, सांस्कृतिक, अर्थशास्त्रीय, औद्योगिक एवं पर्यावरण विकास में वन महत्त्वपूर्ण भूमिका निभाते हैं। वन लोगों के संधारण का आधार है तथा जैव विविधता एवं संबंधित प्राकृतिक संसाधनों का भण्डार गृह हैं। भूमि के समस्त उपयोग जैसे कृषि, बागवानी, पशुपालन इत्यादि या तो वनों से उपजे हैं या वनीय भूमि पर निर्भर करते हैं। वनों की भूमिका को मुख्यत: उत्पादन, संरक्षण एवं अन्य सुविधाओं हेतु वर्गीकृत किया जा सकता है।

वन उत्पादक, सुरक्षात्मक एवं सुधारात्मक रूप में एक महत्त्वपूर्ण भूमिका अदा करते हैं। उत्पादन की भूमिका में लकड़ी तथा इसके उत्पादों की पूर्ति के साथ-साथ समाज की अन्य प्रत्यक्ष माँगों को पूरा करना भी शामिल है। सुरक्षात्मक रूप में वन; मृदा, आवास, जल, जैव विविधता, वन्यजीवों एवं पर्यावरण संरक्षण में योगदान देते हैं। वनों की उत्पादक, सुरक्षात्मक एवं सुधारात्मक भूमिका पर निम्नलिखित शीर्षकों के तहत विस्तारपूर्वक चर्चा की गई है।

(अ) वनों की उत्पादक भूमिका

i. **ईंधन की लकड़ी–** कोयला, ऑयल, गैस, बिजली इत्यादि के आगमन तक हज़ारों वर्षों से लकड़ी का उपयोग ईंधन के रूप में किया जाता रहा है। लकड़ी ईंधन का मुख्य स्त्रोत है। आज भी लकड़ी की कुल वैश्विक खपत का आधे से अधिक भाग ईंधन की लकड़ी के लिए है। भारत में घरेलू ईंधन का प्रमुख स्त्रोत लकड़ी ही है। लगभग 33 करोड़ घनमीटर लकड़ी का उपयोग देश में ईंधन के रूप में किया जाता है।

   बबूल (*Acacia* spp.), जंगली सरु (*Casuarina equisetifolia*), खेजड़ी (*Prosopis*), नीम (*Azadirachta indica*), सुबबूल (Leucaena Ieuciphala) आदि ईंधनकाष्ठीय महत्त्वपूर्ण प्रजातियाँ हैं।

ii. **इमारती लकड़ी–** कुछ वर्ष पूर्व तक वन समाज में लकड़ी संबंधी आवश्यकताओं की पूर्ति के लिए संसाधन के रूप में कार्य करते आए हैं। हालांकि उच्चतम न्यायालय के आदेश 1996 के बाद, केवल स्वीकृत कार्य योजना क्षेत्रों से ही लकड़ी उपलब्ध है। वर्तमान में कृषि वानिकी के रूप में वनों के बाहर उगने वाले वृक्ष देश की इमारती लकड़ी की माँग का 70% से अधिक पूर्ति करने में सक्षम हैं।

   इमारती लकड़ी की प्रमुख प्रजातियाँ– सागवान (*Teak*), साल (*Sal*), शीशम (*Rosewood*), विजयसार (*Pterocarpus*), जंगली बादाम (*Terminalias*), देवदार (*Cedar*), गुरलिना (*Gurelina*)।

iii. **इमारती लकड़ी रहित संसाधन–** वनों में इमारती लकड़ी सहित अनेक अकाष्ठीय वस्तुएँ उपलब्ध होती हैं जैसे कि तेंदू पत्ता, इमली, आँवला, गोंद, राल, रंजक, शहद, औषधीय पौधे, घास, तिलहन आदि जो आय उत्पादन गतिविधि द्वारा समाज को प्रत्यक्ष लाभ पहुँचाते हैं। अकाष्ठीय वनोत्पाद देश की वानिकी निर्यात में 60% से अधिक का योगदान देता है और इस प्रकार यह प्रमुख आधारभूत लाभों में से एक है।

iv. **चारा (Fodder)–** भारत में वनों से मवेशियों को चारा प्राप्त होता है जो कि प्रोटीन, रेशा और वसा से पूर्ण होता है। चारे की लगभग 30% आवश्यकताओं को पूरा किया जा सकता है। यह सूखे के मौसम में मवेशियों की जरूरतों को भी पूरा करता है।

चारे के वृक्ष- बबूल (*Acacia*), *एल्बिज़िया* (*Albizia*), *हार्डविकिया* (*Hardarckia*), *टेरोकार्पस* (*Pterocarpus*), *राबिनिया* (*Robinia*)।

v. **औद्योगिक कच्चा माल–** लकड़ी पर आधारित उद्योगों जैसे लुगदी और कागज, प्लाईवुड, पेंसिल, खेल सामग्री, पैंकिंग, निर्माण उद्योग और कृषि उपकरण के लिए वन महत्त्वपूर्ण भूमिका निभाते हैं। यह अनुमान लगाया गया है कि विभिन्न लकड़ी आधारित उद्योगों में कच्ची सामग्री के रूप में देश के 152 करोड़ घनमीटर से अधिक लकड़ी की आवश्यकता है और वन ही उसका प्रमुख स्त्रोत हैं।

लुगदी और कागज	–	बाँस, यूकेलिप्टस, *केसुअरिना*
प्लाईवुड	–	यूकेलिप्टस, मेलिया, टुना (Toona)
इमारती लकड़ी	–	टीक, *रोज़वुड*, *टर्मीनेलिया*
पैकिंग केस	–	*पाइनस* जाति, सिल्वर ओक, फिर (Fir)
दियासलाई बनाने की लकड़ी	–	*एलेंथस*, *सिमारूबा*, *बोम्बेक्स*
खिलौने	–	*एडीना*, *रेडसेंडर्स*, रोजवुड

vi **द्रुम शक्ति (Dendro Power) डेंड्री पावर–** वन भी विद्युत उत्पादन में योगदान देते हैं। एक अनुमान के अनुसार 1.5 टन की लकड़ी से एक मेगावाट बिजली का उत्पादन किया जा सकता है जिससे विकेन्द्रीकृत बिजली का उत्पादन किया जा सके और बिजली की समस्या का समाधान किया जा सके।

उदाहरण – *प्रोसोपिस* (*Prosopis*), *केसुअरीना* (*Casuarina*), *यूकेलिप्टस* (*Eucalyptus*), *सुबबुल* (*Subabul*), *अकेसिया* (*Acacia*)।

vii **भोजन–** वन अपने वनीय निवासियों और स्थानीय जनजातियों के लिए अनेक प्रकार के भोजन की व्यवस्था करते हैं और इस प्रकार वे खाद्य सुरक्षा के लिए योगदान देते हैं। वनों से प्राप्त खाद्य पदार्थ में पत्तीदार सब्जियाँ, मशरूम, जामुन, फल तथा कंद (*राइज़ोम*) शामिल है जो विभिन्न ऋतुओं में उपलब्ध होते हैं और यह जनजातियों के आहार में उपयोगी घटक हैं। विटामिन A और C से भरपूर जंगली फलों से भी वन निवासियों को खाद्य सुरक्षा और पोषण संबंधी स्वास्थ्य में योगदान मिलता है।

(ब) वनों की सुरक्षात्मक एवं अभिवृद्धि भूमिका (Protective And Ameliorative Role Of Forests)

i. **वन और जल विज्ञान चक्र–** जलग्रहण (वाटरशेड्स) परियोजनाओं के लिए वन मुख्य स्त्रोत हैं। खाद्य सुरक्षा के लिए जल और उपजाऊ मिट्टी अत्यंत आवश्यक है। पानी के बहाव को बनाए रखने तथा उसके नियमन के लिए वृक्षों की मृदाधारण क्षमता और

अन्य मृदा जल क्षेत्रों को बनाए रखने तथा नियंत्रित करने में वनों का बहुत महत्त्वपूर्ण स्थान है। लगभग सभी जल निकाय जैसे नदी मुख्य रूप से वन भूमि और वन से निकाले गए जल भौम जल स्तर से परिचालित होते हैं।

ii. **वन और पारिस्थितिकीय़ सुरक्षा–** वन विभिन्न प्रजातियों के लिए निवास और पारिस्थितिकी विविधता को बनाए रखते हैं। वनों में पाए जाने वाले जीवों और वनस्पतियों की व्यवहार्य जनसंख्या पारिस्थितिकी खाद्य शृंखला को बनाए रखने और पारिस्थितिकी तंत्र को स्थायी रूप से बनाए रखने में मदद करती है। इससे वनस्पतियों और प्राणियों के संरक्षण में मदद मिलती है।

iii. **वन एवं पारिस्थितिकीय पर्यटन–** शहरीकरण और जनसंख्या विस्फोट के कारण पारिस्थितिकी पर्यटन की अवधारणा महत्त्वपूर्ण स्थान प्राप्त कर रही है। इस प्रयोजन के लिए वन और अन्य संरक्षित क्षेत्र पारिस्थितिकी पर्यटन के केन्द्र के रूप में कार्य कर रहे हैं। वन अप्रत्यक्ष रूप से मनोरंजक लाभ के साथ सौंदर्यपरक मूल्यों के निर्माण में मदद करते हैं जो मानव जीवन के निर्वाह के लिए अत्यंत आवश्यक है।

iv. **वन एवं प्रदूषण–** वन विभिन्न प्रदूषकों से समाधान के लिए एक उत्कृष्ट स्थान (सिंक) है। वन अधिक कार्बन डाइ ऑक्साइड को अवशोषित करते हैं और प्रकाश संश्लेषण प्रक्रिया के माध्यम से ऑक्सीजन छोड़ते हैं और वातावरण में कार्बन की सांद्रता को संतुलित करने में मदद करते हैं। इस प्रक्रिया से ही जंगलों में ग्लोबल वार्मिंग को कम करने और अम्ल वर्षा को कम करने में मदद मिलती है। बढ़ते जलवायु परिवर्तन संबंधी जोखिमों को कम करने और अनुकूल बनाने के लिए जंगलों की भूमि ही सर्वोत्तम प्रणालियों में से एक है।

v. **वन एवं जलवायु–** वन अपने अनेक कार्यों के कारण जलवायु को संतुलित करने में मदद करते हैं। वृक्ष आच्छादन (कैनोपी) द्वारा सौर ऊर्जा के अवरोधन से तापमान तथा वाष्पीकरण में कमी करके स्थानीय जलवायु को बढ़ाने में मदद मिलती है। जंगलों द्वारा भी बढ़ती आर्द्रता और बढ़ती हुई वर्षा जैसे अदृश्य लाभ होते हैं।

vi. **वन एवं मृदा–** मृदा संरक्षण वनों द्वारा मिलने वाले प्रमुख लाभों में से एक है। वृक्ष एवं मृदा पानी के कटाव को रोकते हैं तथा सूखी तथा गली हुई पत्तियों के अपघटन से मिट्टी की भौतिक, रासायनिक तथा जैविक गुणवत्ता में सुधार करते हैं। मृदा में बढ़ी हुई पारगम्यता के कारण भूमि में जल का ठहराव होता और भूमि तथा जल अपरदन से भूमि का संरक्षण होता है।

vii. **कार्बन सिंक के रूप में वन–** वन और वृक्षारोपण, कार्बन की भारी मात्रा को जमा करते हैं और यह अनुमान लगाया जाता है कि एक टन लकड़ी 0.5 टन के बराबर कार्बन जमा करती है। भारत में भूमि के उपयोग एवं वानिकी कार्यों से हर साल 1750 लाख टन कार्बन का जमाव होता है।

viii. **शहरी वानिकी–** शहरीकरण में बढ़ोतरी से शहरी वानिकी और आनंदप्रद वानिकी पर अधिक महत्त्व देने की आवश्यकता है। शहरी वानिकी में मार्गों, हरित पट्टी, बाग

बगीचे और मनोरंजन वानिकी गतिविधियाँ सम्मिलित हैं। कुछ समय से मनोरंजक वानिकी में समाज की जीवनदायी आवश्यकताओं के लिए वृक्षों की भूमिका पर रुचि बढ़ रही है।

वन आवरण में गिरावट के लिए कारण (Reason For Declining Forest Cover)

स्वतंत्रता के बाद से, घरेलू उपयोग और अन्य विकासात्मक परियोजनाओं के लिए वनों का गंभीर रूप से शोषण किया गया है। जिससे वन आवरण में कमी आई है। वनों के पतन के लिए प्रमुख कारक निम्नलिखित हैं-

(i) **जनसंख्या विस्फोट एवं अत्यधिक दोहन–** बढ़ती जनसंख्या एवं वन और वन उत्पादों की बढ़ती आवश्यकता वन क्षेत्र में गिरावट का प्रमुख कारण है। आजादी के समय भारत की जनसंख्या 30 करोड़ से अधिक थी जो सन् 2021 में 140 करोड़ से अधिक हो गई है। इस प्रकार जनसंख्या चिंताजनक वृद्धिदर के साथ बढ़ रही है। इस जनसंख्या वृद्धि के कारण निर्माण कार्यों, आश्रय एवं अन्य वन उत्पादों के लिए लकड़ी की आवश्यकता होती है, जिससे वृक्षों की कटाई के कारण वन आवरण में गिरावट आती है। यह अनुमान लगाया जा सकता है कि देश में वन गिरावट गत वर्ष तक 1.5 मिलियन हैक्टेयर प्रतिवर्ष थी।

(ii) **विकासात्मक परियोजनाएँ–** स्वतंत्रता के बाद से, नदी घाटी परियोजनाएँ, बाँधों, सड़कों, संचार एवं रेलवे आदि जैसी विकासात्मक परियोजनाओं में भारतीय वनों का इस्तेमाल भारी तादाद में किया है। नर्मदा नदी घाटी परियोजना, कोणार्क रेलवे परियोजना, कोयला खान आदि उदाहरण वन आवरण की कमी के प्रमुख कारण हैं।

(iii) **लकड़ी की माँग में वृद्धि–** परंपरागत रूप से वनों को अपनी उत्पादन क्षमता के लिए जाना जाता है और वनों से घरेलू एवं औद्योगिक दोनों प्रकार की उपयोगिता के लिए अनेक प्रकार के सामान (वस्तुएँ) एवं सेवाएँ उपलब्ध होती हैं। 1952 की राष्ट्रीय वन नीति में लकड़ी आधारित उद्योगों के लिए कच्चा माल संसाधन भी उपलब्ध कराने की व्यवस्था की गई है। इन सभी मुद्दों के कारण वन आवरण में गिरावट आई है।

(iv) **कृषि के लिए वन भूमि का रूपांतरण–** सामान्यत: लोग और जनजाति विशेष रूप से अपनी आजीविका के लिए वन भूमि संसाधनों पर निर्भर रहते हैं। राजनैतिक मजबूरियों के कारण वन भूमि का कृषि के उद्देश्य से आवंटन हुआ जिसके कारण वनों में गिरावट आई।

(v) **स्थानांतरी खेती/झूम खेती–** यह उत्तर पूर्वी राज्यों और उत्तर तथा दक्षिण भारत के अन्य वन प्रकारों में प्रमुख रूप से कृषि वानिकी की प्राचीन परंपरा है। वन में रहने वाले मानवजातीय समूह ने स्थानांतरी खेती को जीवन निर्वाह और आजीविका खेती के स्त्रोत के रूप में इस्तेमाल किया है। इस दृष्टिकोण से स्थानीय निवासी वन क्षेत्र को स्वच्छ करके, भोजन की आवश्यकता पूरी करने के लिए खेती करते हैं। कार्य 2–3 साल के लिए जारी रहता है और उत्पादकता के आधार पर एक क्षेत्र को नए क्षेत्र में

परिवर्तित किया जाता है। देश भर में इस प्रकार की स्थानांतरी खेती देश में वनों के क्षरण का एक प्रमुख कारण है।

(vi) **अत्यधिक चराई–** मानव आबादी के समान देश में पशुओं की संख्या भी अधिक देखी गई है। पशुओं की संख्या में वृद्धि चारा विकास कार्यक्रम के अनुरूप नहीं हुई है जिसके परिणामस्वरूप हरे और सूखे चारे में कमी हुई है। इससे किसानों को वन क्षेत्रों का अंधाधुंध उपयोग करने पर मजबूर कर दिया है जो वनों के विनाश का प्रमुख कारण है।

(vii) **वन की आग–** वनों में प्राकृतिक एवं जानबूझकर लगाई गई आग दोनों ही वन आवरण की गिरावट के मुख्य कारण हैं। प्राकृतिक आग से पश्चिमी घाट एवं पूर्वी हिमालय की कई प्रजातियाँ नष्ट हो गई हैं। इसी प्रकार कई तस्करों एवं शिकारियों ने वन में पशु उत्पादों, चारकोल के उत्पादन एवं शहद संग्रहण एवं अन्य वन उत्पादों के संग्रहण हेतु जंगलों में आग लगा दी जिससे वन आवरण में भारी गिरावट एवं गंभीर नुकसान हुआ है।

(viii) **चरम जलवायु परिस्थितियाँ–** चरम जलवायु विषयक परिस्थितियाँ भी वन आवरण में गिरावट का एक प्रमुख कारण है। जलवायु परिवर्तन के कारण तापमान में वृद्धि होने पर शुष्कता होती है जिससे कि वन आवरण का पतन होता है। इसी प्रकार भारी बर्फ की सघनता और हिमपात भी वन आवरण में कमी के प्रमुख कारक के रूप में कार्य करते हैं।

ये सभी मुख्य कारक हैं जो वन आवरण में गिरावट की महत्त्वपूर्ण भूमिका निभाते हैं जिसके परिणामस्वरूप 33% अनुमानित वन आवरण की तुलना में 21.54% वास्तविक वन ही उपलब्ध हैं।

■ ■ ■

अध्याय 2

वन वर्गीकरण एवं प्रकार
(Forest Classification And Types)

भारत का वन आवरण लक्ष्य 33% या जबकि भारतीय वन सर्वेक्षण (FSI), 2017 की रिपोर्ट अनुसार अनुमानित वन आवरण 24.39% रहा। 24.39% वन आवरण के अंतर्गत भी वास्तविक वन का 21.54% ही योगदान रहा। इसमें कई प्रकार के विस्तृत श्रेणी के वन सम्मिलित हैं जिसमें वन प्रबंधन, वन प्रशासन एवं उपयोगिता जैसी वर्गों की श्रेणियां बढ़ते स्टॉक (भंडारण) पर आधारित है। पाठकों के लिए वन वर्गीकरण एवं इसके प्रकार को समझने के लिए वनों का वर्गीकरण जलवायु तथा वनस्पति के आधार पर किया गया है। इस अध्याय में वनों के विभिन्न वर्गीकरणों एवं इसके प्रकारों का सार दिया गया है, जो निम्नलिखित उप शीर्षकों में समाविष्ट हैं–

पाठक को अध्याय के निम्नलिखित उद्देश्यों को समझना चाहिए–

- वन प्रकार – परिभाषा
- वनों का वर्गीकरण–
  - पुनर्जनन
  - आयु
  - संघटन, संरचना
  - स्वामित्व
  - प्रबंधन के उद्देश्य
  - बढ़ता भंडारण
- वनस्पति और जलवायु पर आधारित वनों का वर्गीकरण
- वन वनस्पति को प्रभावित करने वाले कारक

वन प्रकार (Forest Types)

वन प्रकार वनों की एक श्रेणी है जो इसकी भौगोलिक स्थिति, जलवायु और भौगोलिक विशेषताओं, संरचना और स्थिति के संदर्भ में परिभाषित है।

चैंपियन एवं **सेठ** ने इस प्रकार परिभाषित किया है– ''वनस्पती की एक ईकाई जिसमें पारिस्थितिकीय दृष्टि से सघन हरियाली दिखाई देती है, संरचनागत विशेषताएँ होती हैं और जो ऐसी अन्य ईकाइयों (खेत, बगीचा आदि) से भलीभांति विभेदीकृत पहचान रखती हो।''

वनों का वर्गीकरण (Classification Of Forest)

देश के वनों का निम्न आधार पर वर्गीकरण किया गया है–

- पुनर्जनन की विधि
- आयु
- रचना, संगठन
- प्रबंधन के उद्देश्य
- स्वामित्व एवं विधिक स्थिति
- बढ़ता भंडारण

i. पुनर्जनन की विधि के आधार पर वर्गीकरण

वनस्पति के पुनर्जनन के आधार पर वनों को इस प्रकार वर्गीकृत किया गया है–

उच्चवन (High Forest) : बीजों से वनों की उत्पत्ति

गुल्मवन (Coppice Forest) : गुल्म से वनों की उत्पत्ति

ii. आयु के आधार पर वर्गीकरण

आयु के आधार पर, वनों को इस प्रकार वर्गीकृत किया गया–

समवयी (समानवृद्ध) जंगल : वृक्षों से बना वन जो लगभग समान आयु का हो (25% तक अनुमत अंतर)।

विषमायु (असमानवृद्ध) जंगल : ऐसे वृक्ष जिनकी उम्र बहुत भिन्न हो और सभी आयु के वृक्ष हों (आमतौर पर 20 वर्ष से अधिक आयु के अंतर की सीमा)।

iii. रचना के आधार पर वर्गीकरण

संरचना के आधार पर वनों का वर्गीकरण–

विशुद्ध वन (Pure Forest) : यह लगभग पूर्णतः एक ही प्रजाति का वन है जो सामान्यतया 80% से कम नहीं है। इसे शुद्ध फसल या शुद्ध स्टेंड भी कहा जाता है।

मिश्रित वन (Mixed Forest) : दो या अधिक प्रजातियों के वृक्षों से बना वन जो परस्पर एक ही कैनोपी से मिलकर बना होता है, शुरुआत से ही इनमें कम से कम 20% कैनोपी मुख्य के अलावा अन्य प्रजातियों की होनी चाहिए।

iv. प्रबंधन के उद्देश्यों के आधार पर वनों का वर्गीकरण

प्रबंधन के उद्देश्यों के आधार पर वनों को वर्गीकृत किया गया–

उत्पादक वन : यह एक ऐसा वन है जिसका प्रबंधन मुख्य रूप से इसकी पैदावार के लिए किया जाता है, जैसे इमारती लकड़ी और अन्य औद्योगिक उपयोग।

संरक्षित वन : यह क्षेत्र पूरी तरह से या आंशिक रूप से लकड़ी के विकास से संवृत्त क्षेत्र है, जिसका प्रबंधन मुख्य रूप से प्रवाह को विनियमित करने, अपरदन को रोकने, स्थानांतरण बालू को रोकने या भू आकृतिक लक्षणों के आधार पर अन्य लाभकारी प्रभाव को लागू करने के लिए किया जाता है।

फार्म वन (Farm Forest) : यह एक ऐसा जंगल है जो खेतों और उसके आस-पास के क्षेत्रों में व्यक्तिगत रूप से छितरे हुए वृक्षों या लकड़ी के रूप में उगाया जाता है ताकि घरेलू या औद्योगिक लकड़ी की आवश्यकता को पूरा किया जा सके।

विहार (Recreation) वन : यह शहरी और ग्रामीण आबादी की मनोरंजक जरूरतों को पूरा करने के लिए प्रबंधन किया गया वन (Forest) है।

v. स्वामित्व और विधिक स्थिति के आधार पर वर्गीकरण

स्वामित्व के आधार पर वन का वर्गीकरण–

राज्य वन (State Forest) : यह राज्यों के स्वामित्व वाले वन हैं।

सामुदायिक वन (Community Forest) : इन जंगलों का स्वामित्व और प्रबंध आमतौर पर गाँव, शहर, जनजातीय अधिकार या स्थानीय सरकार द्वारा किया जाता है, जिनके सदस्य उत्पाद बिक्री या बिक्री प्रक्रिया में हिस्सा लेते हैं।

पंचायत वन : ये वे जंगल हैं जहाँ प्रबंधन पर ग्राम पंचायत का अधिकार होता है। (यानी ग्रामीण लोगों द्वारा अपने बीच से विशिष्ट प्रशासनिक या अन्य प्रयोजनों के लिए चुना गया व्यक्तियों का एक निकाय)।

विधिक (कानूनी) आधार पर वनों का वर्गीकरण–

आरक्षित (Reserved) वन : यह भारतीय वन अधिनियम, 1927 के दूसरे अध्याय की तीसरी धारा के अंतर्गत गठित क्षेत्र हैं।

संरक्षित वन : ये क्षेत्र भारतीय वन अधिनियम, 1927 के अध्याय 4 के उपबंधों के अधीन सीमित सीमा तक संरक्षण प्रदान करते हैं।

ग्रामीण वन : यह भारतीय वन अधिनियम, 1927 के अध्याय 3 के प्रावधानों के अंतर्गत राज्य वन विभाग द्वारा ग्राम समुदाय को सौंपा गया वन है।

vi. बढ़ते भंडारण के आधार पर वर्गीकरण
(Classification On The Basis Of Growing Stock)

बढ़ते भंडारण के आधार पर वनों को वर्गीकृत किया जाता है–

सामान्य वन (Normal) : ये सामान्य बढ़ते भण्डार वाले जंगल हैं, जिनमें सामान्य आयु श्रेणी के उन्नयन और सामान्य वृद्धि पाई जाती है।

असामान्य (Abnormal) वन : ये असामान्य बढ़ते भण्डार वाले जंगल हैं, उदाहरण के तौर पर वृद्धि कम में हो रही हो अथवा अधिक वृद्धि हो रही हो अथवा जिसमें आकार एवं आयु में सापेक्ष अनुपात दोषपूर्ण हो, जिससे असामान्य वृद्धि हो गई हो।

वनस्पति एवं जलवायु के आधार पर वन का वर्गीकरण (Classification Of Forest Based On Vegetation And Climate)

वनों के प्रकार के वर्गीकरण की प्रणाली (System Of Classificaton Of Forest Types)

वनस्पति के आधार पर वर्गीकरण की पद्धति–

(i) वनस्पति यानी मुख्य रूप से वनस्पति पर आधारित।

(ii) जलवायु यानी मुख्य रूप से जलवायु पर आधारित।

(iii) पारिस्थितिकी अर्थात् मुख्य रूप से पारिस्थितिकी तंत्र पर आधारित है जिसमें जटिल वानस्पतिक पर्यावरण सम्मिलित है।

चैम्पियन और सेठ ने सन् 1935 में तैयार वनों के प्रारंभिक वर्गीकरण का संशोधन किया। इस वर्गीकरण में, भारत के वनों को निम्नलिखित पाँच प्रमुख समूहों में वर्गीकृत किया–

(i) उष्णकटिबंधीय वन

(ii) पर्वतीय उपोष्णकटिबंधीय वन

(iii) पर्वतीय शीतोष्ण वन

(iv) उपपर्वतीय वन

(v) उच्च पर्वतीय कुंज।

इन पाँच प्रमुख समूहों को 16 प्रकार के समूहों में विभाजित किया गया है, ये समूह जलवायु तथा वनस्पति के आधार पर हैं। उष्ण कटिबंधीय वनों को सात समूहों में बाँटा गया है, पर्वतीय उपोष्णकटिबंधीय वनों को तीन समूह में, पर्वतीय शीतोष्ण वन तीन समूह में, उपपर्वतीय वन को एक समूह में एवं एल्पाइन स्क्रब को दो समूहों में बाँटा गया है। इन समूहों में से अधिकांश को दक्षिणी और उत्तरी रूपों जैसे दो उपसमूहों में बाँटा गया है।

वन प्रकार : संवितरण एवं विवरण (Forest Types : Distribution And Description)

क्र.सं.	वन प्रकार	वितरण क्षेत्र	विवरण
1.	उष्णकटिबंधीय आर्द्र सदाबहार वन	तमिलनाडु, केरल, कर्नाटक, महाराष्ट्र, अंडमान एवं निकोबार द्वीप, पश्चिम बंगाल का उत्तर-पूर्वी भाग, असम और ओड़िशा।	ये पर्णपाती प्रकार के घने लंबे जंगल हैं जो लगभग सदाबहार जैसे होते हैं। इस प्रकार के वन में दो उप-समूह होते हैं अर्थात् उत्तरी उष्णकटिबंधीय आर्द्र सदाबहार वन और दक्षिणी उष्ण-कटिबंधीय आर्द्र सदाबहार वन।
2.	उष्णकटिबंधीय अर्ध सदाबहार वन	तमिलनाडु, केरल, कर्नाटक, महाराष्ट्र, गोवा, अंडमान, गुजरात, असम, पश्चिमी बंगाल एवं ओडिशा का तटीय भाग।	सदाबहार वन में मुख्य रूप से पर्णपाती सम्मिलित होते हैं। इसमें दो उपसमूह होते है। दक्षिणी उष्णकटिबंधीय अर्ध-सदाबहार वन और उत्तरी उष्णकटिबंधीय सदाबहार वन।
3.	उष्णकटिबंधीय आर्द्र पर्णपाती वन	तमिलनाडु, केरल, कर्नाटक, महाराष्ट्र, गुजरात, मध्य प्रदेश, उत्तरप्रदेश, बिहार, ओड़िशा, असम एवं अंडमान और निकोबार द्वीप।	इस प्रकार के वनों में पर्णपाती प्रमुख होते हैं तथा कुछ सदाबहार निम्न ऊँचाई स्तर के होते हैं। शीर्ष आच्छादन कम घना होता है तथा वृक्ष 25 मी. तक ही ऊँचे होते हैं। इस प्रकार से इसमें तीन उपसमूह होते हैं, अंडमान आर्द्र पर्णपाती वन, उष्ण कटिबंधीय आर्द्र पर्णपाती वन एवं उत्तरी भारत उष्णकटिबंधीय आर्द्र पर्णपाती वन।
4.	समुद्री तट एवं दलदल वाले वन	तटीय क्षेत्र, नदियों का प्रवाह, गंगा और ब्रह्मपुत्र नदियों के साथ-साथ पहाड़ी इलाके, हिमालयी उप-पर्वतीय वन, केरल की सबसे बड़ी नदियों के किनारे, मुहाने एवं नदी नालों के किनारों का केरल का तटीय क्षेत्र।	मुख्य रूप से भिन्न ऊँचाई और घनत्व के सदाबहार वन जो कि हमेशा मुख्य रूप से नमी के साथ जुड़े होते हैं। इसमें चार उपसमूह हैं यानी नदी के किनारे के वन, ज्वारीय, दलदल वन, उष्णकटिबंधी स्वच्छ जल दलदल वन, उष्ण कटिबंधी मौसमी दलदली वन, उष्ण कटिबंधी नदी किनारों वाले वन।
5.	उष्ण कटिबंधीय शुष्क पर्णपाती वन	तमिलनाडु, कर्नाटक, आंध्र प्रदेश, महाराष्ट्र, गुजरात, राजस्थान, उत्तर प्रदेश, मध्यप्रदेश, बिहार, ओड़िशा,	ये लगभग पूरी तरह से पर्णपाती वन होते हैं। इनका शीर्ष आच्छादन हल्का और लगभग 2 मी. चौड़ा होता है। आमतौर पर ऊँचाई 8 से 20 मी. होती है।

क्र.सं.	वन प्रकार	वितरण क्षेत्र	विवरण
		हिमाचल प्रदेश, पश्चिम बंगाल।	उप प्रकार– दक्षिणी उष्णकटिबंधीय शुष्क पर्णपाती वन
6.	उष्ण कटिबंधीय कटीले वन	गुजरात, राजस्थान, उत्तर प्रदेश, मध्यप्रदेश, पंजाब का अर्धशुष्क भाग, शुष्क प्रायद्वीप संबंधी भारत।	कम कांटेदार पेड़ों वाले पर्णपाती और मरूद्भिद् (जेरोफाइट्स) मुख्य रूप से पाए जाते हैं। कैनोपी कम या अधिक टूटी होती है। ऊँचाई 10मी. से कम है। उप प्रकार– दक्षिणी उष्णकटिबंधीय कटीले वन उत्तरी उष्णकटिबंधीय कटीले वन।
7.	उष्ण कटिबंधीय शुष्क सदाबहार वन	यह तिरुनेलवेली के तटीय क्षेत्र से नेल्लुर तक वितरित हैं।	सख्त पत्ते वाले सदाबहार वृक्ष, कुछ पर्णपाती आकस्मिक रूप से घने होते है तथा ऊँचाई में 20मी. से कम होते हैं।
8.	उपोष्ण कटिबंधीय मोटे पत्ते वाले पहाड़ी वन	भारतीय पहाड़ियों का दक्षिणी भाग, पूर्वी पहाड़ीयां और खासी पहाड़ियाँ।	व्यापक मोटे तौर पर सदाबहार। उप प्रकार– दक्षिणी उपोष्ण कटिबंधीय चौड़ी पत्तीदार पहाड़ी वन। उत्तरी उपोष्णकटिबंधीय चौड़ी पत्तीदार पहाड़ी वन।
9.	उपोष्ण कटिबंधीय शुष्क सदाबहार वन	केन्द्रीय हिमालय की पहाड़ियाँ, नागर एवं मणिपुर की पहाड़ियाँ	देवदार वृक्ष समूह की प्रमुखता होती है (पाइन एसोसिएशन)
10.	उपोष्ण कटिबंधीय शुष्क सदाबहार वन	पश्चिमी हिमालयी की तलहटी का क्षेत्र, और भाबर तथा शिवालिक की पहाड़ियों में।	मरुद्भिद् वन एवं शाखाएँ (स्क्रब्स)। प्रजातियाँ शुद्ध फसल बनाने की प्रवृत्ति में है। इन वनों का अवक्रमित चरण डोडोनिया स्क्रब के रूप में होता है।
11.	पर्वतीय आर्द्र शीतोष्ण वन	पूर्वी हिमालय, केरल और तमिलनाडु की पहाड़ियाँ।	शंकुधर वृक्ष के बिना सदाबहार वन।
12.	हिमालयी आर्द्र शीतोष्ण वन	हिमालय का क्षेत्र	सदाबहार मुख्यतः शीतोष्ण दृढ़पर्णी एवं शंकुधारी।

क्र.सं.	वन प्रकार	वितरण क्षेत्र	विवरण
13.	हिमालयी शुष्क शीतोष्ण वन	कश्मीर का क्षेत्र, उत्तरप्रदेश, हिमाचल प्रदेश, सिक्किम एवं अरुणाचल प्रदेश	वृद्धि के अंतर्गत विरल शीतोष्ण शंकुधारी युक्त खुला वन।
14.	अर्ध–एल्पाइन वन	हिमालय का क्षेत्र	शंकुधारी वन के साथ और उसके बिना भी घने पर्णपाती या सदाबहार वन आमतौर पर सन्निकट संरचना में होते हैं।
15.	आर्द्र एल्पाइन झाड़ियाँ	3400 मी. से भी अधिक ऊँचाई क्षेत्र	थोड़ी कम, लेकिन घनी झाड़ियाँ।
16.	शुष्क एल्पाइन झाड़ियाँ	मरूद्भिद् परिस्थितियों में क्षेत्र	झाड़ियों की खुली संरचना में मरूद्भिद् झाड़ियाँ।

वन प्रकार : जलवायु आवश्यकता एवं प्रजातियों की संरचना (Forest Types : Climatic Requirement And Species Composition)

क्र. सं.	वन प्रकार	जलवायु आवश्यकता		प्रजातियों की संरचना
		माध्य वार्षिक तापमान	माध्य वार्षिक वर्षा	
1.	उष्णकटिबंधीय आर्द्र सदाबहार वन	22-27°C	2000 - 6400 मिमी.	*ओलिया डायोका (Olea dioica)* *स्वलेकेरा ट्रीजुगा (Schleichera trijuga)* *नेमा अटेनेटा (Knema attennata)* होपीया जातियाँ (*Hopea* species) *सायीजीगीयम कुमीनी (Syzygium cumini)* *डियोस्पाइरस एसीमिलस (Diospyros assimilis)* *टर्मीनेलीया पेनीकुलेटा (Terminalia paniculata)* *होटीगार्ना एर्नोटीयाना (Hotigarna arnottiana)* *लिनोसियेरा मेलाबेरीका (Linociera malabarica)* *वेटरिया इंडिका (Vateria indica)*
2.	उष्णकटिबंधीय अर्ध सदाबहार वन	24-26°C	1500 - 3000 मिमी.	*टर्मीनेलिया पेनीकुलेटा (Terminalia paniculata)*

क्र. सं.	वन प्रकार	जलवायु आवश्यकता माध्य वार्षिक तापमान	माध्य वार्षिक वर्षा	प्रजातियों की संरचना
				कैस्टेनोप्सीस स्पीसीज (जाति) (*Castanopsis* species) टर्मीनेलीया क्रीनुलेटा (*Terminalia crenulata*) टेक्टोना ग्रेन्डीस (*Tectona grandis*) स्कीमा वेलीची (*Schima wallichii*) ओलीया डायोका (*Olea dioica*) मेकारेंजा जाति (*Macaranga* species) जाइलिया जाइलोकार्पा (*Xylia xylocarpa*) साइजीगीयम कुमीनी (*Syzygium cumini*) एल्बीजीया जाति (*Albizia* species)
3.	उष्णकटिबंधीय आर्द्र पर्णपाती वन	21-27°C	1000 - 3000 मिमी.	टेक्टोना ग्रेन्डीस (*Tectona grandis*) शोरीया रोबुस्टा (*Shorea robusta*) टर्मीनेलीया क्रीनुलेटा (*Terminalia crenulata*) एनोजीसस लेटीफोलीया (*Anogeissus latifolia*) क्लीस्टेंथस कोलीनस (*Cleistanthus collinus*) लेनीया कोरोमेडेलीका (*Lannea coromandelica*) टर्मीनेलीया पेनीकुलेटा (*Terminalia paniculata*) लेजीस्ट्रोमीया पेर्वीफ्लोरा (*Lagerstroemia parviflora*) जाइलिया जाइलोकार्पा (*Xylia xylocarpa*) मेलोटस फिलीपीनेन्सीस (*Mallotus philippinensis*)
4.	समुद्र तट एवं दलदल के जंगल	26-29°C	760 - 5000 मिमी.	एविसेनिया मरीना (*Avicennia marina*) एक्सकोरिया एगेलोका (*Excaecaria agallocha*)

क्र. सं.	वन प्रकार	जलवायु आवश्यकता माध्य वार्षिक तापमान	जलवायु आवश्यकता माध्य वार्षिक वर्षा	प्रजातियों की संरचना
				एविसेनिया ऑफीसीनेलिस (Avicennia officinalis) *ऐर्गीकेरस एल्बा (Aegiceras alba)* *डलबेजीया सीसो (Dalbergia sissoo)* *ट्रेविया नुडीफ्लोरा (Trewia nudiflora)* *टेक्टोना ग्रेन्डीस (Tectona grandis)* *स्क्लेकेरा ट्रीजुगा (Schleichera trijuga)* *ब्रीडेलिया रेतुसा (Bridelia retusa)* *शोरीया रोबुस्टा (Shorea robusta)*
5.	उष्णकटिबंधीय शुष्क पर्णपाती वन	22-27°C	2000 - 6400 मिमी.	*टेक्टोना ग्रेन्डीस (Tectona grandis)* *शोरीया रोबुस्टा (Shorea robusta)* *एनोमीसस लेटीफोलिया (Anogeissus latifolia)* *टर्मीनेलिया क्रीनुलेटा (Terminalia crenulata)* *लेनिया कोरोमेंडलिका (Lannea coromandelica)* *लेंगरस्ट्रोमिया पर्वीफ्लोरा (Lagerstroemia parviflora)* *क्लोरोजाइलोन स्वीटीनेया (Chloroxylon swietenia)* *ब्युटीया मोनोस्पर्मीया (Butea monosperma)* *क्लेस्टेंथस कॉलीनस (Cleistanthus collinus)* *डीयोस्पाइरस मीलेनोजाइलोन (Diospyros melanoxylon)*
6.	उष्णकटिबंधीय कटीले वन	24-28°C	460 - 1250 मिमी.	*एनोगीसस लेटीफोलिया (Anogeissus latifolia)* *एल्बीजीया अमेरा (Albizia amara)*

क्र. सं.	वन प्रकार	जलवायु आवश्यकता माध्य वार्षिक तापमान	माध्य वार्षिक वर्षा	प्रजातियों की संरचना
				क्लोरोजाइलोन स्वीटेनीया (Chloroxylon swietenia) *हार्डविकीया बिनाटा (Hardwickia binata)* *कैंथीयम डीकोकम (Canthium decoccum)* *रीग्टीया टींक्टोरीया (Wrightia tinctoria)* *लेनीया कोरोमेंडेलीका (Lannea coromandelica)* *टेरोकार्पस सेंटेलीनस (Pterocarpus santalinus)* यूकेलिप्टस जाति (Eucalyptus species) ग्रेविया जाति (Grewia species) *एनोगीसस लेटीफोलिया (Anogeissus latifolia)*
7.	उष्णकटिबंधीय शुष्क सदाबहार वन	28-29°C	870 - 1270 मिमी.	*एल्बीजीया अमेरा (Albizia amara)* *साइजीगीयम मेंटेनम (Syzygium mentanum)* *एनोगीसस लेटीफोलिया (Anogeissus latifolia)* *प्रेम्ना टोमेंटोसा (Premna tomentosa)* *कैंथीयम डीक्रोक्रम (Canthium decoccum)* *डलबर्जीया पेनीकुलेटा (Dalbergia paniculata)* *अर्कसीया लैटीकुलेसीस (Acacia lenticularis)* *क्लोरोजाइलोन स्वीटेनिया (Chloroxylon swietenia)* एल्बीजीया जाति (Albizia species) *मेमेसाइलोन एंगस्टीफोलियम (Memecylon angustifolium)*

क्र. सं.	वन प्रकार	जलवायु आवश्यकता		प्रजातियों की संरचना
		माध्य वार्षिक तापमान	माध्य वार्षिक वर्षा	
8.	उपोष्ण कटिबंधीय चौड़ी पत्तीदार पर्वतीय वन	16-22°C	1500 - 11400 मिमी.	*स्कीमा वेलीची (Schima wallichii)* कैस्टेनोप्सीस जाति (Castanopsis *species)* *पाइनस केसीया (Pinus Kesiya)* *कैरकस* जाति *(Quercus species)* *एल्नस नेपेलीनस (Alnus nepalensis)* *मेकारेंजा* जाति *(Macaranga species)* एल्बीजीया जाति (Albizia *species)* *कैलिकार्पा एर्बोरिया (Callicarpa arborea)* *चिकरेसिया वेलुटीना (Chickrassia velutina)* *अकेसिया ऑरीकुलीफॉर्मिस (Acacia auriculiformis)* *स्काइमा वैलीचीस (Schima wallichii)*
9.	उपोष्ण चीड वन	15-22°C	1000 - 3000 मिमी.	*पाइनस रोक्सबुर्घी (Pinus roxburghii)* *केरकस* जाति *(Quercus* spp*)* *रोडोडेन्ड्रोन एर्बोरीयम (Rhododendron arboreum)* *ल्योनिया ओवलीफोलिया (Lyonia ovalifolia)* *मैलोटस फिलीपीनेसीस (Mallotus philippinensis)* *स्कीमा वेलीची (Schima wallichii)* *शोरीया रोबुस्टा (Shorea robusta)* *मायरीका सेपीडा (Myrica sapida)* *अकेसिया केटेचु (Acacia catechu)* *केरकस सेमीकार्पीफोलिया (Quercus semicarpifolia)*

क्र. सं.	वन प्रकार	जलवायु आवश्यकता माध्य वार्षिक तापमान	माध्य वार्षिक वर्षा	प्रजातियों की संरचना
10.	उपोष्ण–कटिबंधीय शुष्क सदाबहार वन	—	—	*ओलीया कुस्पीडेय (Olea cuspidata)* *अकेसिया मोडेस्टा (Acacia modesta)* डाडोनिया *स्क्रब* (Dodonea *scrub)*
11.	पर्वतीय आर्द्र शीतोष्ण वन	12-17°C	1300 - 6000 मिमी.	*एल्नस नेपलेनिस (Alnus nepalensis)* कैप्टेनोप्सीस जाति (Castanopsis species) *कैरकस* जाति (*Quercus* species) *सिंप्लीकोस लॉरीना (Symplocos laurina)* *माइकैलिया* जाति (*Michelia* species) *कैलीकार्पा एर्बोरीया (Callicarpa arborea)* *सिम्प्लोकोस थियाफोलीया (Symplocos theaefolia)* *एबीस पिंड्रो (Abies pindrow)* *स्काइमा वैलीची (Schima wallichii)* *कैनेरीयम बैंगलेंस (Canarium bengalense)*
12.	हिमालयी आर्द्र शीतोष्ण वन	13-16°C	1500 - 3000 मिमी.	*कैरकस ल्युकोट्रीकोफोरा (Quercus leucotrichophora)* *पाइनस रोक्सबर्घी (Pinus roxburghii)* *रोडोडेन्ड्रोन एर्बोरियम (Rhododendron arboreum)* *ल्योनिया ओवलीफोलिया (Lyonia ovalifolia)* *पाइनस एक्सेला (Pinus excelsa)* *कैरकस सेमीकैर्पीफोलिया (Quercus semicarpifolia)* *कैड्रस डियोडेरा (Cedrus deodara)* *कैरकस डिलेटेटा (Quercus dilatata)* *एबीस पिंड्रो (Abies pindrow)* *एबीस स्मिथीयेना (Abies smithiana)*

क्र. सं.	वन प्रकार	जलवायु आवश्यकता		प्रजातियों की संरचना
		माध्य वार्षिक तापमान	माध्य वार्षिक वर्षा	
13.	हिमालयी शुष्क शीतोष्ण वन	6-17°C	80 - 800 मिमी.	*कैरकस सेमीकार्पोफोलिया (Quercus semecarpifolia)* *पाइनस एक्सेल्सा (Pinus excelsa)* *एबीस पिंड्रो (Abies pindrow)* *कैड्रस डियोडेरा (Cedrus deodara)* *एबीस स्मिथीयाना (Abies smithiana)* *कैरकस डिलाटाटा (Quercus dilatata)* *बैंतुला यूटीलिस (Betula utilis)* *टैक्सस बैकटा (Taxus baccata)* एसर जाति (Acer species) *पुनस कैर्निटा (Prunus cornata)*
14.	अर्ध एल्पाइन वन	2-6°C	10 - 55 मिमी.	*एबीस डेन्सा (Abies densa)* *एबीस पिंड्रो (Abies pindrow)* *पाइनस एवसेल्सा (Pinus excelsa)* *कैरकस सेमीकार्पीफोलिया (Quercus semecarpifolia)* *कैरकस* जाति (*Quercus species*) *रोडोडेन्ड्रॉन एर्बोरियम (Rhododendron arboreum)* एसर जाति (Acer species) *पुनस कोर्नेटा (Prunus cornata)* *एल्नस नेपेलेंसिस (Alnus nepalensis)* *एबीस स्मिथियाना (Abies smithiana)*
15.	आर्द्र एल्पाइन स्क्रब	—	—	*पाइनस एक्सेल्सा (Pinus excelsa)* *कैरकस* जाति (*Quercus* species) *रोडोडेन्ड्रॉन एर्बोरियम (Rhododendron arboreum)* *एल्नस नेपेलेंसिस (Alnus nepalensis)* *फोबी* जाति (*Phoebe* species)

क्र. सं.	वन प्रकार	जलवायु आवश्यकता		प्रजातियों की संरचना
		माध्य वार्षिक तापमान	माध्य वार्षिक वर्षा	
				कैरकस सेमीकार्पीफोलिया (Quercus semecarpifolia) *रोडोडेन्ड्रॉन* जाति *(Rhododendron* species*)* *एबीस डेन्सा (Abies densa)* *कैरकस ग्रीफ्थी (Quercus grifpthii)* *एबीस पिंड्रो (Abies pindrow)*
16.	शुष्क एल्पाइन स्क्रब	—	—	*जूनीपेरस कम्युनिस (Juniperus communis)* *जूनीपेरस वेलीचियाना (Juniperus wallichiana)* *एर्टीमीसीया (Artemisia)*

वन वनस्पतियों को प्रभावित करने वाले कारक (Factors Influencing Forest Vegetation)

विभिन्न कारकों के कारण प्रत्येक स्थान पर वनस्पतियाँ एक जैसी नहीं हैं। इसके अतिरिक्त प्रत्येक पौधे को अपनी अनुकूल वृद्धि और जनन के लिए अद्वितीय आवश्यकताएँ होती हैं। इसलिए किसी स्थान के स्थानीय कारक वनस्पति के प्रकार का निर्धारण करते हैं।

किसी स्थान की प्रभावी जलवायु, मृदा संबंधी, स्थलाकृतिक और जैव परिस्थितियों के स्थानीय कारकों के रूप में परिभाषित किया गया है जो किसी स्थान की वनस्पति को प्रभावित करते हैं।

अनेक वानिकी कार्यों को करने के लिए स्थानीय स्तर के कारकों पर जानकारी आवश्यक है। यह किसी भी क्षेत्र में प्रजातियों की उपयुक्तता, अनुकूलन क्षमता और वितरण को प्रभावित करता है।

किसी स्थान के निम्नलिखित कारक वन वनस्पति को प्रभावित करते हैं (The following factors of locality influence the Forest vegetation)

क्र. सं.	स्थल के प्रमुख कारक	विभिन्न घटक
1.	जलवायु विषयक (Climatic Factors)	a. प्रकाश b. तापमान c. आर्द्रता d. बर्फ (हिम)

क्र. सं.	स्थल के प्रमुख कारक	विभिन्न घटक
		e. हवा f. ठंड
2.	मृदा कारक (Edaphic Factors)	a. मृदा भौतिकी गुण b. मृदा रासायनिक गुण c. मृदा जैविक गुण
3.	स्थलाकृतिक कारक (Topographic Factors)	a. ढलान (उच्चावच्च) b. आकृति c. अनावरण d. ऊँचाई (समुद्रतल से) e. विन्यास
4.	जैविक कारक (Biotic Factors)	a. पादप आधारित प्रभाव b. पशु आधारित प्रभाव c. कीट आधारित प्रभाव d. मानव प्रभाव

वनस्पति पर जलवायु कारकों का प्रभाव (Influence Of Climatic Factors On Vegetation)

प्रकाश (Light)

प्रकाश एक प्रमुख और आवश्यक जलवायु कारकों में से एक है यह निम्नलिखित गतिविधियों के कारण वन वनस्पतियों को प्रभावित करने में महत्त्वपूर्ण भूमिका निभाता है।

- प्रकाश संश्लेषण गतिविधि तथा वृद्धि एवं विकास कार्य के लिए प्रकाश बहुत आवश्यक है।
- क्लोरोफिल निर्माण के लिए प्रकाश बहुत महत्त्वपूर्ण है।
- प्रकाश श्वसन को प्रभावित करता है।
- प्रकाश की तीव्रता बहुत महत्त्वपूर्ण होती है और बढ़ी हुई तीव्रता का अंकुरण और अंकुर के विकास पर बहुत प्रभाव पड़ता है।
- प्रकाश की दीप्तकालिकता वृद्धि, बीजों के अंकुरण, पत्ती के टूटने, पुष्प खिलने और अन्य वृद्धि एवं विकास गतिविधियों को प्रभावित करती है।
- प्रकाश वृक्षों के प्रकार और विकास को भी प्रभावित करता है।
- प्रकाश द्वारा पौधों के स्तरीकरण पर प्रभाव पड़ता है और प्रकाश पौधों की प्रबलता, सह-प्रबलता तथा निचले वृक्षों की उपस्थिति को निश्चित करता है।

प्रकाश की आवश्यकता के आधार पर वृक्षों को निम्नलिखित प्रकार से वर्गीकृत किया गया है–

क्र.सं.	प्रकार	प्रजातियाँ	विशेषता
1.	प्रकाश की माँग रखने वाले	टेक्टोना ग्रेन्डीस, शोरीया सेबुस्य, टर्मीनिलिया जाति, एडौना जाति, डिप्टेरोकार्पस जाति, टेरोकार्पस जाति।	प्रकाशाकांक्षी
2.	छाया सहन करने वाले	अर्टोकार्पस जाति, ग्मेर्लीना आर्बोरीया, टेरीकार्पस, मार्सुपियम	छायासहिष्णु छायासह्म
3.	छाया माँगने वाले	मेसुआ फेरीआ, ज़ाइलौआ ज़ाइलोकार्पा, स्वलीकेरा ओलीओसा, साइज़िगियम कुमिनी	छायाकांक्षी

तापमान (Temperature)

- तापमान सापेक्ष ग्रीष्मता (गर्मी) और शीतलता को दर्शाता है और यह वनस्पति को कई मायनों में प्रभावित करता है।
- विभिन्न प्रकार की चयापचय क्रियाएँ जैसे प्रकाश संश्लेषण, श्वसन, वाष्पोत्सर्जन जैसी क्रियाओं के लिए तापमान ऊर्जा का स्त्रोत है बदले में यह पौधों के विकास एवं वृद्धि को प्रभावित करता है।
- तापमान से मिट्टी में सूक्ष्मजीव आबादी की गतिविधि में वृद्धि होती है और सड़ने की क्रिया में तेजी आती है।
- तापमान सभी एंजाइमी तथा चयपचयी गतिविधियों को प्रभावित करता है
- तापमान पौधों के विकास एवं वृद्धि को प्रभावित करता है तथा पौधों के लिए अनुकूलतम तापमान 25°C से 30°C के मध्य होता है।
- 45°C से अधिक के उच्च तापमान से वनस्पति पर प्रतिकूल प्रभाव पड़ता है। यह जीवद्रव्य की जमावट के कारण पौधों की कमजोरी का कारण बनता है जबकि वृक्ष आमतौर पर उच्च तापमान सहन कर पाते हैं।
- वृक्षों में उच्च तापमान पर सन स्कैल्ड (आतप द्रवदाह) नामक एक क्रिया पायी जाती है जिसके कारण पेड़ की कैंम्बियम (पेड़ की बाहरी छाल के नीचे का खानेदार तंतु) नष्ट हो जाती है।

वन प्रकार पर तापमान का प्रभाव (Temperature Influence On Forest Types)

क्र.सं.	वन प्रकार	तापमान सीमा (°C)
1.	उष्णकटिबंधीय	20 से 45
2.	उपोष्णकटिबंधीय	20 से 40
3.	शीतोष्ण	5 से 30
4.	एल्पाइन	−5 से 20

निम्न तापमान के प्रभाव (Influence Of Lower Temperature)

निम्न तापमान से पाले के प्रभाव का उत्पन्न हो जाना जो हवा को निश्चित जमाव बिन्दु से अधिक ठंडा बनाता है। पाले को तीन प्रकार से वर्गीकृत किया गया है-

क्र.सं.	ठंड के प्रकार	विशेषताएँ एवं प्रभाव
1.	विकिरण पाला (Rediation Frost)	a. यह पाला सर्दी में रातों के दौरान होता है, जब आकाश साफ हो जा!ता है। b. जमीन के पास का तापमान हिमांक के नीचे गिरता है जिसके कारण मिट्टी की सतह और वनस्पति पर बर्फ के माणभ (क्रिस्टल) बन जाते हैं। c. इससे युवा अंकुर और युवा पुनर्योजन का नाश हो जाता है। d. विकिरणित ठंड को जमीनी ठंड के रूप में भी जाना जाता है।
2.	पूल ठंड (Pool Frost) संवहन/पाला (Convection Frost)	a. यह घाटियों में काफी ठंडी हवा के जगाव के कारण होता है। यह बड़े-बड़े वृक्षों को क्षति पहुँचाते हुए नष्ट तक कर देता है। b. ठंड अधिक हो जाती है और हवा ठंडक के कारण नीची हो जाती है और संवहन धाराएँ उत्पन्न हो जाती हैं। c. पूल ठंड को संवहनी ठंड भी कहा जाता है।
3.	विशेष पाला (Adjective Frost)	a. यह बाहर से आने वाली ठंडी हवा के कारण होता है और विशेष रूप से सर्दियों के मौसम में। b. यह प्रबलता से होता है।

ठंड के कारण क्षति (Injuries Due to Frost)

- पाले के कारण युवा पौधों और अंकुरों पर गंभीर प्रभाव पड़ता है। ऊत्तकों में पानी जमने के कारण ठंड बढ़ती है और कोशिकाओं में जमने वाले जीवद्रव्य एवं लवण, जमावट कोशिकाओं की वृद्धि और विकास को रोकता है।
- ठंड के कारण जलसंवहन प्रभावित होता है और पौधे मर सकते हडर।
- मिट्टी की नमी के जमने से मिट्टी का जड़ में प्रवेश रुक जाता है तथा जिसके कारण अव्यवस्था तथा मृत्यु हो सकती है।
- ठंड से वृक्षों में दरारें पड़ जाती हैं तथा यह वृक्षों की गुणवत्ता को भी प्रभावित करता है।
- ठंड नासूर का कारण बन सकती है और शक्ति तथा यांत्रिकी गुणों को प्रभावित करती है।

वृक्षों को ठंड प्रतिरोधक एवं संवेदनशील प्रजाति में वर्गीकृत किया गया है-

क्र.सं.	पैरामीटर	जाति उपयुक्तता
1.	ठंड प्रतिरोधक वृक्ष	*यूकेलिप्टस (Eucalyptus)*, डलबेर्जिया जाति (*Dalbergia* sp.), टुना जाति (*Toona* sp.),

क्र.सं.	पैरामीटर	जाति उपयुक्तता
		एनोगीसस लेटीफोलिया (Anogeisus latifolia), अकेसिया कटेचु (Acacia catechu)
2.	ठंड अतिसंवेदनशील वृक्ष	सागौन (Teak), *टर्मीनेलिया (Terminalia), बोस्वेलिया सेर्राटा (Boswellia serrata)*

3. जल (Water)

पानी प्रकाश संश्लेषण, श्वसन, वाष्पोतसर्जन और वृद्धि तथा विकास को प्रभावित करने वाली सभी शारीरिक क्रियाओं के लिए आवश्यक है।

- पानी पौधों की प्रगाढ़ता और उनके विकास को बनाए रखने में महत्त्वपूर्ण भूमिका निभाता है।
- पानी, मिट्टी के पोषक तत्त्वों के घुलने में मदद करता है और उन्हें पौधों के लिए उपलब्ध कराता है।
- पादप प्रणाली में पोषक तत्त्वों का जल द्वारा सरलतापूर्वक परिसंचरण किया जाता है।
- यह बीज अंकुरण, बीज फैलाव और अंकुर स्थापना में भी मदद करता है।
- पानी मिट्टी के मौसम अनुकूलन में मदद करता है।

वनस्पतियों पर जल का प्रभाव (Influence Of Water On Vegetation)

नमी के रूप में पानी वनस्पति विकास के लिए सबसे आवश्यक कारक है। भारत में पानी तथा नमी की उपलब्धता मौसमी वर्षा पर निर्भर करती है जो वन प्रकार, प्रजातियों के संयोजन, वृद्धि और विकास को प्रभावित करती है।

4. वायु (Wind)

वायु एक अन्य जलवायु कारक है जो वनस्पति की वृद्धि और रूप को प्रभावित करता है।

वायु का वनस्पति पर प्रभाव (Influence Of Wind On Vegetation)

- उच्च वायु का वेग पेड़ों के उखड़ने और यांत्रिकी क्षति का कारण बनता है।
- यह अत्यधिक वाष्पोत्सर्जन का कारण बनता है और पौधे तथा मिट्टी जल्दी सूख जाती है।
- वृक्षों के शीर्ष का रूप अधिक वायु के वेग से प्रभावित होता है।
- इससे मृदा अपरदन भी होता है।
- वायु बीजों के फैलाव में मदद करती है।

जैव जलवायु (Bioclimate)

जैव जलवायु, संशोधित या समायोजित जलवायु कारकों द्वारा परिभाषित होती है। वनस्पति द्वारा उत्पन्न संशोधित जलवायु परिस्थितियाँ जो सामान्य जलवायु से भिन्न हो, उसे जैव जलवायु कहा जाता है।

सूक्ष्म जलवायु (Microclimate)

सूक्ष्म जलवायु को छोटे क्षेत्र की जलवायु के रूप में परिभाषित किया जाता है जो क्षेत्र की सामान्य जलवायु से किसी पादप या किसी अन्य आवरण के नीचे तापमान और आर्द्रता में भिन्न होती है।

सूक्ष्म जलवायु की महत्ता (Importance Of Microclimate)

- पहाड़ियों के विभिन्न पहलुओं की सूक्ष्म जलवायु भिन्न है जो प्रजातियों के पुनर्जनन का निर्णय करती है। शीतोष्ण हिमालय में, सरो (Fir) वृक्ष व देवदार वृक्षों की उत्तरी क्षेत्र में अच्छी तरह से पुनर्जन्मित पाई जाती है। जबकि देवदार वृक्ष की दक्षिण में अधिक उपलब्धता है।
- यह पुन: उत्थान के आयोजन में मदद करता है।
- उपोष्ण ऊँचाई वाले क्षेत्रों में उत्तरी क्षेत्र इतना ठंडा हो जाता है कि वहाँ की प्रकृति ने चीड़ वृक्षों की जगह कैल वृक्षों को दे दी है। ऐसे स्थानों पर चीड़ के बीजों की बुनाई से सफलता की संभावना नहीं है।
- घाटियों में ठण्ड अधिक होती है, इसलिए स्पष्ट कटाई से बचा जाता है।
- विदेशी प्रजातियों को अपनाने के लिए सूक्ष्म जलवायु का विस्तृत अध्ययन आवश्यक है। अन्यथा विदेशी प्रजातियों को अपनाना असफल है।

मृदीय कारक (*Edaphic Factor*)

मृदा कारक मुख्यत: मृदा संरचना, संरचना एवं बनावट आदि इसके कार्यों से संबंधित होते हैं। मृदा वनस्पति के प्रकार को इसके भौतिक, जैविक और रासायनिक गुणों से प्रभावित करते हैं।

मृदा के विभिन्न गुण जो वनस्पति को उत्पन्न करने में सहायक हैं, उनका विवरण निम्न प्रकार है-

भौतिकी गुण (Physical Properties)

(i) मृदा की बनावट : बनावट मृदा में रेत, खाद और मिट्टी के सापेक्ष अनुपात को दर्शाती है। कुछ पेड़ रेतीली मिट्टी (*थेस्पिया पॉपुल्नीया, केसुअरौना, एनकैर्डियम ऑक्सीडेंटल*) को पसंद करते हैं जबकि कुछ पेड़ चिकनी मिट्टी में ही उगते हैं। जैसे- *अकेसिया निलोटिका (Acacia nilotica), प्रोसोपिस जुलीफ्लोरा (Prosopis Juliflora)*।

(ii) संरचना : संरचना, मिट्टी के कणों की व्यवस्था को दर्शाती है। मृदा के कणों की व्यवस्था मिट्टी की सरंध्रता को निश्चित करती है, इस प्रकार यह पानी की प्रतिधारण को प्रभावित करती है जो वनस्पति पर अप्रत्यक्ष रूप से प्रभाव डालती है।

(iii) सतही तथा गहरी परतें : सतह की पपड़ी (छाल), उच्च गाद और रेत वाली मिट्टी की सतह पर निर्मित कठोर द्रव्यमान को दर्शाती है। मिट्टी के उपसतह पर संचय के कारण सतह परत के नीचे सीमेंट जैसी उच्च घनत्व वाली मिट्टी परत को दर्शाती है। सतही

पपड़ी, अंकुरण को कम करती है जबकि कठोर परत जड़ की वृद्धि को प्रतिबंधित करती है।

(iv) **मिट्टी की गहराई एवं इसकी दृढ़ता :** पौधों के वितरण में सापेक्ष गहराई भी एक घटक है। विभिन्न पेड़ों को विभिन्न तरह की मिट्टी की गहराई और पत्थरों की आवश्यकता होती है।

(v) **मिट्टी की आर्द्रता :** मिट्टी में नमी की उपलब्धता वनस्पति को निर्धारित करती है। आर्द्र मिट्टी में सदाबहार वनस्पति होती है तथा सूखी मिट्टी मरुद्भिद को समर्थन देती है।

रासायनिक गुणधर्म (Chemical Properties)

(i) **मृदा की प्रतिक्रिया** – मृदा की प्रतिक्रिया, मृदा की अम्लता एवं क्षारीयता को दर्शाती है। पोषक तत्त्वों की उपलब्धता मृदा प्रतिक्रिया के साथ अलग है। इसी प्रकार कुछ पादप अम्लीय मिट्टी में अच्छे से उगते हैं (*ज़ाइलिया ज़ाइलोकार्पा, डिपेटेरोकार्पस* जाति) तथा कुछ पौधे क्षारीय मिट्टी में अच्छे से उगते हैं (*टेमरिक्स* जाति *सेल्वेडोरा पर्सिका*)। सामान्य रूप से अधिकांश पौधे भूमि की उपजाऊ स्थितियों में पैदा होते हैं।

(ii) **मिट्टी की चालकता** – मिट्टी की विद्युत चालकता मिट्टी में सापेक्ष घुलनशील लवण की स्थिति को दर्शाता है। लवणीय सहिष्णु जातियाँ। (*सल्वडोरा पर्सिका, टेमरिक्स* जाति, *प्रोसोपिस ज्यूलीफ्लोरा*) केवल लवणीय मिट्टी में ही जीवित रह सकते हैं जबकि अन्य पौधे उदासीन (पी.एच.मान) मिट्टी में रहते हैं।

(iii) **कैल्सियम युक्ति** – मिट्टी में कैल्सियम, विद्युत चालकता और पौधे के पोषक तत्त्वों की उपलब्धता को निर्धारित करता है। इसलिए कैल्सियम युक्त और गैर कैल्सियम युक्त मिट्टी में पादप वितरण अलग-अलग पाया जाता है।

पादप वितरण पर मृदा गुणों के प्रभाव के उदाहरण (Examples Of Influence Of Soil Properties On Plant Distribution)

क्र.सं.	वृक्ष की प्रजातियाँ	मृदा प्रकार
1.	चीर पाइन	क्वार्ट्ज चट्टानें
2.	ब्लू पाइन	अभ्रक शिष्ट
3.	डिओडार	जलोढ़ मिट्टी
4.	*कुप्रेसस टोरुलोसा* एवं *आइक्सोरा पर्वीफ्लोरा*	चूना मिट्टी पत्थर
5.	टीक	चूना उपजाऊ मिट्टी
6.	*ज़ाइलिआ ज़ाइलोकार्पा* एवं *क्लीस्टेंथस कॉलीमिस*	लैटराइट
7.	टेरोकिर्पस सेंटेलिनस	क्वार्ट्जाइट
8.	*अकेसिया ल्युकोफोलिया* एवं *प्रोसोपिस स्पिसीगेरा*	चिकनी मिट्टी
9.	*प्रोसोपिस ज्यूलीफ्लोरा, अकेसिया अरेबिका, टेमरिक्स एफाइला, सेल्वेडोरा ओलियोडिस, सेल्वेडोरा पर्सिका* एवं *स्पोरोलोबस*	लवणीय

स्थलाकृतिक कारक (Topographic Factors)

स्थलाकृति किसी स्थान की भौतिक विशेषताओं का वर्णन करती है। स्थलाकृतिक कारक जैसे भूमि तल के विन्यास, ऊँचाई, ढलान, आकृति आदि होते हैं। किसी भी स्थान को स्थलाकृतिक तत्त्वों द्वारा वर्णित किया जा सकता है , जैसे भूमि तल, ऊँचाई, ढलान, आकृति और आवरण के विन्यास का यहाँ पर वर्णन किया गया है–

(i) **भूमि तल का विन्यास :–** भूमि के बाह्य आकार या सतह के विन्यास को भी निर्दिष्ट करता है। यह सूक्ष्म जलवायु (माइक्रोक्लाइमेट) जैसे छाया तापमान आदि का निर्धारण करता है और इस प्रकार वनस्पति को प्रभावित करता है।

(ii) **स्थान** की औसत ऊँचाई समुद्र स्तर से इसकी ऊँचाई को दर्शाती है। सौर विकिरण, तापमान, वायु घनत्व और बारिश की गिरावट को ऊँचाई प्रभावित करती है। ऊँचाई बढ़ने पर वायु का तापमान घटता है जबकि सौर विकिरण बढ़ता है। बढ़ती ऊँचाई के साथ वायु घनत्व भी घट जाता है।

(iii) **ढलान सतह** के तिरछे स्वभाव को संदर्भित करती है अर्थात् जमीन का एक छोर ऊँचे स्थान पर तथा दूसरा छोर नीचे स्थान पर होता है। यह वर्षा के कारण जलनिकासी (Drainage) और अपवाह (run-off) को प्रभावित करता है। सामान्य रूप से तीव्र ढाल के कारण अपवाह (run-off) और भूमि क्षरण में वृद्धि होती है।

(iv) **आकृति ढलान** की दिशा की ओर इंगित करती है। भारत में पहाड़ के उत्तरी और पूर्वी भाग में वायु का अपेक्षाकृत कम तापमान है जबकि पश्चिमी और दक्षिणी ढलान में हल्का गर्म तापमान पाया जाता है।

(v) **अनावरण (Exposure)** से विशेष रूप से हवा और सूर्य की मौसमी स्थिति के संबंध में जाना जाता है। सूरज की रोशनी में उजागर होने वाली मिट्टी अच्छे मौसम वाली मिट्टी होती है जबकी सूरज की कम रोशनी के कारण ध्रुवीय क्षेत्रों की मिट्टी अच्छी नहीं मानी जाती है। साथ ही अनावरण मिट्टी की आर्द्रता एवं इसकी उपलब्धता को निर्धारित करता है। इन सभी कारकों का पौधों की वृद्धि से सीधा संबंध है।

जैविक कारक (Biotic Factor)

विभिन्न जीवों से वनों पर होने वाले अलग-अलग प्रभावों को जैव कारक कहते हैं।

पौधों के प्रभाव (Influence Of Plant)

किसी भी स्थान पर बहुत प्रकार के पौधे होते हैं। इसलिए प्रत्येक पौधे एक-दूसरे को निम्नलिखित तरीकों से प्रभावित करते हैं :

(i) **प्रतिस्पर्धा :** समान प्रजाति के मध्य सीमित उपलब्ध भोजन पर प्रतिस्पर्धा के लिए संघर्ष होता है। एक सामान्य नियम अनुसार स्वस्थता उत्तरजीविता के लिए योग्यतम है।

(ii) **परजीवी :** परजीवी ऐसे पौधे होते हैं, जो अन्य पौधों से पोषक तत्त्व प्राप्त करते हैं। इससे पोषी पौधे की शक्ति कम हो जाती है तथा विशेष परिस्थितियों में पोषी पौधे की मृत्यु भी हो जाती है।

(iii) **परोपजीवी (अधिपादप) :** वे पादप होते हैं, जो आश्रय के लिए अन्य पौधों पर निर्भर रहते हैं, भोजन के लिए नहीं। ये अक्सर पौधों को कमजोर कर देते हैं पर इनके प्रभाव से पोषी पौधा मरता नहीं है। यह आमतौर पर पौधे को कमजोर कर देता है और पोषी पौधे को मृत नहीं करता है।

(iv) **लताएँ :** बेल, लताएँ आरोही पादप ऐसे पौधे हैं जो मुख्य रूप से शारीरिक सहायता के लिए अन्य पौधों पर निर्भर रहते हैं। ये बढ़ते हुए पेड़ों के व्यास में वृद्धि को कम करते हैं। कुछ आरोही पौधों के चूषकांग तन्तु आदि लकड़ी में एक छिद्र बनाते हैं जो इसकी मूल्य और उपयोगिता को कम कर देते हैं।

(v) **खरपतवार :** खरपतवार अवांछित पौधे होते हैं, इसलिए किसी भी क्षेत्र में खरपतवार की आवश्यकता नहीं होती है। इसकी प्रतिस्पर्धा मुख्य प्रजातियों से प्रकाश, जल, स्थान और पोषक तत्त्वों के लिए होती है। जिसके परिणामस्वरूप मुख्य प्रजातियों में कमजोर वृद्धि होती है।

(vi) **कवक :** कवक वृक्ष प्रजातियों के लिए कई रोगों का कारण बनता है। माइक्रोराइज़ फंगस पौधों में, मृदा फॉस्फोरस का विलेयीकरण एवं संघटन से फॉस्फोरस पोषक तत्त्वों को बढ़ाता है।

कीड़ों का प्रभाव (Influence Of Insects)

कीट पौधों में भोजन जैसे पत्ते, फल, बीज, फूल आदि भोजन के रूप में लेते हैं। गहन निष्पत्रण पौधे में प्रकाश संश्लेषण की कमी करता है तथा पादपों में वृद्धि को रोकता है। कीटों द्वारा फूलों एवं बीजों को खा लिये जाने से जनन को नकारात्मक रूप से प्रभावित करता है।

जंगली जानवरों का प्रभाव (Influence Of Wild Animals)

प्राय: वन्य प्राणी शाकाहारी पशु भोजन के लिए जीवित पौधों को खाते हैं। इस प्रकार खाने योग्य पौधों की प्रजातियों की संख्या शाकाहारी प्राणियों पर निर्भर करती है। शाकाहारियों की अतिरिक्तता से पौधों की संख्या में कमी आ जाती है। भालू कुछ वृक्षों की छाल को भोजन के स्त्रोत रूप में काटते हैं। बारहसींगा पेड़ की छाल को अपने सींग से रगड़कर निकाल देती है। हाथी युवा अंकुरों को तोड़ने एवं रौंदने का कार्य करते हैं। जंगली जानवर इस प्रकार किसी क्षेत्र की वनस्पति को प्रभावित करते हैं।

मनुष्य एवं उसके जानवरों के प्रभाव (Influence Of Man And His Animal)

स्थानीय वनस्पतियों पर मनुष्यों का व्यापक प्रभाव है। वह पौधों का उपयोग भोजन, ईंधन, लकड़ी, आश्रय, चिकित्सा और अन्य आवश्यकताओं के लिए करते हैं। इसके अतिरिक्त मनुष्यों द्वारा पाले गए जानवरों से पारिस्थितिकी तंत्र पर अपूर्णीय क्षति हुई है।

■ ■ ■

अध्याय 3

दुनिया में वनों की स्थिति
(The State Of World's Forest)

वैश्विक स्तर पर जलवायु परिवर्तन और अनुकूलन में इसकी भूमिका के अलावा लकड़ी और लकड़ी के उत्पादों की बढ़ती माँग के कारण वन आकर्षण का केन्द्र रहे हैं। दुनिया के वन संसाधनों का मानवीय विकृतियों से बहुत ह्रास हो रहा है और औद्योगिकरण और उससे जुड़ी हुई विकास प्रक्रिया इसका मुख्य कारण है। इसलिए विश्व में वानिकी क्षेत्र के विकास को समझने के लिए वैश्विक वन संसाधनों के स्तर को जानना बहुत आवश्यक है।

इस अध्याय में निम्नलिखित शीर्षकों के अंतर्गत विश्व वनों की स्थिति का सार दिया गया है।

- विश्व वन का भौगोलिक वितरण
  - विश्व वन–तथ्य
  - प्रदेश के अनुसार वनक्षेत्र
  - देश के अनुसार वन आवरण
- विश्व वनों का वर्गीकरण
- विश्व वनों की उत्पादक क्षमता
- विश्व वनों की वृद्धि

विश्व वनों का भौगोलिक वितरण (Geographical Distribution Of World Forest)

विश्व के वन संसाधनों और उसके प्रबंधन में पिछले दो से तीन दशकों में बड़ा बदलाव आया है। तीव्र जनसंख्या वृद्धि और संबद्ध विकास परियोजनाओं के कारण विश्व वन संसाधनों में गिरावट जारी है। एक अनुमान के अनुसार 1990 के दौरान, विश्व में 4128 मिलियन हैक्टेयर वन थे जो वर्ष 2015 में 3999 मिलियन हैक्टेयर भूमि पर पहुँच गए। वर्ष 1990 में 31.6% से घटकर 2015 में 30.6% के प्रतिशत के अनुसार वन आवरण में इस कमी का अनुमान लगाया जा सकता है। 1990 और 2015 के बीच की अवधि के दौरान शुद्ध वन क्षति का अनुमान 129 मिलियन हैक्टेयर रहा है और उसमें 7.6 मिलियन हैक्टेयर वार्षिक क्षति दर्ज हुई है।

पिछले दो वर्षों के दौरान रोपित वनों का क्षेत्र 1100 मिलियन हैक्टेयर से अधिक बढ़ गया है और वैश्विक वन का क्षेत्र 7% है। सन् 1990 और 2000 के बीच की अवधि के दौरान 36 लाख हैक्टेयर के क्षेत्र में वृद्धि हुई है जो वर्ष 2000 से 2010 के बीच 5.2 लाख हैक्टेयर प्रतिवर्ष बढ़ गया 2010 से 2015 की अवधि के दौरान इस क्षेत्र में 3.1 लाख हैक्टेयर की दर से ही वृद्धि हुई है।

रोपण गतिविधियों में कमी के कारण पूर्वी एशिया, उत्तरी अमेरिका, यूरोप, दक्षिण और दक्षिण पूर्व एशिया में रोपण का लेखांकन कम किया गया है। प्राकृतिक एवं रोपित वनों से न केवल वन क्षेत्र में परिवर्तन हुए हैं बल्कि विश्व भर में लकड़ी के उत्पादन एवं उपयोग में भी तेजी से बदलाव हुआ है।

वर्ष 1990 के दौरान 2.8 बिलियन मी^{3} पर लकड़ी कटाई का कार्य था जिसमें से 41% ईंधन हेतु लकड़ी कटाई का कार्य किया गया। वर्ष 2011 में वार्षिक लकड़ी कटाई में 3 बिलियन मी^{3} वृद्धि हुई है जिससे दुनिया में 30% वनों की कटाई में बढ़ोतरी हुई है। विभिन्न तरह के वनों का उपयोग जैसे लकड़ी, गैर-लकड़ी उत्पादन, जल, विश्राम एवं अन्य महत्त्वों के लिए किया जाता है। वन क्षेत्र के विभिन्न उपयोगों को सारणी संख्या 1 में दर्शाया गया है।

सारणी 1. विश्व के वन-तथ्य

क्र.सं.	प्रभावित करने वाले तथ्य	क्षेत्र
वन क्षेत्र एवं इसकी विशेषताएँ		
1.	वन क्षेत्रफल	3999 मिलियन हैक्टेयर
2.	अन्य वनीय भूमि का क्षेत्रफल	1204 मिलियन हैक्टेयर
3.	वृक्ष आवरण के साथ अन्य भूमि का क्षेत्रफल	284 मिलियन हैक्टेयर
4.	वार्षिक औसतन पुनर्वनीकरण (वनीकरण)	27 मिलियन हैक्टेयर
5.	प्राकृतिक वन	3695 मिलियन हैक्टेयर
6.	रोपित वन	291 मिलियन हैक्टेयर
7.	शुद्ध वार्षिक वन परिवर्तन	−3.3 मिलियन हैक्टेयर
8.	शुद्ध वार्षिक प्राकृतिक वन परिवर्तन	−6.5 मिलियन हैक्टेयर
9.	शुद्ध वार्षिक रोपित वन परिवर्तन	3.3 मिलियन हैक्टेयर
उत्पादन (Production)		
10.	जैवभार	531 बिलियन मी.^{3}
11.	बढ़ते वन का भंडारण	129 m^3 प्रति हैक्टेयर
12.	ऊपरी एवं निचले स्तर में कार्बन का जैव भार	296 गीगा टन
13.	ऊपरी एवं निचले स्तर में कार्बन का जैव भार	73 टन प्रति हैक्टेयर
14.	वन का उत्पादन	1187 मिलियन हैक्टेयर

क्र.सं.	प्रभावित करने वाले तथ्य	क्षेत्र
15.	वन के अनेक उपयोग	1049 मिलियन हैक्टेयर
16.	लकड़ी का कुल निष्कासन	2997 मिलियन मी.^{3}
	सुरक्षात्मक कार्य एवं चयनात्मक पारिस्थितिकी तंत्र सेवाएँ	
17.	मृदा एवं जल का संरक्षण	1015 मिलियन हैक्टेयर
18.	पारिस्थितिकी सेवाएँ, सांस्कृतिक एवं आध्यात्मिक महत्त्व	1163 मिलियन हैक्टेयर
जैवविविधता एवं संरक्षण		
19.	जैवविविधता का संरक्षण	524 मिलियन हैक्टेयर
20.	प्राथमिक वन	1277 मिलियन हैक्टेयर
21.	वन क्षेत्रफल में संरक्षित क्षेत्र	651 मिलियन हैक्टेयर
अव्यवस्थाएँ (उपद्रव)		
22.	बाह्य विदेशी काष्ठीय प्रजातियों वाला क्षेत्र	79 मिलियन हैक्टेयर
23.	जला हुआ वन क्षेत्र (क्षतिग्रस्त)	65 मिलियन हैक्टेयर
24.	आच्छादन में गिरावट वाला वन क्षेत्र	185 मिलियन हैक्टेयर

खाद्य एवं कृषि संगठन (FAO), 2015

क्षेत्रानुसार दुनिया में वनों की स्थिति (Region Wise Forest Status In The World)

संपूर्ण विश्व में अफ्रीका, एशिया, यूरोप, उत्तरी और मध्य अमेरिका, महासागरीय प्रदेश एवं दक्षिणी अमेरिका के देशों में वनों का स्थान उल्लेखनीय है। इन सभी के बीच, यूरोप के उच्च वन क्षेत्र का लेखांकन 1110 मैगा हैक्टेयर है तथा महासागरीय प्रदेशों में निम्न वन क्षेत्र का लेखांकन 174 मैगा हैक्टेयर है। किसी क्षेत्र के लिए भंडारण में वृद्धि बहुत आवश्यक है तथा महासागरीय प्रदेशों के वनों में बढ़ते हुए भंडारण का लेखांकन 202 मी^{3}/हैक्टेयर है तथा एशिया में निम्न भंडारण वृद्धि का लेखांकन 93 मी^{3}/हैक्टेयर है।

वनों से लकड़ी को हटाने के आकलन से संकेत मिलता है कि एशियाई देशों में बढ़ते हुए लकड़ी का निष्कासन का लेखांकन 780 मैगा.मी^{3} यूरोपीय देशों का लेखांकन (681 मैगा.मी^{3}) है। महासागरीय प्रदेशों में लकड़ी के हटाने का लेखांकन निम्न दर पर 63 m.m^3 है। वन क्षेत्र के जल जाने से दक्षिण अमेरिकी क्षेत्र का लेखांकन 36 मैगा.मी^{3} हुआ है, अफ्रीकन देशों का लेखांकन (19 मैगा.मी^{3}) है। प्राकृतिक तथा रोपित वन, उत्पादकता, कार्बन स्थिति, पारिस्थितिकी तंत्र से संबंधित वन क्षेत्र की क्षेत्र के अनुसार जानकारी सारणी संख्या 2 में दी गई है।

सारणी 2. प्रदेश के अनुसार दुनिया के वनों की स्थिति (Region Wise Forest Status In The World)

क्र.सं.	प्रभावित करने वाले कारक	क्षेत्र					
		अफ्रीका	एशिया	यूरोप	उत्तरी एवं केन्द्रीय अमेरिका	महा–सागरीय	दक्षिणी अमेरिका
1.	वन क्षेत्र (मिलियन हैक्टेयर)	624	593	1015	751	174	842
2.	प्राकृतिक वन (मिलियन हैक्टेयर)	600	462	929	707	1.69	827
3.	रोपित वन (मिलियन हैक्टेयर)	16	129	83	43	4.4	15
4.	शुद्ध वार्षिक वन परिवर्तन (मिलियन हैक्टेयर)	-2.8	0.8	0.4	0.1	0.3	-2.0
5.	शुद्ध वार्षिक प्राकृतिक वन परिवर्तन (मिलियन हैक्टेयर)	-3.1	-1.0	0.01	-0.4	0.3	-2.2
6.	शुद्ध वार्षिक रोपित वन परिवर्तन (मिलियन हैक्टेयर)	0.2	1.8	0.4	0.5	0.03	0.4
7.	वन वृद्धि भंडारण (बिलियन मी.^{3})	79	55	115	96	35	150
8.	वन वृद्धि भंडारण (मी.^{3} प्रति हैक्टेयर)	128	93	113	129	202	178
9.	उच्च एवं निम्न स्तर पर कार्बन का जैव भार (गीगाटन)	60	36	45	36	16	103
10.	उच्च एवं निम्न स्तर पर कार्बन का जैव भार (टन प्रति हैक्टेयर)	96	61	45	58	92	122
11.	उत्पादित वन (मिलियन हैक्टेयर)	165	247	511	124	13	127
12.	वन के अनेक उपयोग (मिलियन हैक्टेयर)	133	129	238	391	54	104

क्र.सं.	प्रभावित करने वाले कारक	क्षेत्र					
		अफ्रीका	एशिया	यूरोप	उत्तरी एवं केन्द्रीय अमेरिका	महा–सागरीय	दक्षिणी अमेरिका
13.	कुल लकड़ी का निष्कासन (मिलियन मी.^{3})	614	780	681	513	63	346
14.	मृदा एवं जल का संरक्षण (मिलियन हैक्टेयर)	50	195	123	534	37	76
15.	पारिस्थितिकी सेवाएँ, संस्कृति एवं आध्यात्मिक महत्त्व के वनक्षेत्र (मिलियन हैक्टेयर)	67	43	122	642	123	167
16.	जैवविविधता का संरक्षण (मिलियन हैक्टेयर)	92	86	53	127	36	130
17.	प्राथमिक वन (मिलियन हैक्टेयर)	135	117	277	320	27	400
18.	वन क्षेत्रफल का संरक्षित वन (मिलियन हैक्टेयर)	101	115	46	75	27	287
19.	जला हुआ वन क्षेत्र (मिलियन हैक्टेयर)	19	1.4	2.6	3.9	2.6	36

खाद्य एवं कृषि संगठन (FAO), 2015

देश के अनुसार वन आवरण (Country Wise Forest Cover)

खाद्य और कृषि संगठन (एफ.ए.ओ.) की 2015 की नियंत्रण एवं मूल्यांकन रिपोर्ट में विश्व के लगभग सभी देशों के वन मूल्यांकन का लेखांकन हुआ है। इस पुस्तक में शिक्षाविद्, अनुसंधानकर्ता, पेशेवर, छात्रों एवं अन्य हितधारकों के प्रयोग के लिए एफ.ए.ओ. रिपोर्ट में दर्शाए गए आँकड़े प्रस्तुत किए गए हैं। विश्व के 221 देशों का वन क्षेत्र सारिणी संख्या 3 में दर्शाया गया है। इन 221 देशों में से 5 देशों ने वनों में वृद्धि का लेखांकन किया है।

क्र.सं.	देश	वन क्षेत्रफल
1.	रूस	814.931 मिलियन हैक्टेयर
2.	ब्राज़ील	493.538 मिलियन हैक्टेयर
3.	कनाडा	347.069 मिलियन हैक्टेयर
4.	संयुक्त राष्ट्र अमेरिका	310.09 मिलियन हैक्टेयर
5.	चीन	208.321 मिलियन हैक्टेयर

ये सभी देश विकसित एवं उच्च आय वाले देश हैं। F.A.O. के नियंत्रण एवं आकलन रिपोर्ट के अनुसार 70.682 मिलियन हैक्टेयर वन क्षेत्र सहित भारत 10वें स्थान पर है। तालिका इंगित करती है कि वन क्षेत्र विकसित और अविकसित देशों की तुलना में आय में वृद्धि से देशों के लिए पंजीकरण की प्रवृत्ति बढ़ती जा रही है। देश जैसे कि अंगुइला, बेहरेन, बरमुडा, ब्रिटिश, वर्जिन आइसलैंड, डिबौटी, आइसल ऑफ मैन, जर्सी, कुवैत, लिक्टेन, मेल्डिव्स, मैयोटे, मॉट्सीरेट, नींदरलैंड एंटील्स, पेलीस्टाइन टेरीटरी, पिट्केने सेंट हैलेना, सेंट मार्टिन, टोंग, तुवालु, वेलीस एवं फुटुना आइसलैंड का सबसे निम्न वन क्षेत्र का लेखांकन 10,000 हैक्टेयर हुआ है।

सारणी संख्या 3. देश के अनुसार वन आवरण (Country Wise Forest Cover)

क्र. सं.	देश/क्षेत्र	वन		अन्य वन भूमि	
		1000 हैक्टेयर	भूमि का क्षेत्र प्रतिशत	1000 हैक्टेयर	भूमि का क्षेत्र प्रतिशत
1.	अफगानिस्तान	1350	2.1	29471	45.2
2.	अल्बानिया	772	28.2	256	9.4
3.	अल्जीरिया	1956	0.8	2569	1.1
4.	अमेरिकन सामोआ	18	87.7	—	—
5.	एंडोरा	16	34.0	—	—
6.	अंगोला	57856	46.4	—	—
7.	अंगुइला	6	61.1	—	—
8.	एंटीगुआ एवं बरमुडा	10	22.3	16	35.5
9.	अर्जेटिना	27112	9.9	64376	23.5

क्र. सं.	देश/क्षेत्र	वन		अन्य वन भूमि	
		1000 हैक्टेयर	भूमि का क्षेत्र प्रतिशत	1000 हैक्टेयर	भूमि का क्षेत्र प्रतिशत
10.	अर्मेनिया	332	11.8	63	2.2
11.	आरूबा	—	—	—	—
12.	ऑस्ट्रेलिया	124751	16.2	250961	32.7
13.	ऑस्ट्रिया	3869	46.9	153	1.9
14.	अजरबेजान	1139	13.8	0	0.0
15.	बहमास	515	51.4	36	3.6
16.	बहरीन	1	0.8		
17	बांग्लादेश	1429	11.0	294	2.3
18.	बार्बादीस	6	14.7	1	2.6
19.	बेलारूस	8634	41.6	540	2.6
20.	बैल्जियम	683	22.6	36	1.2
21.	बेलीज़	1366	59.9	200	8.8
22.	बेनीन	4311	39.0	2889	26.1
23.	बरमुडा	1	20.0		
24.	भूटान	2755	72.3	432	11.3
25.	बोलिविया (बहुराष्ट्रीय राज्य)	54764	50.6	2473	2.3
26.	बोस्निया एवं हर्जीगोविना	2185	42.8	549	10.8
27.	बोत्सवाना	10840	19.1	34791	61.4
28.	ब्राजील	493538	59.0	39535	4.7
29.	ब्रिटिश वर्जिन आइसलैंड	4	24.1	2	11.2
30.	ब्रुनेई दार-उस्-सलाम	380	72.1	50	9.5
31.	बल्गेरिया	3823	35.2	22	0.2
32.	बुर्किना फासो	5350	19.6	4795	17.5
33.	बुरुंडी	276	10.7	201	7.8
34.	केवा वर्डी	90	22.3		
35.	कम्बोडिया	9457	53.6	133	0.8
36.	कैमरून	18816	39.8	12715	26.9
37.	कनाडा (कनाड़ा)	347069	38.2	40866	4.5

क्र. सं.	देश/क्षेत्र	वन		अन्य वन भूमि	
		1000 हैक्टेयर	भूमि का क्षेत्र प्रतिशत	1000 हैक्टेयर	भूमि का क्षेत्र प्रतिशत
38.	कैमन आइसलैंड्स	13	52.9		
39.	सेंट्रल अफ्रीकन रिपब्लिक	22170	35.6	32731	52.5
40.	चाड	4875	3.9	19563	15.5
41.	चाइल (चिली)	17735	23.9	14645	19.7
42.	चीन	208321	22.1	103637	11.0
43.	कोलंबिया	58502	52.7	16352	14.7
44.	कोमरोस	37	19.9		14.0
45.	कोंगो	22334	65.4	10479	30.7
46.	कुक आइसलैंडस	15	64.0		
47.	कोस्टा रीका	2756	54.0	8	0.2
48.	कोट.डी.इवोयर	10401	32.7	2554	8.0
49.	क्रोएशिया	1922	34.3	569	10.2
50.	क्यूबा	3200	30.1	332	3.1
51.	साइप्रस	173	18.7	213	23.1
52.	चैकरिपब्लिक	2667	34.5		
53.	कोरिया लोकतांत्रिक गणराज्य	031	41.8	—	—
54.	कोंगो लोकतांत्रिक गणराज्य	152578	67.3	11513	5.1
55.	डेनमार्क	612	14.4	46	1.1
56.	जिबूति	6	0.2	220	9.5
57.	डोमीनिका	43	57.8		
58.	डोमिनिकन गणराज्य	1983	41.0	302	6.3
59.	इक्वेडोर (Ecuador)	12548	50.5	—	—
60.	इजीप्ट (मिस्र)	73	0.1	—	—
61.	एल साल्वाडोर	265	12.8	204	9.8
62.	इक्वीटोरियल गिनी	1568	55.9	9	0.3
63.	इरीट्रीआ	1510	15.0	7132	70.6
64.	एस्टोनिआ	2232	52.7	224	5.3
65.	एथीओपीआ (इथोपिया)	22499	11.4	40631	37.1

क्र. सं.	देश/क्षेत्र	वन		अन्य वन भूमि	
		1000 हैक्टेयर	**भूमि का क्षेत्र प्रतिशत**	**1000 हैक्टेयर**	**भूमि का क्षेत्र प्रतिशत**
66.	फिजी	1017	55.7	97	5.3
67.	फिनलैंड	22218	73.1	801	2.6
68.	फ्रांस	16989	31.0.	590	1.1
69.	फ्रेंच गुआना	8130	98.6	—	—
70.	फ्रेंच पॉलीनेसिया	155	42.3	—	—
71.	गेबन	23000	89.3	—	—
72.	गेम्बिया	488	48.8	99	9.9
73.	जार्जिया	2822	40.6	7	0.1
74.	जर्मनी	11419	32.8	—	—
75.	घाना	9337	41.0	—	—
76.	ग्रीस (यूनान)	4054	31.5	2492	19.3
77	ग्रेनेडा	17	50.0	1	3.6
78.	गुआडेलयूप	71	42.5	12	7.0
79.	गुआम	25	46.3	—	—
80.	गुआटीमेला (ग्वाटेमाला)	3540	33.0	1334	12.4
81.	गुर्नसी	—	—	—	—
82.	गिनी	6364	25.9	5850	23.8
83.	गिनी बिसाऊ	1972	70.1	224	8.0
84.	गुयाना	16526	84.0	1795	9.1
85.	हैती	97	3.5	—	—
86.	होंडुरास	4592	41.0	1619	14.5
87.	हंगरी	2069	22.7	121	1.3
88.	आइसलैंड	49	0.5	144	1.4
89.	भारत	70682	23.8	4124	1.4
90.	इंडोनेशिया (हिन्देशिया)	91010	53.0	26748	15.6
91.	ईरान (इस्लामिक गणराज्य)	10692	5.8	3627	2.0
92.	इराक़	825	1.9	259	0.6
93.	आयरलैंड	754	10.9	47	0.7

क्र. सं.	देश/क्षेत्र	वन		अन्य वन भूमि	
		1000 हैक्टेयर	भूमि का क्षेत्र प्रतिशत	1000 हैक्टेयर	भूमि का क्षेत्र प्रतिशत
94.	आइसल ऑफमैन	3	6.1	—	—
95.	इसरायल (इजरायल)	165	7.6	60	2.8
96.	इटली	9297	31.6	1813	6.2
97.	जमैका	335	31.0	187	17.3
98.	जापान	24958	68.5	—	—
99.	जर्सी	1	5.2	—	—
100.	जोर्डन	98	1.1	51	0.6
101.	कज़ाखस्तान	3309	1.2	16479	6.1
102.	केन्या	4413	7.8	9365	16.5
103.	किरीबाती	12	15.0	—	—
104.	कुवैत	6	0.4	—	—
105.	किर्जिस्तान	637	3.3	704	3.7
106.	लाओ का लोकतांत्रिक गणराज्य	18761	81.3	2846	12.3
107.	लेतविया	3356	54.0	112	1.8
108.	लेबनोन	137	13.4	106	10.4
109.	लेसोंथो	49	1.6	96	3.2
110.	लाइबेरिया	4179	43.4		
111.	लीबिया	217	0.1	330	0.2
112.	लाइचेंस्टीन	7	43.1	1	3.1
113.	लिथुआनिया	2180	34.8	104	1.7
114.	लुक्सेम्बर्ग	87	33.5	1	0.5
115.	मेडागास्कर	12473	21.4	14466	24.9
116.	मलावी	3147	33.4	—	—
117.	मलेशिया	22195	67.6	—	—
118.	मालद्वीव	1	3.3	—	—
119.	माली	4715	3.9	19406	15.9
120.	मार्शल आइलैंड	13	70.2	—	—
121.	मार्टिनिक	49	45.8	1	1.0

क्र. सं.	देश/क्षेत्र	वन		अन्य वन भूमि	
		1000 हैक्टेयर	भूमि का क्षेत्र प्रतिशत	**1000** हैक्टेयर	भूमि का क्षेत्र प्रतिशत
122.	मोरिटेनिया	225	0.2	3040	2.9
123.	मॉरीशस	39	19.2	12	5.9
124.	मैयोटे	6	15.5	1	2.8
125.	मैक्सिको	66040	34.0	19715	10.1
126.	माइक्रोनेसिया	64	91.9		
127.	मंगोलिया	12553	8.1	5125	3.3
128.	मोन्टेंग्रो	827	61.5	137	10.2
129.	मोंट्सेरट	3	25.0	2	16.0
130.	मोरक्को	5632	12.6	580	1.3
131.	मोज़ेम्बिक़	37940	48.2	14421	18.3
132.	म्यांमार	29041	44.2	15080	22.9
133.	नामीबिया	6919	8.4	8107	9.8
134.	नेपाल	3636	25.4	1897	13.2
135.	नीदरलैंड	376	11.1	—	—
136.	नीदरलैंड एंटील्स	1	1.5	33	40.9
137.	न्यू कैलडोनिया	839	45.9	371	20.3
138.	न्यूजीलैंड	10152	38.6	1060	4.0
139.	निकारागुआ	3114	25.9	2219	18.4
140.	नाइजर	1142	0.9	3140	2.5
141.	नाइजीरिया	6993	7.7	2681	2.9
142.	नियू	18	69.6	—	—
143.	उत्तरी मेरीयाना आइलैंड	29	64.1	—	—
144.	नार्वे	12112	39.8	2012	6.6
145.	पेलीस्टिनियन का अधिकारित क्षेत्र (फिलीस्तीन अधिकृत प्रदेश)	9	1.5	—	—
146.	ओमान	—	—	13.3	4.2
147.	पाकिस्तान	1472	1.9	1521	2.0
148.	पलाऊ	40	87.6		

क्र. सं.	देश/क्षेत्र	वन		अन्य वन भूमि	
		1000 हैक्टेयर	भूमि का क्षेत्र प्रतिशत	**1000** हैक्टेयर	भूमि का क्षेत्र प्रतिशत
149.	पनामा	4617	62.1	532	7.2
150.	पापुआ न्यू गिनी	33559	72.5	4087	8.8
151.	पेरागुये	15323	38.6		
152.	पेरू	73973	57.8	9403	7.3
153.	फिलीपींस	8040	27.0	7036	23.6
154.	पिट्केर्न	4	74.5	1	10.6
155.	पोलैंड	9435	30.8	—	—
156.	पुर्तगाल	3182	35.3	1725	19.1
157.	पूर्टोरिको	496	57.9	—	—
158.	कोरिया का गणतंत्र	6184	63.7	—	—
159.	मोल्डोवा का गणतंत्र	409	12.4	74	2.3
160.	रूनियन	88	35.2	51	20.4
161.	रोमानिया	6861	29.8	90	0.4
162.	रसियन फेडरेशन (रूसी संघ)	814931	49.8	74925	4.6
163.	रवांडा	480	19.5	61	2.5
164.	सेंट हैलेना, असेंसन एवं ट्रिस्टंडा कुन्हा	2	5.1	—	—
165.	सेंट किटस एवं नेवीस	11	42.3	2	8.5
166.	सेंट लुसीया	20	33.3	9	14.1
167.	सेंट मार्टिन (फ्रेंच का हिस्सा)	1	21.2	2	36.1
168.	सेंट पेरी एवं मीक्वेलोन	3	12.2	—	—
169.	सेंट विंसेंट एवं ग्रेनेडीन्स	27	69.2	—	—
170.	सेंट बार्थेलीमी	—	—	1	23.8
171.	समोआ	171	60.4	22	7.8
172.	साओटीम एवं प्रिंसिप	54	55.8	—	—
173.	सऊदी अरेबिआ (अरब)	977	0.5	1117	0.5
174.	सेनेगल	8273	43.0	5250	27.3
175.	सर्बिया	2720	31.1	508	5.8

क्र. सं.	देश/क्षेत्र	वन		अन्य वन भूमि	
		1000 हैक्टेयर	भूमि का क्षेत्र प्रतिशत	1000 हैक्टेयर	भूमि का क्षेत्र प्रतिशत
176.	सेशल्स	41	88.4	—	—
177.	सिएरा लियोन	3044	42.5	200	2.8
178.	सिंगापुर	16	23.4	4	6.3
179.	स्लोबेकिया	1940	40.3	—	—
180.	स्लोवेनिया	1248	62.0	23	1.1
181.	स्लोमन आइलैंड	2185	78.1	129	4.6
182.	सोमालिया	6363	10.1	—	—
183.	दक्षिणी अफ्रीका	9241	7.6	24558	20.2
184.	दक्षिणी सूडान	7157	11.3	32582	51.6
185.	स्पेन	18418	36.9	9209	18.5
186.	श्री लंका	2070	33.0	52	0.8
187.	सूडान	19210	10.3	20677	11.1
188.	सुरीनाम	15332	95.4	—	—
189.	स्वेज़ीलैंड	586	34.1	496	28.8
190.	स्वीडन	28073	68.4	2432	5.9
191.	स्वीट्ज़रलैंड	1254	31.4	70	1.8
192.	सीरियन अरब गणतंत्र	491	2.7	35	0.2
193.	तज़िकिस्तान	412	3.0	142	1.0
194.	थाईलैंड	16399	32.1	—	—
195.	मैकडोनिया का भूतपूर्व यूगोस्लैव गणतंत्र	998	39.6	143	5.7
196.	टाइमोर लेस्टे	686	46.1	—	—
197.	टोगो	188	3.5	1246	22.9
198.	टोंगा	9	12.5	1	1.4
199.	ट्रीनिडेड एवं टोबेगो	234	45.7	129	25.1
200.	ट्यूनीशिया	1041	6.7	293	1.9
201.	तुर्की	11715	15.2	10130	13.2
202.	तुर्कमेनिस्तान	4127	8.8	—	—

क्र. सं.	देश/क्षेत्र	वन		अन्य वन भूमि	
		1000 हैक्टेयर	भूमि का क्षेत्र प्रतिशत	1000 हैक्टेयर	भूमि का क्षेत्र प्रतिशत
203.	तुर्क एवं कैकस आइलैंड	34	80.0	—	—
204.	तुवालु	1	33.3	—	—
205.	यूगांडा	2077	10.4	2879	14.4
206.	यूक्रेन	9657	16.7	—	—
207.	यूनाइटेड अरब एमीरात	323	3.9	5	0.1
208.	यूनाइटेड किंगडम (यू.के.)	144	13.0	20	0.1
209.	तंजानिआ का संयुक्त गणराज्य	46060	52.0	7984	9.0
210.	संयुक्त राज्य अमेरिका	310095	33.8	21279	2.3
211.	संयुक्त राज्य वर्जिन आइलैंड	18	50.3	—	—
212.	उरूग्वे	1845	10.5	—	—
213.	उज़्बेकिस्तान	3220	7.3	115	0.3
214.	वानुआतु	440	36.1	476	39.0
215.	वेनेज़ुएला (बोलिविया का गणराज्य)	46683	52.9	7847	8.9
216.	वियतनाम	14773	47.6	456	1.5
217.	वालिस एवं फ्यूच्यूना आइलैंड	6	41.7	4	26.3
218.	पश्चिमी सहारा	707	2.7	—	—
219.	यमन	549	1.0	1406	2.7
220.	जाम्बिया	48635	65.4	6108	8.2
221.	जिम्बाब्वे	14062	36.4	—	—

खाद्य एवं कृषि संगठन (FAO), 2015b

विश्व के वनों का वर्गीकरण (Classification Of World Forest)

दुनिया भर के सभी वितरित वनों को मुख्यत: 9 भागों में वर्गीकृत किया गया है जैसा कि नीचे बताया गया है।

1. उष्णकटिबंधीय वन
2. सवाना
3. रेगिस्तान

4. ध्रुवीय एवं उच्च पर्वतीय बर्फ
5. कांटेदार झाड़ियाँ
6. शीतोष्ण घासस्थल
7. शीतोष्ण पर्णपाती वन
8. शंकुधारी वन
9. टुंड्रा (द्वीप समूह एवं एल्पाइन)

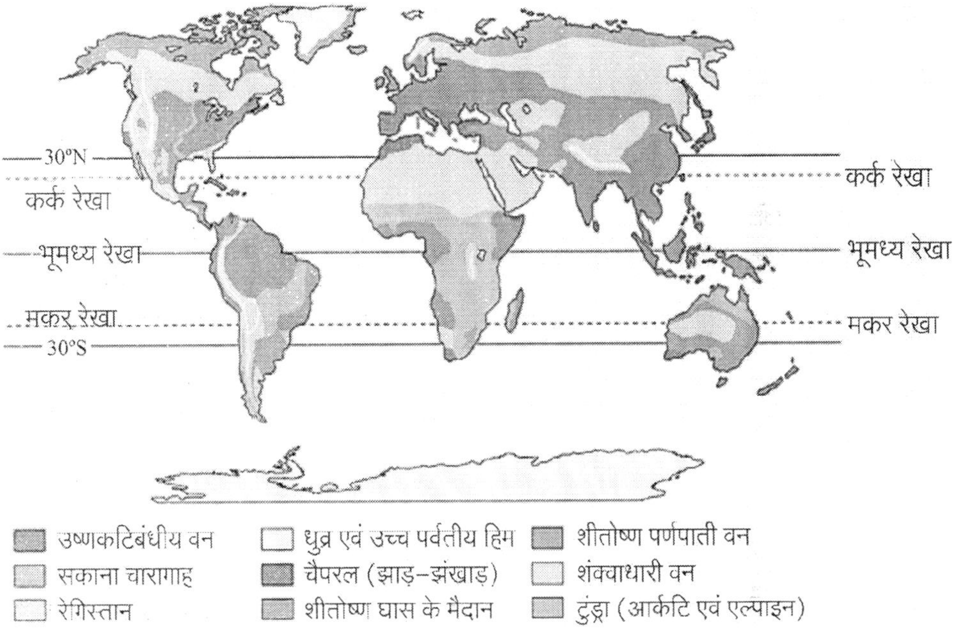

1. **उष्णकटिबंधीय वन (Tropical Forest)**
   - ये वन कर्क रेखा एवं भूमध्य रेखा के क्षेत्र के मध्य पाए जाते हैं।
   - इन उष्णकटिबंधीय वनों में सम्मिलित वर्षावनों का वितरण लैटिन अमेरिका, अफ्रीका, इंडो मलेशिया क्षेत्र एवं ऑस्ट्रेलिया में भी पाए जाते हैं।
   - इन उष्णकटिबंधीय वनों का माध्य समुद्र स्तर (MSL), भूमि का लगभग 10% वन आवरण होता है।
   - वितरित उष्णकटिबंधीय वनों में अमेजन वन के 1/3 उष्णकटिबंधीय वन हैं।

2. **सवाना (Sawannah)**
   - सवाना उष्णकटिबंधीय घास के मैदान हैं, जिसमें वृक्ष संपूर्ण उष्णकटिबंधीय क्षेत्र में फैले हुए पाए जाते हैं।
   - इन उष्णकटिबंधीय सवाना में वन भूमि और घास के मैदान दोनों सम्मिलित हैं क्योंकि ये पारिस्थितिकी तंत्र की प्रक्रिया एवं प्रबंधन के मुद्दे दोनों ही परिदृश्य में लगभग समान हैं।

- उष्णकटिबंधीय क्षेत्र का वितरण मुख्यत: अफ्रीका, ऑस्ट्रेलिया एवं दक्षिणी पूर्व एशिया में होता है।
- उष्णकटिबंधीय सवाना दुनिया के एक तिहाई क्षेत्र से भी कम सतह पर आच्छादित हैं।
- ऑस्ट्रेलिया में, लगभग इसका 1/3 भू-क्षेत्र आवृत्त है तथा दक्षिणी अमेरिका में इसका भौगोलिक क्षेत्र लगभग 45% तक आवरित है, भारत में एवं दक्षिणी पूर्व एशिया में इसके कुल क्षेत्रफल का लगभग 10% हिस्सा सम्मिलित है।

3. **रेगिस्तान (Desert)**

- जिस भू-भाग में 10 इंच से भी कम वर्षा होती है और सूखा बहुत अधिक होता है उसे रेगिस्तान माना जाता है।
- रेगिस्तान क्षेत्र में केक्टाई, सेज ब्रश और प्रोसोपिस जैसे पौधों की उपस्थिति विशिष्ट विशेषता है।
- कई जानवर जैसे स्तनधारी, छिपकलियाँ, साँप, कीट एवं कई पक्षियों को रेगिस्तानी पारिस्थितिकी तंत्र का हिस्सा माना जाता है।
- सर्वाधिक मौसम खराब होना, वाष्पीकरण की उच्च दर, उत्पादन क्षमता में कमी इत्यादि रेगिस्तानी क्षेत्र के विशिष्ट लक्षण हैं।
- मरुस्थलों का मुख्यत: वितरण अफ्रीका, ऑस्ट्रेलिया, उत्तरी अमेरिका एवं एशिया में है।

4. **ध्रुवीय एवं उच्च पर्वतीय बर्फ (Polar And High Mountaion Ice)**

- यह प्रकार पृथ्वी का सबसे ठंडा स्थान है तथा इसका औसत तापमान हमेशा 0°C से कम होता है।
- स्थायी बर्फ का उपस्थित होना इस प्रकार की सबसे महत्त्वपूर्ण विशेषता है तथा इसके परिणामस्वरूप वनस्पति वृद्धि लगभग भौतिक रूप से अनुपस्थित होती है।
- इस क्षेत्र का वर्गीकरण कुछ सूक्ष्म शैवाल की उपस्थिति द्वारा किया गया है।
- इस क्षेत्र में कई जानवर जैसे ध्रुवीय भालू तथा पेंग्विन सामान्यत: उपस्थित रहते हैं।
- वनस्पति के अभाव के कारण शाकाहारी इस प्रकार में उपस्थित नहीं हैं।

5. **कांटेदार झाड़ियाँ (Chaparral)**

- यह एक तरह से विशिष्ट भूमि है जो कि अद्वितीय भूमि उपयोग प्रणाली में से एक है जहाँ पर वार्षिक वर्षा 64-76 सेमी. होती है तथा मुख्यत: सर्दियों में वर्षा होती है।
- गर्मियों का मौसम बहुत ही शुष्क होता है जिसके परिणामस्वरूप संपूर्ण वनस्पतियाँ पूर्ण रूप से निष्क्रिय हो जाती हैं।
- कांटेदार झाड़ियाँ मुख्यत: कैलिफॉर्निया (उत्तरी अमेरिका), भूमध्य सागर के आस-पास का क्षेत्र एवं दक्षिणी ऑस्ट्रेलिया के तट के समीप क्षेत्र में पाई जाती हैं।
- वनस्पति की पहचान पर्णपाती एवं सदाबहार दोनों प्रकार में ओक की उपस्थिति से होती है।

- मंजनीता एवं कैलीफोर्निया लीलेक जैसे स्क्रब में ओक एवं झाड़ियाँ, मुख्यत: घनी सदाबहार झाड़ियों के रूप में उपस्थित हैं।

6. शीतोष्ण घास–भूमि (Temperate Grassland)

- घास भूमि को बड़े मैदानों (Prairie) के रूप में जाना जाता है यहाँ पर प्रतिवर्ष 20 इंच वर्षा होती है।
- अग्नि एक मुख्य कारक है जो वनों से घास के मैदानों के संतुलन को नियंत्रित करती है।
- इसमें बहुत से जीव–जंतु पाए जाते हैं, जिसमें से बायसन एवं मृग प्रमुख हैं।
- कशेरूकी जीवों की उपस्थिति को भी देखा जा सकता है।
- इस शीतोष्ण घास भूमि से मक्का, गेहूँ एवं अन्य अनाजों की खेती में भी सहायता मिलती है।

इन घास के मैदानों में मवेशियों एवं भेड़ों का सामान्यत: वर्चस्व होता है।

7. शीतोष्ण पर्णपाती वन (Temperate Decidous Forest)

- यह वन क्षेत्र अमेरिका के पूर्वी भाग एवं यूरोप के बड़े हिस्सों में फैला हुआ है।
- इन वनों में कठोर लकड़ी वाले जंगलों के तटों, मैपल, ओक एवं अमेरिकी वृक्ष (Hickory) पाए जाते हैं।
- इस प्रकार के वनों की एक प्रमुख विशेषता यह है कि इसमें एक ही जाति का बड़े स्तार पर वर्चस्व है।
- इन आवासों में मुख्यत: जानवरों में हिरण, रीकून एवं सैलामैंडर शामिल हैं।
- ये शीतोष्ण पर्णपार्ती वन प्राकृतिक एवं कृषि पारिस्थितिकी तंत्र के लिए काफी उपयोगी हैं।

8. शंकुधारी वन (Coniferous Forest)

- ये वन उत्तर में टुंड्रा के मध्य एवं दक्षिण में पर्णपाती वनों के मध्य पाए जाते हैं।
- उत्तरी बॉरियल वन 50° से 60° उत्तरी अक्षांश के मध्य पाए जाते हैं।
- शीतोष्ण शंकुधारी वन उत्तरी अमेरिका, यूरोप एवं एशिया के पर्वतों की उच्च ऊँचाई पर स्थित निम्न अक्षांश पर पाये जाते हैं।
- इस वन के प्रकार में मुख्य रूप से शंकुधारी वृक्ष जैसे पाइन्स (चीड़), स्प्रूस (सरल वृक्ष) एवं सरो (Fu) वृक्ष सम्मिलित हैं।
- वर्षा कई स्थान पर भिन्न–भिन्न होती है एवं यह 300 से 2000 मिमी. के मध्य होती है।

9. टुंड्रा द्वीप समूह एवं एल्पाइन [Tundra (Arctic and Alpine)]

- यह एक विशिष्ट वनस्पति क्षेत्र है जहाँ टैगा के वृक्षों में उपध्रुवीय जलवायु को कठोरता से स्तंभित किया जाता है।
- यह जलवायु शीत ऋतु में बहुत ठंडी होती है।

- लाइकेन, घास एवं कुछ तेजी से हो रही जानवरों में वृद्धि की उपस्थिति के कारण भू-दृश्य पर इनका प्रभुत्व है।
- टुंड्रा वनस्पति प्रवासी पक्षियों के झुंड विशेष रूप से पानी में आने वाले पक्षियों के लिए आश्रयस्थल बनते हैं।

■ ■ ■

अध्याय **4**

महत्त्वपूर्ण देशों के वन संसाधन
(Forest Resources Of Important Countries)

वैश्विक वन संसाधनों के बारे में जानकारी, विशेष रूप से प्रमुख देशों के वन आवरण का विस्तार बहुत महत्त्वपूर्ण है। वन क्षेत्र में होने वाले परिवर्तनों का आकलन करने के लिए वैश्विक वानिकी संसाधनों की जानकारी को अद्यतन करने की आवश्यकता है। प्रथम व्यापक वैश्विक वन संसाधन आकलन 1923 के दौरान किया गया था, किन्तु इस आकलन में सभी देशों को शामिल नहीं किया गया था। इसलिए FAO वर्ष 1948 से वैश्विक वन मूल्यांकन कर रहा है और हाल ही में वर्ष 2015 में इसका आकलन (मूल्यांकन) किया गया। इस अध्याय में निम्नलिखित देशों के वन संसाधनों की विस्तृत जानकारी दी गई है।

- पश्चिमी यूरोप
- उत्तरी अमेरिका
- केन्द्रीय अमेरिका
- केन्द्रीय अफ्रीका
- ऑस्ट्रेलिया
- रशिया (रूस)
- चीन
- जापान

I. पश्चिमी यूरोप के वन संसाधन (Forest Resources Of Western Europe)

पश्चिमी यूरोप में बोरियल वन से पर्वतीय वन तक कुल चौदह प्रकार के विभिन्न वन हैं।

पश्चिमी यूरोप के वन प्रकार एवं प्रजातियों का संयोजन

क्र.सं.	वन प्रकार	प्रजाति संयोजन
I.	बोरियल वन (Boreal Forest)	• पीसिया – पीसिया एबीस • पाइनस – *पाइनस सिल्वेट्रीस* • बिर्चेस – बेतुला जाति • एस्पेन – *पोपुलस टर्मुला* • रोवन – *सोर्बस ऑक्युपेरिया* • विलौस – सैलीक्स जाति

क्र.सं.	वन प्रकार	प्रजाति संयोजन
II.	हेमीबोरियल वन एवं निमोरल शंकुधारी और चौड़ी पत्तीदार शंकुधारी वन	• ओक – *क़ेरकस रोबर* • एश – *फ्रेक्सीनस एक्सीसर* • उल्म – *उल्मस ग्लेब्रा* • *टीलिया कॉर्डेटा*
III.	एल्पाइन शंकुधारी वृक्ष (Alpine Coniferous Forest)	• लार्च – *लेरिक्स डेसीडुअस* • *पाइनस केम्ब्रा* • *पाइनस निग्रा* • *पाइनस मुगो*
IV.	एसीडोफिलस ओक एवं ओक बिर्च फोरेस्ट	• *एसिडोफिलस ओक* • *क्यू. रोबर* • *क्यू. पेट्रीआ* • बिर्च – *बेटुला पेंडुला*
V.	समोद्भिद् पर्णपाती वन	• *कार्पिनस बेटिलस* • ओक – *केरकस पेट्रीआ* • ओक – *केरकस रोबर* • एश – *फ्रेक्सीनस* • एसर जाति • *टीलिया कॉर्डेटा*
VI.	बीच वन (Beech Forest)	• बीच – *फेगस सिल्वेटिका* • *फेगस ओरिएंटेलिस* • *बेटुला पेंडुला*
VII.	पर्वतीय बीच वन	• फेगस • *बेटुला पेंडुला*
VIII.	थर्मोफिलस पर्णपाती वन (Thermophilus Decidues Forest)	• केरकस • एसर • ऑस्ट्री • फ्रेक्सीनस • कार्पीनस
IX.	चौड़े पत्तों वाले सदाबहार वन (Broadleaved Evergreen Forest)	• ओक • बिर्च • बीच

क्र.सं.	वन प्रकार	प्रजाति संयोजन
X.	शंकुधारी वन (Coniferous Forest)	• पाइनस • *P. हेलपेन्सिस* • *P. केनरेन्सिस* • एबीस • जूनीपर
XI.	कीचड़ एवं दलदली वन (Mire And Swamp Forest)	• पीसिया एबीस • पाइनस सिल्वेस्ट्रिस • एल्नस • बेटुला • कैरकस • पोपुलस
XII.	बाढ़ प्रभावित मैदानी वन (Floodplain Forest)	• एल्नस • बेटुला • पोपुलस • सैलिक्स • फ्रेक्सिनस • उल्मस • *फ्रेक्सीनस एंगस्टीफोलिया* • *नेरियम ओलिएंडर* • *प्लेटेनस ओरिएंटेलिस* • टैमरिक्स
XIII.	गैर नदी एल्डर, बर्च या ऐस्पन वन (Non Reiverine Alder, Birch Or Aspen Forest)	• एल्नस • बेटुला • पोपुलस
XIV.	वृक्षारोपण एवं बिना बोए उगे हुए विदेशी पौधों वाले वन	• **वन प्रकार** • स्थानीय प्रजातियों का वृक्षारोपण • अस्थानीय प्रजातियों एवं बिना बोए उगे हुए विदेशी पौधों का वृक्षारोपण • **प्रजाति संयोजन** • वनों में मुख्य रूप से बोया हुआ, अपने आप उगा हुआ स्थानीय पौधा, कुछ चढ़ाई वाली आरोही बेलें-लताएँ एवं गैर-स्थानीय कई वृक्षों की प्रजातियाँ पाई जाती हैं।

II. उत्तरी अमेरिका के वन संसाधन (Forest Resources Of North America)

- उत्तरी अमेरिका लगभग 24,709,000 वर्ग किलोमीटर (9,540,000 वर्ग मील) में फैला हुआ है जो पृथ्वी के भूमि क्षेत्र का लगभग 16.5% है तथा इसकी कुल सतह का 4.8% है।
- संयुक्त राज्य अमेरिका एवं कनाडा में विश्व का कुल वन आवरण 15.5% है।

	कनाडा	संयुक्त राज्य अमेरिका	मैक्सिको
कुल वन भूमि (1000 हैक्टेयर)	401530	303074	55300
कुल उपज (मी.मी.^{3})	192.1	452.1	41.3

कनाडा (Canada)

यहाँ वन मुख्यत: सार्वजनिक स्वामित्व वाले होते हैं।

- यहाँ अधिकतम प्राकृतिक वन होते हैं जो कि व्यापक प्रबंधन के अंतर्गत आते हैं।
- फाइबर (रेशा) को प्राप्त करने के लिए स्थानीय सरकारों ने लाइसेंस प्रबंधन की व्यवस्था की है।

संयुक्त राज्य अमेरिका (US)

57% वन्य भूमि पर सार्वजनिक स्वामित्व होता है।

- राष्ट्रीय वन्य भूमि औद्योगिक वानिकी के लिए महत्त्वपूर्ण नहीं है।
- वाणिज्यिक वानिकी मुख्य रूप से निजी वन क्षेत्र में प्रचलित है जो अधिकतम गैर औद्योगिकी भूमि मालिकों के स्वामित्व में है जो कि कुल वनोत्पाद की 60% आपूर्ति करते हैं।
- औद्योगिक लकड़ी के वृक्ष 18 मिलियन हैक्टेयर में हैं।

मैक्सिको (Mexico)

80% वन्य भूमि जो कि सामुदायिक संपत्ति भूमि है जिस पर एडीजोस और कम्यूनिडेड्स फॉरेस्टेल्स का स्वामित्व है।

- मैक्सिकन वनों में दुनिया की अधिकतम पाइन और अधिकतम ओक प्रजातियाँ पायी जाती हैं।

उत्तरी अमेरिका में पाए जाने वाले चौदह अलग-अलग वन प्रकार निम्नलिखित हैं-

1. टुंड्रा (Tundra)
2. बोरयल वन (Boreal Forest)
3. चट्टानी पर्वतीय सदाबहार वन (Rocky Mountain Evergreen Forest)
4. प्रशांत तट सदाबहार वन (Pacific Coast Evergreen Forest)

5. उत्तरी मिश्रित वन (Northern Mixed Forest)
6. दक्षिणी पर्णपाती वन (Eastern Decidous Forest)
7. तटीय मैदान मिश्रित सदाबहार वन (Coastal Plain Mixed Evergreen Forest)
8. मैक्सिकन पर्वतीय वन (Maxican Montane Forest)
9. केन्द्रीय अमेरिका के बरसाती वन (Central American Rain Forest)
10. विशाल तटीय घास के मैदान (Great Plains Grassland)
11. उष्णकटिबंधीय सवाना (Tropical Sawanna)
12. ठंडे रेगिस्तान (Cold Desert)
13. गर्म रेगिस्तान (Hot Desert)
14. भूमध्य झाड़ियों के वन (Mediterranean Shrub)

1. *टुंड्रा (Tundra)*

- टुंड्रा का अर्थ होता है कि बिना वृक्षों के पर्वतीय मैदान। सामान्य मौसम एवं शुष्क सर्दियों के साथ ठंडा एवं आर्द्र ग्रीष्म होता है। उत्तरी अमेरिका में आर्कटिक टुंड्रा, **अलास्का, कनाडा** एवं **ग्रीनलैंड** में पाया जाता है।
- यहाँ पर सामान्यत: दो प्रकार के वृक्ष पाए जाते हैं आर्कटिक विलो एवं हीरे की आकृति का विलो।
- पर्माफ्रोस्ट के कारण गहरी जड़ों वाले वृक्ष जीवित नहीं रह पाते हैं।
- इस टुंड्रा के कई वैकल्पिक नाम हैं जैसे- एल्पाइन टुंड्रा, आर्द्र टुंड्रा एवं शुष्क टुंड्रा।

2. *बोरियल वन (Boreal Forest)*

- यह वन उत्तरी अमेरिका के उत्तरी हिस्से में पाये जाते हैं जिसमें अधिकांश कनाडा एवं अमेरिका के ऊँचाई वाले पर्वत भी शामिल हैं। अधिकतम यहाँ की ऋतु ठंडी, लंबी एवं शुष्क होती है।
- बोरियल वनों में मुख्यत: फिर, अस्पेन, लार्च एवं जैक पाइन जैसी प्रजातियाँ पायी जाती हैं।
- बोरियल वन टुंड्रा को शीतोष्ण वन से अलग करते हैं।
- बोरियल वन बायोम के और भी विभिन्न नाम हैं, जैसे- सब एल्पाइन और टैगा।

3. *चट्टानी पर्वतीय सदाबहार वन (Rocky Mountain Evergreen Forest)*

- पर्वतों पर सामान्यत: मध्य स्तर की ऊँचाई पर वनों के लिए मोंटेन शब्द दिया गया है। यहाँ पर सामान्य मौसम ठंडे एवं आर्द्र शीत ऋतु के साथ गर्म एवं हल्के ग्रीष्म होते हैं।
- डगलस फिर वनों के साथ ही पश्चिमी श्वेत पाइन, पश्चिमी लार्च, ग्रेंड फिर एवं पश्चिमी पोंडरसोरा पाइन इसकी प्रमुख प्रजातियाँ है।
- चट्टानी पर्वतीय मैदान एवं पर्वतीय वन इसके अन्य नाम हैं।

4. *प्रशांत तट सदाबहार वन* (*Pacific Coast Evergreen Forest*)

- यह एक महत्त्वपूर्ण बिंदु है कि शीतोष्ण वर्षा वन सबसे बड़े वनों में से एक हैं।
- प्रशांत शीतोष्ण वर्षा के वन प्रशांत पर्वत शृंखलाओं के पश्चिम में दक्षिण अलास्का से पश्चिमी कैलिफॉर्निया तक फैले हुए हैं।
- यहाँ सामान्यत: मौसम हल्का फैले हुए एवं आर्द्र ग्रीष्म ऋतु के साथ हल्की एवं आर्द्र शीत ऋतु भी रहती है।
- इसके पेड़ों में मुख्यत: सिट्का स्प्रूस, डगलस फिर, रेडवुड, पश्चिमी रेड सिडार, युवा एवं बड़े पत्तों वाले मैपल हैं।
- इसका अन्य नाम शीतोष्ण वर्षा वन भी है।

5. *उत्तरी मिश्रित वन (Northern Mixed Forest)*

- यहाँ पर मौसम सामान्यत: ठंडे एवं आर्द्र सर्दी के साथ हल्के एवं आर्द्र गर्म होते हैं।
- यहाँ वनों की प्रजातियों का वितरण बीच, मैपल, दक्षिणी हैमलोक, पीला बिर्च, श्वेत पाइन एवं श्वेत सिडार में है।
- इसके अन्य नाम दक्षिणी हार्डवुड हैमलोक एवं परिवर्ती मिश्रित वन है।
- यहाँ पर्णपाती वन अधिकतम अपने बढ़ते हुए मौसम के अंतर्गत अपने सभी पत्तों का अधिकतम संख्या में त्याग कर देते हैं।

6. *दक्षिणी पर्णपाती वन (Eastern Decidous Forest)*

- यह जैव क्षेत्र मिसिसिप्पी नदी के पूर्व में पाया जाता है। यहाँ सामान्यत: मौसम ठंडे एवं आर्द्र सर्दी के साथ गर्म एवं आर्द्र गर्मी वाले होते हैं।
- बीच, मैपल, पीला पॉप्लर, ओक-हिकोरी, मिश्रित पाइन हार्डवुड वनों में भोजन की प्रमुख प्रजातियाँ हैं।
- इसका अन्य नाम परिवर्ती मिश्रित वन है।

7. *तटीय मैदान मिश्रित सदाबहार वन (Coastal Plain Mixed Evergreen Forest)*

- अटलांटिक एवं खाड़ी तटीय मैदान समुद्र के नीचे पाए जाते हैं।
- यहाँ प्राय: सुस्त धारा/नदी एवं हल्का दलदली होता है। सामान्यत: यहाँ मौसम हल्का ठंडा एवं आर्द्र सर्दी के साथ गर्म एवं हल्की ग्रीष्म होती है।
- यह मुख्यत: बीच, मैपल, पीला पॉप्लर, ओक, हिकोरी एवं मिश्रित पाइन-हार्डवुड वृक्ष सम्मिलित हैं।
- इसका अन्य नाम दक्षिण-पूर्वी मिश्रित सदाबहार वन है।

8. *मैक्सिकन सदाबहार वन (Mexican Montane Forest)*

- ये वन मैक्सिको के पर्वतों में पाये जाते हैं।
- इन वनों का अन्य नाम उष्णकटिबंधीय पर्वतीय वन एवं चिरमेघ वन (बादलों का वन) भी है।

- सामान्यत: यहाँ मौसम में हल्की एवं शुष्क ठंडी के साथ हल्की एवं नमी वाली गर्मी भी होती है।
- यहाँ पर कई विविधताओं की प्रजातियाँ पायी जाती हैं जिसमें से कई विशिष्ट होती हैं।

9. ***केन्द्रीय अमेरिका के बरसाती वन (Central American Rain Forest)***

- इसका अन्य नाम उष्णकटिबंधीय वर्षा वन एवं सेल्वा है।
- सामान्यत: यहाँ का मौसम सर्दी में हल्का गर्म एवं आर्द्रता के साथ अत्यधिक गर्म एवं अत्यधिक नमी वाला गर्म होता है।
- यहाँ पेड़ों की प्रजातियों के विशेष समूह हैं।

10. ***विशाल तटीय घास के मैदान (Great Plains Grassland)***

- ओक, मैपल, हेकबेरी, डॉगबुड, कॉटनवुड एवं केडर विशाल तटीय घास के मैदानों में विशेष रूप से नदी प्रणालियों में पाए जाते हैं।
- सामान्यत: यहाँ मौसम ठंडा एवं शुष्क शीत के साथ गर्म एवं गर्मी आर्द्र होती है। इनका अन्य नाम प्रेरी एवं स्टेपी है।

11. ***उष्णकटिबंधीय सवाना (Tropical Sawanna)***

- यहाँ पर सामान्यत: मौसम गर्म एवं आर्द्र ग्रीष्मकाल के साथ गर्म एवं शुष्क शीत ऋतु होती है।
- उष्णकटिबंधीय सवाना में घास का वर्चस्व होता है।
- इसके अन्य नाम पश्चिमी भारतीय सवाना, उष्णकटिबंधीय कांटेदार झाड़ियाँ, उष्णकटिबंधीय शुष्क वन एवं फ्लोरिडा एवरग्लेड्स होते हैं।

12. ***ठंडे रेगिस्तान (Cold Desert)***

- इसका अन्य नाम विशाल घाटी वाले रेगिस्तान एवं उच्च मैदान है।
- सामान्यत: यहाँ मौसम गर्म एवं अधिक शुष्क ग्रीष्म ऋतु होने के साथ यहाँ ठंडी एवं शुष्क शीत ऋतु होती है। पौधे बिखरे हुए एवं सेजब्रश मुख्य होते हैं।
- कुछ शुष्क क्षेत्र के पौधों में क्रियोसोट बुश, बुर सेज, व्हाइट थार्न, कैट क्लॉ एवं मैस्क्वाइट शामिल है।

13. ***गर्म रेगिस्तान (Hot Desert)***

- इस क्षेत्र में मुख्यत: सोनोरन, मोजेव एवं मरुस्थल आते हैं।
- सामान्यत: यहाँ मौसम गर्म एवं शुष्क ग्रीष्मकाल के साथ हल्की शरद ऋतु भी होती है।
- पौधे मुख्यत: लघु वृक्ष व छोटे वृक्षारोपण के पेड़ होते हैं। पौधों में यूकस, ओकोटिलो, तारपीन की झाड़ी, कांटेदार नाशपती, छद्म मॉस्क्वीटो, अगैव्स एवं ब्रिटलबुश शामिल हैं।

14. *आभ्यंतरिक या भूमध्य सागर झाड़ियाँ (Mediterranean Shrub)*

- इसका अन्य नाम कैलिफॉर्नियन चैपरल है।
- सामान्यत: यहाँ मौसम गर्म एवं बहुत शुष्क ग्रीष्म ऋतु के साथ हल्के एवं आर्द्र शीत ऋतु होती है।
- इसमें ओक, पाइन एवं माहोगेनी वृक्ष सम्मिलित है। उत्तर की ढलानों में अधिक नमी होती है तथा उसमें मेंजनीता, तोयोन, स्क्रब ओक एवं विष ओक आते हैं।
- दक्षिण की ढलानें शुष्क होती हैं एवं यह चेमिस, ब्लैक सेज एवं युका हो सकते हैं।

उत्तरी अमेरिका में औद्योगिक वन उत्पादन एवं व्यापार (Industrial Forest Production And Trade In North America)

- हालांकि कुल वन उत्पादों के उत्पादन में 240 बिलियन अमेरिकी डॉलर अमेरिका का और 42 बिलियन अमेरिकी डॉलर कनाडा का योगदान रहा है, फिर भी कनाडा की अर्थव्यवस्था में वानिकी की अमेरिका से अपेक्षाकृत अधिक महत्त्वपूर्ण भूमिका है।
    - कनाडा और अमेरिका के मध्य वन उत्पादों का सबसे बड़ा व्यापार है। कनाडा का 90% वन उत्पादों की बिक्री अमेरिकी बाज़ारों में होती है।
    - कनाडा में वन प्रबंधन के लिए अमेरिकी बाज़ारों तक पहुंचने के प्रमुख परिणाम है।
- मैक्सिको की कुल लकड़ी का उत्पादन अमेरिका का 2% तथा कनाडा की उत्पादन मात्रा का 5% है। लगभग 80% लकड़ी का उपयोग ईंधन के लिए किया जाता है। मैक्सिको एवं अमेरिका इमारती लकड़ी के आयातक हैं।
- गैर-लकड़ी वन उत्पाद (NTFPs) उत्तरी अमेरिका की संस्कृति एवं वाणिज्य महत्त्वपूर्ण भूमिका निभाते हैं, हालांकि इन्हें सामान्यतया वन प्रबंधन का उप-उत्पाद माना जाता है।
- विभिन्न मात्रा में वन महत्ता के लिए आर्थिक व्यवहार, पर्यावरणीय, सामाजिक एवं सांस्कृतिक विचारों को सम्मिलित करने के लिए विकसित हो रहे हैं।
    - उत्तरी अमेरिका स्थायी वन प्रबंधन (एस.एफ.एम./Sustainable Forest Management) द्वारा एक स्पष्ट वन नीति का लक्ष्य बना रहा है। पारिस्थितिकी तंत्र प्रबंधन अब भी एक अत्यधिक चर्चित प्रामाणिक अवधारणा है।

केन्द्रीय अमेरिका के वन संसाधन (Forest Resources Of Central America)

मध्य अमेरिका उत्तर में मैक्सिको से, दक्षिण-पूर्व में कोलंबिया से, पूर्व में कैरिबियन सागर से तथा पश्चिम में प्रशांत महासागर से घिरा हुआ है। मध्य अमेरिका में सात देश बेलीज़, कोस्टारीका, एल सेल्वाडोर, गुआटीमाला, निकारागुआ एवं पनामा हैं।

भूमि क्षेत्र : 507, 966 किमी.^{2} (196, 127 वर्ग मील^2)

केन्द्रीय अमेरिका की जैवविविधता (Biodiversity Of Central America)

- मध्य अमेरिका मेसोअमेरिकन जैवविविधता के हॉटस्पॉट का एक हिस्सा है, जो कि 7% विश्व की जैव-विविधता होने का दावा करता है।
- प्रशांत फ्लाईवे अमेरिका में प्रवासी पक्षियों के लिए एक प्रमुख उत्तर-दक्षिणी फ्लाईवे है, जो अलास्का से टिएरा डेल फ्यूएगो तक फैला हुआ है।
- अपने भौगोलिक क्षेत्र की कीपनुमा (शंकुदार) जैसी आकृति के कारण मध्य अमेरिका में प्रवासी पक्षी विशेष रूप से बसंत और शरद ऋतु में बड़ी संख्या में देखे जा सकते हैं।
- उत्तरी अमेरिका एवं दक्षिण अमेरिका के मध्य एक सेतु के रूप में मध्य अमेरिका की नियो आर्कटिका एवं नियोट्रोपिक पर्यावरण क्षेत्रों की अनेकों प्रजातियाँ है।
- हालांकि दक्षिणी देशों के क्षेत्रों (कोस्टा रीका एवं पनामा) की जैवविविधता उत्तरी देशों के क्षेत्रों (गुआटीमाला एवं बेलीज़ा) की जैवविविधता से अधिक है, इस बीच केन्द्र के देशों (होंडुरस, निकारागुआ एवं एल साल्वाडोरा) में सब से कम जैवविविधता है।

केन्द्रीय अमेरिका के वन (Forests Of Central America)

मध्य अमेरिका के वनों में उष्णकटिबंधीय वनों से लेकर मेंग्रूव के वनों तक आठ विभिन्न तरह के वन होते हैं। वनों की महिमा एवं प्रजातियों की संरचना नीचे प्रस्तुत है-

केन्द्रीय अमेरिका के वन प्रकार एवं प्रजाति संरचना (Forest Types And Species Composition Of Central America)

क्र.सं.	वन प्रकार	प्रजाति संयोजन
I.	उष्णकटिबंधीय एवं उपोष्णकटिबंधीय आर्द्र चौड़े पत्तेदार वन	• मैपल • ओक
II.	उष्णकटिबंधीय एवं उपोष्णकटिबंधीय शुष्क चौड़े पत्तेदार वन	• उष्णकटिबंधीय कैडर-*कैड्रेला* जाति • पाइन • जुनीपर • ओक
III.	उष्णकटिबंधीय एवं उपोष्णकटिबंधीय शंकुधारी वन	• पाइन-पाइनस जाति • डगलस फिर-सुडोसुगा जाति • कैडर-जुनीफ़ेरस जाति • कुप्रेसस जाति • युजा जाति • फिर-एबीज़ जाति • रेडवुड-सिक्वोया जाति

क्र.सं.	वन प्रकार	प्रजाति संयोजन
IV.	उष्णकटिबंधीय एवं उपोष्णकटिबंधीय घास के मैदान, सवाना एवं झाड़ीदार भूमियाँ	• शैलोट जाति : *ए आॅस्केनिनि* • वेलरियन जाति : *सी रूबर* • बाओबब जाति : *एडसोनिया* • अकेसिया जातियाँ : 1300 जातियाँ
V.	बाढ़ वाले घास मैदान एवं सवाना	• *उत्तरी श्वेत कैडर – थुजा आॅक्सीडेटेलीस* • *बेटुला पेपीरीफेरा* – पेपर बिर्च • *कॉर्नस फ्लोरिडा* – फ्लोरिंग डॉगवुड • *लैरिक्स लैरीसिना* – टेमेरेक • *पीसिया मैरीयाना* – ब्लैक स्प्रूस • *पीसिया ग्लोका* – श्वेत स्प्रूस • *माइनस स्ट्रोब्स* – श्वेत पाइन • *सुगा कैनडेन्डिस* – हैमलोक
VI.	पर्वतीय घास के मैदान एवं झाड़ीदार भूमियाँ	• *उल्समा अमेरिकाना* – अमेरिकन एल्म • स्टेरासेइ (*सियाडिया* जाति, *हैलीक्रीसम* जाति, स्टोबी जाति, *स्टेनोक्लाइन* जाति) • एरीकेसेई (*एरीका* जाति, *अगोरिया* जाति, *वैकिनम* जाति) • पोडोकार्पासेई (*पोडोकार्पस* जाति) • रेम्नेसेई (*साइलिका* जाति) • रुबियासेइ प्लांट फैमिलिज • क्रुकीफिक्सन थोर्न • कॉटनवुड • क्रिओसोट बुश
VII.	रेगिस्तानी एवं जैरिक झाड़ीदार भूमियाँ	• रेगिस्तानी लैवेंडर • रेगिस्तानी विलौ • जुनीपर • ओकोटीलौ • मैस्क्वाइट पेड़ • टम्बल वीड • श्वेत थोर्न अकेसिया
VIII.	मैंग्रूव	• लाल मैंग्रोव (*रीज़ोपोरा मैंगल, आर.हेरीसोनी*) • काला मैंग्रोव (*एवीसेनीया जर्मीनेन्स*) • श्वेत मैंग्रोव (*लागूनकुलेरिया रेसमोसा*) • बटनवुड (*कोनोकार्पस इरेक्टस*) और • लैथरफर्न (*एक्रोस्टीकम* जाति)

केन्द्रीय अमेरिका के वन प्रकार– खाद्य एवं कृषि संगठन द्वारा वर्गीकरण (Forest Types Of Central America - Food And Agriculture Organization Classification)

पाइन–ओक वन (Pine-Oak Forests)

- मध्य अमेरिका के पाइन–ओक वन का पारिस्थितिकी क्षेत्र, उष्णकटिबंधीय एवं उपोष्णकटिबंधीय शंकुधारी वनों के बायोम, केन्द्रीय अमेरिका एवं दक्षिणी मैक्सिको में पाये जाते हैं।
- मध्य अमेरिका के पाइन–ओक वनों का क्षेत्र 111.400 वर्ग किलोमीटर (43,000 वर्ग मील) में फैला हुआ है, जो कि मध्य अमेरिका के पहाड़ों के साथ विस्तारित है, गुआटीमाला के पहाड़ी इलाकों से मैक्सिको चियापा राज्य के सीएरा मेड्रे डी चियापास, एव साल्वांडोर तथा होंडुरस से केन्द्रीय निकारागुआ तक विस्तारित है।
- पाइन–ओक वनों की ऊँचाई 600–1,800 मीटर (2,000–5900 फीट) के मध्य तक होती है तशा उष्णकटिबंधीय आर्द्र वन तथा उष्णकटिबंधीय शुष्क वन निम्न ऊँचाई से घिरे होते हैं।
- 1800 मीटर (5,900 फीट) से अधिक ऊँचाई के पर्वतों सामान्यतया केन्द्रीय अमेरिका के पर्वतीय वनों से आच्छादित हैं।
- केन्द्रीय अमेरिका के पाइन–ओक वन शीतोष्ण उत्तरी अमेरिका की कई प्रजातियों से निर्मित होते हैं जिसमें ओक, पाइन, फिर एवं साइप्रस सम्मिलित हैं।

लॉरेल वन (Laurel Forest)

- लॉरेल वन एक सामान्य प्रकार का केन्द्रीय अमेरिकी समशीतोष्ण सदाबहार वन है जो लगभग सभी मध्य अमेरिकी देशों में पाया जाता है तथा सामान्यतया समुद्र तट से 1,000 मीटर (3,300 फीट) से अधिक ऊँचाई पर पाया जाता है।
- वृक्षों की प्रजातियों में सदाबहार ओक, लॉरेल परिवार के सदस्य एवं वेन्मेनिया (Weinmannia) की प्रजातियाँ, ड्रीमिस एवं मैग्नोलिया शामिल है।

बादल वन (Cloud Forest)

- सीरा डी लास मिनास, गुआटीमाला के बादल वन केन्द्रीय अमेरिका के सबसे बड़े वन हैं।
- दक्षिणी–पूर्वी होंडुरस के क्षेत्रों में बादल वन हैं, जो निकारागुआ की सीमा के साथ स्थित निकट बड़े वन हैं।
- निकारागुआ में, बादल वन होंडुरस के साथ सीमा के निकट स्थित है, किन्तु कई को कॉफी उगाने के लिए साफ कर दिया गया है।
- उत्तर में अभी भी कुछ समशीतोष्ण सदाबहार पहाड़ियाँ हैं। मध्य अमेरिका के प्रशांत तटीय क्षेत्र का एकमात्र बादल वन निकारागुआ में मोम्बाचो ज्वालामुखी पर है।

केन्द्रीय अमेरिका के पर्वतीय वन (Central American Montane Forest)

- केन्द्रीय अमेरिका के पर्वतीय वन उष्णकटिबंधीय एवं उपोष्णकटिबंधीय आर्द्र चौड़ी पत्ती वाले वनों का जैव क्षेत्र है।
- ये वन आर्द्र पर्णपाती और उष्णकटिबंधीय एवं उपोष्णकटिबंधीय आर्द्र चौड़ी पत्ती वाले वनों के अर्ध-सदाबहार वनों के प्रकार हैं, ग्रीष्म ऋतु में अत्यधिक वर्षा तथा शीत ऋतु शुष्क शीत होती है।
- केन्द्रीय अमेरिका के पर्वतीय वन लगभग 1,800-4,000 मीटर (5,900-13,100 फीट) की ऊँचाई तक स्थित हैं तथा उच्च पर्वतों की शिखर एवं ढलानें दक्षिण अमेरिका से लेकर दक्षिणी मैक्सिकों, गुआटीमाला, एल साल्वाडोर एवं होंडुरस, उत्तरी निकारागुआ तक है।
- समस्त पारिस्थितिकी क्षेत्र 13,200 वर्ग किलोमीटर (5,100 वर्ग मील) के क्षेत्र में आवरित है और इसमें अपेक्षाकृत उच्च वर्षण स्तर के साथ शीतोष्ण जलवायु है।

केन्द्रीय अफ्रीका के वन संसाधन (Forest Resources Of Central Africa)

- मध्य अफ्रीका के 7 देशों का समूह जो कि आंशिक या पूर्ण प्रकार से अफ्रीका के मध्य भाग में आर्द्र वनों से आवरित है।
- ये देश हैं-
    - अंगोला (Angola)
    - कैमरून (Cameroon)
    - केन्द्रीय अफ्रीकन गणराज्य (Central African Republic)
    - कोंगो (Congo)
    - गेबन (Gabon)
    - भूमध्यरेखीय गिनी (Equatorial Guinea)
    - जेरै (Zaire)
- केन्द्रीय अफ्रीकी गणराज्य (सी.ए.आर.) अफ्रीका के भौगोलिक केन्द्र तथा कांगो-बेसिन की उत्तर पश्चिमी सीमा पर स्थित है।
- 623,000 वर्ग किलोमीटर के क्षेत्र में फैला यह देश फ्रांस की तुलना में डेढ़ गुना अधिक है।
- देश का अधिकांश भाग वनीय सवाना से ढका हुआ है।
- हालांकि, देश के दक्षिणी हिस्सों में लाखों हैक्टेयर तक वर्षा वनों का एक समूह है जिसका अधिकांश शोषक्ष वाणिज्यिक कटाई के लिए किया गया है।
- एक अन्य प्राकृतिक संसाधन हीरा है जो कि संपूर्ण देश में उपलब्ध है और कुल राष्ट्रीय अर्थव्यवस्था में 70% से अधिक का योगदान करता है।

केन्द्रीय अफ्रीका के दक्षिणी वन (Forest Types Of Central Africa)

मुख्य विशेषताएँ

- उष्णकटिबंधीय अफ्रीका के वन विश्व के कुल 18 प्रतिशत हैं तथा यह पश्चिमी, पूर्व एवं मध्य अफ्रीका में 3.6 लाख वर्ग किलोमीटर की भूमि पर फैला हुआ है।
- मध्य अफ्रीका में कुल क्षेत्रफल 2.69 लाख वर्ग किलोमीटर (74%) में विभाजित किया गया है।
- केन्द्रीय अफ्रीकी वर्षा वनों की मुख्य वनस्पतियों की विशेषताओं को निम्नलिखित श्रेणियों में विभाजित किया जाता है।
- इस प्रकार के वनों में कोई महत्त्वपूर्ण मौसमी परिवर्तन नहीं देखा जाता है।
- केन्द्रीय बेसिन की सीमा पर मेसोफिलस अर्ध-पर्णपाती वन जो कि उच्च स्तर पर पर्णपाती एवं सदाबहार वन के साथ मिश्रित होते हैं, अनियमित आयु में वितरण, पर्णपाती एवं सदाबहार वन के साथ मिश्रित होते हैं, अनियमित आयु में वितरण, निम्न आच्छादन पर झाड़ियों का स्तर मौसम अनुसार होता है।
- आरक्षित वनों के अतिरिक्त, केन्द्रीय अफ्रीकी वर्षा वनों के पुराने शेष भाग द्वितीयक वन हैं।

वन प्रकार (Forest Types)

द्वितीयक वन (Secondary Forests)

- अफ्रीका में सबसे अधिक प्रचुर एवं विशेष लक्षणों में पैरासोल वृक्षों, मुसंग सेक्रोपियोइड्स के प्रभुत्व वाले छोटे-छोटे द्वितीयक वन भी उपस्थित हैं। अफ्रीका के वनों में प्रचुर मात्रा में ऐसे भी नये द्वितीयक वन पाये जाते हैं जिनमें पैरासोल वृक्षों यथा मुसंगा सेरोपाइडस आदि के तरुण वृक्षों की प्रमुखता होती है।
- कुछ वृक्ष ज़ैर की पुरानी सड़क क्षेत्र के साथ द्वितीयक पुनः विकास की ऊपरी परत में पाए जाते है।
- क्षेत्रीय अध्ययन में द्वितीयक वनों का प्रसार अत्यधिक महत्त्वपूर्ण है क्योंकि उनमें प्राथमिक वनों की तुलना में विभिन्न वनस्पतियाँ एवं जीव वैज्ञानिक विशेषताएँ है, और ये मानव गतिविधि के केन्द्रों और भूमि के उपयोगों में परिवर्तन के इतिहास का प्रतिनिधित्व करते हैं।

गैर वन भूमि (Non-Forest)

- इस भाग में निम्नीकृत भूमि, अनियमित कृषि, वृक्षारोपण, वन विहीन भूमि एवं विखंडित वन सम्मिलित हैं।
- वृक्षारोपण में समान रूप से उपयोग किये जाने वाले ज्यामितीय रोपण-क्षेत्र एवं आच्छादन आवरण के साथ ही विशिष्ट संरचनायुक्त परिदृश्य भी दिखाई देता है तथा
- ये क्षेत्र परिवहन नेटवर्कों के निकट स्थित है और आर्थिक वृक्ष फसलों जैसे कोको, पाम ऑयल (ताड़ का तेल), रबर और कोला आदि द्वारा पनपाये गए हैं।

दलदल एवं बाढ़ वाले वन (Swamp And Flooded Forests)

- दलदली वन, बाढ़ के मैदानों वाले वनों एवं तटवर्ती वनों में पाए जाते हैं।
- दलदली वन सामान्यत: ज़ैर बेसिन के विभिन्न स्थानों एवं कोंगो बेसिन में पाए जाते हैं, जहाँ परिस्थितियाँ सामान्य हैं।
- अधिकांश क्षेत्र, दलदली वन वर्षा वनों के रूप में दिखाई देते हैं, जहाँ पेड़ों की अधिकतम ऊँचाई 45 मी. होती है।
- सामान्यत: यहाँ मुख्य कैनोपी अव्यवस्थित एवं खुली होती है, कभी-कभी अव्यवस्था के कारण यह द्वितीयक वनों के जैसे हो जाते हैं। यहाँ वनों में स्थानिक वनस्पति की विविधता है किन्तु यह प्रजातियों में नहीं पायी जाती है।
- हाल ही में, चावल की खेती के लिए दलदल के वनों को बड़े इलाकों में साफ किया गया है।
- ज़ायरे, कोंगो एवं अन्य निम्न क्षेत्रों के दलदली वनों में मौसमी परिवर्तन बाढ़ स्तर के वनों से अलग पाए जाते हैं।

केन्द्रीय अफ्रीका के वर्षा वन (Central African Rain Forest)

- मध्य अफ्रीका के वर्षा वन अमेज़न बेसिन के आकार में स्थान में दूसरे स्थान पर हैं
- वर्षा वन के पौधे अनुमानत: 8,000 पौधों की प्रजातियों में से ताड़ का पेड़ (तेल) एवं महोगनी वृक्ष प्रसिद्ध है।

केन्द्रीय अफ्रीका के वर्षा वनों का प्रकार (Central African Rain Forest Types)

कोंगोलीस वन (Congolese Forest)

- कोंगोलीस वन उष्णकटिबंधीय एवं उपोष्णकटिबंधीय आर्द्र चौड़ी पत्तीदार वन बायोम के निम्न भूमि उष्णकटिबंधीय आर्द्र चौड़ी पत्तीदार वन पारिस्थितिकी क्षेत्र का एक व्यापक क्षेत्र है, जो कांगो नदी के बेसिन एवं इसकी सहायक नदियों के मध्य अफ्रीका में फैला है।
- कोंगोलीस के वन दक्षिण-पूर्वी कैमरून, पूर्वी गैवन, कांगो के केन्द्रीय एवं उत्तरी लोकतांत्रिक गणराज्य, कांगो के उत्तरी एवं पश्चिमी मध्य अफ्रीकी गणराज्य के हिस्से तथा दक्षिणी एवं दक्षिणी-पश्चिमी मध्य अफ्रीकी गणराज्य के कुछ हिस्सों को शामिल किया गया है।

पश्चिमी कोंगालीस दलदली वन (Western Conglese Swamp Forests)

- पारिस्थितिकी क्षेत्र में स्थायी रूप से बाढ़ वाले दलदली वन, मौसमी दलदल वन और बाढ़ वाले घास के मैदान होते हैं।
- स्थायी रूप से बाढ़ वाले दलदली वनों में फैली हुई व्यापक श्रेणियों का मूल है।
- मौसमी बाढ़ के वृक्षों में गार्सिनिया और मानिलकारा के वृक्ष सम्मिलित हैं।

पश्चिमी कोंगोलीस वनों को 14 विभिन्न प्रकारों में वर्गीकृत किया गया है–

मध्य कोंगोलिया के निम्न भूमि वन (Central Congolian Lowland Forest)

- *गिलबेटियोडेन्ड्रॉन डेवेरेई (Gilbertiodendron dewevrei)*
- *जुल्बर्नेडिया सरेटी (Julbernadia seretii)*
- *ब्रेकाइस्टेजिया लॉरेंटी (Brachystegia laurentii)*
- हैकबेरी (*कैल्टिस* प्रजाति) (Hackberry (*Celtis* spp))
- सैमफोना *(क्रिसोफिलम पेरपलक्रम) (Chrysophyllum perpulchrum)*
- बार्क क्लोथ ट्री वृक्ष (एंटीएरीस वेलविटस्ची) *(Antiaris welwitschii)*

कैमरून उच्च भूमि वन (Cameroon Highland Forest)

- सामान्यत: यह काई युक्त वनों के रूप में जाने जाते हैं।

प्रजातियाँ (Species)

- *नुक्सिया कोंगेस्टा (Nuxia congesta)*
- *पोडोकार्पस लेटिफोलियस (Podocarpus latifolius)*
- *पुनस एफ्रीकेना (Prunus africana)*
- *रेपनीआ मीलेनोफ्लोइस (Rapanea melanophloeos)*
- *साइज़ीगियम जुनीन्स बेमन्डेई (Syzygium guineense bamendae)*

केन्द्रीय अफ्रीकी मैंग्रोव (Central African Mangrove)

- लाल मैंग्रूव (Red *mangrove (Rhizophora mangle)*)
- *राइज़ीफोरा रेसीमोसा* (*Rhizophora racemosa*)
- *राइज़ीफोरा हैरीसोनी* (*Rhizophora harrisonii*)
- काला मैंग्रूव (Black mangrove *(Avicennia germinans)*)
- सफ़ेद मैंग्रूव (White mangrove *(Laguncularia racemosa)*)
- पाम – *नाइपा फ्रूटीकेन्स* (Palm - *Nypa fruticans*)

कोंगोलिया के तटीय वन (Congolian Coastal Forest)

- *आकोटीआ प्रीटियोरा एवं ओ. कैथरीनेन्सिस* (लॉरेसी) [*Ocotea pretiosa* and *O. catharinense (Lauraceae)*]
- *कैम्पोमैनेसिया ज़ेन्थोकार्पा (मिर्टेसी)* [*Campomanesia xanthocarpa (Myrtaceae)*]
- *मिमोसा स्कैब्रेला* [*Mimosa scabrella*]
- *पैरपिप्टेडेनिया रीज़िडा* (लेगुमिनोसी) [*Parapiptadenia rigida (Leguminosae*]
- *ब्रेजीलियन एरोकैरिया (एरोकैरिया एगस्टीफोलिया)* [*Brazilian araucaria (Araucaria angustifolia)*]

कोंगोलिया के नदी वन (Congolian Riverine Forest)

- *अकेसिया इलेटियोर* (अकेसिया नदी) [*Acacia elatior* (River Acacia)]
- *अकेसिया गैल्पिनी* (मंकी थोर्न) [*Acacia galpinii* (Monkey thorn)]
- *अकेसिया गैरर्डी* (ग्रे-बालों वाला अकेसिया) [*Acacia gerrardii* (Grey-haired acacia)]
- *एल्बिज़िया ग्लैबरीमा* (सफेद नोंगो) [*Albizia glaberrima* (White Nongo)]
- *एल्बिज़िया ज़ाइगिया* (पश्चिम अफ्रीकी एल्बिजिया) [*Albizia zygia* (West African albizia)]
- एलोफिलस एफ्रीकेनस [*Allophylus africanus*]
- *कैडेबा फ़ैरीनोसा* (हर्ड्स बॉय फ्रूट) [*Cadaba farinosa* (Herd's boy fruit)]
- *कॉर्डीला एफ्रीकैना* (वनीय आम) [*Cordyla africana* (Wild mango)]
- *डोवीयेलिस एबीसिनिका* (अफ्रीकी काकबदरी) [*Dovyalis abyssinica* (African gooseberry)]
- *कीगेलिया अफ्रीकाना* (सौसेज वृक्ष) [*Kigelia africana* (Sausage tree)]
- *न्यूटोनिया बुचैनेनी* (पूर्व अफ्रीकी न्यूटोनिया) [*Newtonia buchananii* (East African newtonia)]
- *पिलियोस्टीग्मा थोनिनिंगि* (ऊँट के पैर) [*Piliostigma thonningii* (Camel's foot)]

कोंगोलिया के दलदली वन (Congolian Swamp Forest)

- यह वन दलदली एवं झीलों में निवासों का मिश्रण हैं, जिनमें सूखे जंगल एवं सवाना थोड़े ऊपर एवं कोंगो तथा उसकी नदियों द्वारा बाढ़ का मिश्रण है।
- रेफिया पाम
- गर्सिनिया
- मैनिलकारा

नदी परागमन वन (Cross River Forest)

- *मुसंगा सेक्रोपियोइड्स* (अफ्रीकी कॉर्कवुड वृक्ष और अम्ब्रेला वृक्ष) [*Musanga cecropioides* (African corkwood tree or umbrella tree)]
- *इर्वीन्जिया गैबोनेन्सिस* (*Irvingia gabonansis*)
- *बर्लीनिया कॉन्फ़्युसा* (*Berlinia confusa*)
- *कौला एडुलिस* (*Caula edulis*)
- *हनौआ क्लैनेना* (*Hannoa Klaineana*)
- *क्लैनीडोक्सा गैबोनेन्सिस* (*Klainedoxa gabonansis*)
- *अफ्रीकन महोगेनी* (*African Mahoganey*)
- लाल नागकेसर – *लोपहिरा अलेटा* (Rad ironwood - *Lophira alata*)

पूर्वी सूडान के वन (*East Sudanian Forest*)

- सेनेगल खजूर वृक्ष (*फोनिक्स रेक्लीनेटा*) [Senegal date palms *(Phoenix reclinata)*]
- वनीय कस्टर्ड सेव वृक्ष (*अनोना सेनेगेलेन्सिस*) [Wild custard apple trees *(Annona senegalensis)*]
- अफ्रीकन ब्रेडफ्रूट (*ट्रीकुलिया अफ्रीकाना*) [African breadfruit *(Treculia africana)*]
- *एफ़्जेलिया अफ्रीकाना (Afzelia africana)*
- *क्रिसोफिलम परपलक्रम (Chrysophyllum perpulchrum)*
- *कोला गिगेन्टीआ (Cola gigantea)*
- *मोरस मीसोज़िगा (Morus mesozygia)*
- *खाया ग्रेन्डीफियोलिया (Khaya grandifoliola)*
- *बुर्कीआ अफ्रीकाना (Burkea africana)*
- *स्टेरी ओस्पर्नम कंशीएनम (Stereospernum kunthianum)*
- *स्ट्रीक्नोस* प्रजाति (Strychnos spp.)
- *विटेक्स* प्रजाति *(Vitex* spp.)

कैमरून के पर्वतीय वन (Mount Camaroon Forest)

मुख्य पौधों के समुदाय (Chief plant communities)

- पर्वतीय वन (Montane Forests)
- पर्वतीय घास के मैदान (Montane grassland)
- बंजर भूमि (Haathlands)

प्रजातियाँ (Species)

- *अफ्रीकन जेब्रावुड (African Zebrawood)*
- *माइक्रोबर्लीनिया बिसल्केटा (Microberlinia Bisulcata)*
- *कोला प्रेईकुटा (Cola praeacuta)*
- *बीलोनोफोरा ओंगेंसिस (Belonophora ongensis)*

उत्तर–पूर्व कोंगोलिया के एफ.एस.एम. (*NE Congolian FSM*)

- *जल्बर्नेर्डिया (Julbermardia)*
- *साइनोमेट्री प्रजातियाँ (Cynometra Species)*
- *गिलबर्टीयोडेन्ड्रोन डेव्वेरेई (Gilbertiodendron dewewrei)*
- *एंटेन्ड्रोफ्रेग्मा (Entanrophragma)*

- *खाया प्रजातियाँ (Khaya* Species*)*
- *एल्बीज़िया (Albizia)*
- *मुसंगा सेक्रोपियोड्स (Musanga cecropiodes)*

उत्तर–पूर्व कोंगोलिया के निम्न भूमि वन (NE Congolian Lowland Forest)

- *खाया न्यासिका (Khaya nyosica)*
- *मुसेंडा एरीथ्रोफाइला (Mussaenda erythrophylla)*
- *फिकस जार्जलेंसिस (Ficus zarzalensis)*
- *विदेशी अंजीर (Stranger Fig)*
- *पेरीकोप्सिस इलाटा (Pericopsis elata)*
- *कैसलपिनिसी वृक्ष (Casalpiniaceae trees)*
- *ओकोम वृक्ष (Okoume trees (Burseraceae)*

उत्तर–पश्चिमी कोंगोलिया के निम्नभूमि वन (NW Congolian Lowland Forest)

- *एंटेन्ड्रोफ्रेग्मा कोंगोंसी (Entandrophragma congonse)*
- *पेंटेक्लेथेरा ईट्रवेल्डिना (Pentaclethera eetveldeana)*
- *पेरीकोप्सिस इलाटा (Pericopsis elata)*
- *गिल्बर्टीयोडेन्ड्रॉन डेवेव्रेई (Gilbertiodendron deweorei)*
- *ड्राईपेटीस कैल्वेसेन्स (Drypetes calvescenes)*
- *ड्राईपेटीस कैपिलिपिस (Drypetes capillipes)*
- *ड्राईपेटीस कैवालिरी (Drypetes chevalieri)*

दक्षिणी कोंगोलिया *FSM* (South Congolian *FSM*)

- *खाया न्यासिका (Khaya nyosica)*
- *मुसेन्ड्रा एरीथ्रोफाइला (Musaenda erythrophylla)*
- *पेंटेक्लेथ्रा इट्रवेल्डीएना (Pentaclethera eetveldeana)*
- *क्रिसोफाइलम पेरपलक्रम (Chrysophyllum perpulchrum)*
- *खाया ग्रेन्डीफोलियोला (Khaya grandifoliola)*
- *बुर्किआ अफ्रीकाना (Burkea africana)*
- *न्यूटोनिया बुकैनेनी (Newtonia buchananii)*

पश्चिमी सवाना *FSM* (West Congolian *FSM*)

- *मुसंगा केरोपियोड्स (Musanga ceropiodes)*
- *मैनिल्कारा जैमिक्यु (Manilkara jaimique)*
- *पेरेपिप्टेडेनिया रिजिडा (Paropiptadenia rigida)*

- *मुसंगा कैरोपियोड्स (Musanga ceropiodes)*
- *खाया न्यासिका (Khaya nyosica)*
- *खाया ग्रेंन्डिफोलियोला (Khaya grandifoliola)*
- *न्यूटोनिया बुकैनेनी (Newtonia buchananii)*

V. ऑस्ट्रेलिया वन संसाधन (Forest Resources Of Australia)

मुख्य विशेषताएँ

- ऑस्ट्रेलिया में 125 मिलियन हैक्टेयर वन हैं, जो कि ऑस्ट्रेलिया के भूमि क्षेत्र का लगभग 16 प्रतिशत हैं।
- यह विश्व के वन क्षेत्र का लगभग 3 प्रतिशत है।
- विश्व भर के सातवें सबसे बड़े वन क्षेत्र के रूप में उल्लेखनीय है।

ऑस्ट्रेलिया - वन क्षेत्र (Australia - Forest Area)

- क्वींसलैण्ड की भूमि के पास ऑस्ट्रेलिया के वन की सबसे बड़ी भूमि है (51.0 मिलियन हैक्टेयर - ऑस्ट्रेलिया वनों का 41%)
- न्यू साउथ वेल्स (22.7 मिलियन हैक्टेयर - 18%)
- पश्चिमी ऑस्ट्रेलिया (19.2 मिलियन हैक्टेयर -15%)
- उत्तरी क्षेत्र (15.2 मिलियन हैक्टेयर - 12%)
- दक्षिणी ऑस्ट्रेलिया (17.8 मिलियन हैक्टेयर - 14%)

वन प्रकार - राष्ट्रीय वन की सूची के आधार पर (Forest Types - Based On National Forest Inventory)

- ऑस्ट्रेलिया के वनों को राष्ट्रीय वन सूची में तीन श्रेणियों में वर्गीकृत किया गया है :
  1. मूलवन/क्षेत्रीय वन (Native Forest)
  2. औद्योगिक वन (Industrial Forest)
  3. अन्य वन (Other Forest)

1. क्षेत्रीय वन (Native Forest)

ऑस्ट्रेलिया के मूल वनों को आठ प्रकार के समूहों में वर्गीकृत किया गया है (ऑस्ट्रेलिया के मूल वनों का क्षेत्र अधिक है जिसमें यूकेलिप्टस और अकेसिया के वनों का वर्चस्व अधिक है):

(i) अकेसिया वन (Acacia Forest)

(ii) कैलिट्रिस वन (Callitris Forest)

(iii) कैसुअरीना वन (Casuarina Forest)

(iv) यूकेलिप्ट वन (Eucalypt Forest)

(v) मेंग्रोव वन (Mangrove Forest)

(vi) मिलैल्यूका वन (Melaeluca Forest)

(vii) वर्षा वन (Rain Forest)

(viii) अन्य मूल/क्षेत्रीय वन (Other native Forest)

***अकेसिया* वन (*Acacia* Forest)**

- *अकेसिया एसीनेसीआ* – स्वर्णिम सूक्ष्मकण युक्त बबूल बाली (*Acacia acinacea* – Gold Dust Wattle)
- *अकेसिया एंडका* – वेंलगारा बाली (*Acacia adunca* – Wallangarra Wattle)
- *अकेसिया बेलीयाना* – कुटामुंड्रा बाली (*Acacia beileyana* – Cootamundra Wattle)
- *अकेसिया बुरमानी* – हिम श्वेत नदी बाली (*Acacia boornanii* – Smowy River Wattle)
- *अकेसिया डिमिडिएय* – दलदली बाली (*Acacia dimidiata* – Swamp Wattle)
- *अकेसिया एक्सटेंसा* – वायरी वेटल (*Acacia extensa* – Wiry Wattle)
- *अकेसिया फेल्सिफोर्मिस* – हिकॉरी वेटल (*Acacia Falciformis* – Hickory Wattle)
- *अकेसिया फ्लेक्सिफोलिया* – समतल बाली (*Acacia Flexifolia* – Flat Wattle)
- *अकेसिया हॉविटी* – चिपचिपा ऑस्ट्रेलियन बबूल (*Acacia howittii* – Sticky Wattle)
- *अकेसिया मोंटेना* – मैली ऑस्ट्रेलियन बबूल (*Acacia montana* – Mallee Wattle)
- *अकेसिया बेकलेरी* – बैरीयर रेंज ऑस्ट्रेलियन बबूल (*Acacia beckleri* – Barrier Range Wattle)
- *अकेसिया बक्सीफोलिया* – बॉक्सलीफ ऑस्ट्रेलियन बबूल (*Acacia buxifolia* – Box-leaf Wattle)
- *अकेसिया कोंफेर्टा* – क्राउडेड लीफ ऑस्ट्रेलियन बबूल (*Acacia buxifolia* – Crowded-leaf Wattle)
- *अकेसिया कल्ट्रीफोर्मिस* – नाइफ–लीफ ऑस्ट्रेलियन बबूल (*Acacia cultriformis* – Knife-leaf Wattle)
- *अकेसिया डीलबाटा* – सिल्वर ऑस्ट्रेलियन बबूल (*Acacia dealbata* – Silver Wattle)
- *अकेसिया कंटीनुआ* – थोर्न ऑस्ट्रेलियन बबूल (*Acacia continua* – Thorn Wattle)

- *अकेसिया स्पेक्टाबिलिस* - मुड्जी ऑस्ट्रेलियन बबूल (*Acacia spectabilis* - Mudgee Wattle)
- *अकेसिया पाइक्लेंथा* - गोल्डन ऑस्ट्रेलियन बबूल (*Acacia pycnantha* - Golden Wattle)
- *अकेसिया प्रेविसिमा* - ओवेन्स ऑस्ट्रेलियन बबूल (*Acacia pravissima* - Ovens Wattle)
- *अकेसिया सिकुलीफोर्मिस* - डेजर ऑस्ट्रेलियन बबूल (*Acacia siculiformis* - Dagger Wattle)
- *अकेसिया वर्नीसिफ्लुआ* - वार्निश ऑस्ट्रेलियन बबूल (*Acacia verniciflua* - Varnish Wattle)

कैलिट्रिस वन (Callitris Forest)

- *कैलिट्रिस बैलेयी (Callitris baileyi)*
- *कैलिट्रिस ऑब्लोंगा (Callitris oblonga)*
- *कैलिट्रिस कैनीसिंस (Callitris canescens)*
- *कैलिट्रिस पंचेरी (Callitris pancheri)*
- *कैलिट्रिस ड्रमोन्डी (Callitris drummondi)*
- *कैलिट्रिस सुल्काटा (Callitris sulcata)*
- *कैलिट्रिस मैक्लियाना (Callitris malceayana)*
- *कैलिट्रिस वरूकोसा (Callitris verruces)*
- *कैलिट्रिस निओकैलडोनिका (Callitris neocaledonica)*

कैसुअरीना वन (Casuarina Forest)

- *कैसुअरीना क्रिसाटा (Casuarina crisata)*
- *कैसुअरीना कुनींघेमीना–नदी शिओक (Casuarina cunnmghamiana)*
- *कैसुअरीना इक्वीसेटीफोलिया–ऑस्ट्रेलियन पाइन (Casuarina equisetifolia - Australian pine)*
- *कैसुअरीना ग्लौका–ग्रेशिओक (Casuarina glauca-Gray sheoak)*
- *कैसुअरीना ओबेसा (Casuarina Obesa)*
- *कैसुअरीना पौपर (Casuarina pauper)*

यूकेलिप्ट वन (Eucalypt Forest)

- यूकेलिप्ट वन वुडलैंड वन (64.2 मिलियन हैक्टेयर) एवं (विवृत्त) खुले वनों (27.3 मिलियन हैक्टेयर) के प्रकारों के सबसे बड़े मुख्य घटक हैं।
- संवृत्त वन (2.6 मिलियन हैक्टेयर) प्रकार के वन वर्षा वनों के सबसे बड़े घटक हैं।

- रिवर रेड गम (ई. कैमल्डुलेंसिस) व्यापक रूप में सबसे अधिक उगे हुए यूकेलिप्ट हैं, तथा यह सभी ऑस्ट्रेलियाई मुख्य भूमि के राज्यों में पाए जाते हैं।
- दक्षिण-पूर्वी ऑस्ट्रेलिया के वनों में प्रवर्धित यूकेलिप्ट प्रजाति की विस्तृत शृंखला है, जिसमें प्रमुख इमारती लकड़ी की प्रजातियाँ सम्मिलित हैं :
  - गिरिप्रभुर्ज (*रोवन वृक्ष*), (रक्त कोल)(*ई. रेग्नंस*)
  - मेसगेट स्ट्रींजीबार्क (*ई. ओब्क्विा*)
  - एल्पाइन एश (*ई. डेलीगेटेन्सिस*)
  - सिल्वरटोप एश (*ई. साइबेरी*)
  - ब्लैकबट्ट (*ई. पाइलुलेरिस*)
  - स्पोटेडगम (*ई. माकुलाय*)
- दक्षिणी-पश्चिमी ऑस्ट्रेलिया में यूकेलिप्ट वनों का प्रभुत्व -
  - जराह (*ई. मार्गीनाता*)
  - कारी (*ई. डिवर्सीकोलर*)
- उत्तरी ऑस्ट्रेलिया के यूकेलिप्ट प्रकार के वन सम्मिलित हैं
  - डार्विन वुलीवट्ट (*ई. मिनियाटा*)
  - डार्विन स्ट्रिंगी बार्क (*ई. टेट्रोडोनेटा*)

मैंग्रूव/सदाबहार वन (Mangrove Forest)

- लाल सदाबहार
  - *राइज़ोपोरा मेंगल* (*R. mangle*)
  - *राइज़ोपोरा रेसमोसा* (*R. racemosa*)
  - *राइज़ोपोरा हेरीसोनाई* (*R. harrisonii*)
- काला मैंग्रूव (*Avicennia germinans*)
- सफेद मैंग्रूव (*Laguncularia racemosa*)
- बटनवुड (*Conocarpus erectus*)

मैलल्यूका वन (Malaleuca Forest)

- *मैलल्यूका क़्वीनक्वेनर्वीया*
- *मैलल्यूका कैजुपुटी उपजाति कुमिनगियाना*
- *एम. एस्फ्लेथोईड्स*
- *एम. कॉन्किना*
- *एम. कैजुपुटी*
- *एम. यूइक्वेनर्वीया*
- *एम. लाइनरीफोलिया*
- *एम. ब्रेक्टिएटा*

वर्षा वन (Rain Forest)

- ऑस्ट्रेलियाई लाल कैडर - *थूजा प्लीकाटा*

- ऑस्ट्रेलियाई टीक वृक्ष – *टेरीकार्पस एंगोलेंसिस*
- नाइफ लीफ वेटल – *अकेसिया कोग्नेटा (छुरीनुमा पत्तीदार बबूल)*
- बैंक्सिआ वृक्ष – *बेक्सिआ डीनाटा*
- मौरीटोन बेफिग – *फिकस मैक्रोफाइला*
- विलो बोटलब्रुश – *कैस्लिस्टीमोन सैलिग्नस*
- लिली पिली – *साइजीगियम स्मिथि*
- पैपरबार्क – *मैलयूका क्वीनक्वेनर्वीया*

अन्य क्षेत्रीय वन (Other Nature Forest)

- इलावारा फ्लेम वृक्ष (*ब्रेंकाईचिटोन एसरीफोलियस*)
- अंटार्कटिका/ऑस्ट्रेलियाई बीच (*नार्थोफिगस मूरेई*)
- पेपरबार्क (*मैलयूका क़्वीनक्वेनर्वीया*)
- लिली पिली (*साइज़िगियम स्मिथी*)
- मोरेटोन बेफिग (*फाइकस मैक्रोफाइला*)
- *इरेमोफिल* प्रजाति
- विलौ बौटलब्रुश
- गोल्डन वेटल (*अकेसिया पाइक्निंया*)
- यूकेलिप्टस प्रजाति

2. औद्योगिक वृक्षारोपण (Industrial plantations)

- लकड़ी उत्पादन के लिए बड़े पैमाने पर औद्योगिक वृक्षारोपण किया जाता है।
- ऑस्ट्रेलिया के औद्योगिक वृक्षारोपण, वाणिज्यिक वन उत्पादों के मुख्य स्त्रोत हैं।
- लगभग आधे ऑस्ट्रेलिया के औद्योगिक वृक्षारोपण विदेशी सॉफ्टवुड (मुख्यत: *पाइनस रेडियाटा*), जबकि अन्य आधे हिस्से में हार्डवुड (मुख्यत: यूकेलिप्ट प्रजाति) होती है।

3. अन्य वन (Other Forest)

- अन्य वनों में गैर-औद्योगिक वृक्षारोपण होता है, और विभिन्न प्रकार के वृक्षों का रोपण किया जाता है।

ऑस्ट्रेलिया में वन पारिस्थितिकी तंत्र (Forest Ecosystem In Australia)

शुष्क दृढ़पर्णवन (Dry Sclerophyll Forests)

- स्पाइक वेटल (*अकेसिया ऑक्सीकेड्रस*)
- मिर्टल वेटल (*अकेसिया मिर्टीफोलिया*)
- क्विंसलैंड सिल्वर वेटल (*अकेसिया पोडलरी फोलिया*)

- वैक्स–रीप ऑर्किड (*ग्लोसोडिया मेजर*)
- ग्रे स्पाइडर फ्लोवर (*ग्रेविलिया बक्सीफोलिया*)
- सिल्की सेविलिया (*ग्रेविलिया सेरीकिया*)
- सिडनी बोरोनिया (*बोरोनिया लेडीफोलिया*)
- क्रोविया सैलिग्ना

आर्द्र दृढ़ पर्ण वन (Wet Sclerophyll Forests)

- ऊँचे, घने यूकेलिप्टस वन, जिनका खुला और सतत् आच्छादन होता है तथा निम्न पेड़ों में एक परत प्रमुख वृक्षों के तनों की बीच की जगह को भरती है।
- हरे–हरे फर्न के हरे भूमि तल होते हैं, जिसमें से कई वृक्ष स्तर होते हैं। उपोष्णकटिबंधीय परिस्थितियों में इनके नीचे कुछ आवरण होता है।
  - *यूकेलिप्टस डेलीगेटेन्सिस* (एल्पाइन एश)
  - *लोमेटिया मासरीकोइड्स* (रिवर लोमेटिक)
  - *ई. पोन्सिफ्लोरा* (सफ़ेद सैली)
  - *ओलीएरीआ मीगैलोफाइला*
  - *ई. फ्रेक्सिनोइड्स* (सफ़ेद एश)
  - *पर्सोनिया सिल्वाटिका*
  - *ई. साइबेरी* (सिल्वर टोप एश)
  - *प्लेटीसेक लेनकीओलाय*
  - *अकेसिया डीअलबाय* (सिल्वर ब्रेटल)
  - *सेनेकियो लाइनीयरफोलियस* (फायरवाइस ग्राउंड सील)
  - *बोसीया फोलियोसा*
  - *तेस्मेनिआ लेनिओलाय* (पर्वतीय पेपरबुश)
  - *कोप्रोस्मा हर्टेला*
  - *टी. जेरोफाइला* (एल्पाइन पीपर)
  - *डेविसिआलेटिफोलिआ* (ब्रॉड लिव्ड बिटर पी)
  - *ल्यूकोपोगोन लेन्सिओलेटस*

आर्द्र उष्णकटिबंधीय वर्षा वन (Wet Tropical Rainforest)

- यहाँ का आर्द्र उष्णकटिबंधीय वर्षा वन कुछ विशिष्ट स्थित वाला उत्पादक निवास स्थान है जिनमें लगभग 1164 संवहनी पौधों की प्रजातियाँ पायी जाती हैं, जिसमें 19 एंजियोस्पर्म वंश के 13 वंश सम्मिलित हैं, दुनिया भर में फूलों वाले पौधों के प्राथमिक वंश मुख्य है।
  - अकेई पाम (*यूटेर्पे प्रीकेटोरिया*)
  - *लोमेन्ड्रा हाइस्ट्रिक्स*

- कनौंबा पाम (*कोपर्निसिआ प्रुनिफेरा*)
- फोमबार्क (*ज़गेरा सुडोरस*)
- वॉकिंग पाम (*सोक्रेटीआ एक्सोरीजा*)
- ब्लुक़ैनडोंग (*इलेओकार्पस एनस्टीफोलियस*)
- टुआलैंग (*कुम्पैसिआ एक्सेल्सा*)
- क्वीन्सलैंड हॉलीवुड (*पीटोस्पोरम रोम्बिफोलियम*)
- रेडिआटा पाइन (*पाइनस रेडियाटा*)
- डायमण्ड लीफ पिटोस्पोरम (*ऑरेन्टिकार्पा रोम्बिफोलियम*)
- कोचवुड (*कीरेटोपीटेलम एपीटेलम*)
- लाल कैडर (*जुनीपेरस वर्जिनिआटा*)

उपोष्णकटिबंधीय वर्षा वन (Subtropical Rainforest)

- फिग्स (*फिकस बेंजमिना*)
- लाल कैरड (*जूनीपेरस वर्जिनिआना*)
- काला बुयोंग (*आर्गीरोडेन्ड्रोन एक्टीनोफाइलम*)
- नीला जम्स (*यूकेलिप्टस ग्लोबुलस*)
- हुप पाइन्स (*एरौकैरीआ कुनीन्घामी*)
- ब्रुश बॉक्स (*लोफोस्टीमोम कोफेर्टस*)

उष्ण शीतोष्ण वन (Warm Temperate Rainforest)

- कोचवुड (*सीरेटोपीटेलम एपीटेलम*)
- सेसाफ्रस (*सेसाफ्रस रेंडेईएंस*)
- अंटार्कटिक बीच (*लोफोजोनिआ मूरेई*)
- लाल एश (*फ्रेक्सिनस पेंसिल्वेनिका*)
- क्षेत्रीय क्लेरोडेन्ड्रोन (*क्लेरोडेन्ड्रम थोमसोनेई*)
- भूरा कैरंजोंग (*कोमर्सोनिआ बर्ट्रेमिआ*)
- क्षेत्रीय लौरेल (*एनोप्टेरस ग्लैडुलोसस*)
- रेड-फ्रूटेड ओलाइव प्लम (*इलीओडेन्ड्रोन ऑस्ट्रेल*)
- चीस वृक्ष (*ग्लोचीडियोन फर्डीनंडी*)
- क्षेत्रीय हिबिस्कस (*हिबिस्कस प्रजाति*)
- क्षेत्रीय ओलीव (*ओलीआ पेनीकुलेटा*)
- ब्राउन बीच (*हिप्सीज़ाइगस टेसेलेटस*)

ठंडा-शीतोष्ण वर्षा वन (Cool-Temperate Rainforests)

- मिर्टल (मेंहदी) (*नोथोफेगस कुनीघामी*)(*Nothofagus cunninghamii*)

- सेसफ्रेस (*एथीरोस्पर्मा मोस्केंटम*)
- लेदरवुड (*यूक्रिफिआ लुसिडा*)
- होरीजोंटल (*एनडोपीटेलम बिगलैंडुलोसम*)
- सेलेरी-टॉप पाइन (*फिलोक्लैडस एस्पलेनिफोलियस*)
- हुओन देवदार (पाइन)

बादल वन (Cloud Forest)

- लिग्नम (*लिग्नम विटेई*)
- बेसवुड (*टीलिया अमेरिका*)
- चाय वृक्ष (*मैलयुका अल्टर्नीफोलिया*)
- पर्वतीय सिल्कवुड (*फ़्लिन्डर्सिया ओपोसिटीफोलिया*)
- साइथआ रेबसी
- लॉयर वाइन (*स्मिलैक्स ऑस्ट्रेलिया*)
- सरसा पेरिला (*स्मिलैक्स ऑर्नेटा*)
- हॉटबर्क (*ज़ाइगोज़ाइनम होवीएनम*)
- पिम्प्ली एश (*फ्रक्सिनस* प्रजाति)
- पेपरवुड (*यूम्बिलुलेरिया कैलिफोर्निका*)
- मैलटवुड (*रोडेम्निया अर्जेंटिआ*)
- क्षेत्रीय होली (*इलेक्स ओपेका*)

वर्षा ऋतु एवं शुष्क वर्षा वन (Monsoon And Dry Rainforest)

- ब्लू क्वेंनडोंग (*इलीओकार्पस एंगस्टीफोलियस*)
- एमु एप्पल (*ओवेनिया एसीडुला*)
- लाल एश (*फ्रेक्सिनस पेंसिल्वेनिका*)
- मिल्कवुड (*सिडेरोज़ाइलोनइंटर्म*)
- पीला टिलुपवुड (*ड्राइपेटिस लेसिओजाइना*)
- गुलाबी महोगेनी (*डाइसोक्सिलम ओपोसिटीफोलियम*)
- कारपेटेरिया पाम (*करपेटेरिया एक्युमिनाय*)
- उत्तरी ग्रेविलिया (*सेविलिया टेरिडिफोलिया*)
- लॉयरवाइन (*स्मिलैक्स ऑस्ट्रेलिस*)

रूस के वन संसाधन (Forest Resources of Russia)

मुख्य विशेषताएँ

- रूस के क्षेत्र में दुनिया की लकड़ी का भंडारण 1/4 भाग है।
- कुल वन क्षेत्र – 885 मिलियन हैक्टेयर, दुनिया के कुल क्षेत्र का 45% प्रदर्शित करते हैं।
- लकड़ी का भंडारण 82 अरब घन मीटर के क्षेत्र में है।
- शंकुधारी वन संसाधन के मुख्य संसाधन सम्मिलित है :
    - पाइन

- स्प्रूस
- लार्च
- कैडर

रूस (रशिया) के वन प्रकार (Forest Types Of Russia)

स्प्रूस एवं फिर (देवदार) वन (Spruce and Fir Forests)

- स्प्रूस, पाइन एवं साइबेरियन पाइन प्राय: बिर्च, अस्पेइन, पाइन एवं लार्च की स्थिति से प्रभुत्व होता है।
- अन्य विस्तृत पर्णपाती प्रजातियाँ तथा कोरियन पाइन यूरोपीय रूप के दक्षिणी भाग के साथ-साथ पूर्व के रूसी भाग के दक्षिण में मौजूद हैं।

प्रमुख प्रजातियाँ (Dominant Species)

- *पिसीआ एंजलमैनी* (एंजलमन स्प्रूस) (*Picea engelmanii*) (Engelmann spruce)
- *एबीस लेसियोकार्पा* (सबएल्पाइन फिर) (*Abies Lasiocarpa*) (Subalpine Fir)
- *पाइनस सिबिरिका* (साइबेरियन पाइन) (*Pinus sibirica*) (Siberian pine)

अन्य प्रजातियाँ (Other Species)

- *पाइनस रेसिनोसा* (*Pinus resinosa*)
- *पाइनस कोरेनेन्सिस* (कोरियन पाइन), *Pinus korainensis* (Korean pine)

पाइन वन (Pine Forest)

- स्कॉच पाइन का प्रभुत्व, सामान्यतया स्प्रूस, बिर्च, स्पेन तथा लार्च उत्तर-पूर्वी किनारे पर उपस्थित होता है।
  - *पाइनस सिल्वेस्ट्रिस* (स्कोच पाइन)
  - *पिसीआ ग्लेहनी* (सैखलिन स्प्रूस एवं ग्लेह्न स्प्रूस)
  - *बेटुला प्लेटीफाइला* (साइबेरियन सिल्वर बिर्च)
  - *पोपुलस ट्रीमुलोइड्स* (अस्पेन)
  - *लैरिक्स डेसीडुआ* (यूरोपियन लार्च)

लार्च वन (Larch Forest)

- विभिन्न प्रजातियों पर लार्च का प्रभुत्व होता है, प्राय: यह बिर्च एवं एस्पेन के साथ उपस्थित होते हैं।
- अन्य प्रजातियों (पाइन, स्प्रूस, साइबेरियन पाइन) को रूस की दक्षिणी एवं पश्चिमी सीमाओं की ओर होती है।
- रूसी सुदूर पूर्व के पर्वतों में लार्च की प्रजातियों में प्राय: साइबेरियन पाइन की वृद्धि कम होती है।

- *लैरिक्स सिबिरिका* (रूसी लार्च), *Larix sibirica* (Russian larch)
- *लैरिक्स लैरिसिना* (Larix Laricina)
- *लैरिक्स ऑक्सिडेंटेलिस* (Larix occidentalis)
- *लैरिक्स डेसीडुआ* (Larix decidua)

चौड़ी पत्तीदार पर्णपाती वन (Broadleaved Deciduous Forest)

- यहाँ ब्रॉडलिव्ड पर्णपाती प्रजातियाँ पायी जाती हैं (ओक, लाइम, एश, मैपल, एल्म तथा दक्षिणी यूरोपीय रूस में बीच, चेस्टनट एवं होर्नबीम)।
- पर्वतीय क्षेत्रों में (कोकूस, दक्षिणी उरल, सिखोटे–एलीन) शंकुधारी में परस्पर उपस्थित होते हैं जैसे स्प्रूस, फिर एवं कोरियन पाइन।
  - *क़ैरकस रोबर* (पैडुन्कुलैट ओक)
  - *सौरबस ऑक्यूपेरिया* (रूसी पर्वतीय एरा)
  - *एसर प्लेटेनौइड्स* (नॉरवे मैपल)
  - *उल्मस लेविस* (रूसी एल्म)
  - *कस्टेनिआ डेनाय* (अमेरिकी चेस्टनट)

पथरीय भोज (बिर्च) वन (Stone Birch Forest)

- पत्थरी बिर्च का प्रभुत्व प्राय: लार्च पेड़ों तथा वृक्षों पर धब्बों की उपस्थिति पर होता है।
- कामचक के जंगल में पाइन की वृद्धि कम होती है तथा आदिम एवं सखालिन. के पर्वतों पर स्प्रूस एवं फिर की उपस्थिति होती है।
- प्रजातियों का प्रभुत्व – पेपर बिर्च (*बेटुला पेपिरीफेरा*)

अन्य प्रजातियाँ (Other Species)

- *बेट्रला एलीघेनेन्सिस* – पीला बिर्च (*Betula alleghaniensis* - yellow birch)
- *बेट्रला कॉर्फीफोलिया* – पर्वतीय पेपर बिर्च (*Betula cordifolia* - mountiun paper birch)
- *बेटुला लेंटा* – काला बिर्च (*Betula lenth* - black birch)
- *बेटुला निग्रा* – नदी बिर्च (*Betula nigra* - river birch)
- *बेटुला ऑक्सिडेंटेलिस* – लाल बिर्च (*Betula occidentalis* - Red birch)
- *बेटुला पॉपुलिफोलिया* (*Betula populifolia* - grey birch)
- *बेटुला पुमिला* – दलदली बिर्च (*Betula pumila* - swamp birch)

बौने देवदार (पाइन) वन (Dwarf Pine Forest)

- बौने पाइन के खंड तथा झाड़ीदार वन प्राय: लार्च तथा पत्थरी बिर्च के साथ उच्च स्तर पर कम घने होते हैं।

बौने पाइन (Dwarf Pine)

- *पाइनस स्ट्रोबस* – मिनुटा पाइन (*Pinus Strobus* - Minuta Pine)
- *पाइनस पेर्वीफोलिया* – एड्कोक्स बौने (*Pinus parvifoliya* - Adcock's Dwarf)
- *पाइनस स्ट्रोबस* – नाना पाइन (*Pinus Strobus* - Nana Pine)

अन्य प्रजातियाँ (Other Species)

बेट्ला पोपुलिफोलिया (ग्रे बिर्च), *Betula populifolia* (Gray birch)
बेट्ला पेपिरीफेरा (पेपर बिर्च), *Betula papyrifera* (Paper birch)
बेट्ला ऑक्सिडेन्टेलिस (लाल बिर्च), *Betula ocudentalis* (Red birch)
बेट्ला एलीघेनिन्सिस (पीला बिर्च), *Betula alleghaniensis* (Yellow birch)
लैरिक्स सिबिरिका (रूसी लार्च), *Larix sibirica* (Rassian birch)
लैरिक्स ऑक्सिडेंटिलिस, (*Larix occidentalis*)

बिर्च–अस्पेन एवं मिश्रित वन (Birch-Aspen And Mixed Forest)

- शंकुधारी वृक्षों एवं वृक्षों के खण्डों की उपस्थिति में बिर्च, अस्पेन एवं ग्रे एल्डर का वर्चस्व होता है।
- अधिकतम मामलों में, यह वन जलभराव (लॉगिंग), सफाई या वन की आग के बाद होता है।
- महत्त्वपूर्ण प्रजातियाँ–
  - *पोपुलस ट्रीमुलॉइड्स* (अस्पेन), [*Populus tremuloides* (Aspen)]
  - *लैरिक्स डेसिडुआ* (यूरोपीय लार्च), [*Larix decidua* (European larch)]
  - *बेंटुला एलीघेनेन्सिस* (पीला बिर्च), [*Betula alleghaniensis* (yellow birch)]
  - *एल्नस इंकाना* (ग्रे एल्डर एवं स्पेकल्ड एल्डर), [*Alnum incana* (grey alder or speckeled alder)]

सशक्त वनों के क्षेत्र (Areas of Potential Forest)

- कृषि एवं अन्य गैर वन पारिस्थितिकी तंत्र में, जहाँ की जलवायु तथा मृदा वन वृद्धि के लिए उपयुक्त होती है।

चीन के वन संसाधन (Forest Resources Of China)

- चीन 9.6 मिलियन वर्ग किलोमीटर के क्षेत्रफल के साथ रूस और कनाडा के बाद विश्व का तीसरा सबसे बड़ा देश है।
- वनभूमि मुख्य रूप से वनों की खेती, मरम्मत एवं वन वनस्पतियों के विकास के लिए उपयोग की जाने वाली भूमि है।

चीनी वन (China-Forest)

वनों के रूप में भूमि क्षेत्रफल का प्रतिशत	:	18.21%
वन भूमि का कुल क्षेत्रफल	:	284.91 मिलियन हैक्टेयर
		704.03 मिलियन हैक्टेयर
कुल वन क्षेत्रफल	:	426.97 मिलियन हैक्टेयर
वन प्रति व्यक्ति	:	0.128 हैक्टेयर
प्राकृतिक वनक्षेत्रफल	:	115.8 मिलियन हैक्टेयर
वृक्षारोपित वन क्षेत्रफल	:	53.3 मिलियन हैक्टेयर

वन भूमि क्षेत्रफल (Forestland Areas)

- वृक्षारोही भूमि के उपयोग तथा भूमि के व्यावहारिक उपयोग के आधार पर वनभूमि, खुली वन भूमि, अनस्थापित वन भूमि, झाड़ीदार वन भूमि, नर्सरी भूमि, जंगल एवं अन्य भूमि के रूप में वर्गीकृत किया गया है। वन भूमि क्षेत्र में कुल 310.46 मिलियन हैक्टेयर है।

प्राकृतिक वन (Natural Forest)

- चीन में प्राकृतिक वन क्षेत्र 121.84 मिलियन हैक्टेयर है, जो कि 64% वन भूमि का हिस्सा है।
- प्राकृतिक वन मुख्यत: उत्तर-पूर्व और दक्षिण-पश्चिमी चीन के प्रांतों में फैला हुआ है, जिनमें होलींगजियांग, भीतरी मंगोलिया, यूनान, शिवान, तिब्बत, जियांग्सि और जिलिन सहित 7 प्रांतों के प्राकृतिक वन क्षेत्र हैं।

चीन में वानिकी वृक्षारोपण (Plantation Forestry In China)

- वृक्षारोपण की प्रथम दस वृक्षों की प्रजातियाँ (समूह) हैं-
  - *कुनिंधेमिया लेंसिओलेटा*
  - *लैरिक्स ग्मैलिनी*
  - *पाइनस मेसोनियाना*
  - *पाइनस टेबुलियाफोर्मिस*
  - *क्यूप्रेसस फ़्यूनेब्रिस*
  - *पाइनस एलियोटी*
  - *रोबिनिया सुडोअकेसिया*
  - *पोपुलस प्रजाति*
  - *यूकेलिप्टस प्रजाति*
  - *कैरकस प्रजाति*

चीन के वन प्रकार (Forest Types Of China)

1. ठंडा-शीतोष्ण एवं शीतोष्ण पर्वतीय शंकुधारी वन। (Cold-Temperate And Temperate Mountain Coniferous Forest)
2. शीतोष्ण शंकुधारी वन। (Temperate Coniferous Forest)
3. उपोष्णकटिबंधीय शंकुधारी वन। (Subtropical Coniferous Forest)

4. मिश्रित शंकुधारी एवं चौड़ी पत्तीयुक्त वन। (Mixed Comferous And Broad Leaved Forest)
5. शीतोष्ण पर्णपाती चौड़ी पत्तीयुक्त वन। (Temprate Decicuous Broad Leaved Forest)
6. उपोष्णकटिबंधीय सदाबहार चौड़ी पत्तीयुक्त वन। (Subtropical Evergreen Broad-Leaved Forest)
7. शीतोष्ण वर्षावन/मानसून वन। (Tropical Rain Forest/Mansoon Forest)
8. बाँस वन। (Bamboo Forest)

1. ठंडा शीतोष्ण एवं शीतोष्ण पर्वतीय शंकुधारी वन (Cold Temperate And Temperate Mountain Coniferous Forest)

- जुनिपर (*सेबिना जेवाल्स्की*)
- डगलस फिर (*सुडोसुगा मेंजिसी*)
- सिटका स्प्रूस (*पीसिआ सिचेन्सिस*)
- *पिसीआ क्रेसिफोलिआ*
- *कुनिन्धेमिआ* प्रजाति

2. शीतोष्ण शंकुधारी वन (Temperate Coniferous Forest)

- तटीय लाल लकड़ी (*सिक्वोया सेम्पविरेन्स*)
- विशाल प्रकार का वृक्ष/सिक्वोया (*सिक्वोयाडेन्ड्रोन गिगेन्टम*)
- डगलस फिर (*सुडोसुगा मेन्ज़िसी*)
- सिट्का स्प्रूस (*पिसीआ सिचेन्सिस*)
- अलेर्स (*फिजोया कुप्रोसोइड्स*)
- कौरी (*अगेथीस ऑस्ट्रेलिस*)

3. उपोष्णकटिबंधीय शंकुधारी वन (Subtropical Coniferous Forest)

- *पाइनस अर्मेन्डि* – चीनी श्वेत पाइन
- *पाइनस भूटेनिका* – भूटान श्वेत पाइन
- *पाइनस डेन्साटा* – सिकांग पाइन
- *पाइनस केसिया* – खासी पाइन
- *पाइनस रॉक्सबर्गी* – चीर पाइन
- *पाइनस टेबुलीफोर्मिस* – चीनी लाल पाइन
- *पाइनस वेलिचियाना* – नीला पाइन और भूटान पाइन
- *पाइनस बैंक्सिआना* – जैक पाइन
- *पाइनस क्लौसा* – सैण्ड पाइन

- *पाइनस इचीनाटा* – शॉर्टलिफ पाइन
- *पाइनस ग्लैब्रा* – स्प्रूस पाइन
- *पाइनस स्ट्रोबस* – पूर्वी श्वेत पाइन
- *पाइनस टेडा* – लॉब्लॉली पाइन

अन्य महत्त्वपूर्ण प्रजातियाँ (Other Important Species)

- चीनी क्रिप्टोकार्या (*क्रिप्टोकार्या चिनेन्सिस*)
- *कैस्टेनोप्सिस हिस्ट्रिक्स*
- जापानी नीला ओक (*कैरकस ग्लौका*)
- फोर्मोसन एल्डर (*एल्मस फोर्मोसोना*)
- मैपल (*एसर* प्रजाति)
- ताइवान हैमलोक (*सुगा चिनेन्सिस*)
- स्प्रूसेस (*पिसीआ* प्रजाति)
- फिर (*एबीस* प्रजाति)

4. **मिश्रित शंकुधारी एवं चौड़ी पत्तीदार वन (Mixed Coniferous And Broad-Leaved Forest)**

प्रमुख प्रजातियाँ

- *पाइनस अरमैन्डि* – चीनी श्वेत पाइन
- *नोथोफेंगस* (*Nothophagus*)
- *यूकेलिप्टस* (*Eucalyptus*)

अन्य प्रजातियाँ (Other Specias)

- ओक (*कैरकस* प्रजाति)
- बीच (*फ़ैगस* प्रजाति)
- मैपल (*एसर* प्रजाति)
- बिर्च (*बेटुला* प्रजाति)
- फिर (*एबीस* प्रजाति)
- स्प्रूस (*पिसीआ* प्रजाति)

5. **शीतोष्ण पर्णपाती चौड़ी पत्तीदार वन (Temperate Deciduous Broad-Leaved Forest)**

पाइन (Pines)

- पोंडीरोसा पाइन (*पाइनस पोंडीरोसा*)
- शुगर पाइन (*पाइनस लैम्बर्टियाना*)
- धूप कैडर (*कैलोकेड्रस डेकुरेन्स*)
- श्वेत फिर (*एबीस कॉन्कलर*)

- डगलस फिर (*सुडोसुगा मेन्जिसी*)
- विशाल सैक्वोयस (*सिक्वोइडेन्ड्रोन गिगेन्टियम*)

चौड़ी पत्तीदार वृक्ष (*Broadleaved Trees*)

- पीला लार्च (*लैरिक्स ऑक्सिडेंटेलिस*)
- काला ओक (*कैरकस कैलोगी*)
- कैनयोग लाइव ओक (*कैरकस क्रिसोलपिस*)
- डोगवुड (*कॉरनस* प्रजाति)
- पर्वतीय मिसरी (*कैमिबेटिया* फोलियोलोसा)
- मैंजेनिटास (*आर्कटोस्टेफिलोस* प्रजाति)
- एल्नस निपेलेन्सिस (*Alnus nepalensis*)
- एसर ऑब्लोंगम (*Acer oblongum*)
- *बोम्बेक्स मैलब्रिकम* (सेमल)
- *टर्मिनेलिया टर्मीटोंसा* (एस्ना)
- *ओलीया कुस्पीडेटा* (*Olea cuspidata*)

6. उपोष्णकटिबंधीय सदाबहार चौड़ी पत्तीदार वन (Subtropical Evergreen Broad-Leaved Forest)

- *एल्नस नेपलेन्सिस* (*Alnus nepalensis*)
- *एसर ओब्लोंगम* (*Acer oblongum*)
- *बोम्बेक्स मैलब्रिकम* (सीमल)
- *टर्मिनेलिया टर्मीटोंसा* (एस्ना)
- *ओलीआ कुस्पीडेटा*

7. उष्णकटिबंधीय वर्षा वन/मानसून वन (Tropical Rain Forest/Monsoon Forest)

मानसून वन (Monsoon Forest)

- एक उष्णकटिबंधीय वन जिसमें वास्तविक मानसून भूमि की विशेषता के अनुसार आर्द्र एवं शुष्क ऋतुओं की वजह से एक प्रकार का मौसम बनता है जो काफी उमस भरा व गर्म भी होता है।

महत्त्वपूर्ण प्रजातियाँ (Important Species)

- नीला पाइन (*पाइनस वेलिचियाना*)
- देवदार (*कैड्रस देवदार*)
- सिल्वर फिर (*एबीज़ पिन्ड्रो*)
- बॉक्सवुड (*बुक्सस वालिचिआना*)
- स्प्रूस (*पिसीआ स्मिथिआना*)
- कुप्रेसस येरूलोसा
- बिर्च (*बेटुला यूटिलिस*)

8. बाँस वन (Bamboo Forest)

- चीन की प्रसिद्ध वाइन की राजधानी सिचुआन प्रांत, शुन बाँस का वन (शुनान झुहाई) 120 वर्ग किलोमीटर के क्षेत्र में स्थित चीन का सबसे पुराना और बड़ा बाँस का वन है। इसे एक प्राकृतिक ऑक्सिजन बार के रूप में माना जाता है।

प्रमुख बाँस प्रजातियाँ

- *बैम्बूसा साइनोस्पिनोसा*
- *डैन्ड्रोकैलेमस स्ट्रोवसी*
- *मैलोकेना बैम्बूसोइड्स*
- *बेम्बूसा वेन्ट्रिकोसा*
- *चिमोनोबैम्बूसा क़ेट्रेन्गुलेरिस*
- *फिलोस्टेकिस बैम्बूसोइड्स*
- *फिलोस्टेकिस सल्फ़ुरिआ*
- *फिलोस्टेकिस निग्रा*
- *फाइलोस्टैक़ीस निग्रा*
- *बैम्बूसा साइनोस्पिनोसा*
- *डेन्ड्रोकेलेमस लेटिफ्लोरस*
- *चिमोनोकैलेमस पैलीन्स*
- *फिलोस्टेकिस एडुलीस*
- *फिलोस्टेकिस ऑरीआ*
- *सिफेलोस्टेकियम परग्रेसिन*

जापान के वन संसाधन (Forest Resources Of Japan)

- जापान समताप ज्वालामुखीय द्वीपसमूह है, जिसमें 6,852 द्वीप हैं। जापान में चार सबसे बड़े द्वीप होंशु, हुक्काइदो, कियुशु एवं शिकोकु हैं जो जापान के लगभग 97 प्रतिशत भू-भाग है और प्राय: इन्हें गृहद्वीप भी कहा जाता हैं।

जापानी वनों की प्रमुख विशेषताएँ (Salient Features Of Japanese Forest)

- जापान दुनिया के सबसे सघन वनयुक्त देशों में एक है।
- मनुष्यों के भू-परिदृश्य बदलाव से पूर्व लगभग सभी जापानी द्वीप वनों से आवरित थे।
- आज जापान में 62.3 मिलियन एकड़ वन हैं जिसमें देश के पहाड़ी भू-भाग के दो तिहाई भाग सम्मिलित हैं।
- जापान की जलवायु अत्यंत मृदु होती है और पर्याप्त वर्षा वनों के विकास के लिए अच्छी होती है।
- यहाँ कई प्रकार के प्राकृतिक आवासों जैसे एल्पाइन चारागाह एवं नदी ग्रेवल (तलछट मृदा) को छोड़कर वन के अन्य हिस्सों में सघन आवरण रहता है।

जापान के वन प्रकार (Forest Types of Japan)

उष्णकटिबंधीय चौड़ी पत्तीदार वन (Tropical broadleaf Forest)

- जापानीमैपल (*एसर पैलमेंटम*)
- जापानी जैनकोवा (*ज़ैलकोवा सीराटा*)
- जापानी ब्लैक पाइन (*पाइनस थंबगी*)

- जापानी श्वेत पाइन (*पाइनस पर्वीफ्लोरा*)
- जापानी निलेक वृक्ष (*सिरींगा रेटीकुलेटा*)
- चैरी वृक्ष (*प्रूनस सीरूलाटा*)
- जापानी यू (*टैक्सस कुस्पीडाटा*)
- जापानी काइप्रस (*चैमिसिपेरिस ऑब्टुसा*)
- जापानी पर्सीमोन (*डियोस्पाइरोस कैकी*)
- जापानी चिंक्वेपाइन (*कैस्टेनोप्सिस कुस्पीडेय*)

समशीतोषण चौड़ी पत्तीदार वन (Temperate broadleaf Forest)

- पत्थरी पाइन (*पाइनस पुमिला*) Stone pine (*pinus pumila*)
- बिर्च (*बेटुला एरमेनी*) Birch (*Betula ermanii*)
- एल्डर (*एल्नस एक्सीमोविची*) Alder (*Alnus aximourczii*)
- पर्वतीय एश (*सोर्बस सेम्बुकीफोलिया*) Mountain ash (*Sorbus sambucifolia*)

उष्णकटिबंधीय शंकुधारी वन (Tropical conferous Forest)

- जापानी कैडर (*क्रिप्टोमेरिया जेपोनिका*)
- जापानी काइप्रस (*कैमेसिप्रस ओब्ट्सा*)
- मंगोलियन ओक (*कैरकस मोंगोलिका*)
- लोबेड एल्म (*उल्मस लेसिनियाटा*)
- जापानी श्वेत बिर्च (*बेटुला प्लेटीफाइला*)
- ग्लेहन स्प्रूस (*पिसीआ ग्लेह्नी*)
- सैयलिन फिर (*एबीस सेचलीनेन्सिस*)
- जापानी ब्लैक पाइन (*पाइनसथुन्बगी*)
- लाल पाइन (*पाइनस डेन्सिफ्लोरा*)

जापानी वनों के खाद्य और कृषि संगठन (एफ.ए.ओ.) का वर्गीकरण

जापान में प्राकृतिक वनों के तीन मुख्य प्रकार हैं जिसका विवरण नीचे दिया गया है

स्प्रूस एवं फिर के शंकुधारी वन (Coniferous Forest Of Spruce And Fir)

- फिर (*एबीस सेचलीनेन्सिस*)
- जापानी फिर (*एबीस मेरीसी*)
- स्प्रूस (*पिसीआ ग्लेह्नी*)
- मैक्सिमोविच्ज स्प्रूस (*पिसीआ मैक्सीमोविच्ज*)
- जापानी साइप्रस (*कैमरिकिप्रस ऑब्टुसा*)
- जापानी ब्लैक पाइन (*पाइनस थुंबर्गी*)

शीतोष्ण उष्णकटिबंधीय पर्णपाती वन (Cool-Temperature Deciduous Forest)

- नीला जापानी ओक (*कैरकस ग्लौका*)
- जापानी ओक (*कैरकस मोंगोलिका*)
- जापानी बीच (*फैगस क्रीनेटा*)
- जापानी मैपल (*एसर पैलमेटम*)
- चीनी बीच (*फैगस एंग्लेरियाना*)
- जापानी श्वेत बिर्च (*बेटुला प्लेटीफाइला*)
- अमेरिकी स्वीटगम (*लिक्वीडैम्बर स्टाइरेसिफ्लुआ*)
- मंगोलिया (*मंगोलिया लिलिफोलिया*)

चौड़ी पत्तीदार सदाबहार वन (Broadleaf Evergreen Forest)

- मैड्रोन (*अर्बुटस मेंजिसी*)
- मंगोलिया (*मंगोलिया ग्रेंडिफ़्लोरा*)
- गोल्डन चिंक्वेपिन (*क्रिसोलपिस क्रिसोफाइला*)
- डॉगवुड (*कॉरनस कैपिटाय*)
- लोकुआय (*एरीओबोट्राया जेपोनिका*)
- लोंगस्टॉक होली (*इलेक्स पेंडुकुलोसा*)
- बे वृक्ष (*लौरस नोबिलिस*)
- ग्लोसी प्रिवेट (*लिगुस्ट्रम लुसीडम*)
- टैनोक (*लिथोकार्पस डेंसिफ़्लोरस*)

अधिक स्थानीय एवं कम व्यापक वन (More Localized And Less Widespread Forest)

1. अमामी–ओशिमा द्वीप एवं ओकिनावा प्रांत (prefecture) में उपोष्णकटिबंधीय वर्षा वन के साथ ही बड़े वृक्ष, बड़े फर्न एवं बड़े पत्तों वाले पौधे (strangler vines) पाए जाते हैं।
2. तटीय वनों के साथ ही हवा की स्थिति के अनुसार पनपने वाले वृक्ष होते हैं।
3. ओकिनावा प्रांत (prefecture) में क्युशु के दक्षिणी द्वीप के कुछ स्थानों पर मैंग्रोव वन पाए जाते हैं।
4. तटीय वन पहाड़ों की शृंखलाओं में पाए जाते हैं।
5. छोटे–छोटे पेड़ों के साथ बौने पाइन और भूतल से लगभग सटे हुए बिर्च जो ठंडी हवा वाली जगहों पर अच्छी वृद्धि करते हैं।

■ ■ ■

अध्याय 5

भारतीय वनों की दशा (स्थिति)

(The State Of India's Forest)

भारतीय वन सर्वेक्षण देहरादून द्वारा प्रत्येक दो वर्षों में एक बार भारत में वनों की दशा (स्थिति) संबंधी रिपोर्ट बनायी जाती है। पर्यावरण मंत्रालय के अंतर्गत् राज्यों के वन एवं जलवायु परिवर्तन की प्रथम रिपोर्ट 1987 में एवं ताजा वन रिपोर्ट वर्ष 2019 में प्रकाशित की गई। इस वन आवरण मूल्यांकन में प्रत्येक राज्य में वनों तथा वृक्षों के आवरण के वितरण की जानकारी प्राप्त होती है तथा इसके साथ ही बढ़ते स्टॉक, कार्बन भंडारण एवं वृक्षों के आवरण, बम्बू तथा मैंग्रोव के वितरण की जानकारी भी मिलती है। यह वन आवरण मूल्यांकन वनों के बाहर वृक्षों की जानकारी भी देता है। इस अध्याय में भारतीय वनों की स्थिति को निम्नलिखित उपशीर्षकों द्वारा प्रदर्शित किया गया है :

- वन आवरण का माप
- राज्य के अनुसार वनों का वितरण
- भारतीय वनों का बढ़ता भंडारण

वन आवरण माप (Forest Cover Mesurement)

वन आवरण (Forest Cover) : ऐसी समस्त भूमि, जिसका क्षेत्रफल एक हैक्टेयर के क्षेत्र से अधिक हो तथा जिसका 10% से अधिक वृक्ष आच्छादन घनत्व हो को वन आवरण के रूप में परिभाषित किया गया है। (ऐसी भूमि को वैधानिक रूप से अधिसूचित किया भी जाता है तथा कुछ को नहीं किया जाता है।)

भारत के लिए पहली बार उपग्रह में उपलब्ध वन आवरण आँकड़े 1987 में प्राप्त हुए। वर्ष 2013 में भारत तथा संयुक्त राज्य अमेरिका ने लैंडसेट एम.एस.एस. से प्रत्येक 80 मीटर पर वन वितरण के शुद्ध आँकड़े लिये। तत्पश्चात् भारत ने डिजिटल प्रतिबिम्ब एवं आधुनिक उपग्रहों का स्विच 23 मीटर रिज़ोल्यूशन तथा छवियों के सॉफ्टवेयर प्रोसेसिंग से शुरू किया ताकि वन मात्रा एवं वन गुणवत्ता से संबंधित और परिष्कृत आँकड़े प्राप्त किये जा सकें। भारत अपने वन वितरण आँकड़ों का द्विवार्षिक मूल्यांकन करता है।

भारतीय वन सर्वेक्षण द्वारा वन आवरण को चार वर्गों में वर्गीकृत किया गया है :

क्र.सं.	वन आवरण प्रकार	मूलभूत मानदंड
1.	**अत्यधिक घना वन**	वृक्ष आवरण (सदाबहार आवरण सम्मिलित) के साथ ही भूमि का कैनोपी घनत्व 70% या इसमें अधिक है।
2.	**मध्यम घना वन**	वृक्ष आवरण (सदाबहार आवरण सम्मिलित) के साथ ही कैनोपी घनत्व 40% से 70% के मध्य है।
3.	**खुले वन (Open Forests)**	वृक्ष आवरण (सदाबहार आवरण सम्मिलित) के साथ ही भूमि की कैनोपी 10% से 40% के मध्य होती है।
4.	**स्क्रब (Scrubs)**	वृक्षों की कम वृद्धि के साथ ही सभी भूमि के वृक्ष मुख्य रूप से छोटे एवं अवरुद्ध होते हैं जहाँ कैनोपी घनत्व 10% से भी कम होता है।
5.	**गैर वन (Non Forest)**	किसी भी वर्गीकरण में यह भूमि सम्मिलित नहीं है।

मध्यम घने एवं अधिक घने वन प्रधान वन कहलाते हैं। गैर–वन की भूमि इनमें से किसी भी भूमि के वर्गीकरण में सम्मिलित नहीं है।

भारत में वन आवरण (Forest Cover In India)

भारतीय वन सर्वेक्षण (FSI), 2017 के अनुसार भारत में मौजूद वन क्षेत्र देश के कुल भौगोलिक क्षेत्र का 21.54% अनुमानित है। कुल वनों में से अधिकतम भाग मध्यमतर घने वनों का है और उसके पश्चात् खुले वन हैं। मध्यप्रदेश में सबसे बड़ा वन आवरण है तथा उसके बाद अरुणाचल प्रदेश एवं छत्तीसगढ़ आता है। मिज़ोरम में वन आवरण का प्रतिशत सबसे अधिक है तथा इसके पश्चात् लक्षद्वीप आता है।

वन आवरण प्रकार	क्षेत्र (%)
गैर वन	77.40
खुले वन	9.14
अधिक घने वन	2.61

वन आवरण प्रकार	क्षेत्र (%)
झाड़ वन	1.26
मध्यम घने वन	9.59

भारतीय वन सर्वेक्षण, 2017

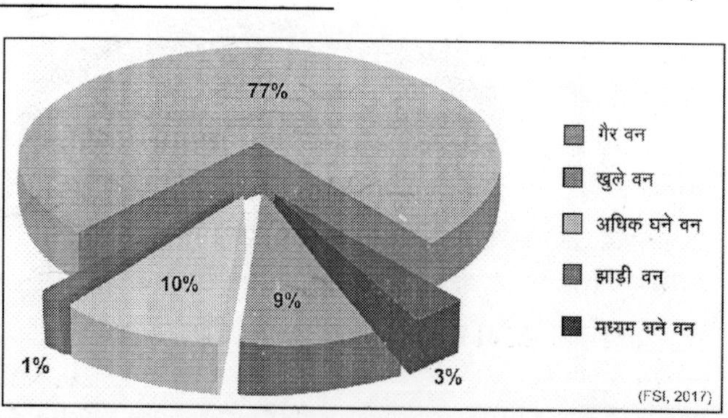

राज्यों के अनुसार वन विवरण (State Wise Forest Distribition)

भारतीय वन सर्वेक्षण (FSI) के 2017 के वन मूल्यांकन अनुसार कुल वन आवरण 7,08,203 वर्ग किलोमीटर है तथा यह संकेत दिया गया है कि यह वन आवरण देश के वन आवरण के कुल भौगोलिक क्षेत्र का 21.54% है। वन सर्वेक्षण में 25 राज्यों और 7 केन्द्रशासित प्रदेशों के वन क्षेत्रों के बारे में बताया गया है।

मूल्यांकन से हमें यह संकेत मिलता है कि मध्यप्रदेश का सबसे बड़ा वन आवरण 74,414 वर्ग किमी. दर्ज हुआ है इसके पश्चात् अरुणाचल प्रदेश (66,946 वर्ग किमी.), छत्तीसगढ़ (55,947 वर्ग किमी.), ओड़िशा (54,344 वर्ग किमी.) तथा महाराष्ट्र (50,682 वर्ग किमी.) है। मूल्यांकन में यह भी दर्शाया गया है कि सात राज्यों यथा लक्षद्वीप (90.33%), मिज़ोरम (86.27%), अण्डमान एवं निकोबार द्वीप (81.73%), अरुणाचल प्रदेश (79.96%), मणिपुर (77.69%), मेघालय (76.45%) एवं नागालैंड (75.33%) ने 75% से अधिक वन आवरण का अभिलेखन किया गया है। शेष 25 राज्यों एवं केन्द्रशासित प्रदेशों में आठ राज्यों जैसे असम, छत्तीसगढ़, गोवा, केरल, सिक्किम, त्रिपुरा, उत्तराखंड, दादरा एवं नागर हवेली में 33% से अधिक वन आवरण लेखांकित हुआ है। अन्य राज्यों एवं केन्द्रशासित प्रदेशों में 33% अधिदेशित वन आवरण की तुलना में निम्न वन आवरण लेखांकित है।

2015 में वन आवरण के मूल्यांकन की तुलना वर्तमान में बढ़ते हुए वन आवरण का लेखांकन 6678 वर्ग किमी. अधिक दर्ज किया गया है जो कि कुल भौगोलिक क्षेत्र का 0.21% लेखांकित है। आंध्र प्रदेश (2141 वर्ग किमी), कर्नाटक (1101 वर्ग किमी), एवं केरल (1043 वर्ग किमी) राज्यों में वन आवरण की अधिकतम वृद्धि हुई है। मिजोरम, नागालैण्ड, अरुणाचल प्रदेश, मेघालय एवं त्रिपुरा जैसे राज्यों में वन आवरण की कमी दर्ज हुई है।

सारणी 1. राज्यानुसार वर्ष 2015 एवं 2017 में वन आवरण मूल्यांकन की तुलना (Comparison of state wise forest cover assessment 2015 and 2017)

राज्य/केन्द्र शासित प्रदेश	भौगोलिक क्षेत्र (वर्ग किमी)	भौगोलिक क्षेत्र (वर्ग किमी)	2015 मूल्यांकन		2017 मूल्यांकन		परिवर्तन	
			वनक्षेत्र (वर्ग किमी)	वन आवरण (%)	वनक्षेत्र (वर्ग किमी)	वन आवरण (%)	परिवर्तित क्षेत्र वर्ग किमी	(%)
आंध्रप्रदेश	160204	162968	24424	15.25	28147	17.27	2141	1.31
अरुणाचल प्रदेश	83743		67248	80.30	66964	79.96	-190	-0.23
असम	78438		27623	35.22	28105	35.83	567	0.72
बिहार	94163		7288	7.74	7299	7.75	45	0.05
छत्तीसगढ़	135191		55586	41.12	55547	41.09	-12	-0.01
दिल्ली	1483		188.77	12.73	192.41	12.97	3.64	0.25
गोवा	3702		2224	60.08	2229	60.21	19	0.51
गुजरात	196022	196244	14660	7.48	14757	7.52	47	0.02
हरियाणा	44212		1584	3.58	1588	3.59	8	0.02

राज्य/केन्द्र शासित प्रदेश	भौगोलिक क्षेत्र (वर्ग किमी)	भौगोलिक क्षेत्र (वर्ग किमी)	2015 मूल्यांकन		2017 मूल्यांकन		परिवर्तन	
			वनक्षेत्र (वर्ग किमी)	वन आवरण (%)	वनक्षेत्र (वर्ग किमी)	वन आवरण (%)	परिवर्तित क्षेत्र वर्ग किमी	(%)
हिमाचल प्रदेश	55673		14696	26.40	15100	27.12	393	0.71
जम्मू एवं कश्मीर	222236		22988	10.34	23241	10.46	253	0.71
झारखंड	79714	79716	23478	29.45	23553	29.55	29	0.04
कर्नाटक	191791		36421	18.99	37550	19.58	1101	0.57
केरल	38863	38852	19239	49.50	20321	52.30	1043	2.68
मध्यप्रदेश	308245	308252	77462	25.13	77414	25.11	-12	0.00
महाराष्ट्र	307713		50628	16.45	50682	16.47	-17	-0.01
मणिपुर	22327		16994	76.11	17346	77.69	263	1.18
मेघालय	22429		17217	76.76	17146	76.45	-116	-0.52
मिज़ोरम	21081		18748	88.93	18186	86.27	-531	-2.52
नागालैण्ड	16579		12966	78.21	12489	75.33	-450	-2.71
ओड़िशा	155707		50354	32.34	51345	32.98	885	0.57
पंजाब	50362		1771	3.52	1837	3.65	66	0.13
राजस्थान	342239		16171	4.73	16572	4.84	466	0.14
सिक्किम	7096		3357	47.31	3344	47.13	-9	-0.13
तमिलनाडु	130058	130060	26345	20.26	26281	20.21	73	0.06
तेलंगाना	114865	112077	21591	18.80	20419	18.22	565	0.50
त्रिपुरा	10486		7811	74.49	7726	73.68	-164	-1.56
उत्तरप्रदेश	240928		14461	6.00	14679	6.09	278	0.12
उत्तराखंड	53483		24240	45.32	24295	45.43	23	0.04
पश्चिमी बंगाल	88752		16828	18.96	16847	18.98	21	0.02
अंडमान एवं निकोबार द्वीप	8249		6751	81.84	6742	81.73	-9	-0.11
चंडीगढ़	114		22.03	19.32	21.56	18.91	-0.10	-0.09
दादरा एवं नगर हवेली	491		206	41.96	207	42.16	1	0.20
दमन एवं दीव	112	111	19.61	17.51	20.49	18.46	0.88	0.79
लक्षद्वीप	32	30	27.06	84.56	27.10	90.33	0.04	0.13
पुदुचेरी	480	490	55.38	11.54	53.67	10.95	-3.28	-0.67
कुल योग	**3287263**	**3287469**	**701673**	**21.34**	**708273**	**21.54**	**6778**	**0.21**

भारतीय वन सर्वेक्षण (FSI), 2015, 2017

राज्यानुसार वृक्ष आवरण का वितरण (State Wise Tree Cover Distribution)

वन आवरण मूल्यांकन के समान, राज्य और केन्द्र शासित प्रदेशों की वृक्ष आवरण मूल्यांकन FSI राज्य वन रिपोर्ट 2017 में प्रस्तुत की गयी है और इसे सारिणी 2 में दिया गया है।

यह मूल्यांकन हमें सूचित करता है कि महाराष्ट्र में सबसे अधिक वन आवरण 9831 वर्ग किमी दर्ज हुआ है इसके पश्चात् राजस्थान (8,266 वर्ग किमी.) मध्यप्रदेश (8073 वर्ग किमी) एवं गुजरात (8024 वर्ग किमी.) आता है। प्रतिशत की स्थिति में वृक्ष आवरण मूल्यांकन दमन तथा दीव में सबसे अधिक वृक्ष आवरण प्रतिशत 9.0% दर्ज हुआ है। इसके पश्चात् चंडीगढ़ (8.77%), गोवा (8.73%), अंडमान एवं निकोबार द्वीप में सबसे कम वृक्ष आवरण मूल्यांकन 0.42% दर्ज हुआ है।

सारणी 2. राज्यानुसार वर्ष 2015 एवं 2017 में वृक्ष आवरण मूल्यांकन की तुलना (Comparision of state wise tree cover assessment 2015 and 2017)

राज्य/केन्द्र शासित प्रदेश	भौगोलिक क्षेत्र (वर्ग किमी)	भौगोलिक क्षेत्र (वर्ग किमी)	2015 मूल्यांकन वनक्षेत्र (वर्ग किमी)	2015 मूल्यांकन वृक्ष आवरण (%)	2017 मूल्यांकन वनक्षेत्र (वर्ग किमी)	2017 मूल्यांकन वृक्ष आवरण (%)
आंध्रप्रदेश	160204	162968	3965	2.48	3753	2.30
अरुणाचल प्रदेश	83743		761	0.91	807	0.96
असम	78438		1613	2.06	1496	1.91
बिहार	94163		2182	2.32	2263	2.40
छत्तीसगढ़	135191		3629	2.68	3833	2.84
दिल्ली	1483		111	7.49	113	7.62
गोवा	3702		325	8.78	323	8.73
गुजरात	196022	196244	7914	4.04	8024	4.09
हरियाणा	44212		1355	3.07	1415	3.20
हिमाचल प्रदेश	55673		757	1.36	822	1.48
जम्मू एवं कश्मीर	222236		8354	3.76	7815	3.52
झारखंड	79714	79716	2783	3.49	2922	3.67
कर्नाटक	191791		5552	2.89	5713	2.98
केरल	38863	38852	2951	7.59	2959	7.62
मध्यप्रदेश	308245	308252	7773	2.52	8073	2.62
महाराष्ट्र	307713		9558	3.11	9831	3.19
मणिपुर	22327		243	1.09	220	0.99
मेघालय	22429		710	3.17	657	2.93
मिज़ोरम	21081		535	2.54	467	2.22
नागालैण्ड	16579		381	2.30	379	2.29

राज्य/केन्द्र शासित प्रदेश	भौगोलिक क्षेत्र (वर्ग किमी)	भौगोलिक क्षेत्र (वर्ग किमी)	2015 मूल्यांकन		2017 मूल्यांकन	
			वनक्षेत्र (वर्ग किमी)	वृक्ष आवरण (%)	वनक्षेत्र (वर्ग किमी)	वृक्ष आवरण (%)
ओड़िशा	155707		3986	2.56	3993	2.56
पंजाब	50362		1544	3.07	1622	3.22
राजंस्थान	342239		8269	2.42	8266	2.42
सिक्किम	7096		35	0.50	35	0.49
तमिलनाडु	130058	130060	4505	3.46	4671	3.59
तेलंगाना	114865	112077	2549	2.22	2669	2.38
त्रिपुरा	10486		233	2.22	215	2.05
उत्तरप्रदेश	240928		7044	2.92	7442	3.09
उत्तराखंड	53483		752	1.41	767	1.43
पश्चिमी बंगाल	88752		2088	2.35	2136	2.41
अंडमान एवं निकोबार द्वीप	8249		37	0.44	35	0.42
चंडीगढ़	114		9	7.80	10	8.77
दादरा एवं नगर हवेली	491		28	5.72	30	6.11
दमन एवं दीव	112	111	10	9.18	10	9.01
लक्षद्वीप	32	30	4	12.50	2	6.67
पुदुचेरी	480	490	27	5.63	27	5.51
कुल योग	**3287263**	**3287469**	**92572**	**2.82**	**93815**	**2.85**

भारतीय वन सर्वेक्षण (FSI), 2015, 2017

भारतीय वनों की उत्पादक क्षमता (बढ़ता भंडारण) [Producitivity Potential (Growing Stock) Of Indian Forests]

वनों के बढ़ते हुए भंडारण का विवरण प्राकृतिक भू–भौतिक क्षेत्रों एवं राज्यानुसार क्षेत्रों में वनों के बाहरी वृक्ष एवं वनों के मध्य स्थिति अनुसार दर्ज किया गया है।

प्राकृतिक भू–भौतिक क्षेत्रानुसार (Physiographic Zone Wise)

भारत को पश्चिमी हिमालय से लेकर पूर्वी हिमालय, भारत के मैदानों, दक्षिण पठार एवं ऊँची भूमि घाट तथा तटीय क्षेत्रों को 14 भौगोलिक क्षेत्रों में विभाजित किया गया है। कुल भौगोलिक क्षेत्र के लिए अनुमानित कुल बढ़ता हुआ भंडारण 5822.37 मिलियन मी^{3} है जिसमें वानिकी क्षेत्र 4218 मिलियन मी.^{3} है तथा वनों से बाहरी वृक्ष 1603 मिलियन मी.^{3} है।

पश्चिमी हिमालय का अधिकतम उत्पादित क्षेत्र 959.98 मिलियन मी.^{3} दर्ज हुआ है तथा पश्चिमी भाग में निम्नतम बढ़ता हुआ स्टॉक 11.26 मिलियन मी^{3} दर्ज हुआ है। वनों के बाहरी वृक्षों के मामलों में, पूर्वी डेक्कन में सबसे अधिक बढ़ता स्टॉक 273.88 मी^{3} रिकॉर्ड (दर्ज) किया गया है तथा पश्चिमी मैदानों में वनों से बाहरी वृक्षों का सबसे कम बढ़ते हुए भंडारण का लेखांकन 60.484 मिलियन मी^{3} दर्ज हुआ है। वन तथा वनों के बाहरी वृक्ष के बढ़ते हुए भंडारण को देखते हुए पश्चिमी हिमालय में बढ़ते हुए भंडारण 1149 मिलियन मी.^{3} दर्ज किये हैं। 2015 के बढ़ते हुए स्टॉक की तुलना में, बढ़ते स्टॉक की 53.99 मिलियन मी.^{3} की वृद्धि हुई है। (सारणी-3)

राज्यानुसार बढ़ते भंडारण का मूल्यांकन (State Wise Growing Stock Assessment)

25 राज्यों और सात केन्द्रशासित प्रदेशों के बढ़ते भंडारण का अनुमान सारिणी चार में दर्शाया गया है। राज्यों एवं केन्द्रशासित प्रदेशों के मध्य अरुणाचल प्रदेश राज्य में सबसे अधिक बढ़ता हुआ भंडारण 420.79 मिलियन मी^{3} दर्ज हुआ है और उसके बाद उत्तराखंड और कर्नाटक में बढ़ते स्टॉक को क्रमश: 418.33 मिलियन मी^{3} और 328.660 मिलियन मी^{3} दर्ज किया गया है। राज्यों और केन्द्रशासित प्रदेशों में लक्षद्वीप, दमन एवं दीव, पुदुचेरी, चंडीगढ़ एवं दिल्ली में 1 मिलियन मी^{3} से भी कम बढ़ते स्टॉक को दर्ज किया गया है।

वनों से बाहरी वृक्षों के मामलों में, महाराष्ट्र ने बढ़ते हुए भंडारण को 164.546 मिलियन मी.^{3} दर्ज किया है। इसके पश्चात् जम्मू एवं कश्मीर (146.082 मिलियन मी.^{3}) आता है। वनों के बाहरी वृक्ष एवं वनों में उपलब्ध बढ़ते हुए भंडारण को देखते हुए अरुणाचल प्रदेश ने 511.488 मिलियन घ.मी.^{3} से अधिक दर्ज किया है। चंडीगढ़, दमन और दीव, लक्षद्वीप और पुदुचेरी ने 1 मिलियन घ.मी.^{3} से भी कम growing stock(बढ़ते भंडारण) को दर्ज किया है।

भारतीय वनों की उत्पादक क्षमता (बढ़ता भंडारण) (Productivity Potential (Growing Stock) Of Indian Forests)

सारिणी 3. प्राकृतिक भूगौलिक क्षेत्रानुसार बढ़ते भंडारण का अनुमान

प्राकृतिक भूगोल संबंधी भू-भौतिक क्षेत्र	प्राकृतिक भूगोल संबंधी क्षेत्र का क्षेत्रफल	बढ़ता भंडारण (मी^{3}) (2017)		
		वन	वन के बाहर वृक्ष	कुल
पश्चिमी हिमालय	329255	959.980	189.504	1149.484
पूर्वी हिमालय	74618	391.600	82.256	473.856
उत्तर पूर्व पर्वतमाला	133990	287.240	114.105	401.345
उत्तरी मैदान	295780	141.070	108.910	249.980
पूर्वी मैदान	223339	178.310	76.847	255.157
पश्चिमी मैदान	319098	11.260	60.484	71.744
केन्द्रीय पर्वतीय इलाका	373675	135.880	118.273	254.153
उत्तर डेक्कन	355988			

प्राकृतिक भूगोल संबंधी भू–भौतिक क्षेत्र	प्राकृतिक भूगोल संबंधी क्षेत्र का क्षेत्रफल	बढ़ता भंडारण (मी^{3}) (2017)		
		वन	वन के बाहर वृक्ष	कुल
पूर्व डेक्कन	336289	293.740	106.076	399.816
दक्षिण डेक्कन	292416	671.540	237.884	909.424
पश्चिमी घाट	72381	219.270	112.733	332.003
पूर्वी घाट	191698	423.120	117.656	540.776
पश्चिमी तट	121242	272.220	66.041	338.261
पूर्वी तट	167494	150.200	136.752	286.952
कुल	**3287263**	**82.950**	**76.476**	**159.426**
बढ़ते भण्डार (ISFR 2013, 2015)	3287263	4218.38	1603.99	5822.37
परिवर्तन		**4195.047**	**1573.340**	**5768.387**

भारतीय वन सर्वेक्षण (FSI), 2015, 2017

सारिणी 4. राज्यानुसार बढ़ते भंडारण के अनुमान

राज्य/संघ राज्य क्षेत्र	भौगोलिक क्षेत्र (वर्ग किमी.)	क्षेत्रीय वन क्षेत्र (वर्ग किमी)	बढ़ते भंडारण का आयतन (मी^{3}) (2017)		
			वन	वन के बाहर वृक्ष	कुल
आंध्रप्रदेश	160,204	37,258	156.038	62.348	218.386
अरुणाचल प्रदेश	83,743	51,407	420.793	90.695	511.488
असम	78,438	26,832	133.128	30.195	163.323
बिहार	94,163	6,493	28.500	37:471	65.991
छत्तीसगढ़	135,191	59,772	323.660	86.348	410.008
दिल्ली	1,483	102	0.510	1.274	1.784
गोवा	3,702	1,225	9.516	3.832	13.348
गुजरात	196,022	21,647	52.030	113.992	166.022
हरियाणा	44,212	1,559	5.405	15.490	20.895
हिमाचल प्रदेश	55,673	37033	315.580	23.199	338.779
जम्मू एवं कश्मीर	222,236	20,230	232.837	146.082	378.919
झारखंड	79,714	23,605	117.085	64.391	181.476
कर्नाटक	191,791	38,284	327.660	89.585	417.245
केरल	38,863	11,309	167.085	51.898	218.983
मध्यप्रदेश	308,245	94,689	285.611	97.474	383.085

राज्य/संघ राज्य क्षेत्र	भौगोलिक क्षेत्र (वर्ग किमी.)	क्षेत्रीय वन क्षेत्र (वर्ग किमी)	बढ़ते भंडारण का आयतन (मी^{3}) (2017)		
			वन	वन के बाहर वृक्ष	कुल
महाराष्ट्र	307,713	61,579	252.572	164.546	417.118
मणिपुर	22,327	17,418	53.200	7.750	60.950
मेघालय	22,429	9,496	38.720	17.254	55.974
मिज़ोरम	21,081	5,641	19.052	42.762	61.814
नागालैण्ड	16,579	9,222	36.899	11.425	48.324
ओड़िशा	155,707	58,136	258.013	81.503	339.516
पंजाब	50,362	3,084	12.941	20.012	32.953
राजस्थान	342,239	3,2737	46.274	81.865	128.139
सिक्किम	7,096	5,841	26.280	1.951	28.231
तमिलनाडु	130,058	22,877	127.810	66.257	194.067
तेलंगाना	114,865	26,904	60.462	39.660	100.122
त्रिपुरा	10,486	6,294	21.740	6.498	28.238
उत्तरप्रदेश	240,928	16,582	135.848	88.340	224.188
उत्तराखंड	53,483	38,000	418.332	19.855	438.187
पश्चिमी बंगाल	88,752	11,879	76.634	38.100	114.734
अंडमान एवं निकोबार द्वीप	8,249	7,171	55.928	0.584	56.512
चंडीगढ़	114	35	0.321	0.103	0.424
दादरा एवं नगर हवेली	491	204	1.850	0.785	2.635
दमन एवं दीव	112	8	0.001	0.115	0.116
लक्षद्वीप	32	0.00	0.000	0.060	0.060
पुदुचेरी	480	13	0.065	0.298	0.363
कुल	**3287263**	**764566**	**4218.380**	**1603.997**	**5822.377**

भारतीय वन सर्वेक्षण (FSI), 2015, 2017

■ ■ ■

अध्याय 6

वनसंवर्धन- सिद्धांत एवं कार्य
(Silviculture- Principles And Practices)

वन संवर्धन (Silvics And Silviculture)

वन संवर्धन को विभिन्न लेखकों द्वारा विविध प्रकार से परिभाषित किया गया है।

- वन संवर्धन वानिकी की वह शाखा है जो इमारती लकड़ी के विकास, स्थापना, देखभाल एवं पुनरुत्थान से संबंधित है।
- वन फसलों की खेती के कौशल एवं विज्ञान संबंधित।
- अंग्रेजी में वन संवर्धन शब्द का अर्थ सामान्यत: वन फसलों को उगाने के सिद्धांत और व्यवहार के कुछ पहलुओं से है। इसे शस्य वानिकी भी कहा जाता है।

मोटे तौर पर, वन संवर्धन को सिल्विक विज्ञान और व्यावहारिक दोनों प्रकार के कार्यों में शामिल करने के लिए किया जाता है।

भारतीय बन एवं वन उत्पादों की शब्दावली के अनुसार, सिल्विक्स वन वृक्षों के जीवन इतिहास के अध्ययन तथा सामान्य विशेषताएँ एवं फसलों के साथ विशिष्ट पर्यावरणीय कारकों का संदर्भ है जो कि वन संवर्धन कार्यों का आधार है।

वन संवर्धन के उद्देश्य (Objective Of Silviculture)

(i) प्रजातियों के उत्पादन का आर्थिक एवं वाणिज्यिक महत्त्व

(ii) प्रति इकाई क्षेत्र से उच्च आयतन का उत्पादन

(iii) वांछित प्रजातियों से गुणवत्ता वाली लकड़ी का उत्पादन

(iv) रोटेशन (नियमित आवर्तन) में कमी

(v) रिक्त स्थानों, बंजर भूमि एवं अन्य अप्रयुक्त भूमि में वनों का उगाना

(vi) प्राकृतिक वनों के स्थान पर मानव निर्मित वनों का निर्माण

(vii) संरक्षित आवश्यकताओं को पूर्ण करने के लिए एक्सोटिक्स (बाहरी प्रजातियों) का परिचय

सिल्विक्स एवं वन संवर्धन के मध्य विभिन्नता (Difference Between Silivics And Silviculture)

वन संवर्धन (Silviculture)	सिल्विक्स (Silivics)
वन संवर्धन वानिकी की वह शाखा है जो लकड़ी प्रदाता वनों की स्थापना, विकास, देखभाल, पुनरुत्थान पर ध्यान देती है,	विशेष प्राकृतिक कारकों पर आधारित वन वृक्षों तथा फसलों के जीव इतिहास तथा साधारण लक्षणों का अध्ययन सिल्विक्स कहलाता है।
यह एक विज्ञान है जो सिद्धांत तथा कार्य दोनों रूपों के साथ होता है।	इसका मूलभूत सिद्धांत है जो कि वन संवर्धन की मौजूदगी का सिद्धांत है।
यह एक व्यापक शब्द है जो कि वानिकी के सभी पहलुओं को आवरित करता है।	यह वन संवर्धन का सिद्धांत रूप है।
यह विभिन्न प्रणालियों एवं तरुण पौधों की देखभाल के तहत प्राकृतिक पुनरूत्पादन की क्रिया से संबंधित है।	यह वन और वृक्ष के अध्ययन की जैविक इकाइयों के रूप में देखता है, वनस्पति पर्यावरण के प्रभाव नियंत्रित करने वाले कानूनों में वृद्धि को देखता है।
यह सिल्विक्स का क्रियान्वयन रूप है।	यह वन संवर्धन के लिए सिद्धांत है।

पुनरुद्भवन– प्राकृतिक एवं कृत्रिम (Regeneration– Natural And Artificial)

पुनरुद्भवन का पर्याय पुनर्जनन होता है जिसमें वृक्ष प्रजाति अपनी प्रजाति के नए जीवों को प्राकृतिक या कृत्रिम रूप से उत्पन्न करती है। पुनरुद्भवन शब्द प्राकृतिक प्रक्रिया के लिए प्रयोग किया जाता है, लेकिन बाद में पुनरुद्भवन को प्रवर्धन के अन्य तरीकों से भी बढ़ाया जा सकता है। पुनरुद्भवन मुख्य रूप से निम्नलिखित तरीकों से होता है।

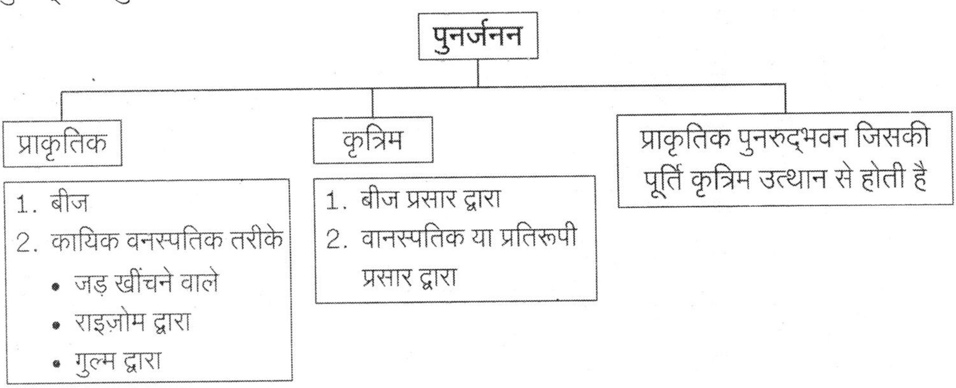

प्राकृतिक पुनरुद्भवन (Natural Regeneration)

यह प्राकृतिक उत्थान प्रक्रिया है जिसमें वृक्षों की फसल का नवीनीकरण प्राकृतिक रूप से बीज की बुआई और स्थापना के माध्यम से या कटाई तथा जड़ चूषकों के माध्यम से होता है।

उदाहरण : यह पुनरुद्भवन प्रक्रिया मुख्य रूप से शुष्क एवं आर्द्र पर्णपाती वनों में पायी जाती है।

प्राकृतिक पुनर्जनन विधि (Natural Regeneration Methods)

बीज आधारित प्राकृतिक पुनर्जनन (Seed Based Natural Regeneration)

बीज द्वारा प्राकृतिक पुनरुद्भवन कई वन क्षेत्रों के पुनरुद्भवन का ठोस मार्ग है। सामान्यत: यह बीजों से तथा निम्नलिखित कारकों पर निर्भर करता है।

(i) बीज उत्पादन एवं वितरण (Seed Production And Dispersal)

सफल प्राकृतिक पुनरुत्पादन के लिए वृक्ष प्रजातियों में बीज का उत्पादन पर्याप्त रूप से होना चाहिए। बीज की मात्रा और गुणवत्ता प्रजाति, वृक्ष की आयु, शीर्ष के आकार, शीर्ष प्रभुत्व और संबद्ध जैविक और अजैविक कारकों पर निर्भर करते हैं। सभी प्रजातियाँ प्रत्येक वर्ष बीज का उत्पादन नहीं करती है।

बीज उत्पादन के आधार पर वार्षिकी या समय-समय पर बीजों को अच्छे वार्षिकी बीज, मध्यम वार्षिकी बीज एवं अयोग्य वार्षिकी बीज में वर्गीकृत किया जाता है। प्राकृतिक पुनरुद्भवन अच्छे वार्षिकी बीज में बहुत अच्छे और अयोग्य वार्षिकी बीज में बहुत अनुपजाऊ होते हैं। इसलिए, प्रजातियाँ एवं बीज उत्पादन की क्षमता के अनुसार, प्राकृतिक पुनरुद्भवन हर जगह-जगह पर प्रजातियों के अनुसार भिन्न होती है।

प्राकृतिक पुनरुद्भवन की सफलता के लिए न केवल बीज उत्पादन आवश्यक है बल्कि अच्छे स्थान पर इसका फैलाव भी महत्त्वपूर्ण है। उचित बीज उत्पादन में अनुपयुक्त स्थान व अनुचित बीज उत्पादन में उचित स्थान से खराब पुनरुद्भवन हो सकता है। प्राकृतिक पुनरुद्भवन प्रक्रिया को सुनिश्चित रूप से पूर्ण करने के लिए उत्पादित बीजों को सुरक्षित रूप से वितरित करना होता है।

बीज फैलाव के उत्पादन :

(i) हवा (कैसुअरीना ट्रर्मीनेलिया, पॉप्लर, टेरोकार्पस, अकेसिया, डिटेरोकार्पस आदि।)

(ii) पानी (मैंग्रोव तथा तटीय प्रजातियाँ)

(iii) गुरुत्वाकर्षण (भार द्वारा वितरण – कैरकस, जुग्लैस, एस्कुलस)

(iv) पक्षी (प्रूनस, मल्बेरी, डियोस्पाइरोस आदि)

(v) जानवर (प्रोसोपिस, अकेसिया आदि)

(ii) बीज अंकुरण (Seed Germination)

सफल प्राकृतिक पुनर्जनन केवल प्रचुर (profuse) बीज अंकुरण के साथ संभव है। हालांकि, अंकुरण इसके आंतरिक एवं बाहरी कारकों पर निर्भर करता हैं। आंतरिक कारकों में पानी और वायु में बीजों की पारगम्यता, भ्रूण विकास, भ्रूण की परिपक्वता, बीज की सक्षमता, बीजों की जीवन क्षमता एवं अंकुरण सम्मिलित हैं। ऊपर दिये गए सभी कारकों के लिए वृक्षों की प्रजातियाँ काफी भिन्न होती है। बाहरी कारकों में सभी स्थानीय जैविक तथा अजैविक कारकों में प्रकाश, तापमान, आर्द्रता एवं स्थानीय गुणवत्ता सम्मिलित है।

(iii) अंकुर स्थापना (Seeding Establishment)

अंकुरण प्रक्रिया को सफलतापूर्वक पूर्ण करने के लिए अंकुरित बीज एक अंकुर के रूप में विकसित होने चाहिए। अंकुर स्थापना बहुत ही आवश्यक है एवं यह स्थानीय अनुकूल परिस्थितियों पर निर्भर करती है। स्थानीय जैविक एवं अजैविक घटकों से विकसित पौधों (बीज को) संरक्षित रखना चाहिए।

(iv) आनुवांशिक कारक (Genetic Factors)

अच्छा प्राकृतिक पुनर्जनन तभी हो सकता है जब बीजों का उत्पादन उच्च आनुवांशिकी वृक्षों से हो। पेड़ जो कि आनुवांशिक रूप से सामान्यत: उच्च गुणवत्ता वाले बीजों का उत्पादन करते हैं और इस प्रकार सफल प्राकृतिक पुनरुद्भवन हो जाता है जिसके परिणामस्वरूप अच्छे प्राकृतिक वन होते हैं। मूल भौगोलिक स्थानों में बीज उत्पादन स्थान/ भू-भिन्नता/मूल उत्पत्ति केन्द्र का प्राकृतिक पुनरुद्भवन पर महत्त्वपूर्ण प्रभाव पड़ता है।

(v) मृदा कारक (Soil Factor)

अच्छी गुणवत्ता वाले स्थानों में प्राकृतिक पुनरुद्भवन बहुत सफल होता है, जिसमें घास, पत्तियों से मुक्त पौधे, बहुत अधिक आर्द्रता और शुष्कता एवं अन्य प्रतिरोधी तत्त्व शामिल होते हैं। प्राकृतिक पुनरुद्भवन उन स्थानों पर अधिक स्पष्ट होता है जहाँ भूमि कार्बनिक पदार्थों की प्रचुरता और इससे संबंधित शुद्ध मृदा संचय, उच्च मृदा संचय, जल धारिता क्षमता तथा मृदा की बराबर सूक्ष्म वनस्पति तथा सूक्ष्म प्राणियों की संख्या होती है। अच्छी जलनिकासी वाली चिकनी मिट्टी भी जलाक्रांत मिट्टी की तुलना में बीज के अंकुरण में अधिक योगदान देती है।

(vi) जलवायु कारक (Climatic Factor)

प्राकृतिक पुनर्जनन में स्थानीय प्रकाश, तापमान एवं आर्द्रता महत्त्वपूर्ण भूमिका निभाते हैं। पर्याप्त प्रकाश तीव्रता की उपलब्धता से अच्छा अंकुरण सुनिश्चित होता है। कई बार वनीय भूमि पर पहुँचने वाला प्रकाश उनके आच्छादन के विकास एवं घनत्व से प्रभावित होता है, हालांकि प्राकृतिक पुनरुद्भवन के लिए प्रकाश बहुत आवश्यक है। प्रकाश सदैव स्थानीय तापमान एवं आर्द्र मिट्टी की मात्रा को नियंत्रित करता है। अधिक रोशनी से तापमान बढ़ जाता है जिससे मिट्टी की नमी जल्दी सूख जाती है और अंकुरण तथा पुनरुद्भवन कम होता है छाया करने वाली प्रजातियों और शेड ट्रेडर्स की तुलना में रोशनी की माँग करने वाली प्रजातियों का अंकुरण बड़ी आसानी से होता है। कुछ वन प्रकारों में ठंड से उपजे एवं पाला घाव से गंभीर बाधा उत्पन्न करते हैं। पाला एवं ठंडी संवेदनशील प्रजातियों का प्राकृतिक पुनरुद्भवन असामान्य जलवायु की परिस्थितियों में संभव नहीं हो सकता है। पाले एवं हिम की तीव्रता और दीर्घता भी पुनरुद्भवन को क्षति पहुंचाती है और संपूर्ण पुनरुद्भवन प्रक्रिया को प्रभावित करती है।

(vii) जैविक कारक (Biotic Factors)

प्राकृतिक पुनर्जनन तब प्रभावित होता है जब पुनरुद्भवन क्षेत्र सभी जैविक कारकों से संरक्षित होते हैं। वनीय जानवर विशेष रूप से हिरण (deer), साही (porcupine) भैंसा (bisons), जंगली

सुअर (wild boar) इत्यादि नए पुनरुत्पादन को हानि पहुँचाते हैं और संपूर्ण प्राकृतिक पुनरुत्थान को प्रभावित करते हैं। इसी प्रकार कीटों और रोगों के कारण होने वाली क्षति से भी प्राकृतिक पुनर्जनन कम होता है।

(2) वनस्पतियों द्वारा प्राकृतिक पुनर्जनन (Natural Regeneration By Vegetative Means)

कुछ प्रजातियों में वनस्पति पौधों के भागों के माध्यम से प्राकृतिक पुनरुद्भवन होता है। जो निम्न प्रकार से है–

(i) कटाई द्वारा प्राकृतिक पुनर्जनन (Natural Regeneration By Coppice)

कुछ प्रजातियाँ कटाई के माध्यम से गुणन को व्यक्त करती है। वनस्पति पुनरुद्भवन का यह तरीका है जिसमें पौधों के तनों के कटे हुए अंत में प्ररोह कली उत्पन्न होती है जिससे अंततः एक परिपक्व वृक्ष का विकास होता है।

उदाहरण– यूकेलिप्टस, कैज़ुरीना, मेलिया, टीक, एलीएंथस आदि।

कटाई गुणन मौसम पर, स्टूल के आकार पर, स्टूल की आयु, कटाई क्षमता एवं कटाई का आवर्तनचक्र पुनरुद्भवन तरीके पर निर्भर करते है।

कटाई को प्रकृति के आधार पर प्राकृतिक पुनर्जनन को दो भागों में वर्गीकृत किया गया है–

(a) अंकुर कटाई (Seedling Coppice)

यह मुख्य रूप से अंकुरों/पौधों में होता है। जब इन्हें आधार (नीचे) से काटा जाता है तब आकस्मिक कलिकाएँ प्रेरित होती हैं जिससे कई प्ररोह उत्पन्न होती है। सामान्यतः यह विधि प्राकृतिक वनों में होती है एवं इस अंकुर की कटाई का उपयोग कापाट शुटों (?) के शीर्ष प्रभुत्व का उपयोग कर संभावित क्लोनों में वनस्पति वृद्धि के लिए किया जाता है।

(b) स्टूल कटाई (Stool Coppice)

स्टूल एक तरह से ठूंठ है जो कि पेड़ के काटने के बाद छोड़ा जाता है। सामान्यतः भूमि के स्तर से लगभग 15cm ऊँचा होता है। स्टूल का कटा हुआ हिस्सा कलिकाओं को प्रेरित करता है जिससे कई प्ररोह उत्पन्न होते हैं इन उत्पन्न प्ररोहों को स्टूल कॉपीस (stool coppice) कहते हैं। इसमें प्ररोह की कटाई से, 2 या 3 प्रमुख कलिकाएँ बाद में विशाल वृक्ष के रूप में विकसित होती है। पुनः यही क्रिया होती है, जिसमें इन्हें आधार से काटा जाता है और प्ररोह का पुनः कॉपीस (coppice) में पुनरुत्थान (पुनरुद्भवन) होता है और यह प्रक्रिया का पुनः दोहराना होता है। प्ररोह की कटाई को कृत्रिम रूप से फर्टिगेशन (fertigation) द्वारा नियंत्रित (प्रबंधित) किया जाता है। जिससे कटी हुई प्ररोह में वृद्धि होती है और कटाई आवर्तन को कम किया जाता है।

उदाहरण : यूकेलिप्टस में कटाई का क्रम तीन बार होता है, *मेलिया दुबिया* (*Melia dubia*) में यह क्रमावर्तन 2 बार होता है।

कटाई क्षमता के आधार पर, वृक्ष प्रजातियों को वर्गीकृत किया गया है :

(a) **मजबूत कॉपीसर (Strong coppicer) :** यूकेलिप्टस, टीक, शोरीआ, *डलबजीआ, अल्बीजिआ, कैसिआ, प्रोसोपिस, मेलिआ, एनोगेसिस, मोरस एल्बा* आदि।

(b) **निष्पक्ष कॉपीसर (Fair coppicer) :** *टर्मीनेलिआ, टेरीकार्पस, कैरकस, हार्डविकिआ (Hardwickia), क्लोरोज़ाइलोन (Chlorroxylone)*।

(c) **खराब कॉपीसर (Bad coppicer) :** *एडीना कॉर्डीफोलिआ, माधुका इंडिका, बोम्बेक्स सीबा, कैसुरीना* ।

(d) **बिना कटाई वाले कॉपीसर (Do not coppicer) :** *पाइनस, पीसिआ, एबीस, कैड्रस* ।

(ii) जड़ चूषकों द्वारा प्राकृतिक पुनर्जनन (Natural Regeneration By Root Suckers)

जड़ चूषक (Root suckers) स्वाभाविक रूप से आकस्मिक कली की जड़ प्रणाली को प्रेरित करते हैं। सामान्यत: ये जड़ चूषक जड़ों पर दबाव एवं क्षति के कारण को प्रेरित करते हैं। जड़ चूषकों से वृक्षों का विकास एवं बढ़ोतरी होती है। हालांकि, विकसित प्ररोह कमजोर होती है एवं खराब वृद्धि दर के कारण हवा के प्रति कमजोर होती है।

उदाहरण : डलबर्जीआ सीसो, डलबर्जी लेटीफोलिआ, बोम्बेक्स सीबा, डियोस्पाइरोस मीलेनोक्सी-एनोगीसस लेटिफोलिआ, मेलिआ दूबिआ इत्यादि।

(iii) राइज़ोम द्वारा प्राकृतिक पुनर्जनन (Natural Regeneration By Rhizomes)

राइज़ोम एक भूमिगत एवं संशोधित जड़ है जो संपूर्ण नये पादप में विकसित होती है।

उदाहरण : बाँस (Bamboos)।

कृत्रिम पुनर्जनन (Artificial Regeneration)

वनों की फसल का नवीनीकरण कृत्रिम रूप से बीज बोकर या पौधे लगाकर/कटाई/क्लोन द्वारा संदर्भित किया जाता है। कृत्रिम पुनरुद्भवन बागों में प्रजनन का एक प्रमुख तरीका है, जिसमें वनों की फसल को कृत्रिम रूप से उगाया जाता है या फिर बुआई या रोपण द्वारा पुनर्जनन किया जाता है।

उदाहरण : टीक का वृक्षारोपण, मैलिना, लाल सेंडर्स इत्यादि।

कृत्रिम पुनर्जनन के उद्देश्य (Objectives Of Artificial Regeneration)

- प्राकृतिक पुनर्जनन की सहायता करना या पूर्ण करना।
- मौजूदा वृक्षों की फसल की संरचना बदलने के लिए।
- घरेलू एवं औद्योगिक विकास के लिए वृक्षारोपण को विकसित करना।
- बंजर एवं बंजरभूमि (अनुपयोगी भूमि) के पुनर्वास के लिए।
- कृषि एवं कृषि वानिकी वृक्षारोपण को विकसित करने के लिए।
- बाह्य वनस्पति से परिचित करवाना।

कृत्रिम पुनर्जनन की विधियाँ (Methods Of Artificial Regeneration)

कृत्रिम पुनर्जनन दो तरीकों से होता है

(1) बीज फैलाव (Seed Propagation)

इस विधि में प्रवर्धन, चुने हुए अच्छे वृक्षों एवं बीज, बगीचों से एकत्रित किए गए बीजों के माध्यम से किया जाता है। बीज प्रसार सभी प्रजातियों के लिए सबसे आसान तरीकों में से एक है और यह एक कम महत्त्व वाला, आसानी से प्रबंधन योग्य होता है और कई प्रजातियों के लिए यह प्रवर्धन एकमात्र तरीका है। बीज का प्रसार सीधा बुआई द्वारा किया जा सकता है जैसे- *बबूल निलोटिका (Acacia Nilotica), एडीना कॉर्डीफोलिआ, डलबर्जिआ सिसो (Dalbergia Sisso), प्रोसोफिस जूलीफ्लोरा* आदि।

अन्य प्रजातियों के लिए, बीजों को नर्सरी बैड में बोया जाता है तथा पॉलीथीन अन्य कंटेनर्स में पौधे को विकसित किया जाता है। कुछ प्रजातियों में अंकुरण के लिए सीधे पॉलीथीन के कंटेनर में बीजों को बोया जा सकता है। परिपक्वता प्राप्त करने पर इन पौधों को विकास के लिए उपर्युक्त उद्देश्यों को पूर्ण करने के लिए काम में लिया जाता है।

उदाहरण : टीक, कैसुअरीना, यूकेलिप्टस, नीम, रेड सेंडर्स, कैसिआ, महुआ आदि।

बीज संचरण के फायदे (Advantages Of Seed Propagation)

- संचरण की आसान विधि (Easy method of propagation)
- कम मूल्यवान एवं आसान प्रबंधन (Less expensive and easy management)
- सभी प्रकार की प्रजातियों के लिए प्रतिसंवेदी (Amenable for all kind of species)
- जटिल स्थानों के लिए सफल विधि (Successful method for difficult sites)

बीज संचरण के नुकसान (Disadvantage Of Seed Propagation)

- परागण के कारण होने वाली आनुवांशिक परिवर्तनशीलता के कारण पौधारोपण में विविधता आती है जिसके कारण उत्पादकता और विभिन्नता के विकास में कमी आती है।
- कुछ प्रजातियाँ मेलिया और टीक के रूप में बीज अंकुरण में अहितकर प्रकृति को व्यक्त करते हैं जिसके परिणामस्वरूप अंकुर पैदा होने में समय लगता है।
- बंध्य एवं अनिषेकजनक प्रजातियों को बीजों के माध्यम से नहीं बढ़ाया जा सकता है।

(B) कायिक प्रवर्धन (Vegetative Propagation)

इसे अलैंगिक प्रवर्धन भी कहा जाता है जिसमें वनस्पति द्वारा मुख्य रूप से पौधों के अंगों या पौधों के ऊत्तकों का फैलाव होता है।

फायदे (Advantages)

- वनस्पति प्रचारण समान आनुवांशिक पौधों को उत्पादित करने में सहायता प्रदान करते हैं।

- अनेक वृक्षों की प्रजातियों में जीवनक्षम बीज पैदा नहीं होते हैं और कुछ पौधे बीज ही उत्पन्न नहीं करते हैं। कुछ प्रजातियों में वनस्पति के माध्यम से आसानी से वितरण किया जा सकता है।
- कलम (Grafting) के माध्यम से वनस्पति वितरण कीटों तथा रोगों से मुक्त पौधों के निर्माण में मदद करते हैं।
- यह विधि पौधों में विभिन्नता को मिटा देती है एवं प्रतिरूपी निष्ठा (clonal fidelity) को बनाए रखती है।
- यह तकनीक शुरुआती फूल बनने में एवं कटाई के आवर्तन में कमी को प्रेरित करने में मदद करता है।
- वनस्पति प्रचार प्रजनन प्रक्रिया में शीघ्रता लाने में सहायता प्रदान करता है एवं इसका संक्षिप्त या नियंत्रित प्रजनन में अच्छा उपयोग होता है।
- यह बीज वितरण की तुलना में अधिक तीव्र, एक समान एवं बड़े पैमाने पर आर्थिक रूप से प्रजनन जीवनक्षम है।
- यह क्लोनल बैंक दृष्टिकोण के माध्यम से जीनोटाइप को संरक्षित करने में मदद करता है।

नुकसान (Disadvantage)

- बीज प्रचारण की कई प्रजातियों से वनस्पति प्रचारण का अधिक महत्त्व है।
- वनस्पति संचरण में मुख्य जड़ प्रणाली का अभाव रहता है इस कारण चक्रवात एवं हवाओं के कारण क्षति की संभावना रहती है।
- संक्रमित रोग कीट एवं बीमारी के होने की संभावना बीजों के संचरण की तुलना में अधिक होती है।

संवर्धन की विधियाँ (Methods Of Propagation)

निम्नलिखित दो विधियों द्वारा वनस्पति वितरण संभव है।

बृहत् वनस्पति वितरण (Macro Vegetative Propagation)

(i) 'कलम' द्वारा प्रवर्धन (Propagation by cutting)

'कलम' शब्द उन सभी हिस्सों को दर्शाता है जो मूल पौधों से पुनर्जनन के लिए निकाला जाता है। निम्नलिखित 'कलम' वनस्पति प्रचारण के लिए सामान्यत: प्रयुक्त होते हैं। *जैसे*– जड़ कटिंग, तना कटिंग, पत्ती की कटिंग, पत्ती की कली में कटिंग, सॉफ्टवुड कटिंग, अर्धवृंद कटिंग, दृढ़ कटिंग (hardwood cutting).

कलम को मातृ पौधे (मदर ट्री) से इकट्ठा किया जाता है और इसका उचित फंगल संक्रमण (Fungal infection) से बचाव के लिए उपचार और वृद्धि के लिए वृद्धि नियंत्रकों से उपचार किया जाता है। इन कटे हुए पौधों को पॉलीथीन की थैलियों में आर्द्र परिस्थिति वाले कक्षों में रखा जाता है।

(ii) रोपण द्वारा प्रवर्धन (Propagation By Grafting)

रोपण एक तरह की कला है जो कि पौधों के हिस्सों में शामिल होकर आपस में तत्परता से सम्मिलित होते हैं तथा पौधे में लगातार वृद्धि होती है। रोपण के दो भाग होते हैं जैसे अंकुर एवं जड़ भंडारण। अंकुर पौधे के ऊपरी एवं उच्च हिस्से को दर्शाता है जो कि निर्दिष्ट वृक्षों से एकत्रित होते है तथा जड़ भंडारण रोपण संयोजन के निम्न हिस्से हैं जो कि मुख्यत: बीजों के माध्यम से उगाया जाता है। सफल एकत्रित रोपण के लिए, यह बहुत आवश्यक है अंकुर का केंबियम निकटतम भंडारण के केंबियम (पेड़ के बीच के खानेदार तंतु) के स्थान पर हो।

रोपण तकनीक (Grafting Techniques)

निम्नलिखित क्रमबद्ध प्रक्रिया से सफलतापूर्वक सरल रोपण होता है।

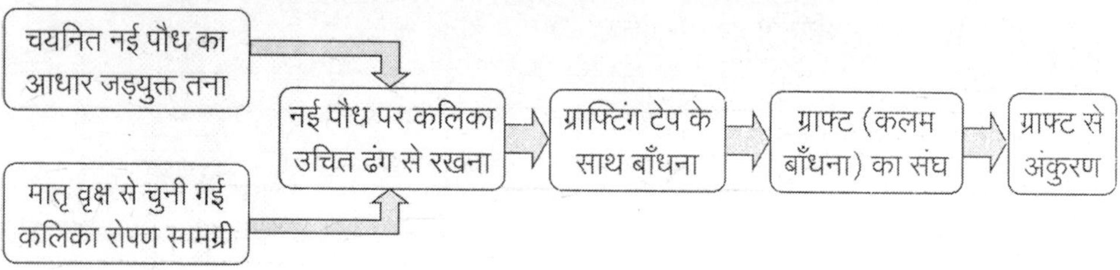

रोपण की विधियाँ (Methods Of Grafting)

रस्सी से जोड़कर कलम बांधना (Splice And Whip Grafting)

सर्वप्रथम अंकुर व पौधों का चयन किया जाता है। तभी भंडारण की छँटनी ऊँचाई के अनुसार की जाती है जहाँ से ग्राफ्टिंग की जानी होती है और लगभग 3.5 सेमी. तक लंबी कटाई की जाती है तथा समान पौधों को उसी लंबाई से काटा जाता है और समान ढलान दी जाती है जिससे उचित मिलान सुनिश्चित हो सकें। इन दोनों कटी हुई सतहों को एक ही स्थान पर रखा और पॉलीथीन ग्राफ्टिंग टेप से कसकर लपेटा जाता है।

व्हिप और टंग *(जीभ के आकार में काट कर रस्सी) से कलम बाँधना* (Whip And Tongue Grafting)

यह एक अन्य कलम लगाने की विधि है जिसमें भंडार और वंशज समान ऊँचाई के होते हैं। सामान्यत: अंकुरों में जड़ों की परतें तथा अंतिम सर्दी एवं शुरुआती वसंत ऋतु में विप ग्राफ्ट की कटाई होती है।

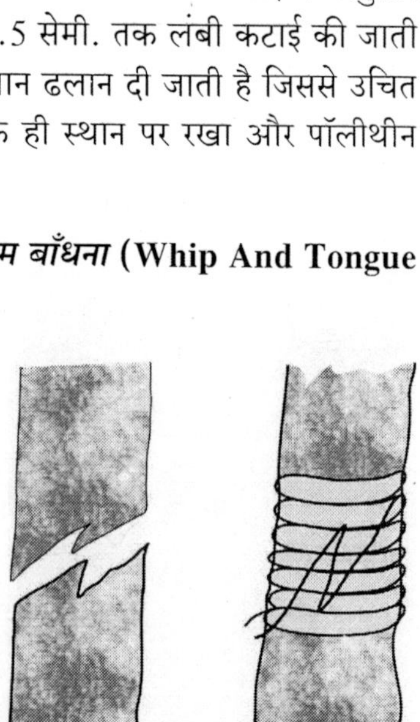

व्हिप और टंग ग्राफ्टिंग

नई पौध पर कलिका रोपण एवं इसके वंशज को विप ग्राफ्टिंग (whip grafting) के लिए तैयार किया जाता हैं। इन कटी हुई सतहों में से प्रत्येक पर पीछे से एक कट लगाया जाता है। इसे नीचे की सतह से बिंदु पर लगभग एक तिहाई दूरी से टिप (Tip) की शुरुआत की जाती है और पहले कट

की लंबाई लगभग डेढ़ गुना होनी चाहिए। स्टॉक पौधे से अंकुर (नई कलिका) को स्खलित किया जाता है ताकि वे आलिंगन कर सकें ।

- आड़ा या तिरछा कट से कलम को मूल पौधे से बाँधना (Diagonal cut at stock and scion with tongue.)
- कलम से बाँधना और लपेटाना। (The graft is tied and wrapped.)

काठी से कलम बाँधना (Saddle Grafting)

अच्छे केंबियल संपर्क तथा संपूर्ण ग्राफ्ट के लिए स्टॉक तथा इसके अंकुर का आकार लगभग समान होना चाहिए। जड़ भंडारण को पच्चर (wedge) के रूप में तैयार किया जाता है। एक ऊर्ध्वाधर कट अंकुर के आधार पर लगाया जाता है तथा इसके मूल स्त्रोत में लगाया जाता है ताकि वे ठीक से लग जाएँ। इसके पश्चात् घटकों को बाँधने और इसके साथ ग्राफ्टिंग मोम का आवरण लगाया जाता है।

दरार (Cleft) या पच्चर/खाँचा (Wedge) द्वारा कलम बाँधना

यह वसंत ऋतु के शुरुआती मौसम में होता है जब वृक्ष निष्क्रियता के समीप होते हैं। भंडार पौधों में से प्ररोह शीर्ष को हटा दिया जाता है और मज्जा (pith) के केन्द्र से एक ऊर्ध्वाधर कट (खाँचा) बनाया जाता है। कील या पच्चर (wedge) के रूप में शंकुनुमा कट द्वारा अंकुर (scion) को काटकर बनाया जाता है। इसके बाद इसे विभाजित किया जाता है ताकि कैंबियल परतों (cambial layers) में अंकुर तथा भंडार का अच्छे से मिलान किया जा सकें। पानी से बचने के लिए इनको एकत्रित कर बाँध दिया जाता है या मोम (wax) से ढक दिया जाता है।

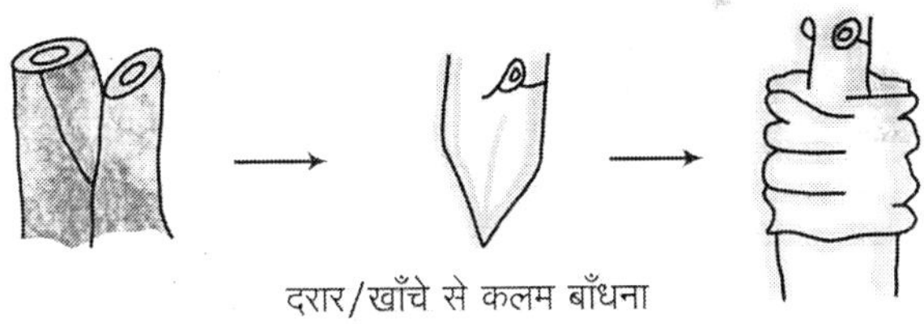

दरार/खाँचे से कलम बाँधना

साइड ग्राफ्टिंग (Side Grafting)

तने के किनारे में लगभग 3.5 सेमी. का एक टेढ़ा या तिरछा कट (खाँचा) बनाया जाता है। किसी अन्य आधार के सामने से तथा तिरछे कट के साथ अंकुर को तैयार किया जाता है। तब नये पौधे के तने में थोड़ा सा झुकाव किया जाता है इसी प्रकार यह अंकुर निर्विष्ट हेतु पर्याप्त स्थान बनाता है। तने को अंकुर की कैंबियल परतों से मिलाया जाता है। उसके पश्चात् संपूर्ण कटे हुए क्षेत्र को सील करने के लिए पॉलीथीन की टेप से बाँध दिया जाता है। कलम बाँधने के बाद इसके ऊपर के सिरे को काटकर वृक्ष के लेप से रंग दिया जाता है।

मुखावरण ग्राफ्टिंग (Veneer Grafting)

मातृ पौधे के अंकुर के आधार को तिरछा कर काट दिया जाता है तथा तने की तरफ से छाल की कीलनुमा आकृति के समान आकार को हटा दिया जाता है। वंशज तथा कलम योग्य नये पौधे

के तनों को एक साथ बाँध कर कैंबियल परतों के साथ मिलाया जाता है। स्टॉक नये पौधे की हीलिंग के बाद, स्टॉक के ऊपरी हिस्से को हटा दिया जाता है।

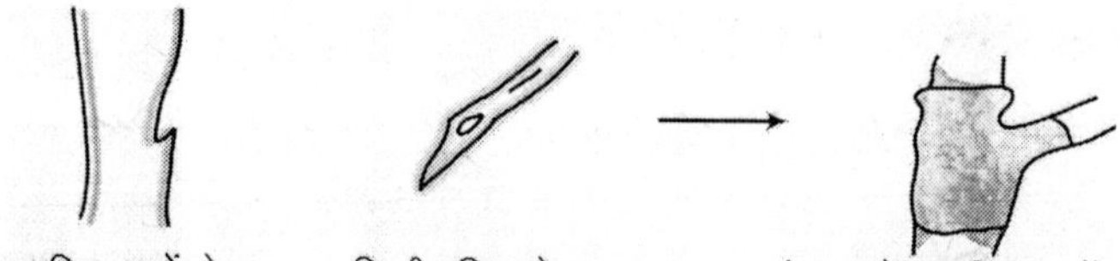

एकत्रित जड़ों के साइड पर तिरछा कट करना — किसी कील के आकार में अंकुर को तैयार करना — अंकुर को एकत्रित जड़ों में अंतर्विष्ट कर बाँधा जाता है

निकटतम कलम बाँधना (Approach Grafting)

इसमें दो आत्मनिर्भर पौधों की एक साथ कलम बाँधी जाती है। कैबियम के माध्यम से एक कट (खाँचा) बनाया जाता है और तना तथा वंशज दोनों पर थोड़ी-सी लकड़ी लगायी जाती है। कटे हुए सिरे को पॉलीथीन टेप से मजबूती से बाँधा जाता है। एकत्रीकरण होने के बाद वंशज को संधि या जोड़ के नीचे से पृथक कर तथा जोड़ के ऊपर स्टॉक दिया जाता है।

- वंशज तथा तना दोनों की छाल तथा लकड़ी के पतले हिस्से को हटाया जाता है.।
- तना एवं वंशज को सटाते हुए बाँधना।
- जोड़ पर मोम लगाना।

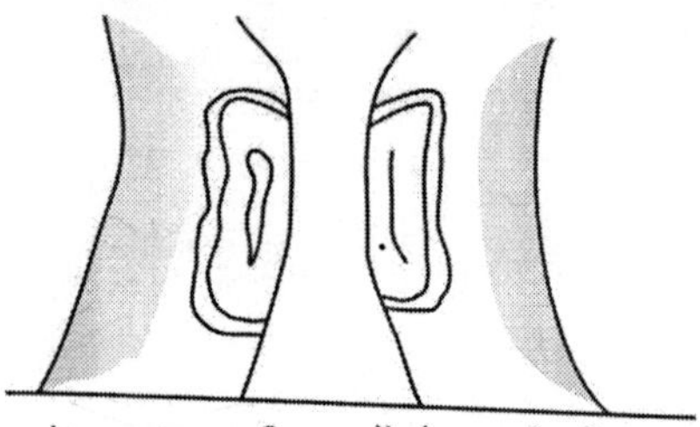

वंशज तथा एकत्रित जड़ों से लकड़ी की छाल को हटाने के साथ ही पतले अंश को भी हटाना

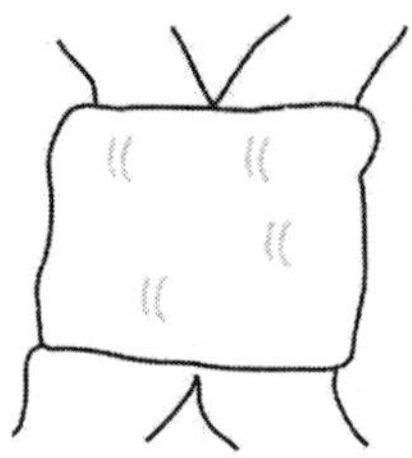

जोड़ पर मोम लगाना

छाल से कलम बाँधना (Bark grafting)

यह वसंत ऋतु के आरंभ में किया जाता है जब छाल आसानी से लकड़ी से दूर हो जाती है। इस विधि में तने को चीरा जाता है और छाल को शीर्ष से लगभग 5cm लंबे नीचे की ओर काटा जाता है। छाल तथा लकड़ी के तने के मध्य वंशज के अंश को प्रविष्ट किया जाता है जिस पर कैंबियम के सामने एक लंबा कट लगाया जाता है। तब वंशज के अंश को बाँधा जाता है तथा मोम से आवरित किया जाता है।

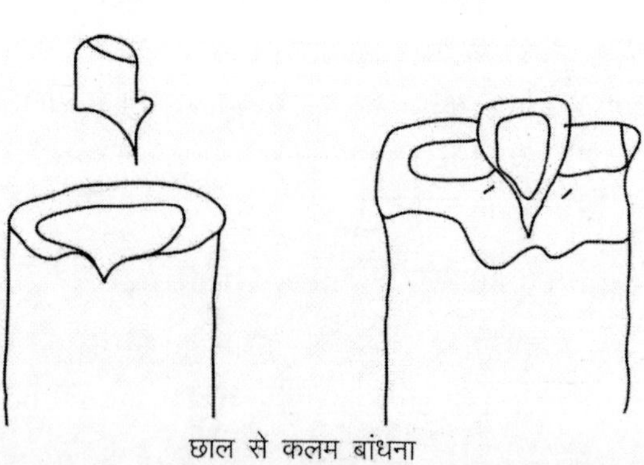

छाल से कलम बांधना

जड़ कलम लगाना (Root Grafting)

मूल वंशज अंश या परतदार पौधों को खोदकर निकाला जाता है तथा जड़ों को ग्राफ्ट के स्टॉक के रूप में उपयोग किया जाता है। संपूर्ण जड़ प्रणाली का उपयोग किया जा सकता है और जड़ को छोटे-छोटे टुकड़ों के रूप में काटा जा सकता है तथा प्रत्येक कटे हुए टुकड़े को तने के रूप में उपयोग किया जाता है। इसकी जड़ें अपेक्षाकृत छोटी होती हैं, सामान्यत: इसमें whip grafting विधि को अपनाया जाता है।

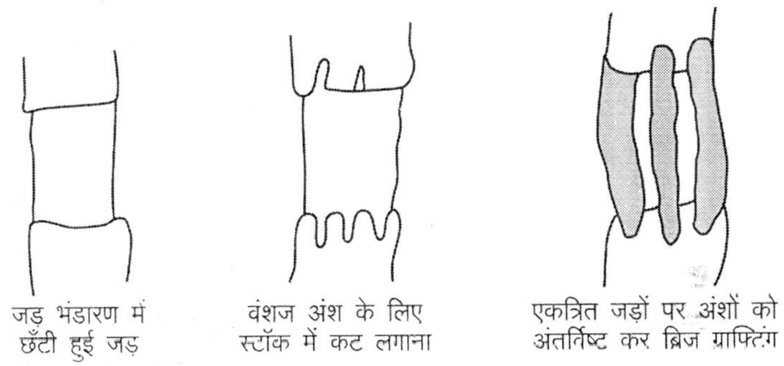

सेतु द्वारा कलम बाँधना (Bridge Grafting)

यह कलम बाँधने का एक तरीका है इसका उपयोग तने की क्षति स्थान पर किया जाता है। क्षतिग्रस्त सतह की छँटनी की जाती है। समान आकार की पट्टी के रूप में अंकुर को एक साल पुराने निष्क्रिय शॉट के रूप में उपयोग किया जाता है। तब यह चारों ओर से क्षति हुए क्षेत्र के चारों ओर लगभग प्रत्येक 5-7.5 सेमी. में निर्दिष्ट किया जाता है तथा ऊपरी और निचले दोनों सिरों से बिना क्षतिग्रस्त छाल को जोड़ दिया जाता है।

सभी ग्राफ्टिंग विधियों में से, जहाँ तक कि वन वृक्ष प्रजातियों के विषय में, दरार से कलम बाँधने का उपयोग इन सभी में से अधिक उपयोगी है।

गूटी विधि द्वारा प्रवर्धन (Propagation By Layering)

यह एक स्वतन्त्र वनस्पति प्रजनन विधि है जिसे चीनी लेयरिंग या मार्कोटेज (marcottage) के नाम से भी जाना जाता है। इस विधि का उपयोग वृक्ष की प्रजातियों की एक विस्तृत श्रृंखला में इसकी सरलता के कारण किया जाता है। लेयरिंग के दो प्रकार होते हैं।

(अ) **गूटी बाँधना (Air Layering) :** एक या दो वर्ष पुरानी बड़ी टहनी एयर लेयर्स (air layers) बनाने के लिए उपयुक्त होते हैं। सर्वप्रथम चयनित टहनी में से पत्तियों को हटा दिया जाता है। लगभग दो से तीन cm चौड़े क्षेत्र में छाल के घेराव को हटाकर तने में चारों ओर खड्डा बनाया जाता है। चयनित हिस्से को स्फ़ेग्नम काई (Sphagnum mos) के साथ आवरित किया जाता है। पॉलीथीन फिल्म के साथ कसकर आर्द्रता में रखा जाता है तथा इसमें गैसीय विनिमय होता है। इस भाग से जड़ों को चार से आठ हफ्तों के भीतर उत्प्रेरित किया जाता है तथा शाखा में जड़ वाले हिस्से को अलग कर दिया जाता है तथा अधिक मजबूती के लिए पात्र लगा दिए जाते हैं।

(ब) **मैदानी लेयरिंग (Ground layering) :** इस पद्धति में, लपेटे हुए तने (girdled stem) को मिट्टी में गाढ़ दिया जाता है। पौधे मेंलीपिंग के तुरंत बाद, पौधे को अलग कर दिया जाता है तथा दृढ़ीकरण के लिए पात्र में पौधारोपण किया जाता है तथा बाद में खेत/वन में रोपण किया जाता है।

सूक्ष्म वानस्पतिक प्रवर्धन (Micro Vegetative Propagation)

यह वितरण की विधियों में से एक है जिसमें सूक्ष्म टहनी पायी जाती है जैसे प्रत्यारोपण (शुट टिप, नोड, इंटरनोड, विभज्योत्तक, विकास/प्रफुल्लता, पत्ती एवं लीफ बिट्स) इन-विट्रो (in-vitro) परिस्थितियों के अंतर्गत संवर्धित होते हैं। एकल मूल पौधे से अधिक प्रजनन की तैयारी हेतु सूक्ष्म वितरण करते हैं।

सूक्ष्म प्रवर्धन के चरण (Stage Of Micropropagation)

- स्थापना चरण
- टहनी प्रजनन चरण
- जड़ प्रजनन चरण
- दृढ़ीकरण वाले चरण

सूक्ष्म प्रवर्धन के फायदे (Advantage Of Micropropagation)

- वृहत् प्रजनन
- समान पौधों का उत्पादन
- रोग मुक्त पौधों का उत्पादन
- *कृत्रिम परिवेशिय* संरक्षण
- द्वितीयक चयापचयी का उत्पादन
- 'जर्मप्लाज्म' का आसान विनिमय
- अगुणित एवं त्रिगुणित गुणसूत्रों का उत्पादन (production of haploids and triploids)

छोटा प्रतिरूपी प्रवर्धन (Mini Clonal Propagation)

कैसुअरीना, यूकेलिप्टस, डलबर्जिआ कैडोस और *मेलिआ* के लिए छोटी प्रतिरूपी तकनीक (Mini clonal technology) विकसित की गई जो कि इन औद्योगिक लकड़ी की प्रजातियों के लिए देश में एक अग्रणी प्रयास है। इस तकनीक के अंतर्गत, उच्च क्लोनल पौधों को एक छोटे क्लोनल बाग में रोपा जाता है तथा प्ररोह वृद्धि को बढ़ाने के लिए नियमित रूप से सिंचाई तथा निषेचन किया जाता है। इस पद्धति में, मातृ पौधों को 10 सेमी. × 10 सेमी. की दूरी पर रोपा जाता है तथा 60 दिन बाद पौधों को कटाई (रोपण कलिका) के संग्रह के लिए तैयार किए जाते हैं।

कृन्तक संबंधी गार्डन की स्थापना (Clonal Garden Establishment)

क्लोनल गार्डन की स्थापना 10×1×0.6 मी. अथवा 5×1×0.6 मी. एवं 3×1×0.6 मी. के आकार में सीमेंट गर्त एवं जंगरोधी धातु चढ़े लोहे गर्त के प्रयोग से की जा सकती है। इस क्यारी में 20 मिमी. के पत्थर 25 सेमी. तक भरे जाते हैं तथा उसमें छनी हुई नदी की बारीक रेत भरी जाती है। गर्त (trough) में जल निकासी की सुविधा भी होनी चाहिए। पौधों की सुरक्षा के लिए उभरे हुए नदी तल पर 100 माइक्रोन पराबैंगनी पॉलीथीन आवरित की जाती है तथा कीटों एवं रोगों से इसकी सुरक्षा भी सुनिश्चित की जा सकती है।

उर्वरक तथा सिंचाई तकनीक (Fertigation)

क्लोनल बाग को बनाए रखने के लिए प्रत्येक एक घंटे के अंतराल में सिंचाई करनी चाहिए तथा उसके साथ ही नये-नये पोषक तत्त्वों का भी संयोजन करना चाहिए।

- यूरिया (Urea) - 300-400 g/m^2
- SSP - 150-175 g/m^2
- KCL - 175-250 g/m^2
- सूक्ष्म पोषण मिश्रण - 100 g/m^2

पोषक तत्त्वों को पौधों की वृद्धि दर के आधार पर दो या तीन बार काम लिया जा सकता है।

क्लोनल प्रबंधन (Clonal Management)

आवश्यक पोषक खाद का उपयोग कर पौधों को 60 दिन तक उगाया जाता है। 60 दिनों के पश्चात् पौधे के आकार के अनुसार कटाई कर दी जाती है तथा पौधा टहनी में परिवर्तित हो जाता है। सतत सिंचाई तथा पोषक तत्त्वों के प्रबंधन से 8-10 दिन बाद कटाई से टहनी का उत्पादन किया जाता है तथा 15-20 दिनों के बाद कटिंग को इकट्ठा किया जाता है तथा इनका 2% कार्बनडेज़िम घोल से उपचार किया जाता है।

क्लोनल उपचार (Clonal Treatment)

नये प्रेरित प्ररोह को पौधों से अलग किया जाता है तथा 1500 पीपीएम इडोल ब्यूटेरिक एसिड (IBA) द्रव निर्माण (Liquid formulation) के साथ या उसके बिना उपचार किया जाता है तथा विखंडित कोर मज्जा से पौधों में 90 घन सेमी. के रूट ट्रेनर भरे जाते हैं। 15 दिनों में जड़ निर्माण शुरू होता है तथा 25 दिनों बाद पौधे की जड़ें दृढ़ता के लिए तैयार होती हैं।

ग्रीन हाऊस की परिस्थिति (Green House Condition)

रूट ट्रेनर्स (प्राशिक्षित जड़/परिपक्व जड़) को ग्रीन हाऊस प्रभाव के अंतर्गत रखने के साथ ही तापमान की व्यवस्था 32°-35° रहती है और आर्द्रता 85-95% तक बनी रहती है। आवधिक रूप से पानी प्रत्येक 30 मिनट में एक बार पिलाना चाहिए।

जलवायु अनुकूलन एवं दृढ़ीकरण (Acclimatization And Hardening)

7-15 दिन के लिए रोपित पौधों में 50% शेडिंग छायांकन के साथ शेड हाऊस में सख्तता की जाती है तथा पर्याप्त नमी को बनाए रखा जाता है। कठोर चैम्बर के पश्चात्, 30 दिनों के लिए नर्सरी में खोलने हेतु पौधों को रखा जाता (Lifted) है। पानी प्रतिदिन दो बार दिया जाता है तथा सख्तीकरण 19 (N:P:K) उर्वरक को 5gm/पौधे की दर से लागू किया जा सकता है। इसके सख्त होने के दौरान कार्बनडेजिम (2 g/l) तथा ट्राईएज़ोफोस (2 ml/ln) को बीमारियों और कीटों के प्रकोप के आधार पर लागू किया जाता है।

प्राकृतिक पुनरुत्पादन को कृत्रिम पुनरुत्पादन के साथ पूरा करना (Natural Regeneration Supplemented With Artificial Regeneration)

यह एक ऐसी प्रक्रिया है जो सामान्यत: वनों में होती है जहाँ प्राकृतिक पुनर्जनन अधिकतम सफल नहीं होता है। ऐसी परिस्थितियों में प्राकृतिक पुनर्जनन कृत्रिम रूप से बुआई द्वारा या रोपण द्वारा कृत्रिम रूप से समर्थित किया जा सकता है।

उदाहरण : केन्द्रीय एवं उत्तरी भारत के साल वनों (Sal Forests) में आर्द्र पर्णपाती वन एवं मध्यप्रदेश, महाराष्ट्र एवं आंध्र प्रदेश के टीक वनों में शुष्क पर्णपाती पाये जाते हैं।

पौधशाला तकनीकी (Nursery Technology)

नर्सरी एक ऐसा क्षेत्र है जहाँ पौधों का उत्पादन एवं बीजों की बुआई तथा पुनर्वनीकरण और वनीकरण प्रयोजनों के लिए पौधों की स्थापना के प्रयोजनों के लिए बीजों को बोया जाता है।

नर्सरी की महत्ता (Importance Of Nursery)

- नर्सरी वृक्षारोपण की दोनों घरेलू तथा वाणिज्यिक उपयोगिताओं के विकास के लिए बहुत अधिक महत्त्वपूर्ण है।
- यह छोटे, मध्यम एवं उच्च पौधों के रोपण उत्पादन में सहायता करती है ताकि औद्योगिक/सामाजिक रोपणों, शहरी और मनोरंजन कार्यक्रमों की आवश्यकता को पूर्ण किया जा सके।
- नर्सरी स्वस्थ पौधों (healthy) एवं उत्तम गुणवत्ता में उत्पादन के लिए सहायता करते हैं।
- नर्सरी में उगाए गए पौधों की उच्च अवस्था एवं शीघ्र स्थापना सुनिश्चित होती है।
- नर्सरी में उगाए गए पौधे शुष्क एवं सिंचित वृक्षारोपण विकास कार्यक्रमों के लिए अनुकूल बनाए जाते हैं।
- नर्सरी में उगाए गए पौधे अधिकतम रोग तथा कीटों से मुक्त होते हैं तथा इस प्रकार बाहरी पौधारोपण करते समय स्वास्थ्यवर्धक पौधों की स्थापना में सहायता करते हैं।

नर्सरी के प्रकार (Types Of Nursery)

वृक्षों के पौधों की नर्सरी में स्थापना, वृक्षारोपण विकास प्रोग्राम में महत्त्वपूर्ण भूमिका निभाती हैं। जरुरत एवं प्रबंधन की आवश्यकता के आधार पर वृक्ष नर्सरी को निम्नलिखित भागों में वर्गीकृत किया जाता है–

(i) दीर्घायु/अवधि के संचालन (Operation) के आधार पर

(अ) अस्थायी नर्सरी (Temporary nurseries)

(ब) स्थायी नर्सरी (Permanent nurseries)

(ii) जल की उपलब्धता के आधार पर (Based on water availability)

(अ) शुष्क नर्सरी (Dry nurseries)

(ब) आर्द्र नर्सरी (Wet nurseries)

(iii) प्रयोजन एवं स्थान के आधार पर (Based on the purpose and location)

(अ) केन्द्रीकृत नर्सरी (Centralized nurseries)

(ब) विकेन्द्रीकृत नर्सरी/विशेष स्थानिक नर्सरी (Decentralized nurseries/ Site specific nurseries)

(i) दीर्घायु/अवधि के संचालन के आधार पर (Based on Longevity/Duration of Operation)

(अ) अस्थायी पौधशाला (Temporary nurseries)

किसी विशिष्ट अवधि के लिए जब नर्सरी की स्थापना की जाती है एवं वह एक छोटे क्षेत्र के पौधों की आवश्यकता की पूर्ति करती है, अस्थायी नर्सरी कहलाती है।

अस्थायी नर्सरी को सामान्यत: नर्सरी स्टॉक की माँग एवं आपूर्ति के आधार पर एक स्थान से दूसरे स्थान पर स्थानांतरित किया जा सकता है। अस्थायी नर्सरियों में उत्पादित पौधों का प्रयोग मुख्य रूप से अंतराल को भरने तथा कारणतया प्रतिस्थापन एवं रोपण स्टॉक को पूर्ण करने के लिए किया जाता है। चूंकि नर्सरियों को कुछ समय के लिए ही रखा जाता है एवं इसकी कोई स्थाई संरचना उपलब्ध नहीं है तथा सीमित समय के लिए स्टॉफ की आवश्यकता होती है। इन नर्सरियों का मुख्य फायदा यह है कि इनमें लागत बहुत कम लगती है।

चूंकि अस्थायी नर्सरियों को रोपण के स्थानों पर रखा जाता है, पौधों का परिवहन कुछ ही दूरी पर स्थित होता है। अस्थायी नर्सरियों को किसी भी कीमत पर प्रतिकूल स्थानों पर नहीं रखा जाना चाहिए जहाँ पानी, श्रम और निरीक्षण व्यवस्थाओं का अभाव हो।

उदाहरण : वन विस्तार केन्द्रों के साथ उपलब्ध सभी नर्सरी अस्थायी प्रकृति की होती हैं, जो संबंधित राज्य वन विभाग द्वारा परियोजना पर आधारित होते हैं।

(ब) स्थायी नर्सरी (Permanent nurseries)

बड़े क्षेत्रों में पौधारोपण की आवश्यकतानुसार पौधों की पूर्ति करने के लिए वर्ष/प्रतिवर्ष नर्सरी में पौधों की आवश्यकता पूर्ण होती है तथा ये लंबी समयावधि के लिए होती है। ये नर्सरियाँ स्थायी संरचनात्मक सुविधाओं एवं परिवहन सुविधाओं के अलावा स्टॉफ की स्थिति (staff position), उत्तम जल स्त्रोत, श्रम एवं उपकरण सुविधाओं के साथ केन्द्रीकृत स्थित होते हैं। यह सामान्यत: बड़े बागानों के निकट होती हैं, जिनकी कटाई का निश्चित समयचक्र होता है ताकि शुद्ध नर्सरी स्टॉक की पूर्ति के दौरान प्रतिस्थापन के कारण प्रत्येक कटाई समयावधि में वृद्धि होती है तथा वनीकरण कार्यों के दौरान जब बड़े क्षेत्रों पर निष्पादित होते हैं।

उदाहरण : जटिल प्रतिरूपी नर्सरी (Complex Model Nursery), FCRI, केन्द्रीय वृक्षारोपण नर्सरी (Central Plantation Nursery) TNPL.

(ii) जल की उपलब्धता के आधार पर (Based on water availability)

(अ) शुष्क नर्सरी (Dry nursery)

किसी भी सिंचाई के बिना शुष्क नर्सरियों की स्थापना केवल अस्थायी समयावधि के लिए की जाती है। मानसून के आगमन के तुरंत बाद बीजों को संशोधित कर बोया जाता है तथा सीधे ही वृक्षारोपण के लिए नई पौध को लगाया जाता है। इस प्रकार की पौधशाला अब दुर्लभ और अप्रचलित हो गई है। वर्तमान समय में, वृक्षारोपण हेतु अच्छे और उच्च स्तर के पौधे चाहिए तथा शुष्क नर्सरियों के पौधों की माँग कम होती है, वे अच्छे पौधे की आपूर्ति करने में अधिक सक्षम नहीं होते हैं।

(ब) आर्द्र नर्सरी (Wet nursery)

नर्सरी की समयावधि से नर्सरी की स्थापना एवं प्रबंधन के साथ ही सिंचाई की सुविधा भी होती है। कई सरकारी पौधशाला एवं अधिकांश पौधशाला इसी श्रेणी में आती हैं।

(iii) प्रयोजन एवं स्थान के आधार पर (Based on the purpose and Location)

(अ) केन्द्रीकृत नर्सरी (Centralized nursery)

यह एक नर्सरी है जिसकी स्थापना स्थायी रूप से वनीकरण, पुनः वनीकरण एवं कृषि वानिकी के प्रयोजनों के लिए बड़ी मात्रा में पौधों की आवश्यकता स्थायी नर्सरी में पूर्ण की जा सकें। एक केन्द्रीकृत नर्सरी के रूप में, पौधे तथा क्लोनल प्रसार दोनों के लिए आधारित संरचना के सभी घटक स्थापित किये जाते हैं। अधिकांश लकड़ी आधारित उद्योग अपने कृषि वानिकी और कृषि वानिकी रोपण विकास कार्यक्रमों के लिए पौधों की आवश्यकता को पूर्ण करने के लिए इस तरह की केन्द्रीकृत नर्सरियों का विकास किया जा सकता है।

उदाहरण : केन्द्रीकृत नर्सरियों की स्थापना तमिलनाडु में TNPL एवं SPB तथा आंध्रप्रदेश में ITC द्वारा की जाती है।

(ब) विकेन्द्रीकृत नर्सरी (Decentralized nursery)

ये नर्सरियाँ प्रकृति में भी स्थायी होती हैं, परन्तु राज्य भर में विशिष्ट क्षेत्रों में स्थापित की गई हैं ताकि उन क्षेत्रों के लिए पौधों की आवश्यकता की पूर्ति की जा सके एवं शेषाई पेपर्स एवं बोर्ड लिमिटेड जैसे उद्योगों ने आवश्यक तकनीकी सहायता प्रदान करके किसानों और अन्य स्थानीय नर्सरी समूहों के सहयोग से विकेन्द्रीकृत नर्सरी की स्थापना की। ये नर्सरियाँ पौधों के उत्पादन के लिए अच्छे बीज वितरित करवाती है तथा क्लोनल मातृ पौधों के लिए अच्छे बीज उपलब्ध कराते हैं।

उदाहरण : औद्योगिक कृषि वानिकी के संघों से कोयम्बटूर (Coimbatore), ईरोड (Erode), करूर (Karur), विल्लुपुरम (Villupurum), कुडलोर (Cuddalore) आदि की स्थापना विकेन्द्रीकृत नर्सरी पर हुई।

नर्सरी की स्थानीय एवं भौतिकी आवश्यकताएँ (Nursery Location And Physical Requirements)

नर्सरी का स्थान, गुणवत्ता वृक्षारोपण स्टॉक के संयुग्मित होने के साथ सड़कों तक पहँचते हैं तथा उपयुक्त संचार सुविधाओं की उपलब्धता के लिए बहुत आवश्यक है। किसी नर्सरी की स्थापना के लिए निम्नलिखित कारक बहुत महत्त्वपूर्ण हैं।

स्थान (Location)

नर्सरी के लिए चुना गया क्षेत्र केन्द्र में स्थित पोटिंग मिट्टी, रेत, वर्मीक्यूलाइट (vermiculite), जल आदि जैसे आर्थिक परिवहन के लिए और नर्सरी स्टॉक के लिए उपयुक्त स्थान है। अच्छी संचार सुविधाओं के साथ किसी स्थान पर पहुँचने के लिए अच्छी परिवहन सुविधा हो जिसमें डाटा ट्रांसफर (data transfer) सम्मिलित है।

प्रकाश (Light)

बढ़ते हुए पौधों के लिए यह एक महत्त्वपूर्ण कारक माना जाता है। नर्सरी क्षेत्र स्थायी रूप से छायादार क्षेत्रों से मुक्त होना चाहिए। किसी पौधे को वृक्ष कैनोपी के अंतर्गत स्थापित नहीं करना चाहिए क्योंकि वहाँ पूर्णतया छाया होती है। स्थायी रूप से छाया के नीचे उगाए जाने वाले पौधों के उत्पन्न होने के कारण उनमें टेढ़ापन होता है इसलिए प्रमुख मैदानों में इसकी स्थापना चिंता का विषय होती है।

ढाल (Slope)

नर्सरी की अनुकूल वृद्धि और पौधे की स्थापना के लिए अच्छी जल निकासी सुविधाओं के लिए भूमि अत्यधिक मुलायम एवं समतल होनी चाहिए। सामान्यतया नर्सरी की स्थापना के लिए अत्यधिक ढाल वाले क्षेत्र को टाल देना चाहिए।

आकार (Size)

नर्सरी का आकार पौधों की माँग, जल की उपलब्धता एवं अन्य आधारिक संरचना की सुविधाओं पर आधारित होनी चाहिए। अप्रबंधनीय एवं अनार्थिक छोटी माँग के लिए बड़े क्षेत्र का चयन नहीं किया जाना चाहिए। नर्सरी की न्यूनतम नर्सरीस्थल को प्राथमिकता दी जाती है, लेकिन पौधे की मात्रा के अनुसार नर्सरी का आकार 4 हैक्टेयर (10 एकड़) तक बढ़ाया जा सकता है।

मृदा (Soil)

यह अकेला एवं सबसे महत्त्वपूर्ण कारक है जो कि नर्सरी के उत्पादन की गुणवत्ता का निर्धारण करता है। नर्सरी का चयन अच्छी उपलब्ध मिट्टी पर गहरी रेतीली दोमट पर किया जाना चाहिए। किसी भी स्थिति में, बालू मिट्टी की अपेक्षा अधिक चिकनी मिट्टी उपयुक्त है। अच्छे गुणवत्ता वाले पौधों के उत्पादन के लिए इस मृदा की उपयुक्त pH 6.5 से 7.5 के मध्य होती है।

जल (Water)

नर्सरी के लिए चुने गए क्षेत्रों में विशेषकर सूखे महीनों के दौरान पौधों में सिंचाई के लिए जल के अच्छे स्त्रोत होने चाहिए। जल की pH 7.0 के आस-पास होती है तथा कैल्सियम की कार्बोनेट

एवं मैग्निशियम तथा पोटेशियम की उच्च सांद्रता जल से मुक्त होनी चाहिए। इसी प्रकार पानी को उच्च मात्रा में सोडियम और पोटेशियम, सल्फेट और कैल्सियम के फॉस्फेट से मुक्त होना चाहिए ताकि पौधे सूख न जाएँ और अच्छे किस्म के पौधों का उत्पादन सुनिश्चित हो सकें।

श्रम/परिश्रम (Labor)

नर्सरी गतिविधियों के लिए परिवहन, लादना और उतारना, मदर बैड का निर्माण, बुआई, बोरा भरना, प्रत्यारोपण, पानी, कीट और रोग प्रबंधन आदि के लिए भारी मात्रा में श्रम की आवश्यकता होती है, अत: नर्सरी का क्षेत्र किसी गाँव अथवा किसी क्षेत्र के निकट जहाँ सफलतापूर्वक नर्सरी की स्थापना तथा प्रबंधन के लिए सतत् कार्यबल उपलब्ध हो। आजकल मशीनीकरण के कारण श्रम की आवश्यकता बहुत कम हो गई है। नर्सरी को आवश्यक मूल संरचना, विशेष कर सूक्ष्म सिंचाई सुविधा, यांत्रिक फिलिंग परिचालक आदि पर निवेश करना चाहिए ताकि श्रम की समस्या का प्रबंधन किया जा सकें।

बाढ़ (Flood)

साइट को आवधिक एवं पुनरावर्तक बाढ़ वाले क्षेत्रों में स्थित नहीं होने चाहिए। भारी चिकनी मिट्टी वाले साइट में पानी के प्रवेश और बाढ़ की संभावना होती है एवं इसलिए ऐसी साइट का चुनाव करने से बचना चाहिए।

तुषार/ठंड (Frost)

बर्फीले तथा पाले वाले स्थानों में पौधशाला स्थापित करने से बचना चाहिए।

हवा (Wind)

तेज हवाओं वाले क्षेत्रों को भी नहीं चुनना चाहिए। वैकल्पिक रूप से, ऐसे क्षेत्रों का चयन तभी करना चाहिए। जब अन्य सुविधाओं से संरक्षित एक या दो पंक्तियों को वायुरोधक और प्रचलित हवा की गति विशेष स्थान के शेल्टरबैल्ट (shelterbelt) पर निर्भर करती है।

नर्सरी नक्शा/स्थिति (Nursery Layout)

सर्वप्रथम नर्सरी क्षेत्र की पहचान कर तथा उसका चयन करने के पश्चात्, नर्सरी को स्थापित करने के लिए उचित योजना बनाना आवश्यक है। एक आधुनिक एवं केन्द्रीकृत नर्सरी के पास पौधे के उत्पादन को सहायता देने के लिए एक आधारिक संरचना होनी चाहिए। एक प्रारूपी आधुनिक पौध और क्लोनल नर्सरी प्रदर्शन, चित्र 1 और 2 में प्रस्तुत किया गया है।

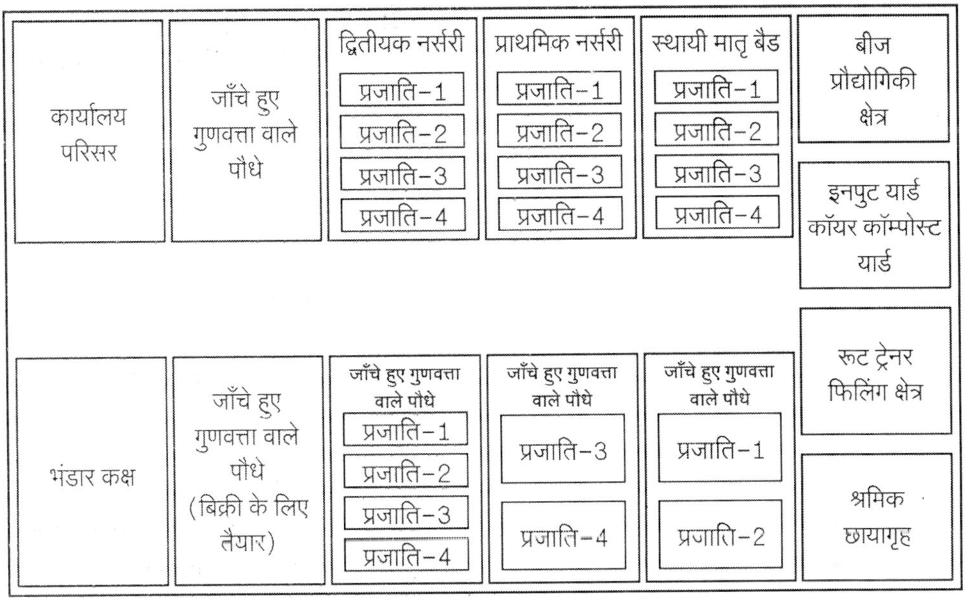

चित्र 1 – पौधशाला का नक्शा

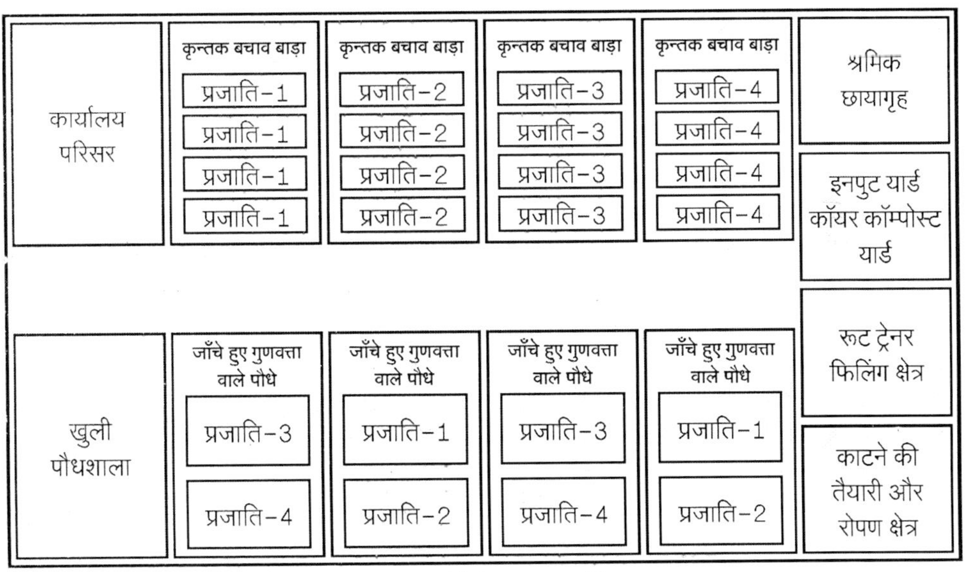

चित्र 2 – कृन्तक संबंधी बचाव नर्सरी का नक्शा

केन्द्रीय नर्सरी की महत्त्वपूर्ण आवश्यकताएँ (Essential Requirements Of A Centralized Nursery)

1. **संरक्षित बाढ़ (Protection Fence) :** नर्सरी क्षेत्र को पशुओं तथा घुसपैठियों (intruders) से संरक्षित रखना चाहिए तथा तेज हवा से भी दूर रखना चाहिए। इसके

लिए चेन लिंक क्षेत्र (Fence) एवं नर्सरी के चारों ओर पेड़ की पंक्ति की स्थापना करनी चाहिए।

2. **कार्यालय (Office) :** प्रशासनिक प्रयोजनों के अतिरिक्त रिकॉर्ड तथा स्टॉक रजिस्टर को बनाए रखने के लिए कार्यालय की स्थापना होनी चाहिए।

3. **दुकान/भंडार (Store) :** भंडारकक्ष नर्सरी उपकरणों, कैमिकल, उर्वरक, पॉलीथीन बैग इत्यादि के संग्रहण हेतु केन्द्रीकृत नर्सरी के लिए बहुत महत्त्वपूर्ण है।

4. **भंडारण यार्ड (Storage Yard) :** नर्सरी पॉटिंग मिश्रण जैसे खाद (Compost), उच्च रेत, मृदा इत्यादि के लिए भंडारण सुविधा की आवश्यकता होती है एवं नर्सरी भंडारण यार्ड बहुत महत्त्वपूर्ण है।

5. **जल स्त्रोत (Water Source) :** नर्सरी में पानी की आवश्यकता को पूर्ण करने के लिए बोरवैल, पानी की टंकी (जमीन की टंकी एवं ऊपर दोनों तरफ) की आवश्यकता होती है।

6. **क्लोनन हेज (बाड़ा) गार्डन (Clonal hedge garden) :** क्लोनल को नियंत्रित करने और नियंत्रित अंतराल पर कटाई के संग्रह हेतु बहुत आवश्यक है।

7. **कोहरे वाले कक्ष (Mist Chamber) :** सामूहिक गुणन एवं क्लोन के कुशल पद्धति के लिए संगठित कोहरे वाले कक्ष बहुत महत्त्वपूर्ण हैं।

8. **दृढ़ीकरण चैम्बर (Hardening Chamber) :** धुंध कक्ष से प्रसारित पौधे को दृढ़ होने की आवश्यकता है। इसलिए आवश्यक आकार और क्षमता का एक कठोर चैम्बर स्थापित करने की आवश्यकता होती है।

9. **कार्य क्षेत्र (Working Space) :** धुंध वाले कक्ष में रखने से पहले कटिंग और ग्राफ्टिंग बनाने के लिए पर्याप्त कार्यस्थल की आवश्यकता होती है।

10. **अपशिष्ट गड्ढे और खाद अहाता (Waste pit and composity yard)** : बेकार वस्तुओं को फेंकने के स्थान पर उन्हें नर्सरी के लिए खाद के रूप में तैयार करना चाहिए।

11. **मोटर योग्य सड़क (Motorable road) :** नर्सरी की स्थापना के लिए परिवहन हेतु नर्सरी योग्य सामग्री जैसे रेत, मृदा एवं आवश्यक होती है पौधों को तैयार करने और नर्सरी से पौधों को आसानी से उठाने तथा वृक्षारोपण स्थान तक ले जाने के लिए सड़क की आवश्यकता होती है।

12. **प्रवेश द्वार (Entry gate) :** प्रवेश द्वार ताला लगाने योग्य लोहे के द्वार (Iron gate) के साथ तैयार किया जाना चाहिए।

बीज (Seed)

फूल वाले पौधे का निषेचित पका हुआ पूर्व बीज जिसमें भ्रूण होता है और सामान्यत: अंकुरण के लिए एक नए पौधे को उत्पन्न करने में सक्षम होने के कारण इसे बीज कहते हैं।

बीज एक महत्त्वपूर्ण प्रजनन सामग्री है जिसका उपयोग किसी भी प्रकार की फसल उत्पादन के लिए किया जा सकता है। अच्छे बीजों को गुणवत्तापूर्वक बीजों के उत्पादन और आपूर्ति के लिए स्थापित बीज को बागों एवं बीज उत्पादन क्षेत्रों (SPAs) से एकत्र किया जाना चाहिए। किसी भी प्रजाति द्वारा उत्पादित पेड़ बीजों की गुणवत्ता और मात्रा उसकी पुनर्जनन क्षमता का निर्धारण करती है।

भंडारण और अंकुर क्षमता के आधार पर बीजों को चार वर्गों में विभाजित किया गया है।

1. रूढ़िवादी बीज (Orthodox Seeds)
2. उप–रूढ़िवादी बीज (Sub-Orthodox Seeds)
3. शीतोष्ण –पुनर्गणना बीज (Temperate-Recalcitrant Seeds)
4. पुनर्गणना बीज (Recalcitrant Seeds)

1. रूढ़िवादी बीज (Orthodox Seeds)

बीज, जो लगभग 5% से 10% नमी सामग्री शुष्क होती है और कम या हल्के ठंडे तापगान पर लंबे समय तक सफलतापूर्वक संग्रहित किया जा सकता है।

उदाहरण : *अकेसिआ (Acacia), एंथोसीफ़ेलस (Anthocephalus), यूकेलिप्टस (Eucalyptus), बेट्टुला (Betula), दूआबंगा (Duabanga) फ्रेक्सिनस (Fraxinus), पाइनस (Pinus) और पिसीआ (Picea)* आदि।

2. उप–रूढ़िवादी बीज (Sub-Orthodox Seeds)

खुली हवा में कुछ महीनों के भीतर इन बीजों की जीवन क्षमता कम हो जाती है। इन्हें वास्तविक ऑर्थोडोक्स के रूप में भी भंडारित किया जा सकता है, लेकिन कुछ स्थितियों में केवल छः माह से अधिकतम छह वर्ष तक, –5 डिग्री सेल्सियम से –20 डिग्री सेल्सियम तक जमा होने पर व्यवहार्यता की हानि 0% से 34% तक हो जाती है और नमी 5 से 10 प्रतिशत के मध्य रहती है।

उदाहरण : *एब़ीस (Abies), जुगलैंस (Juglans), सैलिक्स (Salix)* एवं *पॉप्लर* (**poplar**)

3. शीतोष्ण –पुनर्गणना बीज (Temperate-Recalcitrant Seeds)

बीज शुष्कीकरण के प्रति संवेदनशील होते हैं तथा शुद्ध प्रभाव में 35 से 50 प्रतिशत नमी की मात्रा तक इन्हें शुष्क किया जा सकता है। इनका भंडारण तापमान 3 से –3 तक होता है।

उदाहरण : *एसर (Acer), एस्कुलस (Aesculus)* एवं *कैरकस (Quercus)*।

4. पुनर्गणना बीज (Recalcitrant Seeds)

वे बीज जो, अपेक्षाकृत उच्च नमी मात्रा (प्रायः 20% से 50% की सीमा तक) के अंतर्गत इनको सुखाया नहीं जा सकता है और लंबे समय तक इनको सफलतापूर्वक भंडारित नहीं किया जा सकता है।

उदाहरण : *होलोंग (Hollong)*, *मीकेई (Mekai)*, अन्य *डाइटेरोकार्पस* (other *dipterocarps)*, *केन (cane)*, *चेम्प (champ)*, नीम (neem), रबर (rubber) एवं *लॉरैसी* परिवार के सदस्य (members of family *Lauraceae)* आदि।

ये बीज कम तापमान के प्रति संवेदनशील होते हैं और कम तापमान में जमा होने से यह नष्ट हो जाते हैं। इन्हें कम समय के लिए भी स्टोर करना बहुत कठिन होता है।

सिंचाई के समय वृक्ष बीजों द्वारा उत्पन्न करने वाली समस्या के आधार पर इन्हें मुख्यत: दो भागों में वर्गीकृत किया गया है :

(अ) गैर–समस्या के बीज (Non-problem seeds)

(ब) समस्यापरक बीज (Problem seeds)

(अ) गैर–समस्या के बीज (Non-problem seeds)

इन बीजों में अंकुरण के समय छोटी/कोई समस्या उत्पन्न नहीं होती है तथा इनमें कोई निद्रा अवधि नहीं होती है एवं सिंचाई से पहले उपचार में इसकी आवश्यकता नहीं होती है।

उदाहरण : यूकेलिप्टस (Eucalyptus), *कैसुअरीना (Casuarina)*।

(ब) संकट वाले बीज (Problem seeds)

बीजों के अंकुरित होने की प्रक्रिया में विभिन्न कारकों से बाधाएँ उत्पन्न होने से इन्हें समस्यापरक बीज कहा जाता है। इसमें समस्याएँ मुख्य रूप से कठोर बीजावरण, कठोर खोल–आवरण एवं केमिकल के कारण होती है।

(i) हार्ड सीड कोट (Hard seed coat)

पेड़ की विशिष्ट प्रजातियों में बीज की एक सख्त परत होती है जो कि पानी और हवा के प्रवेश को रोकती है एवं शारीरिक प्रक्रिया को कमजोर कर देती है तथा अंकुरण को बढ़ावा देती है।

उदाहरण : *अकेसिया (Acacias)*, *लीयुसेना (Leucaena)*, *केसिआ (Cassia)*, *एल्बीज़िआ (Albizia)*, *डीलोनिक्स (Delonix)* आदि।

(ii) रेशेयुक्त परतदार बीज एवं सख्त आवरण (Fibrous seed coat or hard shell)

कुछ वृक्षों का कठोर एवं रेशेदार बीज आवरण होता है जो पानी और वायु के लिए अत्यधिक अपारगम्य होता है और इस प्रकार अनुकूल अवस्था (प्राकृतिक प्रच्छादन) के लिए बीज सुप्त ही होता है।

उदाहरण : *टर्मीनेलिआ (Terminalia)*, टीक (Teak), *मेलिना अरबोरीआ* (Gmelina arborea) आदि।

(iii) वसायुक्त तेल युक्तबीज (Seed containing fatty oils)

कुछ वृक्षों की प्रजातियों के बीजों में तेल पाया जाता है और कमरे के तापमान से वे जीवनक्षमता में कमी कर देते हैं।

उदाहरण : नीम *(Neem)*, *पैंगम (Pungam)*, *बैसिया (Bassia)*, *कैपोक (Kapok)* आदि।

(iv) रासायनिक अवरोध (Chemical hindrance)

कुछ वृक्षों की प्रजातियों के बीजों में उत्पादित रसायन परिपक्वता के तुरंत बाद उनकी सक्षमता को कम कर देते हैं।

उदाहरण : *एलेंथस* प्रजाति (*Ailanthus* spp.)

(v) अपरिपक्व भ्रूण (Immature embryo)

फल पकने के पश्चात् भी कुछ वृक्षों के बीज पूर्णतया परिपक्व नहीं होते हैं। इसके पश्चात् बीजों के अंकुरित होने के लिए भी इन्हें पकने की आवश्यकता होती है।

उदाहरण : पाइनस (pines) आदि।

बीजोपचार (Seed Treatment)

निम्नलिखित बीज उपचार विधियों द्वारा समस्यामयी बीजों द्वारा महसूस की जाने वाली अंकुरण समस्याओं को दूर किया जा सकता है :

क्र.सं.	बीजों के प्रकार	उपचार
1.	बीज की सख्त परत	(a) गर्म जल में अवशोषण (b) सांद्र वाणिज्यिक श्रेणी से एसिड प्राच्छान का उपयोग
2.	रेशेदार एवं सख़्त आवरण	(a) वैकल्पिक अवशोषण एवं छायादार शुष्कीकरण
3.	वसामयी ऑयल के साथ बीज	(a) फलों से बीजों को निकालकर एवं इकट्ठा करने के पश्चात् तुरंत इनकी सिंचाई की जाती है।
4.	केमिकल बाधा	(a) वृक्षों से इन्हें इकट्ठा करने के पश्चात् इन्हें पूर्णतया पकने से पूर्व ठंडे पानी में एक या दो दिन के लिए अवशोषित किया जाता है एवं इन्हें बुआई के लिए लिया जाता है।
5.	अपरिपक्व भ्रूण	(a) इनका स्तर-विन्यास ठंडा एवं गर्म किया जाता है।

गर्म पानी से अवशोषण विधि (Hot Water Soaking Method)

एक कंटेनर में बीज की मात्रा की तुलना में तीन गुना पानी लें और इसे उबालें। पात्र को चूल्हे से हटा लें एवं बीजों को उबलते हुए पानी में डालें। बीजों को रात भर इसी प्रकार रखें एवं बीजों को अगले दिन बुआई के लिए उपयोग करें। इस बात का ध्यान रखना चाहिए कि पानी के उबलने से पहले बीजों को कंटेनर में न गिराएँ और बीज के कोट पर दबाव न डालें क्योंकि बुआई के दौरान बीजपत्र बाहर निकल सकते हैं।

अम्ल प्रच्छान (Acid Scarification)

एसिड प्रच्छान (Acid Scarification) के लिए, वाणिज्यिक ग्रेड पर सांद्र H_2SO_4 का उपयोग किया जाता है। बीजों के अनुसार, अम्ल की मात्रा और उसका प्रच्छान होने की अवधि होती है।

उदाहरण

प्रकार	सान्द्रता	अवधि
प्रोसोपिस (Prosopis)	150 मिली/किग्रा	3 मिनट
बबूल (Acacias)	200 मिली/किग्रा	20–25 मिनट
कैसिअस (Cassias)	200 मिली/किग्रा	30–35 मिनट
डेलोनिक्स (Delonix)	250 मिली/किग्रा	40–45 मिनट

बीज को कांच या प्लास्टिक के बर्तनों (containers) में रखा जाता है और बीजों में एक निश्चित अवधि के लिए अम्ल की मात्रा को छोड़ा जाता है। फिर बीजों को 8–10 बार ठंडे पानी में धोया जाता है और फिर बुआई के लिए इसका उपयोग किया जाता है।

क्रमबद्ध रूप से अवशोषण एवं छायादार सुखाव (Alternate Soaking And Shade Drying)

कुछ वृक्षों की प्रजातियों में, फलों का उपयोग बीजों के स्थान पर बुआई सामग्री के रूप में किया जाता है। उदाहरण : *टीक, टर्मिनेलिया* आदि।

सरल अंकुरण को सुविधाजनक बनाने के लिए, फलों को प्रारंभ में 24 घंटे के लिए ठंडे पानी में भिगोते हैं एवं 24 घंटे तक छाया में सुखाया जाता है तथा फलों की बुआई से पहले यह क्रिया 5–7 बार तक की जाती है। इस प्रक्रिया से फलों में सूजन और सिकुड़न आती है जिससे इसके सख़्त आवरण में दरारें पड़ जाती हैं एवं जिससे पानी तथा हवा फल में प्रवेश कर जाते हैं एवं इसीलिए अंकुरण शीघ्र होता है।

पूर्व उपचार की अन्य विधियाँ (Other Methods Of Pretreatments)

(i) कीड़ों एवं रोगों के नियंत्रण के लिए (For pest and disease control)

बुआई के बाद कीट की क्षति से बचाने के लिए उपयुक्त कीटनाशक के साथ बीज को डुबोया जाता है या आवरित किया जाता है या धूप में सुखाया जाता है।

(ii) बीजों में सख़्तता (Seed hardening)

प्रारंभिक प्रच्छान के बाद बीजों को 5% नमक के घोल में भिगोकर सीधे ही बीज उगाने के लिए उपयोग किया जाता है जिससे कि शुष्कता में कमी आती है।

(iii) बीज गुटिकायीकरण *(Seed pellatization)*

बीजों में उर्वरकों और कीटनाशकों के साथ भराव और अधिशोषण के लिए उपयोग किया जाता है और वायवीय बीजन (छिड़काव) हेतु उपयोग किया जाता है।

(iv) *सूक्ष्मजीवों में वृद्धि के साथ उपचार (Treatment with microbial cultures)*

स्वस्थ एवं ठोस अंकुरण (पौधे) को उत्पादित करने हेतु, बीजों को कभी-कभी राइजोबियल (सूक्ष्मजीव) से उपचारित किया जाता है, शुष्क छाया में इसे सिंचाई के लिए उपयोग किया जाता है। यह वायुमंडलीय नाइट्रोजन के स्थिरीकरण में सहायता प्रदान करता है।

फॉस्फो जीवाणु संवर्धन, फ्रेंकिआ, एवटो एवं एण्डोमाइकोटाईजा जैसे कुछ लाभकारी जीव स्वस्थ अंकुरण उत्पन्न कर सकते हैं। बीज प्रच्छान के पश्चात् सूक्ष्मजीव संवर्धन के साथ ही बीज उपचार भी प्रदान किया जाना चाहिए।

वृक्षों की नर्सरी में अपनायी जाने वाली सामान्य तकनीकें (General Techniques Adopted For Free Nursery)

(1) भूमि समतलीकरण एवं स्थान तैयार करना (Land leveling and site preparation)

नर्सरी के लिए चुने गए क्षेत्र को पूर्णतया जोतते (ploughed) हैं एवं 45 सेमी. की गहराई तक जोता जाता है एवं संपूर्ण अवांछित सामग्री को पूर्णतया हटाया जाता है। तब मिट्टी की ड़लियाँ टूट जाती हैं और क्षेत्र (क्यारियाँ) समतल हो जाती हैं। मदर बैड के प्रकार (भूमि के या पॉलीथीन कंटेनर में भरकर) के अनुसार यह क्षेत्र निर्धारित किया जाता है। जब पेड़ के बीज सीधे पॉलीबैग कंटेनर्स में बोये जाते हैं एवं इन्हें उगाया जाता है जिसे अपरोक्ष सिंचाई नर्सरी भी कहा जाता है एवं सर्वप्रथम इन्हें मदर बैड पर बोया जाता है तथा फिर पॉलीबैग कंटेनर में प्रत्यारोपित किया जाता है जिसे ट्रांसप्लाटेड नर्सरीज भी कहा जाता है। क्यारियों को आयताकार आकार में पूर्व-पश्चिम में बनाया जाता है ताकि छाया से प्रभावित न हो। मदर बैड एवं ट्रांसप्लांटिंग बैड की तैयारी पर आगे चर्चा की गई है।

(2) नर्सरी स्थलों के लिए उपजाऊ/समृद्ध सामग्री (Enrichment of the site)

अच्छी तरह से जोते गए खेतों को कम्पोस्ट, खाद अथवा फार्म यार्ड की खाद (FYM) को अच्छी तरह विघटित करने के बाद उठाव युक्त या गड्ढ़े युक्त संरचना का निर्माण किया जाता है। सामान्यत: उत्थित एवं धसी हुई क्यारियों (raised and sunken beds) के लिए क्रमानुसार ऊँचाई एवं गहराई लगभग 15cm होती है तथा प्रजातियाँ जैसे टीक एवं टर्मिनेलिया की क्यारियों की ऊँचाई में वृद्धि लगभग 45cm तक होती है। बैड को अस्थिरता से रोकने के रेमिंग (Ramming) से बैड की साइड को समेकित किया जाता है। जिन स्थानों पर भारी वर्षा होती है उन स्थानों पर लकड़ी के तख्ते, ईंटे, नारियल की ताड़ की पट्टिकाएँ उपयोग की जा सकती हैं। मदर बैड के ऊपरी हिस्से (2.5-5cm) को तैयार करने हेतु मृदा संयोजन के साथ लाल मिट्टी, मृदा तथा FYM को 2mm की छलनी से छनित किया जाता है एवं इसके मिश्रण का अनुपात 3:1:1 होता है। कैसुअरीना, बैम्बू आदि जैसी कई विशिष्ट प्रजातियों के प्रकरण में, नर्सरी की जल स्थिरता को

रोकने के लिए जल निकासी प्रकरणों के चारों ओर मिट्टी के अंश का उपयोग किया जाना चाहिए। क्यारी (bed) का उच्चतम हिस्सा उचित रूप से समतल हो जाता है एवं अब बैड पूर्णतया बुआई हेतु तैयार हो जाता है। कई स्थितियों में अस्थायी छाया 3 फीट की ऊँचाई पर रखी जाती है ताकि अंकुरित नई पौध के अंकुरों को झुलसाने वाली धूप और भारी बारिश के दुष्प्रभावों से संरक्षित किया जा सकें।

(3) मृदा मिश्रण (Soil Mixture)

पॉटिंग मिश्रण के लिए चुनी गई मिट्टी चिकनी मिट्टी की सामग्री कम होनी चाहिए, जिससे जड़ों के विकास एवं अच्छे जल निकासी को लाभ मिल सकें। सबसे अच्छा पॉटिंग मिश्रण लाल मृदा एवं स्थानीय मृदा (Native soil) का होता है। जिसके साथ ही निम्न चिकनी मिट्टी सामग्री, मृदा एवं खाद (FYM) में अनुपात 3:1:1 का होता है। कई स्थानों में जहाँ टैंक गाद (Tank silt) प्रचुरता में उपलब्ध होते हैं, वहाँ सदैव एक हिस्सा मिलाया जा सकता है। अंतत: उपरोक्त मिश्रण को भरते समय, इस बात का ध्यान रखना चाहिए कि वे डलियों से मुक्त हो तथा इन्हें अच्छी तरह से मिला दिया जाएँ।

(4) पात्र (Containers)

उपयोग किए गए कंटेनरों का आकार प्रजातियों, प्रयोजनों एवं परिवहन की लागत पर निर्भर करता है। अधिकांश नर्सरी मुख्य रूप से पॉलीबेग कंटेनर का उपयोग पौध उत्पादन तथा क्लोनल वृद्धि के लिए पौध उत्पादन तथा रूट ट्रेनर्स का उपयोग करते हैं।

आकार (Sizes)

- पॉलीबैग्स : 10×20 सेमी., 15×25 सेमी., 30×45 सेमी.
- जड़ प्रशिक्षक : 90 cc, 150 cc, 300 cc एवं 600 cc

(5) रोपण या प्राथमिक नर्सरी (Transplanting or primary nursery)

रोपित नर्सरी एक नर्सरी क्षेत्र है जिसमें से अंकुरों को बाहर निकाल कर मदर बैड से रोपित किया जाता है और यहाँ बीजों को सीधा बोया जाता है एवं पौधे को रोपने से पहले इनको उगाया जाता है। इस नर्सरी में, मदर बैड से नर्सरी के अंकुरों को निकाल दिया जाता है और उन्हें स्टैण्डर्ड नर्सरी के मिश्रण से भरे पॉली कंटेनर में लगा दिया जाता है ताकि वे रोपाई के लिए निकाले गए पौधे पूर्ण रूप से विकसित हो सकें।

(6) नर्सरी का आकार (Size of the nursery)

वृक्ष के अंकुरों के आर्थिक उत्पादन के लिए, नर्सरी का आकार, अंकुरों की आवश्यकताओं की पूर्ति करने के लिए पर्याप्त होना चाहिए। 2000–3500 पौधों के उत्पादन के लिए 1 वर्ग मीटर की मदर बैड पर्याप्त होती है यूकेलिप्टस अंकुरों एवं रोपित बैड के आकार 10 मी. × 1.2 मी. पर पॉलीबैग के आकार 20 × 10 सेमी. को भरने के लिए यह 1700–2000 अंकुरों के उत्पादन पर निर्भर करता है। इसलिए पौधे की आवश्यकता के आधार पर, नर्सरी क्षेत्र का निर्णय किया जाना चाहिए।

(7) बुआई का समय (Time of sowing)

प्रत्येक नर्सरी के मालिक को सावधानीपूर्वक योजना बनानी चाहिए कि वह विशिष्ट प्रजाति को कैसे बोए ताकि मानसून के आरंभ में रोपण के लिए उपयुक्त आयु के अंकुर आसानी से उपलब्ध हो सकें। अधिकांश प्रजातियों के लिए, नर्सरीज को फरवरी–मार्च के दौरान बोया जाना चाहिए।

उदाहरण : *अकेसिया (Acacia)*, यूकेलिप्टस (Eucalyptus), *कैसुअरीना (Casuarina)*, *लौसीआना (Leucaena)* आदि।

टीक जैसी प्रजातियों के लिए, इनको सितम्बर–अक्टूबर महीने के दौरान रोपण के लिए लिया जाता है। रोपण समय आवश्यक सही आयु पर निर्भर करता है, बुआई के लिए समय को समायोजित/उचित किया जाता है।

(8) बुआई (Sowing)

बीजों तथा अंकुरण के आकार की प्रतिशतता के आधार पर, बीजों को सीधा ही प्रत्योरोपित क्यारी (transplanting bed) पर बोया जाता है, जहाँ से इनको बाहर रोपित करते हैं और मदर बैड में बोया जाता है तभी इनको रोपित बैड में रोपित किया जाता है। उदाहरण के लिए यूकेलिप्टस, कैसुअरीना आदि के बीज का आकार बहुत छोटा या हल्का होता है एवं पॉलीबैग कंटेनर्स में इसको लगाना कठिन होता है तथा इसीलिए इनको मदर बैड में लगाया जाता है तथा इसके पश्चात् इन्हें पॉलीबैग कंटेनर्स में प्रत्यारोपित किया जाता है। यद्यपि अनुचित संग्रहण एवं भंडारण के कारण, विशिष्ट वृक्ष बीजों का अंकुरण प्रतिशत (80%) उच्च होता है, सामान्यत: अंकुरण का प्रतिशत भी कम होता है और यदि इन बीजों को सीधा ही पॉलीथीन बैग में लगाया जाता है, खाली बैग में पुनर्बुआई होने लगती है जो कि केवल महंगे ही नहीं होते हैं बल्कि नर्सरी में अलग–अलग आयु वर्ग के अंकुर उत्पन्न होने लगते हैं। इस स्थिति में बीज अंकुरण प्रतिशत के लिए पहले परीक्षण किया जा सकता है और बाद में नर्सरी प्रौद्योगिकी के प्रकारों को अपनाया जा सकता है एवं समय के अनुसार निश्चित किया जा सकता है। वृक्ष प्रजातियों के बीज शुद्ध एवं श्रेणीबद्ध होने चाहिए तथा अंकुरण प्रतिशतता की जाँच से पूर्व इनको नर्सरी सिंचाई हेतु बोया जाता है। बुआई की मुख्यत: प्रसिद्ध विधियों पर नीचे विचार किया गया है।

बुआई की विधियाँ (Methods Of Sowing)

(i) छिड़काव (Broadcasting)

इस विधि में, बीज मदर बैड में समान रूप से फैले हुए होते हैं और बीज के सबसे छोटे व्यास की मोटाई पर आवरित करते हैं। सामान्यत: यह छोटे बीजों (यूकेलिप्टस), हल्के बीजों (कैसुअरीना) और अंकुरण की मात्रा कम होने वाले बीजों के लिए उपयोग में ली जाती है।

(ii) लाइन बुआई/कम बुआई/पंक्तियों में बुआई (Line sowing)

प्रसारण के दौरान अनुचित छिड़काव के कारण अंकुरों के अत्यधिक मात्रा में बढ़ने से रोकने के लिए लाइन बुआई को अपनाया जाता है एवं मदर बैड में बीजों के उचित स्थान से सदैव स्वस्थ अंकुरण उत्पादित होते हैं। इसका उपयोग उन स्थानों के लिए भी किया जाता है जहाँ मदर बैड से

अंकुरों को सीधे मुख्य खेत में लाया जाता है। इस विधि में, मदर बैड पर लाइनों को तैयार किया जाता है एवं इन बीजों की बुआई पंक्ति में की जाती है और इसे आवरित किया जाता है। पंक्तियों के मध्य की दूरी इस बात पर निर्भर करती है कि अंकुरण के भंडारों का उपयोग रोपित बैड से पौधे के रोपण को सीधा ही मुख्य खेतों में लगाया जाता है एवं यह बीजों की अंकुरण क्षमता पर निर्भर करता है। जिन अंकुरों में प्रत्यारोपण किया जाना होता है, जब उस दोनों की तुलना की जाती है तो पक्तियों को निकट लाया जाता है जिनको मदर बैड से सीधा ही रोपण के लिए लिया जाता है। जिन प्रजातियों की अंकुरण दर अधिक होती है उनके लिए पंक्ति बुआई उपयोगी होती है।

(iii) खुदाई/गड्ढा खोदना (Dibbling)

उच्च अंकुरण की प्रतिशत (80%) के साथ ही आकार में बड़े बीजों के लिए बुआई की इस विधि को अपनाया जा सकता है। कम अंकुरण वाले बीजों की स्थिति में, प्रति ड्रिल के साथ बीजों की संख्या बढ़ जाती है जिसमें इस स्थिति में बीजों की मात्रा की आवश्यकता उच्च हो जाती है। इस विधि में, बीजों को कंटेनर में एक सेंटीमीटर की गहराई तक होल (गड्ढा) बनाकर बोया जाता है। लंबी गहराई तक गड्ढा खोदकर बीजों में अंकुरण होने में समय लगता है या कभी-कभी उसमें पानी या हवा की कमी होने के कारण वह मृत हो सकता है।

बुआई की युक्तियाँ (Tips Of Sowing)

(अ) बुआई सुबह को जल्दी या फिर देर शाम को की जानी चाहिए।

(ब) बुआई से पहले बैड और कंटेनरों को अच्छी तरह से पानी पिलाना/सिंचाई कर भिगोना चाहिए।

(स) बीजों की बुआई की गहराई के स्थान पर गहरे एवं आवरित बीज की मोटाई का व्यास कम होता है।

(द) बीजों के उपचार के साथ ही फफूंद मारने वाले पदार्थ (fungicides) जैसे अग्रसन (Agrason) और बाविस्टिन (Bavistin) का उपयोग फंगस रोग को रोकने एवं चींटी हटाने के लिए किया जाता है।

(य) प्रच्छादित बीजों को स्वस्थ पौधों के उत्पादन के लिए राइज़ोबियम जैसी सूक्ष्मजीवाणु वृद्धि (cultures) को काम लिया जाना चाहिए।

(र) फल के साथ वाली टर्मिनेलिया प्रजातियाँ जो कि आंशिक रूप से धूप में रखी जाती हैं, उनको अंकुरण शीघ्र मिल जाता है।

(ल) जब पूर्व में ही अंकुरित (pre-sprouted) बीजों का उपयोग किया जाता है (बिना अंकुरित हुए बीजों के कारण बुआई के पश्चात् इनके अंतर को रोकेगा) तो यह ध्यान रखें कि बुआई के दौरान अंकुर क्षतिग्रस्त न हो।

(व) उन वृक्षों की प्रजातियों के लिए, पॉलीबैग कंटेनर में समय पर सीधी बुआई के लिए बीजों को रेत के माध्यम से मदर बैड में बोया जाता है, जिसमें रोपण के लिए जिम्मेदार होते है, तथा 15 दिनों के पश्चात्, मदर बैड से अंकुरित बैग्स में से पौधों को निकाल सकते हैं। इससे नर्सरी में अलग-अलग आयु वाले पौधों को रोकने में सहायता मिलती है और पौधों को लगाते समय ग्रेडिंग की आवश्यकता नहीं होती है।

(9) बीज की आवश्यकता (Seed requirement)

बीज की आवश्यकता विशिष्ट प्रजातियों में फल देने के समय पहले से ही अच्छे से बीजों को प्राप्त या इकट्ठा कर लेना चाहिए एवं बुआई के लिए इन्हें तैयार रखना चाहिए। नर्सरी बैड तैयार करने के पश्चात् देरीपूर्वक कभी भी बीजों को खोजना नहीं चाहिए। एक हैक्टेयर तक पौधों में आवश्यक बीजों की संख्या का हल निकालने के लिए निम्नलिखित सूत्र का उपयोग करना चाहिए-

$$\text{आवश्यक बीज} = \frac{Ha \times N}{S \times PS}$$

जहाँ,

Ha = प्रत्येक प्रजाति के लिए वार्षिकी पौधों के लिए क्षेत्रफल

N = प्रति हैक्टेयर में लगाए जाने वाले अंकुरों की अपेक्षित संख्या

S = रोपण के बाद जीवित रहने का एक अनुमान और आवश्यक अंतर को भरना

PS = रोपणयोग्य पौधों की सख्या/किलोग्राम बीज

(10) सिंचाई, छिड़काव (Watering)

बीज अंकुरण के समय बैड को निरंतर नम बनाए रखना चाहिए। प्रारंभिक चरणों में, बैड पर रोसकेन (Rosecan) के उपयोग से उचित पानी का छिड़काव करना चाहिए। अच्छे बीजों की स्थिति में पतले आवरित, घास एवं टहनियों को छिड़काव से पहले बैड पर रखना चाहिए। अंकुरण के बाद इनको पानी एक महीने में दो बार देना चाहिए। तभी बदलना (कम) चाहिए (thenreduced)। इनके उगने के लिए ये प्रजातियाँ एवं क्षेत्र पर निर्भर करती है, नर्सरी में, अंकुरों को/पौधों को बनाए रखने के लिए निरंतर रूप से इनको पानी देना चाहिए। पौधों को पानी 1-7 दिनों के अंतराल में दिया जाना चाहिए तथा इसके बाद अंकुरों में विल्ट स्टेज़ (wilt stage), (रोग), (मुरझाना) देखकर पानी दिया जाता है। बड़े पैमाने पर नर्सरियों में छिड़काव के लिए सिंचाई से पानी की लागत कम हो जाती है। पौधों के उगने के पश्चात्, पानी को रिसाव या हाथ से छिड़क कर या पानी की झारी से सिंचित किया जा सकता है।

(11) निराई, खरपतवार निकालना (Weeding)

स्वस्थ वृद्धि के लिए, पौधों को खरपतवार से मुक्त होना चाहिए तथा यदि इनको सही समय पर हटाया नहीं जाये तो पौधों की वृद्धि प्रभावित हो सकती है। खरपतवार को प्रारंभिक चरणों में पौध-अंकुरों की अलग-अलग खरपतवार के बारे में जानना चाहिए। खरपतवार की तीव्रता के आधार पर, निराई के समय नर्सरी के मालिक/आदमी को उपाय निश्चित करना चाहिए।

(12) अस्थायी छायागृह (Temporary shade houses)

मिट्टी की ऊपरी सतह को सूखने से बचाने के लिए तथा अंकुरों को झुलसाने वाली धूप से संरक्षित रखने के लिए अचानक ही नीचे से बिखरने से प्रसार से बचाने के लिए अस्थायी छाया गृह मदर बैड पर लगे होते हैं। कभी-कभी इन अंकुरित बीजों के संरक्षण हेतु इन छाया घरों का स्थायी रूप से निर्माण किया जाता है।

(13) खाद डालना, उपजाऊ बनाना (Manuring)

एक लंबे समय के लिए कंटेनर का आकार तथा मृदा के पोषक तत्त्व पर्याप्त रूप से उपलब्ध नहीं होते हैं। कंटेनर में तीन महीने की वृद्धि के पश्चात्, इन पौधों में गाय के गोबर/खाद के मिश्रण (घोल) से सिंचाई की जानी चाहिए। इसके लिए गोबर के मिश्रित शुद्ध एक भाग के साथ पानी के 4 हिस्से मिलाने चाहिए तथा इनको लगातार दो दिन कंटेनर्स में रखना चाहिए। तीसरे दिन सतह पर तैरने वाले घोल को लिया जाता है तथा उसमें 10 गुना पानी मिलाया जाता है तथा इनको हटाने से पहले 15-20 दिनों में एक बार पौधों की सिंचाई के लिए इसका उपयोग किया जाता है। बीजों के उपचार के साथ ही राइजोबियल वृद्धि, VAM, फॉस्फोबैक्टिरीया, फ्रैकिआ का छिड़काव और 1% यूरिया का छिड़काव एवं DAP का प्रयोग 2.5ग्राम/पॉलीबैग कंटेनर सदैव ही पौधों की वृद्धि हेतु प्रोत्साहित करते हैं। उर्वरकों को कार्बनिक रूप से चुनना बेहतर होता है जिससे कि अंकुरों में पोषण धीरे-धीरे होता है और खराब पोषण के लक्षण वाली बंजर भूमि पर जीवित रहने में मदद मिलती है।

(14) स्थानांतरण एवं जड़-छँटाई (Shifting And Root-Pruning)

पानी और हवा के प्रवेश को रोकने के लिए, जड़ों को मिट्टी में जाने से रोकने के लिए और ऊपर की जमी हुई मिट्टी को तोड़ने के लिए कंटेनर को अपने मूल स्थान से स्थानांतरित करना बहुत आवश्यक होता है। अंकुरण या पौधे लगाने के 15-20 दिन बाद, बैड पर एक या दो पौधे देखें जो कि अव्यवस्थित हो तथा देखें कि जड़ें मृत हैं या नहीं और यदि हो तो उन्हें वहाँ से स्थानांतरित कर दें। स्थानांतरण की प्रथम प्रक्रिया के पश्चात्, अंकुरों का स्थानांतरण 15-20 दिनों के अंतराल के मध्य एक बार होता है। बीज उत्पादन की लागत को कम करने के लिए खरपतवार को स्थानांतरित करने की प्रक्रिया के साथ जोड़ना चाहिए। स्थानांतरण के समय कंटेनर से निकली हुई जड़ों को काट देना चाहिए ताकि सघन जड़ें रह सके तथा तीक्ष्ण जड़ों को मिट्टी में घुसने से रोका जा सकें।

(15) विरलन एवं छँटनी करना (Thinning And Culling)

अत्यधिक पौधों की स्थिति के कारण पॉलीबैग में बीजों की अत्यधिक संख्या में बुआई और मदर बैड पर बीजों की उच्च अंकुरण प्रतिशत पर बुआई, पतलापन स्वस्थ अंकुरण के उत्पादन के पक्ष में होता है। एक बार अंकुरण पूरा होने पर छँटाई (thinning) करते रहें। जबकि उन अंकुरों को पतला रखने के लिए सावधानी बरती जानी चाहिए, जो पहले अंकुरित हो चुके हैं और स्वस्थ है और बाद में अंकुरित और अस्वास्थ्यकर अंकुरों को हटाने पर ध्यान दिया जाना चाहिए। अंतिम स्थानांतरण के समय बढ़ते समय कमज़ोर, कीटयुक्त एवं रोगयुक्त अंकुरों को निकाल दिया जाता है एवं नर्सरी में स्वस्थ पौधों को बनाए रखने के लिए स्वस्थ अंकुरण किया जाता है। छँटाई (culling) प्रतिशत 30% तक बढ़ सकती है।

(16) कीट एवं रोगों पर नियंत्रण (Pest And Disease Control)

बीजों को चींटियों से बचाने के लिए क्यूनिलफोस पाउडर से उपचारित किया जाता है। युवा अंकुरों पर पते खानी वाली इल्लियाँ (caterpillar) और पत्ती वेबर (Leaf wabber) के आक्रमण से बचाने के लिए कीटनाशकों का उपयोग किया जाता है।

सामान्यत: नर्सरियों में पाये जाने वाले रोगों में पौधे का गिरना अर्धगलन एवं जड़ों का सड़ना होता है। पौधों के अधिक उगने से बचाने और धूप को बैड तक पहुचने देना इस प्रकार की बीमारियों पर नियंत्रण करता है। कभी-कभी आर्धगलन रोग (Damping off disease) होने पर, सिंचाई न करें तथा पानी पर बाविस्टिन एवं नीला कॉपर 2gm/lit लगाएँ एवं बैड को गीला करें। पूर्व उपचारित बीजों के साथ ही अग्रसन (agrason), थीराम (thiram), कप्टन (captan) रोगों को नियंत्रित करने में सहायता करते हैं।

(17) पौध चोबन (Pricking)

मातृ तल (मदरबैड) से पौधे प्रत्यारोपित बैड में रोपे जाते हैं जहाँ से इनकी रोपाई की जाती है। पौधों में पुनर्रोपण (pricking out) के समय निम्नलिखित बिंदुओं को याद रखना चाहिए।

i. प्रत्यारोपण बैड को पहले दिन पानी का छिड़काव कर तैयार किया जाता है तथा इसके ऊपर छायादार नेट बनाया जाता है।

ii पहले दिन मदर बैड पर पानी।

iii. पौधों को मदर बैड से सुबह जल्दी या देर शाम को निकाला जाता है तथा प्रत्यारोपित बैड को रोपित किया जाता है।

iv. जड़ों को वलन किये बिना अंकुरों को सीधे निकालना (pricked) चाहिए तथा इनको अच्छे से जमाना चाहिए।

v. कटे हुए पौधों की जड़ों के हिस्सों को कंटेनर में पानी में तब तक रखना चाहिए जब तक कि उसे रोपा न जाएँ।

vi. रोजाना सुबह और शाम को दो बार पौधों को पानी देना चाहिए।

प्रत्येक प्रजातियों में चुभन (pricking) की उम्र अलग-अलग होती है एवं इनका सख्ती से अनुगमन करना चाहिए यदि नहीं किया जाए तो चुभन के बाद अंकुर जीवित नहीं रह सकते हैं।

उदाहरण : यूकेलिप्टस, कैसुअरीना, एलेंथस - बुआई के बाद 30-40 दिन

अकेसिआनिलोटिका, अ. ल्यूकोफ़्लोआ - अंकुरण के 15-20 दिन बाद

बैम्बू - बुआई के 40-50 दिन बाद

(18) रोपण योग्य पौध के प्रकार (Type Of Planting Stock)

पौधशाला में निम्नलिखित प्रकार के रोपणी पौध (planting stock) का भंडारण किया जा सकता है।

(i) अनावृत्त या नग्न जड़ रोपण (Bare rooted seedlings)

अनावृत्त जड़ों के पौधे या नग्न पौधों का उपयोग रेतीली दोमट मिट्टी में रोपाई के लिए, जहाँ पानी का स्तर उच्च होता है एवं किसी क्षेत्र में उच्च वर्षा होती है एवं अच्छी सिंचाई की सुविधाओं के लिए किया जाता है। प्रत्योरित बैड के रिक्त स्थान से यहाँ पौधों को मूल मदर बैड से प्रत्यारोपित किया जाता है जहाँ से इनको निकालकर मुख्य मैदानों/खेतों में रोपित किया जाता है। इस बात का

ध्यान रखना चाहिए कि जड़ें चोटिल न हों और इन पौधों को खुले में नहीं रखना चाहिए ताकि रोपाई के समय जड़ें सूख नहीं जाएँ।

उदाहरण : *कैसुअरीना (Casuarina), टर्मीनेलिआ (Terminalias), बैम्बू (Bamboos)* इत्यादि।

(ii) पॉलीथीन कंटेनरीकृत अंकुर (Polythene Containerized Seedings)

यह एक सामान्य विधि है जिसमें पौधों को कुछ निर्धारित समय के लिए कंटेनरों में उगाया जाता है तथा इनको रोपित किया जाता है।

उदाहरण : यूकेलिप्टस (Eucalyptus), *कैसुअरीना (Casuarina), अकेरिया (Acacia), अल्बीज़ीआ (Albizia)* आदि।

(iii) ठूंठ, टुकड़ा (Stumps)

इस विधि में, बीजों को मदर बैड पर बोया जाता है तथा पौधों को उगाया जाता है। अंकुरण के निर्धारित समय के बाद, इन पौधों को निकाल दिया जाता है एवं टहनी का हिस्सा (2.5 सेमी.), जड़ का हिस्सा (2.5 सेमी.) एवं साइड ठँठ दिये जाते हैं एवं शेष बचे हुए हिस्से को स्टंप कहते हैं जिसका उपयोग रोपाई के लिए किया जाता है।

उदाहरण : टीक (Teek)।

(iv) प्रशिक्षित बीज के पौधे (Root Trainer Seedlings)

पौधों को विभिन्न प्रकार के रूटट्रेनर्स में उगाया जा सकता है तथा इसका उपयोग व्यावसायिक कृषि वानिकी में किया जाता है।

उदाहरण : *कैसुअरीना (Casuarina)*, यूकेलिप्टस (Eucalyptus)।

(19) नर्सरी की अवधि (Nursery Period)

रोपण के समय पौधे की आयु विभिन्न प्रजातियों के साथ-साथ नमी की स्थिति के साथ बदलती रहती है। अधिक वर्षा या सिंचित क्षेत्रों की स्थिति में, 3-4 महीने आयु के पौधों को नर्सरी में रोपा जा सकता है। शुष्क क्षेत्रों में, 6 महीने से अधिक आयु वाले पौधों को बोना बेहतर होता है। रोपण की प्रभावी रोपण सामग्री की सामान्य नर्सरी अवधि निम्नानुसार है।

उदाहरण :			
	यूकेलिप्टस, *कैसुअरीना, लॉसीना*	:	3-4 महीने
	अकेसिआ, एलेन्थस, नीम इत्यादि	:	6 महीने
	बैम्बू	:	9-12 महीने
	टीक	:	10-12 महीने
	टैमरीन्ड (Tamarind)	:	18 महीने

नर्सरी की मशीनरी, उपकरण एवं सामग्री
(Nursery Machinery, Tools and Materials)

नर्सरी के प्रभावी संचालन के लिए इसमें निम्नलिखित मशीनरी, उपकरण और सामग्री सदैव उपलब्ध होनी चाहिए तथा अच्छी व्यवस्था में होने चाहिए। मजदूरों की कार्यक्षमता नर्सरी उपकरणों की स्थिति और काम की जानकारी के आधार पर अच्छे से निर्धारित होती है।

(i) नर्सरी मशीनरी (Nursery Machinery)

ट्रैक्टर के साथ ट्रेलर (चालक), टैंकर एवं हल

यह सभी केन्द्रीकृत नर्सरियों में नर्सरी सामग्रियों के लिए आवश्यक परिवहन, जुताई एवं झाड़ी सफाई कार्य (bush clearing operation) के लिए आवश्यक होते हैं। पानी खींचने में पंप सेट की विफलता की स्थिति में, ट्रैक्टर के साथ टैंकर पानी अपवाहन और अंकुर को सुरक्षात्मक सिंचाई प्रदान के लिए उपयोग किया जाता है।

करणी, ट्रॉली इत्यादि (Trowel, Trolleys etc.)

कम मात्रा में मिट्टी और अन्य नर्सरी सामग्री को नर्सरी में से ले जाना।

(ii) नर्सरी उपकरण (Nursery Tools)

ममूटी (Mummutty), खुरपा, फावड़ा, खुदाली, कुदाल, हाथकसी, पानी के डिब्बे, छिड़काव पंप, पेन नाइफ, डुडिंग नाइफ, सेकेटियर (टहनी काटने की कैंची), करतनी, फीता, रैगिंग पोल्स, खूँटा, कलम जोड़ने वाली टेप, डिबलर (पॉइंट स्टिक), संभल्ल, लौहदंड, गैंती इत्यादि।

नर्सरी सामग्री (Nursery Materials)

पॉलीबैग, वृद्धि नियामक (IAA, IBA), उर्वरक, उपजाऊ शीर्ष मिट्टी, रेत, FYM, अंकुर खुले में रखे जाने से पूर्व मिस्ट चैंबर से लाये जाते हैं।

नर्सरी के आँकड़े (Nursery Records)

पौधे के उत्पादन की लागत की योजना निर्माण, निष्पादन और नियंत्रण के लिए उचित स्तर पर नर्सरी के प्रबंधन के लिए सही आँकड़े (रिकॉर्ड) बनाए रखा जाना चाहिए। सभी नर्सरियों में निम्नलिखित रजिस्टर को संधारित रखना चाहिए।

(i) योजनात्मक रजिस्टर (Planning Register)

इस रजिस्टर में, प्रजाति की मौसम के अनुसार वृद्धि, संख्या, वृद्धि कैसे की जानी है, उपयोगी सामान की आवश्यकताओं आदि का पूर्वानुमान लगाकर अग्रिम रूप से दर्ज किया जाना चाहिए।

(ii) बीजों के लिए रजिस्टर (Seed Register)

बीज सामग्री को खरीदना, इनके स्त्रोत, इसको इकट्ठा करने की दिनांक, खरीदी की दिनांक, भंडारित करने की विधि आदि को बीजों की गुणवत्ता की जाँच में दर्ज करना चाहिए। खरीदी के

समय पर अंकुरण प्रतिशत को सदैव रजिस्टर में प्रत्येक प्रजाति के लिए दर्ज किया जाना चाहिए। बीज की बुआई, खेतों में अंकुरण प्रतिशत के बीज जारी करने की दिनांक भी दर्ज की जानी चाहिए।

(iii) कार्यात्मक रजिस्टर (Operation Register)

इस रजिस्टर में किसी प्रजाति की बुआई के सभी विवरण होंगे जब तक कि पौधों को बाहर रोपने के लिए हटाया नहीं जाता है।

(iv) निविष्ट रजिस्टर (Input Register)

बीज, मृदा, रेत, FYM, कार्यरत श्रमिक, पानी का खर्च, उर्वरक इत्यादि की लागत की संपूर्ण जानकारी इसमें दर्ज की जाती है।

(v) अग्रिम/पूर्वानुमान रजिस्टर (Forecast Register)

नर्सरी में होने वाला साप्ताहिक या दैनिक कार्यों का पूर्वानुमान लगाया जाता है और तदनुसार रजिस्टर में अंकित किया जाता है।

पौधे के उत्पादन की लागत (Cost Of Seedling Production)

यदि पौधे के उत्पादन के लिए लगने वाली विभिन्न निविष्टियों की लागत की गणना नहीं की जाती है और तदनुसार पौधे के रोपण स्टॉक का उत्पादन किया जाता है तो नर्सरी विफल हो सकती है। अंकुर उत्पादन की लागत निम्नलिखित कारकों पर निर्भर करती है।

(i) नर्सरी का स्थान।

(ii) रेत, मिट्टी, एफ.वाई.एम., जल, बीज आदि की उपलब्धता।

(iii) उपलब्ध श्रमिक की लागत एवं कार्यक्षमता।

(iv) पौधों के उत्पादन पर तकनीकी जानकारी।

उत्पादन को इन कारकों के आधार पर, लागत/खर्च अलग-अलग स्थानों पर अलग-अलग होती है जिसमें नर्सरी का प्रभारी व्यक्ति इसकी जाँच करता है एवं इसका हल निकालता है।

वनसंवर्धन प्रथाएँ (Silvicultural Practices)

किसी भी बाग़ान विकास की सफलता इसकी स्थापना और संबद्ध प्रबंधन प्रथाओं पर निर्भर करती है। देश में स्थित अनेक बागानों में असंख्य सफलताएँ एवं असफलताएँ देखी गईं। इसमें असफलता के बहुत कारण होते हैं, लेकिन प्रमुख कारण है- 'अलग-अलग प्रजातियों के लिए आवश्यक वनसंवर्धन प्रणाली को अपनाने में गलती कर देना।'

पौधारोपण की सफलता का निर्धारण करने के लिए निम्नलिखित वन संवर्धन प्रथाएँ होती है।

1. प्रजातियों का चयन (Choice of species)
2. स्थल का चयन (Selection of site)
3. रोपण (Planting)

4. अंतर (Spacing)
5. अनुरक्षण (Aftercare)
6. देखभाल करना, प्रवृत्त होना (Tending)
7. खरपतवार निकालना (Weeding)
8. सफाई (Cleaning)
9. विरलन (Thinning)
10. बढ़वार के लिए कटाई (Improvement felling)
11. वृक्ष के चारों ओर थाँवला खाई बनाना (Girdling)
12. छँटाई (Pruning)
13. आरोही लता-बेलों का नियंत्रण (Climber controles)

1. प्रजातियों का चयन (Choice of species)

- वृक्ष की प्रजातियों का चयन मानव की आवश्यकताओं के अनुसार जैसे संरक्षण, उत्पादन, सौंदर्य संबंधी एवं अन्य पर्यावरणीय आवश्यकताओं के अनुसार किया जाता है।
- किसी प्रजाति की अच्छी लकड़ी, आर्थिकता एवं अन्य उपयोग गुण होना चाहिए।
- किसी प्रजाति को क्षेत्र में स्थित जलवायु परिस्थितियों के अनुकूल होना चाहिए।
- पुनर्जनन के लिए किसी भी प्रजाति का चयन करते समय उस क्षेत्र की मृदा पर विचार किया जाता है।
- प्रजातियों का मिट्टी की उर्वरता में सुधार करके मिट्टी का अपक्षरण/अपरदन कम करना चाहिए।
- यह कीट, रोग एवं अन्य प्रतिकूल घटकों के प्रति प्रतिरोधी होने चाहिए।
- इसे कम लागत के साथ आसानी से स्थापित किया जाना चाहिए।
- इसमें तेज़ी से वृद्धि होनी चाहिए।
- इसमें प्रबल वंशक्रम (succession) चरणों पर विचार किया जाना चाहिए।
- इसे अन्य पौधों पर एलिलोपेथिक (allelopathic) प्रभाव उत्पन्न नहीं करने चाहिए।
- वनों की वानस्पतिक संरचना में परिवर्तन करने वाली प्रजाति का चयन नहीं करना चाहिए।
- यह प्रजाति भविष्य में खरपतवार का रूप नहीं लेनी चाहिए।

2. स्थान का चयन (Selection of site)

साइट एक अतिआवश्यक कारण है जो कि प्रजातियों के सफल स्थापन का निर्णय लेती है। गुणवत्ता के लिए स्थान का परीक्षण एवं गुणवत्तात्मक प्रजातियों के आधार पर चयन किया जाना चाहिए। स्थान का चयन बाग़ान स्थापना के उद्देश्य एवं आवश्यकता पर आधारित है। वाणिज्यिक

कृषि से पूर्व, यदि विदेशी प्रजातियों की शुरुआत की जानी होती है तो प्रजातियों का क्रमबद्ध क्रॉस साइट परीक्षण बहुत महत्त्वपूर्ण होता है। इसलिए सफल क्रियान्विती वनसंवर्धन प्रथाओं (practices) के लिए स्थान और इसकी गुणवत्ता अत्यंत आवश्यक कारक होते हैं।

3. रोपण (Planting)

रोपण पौधों के प्रसार हेतु भूमि पर पौधे को स्थापित करने की प्रक्रिया है।

रोपण समय (Planting time)

उपयुक्त रोपण समय के निर्धारण में जलवायु कारक निर्णायक भूमिका निभाते हैं। नवीन रोपित वृक्ष मध्यम तापमान एवं बारिश की स्थिति में अच्छे से स्थापित होते हैं। अंकुरों में आवश्यक जड़ें पनपने के लिए समय लगता है एवं सर्दी में ठंडे तापमान और गर्मी के शुष्क एवं गर्म तापमान की शुरुआत के पूर्व में शुरुआत से ही जलवायु को अनुकूल बनाना होता है। इसलिए मानसून के आगमन की प्रारंभिक वसंत रोपाई के लिए सबसे अच्छा समय होता है। किसी स्थान पर तीव्र सर्दी होने की स्थिति में, बर्फ गिरने से पूर्व रोपाई करना बेहतर होता है। यह सदैव स्थानों और प्रजातियों के लिए भिन्न होते हैं। रोपण निम्न में से किसी भी प्रकार का हो सकता है :

1. मानसून रोपण (Monsoon planting)
2. मानसून पूर्व रोपण (Pre-monsoon planting)
3. शीत रोपण (Winter planting)
4. बसंत रोपण (Spring planting)

रोपण विधियाँ (Planting Methods)

जब पौधा लगाया जाता है तो सबसे सामान्य गलती यह होती है कि वहाँ गड्ढा खोदा जाता है जो कि बहुत गहरा और संकीर्ण होता है। गहरे गड्ढों में, जड़ों की पर्याप्त वृद्धि के लिए गहरे गड्ढे तक पर्याप्त ऑक्सीजन पहुँच नहीं पाती है। संकीर्ण गड्ढों की स्थिति में, वृक्ष को उचित सहारा देने एवं पर्याप्त शोषण के लिए जड़ों का विस्तार नहीं हो सकता है। सामान्य नियम के अनुसार, पौधों को उनकी मिट्टी से अधिक गहरा नहीं रोपा जाना चाहिए जिसमें वे मूलतः उगाये जाते थे। गड्ढे की चौड़ाई रूट बॉल या कंटेनर के व्यास की कम-से-कम 3 गुना होनी चाहिए। इसमें जड़ की स्थापना की सुविधा होनी चाहिए। योजना (planning) संपूर्ण रोपण एवं पूर्ण रोपण द्वारा की जाती है।

(1) समूचे पौधों का रोपण (Planting an entire plant)

इस विधि में समूचे पौधों को नर्सरी बैड से हटा कर और अधिक उगाने के लिए खेतों में लगाया जाता है। यह नीचे दी गई किसी भी विधि में किया जा सकता है :

(अ) **अनावृत्त जड़युक्त पौधों को लगाना :** इस विधि में, पौधों को सुरक्षात्मक रूप से नर्सरी बैड में से हटाया जाता है तथा जड़ों के चारों ओर मिट्टी हटायी जाती है। इसके बाद जड़ों को बोने से पहले जैव उर्वरक और फफूंदनाशक से उपचारित (उपयुक्त) किया जाता है। इन पौधों को खेतों में तैयार गड्ढों के केन्द्र में लगाया जाता है। रोपाई करते समय, पौधों की जड़ें बाहर फैल जाती हैं और फिर मिट्टी को दृढ़तापूर्वक संसर्ग किया

जाता है। अंकुरों का कॉलर क्षेत्र जमीन के क्षेत्र से 2-5 सेमी. ऊपर होनी चाहिए। रोपण की इस विधि से कई प्रजातियों को अच्छा परिणाम नहीं मिल सका है और इसलिए इनका अधिक उपयोग नहीं किया जा सकता है।

(ब) **पौधों को गीली मिट्टी के गोले के साथ रोपना :** गोले के रोपण को पौध रोपण के रूप में परिभाषित किया गया है जिसके साथ ही गीली मिट्टी के गोलेयुक्त पौधे की जड़ों में बिना किसी बाधा से अन्य जड़ें उग जाती है। इसके लिए, परिपक्व अंकुरों को आर्द्र नर्सरी बैड के साथ ही पर्याप्त आकार के मिट्टी के गोले को अलग कर दिया जाता है। इसका रोपण वर्णित अनावृत अंकुर रोपण के समान ही किया जाता है। इस विधि की मुख्य हानि यह है कि इसमें परिवहन के दौरान नुकसान हो सकता है। यह विधि कुछ अधिक श्रमगहन विधि है।

(स) **पात्रों (कंटेनर) में अंकुरों का रोपण :** रोपण की सभी विधियों में से रोपण की यह विधि सबसे सरल/सुरक्षित होती है। रोपण की इस विधि में, जड़ों में बाधा उत्पन्न हुए बिना गड्ढों में रोपण होने से पूर्व पौधों को कंटेनर से हटा दिया जाता है।

(2) ठूंठ (स्टंप) रोपण (Stump planting)

स्टंप/ठूंठ एक विशेष रूप से तैयार अंकुर होता है, जिसमें ठूंठ को कॉलर क्षेत्र के ऊपर से काट दिया जाता है तथा एक निश्चित लंबाई में प्राथमिक जड़ें निकलती हैं। ठूंठ रोपण किसी क्षेत्र में ठूंठ के रोपण को निर्दिष्ट/संदर्भित करता है।

स्टंप तैयार करना (Stump preparation)

स्टंप तैयार करने के लिए 1-2 सेमी. व्यास का एवं पेंसिल के आकार की कॉलर मोटाई का अंकुर उपयुक्त होता है। अंकुरों के पास एक मुख्य जड़ प्रणाली 30 सेमी. या उससे अधिक की होनी चाहिए। अंकुरों के साथ दो या अधिक मुख्य जड़ें हो तो अंकुरों को निकाल लिया जाता है। चयनित अंकुरों के प्रोह को कॉलर क्षेत्र से 2 सेमी. ऊपर तक काटकर अलग कर लिया जाता है। इसी प्रकार सभी पार्श्व और द्वितीयक जड़ों को तेज कटाई से हटाया जाता है। इसके बाद कॉलर क्षेत्र से मुख्य जड़ (top root) को 22 सेमी. लंबाई से काटा जाता है। इस स्टंप का उपचार बेहतर सुरक्षा के लिए जैव उर्वरक इनोक्यूलेंट्स (inoculants) और कीटनाशक के साथ किया जाता है। इसके बाद ये स्टंप रोपण के लिए तैयार होते हैं।

ठूंठ रोपण के फायदे (Advantage Of Stump Planting)

i. यह बहुत ही आसान एवं सस्ते होते हैं।

ii. रोपण भंडारण का परिवहन सरल होता है।

iii. इसमें कम श्रम की आवश्यकता होती है।

iv. इस क्षेत्र की मृदा तैयार करना सरल होता है।

v. अंकुरों में स्थापना एवं वृद्धि तेज़ी से होती है।

vi. जड़ में विकास अच्छा और गहरा होता है।

रोपण कार्यक्रम में सम्मिलित होना (Planting Program Involves)

(अ) ***सीमा निर्धारण :*** पहला बिंदु तो यह है कि किसी स्थान का चयन किया जाता है एवं आकार में किसी आयताकार भूखंड की सीमा का निर्धारण किया जाता है।

(ब) ***चिह्नित एवं कटाई :*** सीमा निर्धारण के बाद, इस क्षेत्र का एक मानचित्र बनाया जाता है और कुछ मानकों को छोड़कर सभी पेड़ काटने के लिए चिह्नित किए जाते हैं।

(स) ***मिट्टी और रोपाई का नक्शा तैयार करना :*** निकासी/छँटाई (clearance) के पश्चात् मिट्टी का नक्शा तैयार करने के लिए क्षेत्र का सर्वेक्षण किया जाता है। इस सर्वेक्षण के दौरान इस विधि के काम में आ रही मिट्टी का निर्धारण किया जाता है।

(द) ***बाड़ लगाना/घेराबंदी :*** आस-पास के वातावरण के आधार पर घेराबंदी या तो पशुओं के आगमन से बचाव हेतु या अन्य किसी प्रकार से बाग़ानों के क्षेत्र में घेराबंदी की जाती है।

(य) ***मृदा निर्माण :*** सर्वप्रथम रोपित स्थल की ट्रैक्टर से जुताई की जाती है। जलने की स्थिति में उनकी जड़ों को हटा दिया जाता है। इसके बाद गड्ढों अथवा खाइयों के रूप में मिट्टी को तैयार किया जा सकता है।

(र) ***बुआई और रोपण :*** बुआई न तो अधिक सघन और न ही अधिक विरल होनी चाहिए। नर्सरी के भंडारण को उचित मौसम में बोया जा सकता है।

रोपण के निम्नलिखित पैटर्न का उपयोग भारतीय वानिकी में किया जाता है :

(अ) पंक्ति रोपण (Line planting)

(ब) वर्गाकार रोपण (Square planting)

(स) त्रिभुजाकार रोपण (Triangular planting)

(द) पंचवृक्षीरोपण (Duincunx planting)

(अ) पंक्ति रोपण (Line planting)

पंक्ति रोपण में, पौधों को पंक्ति में कुछ अंतराल पर बोया जाता है जो कि कुछ दूरी पर लगाए जाते हैं।

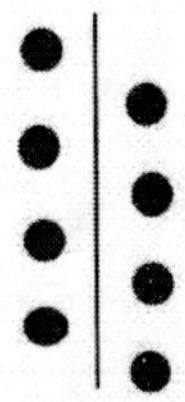

पंक्ति रोपण

आवश्यक पौधों की गुणन संख्या (Calculate The Number Of Plants Required)

$$\text{आवश्यक पौधों की संख्या} = \frac{100 \times 100}{\text{पंक्तियों में पौधों के बीच दूरी} \times \text{पंक्तियों के बीच की दूरी}}$$

(ब) वर्गाकार रोपण (Square planting)

वर्गाकार रोपण को वर्ग पैटर्न में रोपण के रूप में परिभाषित किया गया है, अर्थात् पौधों को लगातार वर्ग के चार कोनों पर लगाया जाता है। यह स्वयं लाइन के समान अंतराल पर पौधों को लाइन में रोपने से प्राप्त होता है।

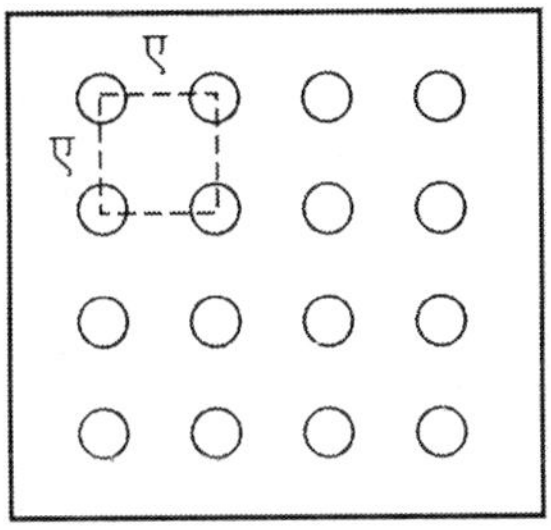

वर्गाकार रोपण

$$\text{आवश्यक पौधों की संख्या} = \frac{100 \times 100}{\text{रोपित अंतराल का वर्ग}}$$

(स) त्रिभुजाकार रोपण (Triangular planting)

त्रिकोणीय रोपण को समभुज त्रिकोणों के पैटर्न में रोपण के रूप में परिभाषित किया गया है, यानी प्रत्येक आसन्न/समीपवर्ती समभुज त्रिकोण के तीनों किनारों पर पौधे रोपे जाते हैं।

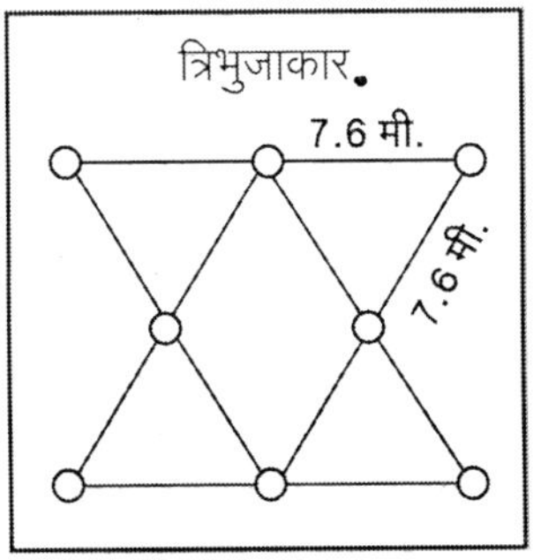

त्रिभुजाकार रोपण

$$\text{आवश्यक पौधों की संख्या} = \frac{100 \times 100 \times 1.155}{\text{रोपण में अंतराल का वर्ग}}$$

(*अर्थात्* त्रिभुज की भुजा)

(द) पंचवृक्षारोपण (Quincunx planting)

पंचवृक्षी को 'चार बिंदुओं' का एक समूह जिसमें चार बिंदु वर्ग के किनारों पर होते हैं साथ ही पाँचवां बिन्दु केंद्र में होता है। इसी प्रकार पंचवृक्षी रोपण ऐसी विधि है, 'जिसमें चार पौधों के प्रत्येक वर्ग के केन्द्र में एक अतिरिक्त पौधे को रखा जाता है।'

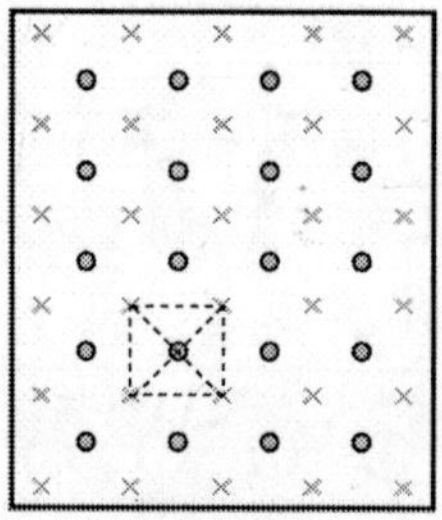

पंचवृक्षीरोपण

$$\text{आवश्यक पौधों की संख्या} = \frac{2 \times 100 \times 100}{\text{रोपण क्षेत्र के भुजा का वर्ग}}$$

4. अंतराल (Spacing)

अंतराल को पौधों के मध्य अंतराल के रूप में परिभाषित किया जाता है जो कि रोपण और खड़ी फसल के लिए दिए जाते हैं। इसे रिक्ति (Espacement) नाम से भी संदर्भित किया जा सकता है। पौधों के मध्य की दूरी के आधार पर, अंतराल को निकटतम अंतराल एवं चौड़े/ अधिक अंतराल में वर्गीकृत किया जा सकता है।

व्यापक अंतराल के लाभ (Advantage Of Wider Spacing)

- यह पौधों और बीजों की सुरक्षा करता है।
- इसके रोपण की लागत कम होती है।
- श्रम की आवश्यकता कम होती है।

व्यापक अंतराल के नुकसान (Disadvantages Of Wider Spacing)

- इसमें मृदा ह्रास (deterioration) का खतरा रहता है क्योंकि इसकी कैनोपी बंद/निकट (close) आने में समय लगता है।
- इसमें वृक्ष की शाखाएँ बन जाती है और गाँठयुक्त इमारती लकड़ी का उत्पादन करते हैं।
- इसमें लकड़ी में मज़बूती कम होती है।
- इसमें खरपतवार की ज्यादा वृद्धि होती है।
- इसकी खरपतवार प्रक्रिया श्रम गहन होती है तथा उपभोक्ता की अधिक लागत लगती है।

निकटतम अंतराल के लाभ

- यह खरपतवार वृद्धि की जाँच करता है।

- यह मृदा के क्षय को कम करता है।
- इसमें छँटाई आसानी से होती है तथा कम समय में लाभ देती है।
- प्राकृतिक छँटाई के कारण वृक्षों की तने की उपयोगी 'बोल' (Bole) साफ-सुथरी होती है।

निकटतम अंतराल के नुकसान

- इसमें पौधों और बीजों की अधिक संख्या में आवश्यकता होती है।
- इसमें पौधों की लागत में वृद्धि होती है।
- इसमें अधिक श्रम की आवश्यकता होती है।

पौधों के अंतराल को प्रभावित करने वाले कारक (Factors Influencing The Spacing Of Plants)

i. ***प्रजातियों की वृद्धि दर :*** तेजी से बढ़ रही प्रजातियों के निकटतम अंतर की आवश्यकता होती है।

ii. ***शाखाविन्यास का स्वभाव :*** कड़ी शाखाओं और शीर्षस्थ की प्रजातियों के लक्षणों के लिए विस्तृत अंतराल की आवश्यकता होती है जबकि शंकुधारी पौधों में निकटतम अंतराल की आवश्यकता होती है।

iii. ***प्रति सेंटीमीटर की संख्या पर वार्षिकी रिंग :*** यदि प्रति सेंटीमीटर में अधिक वार्षिकी रिंगों की आवश्यकता होती है तो समीपस्थ अंतराल उपयुक्त होता है।

iv. ***रोपण सामग्री की ऊँचाई :*** यदि पौधों की ऊँचाई अधिक हो तो व्यापक अंतराल को अपनाया जाता है। यह शीघ्र अंतराल पर अंकुरों की तेजी से वृद्धि और खरपतवार की समस्या को कम करने में सहायक होता है।

v. ***स्थल कारक :*** स्थान की अच्छी स्थिति में, प्रति इकाई क्षेत्र पर अधिक वृक्षों को समर्थन देने के लिए स्थान पर निकटतम अंतराल को अपनाया जाता है।

vi. ***अंतर कृषि :*** तोंग्य (taungya) (वनीय क्षेत्रों में वृक्षों के मध्य कृषि करना) की स्थिति में, वृक्षों के मध्य अंतराल सामान्य से अधिक रहता है। कृषि योग्य फसल की खेती के लिए समुचित अंतराल का यही कारण है।

vii. ***छोटे आकार की लकड़ियों का व्यापार :*** किसी क्षेत्र में छोटी लकड़ी की माँग के क्षेत्र में, निकटतम अंतराल को अपनाना उचित रहता है।

viii. ***उत्पादन के उद्देश्य :*** यदि उत्पादन के उद्देश्य इमारती लकड़ी हो तो, व्यापाक अंतराल उचित रहता है जबकि ईंधन लकड़ी के उत्पादन के लिए अपेक्षाकृत अधिक निकटता ठीक रहती है।

ix. ***लागत :*** लागत, उपलब्धता के आधार पर, अंतराल व्यापक और निकट हो सकता है। निकटतम अंकुरों में अंतराल के लिए कम लागत की आवश्यकता होती है एवं व्यापक अंतराल इसके विपरीत होता है।

कुछ महत्त्वपूर्ण प्रजातियों के अंतराल (Spacing Of Some Important Species)

टीक	1.8 मीटर × 1.8 मीटर से 2.6 मीटर × 2.6 मीटर
यूकेलिप्टस	2 मीटर × 2 मीटर /3 × 14/3 × 2 मीटर / 3 × 3 मीटर
कैसुअरीना	1 मीटर × 1 मीटर से 2 मीटर × 2 मीटर
मेलिआ	3 मीटर × 3 मीटर से 10 मीटर × 10 मीटर
डलबर्जिआसिसो	2 मीटर × 2 मीटर से 5 मीटर × 5 मीटर
मेलिना अर्बोरिआ	4 मीटर × 4 मीटर से 6 मीटर × 6 मीटर
सुबबूल	1.5 मीटर × 1.5 मीटर से 3 मीटर × 3 मीटर
एलेन्थस	4 मीटर × 4 मीटर से 6 मीटर × 6 मीटर
सिल्क कॉटन	5 मीटर × 5 मीटर से 8 मीटर × 8 मीटर

5. अनुरक्षण (Aftercare)

(i) ***डंडा मारना एवं निराई :*** बुआई या रोपण कभी भी शत प्रतिशत सफल नहीं होते हैं और इसलिए, बुआई द्वारा या कटाई के स्थान पर फिर से रोपण करना होता है। सामान्यत: निराई/खरपतवार की बढ़ोतरी से बचने के लिए यह नियमित प्रक्रिया है।

(ii) ***अग्नि एवं सामान्य संरक्षण :*** निराई के पश्चात् बाग़ानों को चराई एवं आग से बचाने की आवश्यकता होती है। जहाँ तक कि चराई का संबंध है उस क्षेत्र का घेरा लगाने वाले क्षेत्र सुरक्षित होते हैं। मरम्मत की उचित स्थिति में घेरा बाड़ लगाने के लिए चराई रक्षक नियुक्त किये जाते हैं। ग्रीष्मऋतु की शुरुआत के साथ ही, वृक्षारोपण पहरेदारों को रखकर आग से बचाना पड़ता है।

6. देखभाल करना, परिपालन (Tending)

वनों में, बढ़ती आयु के साथ ही पौधों की स्पर्धा बढ़ सकती है। अधिकतम उपज प्राप्त करने के लिए आयु की प्रगति के साथ ही प्रति इकाई क्षेत्रफल पर टहनियों की संख्या कम करके पौधों के मध्य प्रतिस्पर्धा का बेहतर प्रबंधन किया जा सकता है। इन सभी को देखरेख के अंतर्गत आवरित किया जा सकता है।

देखरेख (टेंडिंग) को पौधों और परिपक्व अवस्था के मध्य उनके जीवन के किसी भी स्तर पर वनीय फसल के लिए किये गए कार्य के रूप में परिभाषित किया गया है।

इसमें निराई, सफाई, विरलन, कटाई में सुधार, कआई, बेल आरोही पौधों की कटाई एवं थांवला गड्ढा सम्मिलित होते हैं। इसमें पुनर्योजन कटाई, भूमि कार्य, जल निकासी, सिंचाई एवं नियंत्रित दहन सम्मिलित नहीं होते हैं। परिपालन उच्च गुणवत्ता की लकड़ी का उत्पादन करने में सहायता करता है और इस प्रकार आय अधिक हो जाती है। परिपालन खेती संबंधी कार्यों से भिन्न होती है जैसा कि नीचे दर्शाया गया है।

परिपालन	खेती संबंधी कार्य
परिपालन वनीय फसलों को बेहतर बनाने का काम बेहतर पर्यावरण के द्वारा किया जाता है।	यह पुनर्जनन में सहायता देने, विकास में वृद्धि एवं कटाई के कारण हुई क्षति को कम करने के लिए किया जाता है।
इसका अभिप्राय प्राकृतिक पुनर्जनन नहीं होता है।	इसका अभिप्राय प्राकृतिक पुनर्जनन होता है।
यह छँटाई सम्मिलित होती है किन्तु दहन पर नियंत्रण शामिल नहीं होता है।	इसमें दहन पर नियंत्रण शामिल होता है किन्तु छँटाई सम्मिलित नहीं होती है।
परिपालन नई पौध अंकुरों के स्तर पर किया जाता है।	खेती संबंधी कार्य कटाई के बाद किये जाते हैं।
परिपालन में प्राकृतिक के साथ-साथ कृत्रिम पुनर्जनन दोनों को लिया जाता है।	इसमें संवर्धन कार्य मुख्य रूप से प्राकृतिक पुनर्जनन पर किया जाता है।

परिपालन में सीमाएँ (Limitations In Tending)

- अंकुरण से परिपक्वता तक कई बार इसे करना होता है।
- इसके लिए काफी धन और कर्मचारियों की आवश्यकता होती है।
- इसमें श्रमिक की कमी की समस्या उत्पन्न होती है जिससे कि (पर्यवेक्षण) निगरानी में समस्या उत्पन्न होती है।

7. निराई, खरपतवार निकालना (Weeding)

निराई को नर्सरी में अंकुरों की स्थिति या वनों की फसल में परिपालन के रूप में परिभाषित किया जा सकता है। इसमें सभी खरपतवार को हटाने और पुन: कटाई को भी सम्मिलित किया जाता है।

निराई के उद्देश्य (Objectives Of Weeding)

- पोषण के लिए जड़ बढ़ोतरी (स्पर्धा) में कमी।
- वाष्पोत्सर्जन द्वारा (transpirational) जल हानि को कम करना।
- खेती संबंधी कार्यों के लिए सुविधाजनक।
- मुख्य फसल की सरल स्थितियों में सुधार करना।
- अंतराल के लिए स्पर्धा को कम करना।

निराई की प्रक्रिया (Weeding Process)

- बारिश के दौरान बाग़ानों में खरपतवार पूर्ण रूप से हटा देनी चाहिए और सितंबर महीने के अंत तक खरपतवार हटानी बंद कर देनी चाहिए।
- पौधों के सूखने/मुरझाने से पहले खरपतवार का उन्मूलन करना चाहिए।

- यह रोपण से लेकर 3 साल के लिए लिया जाता है।
- तेज़ी से वृद्धि होने वाली प्रजातियों को कम/धीमी गति से उगने वाली प्रजातियों की तुलना में खरपतवार हटाने की आवश्यकता कम होती है।

8. स्वच्छता/सफाई (Cleaning)

सफाई को पौधे की खेती के लिए प्रवृत्त प्रचालन के रूप में परिभाषित किया गया है जिसमें निम्न वृद्धि के निवारण के साथ अनुकूलित प्रजातियों को सम्मिलित किया जाता है। सामान्यत: निम्न फसल, मुख्य फसल के साथ हस्तक्षेप करती है।

स्वच्छता के उद्देश्य (Objects Of Cleaning)

- हल्की/कम परिस्थितियों में सुधार करना।
- जड़ स्पर्धा/बढ़ोतरी में कमी करना।
- पारगामी जल हानि को कम करना।

स्वच्छता का संचालन (Operations Of Cleaning)

- झाड़ियों और घास/जड़ी-बूटियों की वृद्धि का निराकरण ।
- अलग से निम्न प्रजातियों का निष्कासन।
- रोगग्रस्त पौधों या विकृत पौधों की प्रजातियों की अलग से पुन: कटाई करना।
- लताओं/बेल को काटना या हटाना।
- अनुकूल प्रजातियों की टहनी को छोड़कर सभी की कटाई की जाती है (Singling of coppice shoots of the favoured species)

9. पतलापन/विरलन (Thinning)

वृद्धि में बढ़ोतरी/सुधार करने के उद्देश्य से अपरिपक्व स्थितियों में विरलन करके टहनियों को हटाया जाता है तथा बिना कैनोपी को हटाएँ वृक्षों की आकृति में सुधार लाया जाता है। विरलन किसी फसल में रोपाई अवस्था से आगे और जनन काल के आंरभ तक की जाने वाली प्रक्रिया होती है।

विरलन के उद्देश्य (Objects Of Thinning)

- विरलन होने से वनीय फसल की स्वच्छता, मृत, शुष्क एवं रोगग्रस्त वृक्षों को हटाने में सहायता प्रदान करता है।
- जो वृक्ष अपने जीवन के संघर्ष में कमजोर हो जाते हैं वे सामान्यत: कमजोर और बहुत अधिक संवेदनशील होकर कीटों और रोगों के आक्रमण से गृहित/कोमल होते हैं। कुछ वृक्ष संक्रमण के स्त्रोत के लिए उपयुक्त होते हैं जो कि उनके संघर्ष हेतु उपयुक्त होते हैं। विरलन कुछ कीटों और रोगों से संक्रमित कुछ वृक्षों को हटाने में सहायता प्रदान करते हैं।

- प्राकृतिक स्त्रोतों की उपलब्धता और कम उपलब्धता में अधिक अंतराल के परिणामस्वरूप उपलब्धता के कारण वृक्षों को बनाए रखने के लिए विरलन इनकी वृद्धि और विकास की बढ़ोतरी में सहायता प्रदान करते हैं।
- विरलन वृक्ष प्रजातियों को क्षैतिज वृद्धि की उन्नति में सहायता प्रदान करता है जिसके अतिरिक्त यह इसके व्यास की वृद्धि करने में सहायता प्रदान करता है।
- विरलन विभिन्न घरेलू और औद्योगिक उपयोगिता के लिए समान एवं निरंतर उचित फसल प्रबंधन के विकास में सहायता प्रदान करता है।
- विरलन, विरल पदार्थ को बेचने और फसल से मिलने वाले अंतरिम लाभों को लाने में सहायता प्रदान करता है।

विरलन की विधियाँ (Methods Of Thinning)

सभी वानिकी में सामान्यत: विरलन की विधियाँ निम्नलिखित हैं।

I. यांत्रिकी/मशीनी विरलन (Mechanical thinning)

II. सामान्य विरलन (Ordinary thinning)

III. शीर्षस्थ विरलन (Crown thinning)

IV. मुक्त विरलन (Free thinning)

V. क्रेब अतिरिक्त विरलन (Craib's advance thinning)

VI. संख्यात्मक विरलन (Numerical thinning)

I. यांत्रिकी विरलन (Mechanical thinning)

इस प्रकार के विरलन को सामान्यत: किसी स्थान पर शीर्ष विभेदीकरण से पूर्व तरुण फसलों/पौधों और छोटे नये बाग़ानों के लिए लागू किया जाता था। इस प्रकार के विरलन में सामान्यत: निम्नलिखित दो प्रणालियाँ आती हैं।

(i) **पंक्ति-विरलन :** विरलन जिसमें वृक्षों के पूरे क्षेत्र को पंक्ति या लाइन में काटा जाता है।

(ii) **अंतराल-विरलन :** विरलन होने के कारण निश्चित अंतराल में दूर-दूर के वृक्षों को अवरोधन के लिए चुना जाता है और शेष सभी को काट दिया जाता है। युवा फसलों में यांत्रिकी विरलन लागू करने के बाद उद्योगी/व्यावसायिक पौधों की पहचान करना संभव नहीं है, क्योंकि कम उम्र में उनमें से अधिकांश लगभग समान ऊर्जा के साथ बढ़ते हैं।

उदाहरण : केरल के टीक बाग़ानों/सागौन बागानों में, पहले और दूसरे विरलन को 4 और 8 वर्ष की आयु पर सामान्यत: यांत्रिकी विरलन पर लिया जाता है और प्रथम यांत्रिकी विरलन के पश्चात्, 2500 वृक्ष प्रति हैक्टेयर से घटाकर 1250 वृक्ष प्रति हैक्टेयर तक लाते हुए तिरछी पंक्ति या रेखा के वृक्ष भंडारण में कमी की जाती है। जब दूसरे विरलन के साथ अंतराल में वृद्धि 2 मी. × 2 मी. से बढ़कर लगभग 2.85 मी. × 2.85 मी. हो जाती है तब इसकी आबादी में कमी 625

वृक्ष प्रति हैक्टेयर हो जाती है। और दूसरे विरलन के बाद इसका अंतराल 4 मी. × 4 मी. हो जाती है। विरलन की यह विधि चित्र सं. 1 में दी गई है।

जहाँ बागानों में यांत्रिकी विरलन का कार्य कठिन हो जाता है वहाँ मृत पौधों (casualties) की संख्या अधिक हो जाती है और उस क्षेत्र में पहले से ही अंतराल मौजूद होता है। पंक्ति विरलन और अंतराल विरलन की उपयोगिता बहुत अधिक सीमित होती है और यह प्राकृतिक पुनर्जनन के विस्तार पर निर्भर करती है, सघन प्राकृतिक पुनरुत्पादन वाली प्रजातियों को पिछले चरणों में इन विधियों से विरलन किया जा सकता है।

कम तकनीकी स्टाफ द्वारा कार्य रूप प्रदान करने के लिए कुछ सुविधाजनक उपयोगी नियम पद्धतियां विकसित की गईं हैं। यह वृक्षों के औसत व्यास और वृक्षों के मध्य औसत अंतर के संबंध पर आधारित हैं।

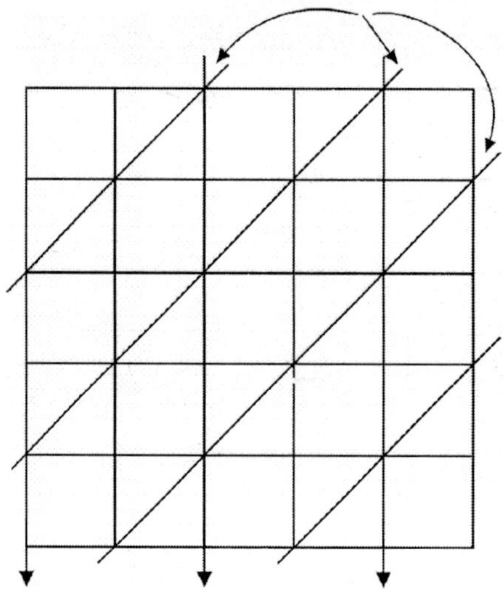

चित्र 3. प्रथम व द्वितीय यांत्रिकी विरलन के पश्चात् अंतराल

इन दोनों के बीच का संबंध सामान्यत: एक रैखिक संबंध है जिसे दर्शाया जा सकता है–

$$d = aD + b$$

जहाँ,

a और b दो अलग–अलग स्थिरांक हैं,

b इनके बीच का अंतराल है ('फुट' के माप में)

D वृक्षों में इंच का औसतन व्यास है।

यांत्रिकी विरलन के नुकसान (Disadvantages Of Mechanical Thinning)

(i) इस विधि की मुख्य हानि यह है कि जिन पंक्तियों या रेखाओं में वृक्षों का अनुचित चयन किया जाता है जिसके परिणामस्वरूप अच्छे वृक्षों का निष्कासन हो सकता है और फसलों में से कमजोर पौधों/वृक्षों को छोड़ सकते हैं। जो उपयोगी नहीं होते हैं।

(ii) यह विधि केवल तुलनात्मक रूप से एक समान उत्पादकता वाले क्षेत्रों के लिए अच्छी होती है।

(iii) हालांकि, यदि उत्पादकता और क्षेत्र में भिन्नता हो तो परिणामस्वरूप अच्छे स्थानों पर उगने वाले वृक्षों को हटाया जा सकता है और अच्छी उपज देने की संभावना रहती है। सामान्य से भी बहुत ज्यादा फैले हुए विशाल वृक्षों को प्राकृतिक रूप से वृक्षारोपण से हटाया जाता है और इसके विरलन को वॉल्फिंग (wolfing) कहा जाता है।

II. सामान्य विरलन (Ordinary Thinning)

इसे सदैव ही 'निम्न विरलन' और 'जर्मन विरलन' और 'नीचे से विरलन' कहा जाता है। सामान्य विरलन में, वृक्षों को निम्न क्राउन वर्ग से हटाया जाता है। इस विरलन में जिन वृक्षों को हटाया जाता है वे सभी वृक्ष रोगग्रस्त, सूखे या कीटों द्वारा खाए हैं और कुछ प्रमुख वृक्ष विरलन के वर्ग पर निर्भर करते हैं। प्रकृति के अनुसार सामान्य विरलन करने में ऐसे वृक्ष जो जीने के परिश्रम में असफल हो जाते हैं सबसे पहले उनको हटाया जाता है।

सामान्य विरलन के कार्य एवं लाभ (Advantages And Application Of Ordinary Thinning)

i. चीर, टीक, साल, सिसु, सेमल, गम्हारी (gamhari) आदि प्रकाश की आवश्यकता वाली प्रजातियों के लिए यह सर्वाधिक उपयुक्त होते हैं, दबी हुई और प्रभुत्व नहीं रखने वाली प्रजातियों में स्वस्थ रहने हेतु उचित शक्ति/क्षमता नहीं होती है और उचित प्रतिक्रिया नहीं होने के कारण विरलन की वृद्धि परिस्थितियों में बढ़ोतरी होती है।

ii. विरलन की यह विधि उपयोगी है और आर्थिक रूप से इसे छोटे आकार की इमारती लकड़ी के बाजार में लाया/लागू किया जा सकता है।

iii. यह विधि निष्पादन में सरल होती है और वृक्षों के चयन के लिए केवल साधारण कौशल की आवश्यकता होती है, इसलिए जहाँ कम प्रशिक्षित व्यक्ति द्वारा विरलन होता है वहाँ इस विधि को अपनाना बेहतर होता है।

iv. निम्न आच्छादन वर्गों के निष्कासन हेतु प्रत्येक पर रोगों एवं कीटों को सम्मिलित किया जाता है। इस प्रकार, विरलन के कार्य से फसल के स्वास्थ्य में सुधार आता है।

v. यह विधि उन क्षेत्रों के लिए उपयुक्त होती है जहाँ छोटे आकार के वृक्ष हटाने से मिट्टी के खराब होने का कोई खतरा नहीं रहता है।

vi. यह विधि बेलों एवं आरोही पौधों से ग्रस्त वनों के लिए अधिक उपयोगी होती है और जहाँ आच्छादन में आग का खतरा रहता है।

vii. इस प्रकार के विरलन में, शेष बचे हुए वृक्षों की वृद्धि में तेजी लाने के लिए निम्न शीर्ष वर्गों को हटा दिया जाता है। अनेक प्रजातियों की स्थिति में यह बताया जाता है कि प्रमुख वृक्षों में वृद्धि को प्रेरित करने के लिए कुछ अंतराल को बनाया जाता है एवं जड़ की बढ़ोतरी के लिए कुछ वृक्षों की ऊपरी कैनोपी को हटा दिया जाता है और छोटे वृक्षों को हटाने से ही प्रभावी वृक्षों की वृद्धि को प्रभावित नहीं किया जा सकता है।

विरलन के केवल भारी ग्रेड में ही वांछित परिणाम उत्पन्न होने की संभावना रहती है। इसलिए, वृद्धि, मृदा क्षति आदि को ध्यान में रखते हुए उचित ग्रेड के साथ इस विधि का चयन करना होता है।

viii. विकास के बाद के चरणों में निम्न शीर्षस्थ वर्ग को काटने से प्राकृतिक पुनरुत्थान में सहायता मिलती है।

सामान्य विरलन से हानि (Disadvantages Of Ordinary Thinning)

i. विरलन की यह विधि निम्न क्राउन वर्ग के वृक्षों को हटाने पर निर्भर करती है। कई क्षेत्रों में, कष्टप्रद और वांछित वृक्षों तथा झाड़ियों में साधारण विकास हो सकता है। साल के पेड़ के बारे में कहा जाता है कि उन क्षेत्रों में साधारण घना/सघन विकास होता है जहाँ निम्न शीर्षस्थ के स्थान पर पर्याप्त खुलापन होता है।

ii. यह विरलन उस समय किया जाता है जब वृक्षों की बढ़ोतरी के लिए मुख्य रूप से लंबे समय के लिए शीर्ष विभेदन का विकास किया जाता है। इसका अर्थ यह है कि प्रतिस्पर्धा के प्रतिकूल प्रभावों के कारण संपूर्ण प्रभावी फसलों सहित नुकसान हो चुका होता है।

iii. कभी-कभी निम्न शीर्षस्थ वर्ग विशेष रूप से तब उपयोगी होता है जब किसी स्थल को प्रधानता से या प्रमुखता से पूर्ण रूप से उपयोग करने योग्य नहीं होते हैं। अधिक से अधिक पोषक तत्त्वों का संचयन निम्न क्राउन वर्गों द्वारा उपयोग में लाया जा सकता है और निम्न चक्रण में रखा जा सकता है।

iv. यदि यहाँ छोटे-छोटे वृक्षों की कोई आवश्यकता न हो तो, इस विरलन के पदार्थों को आर्थिक दृष्टिकोण से उपयोग में लाना बहुत कठिन होता है। जब विरल पदार्थ अव्यवस्थित पड़ा रहता है तो इससे आग का खतरा बढ़ जाता है और फसल के स्वास्थ्य में कोई सुधार नहीं होता है।

v. निम्न शीर्षस्थ वर्ग के वृक्षों को हटाने से मिट्टी खराब (expose)/उर्वरता कम हो सकती है। इससे विशेष रूप से ढलानदार क्षेत्रों में मिट्टी का कटाव बढ़ जाता है।

सामान्य विरलन के क्रम (Grades Of Ordinary Thinning)

सामान्य विरलन के निम्नलिखित क्रम (पद) से कार्य किया जाता है-

क्र. सं.	विभिन्न ग्रेड	विरलन के लक्षण एवं तीव्रता	विरलन का महत्त्व
1.	**सरल विरलन (ए-ग्रेड)**	मृत, रोगग्रस्त और दबे हुए वृक्षों को हटाने के लिए सम्मिलित किया जाता है अर्थात् वर्ग V, IV और III।	व्यावहारिक उपयोग नहीं। वृद्धि, मात्रा आदि पर विरलन होने का प्रभाव तुलनात्मक अनुसंधान के लिए उपयोगी।
2.	**मध्यम विरलन (बी-ग्रेड)**	दोषपूर्ण प्रभुत्व वाले तने, व्हीप, शाखाओं की अग्रिम वृद्धि अर्थात्	तनों को बनाए रखने के लिए इन पर प्रभाव पड़ने के लिए इन पर प्रभाव

क्र. सं.	विभिन्न ग्रेड	विरलन के लक्षण एवं तीव्रता	विरलन का महत्त्व
		वर्ग V, IV, III, II(b), I(d) और कभी-कभी I(c) को हटाना।	पड़ने के कारण इनको कम मध्यम कार्य का उपयोग किया जाता है।
3.	**भारी/तीव्र विरलन (सी-ग्रेड)**	प्रभुत्व वाले तने और दोषपूर्ण सह-प्रभुत्व के बिना कैनोपी में स्थायी अंतराल को बनाया जाता है अर्थात् वर्ग V, IV, II, I, एवं I(b), I(c) और I(d) को हटाया जाता है।	उपज तालिका गणना के लिए प्रचलित मानक ग्रेड।
4.	**अत्यधिक भारी विरलन (डी-ग्रेड)**	यह ग्रेड ऊपर दी गई ग्रेड से इस प्रकार भिन्न है कि कैनोपी को हटाए बिना सदैव इनको लिया जा सकता है। अर्थात् वर्ग IV, III, II और I(b), I(c) एवं I(d)।	शीर्षस्थ विस्तार में बढ़ोतरी तथा परिधि की वृद्धि के कारण के द्वारा वृक्षों को बनाए रखने के लिए इनके व्यास में वृद्धि करना।
5.	**अत्यंत भारी विरलन (ई-ग्रेड)**	सबसे भारी विरलन वह है जो कि वर्ग 1(a) की कैनोपी को हटाने में स्थायी अंतराल के बिना फसल में किया जा सकता है।	अनुसंधान उद्देश्य के लिए उपयोगी।

III. शीर्षस्थ विरलन (Crown Thinning)

शीर्ष विरलन, विरलन की एक विधि है, जो मुख्य रूप से नियमित फसल के प्रमुख वृक्षों की ओर निर्दिष्ट होती है, व्यक्तिगत हित के लिए कम आशाजनक वृक्षों को हटा दिया जाना चाहिए, प्रभुत्व एवं दबी हुई जड़ों को बनाए रखना चाहिए जब तक कि वे शुष्क, मृत एवं रोगग्रस्त न हो जाएँ। विरलन की इस विधि को फ्रैंच विरलन के रूप में जाना जाता है क्योंकि इसकी उत्पत्ति फ्रांस में हुई। इसे ऊपरी या उच्च छँटाई से विरलन भी कहा जा सकता है ताकि इसका सामान्य विरलन से अंतर किया जा सके।

शीर्ष क्राउन कक्षों के वृक्षों की वृद्धि पर निम्न क्राउन कक्षों को हटाने के लाभकारी प्रभाव संदिग्ध हैं और भूमि की सुरक्षा एवं अवांछित ढाँचे पर आक्रमण (Invasion) को रोकने के लिए निम्न क्राउन वर्गों के कुछ वृक्षों को बनाए रखना चाहिए। इसीलिए विरलन की इस विधि का उद्देश्य प्रमुख वर्ग के मध्य से निम्न वृक्षों को हटाना होता है। निम्न क्राउन वर्गों के बड़े वृक्ष जैसे दबे हुए और श्रेष्ठ होते हैं, जिनको विरलन के बाद भी बढ़ने दिया जाता है। विरलन की इस विधि में, वृक्षों के ऊपरी शीर्षस्थ वर्गों को हटा दिया जाता है ताकि एक ही वर्ग में अच्छे पौधों का विकास एवं वृद्धि हो सकें। विरलन बनाए रखने के बाद वृक्षों का चयन स्वास्थ्य, वैधता, रूप और प्रजातियों पर निर्भर करता है। यदि सभी वृक्षों की अच्छी स्वास्थ्य, वैधता, रूप एवं प्रजातियाँ, सहप्रभाविता को हटा दिया जाता है जो कि सर्वाधिक वृक्षों की वृद्धि में बाधा उत्पन्न करते हैं। यदि यहाँ अपेक्षाकृत

कम प्रभुत्व एवं अच्छे सहप्रभारी का चुनाव किया जाना हो तो सहप्रभारी को धारण करने वाले का चयन किया जाता है। शीर्षस्थ विरलन में, इसका उद्देश्य वृक्षों की वृद्धि को बढ़ावा देना होता है, जो कि स्पर्धा में सफल होने के संकेत दर्शाते हैं और भविष्य में फसल के रूप में अच्छे महत्त्व को दर्शाते हैं।

शीर्ष विरलन के लिए कई स्थितियाँ उपयुक्त हैं–

i. यह मध्यम छाया सहिष्णु प्रजातियों, जैसे साल, देवदार इत्यादि के लिए सबसे उपयुक्त हैं, क्योंकि इस प्रकार की प्रजातियाँ, दबे हुए और प्रभुत्व वाले वृक्षों को बनाए रखने के लिए स्वास्थ्य लाभ के प्रभाव को बनाए रखती हैं।

ii. यह उन क्षेत्रों के लिए उपयुक्त हैं जहाँ छोटे आकार की लकड़ी की आवश्यकता नहीं होती है।

iii. यह उन वनों के लिए उपयुक्त होता है जहाँ ठण्ड (frost), बर्फ एवं हवा आदि से काफी क्षति होती है। इन कारकों के कारण प्रभावी वृक्षों के अंत के कारण उत्पन्न रिक्ति को निम्न शीर्षस्थ कक्षों के वृक्षों द्वारा भरा जाता है।

iv. यह विधि उन क्षेत्रों के लिए विशेष रूप से उपयुक्त है जहाँ निम्न शीर्ष के वर्गों के वृक्षों को हटाने से स्थल के ह्रास का खतरा बना रहता है।

शीर्ष विरलन के फायदे (Advantage Of Crown Thinning)

i. प्रभावी वृक्षों के वृद्धि एवं विकास हेतु अनुकूल माहौल को शीर्ष विरलन बनाए रखता है, ये सामान्य विरलन से अधिक तेजी से वृद्धि करता है। इस उत्पादन की लकड़ी का बड़ा आकार व अच्छी गुणवत्ता होती है।

ii. निम्न शीर्ष वर्गों के वृक्षों का विरलन इस विधि के अंतर्गत नहीं हटाया जा सकता है। ये घास व झाड़ी के विकास को नियंत्रण में रखता है।

iii. निम्न शीर्षस्थ वर्गों के वृक्षों के दबाव से परिणामस्वरूप शाखाओं की छँटाई अच्छे से हो जाती है। यह लकड़ी के अच्छे उत्पादन में सहायता करता है।

iv. विरलन की यह विधि स्थान के संरक्षण एवं बर्फ, हवा इत्यादि के कारण होने वाली क्षति को कम करने में सहायता करता है।

शीर्षस्थ विरलन के नुकसान (Disadvantage Of Crown Thinning)

i. यहाँ आर्द्रता एवं पोषकता के लिए उच्च प्रतिस्पर्धा होती है जिसमें प्रभुत्व के विकास पर प्रतिकूल प्रभाव पड़ता है जब वृद्धिकारक सीमित हो,

ii. कटाई, लॉजिंग और विरल पदार्थ के निष्कासन में शीर्षस्थ विरलन समस्या एवं बाधा उत्पन्न करता है,

iii. शीर्षस्थ विरलन, साधारण विरलन से अधिक लचीला है। इसे निष्पादन में अधिक कौशल की आवश्यकता होती है। इसे हटाने के लिए पेड़ों पर और अधिक संख्यात्मक जाँच होनी चाहिए।

iv. रोगग्रस्त या कीटग्रस्त, निम्न शीर्षस्थ वर्ग के वृक्षों को सुरक्षित रखे जाने पर वे फसल में संक्रमण का केन्द्र बन जाते हैं। इसलिए दमन और प्रभुत्व वाले वृक्षों का गहन निरीक्षण होना जरूरी है।

शीर्षस्थ विरलन के क्रम (Grades Of Crown Thinning)

क्र.सं.	विभिन्न ग्रेड	विरल की गहनता एवं लक्षण	विरलन का महत्त्व
1.	हल्की शीर्षस्थ विरलन (L.G. ग्रेड)	रोगग्रस्त, शुष्क एवं मृत वृक्षों को हटाना	अच्छे उपलब्ध वृक्षों का विकास
2.	गंभीर शीर्षस्थ विरलन (H.C. ग्रेड)	शीर्षस्थ वर्गों को हटाना V, N, 1(d), 1(c), मुख्यत: 1(b) कुछ 1(a) के	किसी क्षेत्र के वृक्षों का समान वितरण

IV. मुक्त विरलन (Free Thinning)

मुक्त विरलन से शीर्षस्थ विरलन में संशोधन (modification) होता है और इसे 'एकल तना संवर्धन' और 'विशिष्ट संवर्धन' भी कहा जाता है।

इस विधि में 'एलिटस' का चयन करने के लिए सर्वप्रथम फसल के उचित आकार व आयु के अनुसार उसके तने के रूप में और उनके बीच के अंतर के अनुसार किया जाता है।

इस विधि में संपूर्ण फसल में सुधार के स्थान पर, फसल की वृद्धि की अवधि के दौरान आगामी तनों के लिए अनुकूल अंतराल में वृद्धि के लिए ध्यान दिया जाता है।

रोटेशन आयु के अनुरूप भावी तनों की आवश्यक संख्या का चयन किया जाता है और संपूर्ण क्षेत्र में इसे बनाये रखने के लिए समान रूप से अधिक या कम वितरण किया जाता है। भावी तनों के चयन में, समीपस्थ एलिटस तने के आपेक्ष में उचित स्थिति में सही तने के रूप में वृक्ष सह-प्रभावी और सम-प्रभावी होते हैं, यह मुख्यत: काफी निष्पक्ष हो सकते हैं, लेकिन इसके प्रभाव कम स्वीकार्य होते हैं। एलिटस की आसानी से पहचान करने के लिए चिन्हित किया जाता है। एक बार एलिटस की पहचान हो जाने के बाद, शेष फसल पर एलिटस पर उनके प्रभाव की दृष्टि से विचार किया जाता है। यदि एलिटस को हटाने से उनकी सहायता की संभावना हो तो, उन्हें काट दिया जाता है अन्यथा स्थल के संरक्षण के लिए इन्हें बनाए रखा जाता है।

V. अतिरिक्त विरलन (Advance Thinning)

इस विधि में, विरलन करने से पूर्व प्रत्येक वृक्षों के मध्य स्पर्धा होती है; किन्तु स्पर्धा में कोई स्थान लेने की अनुमति नहीं देते हैं। यह कुल मात्रा की उत्पादन में कमी के कारण हो सकता है, लेकिन एलाइट वृक्षों की अधिकतम ऊँचाई सुनिश्चित होती है। इस विधि का सुझाव क्रैब (1939) ने बाग़ानों के लिए दिया था तथा इसे सामान्यत: क्रैब अतिरिक्त विरलन के नाम से जाना जाता है।

विकास के प्रारंभिक चरणों में, यहाँ स्थान, प्रकाश, पोषण और जल के लिए पौधों के मध्य तीव्र स्पर्धा होती है। इस स्पर्धा को बनाए रखने के लिए, प्रत्येक अपशिष्ट को हटाया जाता है।

विशिष्ट वृक्षों के स्त्रोतों को परिवर्तित किया जाता है। तीव्र दर पर वृद्धि की शुरुआत के लिए कभी-कभी वृक्षों को मुक्त करने में 3-4 वर्ष लग जाते हैं। इससे यह निष्कर्ष निकलता है कि सबसे अधिक वृद्धि तभी संभव है जब तक कि कोई फसल में प्रतिबंध आरंभ न हुआ हो।

VI. संख्यात्मक विरलन (Numerical Thinning)

कई कारक जैसे तने की संख्या प्रति हैक्टेयर और वृक्ष की ऊँचाई के संबंध पर व्यास (diameter), N/H^2 (तना प्रति हैक्टेयर पर संख्या एवं ऊँचाई के संबंध में), वृक्ष क्षेत्र का अनुपात, धड़ क्षेत्र, आधारीय क्षेत्र आदि, एक विशेष आयु एवं स्थान पर फसल के अनुकूलतम घनत्व के लिए बहुत अच्छे मार्गदर्शक होते हैं एवं संख्यात्मक रूप से विरलन की जाँच में उपयोग किया जाता है।

(i) **N/D सम्बन्ध :** कई भारतीय लकड़ी की प्रजातियों के लिए संख्या का व्यास और तने पर हैक्टेयर के मध्य संबंध स्थल गुणवत्ता अनुसार अलग पाया जाता है।

स्थायी घनत्व सूचकांक, दिये गए मानक औसत व्यास के अनुरूप वृक्षों की संख्या होती है। वृक्षों की संख्या तथा औसत व्यास के संबंध के आधार पर ऐसे संख्यात्मक पैरामीटर दिये जाते हैं जो प्रति हैक्टेयर तना और फसल के औसत व्यास के मानक संबंध के आधार पर दिये जाते हैं।

(ii) **N/H^2 सम्बन्ध :** किसी दी गई साइट की गुणवत्ता के लिए, प्रति इकाई क्षेत्र के वृक्षों की अनुकूलतम संख्या की स्थिति अर्थात् N/H^2 वृक्षों की ऊँचाई के वर्ग की व्युत्क्रम आनुपातिक पायी गई है, लेकिन भारतीय वनों में इस विधि का उपयोग नहीं किया जाता है।

10. उन्नत कटाई (Improvement Felling)

कटाई में सुधार का अर्थ है कि फसलों में प्रत्येक महत्त्वपूर्ण वृक्षों के हित में फसलों में से कम महत्त्वपूर्ण वृक्षों को हटाया जाता है। यह मिश्रित तथा अनियमित वृक्षों के लिए भी लागू होता है।

इसमें निम्नलिखित कार्यों को लिया जाता है :

- प्रत्येक रोगग्रस्त, मृत एवं शुष्क पौधों को हटाना
- अस्वस्थ एवं अधिक परिपक्व, विक्रययोग्य वृक्षों की कटाई
- अस्वस्थ और बुरी तरह से आकृत परिपक्व एवं अपरिपक्व वृक्षों की कटाई
- अतिरिक्त समूह के पोल का विरलन
- क्षतिग्रस्त अंकुरों या छोटे वृक्षों की पुनः कटाई कर वृद्धि के अंतर्गत अवांछनीय पौधों को हटाया जाता है।
- बेल/लता (Climber) कटाई।

11. करधनी (Girdling)

वृक्ष के चारों ओर धड़ को पूरी परिधि के आस-पास छाल की एक पट्टी को हटाना गर्डलिंग के रूप में परिभाषित किया जाता है। यह वन में से अपकृष्ट वृक्षों को हटाने के लिए

किफायती/सस्ती विधि है। गर्डलिंग के तने से पत्तियों से जड़ तक प्रकाश संश्लेषण के प्रवाह पर प्रतिबंध होता है। गर्डलिंग के कारण भूख से जड़ों की मृत्यु हो जाती है। यह कुछ प्रजातियों के लिए प्रतिबंधित होता है। गर्डलिंग वनों के अंदर आग का खतरा अधिक बढ़ाता है।

12. वृक्षों की काट-छाँट/छँटाई (Pruning)

छँटाई में पेड़ों और लकड़ी में सुधार के लिए जीवित या मृत शाखाओं या खड़े वृक्षों से कई अनावश्यक शाखाओं को हटाया जाता है। इससे शुष्क छँटाई (शुष्क शाखाओं का निष्कासन) और ग्रीन/हरित छँटाई (जीवित शाखाओं का निष्कासन) हो सकता है।

इसे प्राकृतिक छँटाई या कृत्रिम छँटाई में वर्गीकृत किया जा सकता है। पौधे की प्राकृतिक मृत्यु या खड़े वृक्ष से शाखाओं के गिरने को प्राकृतिक छँटाई के रूप में परिभाषित किया जा सकता है। इसे स्व-छटाई भी कहा जा सकता है। यह छँटाई कई प्रकार के प्राकृतिक माध्यमों से हो सकती है जैसे हवा, शुष्कता, बर्फ, हिमपात आदि।

कृत्रिम छँटाई को वनवासी द्वारा की गई छँटाई के रूप में परिभाषित किया जाता है इसके लिए प्राकृतिक छँटाई का इंतजार नहीं किया जा सकता है। इससे घूर्णन और गठन की लागत कम हो जाती है।

कली (buds) की छँटाई एक विशेष प्रकार की छँटाई है जिसे शाखाओं के विकास को रोकने के लिए पार्श्विक कली को रगड़कर गाँठ-मुक्त (knot-free) लकड़ी को बनाए रखा जाता है। जैसे ही पार्श्विक कली से शाखाओं के विकास को रोकते हैं तो इसके बाद कई चरणों में छँटाई कम हो जाती है।

13. बेल नियंत्रण/आरोही पादप नियंत्रण (Climber control)

रोग प्रभावित वृक्षों की वृद्धि और उनके विकास को रोकने के लिए बेल/आरोही पादपों को नियमित तौर पर काट दिया जाता है। पतली बेलों या लताओं को पूर्ण रूप से जड़ों से हटा दिया जाता है। मोटी बेलों या लताओं की स्थिति में इसको आधार से और एक मीटर की ऊँचाई दोनों तरफ से काट दिया जाता है। बेलों या लताओं को हटा कर जला दिया जाता है।

■ ■ ■

अध्याय 7

वाणिज्यिक महत्त्वपूर्ण वृक्षों का वन संवर्धन
(Silviculture Of Commercially Important Trees)

परिचय (Introduction)

1. यूकेलिप्टस का वन संवर्धन (Silvicultural Of Eucalyptus)

प्रजातियाँ : *यूकेलिप्टस कैमल्डुलैंसिस*
(Eucalyptus camaldulensis)
यूकेलिप्टस टेरटीकॉर्निस
(Eucalyptus tereticornis)

वंश : मिर्टेसी (Myrtaceae)

सामान्य नाम : लाल गम, मैसूर गम

ऊँचाई 0–1000 मीटर

औसतन वार्षिक वर्षा 600–1500 मी.मी

स्थानीय कारक

औसतन वार्षिकी तापमान : 2° सेल्सियस से 32° सेल्सियस

मृदा प्रकार :
- रेतीली दोमट मिट्टी (Sandy loams)
- बजरी एवं जलोढ़ मिट्टी

फलोद्गदिकी : पुष्पन वर्ष में दो बार होता है

पुष्पन
- मई से जून — • अक्टूबर से नवम्बर

फल–परिपक्वता
- जुलाई — • दिसम्बर

वन संवर्धन विशेषता :
- अधिक प्रकाश की आवश्यकता
- गुल्म– इसमें आसानी से भरपूर गुल्म (कटाई योग्य) पनपते हैं।

नर्सरी तकनीक

बीज प्रजनन :
- बीज उपचार–शून्य
- बीजों का मदर बैड में छिड़काव बुवाई
- अंकुरित नवपौधों का प्रत्यारोपण
- छः महीने पुराने नवपौध के अंकुरों को रोपण के लिए तैयार करना
- क्लोनल तकनीक–सूक्ष्म क्लोनल तकनीक
- क्लोनल मदर गार्डन की स्थापना
- सिंचाई एवं उर्वरकता के साथ मदर गार्डन का प्रबंधन

वानस्पतिक प्रजनन :
- सूक्ष्म टहनी का चयन
- 5 सेमी. से 10 सेमी. तक कटाई
- जूट खाद (coir compost) के साथ रूट-ट्रेनर को रोपण में भरना
- 21 दिनों के अंतर्गत जड़ों का प्रारंभ
- 45 से 60 दिनों में सख्त बनाना
- 90 दिन पुराने पौधे रोपण के लिए तैयार मी

वन–संवर्धन उपचार

अंतराल : 3मी × 1.35/3मी × 1.5मी/3.0 × 2.0मी

गड्ढों का आकार : 30 सेमी. × 30 सेमी. × 30 सेमी

आधारीय उपयोग : 250 ग्राम की कृमि खाद और 2 किग्रा. की फार्म यार्ड गड्ढे प्रति खाद के साथ 50-100 ग्राम डी.ए.पी.

रोपण समय : जून से अक्टूबर

सिंचाई : प्रतिदिन 3 से 6 लीटर

उर्वरक उपयोग : 2 किग्रा का और प्रत्येक छः महीने में 19 बार 100 ग्राम से 500 ग्राम

निराई : प्रतिवर्ष दो बार निराई

छँटाई : स्व–छँटाई

विरलन : केवल मृत और रोगग्रस्त

वृद्धि की दर :
- कम समय में कटाई योग्य आवर्तन वृक्षों की तीव्र वृद्धि
- सिंचाई की स्थिति के अंतर्गत 3 वर्ष में 125-150 टन/हैक्टेयर का औसतन क्षेत्र
- 3 वर्ष के लिए जैवभार

उत्पादन का आवर्तन (Rotation) :
- 5 से 6 वर्ष के लिए लुगदी लकड़ी
- 6–8 वर्ष के लिए प्लाई लकड़ी

उपयोग :
- यूकेलिप्टस लुगदी और कागज के लिए बहुत अच्छी कच्ची सामग्री है जो कि उच्च लुगदी की उपज के कारण होता है जिसकी उपज 44 से 48 प्रतिशत के मध्य होती है।
- स्पष्टत: और गुणवत्ता के कारण इसकी अच्छी प्लाईवुड होती है।
- 4500 किकैलोरी/किग्रा से अधिक के उच्च कैलोरी मान की लकड़ी के कारण ईंधन लकड़ी एवं चारकोल।
- इसकी लकड़ी मज़बूत होती है और इसका उपयोग बोर्ड एवं हार्डबोर्ड के कणों में किया जाता है।
- यूकेलिप्टस प्रजातियों की पत्तियाँ आवश्यक तैल–तत्त्व में समृद्ध होती है।

2. कैसुअरीना का संवर्धन (Silvicultural Of Casuarina)

प्रजातियाँ : *कैसुअरीना इक्वीसेटीफोलिया*
कैसुअरीना जुंगुनिआना

वंश : कैसुअरीनैसी (*Casuarinaceae*)

सामान्य नाम : बीफवुड, शी–ओक

ऊँचाई : 0–1000 मीटर

औसतन वार्षिक वर्षा : 900–3800 मी.मी

स्थानीय कारक

औसतन वार्षिकी तापमान : 10–47° से.

मृदा प्रकार (Soil type) :
- शिथिल में अच्छी, अच्छी तटीय रेत।
- आंतरिक परिस्थितियों के लिए अच्छी तरह से सूखे रेतीले लोम।
- यह लेटरिटिक और लाल मिट्टी को सहन करती है और लवणीय, अम्लीय एवं क्षारीय परिस्थितियों को भी सहन करती है।

फलोद्गदिकी (Phenology)

पुष्पन :
- वर्ष में दो बार होता है

- फरवरी से अप्रैल
- सितम्बर से अक्टूबर

फल–परिपक्वता : अधिक प्रकाश की माँग और शुष्क प्रतिरोधी
: आग को ग्रहण की क्षमता
: गुल्म पनपने में धीमापन
: जलजमाव/जलक्रांत (Waterlogged) को सहन करने वाली प्रजाति

नर्सरी तकनीक (Nursery Techniques)

बीज प्रसार (Seed propagation) :
- बीज उपचार–शून्य
- बीज मदर बैड में बोए जाते हैं
- अंकुरित पौधों का प्रत्यारोपण
- छः महीने के पौधे रोपण के लिए तैयार
- क्लोनल तकनीक – सूक्ष्म क्लोनल तकनीक
- क्लोनल मदर गार्डन की स्थापना
- सिंचित और उर्वरक के साथ ही मदर गार्डन का प्रबंधन

वानस्पतिक प्रसार :
- सूक्ष्म टहनियों का परिचय (चयन)
- जूट खाद (coir compost) के साथ ही रूट ट्रैनर को रोपण में भरना
- 21 दिनों के अंदर जड़ सिंचाई
- 45 से 60 दिनों में सख्तता
- 90 दिन के पौधे रोपण के लिए तैयार

वन–संवर्धन उपचार

अंतराल : 1.5 × 1.5 मी.

गड्ढों का आकार : 30 सेमी × 30 सेमी × 30 सेमी

आधारीय उपयोगिता : 250 ग्राम कृमि खाद और 2 किग्रा. फार्मयार्ड खाद प्रति गड्ढे के साथ ही 50 ग्राम डी.ए.पी.

रोपण समय : दक्षिण पश्चिम और उत्तर पूर्व मानसून

सिंचाई : 6 से 8 लीटर प्रतिदिन

उर्वरक :
- पहले वर्ष में तीन बार 100 किग्रा यूरिया
- दूसरे वर्ष में चार बार 100 किग्रा डी.ए.पी.
- तीसरे वर्ष में तीन बार 150किग्रा कॉम्प्लेक्स

निराई : प्रति वर्ष दो बार निराई

छँटाई	: प्रत्येक छः महीने में एक बार
विरलन	: मृत एवं रोगग्रस्त
वृद्धि की दर	: • कम उपज आवर्तन वाले वृक्षों में कम उपज • यह प्रत्येक 3 वर्ष में औसतन 100 से 150 टन/हैक्टेयर उपज करता है।
घूर्णन (Rotation)	: • कैसुअरीना की कटाई आवर्तन आयु 3 महीने होती है।
उपयोग (Utilization)	: • ईंधन लकड़ी : ऊष्मीय मान 4950 कैलोरी/किग्रा होता है। : • वात रोधक (Wind breaks) : • मोटे लट्ठे (poles)

3. मेलिआ का संवर्धन (Silvicultural Of Melia)

प्रजातियाँ	: *मेलिआ डबिया (Melia dubia)*
वंश	: मेलिऐसी (*Maliacase*)
सामान्य नाम	: मालाबर नीम, मेलिआ
ऊँचाई	: 1500–1800 मीटर
औसतन वार्षिक वर्षा	: 800–1000 मी.मी
स्थानीय कारक	
औसतन वार्षिकी तापमान	: 32–40° से.
मृदा प्रकार (Soil type)	: गहरा (Deep), अच्छी तरह से शुष्क रेतीले मिट्टी के लोम
फलोद्गदिकी (Phenology)	
पुष्पन	: नवम्बर–जनवरी
फल–परिपक्वता	: जनवरी–फरवरी
वन–संवर्धन विशेषताएँ	: • आग से क्षतिग्रस्त • पौधे ब्राउजिंग से ग्रस्त होते हैं • बीज इसके कठोर अंत:फलकों से निकलते हैं और 100 पी.पी.एम. जिबरेलिक एसिड में रातभर उपचारित किया जाता है। • बीजों को रेतीली मिट्टी पर बोया जाता है और इसका अंकुरण 30 दिन में शुरू होता है।
बीज प्रसार	: • अंकुर केवल 40% हैं। • अंकुरित पौधों का प्रत्यारोपण पॉलीबैग में होता है।

- छ: महीने के पौधे किसी क्षेत्र के रोपण के लिए तैयार होते हैं।

नर्सरी तकनीक :
- क्लोनल तकनीक – सूक्ष्म क्लोनल तकनीक
- क्लोनल मदर गार्डन की स्थापना
- सिंचित और उर्वरक के साथ ही मदर गार्डन का प्रबंधन
- सूक्ष्म टहनियों का परिचय

वानस्पतिक प्रसार :
- 5 से 10 सेमी. आकार की कटाई
- कॉयर कंपोस्ट को रूट ट्रेनर के साथ भरना
- 21 दिनों के अंदर जड़ सिंचाई
- 45 से 60 दिनों में सख्तता
- 90 दिन के पौधे रोपण के लिए तैयार

अंतराल :
- प्लाईवुड : 4मी. × 4मी. (और) 5मी. × 5मी. (और) 6मी. × 6मी.
- लुगदी प्लाईवुड : 6' × 6' (प्रथम दो वर्ष)

गड्ढों का आकार : 30 × 30 × 30

रोपण समय : जून से अक्टूबर

सिंचाई : 6–8 लीटर (प्रतिदिन बूंद सिंचाई)

वन–संवर्धन उपचार

उर्वरक उपयोग : खाद और जैविक उर्वरक, कार्बनिक उर्वरक और रोपण (25–50 ग्राम) का मिश्रण क्रमश: गड्ढों में प्रयुक्त होता है। 50 ग्राम डी.ए.पी. प्रति पौधा

निराई : वार्षिकी

छँटाई : वार्षिकी

विरलन (Thinning) :
- शुरुआत के तीन वर्षों में वैकल्पिक पंक्तियों का विरलन
- शुरुआत के पाँच वर्षों में तिरछे वैकल्पिक पौधों का विरलन
- सातवें वर्ष की शुरुआत में फसल/पैदावार

वृद्धि की दर :
- लुगदी के लिए– तीन वर्षों में 100–150 टन/हैक्टेयर
- प्लाईवुड के लिए– छ: वर्षों में 200 टन/हैक्टेयर
- प्लाईवुड के लिए : 5–7 साल

उपज आवर्तन (Ratation) :
- लुगदी और कागज के लिए – 24–36 महीने

- मध्यम घनत्व वाले उच्च वेनियर के कारण यह अच्छी प्लाईवुड है।
- बढ़ती हुई पॉली उपज के कारण यह अच्छी लुगदी के लिए लकड़ी अच्छी है।
- इस लकड़ी का उपयोग पैकिंग के मामलों में,

उपयोग :
- सिगार बॉक्स, छत के तख़्ते (ceiling planks), भवन प्रयोजन, कृषि सामग्री, पेंसिल, मैच बॉक्स, तख़्ते (splints) एवं कट्टमरम्स।
- यह ध्वनि यंत्र, चाय के डिब्बे और प्लाईबोर्ड के लिए उपयुक्त होता है।
- यह अच्छी ईंधन की लकड़ी होती है। (तापवर्धक मान : 3,400–4,100 कैलोरी)
- इस पौधे के फल कड़वे होते हैं। यह अच्छे कृमिनाशक होते हैं।

4. टीक का संवर्धन (Silviculture Of Teak)

प्रजातियाँ : *टेक्टोना ग्रेन्डिस (Tectona grandis)*

वंश : *वर्बीनेसी (Verbenaceae)*

सामान्य नाम : टीक

ऊँचाई : 0 से 1200 मी.

औसतन वार्षिक वर्षा : 1000 से 5000 मिमी.

औसतन वार्षिकी तापमान : 2° से. से 48° से.

फलोद्गदिकी

मृदा प्रकार :
- गहरी एवं अच्छी शुष्क मिट्टी
- उपजाऊ कछारी या जलढ़ (Alluvial - colluvial) मिट्टी

पुष्पन : जनवरी से अप्रैल

फल परिपक्व : मई से जुलाई

वन संवर्धन विशेषताएँ :
- अधिक प्रकाश की आवश्यकता
- ठण्ड एवं शुष्कता के लिए संवेदनशील
- अच्छे प्रबलतापूर्ण कॉपिसर एवं कटे हुए बीजों का उपचार 10 दिन के लिए एकांतरिक आर्द्र एवं शुष्क विधि से है।

- मदर बैड में बीजों को बोया जाता है।
- अंकुरण की शुरुआत तीसरे सप्ताह के बाद होती है।

नर्सरी तकनीक

बीज प्रसार :
- ठूंठ (Stupm) की तैयारी के लिए 9–12 महीने पुराने पौधे लिये जाते हैं।
- ठूंठ के आकार में 2.5 सेमी. टहनी का हिस्सा और 22.5 सेमी. जड़ का हिस्सा
- स्टंप सीधे ही रोपण के लिए उपयोग लिये जाते हैं।

वानस्पतिक प्रसार :
- इसका पुनर्जनन उचित 'कटिंग' रोपकर भी किया जा सकता है।

वनवर्धक उपचार

अंतराल : 2मी. × 2मी.

गड्ढों का आकार : 30मी. × 30मी. × 30मी.

आधारीय आवश्यकता : 2किग्रा. की फार्मयार्ड खाद, 100ग्राम डी.ए.पी.

रोपण समय : जून–जुलाई और सितम्बर–अक्टूबर

सिंचाई :

उर्वरक उपयोग : 2किग्रा का FYM, 100ग्राम के जटिल उर्वरक एवं प्रत्येक में 19 बार 100ग्राम–300ग्राम

निराई : वार्षिकी (Annual)

छँटाई : आवश्यक, वर्ष में एक बार
- विरलन चक्र के 4, 8, 12, 18, 26 और 36 वर्षों के बाद 50 वर्षों के लिए आवर्तन दोहराव होता है।
- तमिलनाडु में विरलन चक्र के 5, 10, 18 और 36 वर्षों के बाद 50 वर्षों के लिए आवर्तन दोहराव होता है।
- इन दोनों स्थितियों में, प्रथम दो बार विरलन यांत्रिकी होती है और शेष वन संवर्धन–सी श्रेणी विरलन पर होता है।

वृद्धि की दर :
- अच्छी तरह से प्रबंधन की स्थिति में टीक एक वर्ष में अच्छी वृद्धि और 15 से 20 फीट तक की ऊँचाई ग्रहण करता है।

उपज आवर्तन :
- 20 वर्षों के अंदर अच्छी तरह से सिंचित और प्रबंधित स्थितियाँ
- 40-60 वर्षों के अंतर्गत वन स्थलों की स्थितियाँ
- 15 वर्षों के अंदर बंध वृक्षारोपण

उपयोग :
- टीक मध्यम मज़बूत लकड़ी होने के साथ ही इसका घनत्व 660 किग्रा प्रति घनमीटर होता है एवं यह दोनों घरेलू और औद्योगिक कार्यों के लिए यह लकड़ी अधिक उपयुक्त होती है।
- टीक स्थायित्व, आकार की स्थिरता, कार्य गुणवत्ता, दीमकरोधी के कारण यह लकड़ी बहुत अच्छी मानी जाती है।
- टीक लकड़ी का उपयोग सभी निर्माण प्रयोजन जैसे लट्ठा, स्तंभ, दरवाजें, खिड़कियां, फर्श, चौखटा आदि।
- यह लकड़ी और कैबिनेट के लिए सबसे अच्छी लकड़ी का काम है जिसमें वैगन और कैजेस (cadges) सम्मिलित हैं।
- आकार की स्थिरता के कारण समुद्री निर्माण कार्य एवं जहाज निर्माण के लिए टीक को पसंद किया जाता है।

5. एलेंथस का वन संवर्धन (Silviculture Of Ailanthus)

प्रजातियाँ : *एलेंथस एक्सेल्सा (Ailanthus excelsa)*

वंश : *सिमेरोबैसी (Simaroubaceae)*

सामान्य नाम : स्वर्ग का वृक्ष (tree of heaven)

स्थानीयता कारक

ऊँचाई : 0 से 900 मी.

औसतन वार्षिक वर्षा : 500-1900 मिमी.

औसतन वार्षिकी तापमान : 12.5°से. से 47.5°से.

मृदा प्रकार (Soil type) : छिद्रयुक्त रेतीले लोम (Porous sandy loams)

फलोद्गदिकी

पुष्पन (flowering) : फरवरी से मार्च

फल परिपक्व : अप्रैल से मई

वनवर्धक विशेषताएँ :
- अधिक प्रकाश की आवश्यकता
- शुष्कता के लिए संवेदनशील
- सामान्य तौर पर ठंड थोड़ी होती है।
- गुल्म अच्छी तरह से एवं जड़ चूषकों के उत्पादन से मुक्त होते हैं।
- जल प्रवेश क्षेत्र के लिए अतिसंवेदनशील
- ठंडे पानी में भिगोये हुए बीजों को 5–7 दिनों के लिए शुद्ध जल में रखें।

नर्सरी तकनीक

बीज प्रसार :
- छिद्ररोपित बीजों को रोजाना पॉलीबैग में भरकर जल से डुबोकर निकालें।
- छ: महीने के पौधे रोपण के लिए तैयार होते हैं।

वानस्पतिक प्रसार : --

वनवर्धक उपचार

अंतराल : 5 मी × 5 मी /6 मी × 5 मी

गड्ढों का आकार : 30 सेमी. × 30 सेमी. × 30 सेमी. और 45 सेमी. × 45 सेमी. × 45 सेमी.

आधारीय आवश्यता : 2 किग्रा. फार्मयार्ड खाद, 100ग्राम डी.ए.पी. (2kg of Farmyard mannure, 100g DAP)

रोपण समय :
- फरवरी–मार्च के महीने में क्षेत्र को साफ कर एवं गड्ढों को निकाला जाता है एवं मृदा को मौसम के अनुरूप काम लिया जाता है।
- गड्ढों में रोपण जुलाई के महीने में किया जाता है।

सिंचाई : शुष्क भूमि फसल (Dryland crop)

उर्वरक उपयोग : 5 किग्रा. FYM और 100 ग्राम – 200 ग्राम जटिल (Complex) उर्वरक प्रतिवर्ष मानसून के मौसम में एक वर्ष में एक बार किया जाता है।

निराई (Weeding) : पहले दो वर्षों के लिए समय पर और नियमित रूप से निराई बहुत आवश्यक होती है।

छँटाई (Pruning) : –

विरलन (Thinning) : जब वृक्ष 10–12 मी. ऊँचाई प्राप्त करता है तब पहले या चौथे वर्ष में पहली बार वन संवर्धन में विरलन का कार्य किया जा सकता है।

वृद्धि की दर : एलेन्थस धीमी गति से वृद्धि करने वाले वृक्षों में से है जो 6 वर्ष में 10 से 15 मी. की ऊँचाई पर अच्छी तरह से प्रबंधित स्थिति में पाता है।

उपज आवर्तन (Rotation) : सिंचित अवस्था में 6–10 वर्ष और शुष्क भूमि पर 10 वर्ष से अधिक का।

उपयोग (Utilization) :

- इस प्रजाति का उपयोग माचिस के डिब्बों और मैच स्प्लिट्स बनाने के लिए बड़े पैमाने पर किया जाता है।
- लकड़ी के खिलौने और सस्ते स्तर पर क्रिकेट बेट बनाने के लिए कुटीर उद्योगों में लकड़ी का व्यापक उपयोग किया जाता है।
- इस लकड़ी का उपयोग पैकिंग की स्थिति और लकड़ी के बॉक्स बनाने में किया जाता है।
- इस नस्ल की पत्तियों को भेड़ों और बकरियों के लिए अत्यंत स्वादिष्ट और प्रोटीन से भरपूर पौष्टिक चारा माना जाता है।
- यह कीचड़दार, निम्नीकृत और उन्मूलित क्षेत्र एवं बंजरभूमि के लिए उपयुक्त होते हैं।
- यह सबसे निम्न किस्म की गोंद की पैदावार करते हैं।

6. सुबबूल का वन संवर्धन (Silviculture Of Subabul)

प्रजातियाँ (Species) : *लुसेना ल्युकोसेफल (Leucaena Leucocephala)*

वंश : फेबेसी (fabacaea)

सामान्य नाम : सुबबूल (Subabul)

स्थानीयता कारक : 0 से 1500 मी

औसतन वार्षिक वर्षा : 650–3000 मीमी

औसतन वार्षिकी तापमान : 15°C से 36°C

मृदा प्रकार (Soil type) :

- कैल्शियम युक्त मृदा
- लवणीय मृदा एवं एल्काइन मृदा जिसकी मृदा उर्वरकता का मान pH 8

फलोद्गदिकी : दो बार पुष्पन की ऋतु

पुष्पन (flowering)

- जुलाई से नवंबर
- फरवरी से मई

फल परिपक्व : • दिसम्बर और जून

वनवर्धक विशेषताएँ : • अधिक प्रकाश की आवश्यकता
- ऊर्जायुक्त मजबूत गुल्म
- सामान्यत: थोड़ी ठंड झेल सकता है।
- शुष्क प्रतिरोधक

नर्सरी तकनीक

बीज प्रसार : • बीजों का उपचार सांद्र सल्फ्यूरिक अम्ल के साथ करके एवं फिर सीधा ही पॉलीबैग में बोया जाता है।
- 3 से 4 वर्ष के पौधे रोपण के लिए तैयार होते हैं।

वानस्पतिक प्रसार : –

वनवर्धक उपचार

अंतराल : 1.5 मी. × 1.5 मी., 2मी. × 2मी. (प्लाईवुड के लिए), 3मी. × 3मी. (लकड़ी के लिए)

गड्ढों का आकार : 30 सेमी. × 30 सेमी. × 30 सेमी.

आधारीय आवश्यकता : 2 किग्रा. फार्मयार्ड खाद, 100ग्रा डी.ए.पी. (2kg of Farmyard mannure, 100g DAP)

रोपण समय : 2 से 4 महीने के पौधों को जुलाई के महीने में रोपण के लिए उपयोग किया जाता है।

सिंचाई : –

उर्वरक उपयोग : 2 किग्रा. की FYM एवं 100 ग्राम–560 ग्राम जो कि छ: महीने में प्रत्येक 19 बार

निराई (Weeding) : प्रथम दो वर्षों में प्रत्येक 3 महीने में एक बार

छँटाई (Pruning) : पहले एक वर्ष के दौरान नियमित तौर पर

विरलन (Thinning) : –

वृद्धि की दर : • उच्च उपज वाले कम आवर्तन काल कटाई वृक्ष
- 3 से 4 वर्षों में इसमें औसतन 100 टन प्रति हैक्टेयर की पैदावार होती है।

आवर्तन (Rotation) : • 3–6 वर्षों तक, यह स्थल पर निर्भर करते हैं।

उपयोग (Utilization) : • इसकी प्लाईवुड बहुत अच्छी होती है।
- सुबबूल में सख्त भारी लकड़ी (लगभग 800 किग्रा./मी.) एवं मध्यम घनत्व वाली लकड़ी होती है।

- सुबबूल एक अच्छी गुणवत्ता वाली एवं अच्छे चारें वाले वृक्ष होते हैं।
- सुबबूल एक अच्छी जलाऊ प्रजाति वाली लकड़ी होने के साथ ही इसका गुरुत्व 0.45-0.55 है एवं इसका तापजनक मान 4600 cal/kg होता है।

7. चन्दन का वन संवर्धन (Silviculture Of Sandalwood)

प्रजातियाँ (Species) : *सैटालम एल्बम (Santalum album)*

वंश : *सेंटलेसी* (Santalaceae)

सामान्य नाम : पूर्वी भारतीय चन्दन (East Indian Sandalwood)

स्थानीयता कारक

ऊंचाई : 90-1500 मी.

औसतन वार्षिक वर्षा : 500-2000 मि.मी.

औसतन वार्षिकी तापमान : 15°C - 35°C

मृदा प्रकार (Soil type) :
- काली कपासी मिट्टी में भी रेतीली लाल लेटरिक मिट्टी
- मेटेरोफिक चट्टानों पर लाल फ़ेरुजिनस (लौह) लोम
- चट्टानी जमीन और पत्थर या बजरी से मिट्टी

फलोद्गदिकी : पुष्पन की ऋतु दो बार आती है

पुष्पन (flowering)
- फरवरी-अप्रैल
- अक्टूबर-नवम्बर

फल परिपक्व :
- मई
- दिसम्बर

वनवर्धक विशेषताएँ :
- छाया धारक/छाया साहिष्णु
- जड़ चूषकों से भरपूर होती है
- गुल्म काफी अच्छे होते हैं
- बीजों की प्रारंभिक निष्क्रियता 3-4 सप्ताहों तक होती है और 4 सप्ताह के बाद इसका अंकुरण शुरू होता है जो लगभग 60% होता है।

नर्सरी तकनीक

बीज प्रसार :
- बीजों को रात में 0.05% गिबर्लिक एसिड के

साथ भिगोकर एक समान और बहुत अच्छा अंकुरण प्राप्त किया जा सकता है।

- चंदन (Sandal) के पौधों के साथ *कैसुरीना, कैजनस कैजन, अल्बिजिआ, अल्टर्नेन्था, अगरेन्थस* आदि जैसे पौधों के साथ प्रत्यारोपण होता है।

वानस्पतिक प्रसार : चन्दन पौधारोपण में कटिंग कलमों से केवल 20% तक सफल रहती है।

गड्ढों का आकार : 3 × 3 मी. से 5 × 5 मी.

अंतराल : 30 सेमी. × 30 सेमी. × 30 सेमी. (और) 40 सेमी. × 40 सेमी. × 40 सेमी. (और) 60 सेमी. × 60 सेमी. × 60 सेमी.

बुनियादी आधार : मृदा मिश्रण के साथ नीम केक 25–50ग्रा /गड्ढे, क्लोर्पाइरिफोस 2 ग्राम पाउडर/गड्ढे

पौध रोपण : मानसून ऋतु

वनवर्धक उपचार

समुदाय :
- चंदन वृक्षों की बड़ी संख्या में 150 से अधिक अन्य वृक्ष प्रजातियों के साथ संबंध है।
- अल्बीजिया, टर्मीनेलिआ, लेजर्सट्रोमिया, डलबर्जिआ, कैसुअरीना, *अकेसिआ निलोटिका, पॉगेमिआ पिनाटा, ऋग्टिया टिंक्टोरिआ* एवं *केसिआ सिआमी* मुख्य समुदाय के पौधे हैं।

सिंचाई : यह असिंचित शुष्क भूमि की फसल है।

उर्वरक उपयोगिता : मिट्टी में काम करने की अवधि के दौरान खेत की खाद का उपयोग @ 5 किग्रा/पौधा होती है।

निराई (Weeding) : वर्ष में एक बार

छँटाई (Pruning) : अच्छी मज़बूत लकड़ी के निर्माण के लिए छँटाई बहुत आवश्यक होती है।

विरलन (Thinning) : –

वृद्धि की दर :
- धीमी बढ़ती हुई प्रजातियाँ चंदन में अंत:काष्ठ का बनना 10 वर्ष के पश्चात् होता है।
- 20 वर्ष के पश्चात् वृक्ष में एक किलो प्रति वर्ष की दर से अंत:काष्ठ बनने लगती है।

आवर्तन (Rotation) : भौतिकी आवर्तन/मृत एवं प्राकृतिक रूप से गिरे हुए वृक्षों को काटा जाता है।

- **सैपवुड :** सैंपवुड सफेद एवं गंधहीन अगरबती बनाने के लिए उपयोग किया जाता है।
- **अंत:काष्ठ:** चंदन (Sandal) की अंत:काष्ठ मध्यम मजबूत, भारी एवं अच्छी सुगंध वाली होती है एवं इसकी लकड़ी एवं तेल को इत्र, साबुन एवं दवाइयाँ बनाने के लिए उपयोग किया जाता है।
- **धार्मिकता :** चंदन हिंदुओं द्वारा पवित्र माना जाता है।

उपयोग (Utilization) :

- **आवश्यक ऑयल :** मूल्यवान तेल, 'चंदन का तेल' को अंत:काष्ठ (4–13%) से आसवन विधि द्वारा प्राप्त शुद्ध करना होता है और इसका उपयोग इत्र और साबुन बनाने में किया जाता है एवं दवाइयाँ बनाने के लिए किया जाता है।
- **बीज का तेल :** बीज का तेल का उपयोग पेंट बनाने में किया जाता है।
- **औषधीय उपयोग :** यह लकड़ी अम्लीय, कड़वी, शुष्क, एंटीपायरेटिक, कामोत्तोजक (Anti-pyretic) होती है। हृदय का रोग, दाहशामक, ठंडे, श्वसननली, यौन-रोगों एवं छोटे चेचक जैसे रोगों के लिए उपयोगी होती है।

8. रक्त चंदन का वन–संवर्धन (Silviculture Of Red Sandal)

प्रजातियाँ (Species) : *टेरोकार्पस सैंटलिनस* (*Pterocarpus santalinus*)

वंश : लेगुमिनेसी (Leguminaceae)

सामान्य नाम : रक्त चंदन, लाल चंदन

स्थानीयता कारक

ऊँचाई : 150–900 मी.

औसतन वार्षिक वर्षा : 350–1350 मिमी.

औसतन वार्षिकी तापमान : 12°C - 47°C

मृदा प्रकार (Soil type) :
- पूर्ण शुष्क लाल मिट्टी
- सूखी तटीय मिट्टी
- क्वार्टजाइट, स्लेटी, चुना पत्थर एवं लेटेरीटिक मिट्टी

फलोद्गदिकी

पुष्पन (flowering) : अप्रैल से जून

फल परिपक्व : फरवरी से मार्च

वनवर्धक विशेषताएँ :
- अधिक प्रकाश की माँग
- आग प्रतिरोधक
- अति उत्कृष्ट कॉपिस (Excellent coppice) गुल्मयुक्त
- तरुण स्तर के समय से ही शुष्क प्रतिरोधक
- जड़ चूषक भरपूर उत्पादन (Produce root suckers freely)

नर्सरी तकनीक

बीज प्रसार :
- बीजों को 72 घंटे के लिए गोबर के घोल में भिगोकर रखा जाता है और बीजों को जल में 72 घंटों के लिए जल में भिगोकर रखने के साथ प्रत्येक 12 घंटे में जल को बदला जाता है।
- बीज दर प्रति बैड : 1 किग्रा
- अंकुरण प्रतिशत : 60–70%
- स्टंप रोपण (Stump planting)
- एक वर्ष के पौधे को स्टंप बनाने के लिए पसंद किया जाता है।
- तने में से 25–30 सेमी की जड़ें निकलती हैं और 10–15 सेमी. की टहनी होती है।
- पौधों की जीवितता दर प्रतिशत 87% होती है।

वनवर्धक उपचार

गड्ढों का आकार : 3×3 मी. से 6×6 मी.

अंतराल : 30 सेमी. × 30 सेमी. × 30 सेमी.

बुनियादी आधार : 250 ग्राम की कृमि खाद और 2 किग्रा. की फार्मयार्ड खाद प्रति गड्ढे के साथ ही 50–100 ग्राम डी.ए.पी.

पौध रोपण	: • सितम्बर से दिसम्बर • बरसाती मौसम
सिंचाई	: रोपण के तीन वर्षों के अंदर नियमित सिंचाई करना आवश्यक होता है।
उर्वरक उपयोगिता	: • फार्मयार्ड खाद @ 2 किग्रा./पौधा/वर्ष • डी.ए.पी. @ 100 ग्राम/पौधा (वार्षिक उपयोग)
निराई (Weeding)	: प्रतिवर्ष दो बार निराई खरपतवार के आधार पर
छँटाई (Pruning)	: सीधी तने के लिए निराई आवश्यक होती है।
विरलन (Thinning)	: 5 वर्ष के चक्र में विरलन का कार्य होता है
वृद्धि की दर	: • धीमी वृद्धि वाले वृक्ष • इसकी अधिकतम ऊँचाई और परिधि क्रमश: 12 मी. और 66 सेमी. होती है। • लहरदार कणीय वृक्ष बेहतर होते हैं।
आवर्तन (Rotation)	: 25 वर्ष एवं अधिक
उपयोग (Utilization)	: • यह अच्छी लाल रंग की और सुंदर धारीदार वाली लकड़ी होती है। लकड़ी की मोटाई 900–1265 मि किग्रा/कम होने के साथ ही यह बहुत मजबूत एवं सख्त होती है। • लकड़ी : यह अच्छी एवं हल्की सिकुड़न वाली लकड़ी होती है। लकड़ी से डाय सेंटलिन (Dye Santalin) को निकाला जाता है जिसका उपयोग औषधि के लिए किया जाता है। • संगीत उपकरण : इस लकड़ी का उपयोग विशेष संगीत उपकरणों (''शामिसेन'') को बनाने के लिए किया जाता है। • इसकी पत्तियां चारें के लिए अच्छी होती है।

9. कदम का वन–संवर्धन (Silviculture Of Kadam)

प्रजातियाँ (Species)	: *निओलेमर्किआ कदम्बा* (*Neolamarckia cadamba*)
वंश	: रूबिएसी (Rubiaceae)
सामान्य नाम	: कदम्ब, जैपोन, कैलम्पयम, वलैकटम्बू

स्थानीयता कारक

ऊँचाई : 300–800 मी.

औसतन वार्षिक वर्षा : 300–1600 मि.मी.

औसतन वार्षिकी तापमान : 5°C – 32°C

मृदा प्रकार (Soil type) :
- अच्छे जल निकास वाले मृदा प्रकार (एंटीसोल) पसंद किये जाते हैं।

फलोद्गदिकी

पुष्पन (flowering) : मई से जून

फल परिपक्व : सितम्बर से फरवरी

वनवर्धक विशेषताएँ :
- प्रकाश की माँग वाले
- अच्छे कॉपिस (गुल्म) पनपते हैं।

नर्सरी तकनीक

बीज प्रसार : युवा अंकुरों पर ख़रपतवार की काफी संभावना रहती है और उनकी नियमित रूप से निराई की जाती है। 2 महीने के पौधों को नर्सरी बैड और पॉलीथीन थैलियों में प्रत्यारोपित किया जाता है। जहाँ मानसूनी बरसातों की शुरुआत होने पूर्व रोपण को बनाए रखा जाता है।

वनस्पति प्रसारण :
- क्लोनल तकनीक – सूक्ष्म क्लोनल
- क्लोनल मदर गार्डन की स्थापना
- सिंचाई और उर्वरकता के साथ ही मदर गार्डन का प्रबंधन
- सूक्ष्म टहनियों का परिचय
- 5 से 10 सेमी. की कटाई
- रोपण में रूट ट्रेनर को भरने के साथ ही जूट खाद (coir compost) के साथ पर उपचार किया जाता है।
- जड़ों का प्रारंभीकरण 30 दिनों के अंदर होता है।
- 4–6 महीने के पौधे रोपण के लिए तैयार होते हैं।

वनवर्धक उपचार

गड्ढों का आकार : 3 मी. × 3 मी.

अंतराल : 30 सेमी. × 30 सेमी. × 30 सेमी.

बुनियादी आधार : 250 ग्राम की कृमि खाद और फार्म यार्ड पर 2 किग्रा. खाद प्रति गड्ढे के साथ ही 50 ग्राम डी.ए.पी.

पौध रोपण	: जून से अक्टूबर
सिंचाई	: 4 से 8 लीटर प्रतिदिन
उर्वरक उपयोगिता	: 2 किग्रा. की FYM और प्रत्येक 3 महीने में एक बार 100 ग्राम–250 ग्राम जटिल उर्वरक
निराई (Weeding)	: प्रति वर्ष दो बार निराई
छँटाई (Pruning)	: प्रतिवर्ष दो बार
विरलन (Thinning)	: केवल मृत और रोगग्रस्त

वृद्धि की दर :
- कम समय में कटाई योग्य वृक्षों में तीव्र वृद्धि
- इस खेत का औसत तीन वर्षों में 125–150 टन/हैक्टेयर होता है।

आवर्तन (Rotation) :
- 3–4 वर्षों के लिए लुगदी वाली लकड़ी
- 6–8 वर्षों के लिए प्लाईवुड

उपयोग (Utilization) :
- इस लकड़ी का घनत्व 400–560 किग्रा/घनमीटर 15% नमी अंश पर होती है, जो कि मध्य बनावट के लिए महीन, सरल अनाज, हल्के स्वाद और गंध का कोई विशिष्ट गुण नहीं होता है। हाथ और मशीनी टूल्स के साथ काम करना सरल होता है, स्वच्छता से कटाई, यह बहुत अच्छा समतल होता है एवं कील लगाने में सरल होता है।
- इस लकड़ी का उपयोग प्लाईवुड, हल्का निर्माण कार्य, लुगदी एवं कागज, बॉक्स एवं टोकरी आदि के निर्माण के लिए होता है। कदम उचित प्रकाश एवं हस्तनिर्मित शीट के रूप में प्रदर्शित पल्प की उपज होती है।
- इसमें जड़ की छाल से पीला रंजक प्राप्त किया जा सकता है।
- कदम पुष्प 'अंतर' के उत्पादन के लिए महत्त्वपूर्ण कच्चा पदार्थ है, जो चंदन [Sandalwood] (मेंतलम प्रजाति) के साथ भारतीय इत्र पर आधारित होते हैं जिसमें जलस्त्रोत द्वारा सार का अवशोषण होता है।
- इसमें वृक्ष की शुष्क छाल को बुखार एवं टोनिक को आराम के रूप में उपयोग किया

जाता है। इन पत्तियों के काढ़े का मुँह में गरारे के लिए उपयोग होता है।

10. चिनार का वन-संवर्धन (Silviculture Of Poplar)

प्रजातियाँ (Species) : *पॉपुलस डेल्टोइड्स (Populus deltoides)*

वंश : *सेलीसेसी (Salicaceae)*

सामान्य नाम : पूर्वी कॉटन लकड़ी (Eastern cotton wood)

स्थानीयता कारक

ऊंचाई : 300–1000 मी.

औसतन वार्षिक वर्षा : 600–1500 मि.मी.

औसतन वार्षिकी तापमान : 4°C – 35°C

मृदा प्रकार (Soil type) :
- सूक्ष्म रेतीले लोम एवं अच्छी कठोर मिट्टी
- आर्द्र, अच्छे शुष्क, सूक्ष्म, रेतीले लोग और गाद (Silts)

फलोद्गदिकी

पुष्पन (flowering) : अप्रैल

फल परिपक्व : जून

वनवर्धक विशेषताएँ :
- अच्छे प्रकाश की माँग वाले
- आग से संवेदनशील
- यह जड़ चूषकों को उत्पादित नहीं करते हैं।

नर्सरी तकनीक

बीज प्रसार : इसके बीज बहुत छोटे होते हैं एवं निम्न अंकुरण प्रतिशत होता है।

वनस्पति प्रसारण :
- क्लोनल प्रसार
- संपूर्ण रोपण प्रत्यारोपण (ETPs)

वनवर्धक उपचार

गड्ढों का आकार : 3 × 3 मी. से 5 × 5 मी.

अंतराल : 30 सेमी. × 30 सेमी. × 30 सेमी.

बुनियादी आधार : 2 किग्रा. की FYM/गड्ढे, 50 ग्राम की सुपरफॉस्फेट एवं 50 ग्राम यूरिया

पौध रोपण : मई–अक्टूबर

सिंचाई : 4 दिनों के अंतराल के साथ ही 5–6 लीटर जल

उर्वरक आवश्यकता : कृषि की भूमि पर खाद @ 5 किग्रा/पौधा
100–200 ग्राम की डी.ए.पी./पौधा/वर्ष

निराई (Weeding) : प्रतिवर्ष दो बार

छँटाई (Pruning) : सीधा तना पाने के लिए छँटाई बहुत आवश्यक है

विरलन (Thinning) : चयनात्मक एवं पद्धति वाला विरलन आवश्यक है

वृद्धि की दर :
- तेजी से शीघ्र वृद्धि वाली प्रजाति
- 75 टन/हैक्टेयर

आवर्तन (Rotation) : लकड़ी की उपयोगिता के आधार पर 4–12 वर्ष तक

उपयोग (Utilization) :
- **लकड़ी :** लकड़ी का उपयोग मुख्य रूप से काठ-कबाड़, लकड़ी की परत चढ़ाना, लुगदी वाली लकड़ी और छीलन के लिए होता है।
- **ईंधन :** लकड़ी का उपयोग ईंधन के लिए होता है।
- **फाइबर :** इससे अच्छा फाइबर एवं लुगदी प्राप्त की जा सकती है।
- **चारा :** *पी.डील्टोइड* को भेड़, बकरियों एवं पशुओं के लिए चारे की प्रजातियों के रूप में व्यापक रूप से उपयोग किया जाता है।
- **औषधीय :** छाल का प्रयोग गठिया, वातरोग, स्कर्वी एवं छाती के संक्रमण, किडनी और पेट के रोगों के उपचार के लिए किया जाता है।

■ ■ ■

अध्याय 8

वन क्षेत्रमिति
(Forest Mensuration)

पेड़ों के माप को डेंड्रोमेट्री (Dendrometry) और वन क्षेत्रमिति कहा जा सकता है। इसमें गणितीय सिद्धांतों के प्रयोग से वनों की वृद्धि और विकास का आकलन किया जाता है। मापन (Mensuration) शब्द लैटिन शब्द 'Mensura' से लिया गया हैं। वानिकी के क्षेत्र में व्यापारिक कार्य-विवरण करने, विकास की संभावनाओं का आकलन करने और वन के संसाधनों का मूल्यांकन करने में माप बहुत आवश्यक है। इसलिए, सभी व्यवसायी, वानिकी स्नातकों, लकड़ी पर आधारित उद्योगों एवं अन्य वन आधारित व्यवसायी लेन-देन को सम्मिलित करने के लिए क्षेत्रमिति विषय बहुत महत्त्वपूर्ण होता है। वन क्षेत्रमिति विषय बहुत महत्त्वपूर्ण होता है। वन क्षेत्रमिति को इस अध्याय में निम्नलिखित उपखंडों में सम्मिलित किया गया है।

1. परिभाषा (Definition)
2. उद्देश्य (Objectives)
3. व्यास मापन (Diameter Measurement)
4. ऊँचाई मापन (Height Measurement)
5. वृक्ष के रूप का मापन (Measurement of tree form)
6. मात्रा अनुमान (Volume estimation)

1. परिभाषा (Definition)

वन क्षेत्रमिति को वानिकी की शाखा के रूप में परिभाषित किया जाता है जो कि व्यास, ऊँचाई, आयतन, रूप, आयु और एक ही वृक्ष की वृद्धि के आकार, कटाई के बाद खड़ी या पूरे वन की लंबाई का निर्धारण करती है ।

2. उद्देश्य (Objectives)

- इसका माप सभी व्यावसायिक कार्य वितरण एवं बिक्री पर आधारित होता है।

- मापन वनों के प्रबंधन का आधार होता है जिससे स्थायी आधार पर उत्पादकता सुनिश्चित की जा सकती है।
- जैव पदार्थों की विशेषताओं की जाँच के लिए जैविक एवं अजैविक कारकों के प्रति प्रतिरोधक एवं लकड़ी की गुणवत्ता में वृद्धि के लिए सभी अनुसंधान गतिविधियों के लिए मापन बहुत आवश्यक है।
- लकड़ी और लकड़ी संसाधनों की वास्तविक गुणवत्ता के आधार पर विशिष्ट माँग के पूर्वानुमान मापन बहुत आवश्यक है इसलिए सरकार को उपलब्धता की योजना बनाने के लिए सहायता देती है।
- माप देश में वास्तविक माँग और आपूर्ति के आधार पर लकड़ी और लकड़ी संसाधनों के आयात और निर्यात के लिए आवश्यक है।

वृक्षों का माप (Measurement Of Trees)

लकड़ी और लकड़ी के उत्पादों की मात्रा का आकलन करने के लिए वृक्षों के व्यास, परिधि, ऊँचाई, रूप और मात्रा के निम्नलिखित कारकों के लिए वृक्षों को मापा जाता है। वास्तविक अनुमान लगाने से पूर्व निम्नलिखित बातों की जानकारी प्राप्त होनी चाहिए।

(i) सटीकता (Accuracy)

वृक्षों का माप इस कल्पना के आधार पर किया जाता है कि वृक्ष बेलनाकार प्रकृति के होते हैं एवं तद्नुसार माप किए जाते हैं तथा आयतन की गणना की जाती है। वास्तविकता में कोई वृक्ष सही बेलनाकार नहीं होते हैं और इसलिए यह मान लेना चाहिए कि वृक्ष बेलनाकार में बदल सकता है और माप पूरी सटीकता नहीं दे सकता है बल्कि इससे सापेक्ष सटीकता प्राप्त हो सकती है।

सापेक्ष परिशुद्धता का अर्थ होता है कि माप के माध्यम से संभावित अधिकतम शुद्धता/सटीकता प्राप्त करना। संबंधित परिशुद्धता निम्नलिखित विशेषताओं के कारण होती है।

1. जैविक प्रकृति एवं वृक्षों की विशेषताएँ
2. वृद्धि एवं विकास की विभिन्न डिग्रियाँ (विकास–स्तर)
3. कटाई की विभिन्न विधियाँ एवं संबंधित रूपांतरण प्रक्रिया
4. समान प्रयोजनों के लिए विभिन्न उपकरणों का उपयोग
5. व्यक्तिगत परिवर्तनशीलता

माप की इकाइयाँ (Units of Measurement)

भारत में प्रारंभिक वन प्रबंधन कार्यक्रम के दौरान ब्रिटिश मापन प्रणाली को अपनाया गया, लेकिन आज सभी मापन प्रणालियों में मैट्रिक प्रणाली या फ्रैंच प्रणाली और सी.जी.एस. प्रणाली के मापन का उपयोग किया जाता है।

पैरामीटर	माप की इकाइयाँ	
	ब्रिटिश प्रणाली	मैट्रिक प्रणाली
ऊँचाई	बिना दशमलव के 'फुट' का माप	मीटर के साथ 1 दशमलव
व्यास	एक दशमलव के साथ इंच	विषम दशमलव सेंटीमीटर
परिधि	फीट और इंच	मीटर और सेंटीमीटर
क्षेत्र (Area)	वर्ग फीट	वर्गमीटर और सेंटीमीटर
आयतन (Volume)	घन फीट	घन मीटर

व्यास मापन (DIAMETER MEASUREMENT)

व्यास का मापन बहुत आवश्यक है एवं यह निर्धारित किया जाता है कि कोई वृक्ष के व्यास या परिधि के व्यारा के माप के लिए वृक्ष की ऊँचाई मानक ऊँचाई के रूप में होती है। स्थायी वृक्षों की परिधि, व्यास और आधार क्षेत्र को मापने के लिए वृक्ष की ऊँचाई सार्वभौमिक रूप से स्वीकारने वाली मानक ऊँचाई है। वृक्ष की ऊँचाई भारत में लगभग 1.37 मी. होती है। व्यास या परिधि के माप को क्रमशः **आवृक्ष ऊँचाई व्यास** (D.B.H., और d.b.h.) एवं **आवृक्ष ऊँचाई पर एक पेड़ की परिधि** (G.B.H., और g.b.h.) कहा जाता है। अन्यथा, यह कहा जा सकता है कि छाल के ऊपरी हिस्से को (O.B. और ob) माप के ऊपर होते हैं जिसके परिणामस्वरूप कभी-कभी इसे D.B.H.(O.B.) और dbh(ob) एवं G.B.H.(O.B.) और gbh(ob) कहा जा सकता है। छाल के साथ ही परिधि और व्यास के मापन को dbh(ob) और मापन के बाद gbh(ob) कहा जाता है। एवं ऊपरी छाल (debarking) को भी dbh(ob) और gbh(ob) कहा जा सकता है।

वृक्ष ऊँचाई मापन पर व्यास के लिए मानक नियम (Standard Rules For Diameter At Breast Hight Measurement)

वृक्ष की ऊँचाई माप को नियंत्रित करने वाले मानक नियम निम्नलिखित हैं–

1. वृक्ष की ऊँचाई 1.37 मी. (4 फीट 6 इंच) आधार के ऊपर और आधार स्तर पर लगायी जानी चाहिए और इसे छड़ी या पेंट के उपयोग से चिह्नित किया जा सकता है और पेंट के द्वारा वृक्ष की ऊँचाई पर एक क्रॉस मार्क चिह्नित किया जा सकता है।

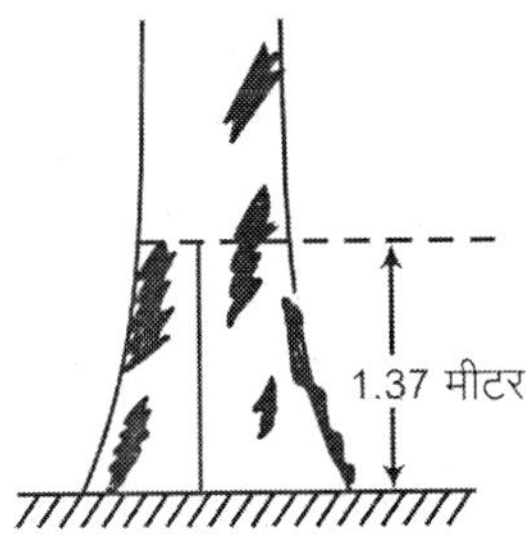

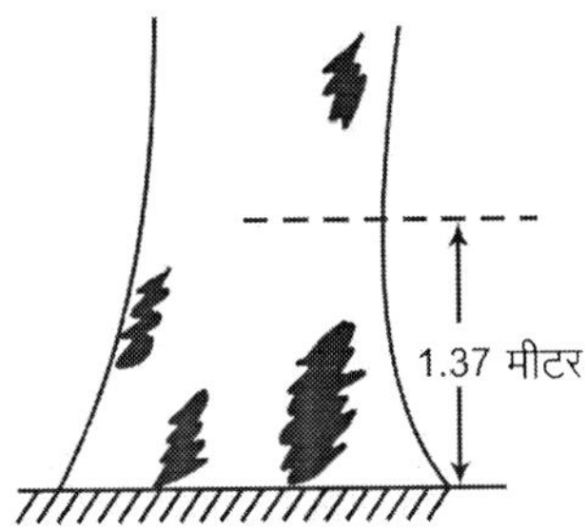

2. वृक्ष वृद्धि एवं कीचड़ के मैदान की स्थिति में वृक्ष पर व्यास की ऊँचाई को मापना बहुत कठिन होता है।
3. मान लीजिए जब वृक्ष झुका हुआ हो तो पेड़ के तने के साथ मापा जाना चाहिए और विशेष रूप से झुकाव वाली तरफ, जब वृक्ष समतल जमीन की ओर बढ़ता है। मान लीजिए झुकाव क्षेत्र ढलान की ओर हो तो को ऊपर की ओर मापा जाता है।
4. मान लीजिए जब वृक्ष का तना 1.37 मी. हो तो, dbh को पर्यवेक्षक/देखने वाला (observer) द्वारा असामान्य आधार पर बिंदु को ऊपर व नीचे दोनों तरफ बिंदु को मापा जा सकता है एवं उचित माप लिया जा सकता है।

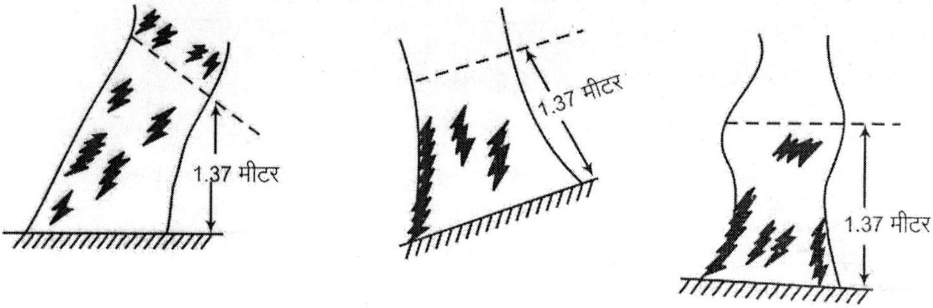

5. वृक्षों की वृद्धि एवं विकास के दौरान एकाधिक शाखाओं पर कई चरणों पर विकास किया जा सकता है। यदि पर्यवेक्षक के आधार पर फोर्किंग (forking) 1.37 मी. होती है तब वृक्षों के पर्यवेक्षक के निर्णय के आधार पर वृक्ष को एकल रूप से मापा जा सकता है या इसे मापने के स्थान पर आधारित दोहरे वृक्ष माना जा सकता है।

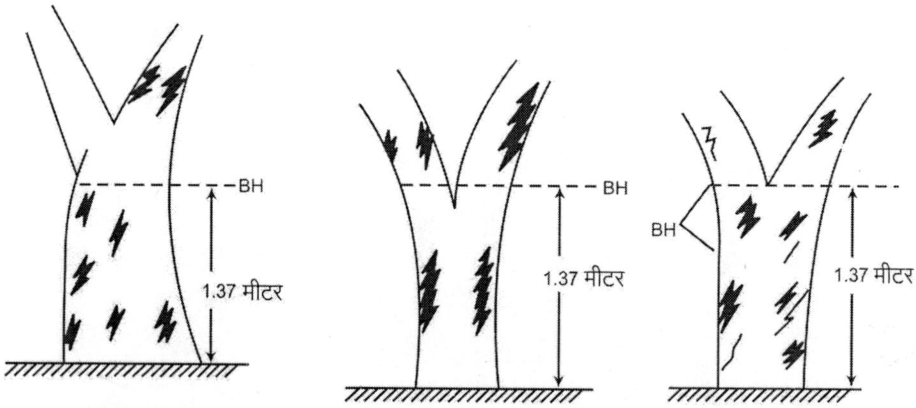

6. कई वृक्ष जैसे बरगद एवं टर्मिनेलिया आधार एवं वृक्ष की ऊँचाई स्तर से पुष्टि करते है। कई स्थितियों में, वृक्ष की ऊँचाई के व्यास को सबसे निम्न बिंदु पर लिया जाना चाहिए, जिस पर असामान्यत: दिखाया नहीं जाता है।

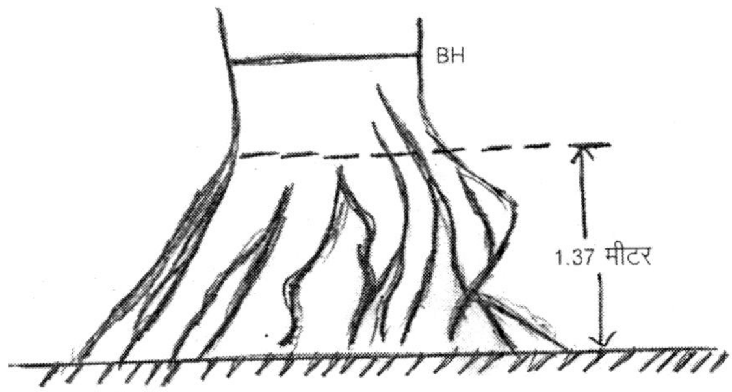

7. वृक्षों के तने पर द्वितीयक वृद्धि के मापन से पूर्व बेल/लताएँ, पर्वतारोही, शैवाल, काई एवं छाल को हटा देना चाहिए।
8. वृक्ष ऊँचाई पर व्यास का मापन सेमी. में होना चाहिए और माप 2 मिमी. के निकटतम तक माप अंकित करना चाहिए।

व्यास मापन में उपकरणों का उपयोग (Instrument Used In Diameter Measurement)

भारत में मुख्यत: तीन उपकरण जैसे लकड़ी की स्केल, कैलिपर एवं फीता-पट्टी (tape) का सामान्यत: उपयोग होता है।

1. लकडी का स्केल (Wooden Scale)

अधिकतर सुथार पतित/मृत वृक्षों के व्यास की गणना करने के लिए इसका उपयोग करते हैं, यह दो श्रेणियों जैसे 30 सेमी. और 60 सेमी. पैमाने पर उपलब्ध होता है। इसे आसानी से मोड़ सकते है एवं किसी भी माप-स्थल पर ले जाया जा सकता है, लेकिन यह केवल मृत/गिरे हुए वृक्षों के लिए उपयोगी होता है।

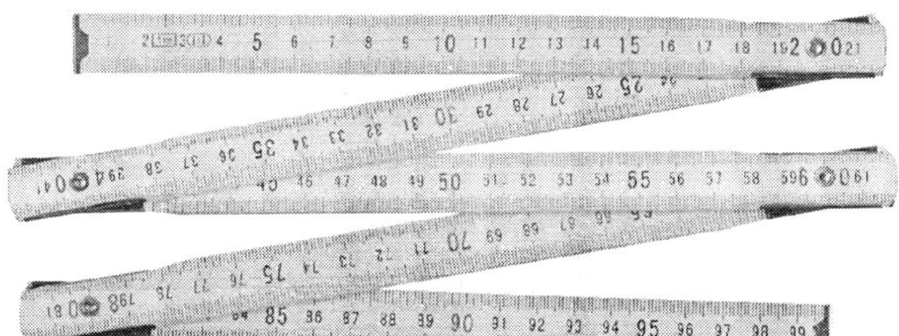

2. वृक्ष कैलिपर (Tree Callipers)

खड़े वृक्षों के व्यास मापन के लिए वृक्ष कैलिपर का उपयोग होता है। इसकी दो भुजाओं के साथ ही क्रमांकित पैमाना होता है। इसकी बायीं भुजा स्थिर होती है एवं दायीं भुजा हिल सकती है। चलनशील (movable) होती है। भारत में विभिन्न आकार के जैसे- 50 सेमी., 75 सेमी. और 100 सेमी. के कैलिपर्स उपलब्ध हैं जिसका उपयोग अनुसंधान व पेशेवर फॉरेस्टर्स (वन अधिकारी) करते हैं।

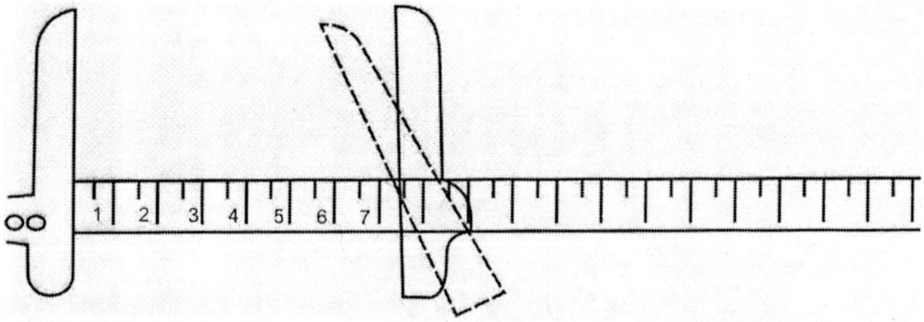

फायदे (Advantages)

- वृक्ष कैलिपर्स वृक्षों पर सीधे ही व्यास मापन के लिए उपयोगी होते हैं।
- अप्रशिक्षित श्रमिकों द्वारा यह परिवहन एवं संचालन के लिए सरल एवं सुविधाजनक होता है।
- इसमें त्रुटियां सकारात्मक एवं नकारात्मक दोनों हो सकती हैं इसलिए वे त्रुटियों को निष्प्रभावित कर देते हैं एवं उचित परिणाम सुनिश्चित कर सकते हैं।

नुकसान (Disadvantages)

- जब कैलिपर्स समायोजन नहीं कर सकते हैं तो ये उचित परिणाम नहीं दे सकते हैं।
- बड़े आकार के कैलिपर्स वन क्षेत्र के अंदर ले जाने में कठिन अनुभव होता है।
- कैलिपर मापन में दो माप की आवश्यकता होती है जो कठिन स्थलों पर कठिन होती है और उन्हें अधिक आकलन और व्यास मापन के अनुमानित आकलन की आवश्यकता होती है।

3. दर्जी फीता (Tailor's tape)

टेप का उपयोग मुख्यत: वृक्षों और लॉग्स के परिधि मापने के लिए उपयोग किया जाता है। अधिकतम उपयोगी टेप 150 सेमी. की होती है एवं इसे वन के किसी भी हिस्से के लिए आसानी से लिया जा सकता है एवं तीव्र मापन होता है। स्टील धातु एवं कपड़े में भी फीता उपलब्ध होता है, लेकिन कपड़े पर आधारित फीता उपभोक्ताओं द्वारा अधिक पसंद किया जाता है।

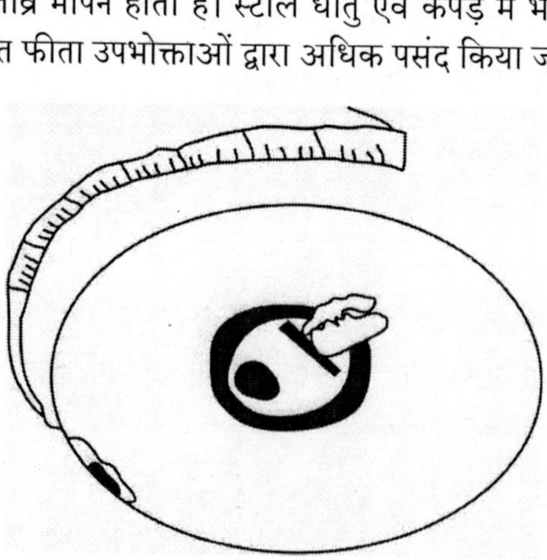

फायदे (Advantages)

- टेप को आसानी से तीव्र मापन के लिए काम में लिया जा सकता है।
- टेप को केवल एक माप की आवश्यकता होती है एवं वृक्ष की संपूर्ण परिधि का आवरण एवं मापन की स्थिरता सुनिश्चित करती है।
- टेप में त्रुटि सदैव सकारात्मक होती है।

नुकसान (Disadvantages)

- वृक्ष की छाल खुरदरी हो तो परिधि का माप बढ़ा (Exaggerated) होता है।
- यद्यपि टेप को वृक्ष की संपूर्ण परिधि को आवरित करने के लिए केवल एक माप की आवश्यकता होती है, दर्शक (observer) पूर्ण परिधि को नहीं देख सकते हैं और इसलिए वृक्ष की ऊँचाई स्थान के अनुसार अलग-अलग होती है जिससे माप में त्रुटियाँ होती हैं।
- विभिन्न गुणवत्ता की टेप मापन में भिन्न होती हैं।

व्यास एवं परिधि के वर्ग (Diameter and girth classes)

भारत में व्यास 2, 5 और 10 के वर्गों का उपयोग किया जाता है एवं परिधि वर्ग 5, 15 और 30 होता है।

क्र.सं.	व्यास वर्ग	अंतराल	परिपक्वता
1.	2 सेमी. की श्रेणी	0-2, 2-4, 4-6, 6-8 आदि	वृक्ष 30 सेमी. से कम व्यास के होते हैं।
2.	5 सेमी. की श्रेणी	0-5, 5-10, 10-15, 15-20 आदि	30-50 सेमी. के वृक्ष।
3.	10 सेमी. की श्रेणी	0-10, 10-20, 20-30, 30-40 आदि	50 सेमी. से अधिक व्यास के वृक्ष।

4. ऊँचाई मापन (Height Measurement)

वृक्ष का दूसरा मुख्य मापन वृक्ष की ऊँचाई होती है जो कि स्थल की गुणवत्ता निर्धारण करता है। वृक्षों की ऊँचाई प्रमुख टहनी के सिरे से सीधी रेखीय दूसरी (और शीर्ष के अधिकतम बिंदु से जहाँ कोई लीडर नहीं होता है) से जमीनी स्तर पर होता है, सामान्यत: ढलान से वृक्षों के कठिन सिरे पर मापन होता है ।

वृक्षों की विशेषता इसकी वाणिज्यिक उपयोगिता पर आधारित होती है और इसके अनुसार वृक्ष की ऊँचाई निम्नानुसार वर्गीकृत की जा सकती है।

(1) **तने की ऊँचाई (Bole height) :** यह वृक्ष की ऊँचाई होती है जो कि जमीनी स्तर एवं शीर्षस्थ बिंदु से अलग-अलग होती है।

(2) **वाणिज्यिक तने की ऊँचाई :** यह तना और धड़ की ऊँचाई होती है जो कि सामान्यत: लकड़ी के रूप में उपयोग करने योग्य होती है।

(3) **मानक लकड़ी की ऊँचाई :** इसमें जमीनी स्तर से एक बिंदु पर तने की ऊँचाई होती है जहाँ छाल का औसतन व्यास 20 सेमी. होता है।

(4) **स्टंप की ऊँचाई :** कटाई के बाद यह जमीन के ऊपर स्टंप की शीर्षस्थ ऊँचाई होती है।

(5) **शीर्षस्थ लंबाई :** निम्न हरे रंग की शाखाओं के बीच के हिस्से से किसी बिंदु के झुके हुए सिरे से वृक्ष की शीर्ष का ऊर्ध्वाधर माप जो चारों ओर सबसे निम्न हरे रंग की तने का सबसे निम्न शाखा पर बना होता है।

(6) **शीर्षस्थ ऊँचाई :** यह शीर्ष की ऊँचाई होती है, जो ऊर्ध्वाधर माप से सीधी जमीनी स्तर से किसी बिंदु पर आधे रास्ते के बीच निम्न हरी शाखाएँ एवं चारों ओर हरी शाखाओं के रूप में हरा शीर्षस्थ होता है।

वृक्ष ऊँचाई मापन की विधियाँ (Methods Of Tree Height Measurement)

देश में वैज्ञानिक वन प्रबंधन की स्थापना होने तक वृक्षों की मात्रा, ऊर्जा और विकास का आकलन करने के लिए वृक्षों की माप निरंतर की जाती है। परंपरागत रूप से वृक्ष ऊँचाइयों को निम्नलिखित तीन विधियों से मापा जाता है, जैसे- ऑक्यूलर (ocular), गैर उपकरणीय (Non Instrumental) एवं उपकरणीय (Instrumental) विधियाँ ।

(अ) ऑक्यूलर आकलन (Ocular estimation)

अनुभवी वनवासी और औद्योगिक इमारती लकड़ी के व्यापारी, आज भी वृक्ष की ऊँचाई का अनुमान लगाने के लिए मानक विधि के रूप में ऑक्यूलर आकलन का उपयोग करते हैं। हालांकि इसमें अनुभव की आवश्यकता होती है और अनुभवहीन अनुमानकर्त्ता व्यक्ति पेड़ की ऊँचाई मापन में अधिक माप या कम माप अंकित कर सकते हैं।

(ब) गैर उपकरणीय आकलन (Non Instrumental estimation)

वृक्ष की छाया/परछाई एवं इसी प्रकार की पद्धति के आधार पर वृक्ष की ऊँचाई का अनुमान लगाया जाता है। इसके अनुसार आरंभिक अवस्था में निम्नलिखित दो विधियों का प्रयोग किया जा सकता है और ऊँचे मापन में वैज्ञानिक आधार पर आविष्कार से इन विधियों की उपयोगिता समाप्त हो जाती है। हालांकि यह केवल शैक्षणिक रूचि के लिए सुसज्जित है।

(*i*) छाया/प्रतिबिंब विधि (Shadow method)

यहाँ वृक्ष की छाया मापी जाती है और संयोगी वृक्ष की ऊँचाई के लिए एक खंभे से अनुमान लगाया जाता है। मापे जाने वाले वृक्ष को चिह्नित किया जाता है और ज्ञात ऊँचाई का एक खंभा लिया जाता है। सबसे पहले खंभे की छाया को मापा जाता है और फिर चिह्नित वृक्ष की छाया को मापा जाता है। इसके पश्चात् निम्नलिखित सूत्र का उपयोग करके वृक्ष की वास्तविक ऊँचाई का आकलन किया जा सकता है।

$$AB = \frac{BC \times DE}{EF}$$

जहाँ, AB वृक्ष की ऊँचाई है

DE खंभे की ऊँचाई है

BC वृक्ष के छाया की लंबाई है एवं

EF खंभे की परछाई है।

(*ii*) **एकल खंभा विधि (Single pole method)**

1. यहाँ, अनुमानक एक हाथ में लगभग 1.5मी. की ऊँचाई के खंभे को उर्ध्वाधर खड़ा रखता है जो खंभे के एक हिस्से के रूप में होता है इसके ऊपरी भाग की लंबाई, आँख से उस खंभे की दूरी के बराबर होती है।
2. आँख के संदर्भ से हाथ की स्थिति का बदलाव किये बिना, प्रेक्षक धीरे-धीरे आगे-पीछे चलता है जब तक वृक्ष की नोक तक दिखाई देने वाली रेखा खंभे की नोक से होकर गुजरती है एवं बिंदु के माध्यम से वृक्ष का आधार जहाँ से पोल को हाथ से धारण किया (पकड़ा) जा सकता है।
3. इसका अर्थ यह है कि हाथ के ऊपर से ध्रुव का हिस्सा पेड़ के संपूर्ण हिस्से को ढक देता है।
4. तब वृक्ष की ऊँचाई वृक्ष के आधार से नीचे दिखाए अनुसार प्रेक्षक के नेत्रों की दूरी के बराबर होती है।

माना AB वृक्ष की ऊँचाई है और खंभा DE है जो लगभग 1.5 मी. लंबा है, तब b ऊर्ध्वाधर रूप में खड़ी है ताकि प्रेक्षक द्वारा आँख C से E दूरी DE के बराबर है।

$$\text{इसलिए, } AB = \frac{CB \times DE}{CE}$$

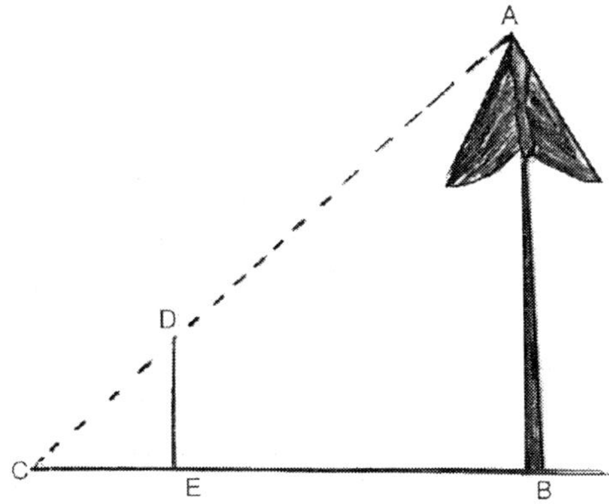

एकल ध्रुव विधि

यहाँ, DE = CE, AB = CB

(स) उपकरणीय विधि (Instrumental methods)

विज्ञान और प्रौद्योगिकी विकास ने वृक्ष की ऊँचाई मापने के लिए बहुत से उपकरणों का आविष्कार किया है। इन उपकरणों की संरचना त्रिभुज एवं त्रिकोणमिति विधियों के सिद्धांतों के समान है।

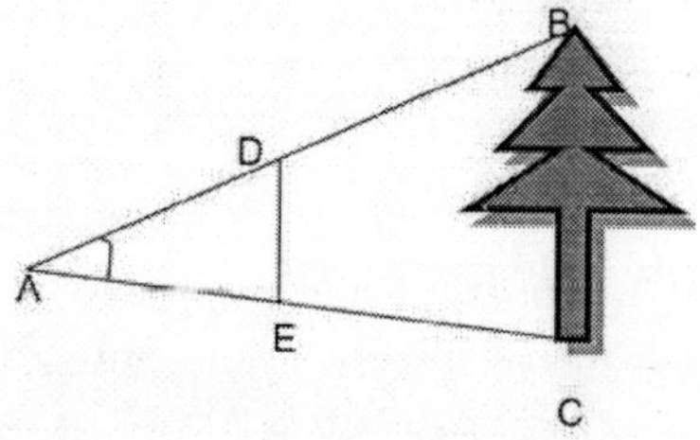

समान त्रिभुज का प्रमेय (Principle Of Similar Triangle)

इस विधि में निम्नलिखित नियम होते हैं।

1. इस त्रिभुज के प्रत्येक कोण, अन्य त्रिभुज के उसके समरूप कोण के बराबर होता है।
2. एक त्रिभुज का प्रत्येक पक्ष, अन्य त्रिभुज के किसी पक्ष के अनुपातिक होता है और
3. त्रिकोण का एक कोण अन्य एक कोण के बराबर होता है और इसी कोण के समरूप पक्ष के अनुपातिक होता है

ADE एवं ABC समान त्रिभुज है। तब,

$$BC : DE = AC : AE$$

$$\text{ऊँचाई } (BC) = \frac{DE \times AC}{AE}$$

क्र. सं.	सिद्धांत/नियम	उपकरण
1.	त्रिकोणमिति	1. ब्रांडीस हिप्सोमीटर
		2. एब्नी लेवल
		3. अल्टीमीटर
		4. रिलेस्कोप
2.	त्रिभुज के समरूप	5. क्रिस्टन हिप्सोमीटर
		6. स्मिथीस हिप्सोमीटर

त्रिकोणमितीय सिद्धांत (Trigonometric Principles)

निम्नलिखित विधियों से ऊँचाई का आकलन करने के लिए त्रिकोणमितीय अनुपात का उपयोग किया जाता है।

1. स्पर्श-रेखीय विधि (Tangent method)
2. ज्या विधि (Sine method)

1. स्पर्श–रेखीय विधि (Tangent method)

स्पर्श–रेखीय विधि का अर्थ यह है कि वृक्ष की ऊँचाई को वृक्षों की सहायता से शीर्ष और आधार से और वृक्ष से प्रेक्षक की दूरी की गणना की जाती है। वृक्ष के समक्ष प्रेक्षक की स्थिति के अनुसार भिन्नता होती है, इसलिए वृक्ष की ऊँचाई तय करने की प्रक्रियाओं के अनुसार इसमें परिवर्तन करना होता है।

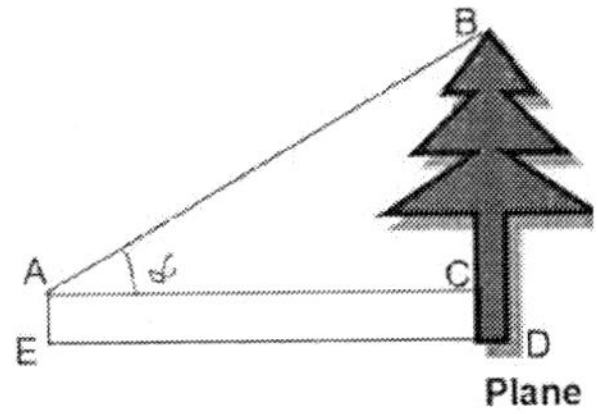

जमीनी स्तर पर (On level ground)

वृक्ष के आधार एवं शीर्ष से कोण की स्पर्श रेखा की सहायता से वृक्ष के ऊँचाई की गणना की जा सकती है एवं वृक्ष से प्रेक्षक की दूरी की गणना की जा सकती है।

उदाहरण – BD = AE + ED bn a

ऊँचाई के मापन में संभावित त्रुटियाँ (Possible Errors In Height Measurement)

ऊँचाई माप में त्रुटि के निम्नलिखित प्रमुख स्रोत हैं–

- उपकरणीय त्रुटियाँ (Instrumental errors)
- निजी त्रुटियाँ (personal errors)
- मापन के कारण त्रुटियाँ (Errors due to measurement)
- प्रेक्षण के कारण त्रुटियाँ (Errors due to observation)
- वृक्षों के दुबले होने के कारण त्रुटियाँ (Errors due to lean of trees)
- वृक्ष के तने के रूप में (Tree stem form)

5. वृक्ष के रूप का मापन (Measurement Of Tree Form)

वृक्ष रूप (Tree form)

वृक्ष रूप, तने से निकलने वाले तंतुओं (टेपर) की दर होती है एवं वृक्ष के आधार से ऊपर की ओर टेपर का व्यास घट जाता है।

वृक्ष रूप का सिद्धान्त (Principle Of A Tree Form)

कई लेखकों और विधियों से वृक्ष टेपर और वृक्ष रूप की व्याख्या की है। हालांकि सबसे स्वीकृत व्यापक विधि मेज़गर विधि (Metzers theory) है। वृक्ष का तना एक समान आकार के ब्रैकेट बीम (Cantilever beam) के रूप में माना जाता है जो वायु के झुकने वाले बल के सामने कार्य करता है।

वृक्ष के शीर्ष पर हवा का दबाव तने के निम्न हिस्सों पर स्थानांतरित हो जाता है और वृक्ष के आधार पर सबसे अधिक दबाव डाला जाता है, इसलिए वृक्ष इस बढ़ते हुए दबाव का प्रतिरोध करता है।

इसलिए आगामी दाब को रोकने के लिए आधार से वृद्धि वाले पदार्थों को अधिक किया जाता है एवं ऊपरी सतह घटने लगती है। अलग-अलग रहने वाले वृक्षों के तने बड़ी तेजी से नुकीली होने से बाहरी दबाव को रोकता है और घने वृक्षों की वृद्धि में बेलन के आकार के तने होते हैं।

वृक्ष के रूप-अध्ययन में विधियाँ (Methods of Studying form)

इस रूप का अध्ययन कठिन होता है क्योंकि इसे एक या दो मापों से तय नहीं किया जा सकता है। यह इस तथ्य के कारण होता है कि इसका रूप न केवल वृक्ष से वृक्ष तक भिन्न होता है बल्कि समान वृक्षों में भिन्न-भिन्न जगह पर अंतर होता है। छाल की मोटाई में भिन्नता न केवल स्टैंड से स्टैण्ड और वृक्ष से वृक्ष तक, बल्कि समान वृक्षों के विभिन्न भागों में भी भिन्नता समस्या को एक और परिमाण देती है। हालांकि एक वृक्ष के रूप का अध्ययन निम्नलिखित तरीकें से किया जा सकता है-

- मानक प्रारूप अनुपात की तुलना करके
- प्रारूप अनुपात के आधार पर प्रारूप के वर्गीकरण द्वारा
- शंकु तालिकाओं के संकलन द्वारा

(a) मानक प्रारूप अनुपात की तुलना करके (By comparision of standard form ratios)

इस प्रयोजन के लिए दो प्रारूप अनुपात हैं :

(1) गुणक द्वारा (form factor), (2) भागफल के द्वारा (form quotient)

रूप गुणक (Form factor)

वृक्ष के आयतन एवं बेलनाकार आयतन के हिस्से के अनुपात को रूप गुणक के रूप में परिभाषित किया जाता है, जिसमें वृक्ष के समान लंबाई और अनुप्रस्थ काट होता है।

दूसरे शब्दों में, रूप गुणक किसी वृक्ष की मात्रा के आधारीय भाग और ऊँचाई के गुणनफल के बीच का अनुपात होता है। आधार क्षेत्र के माप की ऊँचाई और वृक्ष के भागों पर निर्भर माना जाता है, फॉर्म गुणक के निम्नलिखित वर्ग अलग-अलग होते हैं।

फॉर्म गुणकों का उपयोग निम्नलिखित प्रयोजनों के लिए किया जा सकता है :

1. खड़े वृक्षों के आयतन के आकलन से
2. वृद्धि के नियमों का अध्ययन

(*i*) कृत्रिम रूप गुणक (Artificial form factor)

आधार क्षेत्र को वृक्ष की ऊँचाई पर मापा जाता है और आयतन संपूर्ण वृक्ष के ऊपर व नीचे दोनों के माप के बिंदु को दर्शाता है। कृत्रिम रूप गुणक को सदैव ही वृक्ष की ऊँचाई रूप गुणक में भी जाना जाता है।

(*ii*) संपूर्ण रूप गुणक (Absolute form factor)

वृक्ष बेलनाकार आकृति के साथ व्यास या आधार माप के ऊपर के आयतन के बीच का अनुपात होता है जिसका आधार समान होता है और जिसकी ऊँचाई वृक्ष की ऊँचाई के बराबर होती है।

(*iii*) सामान्य फॉर्म कारक एवं वास्तविक फॉर्म कारक (Normal form factor and true form factor)

इस फॉर्म कारक में आधारीय क्षेत्र का मापन वृक्ष की कुल ऊँचाई जैसे 1/10, $1/20^{th}$ आदि की कुल ऊँचाई के बराबर होता है एवं उसका परिमाण जमीनी स्तर के संपूर्ण वृक्ष को दर्शाता है।

इस फार्म कारक में कई कमियाँ हैं, जैसे-(i) किसी वृक्ष की ऊँचाई निर्धारण करने से पूर्व उस बिंदु का मापन किया जा सकता है एवं (ii) माप का बिंदु बहुत छोटे एवं बहुत ऊँचे वृक्षों की स्थिति में असुविधाजनक हो सकता है।

संपूर्ण रूप कारक और सामान्य रूप कारक का अधिक उपयोग नहीं होता है। जब तक कि यह न कहा जाए कि, भारत में फॉर्म कारक का तात्पर्य कृत्रिम फॉर्म कारक होता है जिसके साथ ही आधारीय क्षेत्र की गणना जमीनी स्तर से 1.37 मी. ऊपर होता है। इसे एक समीकरण के रूप में व्यक्त किया जा सकता है, इस फॉर्म कारक को इस रूप में वर्णित किया जा सकता है।

$$F = V/Sh$$

जहाँ, F फॉर्म कारक है

V घनीय इकाई में वृक्ष आयतन है

S क्षेत्रफल इकाई में वृक्ष ऊँचाई का आधारीय क्षेत्रफल है

h रेखीय इकाई में यह वृक्ष की ऊँचाई होती है

रूप गुणक के प्रकार (Kinds of form factor)

आयतन के आधार पर फार्म कारक को निम्नलिखित प्रकारों से वर्गीकृत किया जा सकता है :

1. वृक्ष रूप कारक
2. तने की लकड़ी के रूप में कारक
3. तने की छोटी लकड़ी के रूप में कारक

फॉर्म ऊँचाई (Form height)

फॉर्म की ऊँचाई को फॉर्म कारक के उत्पाद और वृक्ष की कुल ऊँचाई के रूप में परिभाषित किया जाता है। इस सूत्र को निम्न रूप से परिभाषित किया जाता है :

$$\text{फॉर्म कारक } Fn = \frac{V}{S}$$

जहाँ, Fh फॉर्म ऊँचाई है

V वृक्ष का आयतन है और S आधारीय क्षेत्रफल है।

फॉर्म गुणक (Form quotient)

फॉर्म गुणक को अर्ध-व्यास और d.b.h. के मध्य अनुपात के रूप में परिभाषित किया जाता है-

$$\text{फॉर्म गुणक E.Q.} = \frac{\text{मध्य - व्यास}}{\text{dbh}}$$

फॉर्म अनुपात पर आधारित वर्गीकरण (Classification Based On Form Ratios)

(i) फॉर्म वर्ग (Form class) (ii) फॉर्म बिंदु अनुपात (Form point ratio)

(*i*) फॉर्म वर्ग (Form class)

फॉर्म वर्ग को अंतराल के किसी एक रूप में परिभाषित किया जाता है जिसमें वृक्षों के वर्ग का वर्गीकरण और उपयोग के लिए विभाजित कियां जाता है। यह ऐसे अंतराल में गिरने वाले वृक्षों की श्रेणी पर भी लागू होता है। वृक्षों के गुणक के अंतराल जैसे 0.50, 0.55 से 0.60 और इतने पर या इन अंतरालों के मध्य बिंदु जैसे 0.525, 0.575 आदि द्वारा अभिव्यक्त फॉर्म वर्गों में विभाजित किया जा सकता है।

(*ii*) फॉर्म बिंदु अनुपात (Form point ratio)

फॉर्म बिंदु अनुपात शीर्षस्थ के उस बिंदु के रूप में परिभाषित किया जाता है, जहाँ से वायु दाब को केन्द्र के रूप में जाना जाता है। अंत: फॉर्म बिंदु अनुपात (या ऊँचाई) को संबंध के रूप में परिभाषित किया जाता है, जो सामान्यत: आधारीय स्तर से वृक्ष की कुल ऊँचाई तक फॉर्म बिंदु की ऊँचाई के किसी निश्चित प्रतिशत के रूप में व्यक्त किया जाता है।

शंकु तालिकाओं के संकलन द्वारा वर्गीकरण (Classification By Compilation Of Taper Tables)

वृक्षों के रूप का अध्ययन करने का एक तरीका, शंकु तालिका का संकलन है, जो आधार से वृक्ष की नोक तक निश्चित बिंदुओं पर व्यास द्वारा वास्तविक रूप दिखाते हैं।

इसका उपयोग निम्न प्रयोजनों के लिए होता है-

(i) प्रत्येक व्यास और ऊँचाई वर्ग के औसत वृक्ष की मात्रा, बिना प्रत्यक्ष माप के आसानी से प्राप्त की जा सकती है। मापन के लिए केवल d.b.h. (o.b.) एवं खड़े वृक्ष की ऊँचाई की आवश्यकता होती है।

(ii) इस प्रकार वांछित इकाइयों में आयतन सारणी, शंकु तालिका से तैयार की जा सकती है।

सामान्यत: मिलने वाली शंकु तालिकाओं के प्रकार निम्नलिखित हैं :-

(*i*) सामान्य शंकु तालिका या व्यास शंकु तालिका

इन तालिकाओं में शंकु बिना वृक्ष के रूप में संदर्भ के सीधे वृक्ष की ऊँचाई पर व्यास के लिए होता है। इसी प्रकार वे वृक्ष के रूप के संदर्भ के बिना मात्रा की गणना करने में सक्षम होती है।

(*ii*) फॉर्म वर्ग की शंकु तालिकाएँ

ये तालिकाएँ विभिन्न फॉर्म वर्गों के व्यास पर निर्धारित बिंदु पर तने में d.b.h.(o.b.) के प्रतिशत के रूप में अभिव्यक्त करती हैं।

क्षेत्र का मापन (Measurement Of Area)

वृक्ष का अनुप्रस्थ-काट गोलाकार होता है, इसका अनुभागीय हिस्से को निम्न सूत्र द्वारा निर्धारित किया जा सकता है :

$$\text{क्षेत्रफल} = \frac{\pi d}{4}$$

यहाँ d वृक्ष के अनुभाग पर व्यास है, और

$$\text{क्षेत्रफल} = \frac{g^2}{4\pi}$$

यहाँ g वृक्ष के अनुभाग की परिधि है।

आयतन का मापन (Volume Measurement)

किसी मापन का मुख्य उद्देश्य प्रत्यक्ष उपयोगिता के लिए अथवा बिक्री के लिए एवं प्रबंधन के लिए एवं प्रयोग व अनुसंधान प्रयोजनों के लिए आयतन की दृष्टि से लकड़ी की गुणवत्ता का निर्धारण करते हैं।

I. कटे हुए वृक्षों के आयतन का मापन (Calculation Of Volume Of Felled Trees)

1. कटाई एवं रूपांतरण (Felling And Conversion)

कटे हुए वृक्षों को लकड़ियों में रूपांतरित कर दिया जाता है और इसकी लंबाई शंकु की ढालू दर और बाजार पर निर्भर करती है। उदाहरण के लिए कागज उद्योग के लिए उपयुक्त लकड़ी के लग्स (लट्ठे) को 1 मी. बिलेट (लकड़ी का कुंदा) में परिवर्तित किया जाता है और प्लाईवुड उद्योगों के लिए उपयुक्त लकड़ी के लॉग्स 1 मी. से अधिक होते हैं मानक (standard) लकड़ी के लट्ठा का आकार 3 मी. से अधिक होता है। इसलिए लट्ठे को 3 मी. बिलेट में परिवर्तित किया जाता है एवं शीर्षस्थ अंत लॉग 4.5 मी. तक हो सकती है। यदि टॉप एंड लॉग 1.5 मी. से अधिक हो तो इसे अलग (सेपरेट) लॉग भी माना जा सकता है।

2. आयतन अनुमान (Volume Estimation)

वृक्षों की जैविक प्रकृति के कारण कटे हुए वृक्ष कृत्रिम बेलनाकार नहीं होते हैं, लेकिन ये बेलनाकार रूप में दिखते हैं और आधार नीलोइड के छिन्नक जैसा दिखता है, इसका मध्य हिस्सा ठोस अनुवृत्त के छिन्नक जैसा दिखता है एवं इसका ऊपरी हिस्सा शंकु के छिन्नक जैसा दिखता है। इसलिए कई वैज्ञानिकों ने कटे हुए वृक्षों के रूप को ध्यान में रखते हुए कई सूत्रों की रचना की है।

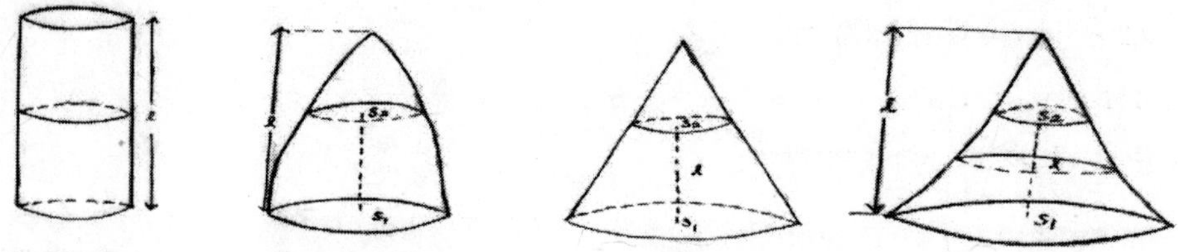

Cylinder Paraboloid Cone Neiloid

ठोस रूप	पूर्ण ठोस की मात्रा	ठोस के छिन्नक की मात्रा	टिप्पणी
बेलनाकार	S1	sl	
ठोस अनुवृत्त	s1/2	$(s_1+s_2)/2*1$	स्मालियन
शंकु	s1/3	$s_m * 1\{(s_1 + s_2 (s_1 + s_2)^{1/2}\}/3*1$	हूबर
नेलॉयड (Neiloid)	si/4	$(s_1 + 4 s_m + s_2)/6 * 1$	न्यूटन का सूत्र

यहाँ S वर्गीय इकाई में आधार पर अनुभागीय हिस्सा होता है।

S_1 वर्गीय इकाई में मोटे आधार पर अनुभागीय क्षेत्र होता है।

s_m वर्गीय इकाई में मध्य हिस्से पर अनुभागीय क्षेत्र होता है।

s_2 वर्गीय इकाई में पतले हिस्से पर अनुभागीय क्षेत्र होता है।

l लठ्ठ की लंबाई है और रेखीय इकाई में ठोस की ऊँचाई होती है।

3. क्वार्टर परिधि सूत्र (Quarter Girth Formula)

भारत में, मुख्यत: लॉग्स की मात्रा की गणना करने के लिए क्वार्टर परिधि सूत्र का उपयोग किया जाता है :

लठ्ठ की मात्रा = $(g/4)^2 \times L$

जहाँ, g मध्य पर लॉग की परिधि है एवं

L लॉग की लंबाई है

वाणिज्यिक मात्रा (Commercial Volume)

यह पतले सिरे के व्यास पर मापे गए तने की मात्रा है जो सामान्यत: रूपांतरण पर किया जाता है। यह मात्रा स्टंप की मात्रा को सम्मिलित नहीं करता है।

मानक तने पर छोटी लकड़ी (Standard Stem Small Wood)

यह छाल पर 20 सेमी. व्यास और 5 सेमी. व्यास के बीच छाल में गोलाकार तने की लकड़ी की मात्रा है, यह मात्रा छाल के साथ नहीं ली जा सकती है।

मानक तना लकड़ी (Standard Stem Timber)

यह आधारीय स्तर से गोलाकार तने की लकड़ी की छाल के बिना व्यास 20 सेमी. तक का आयतन होता है, इसकी मात्रा को छाल की मात्रा में सम्मिलित किया जाता है।

4. लकड़ी गणकों के उपयोग से मात्रा का आकलन (Volume Estimation Using Timber Calculators)

लकड़ी की मात्रा का मापन, विशेष रूप से तैयार की गई सारणी के लिए लकड़ी गणक (Timber calculators) कहा जाता है एवं इसकी रचना क्वार्टर परिधि सूत्र पर निर्भर करती है। इन तालिकाओं के माध्यम से इसके लॉग्स के साथ ही इसकी लंबाई की श्रेणी 1 से 25मी. के मध्य होती है एवं इसकी परिधि 300 मी. तक होती है। सामान्यत: कटी हुई लकड़ी की लंबाई 1–25मी. एवं इसका अनुप्रस्थ काट क्षेत्र 1×1सेमी.^{2} से 25×25सेमी.^{2} से इसके मापन का उपयोग सदैव इन तालिकाओं से किया जा सकता है।

II. खड़े वृक्षों की मात्रा का आकलन (Estimation Of Volume Of Standing Trees)

बिना कटे हुए खड़े वृक्षों की मात्रा का मापन देखकर किया जा सकता है, प्रत्यक्ष एवं अप्रत्यक्ष मापन यांत्रिकी विधियों से किया जा सकता है।

(*i*) दृष्टि से आकलन (Ocular estimate)

परंपरागत रूप से अभ्यस्थ वनवासी और वाणिज्यिक लकड़ी के व्यापारी अनुमान के लिए सामान्य साधनों का उपयोग किया जाता है और आज तक इस पद्धति का उपयोग किया जाता है, परन्तु इसमें अनुभव की भी आवश्यकता होती है और इसीलिए वैज्ञानिक जाँच और पुष्टिकरण के लिए इस विधि को काम में नहीं लिया जा सकता है।

(*ii*) आंशिक दृष्टि से एवं आंशिक मापन द्वारा (Partly measurement)

दृष्टि के आकलन से उपयोगी उपकरणों के लिए ऊँचाई और व्यास के मापन से समस्या इसका निवारण किया जा सकता है एवं तभी वृक्ष टैपर को दृष्टिगत रखते हुए इसकी मात्रा का अनुमान लगाया जा सकता है।

(*iii*) प्रत्यक्ष मापन (Direct measurement)

यह गिरे हुए वृक्षों की मात्रा के आकलन के समान होता है और इस विधि में वृक्ष पर चढ़कर विभिन्न ऊँचाई पर प्रत्यक्ष माप लिये जा सकते हैं। कठिन एवं जटिल होने के कारण इस विधि का उपयोग अधिक नहीं किया जा सकता है।

(*iv*) अप्रत्यक्ष मापन (Indirect measurement)

कई उपकरण जैसे रिलेस्कोप, पेंटाप्रिज्म कैलिपर एवं अन्य डेंड्रोमीटर को ऊँचाई और व्यास के आकलन के लिए उपयोग किया जाता है और तब मात्रा की गणना की जा सकती है।

(*v*) मात्रा–सारणी के उपयोग से मात्रा का आकलन

वर्तमान में मात्रा आकलन से विभिन्न प्रयोजनों के लिए तैयार आयतन तालिका काम में ली जाती है। आयतन तालिका कई प्रजातियों के उपयोग के लिए उपलब्ध होती है।

■ ■ ■

अध्याय 9

वन उपयोगीकरण - लकड़ी एवं लकड़ी उत्पाद

(Forest Utilisation - Wood And Wood Products)

ऐतिहासिक दृष्टि से वनों को वस्तुओं और सेवाओं के प्रदाता के रूप में मान्यता दी गई है। लकड़ी मानव सभ्यता में हमेशा से महत्त्वपूर्ण उत्पाद रही है और इसे पुनरुपयोगी नवीनीकरणीय प्राकृतिक संसाधन भी माना जाता है। लकड़ी के अलावा वनों में अनेक प्रकार के उत्पाद उपलब्ध रहते हैं जैसे गोंद, रेजिन, रेशे, केन, शहद, रंजक, गंध, तेल आदि मूल निवासियों के लिए और वनों में तथा आस-पास के लोगों के लिए स्थायी आजीविका के अवसर प्रदान करते हैं। अत: इस अध्याय में निम्न विषयों के तहत वनों के उपयोग का विस्तारपूर्वक किया गया है।

- परिभाषा
- लकड़ी के उत्पाद
- ठोस लकड़ी
    - मिश्रित लकड़ी
    - गैर-लकड़ी वनीय उत्पाद
- रेशे
    - कच्चा रेशम (Flosses)
    - घास (Grasses)
- बाँस एवं बेंत की लकड़ी (Bamboo And Cane)
    - टन
    - गोंद
    - रंजक
    - रेजिन एवं ओलीओरेजिन
    - आवश्यक तेल
    - तेलीय बीज
    - पशु उत्पाद

परिभाषा (Definition)

वन उत्पादों की कटाई, रूपांतरण एवं प्रवृत्त करने की प्रक्रिया एवं वनों के अन्य स्त्रोतों को वन उपयोग कहा जाता है। तकनीकी रूप से वनों के उपयोग में लकड़ी के निष्कर्षण और कटाई, परिवर्तन, परिवहन और विभिन्न अन्य उत्पादों का विनिर्माण सम्मिलित है।

वन उपयोगीकरण की मुख्य प्रक्रियाएँ निम्नलिखित हैं–

- कटाई
- निष्कर्षण
- रूपांतरण
- परिवहन
- भंडारण
- विपणन
- मूल्य संवर्धन

भारत के 95% से अधिक के वन राजकीय नियंत्रण में हैं जहाँ कटाई का कार्य न्यून पर है। हालांकि देश में ''वनों के बाहरी वृक्ष'' की श्रेणी के तहत काफी क्षेत्र उपलब्ध हैं। भारतीय वन स्थिति रिपोर्ट, 2017 के अनुसार, ''वनों के बाहरी वृक्ष'' की कुल बढ़ते हुए स्टॉक 1603.99 मिलियन घन मीटर है। देश की विभिन्न लकड़ी आधारित उद्योगों की आवश्यकता पूरी करने के लिए इन क्षेत्रों को ''TOF'' के रूप में वर्गीकृत किया गया है जिसमें इमारती लकड़ी और औद्योगिक लकड़ी की आपूर्ति करने की अपार क्षमता है।

लकड़ी उत्पाद (Wood product)

लकड़ी उपयोगीकरण (Wood utilization)

लकड़ी का उपयोग निर्माण, प्लाईवुड, वेनिअर, पेंसिल, कृषि उपकरण, माचिस (match), स्पिलिंट, पैकिंग के लिए सामग्री, खेल की सामग्री आदि के लिए लकड़ी से विभिन्न प्रयोजनों के लिए उपयोग किया जाता है। लकड़ी की उपयोगिता विभिन्न प्रजातियों में भिन्न-भिन्न होती है और यह उद्योगों पर आधारित होती है। लकड़ी और लकड़ी के उत्पादों की प्रमुख प्रजातियों पर चर्चा नीचे की गई है।

- लकड़ी (Wood)
- संयोजित लकड़ी (Composite wood)

लकड़ी (Wood)

लकड़ी संरचनात्मक रूप से द्वितीयक ज़ाइलम है तथा रासायनिक रूप से यह एक लिग्नोसेल्यूलोसिक जैविक सामग्री है। लकड़ी को सैप लकड़ी और हार्डवुड में वर्गीकृत किया जाता है। सैप वुड, लकड़ी का बाहरी हिस्सा है जो रंग में हल्का होता है और यह जीवित कोशिकाओं से निर्मित होता है और यह सैप (जल एवं पोषक विलयन) के संवहन में सम्मिलित होता है। हार्ड वुड

मुख्य रूप से मृत लिग्निफाइड कोशिकाओं से बनी लकड़ी का आंतरिक गहरा और मध्य भाग होता है और यह पौधों को मजबूती और कठोरता प्रदान करती है।

लकड़ी की गुणवत्ता के आधार पर, वृक्ष की प्रजातियों को सॉफ्टवुड और हार्डवुड में वर्गीकृत किया जाता है। हार्डवुड एवं सॉफ्टवुड के विशिष्ट लक्षणों की तुलना निम्न सारणी में की गई है।

ठोस (सख्त) लकड़ी	नरम (कोमल) लकड़ी
सभी दृढ़ लकड़ी की प्रजातियाँ एंजियोस्पर्म होती हैं।	जिम्नोस्पर्म की सभी प्रजातियाँ सॉफ्टवुड होती है।
हार्ड वुड दुनिया के ऊष्ण कटिबंधीय क्षेत्रों में उगती है।	सॉफ्टवुड दुनिया की सभी शीतोष्ण क्षेत्रों में उगती है।
ये आमतौर पर चौड़ी पत्तीदार होती है।	ये प्रजातियाँ के पास मुख्यत: तीखी नोक वाले (सुई–आकार) पत्ते वाले होते हैं।
दृढ़ लकड़ी के ज़ाइलम में विभिन्न प्रकार की कोशिकाओं का अनुपात होता है और इसी प्रकार ये विशिष्ट या विशेष प्रकार से आरेखित होते हैं। कई मुख्य प्रकार की कोशिकाएं होती है जिनमें से प्रत्येक में 15% अथवा उसमें अधिक हार्डवुड ज़ाइलम की मात्रा होती है।	सॉफ्टवुड का ज़ाइलम सरल होता है और यह केवल चार या पाँच विभिन्न प्रकार की कोशिकाओं का प्रकार होता है। इसमें एक या दो प्रमुख कोशिकाएँ हैं।
दृढ़ लकड़ी में यांत्रिक मजबूती के लिए पानी और ज़ाइलम फाइबर के संचालन के लिए ज़ाइलम के पात्र होते हैं।	सॉफ्टवुड ज़ाइलम के 90–95% अनुदैर्ध्य श्वास प्रणाली से बना होता है। वे जल संचालन और यांत्रिक समर्थन दोनों की भूमिका निभाते हैं।
दृढ़ लकड़ी में एकाधिक पंक्ति होती है। 1–30 कोशिकाओं की चौड़ाई और इसकी सीधी रेखा में सरेखन नहीं होता है।	सॉफ्टवुड में अविसरित किरणें होती हैं। इसमें कोशिकाओं की सीधी रेखा में गठबंधन किया जा सकता है।
अधिकतम हार्डवुड में सॉफ्टवुड से अधिक घनत्व होता है।	अधिकतम सॉफ्टवुड में हार्डवुड से उच्च घनत्व होता है।
उदाहरण के लिए हार्डवुड लकड़ी में टीक, महोगेनी, एल्डर, वल्सा, बीच, मैपल एवं ओक सम्मिलित है।	सॉफ्टवुड लकड़ी के उदाहरण कैडर, डगलर फिर, जुनिपर, पाइन, रेडवुड, स्प्रूस एवं ज्यू (yew) है।

लकड़ी के उपयोग (Utilization Of Wood)

किसी भी वृक्ष प्रजातियों की लकड़ी की गहन उपयोगिता होती है और यह लकड़ी भौतिकी, रासायनिक और शारीरिक गुणों पर आधारित होती है। सामान्यत: लकड़ी के कई प्रकार के उपयोग हैं, जो नीचे दिये गए हैं।

1. संरचनात्मक लकड़ी के रूप में लकड़ी

कई प्रजातियों की ठोस लकड़ी का उपयोग कच्चे पदार्थ के रूप में संरचनात्मक लकड़ी से भवन, घर एवं ब्रिज के निर्माण के लिए होता है। इसका उपयोग विभिन्न प्रयोजनों के लिए होता है जैसे बीम, दरवाजे और खिड़कियाँ, फर्श, छत, कमरे एवं भवन आदि।

उदाहरण : *अकेसिया कटैचु (Acacia catechu), अल्बीजिआ प्रोसेरा (Albizia prosera), डलबर्जीआ लेटीफोलिआ (Dalbergia latifolia), आर्थोकार्पस (Artocarpus), डिप्टेरोकार्पस (Dipterocarpus), टोपीआ (Hopea), लार्जरस्ट्रोमीआ (Largerstromia), मधुसा (Madhuca), मैंगीफ़ेरा (Mangifera), मेसुआ (Mesua), पाइनस (Pinus), टेरोकार्पस (Pterocarpus), शोरीआ (Shorea)* आदि।

2. खेल की सामग्री के लिए कच्चे पदार्थ के रूप में लकड़ी

खेलों के सामान जिन्हें लकड़ी की बनी वस्तुओं के रूप में डिज़ाइन किया जाता है जिनमें मुख्य रूप से हॉकी स्टिक, बैडमिंटन रैकेट, औजार के हैंडल, चलने वाली लकड़ी नाव के पहिए, फर्नीचर आदि सम्मिलित हैं इनका निर्माण कुछ लकड़ी की प्रजातियों से होता है।

उदाहरण : *डलबर्जिआ (Dalbergia), लेटिफोलिआ (latifolia), टेक्टोना ग्रेडिस (Tectona grandis), लार्जस्ट्रोमिआ (Largerstromia), मैंगिफ़ेरा (Mangifera), टुना सिलिआटा (Toona ciliata), स्टेरिओस्पर्मम (Stereospermum)* आदि।

3. कृषि उपकरणों और औजारों के लिए कच्ची सामग्री के रूप में लकड़ी

अनेक कृषि उपकरणों जैसे हल, क्लोड क्रशर, हस्त कुदाल और फावड़े को लकड़ी के उपकरण के हत्थे के रूप में विकसित किया जाता है। इस प्रयोजन के लिए केवल मज़बूत, सख्त एवं कठोर लकड़ी का उपयोग किया जाता है।

उदाहरण : *अकेसिआ कैटिपु (Acacia catechu), डलबर्जिआ सिसू (Dalbergia sissoo), हार्डविकिआ बिनाटा (Hardwickia binnata), अकेसिआ निलोटिका (Acacia nilotica), एनोगेस्कस लेटिफोलिआ (Anogeiscus latifolia), टेरोकार्पस मार्सुपियम (Pterocarpus marsupium)।*

4. एड़ी वाले जूते और बूट को टिकाए रखने के लिए कच्ची सामग्री के रूप में लकड़ी

कुछ प्रजातियों में विशेष प्रजातियों के साथ ही बूट को बनाते समय कुछ प्रजातियों के रूप से मध्यम वजन, मध्यम कठोर तथा स्थिरता को बनाए रखती है।

उदाहरण : *डलबर्जिआ सिसु (Dalbergia sissoo), मैंगीफेस इंडिका (Mangifera indica), टेरोकार्पस मार्सुपियम (Pterocarpus marsupium)।,*

5. ठेलागाड़ी और ढुलाई गाड़ी के लिए कच्ची सामग्री के रूप में लकड़ी

ठेलागाड़ी और ढुलाई गाड़ी के लिए कच्ची सामग्री के रूप में लकड़ी का उपयोग मुख्यत: कृषि और उससे संबंधित कार्यों के लिए उपयोग होता है। स्थिर लक्षणों वाली कई प्रजातियों का

उपयोग कार्ट्स और कैरिएज जैसे पहिए, स्पीक एक्सल (spok axel), और मुख्य ढांचों के विभिन्न भागों के निर्माण कार्य में किया जाता है।

उदाहरण : *डलबर्जिआ सिसु (Dalbergia sissoo), टेक्टोना ग्रेंडिस (Tectona grandis), हार्डविकिआ बिनाटा (Hardwickia binnata), अकेसिआ केटशु (Acacia catechu), होपीआ पवीफ्लोरा (Hopea parviflora), आर्टिकार्पस (Artocarpus)* इत्यादि।

6. कंटेनरों के लिए कच्ची सामग्री के रूप में लकड़ी

विभिन्न व्यावसायिक कार्यों में लकड़ी के कई कंटेनरों का उपयोग होता है और ये कंटेनर बैरल, ट्यूब, ड्रम्स, वैट्स एवं कैस्वस होते हैं। इस लकड़ी के साथ ही सीधे धान और प्राकृतिक उचित युग्म के साथ ही यह अभेद्य होता है एवं इस प्रयोजन के लिए बिना सिकुड़न वाली गुणवत्ता का उपयोग किया जाता है।

उदाहरण : *टेक्टोना ग्रेंडिस (Tectona grandis), लेजस्ट्रोमिआ (Lagerstormia), टर्मिनेलिआ (Terminalia), शोरीआ (Shorea)* एवं *ग्रेविआ (Grewia)*।

7. फर्नीचर के लिए कच्ची सामग्री के रूप में लकड़ी

कई प्रजातियों की लकड़ी का उपयोग फर्नीचर अलमारियों और पैनल बनाने की प्रक्रिया में कुर्सियाँ, टेबल, सोफासेट, बिलियर्ड टेबल, स्क्रीन, टी.वी. और रेडियो अलमारी के लिए उपयोग होता है। इस लकड़ी के प्रयोजनों के लिए आकर्षक गंध, अच्छा धान, दरार के लिए अनुपयुक्त, विखंडित, लपेटने और लकड़ी की गुणवत्ता पर काम किया जाता है।

उदाहरण : *चुकेसिआ (Chukrasia), अल्बीजिआ प्रोसेरा (Albizia procera), छना सिलिआटा (Toona ciliata), डलबर्जिआ लेटिफोलिआ (Dalbergia latifolia)* एवं *टेरोकार्पस मर्सुपियम (Pterocarpus marsupium)*।

8. मैच स्पिंलट्स और बॉक्स के लिए कच्चे पदार्थ के रूप में लकड़ी

लकड़ी मैच स्प्लिट और बक्सों के निर्माण के लिए यह एक महत्त्वपूर्ण कच्ची सामग्री बनाता है। सीधे अनाज और रंग वाली लकड़ी, अच्छी सुविधा, गांठ मुक्त, अच्छी छीलन युक्त और सरलता से उपलब्ध होती है।

उदाहरण : *एलेन्यस एक्सेल्सा (Ailanthus excelsa), एलेन्थस ट्रीफिसा (Ailanthus triphysa), एंथोसीफेलस कदम्बा (Anthocephalous cadamba), पॉपुलस डेल्टोइड्स (Populus deltoides), एल्बीजिआ फेल्केटोरिआ (Albizia falcatoria)*।

9. वाद्य यंत्रों के लिए कच्ची सामग्री के रूप में लकड़ी

कई वाद्य यंत्रों के निर्माण के लिए लकड़ी महत्त्वपूर्ण भूमिका निभाते हैं। इसके लिए हल्के वजन के साथ ही अच्छे ध्वनिक गुणों वाली लकड़ी को प्राथमिकता दी जाती है।

उदाहरण :

- ड्रम : *अल्बीजिआ, टेरोकार्पास (Albizzia, Pterocarpus)*
- वायलिन : *एसर*, टीक *(Acer,* Teak*)*
- वीणा : *आर्टोकार्पस, मेलिना (Artocarpus, Gmelina)*
- सितार : *टुनासिलिआटा*, टीक, कैड्रस डेंड्रोन *(Toona ciliata, Teak, Cedrus deodara)*
- हार्मोनियम : टीक (सागौन) *(Teak)*
- गिटार : *कैनरियम, मोरस (Canarium, Morus)*

10. पैकिंग सुविधाओं के लिए कच्ची सामग्री के रूप में लकड़ी

यह लकड़ी हल्के वजन के साथ ही, सीधे धान्य युक्त, गाँठों से मुक्त एवं स्प्लिट और दीमक के आक्रमण का प्रतिरोध करने के लिए अच्छा होता है।

उदाहरण : आम (Mango), रबड़ (Rubber), *आल्बीज़िआ (Albizia)*, पाइनस *(Pinus)* प्रजातियाँ इसके लिए अधिक पसंदीदा होती है।

11. रेलवे कैरिएज के लिए कच्ची सामग्री के रूप में लकड़ी

रेलगाड़ियों के कई हिस्से जैसे सीट, स्लीपिंग बर्थ, आंतरिक फिटिंग इत्यादि विभिन्न प्रजातियों की लकड़ी से बनते हैं।

उदाहरण : टीक (सागौन) *(Teak)*, *आर्टोकार्पस (Artocarpus)*, *डलबर्जिआ (Dalbergia)*, *टर्मिनेलिआ (Terminalia)*।

12. जहाज निर्माणों के लिए कच्ची सामग्री के रूप में लकड़ी

इस लकड़ी का उपयोग कच्ची सामग्री के रूप में बड़े-बड़े जहाजों से छोटे नावों के निर्माण सहित यात्रियों वाली नाव एवं नौकाओं के निर्माण के लिए इस लकड़ी का उपयोग किया जाता है। इस प्रयोजन के लिए, मजबूत, लचीली एव स्थायी लकड़ी को प्राथमिकता दी जाती है।

उदाहरण : टीक (सागौन) *(Teak)*, *डलबर्जिआ (Dalbergia)*, *कैड्रस (Cedrus)*, *अल्बीजिआ (Albizia)*, *मेलिआ (Melia)*।

13. सजावटी सामग्री के लिए कच्चे पदार्थ के रूप में लकड़ी

लकड़ी में कई सजावटी गुण होते हैं जैसे रंग, अन्न गुणवत्ता, आकृति, चमक आदि। सैप वुड और हर्टवुड दोनों के रंग और चमक के अच्छे सजावटी और अलंकृत गुण होते हैं।

उदाहरण : *आर्टोकार्पस (Artocarpus)*, *एक्रोकार्पस (Acrocarpus)*, *एल्बीजिआ (Albizia)*, *एदीना कोर्डीफोलिआ (Adiena cordifolia)*, *डलबर्जिआ लेटिफोलिआ (Dalbergia latifolia)*, *मेंजिफ़ेरा इंडिका (Mangifera indica)*, *टेरोकार्पस डलबर्जाइड्स (Pterocarpus dalbergioides)*, टीक (Teak), *शोरीआ (Shorea)* एवं *जीलिआ ज़ाइलोकार्पा (Xylia xylocarpa)*।

मिश्रित लकड़ी (Composite Wood)

यह मूल रूप से निर्मित अनुबद्ध उत्पाद है, यह पूर्ण रूप से प्राकृतिक लकड़ी और लकड़ी के संयोजन दोनों से धातु और प्लास्टिक आदि से निर्मित होता है।

भारत में उपयोग की जाने वाली सबसे सामान्य मिश्रित लकड़ी प्लाईवुड है। प्लाईवुड उद्योगों में कच्ची सामग्री का उपयोग होता है।

i. पॉप्लर *(Poplars)*

ii. यूकेलिप्टस *(Eucalyptus)*

iii. सिल्वर ओक *(Silver oak)*

iv. *मेलिआ दूबिआ (Melia dubia)*

v. एकोकार्पस फ्रेक्सिनिफोलियस *(Acrocarpus fraxinifolius)*

vi. मेसोप्सिस एमिनि *(Maesopsis eminii)*

क. प्लाईवुड : कई वेनियर की बनावट से चिपकी हुई लकड़ी निर्मित होती है इसी तरह से प्रत्येक उचित वेनीयर भिन्न होता है ।

प्लाईवुड विनिर्माण प्रक्रिया (Plywood Manufacturing Process)

चरण 1 : कटाई और परिवहन (Step 1 : Felling and Transportation)

5 साल बाद वृक्षारोपण वृद्धि कटाई के लिए उपयुक्त होती है। मेलिआदूबिआ वृक्ष को काटने के लिए न्यूनतम परिधि आवश्यक वृक्ष की ऊँचाई पर 20 इंच की परिधि होती है। 20 इंच की परिधि के साथ ही बाग़ानों एवं इससे अधिक 4.3 फीट की लंबाई के समान पट्टियों को पॉवर चेन आरी या दो व्यक्तियों से आरी के उपयोग से काटा जा सकता है। परिवर्तित लॉग को फिर कारखाने में ले जाया जा सकता है।

चरण 2 : लकड़ी के लट्ठे का छीलन (Peeling Of Logs)

छीलनयुक्त लॉग्स के लिए, 4 फीट छीलन के लिए खुराद (Lathe) (एक मशीन जिसका उपयोग धातु या लकड़ी के मनचाहे आकार के लिए) का उपयोग किया जाता है। लकड़ी के लॉग्स को 51 इंच लंबाई (4 फीट और 3 इंच) के लॉग्स को लेथ (खराद) पर छीलने के लिए रखा जाता है। छीलन के दौरान, कोर परत दो भिन्न मोटाई पर मानक आवश्यकता के रूप में 1.8 मिमी. और 2.0 मिमी. पर होती है। कटाई की मशीन से कोर परत को 2 फीट की लंबाई पर काटा जा सकता है। लॉग सामान्य रूप से हरे रंग की स्थिति में होते हैं जिनकी नमी की मात्रा 30 से 44% के बीच होती है और इसे सीधे ही छीलन के लिया जाता है और इसीलिए सभी वेनीयर की छाल बहुत उच्च नमी वाली सामग्री के साथ होती है।

चरण 3 : तहदार लकड़ी का पत्तर (वेनीयर) की शुष्कता (Drying Of Veneers)

वेनियर के उत्पादन में उच्च नमी वाली सामग्री होती है और प्लाईवुड बनाने के लिए 8–12% नमी की आवश्यकता होती है। इसीलिए वेनीयर को सुखाना होता है जिसके लिए सुखाने की मशीन

का उपयोग किया जाता है। कोर परत को ड्रायर से सुखाया जा सकता है जिसमें तापमान 120 °C पर बनाए रखा जा सकता है। शुष्कन की प्रक्रिया में 12% के आस-पास की नमी की मात्रा सुनिश्चित की जाती है।

चरण 4 : चिपकाने के लिए (Gluing)

शुष्कन के पश्चात्, वेनीयर का आकार एक समान होते हैं और उनको चिपकाने के लिए उपयोग होता है। इस प्रयोजन के लिए, दो प्रकार की रेजिन का उपयोग किया जाता है। मेलेनिन फॉर्मेल्डिहाइड रेजिन (MF रेजिन) का उपयोग वाणिज्यिक प्लाईवुड उत्पादन की प्रक्रिया के लिए चिपकाने के लिए होता है और फीनोल फॉर्मेल्डिहाइड रेजिन (PF रेजिन) का उपयोग वाटरप्रूफ प्लाईवुड को चिपकाने के लिए होता है। चिपकाने के प्रयोजन के लिए, ग्लू स्प्रेडर मशीन का उपयोग किया जाता है। गोंद प्रसारक (Glue spreader) मशीन का उपयोग, सभी कोर परत को MF रेजिन और PF रेजिन द्वारा चिपकाया जाता है।

चरण 5 : प्लाईवुड का निर्माण (Construction Of Plywood)

चिपकाने के पश्चात्, प्लाईवुड का निर्माण अग्र एवं आंतरिक वेनीयर दोनों से किया जा सकता है। अग्र वेनीयर का उपयोग *डिप्टेरोकार्पस टर्बीनेटस* से किया जा सकता है। प्लाईवुड निर्माण की प्रक्रिया में, सबसे पहले अग्र वेनीयर को रखा जाता है, कोर वेनीयर को क्षैतिज रूप में चिपकाया जाता है और ऊर्ध्वाधर मोटाई की आवश्यकता होती है। अग्र वेनीयर के समक्ष कोर वेनीयर को इकट्ठा कर रखा जाता है। मध्य में बीज कोष परत के साथ ही अग्र वेनीयर पर दो सिरों पर इकट्ठा होने के पश्चात् इस प्रक्रिया को प्लाईवुड का निर्माण कहा जाता है।

चरण 6 : गर्म प्रेस में प्लाईवुड दबाने के लिए (Pressing Plywood In The Hot Press)

निर्माण के पश्चात्, बनी हुई प्लाईवुड को दबाने के लिए गर्म प्रेस में रखा जाता है। यह एक गर्म प्रेस के माध्यम से किया जाता है, जिसमें लगभग 1000 टन की हाइड्रोलिक कम्प्रेसिंग क्षमता होती है। गर्म प्रेस में, एक समान प्रेसिंग करने के लिए 140 °C के तापमान को बनाए रखा जा सकता है। यहाँ एकत्रित प्लाईवुड को गर्म प्रेस में लगभग 20 मिनट के लिए रखा जाता है। इस प्रक्रिया के दौरान, बीजकोष परत के समान वितरण पर ग्लु लगाया जाता है और बीजकोष परत की बंध, हाइड्रोलिक कम्प्रेसन के कारण यह बहुत ठोस हो जाते हैं और फिर गर्म प्रेस की प्लाईवुड आगे की प्रक्रिया के लिए तैयार होते हैं।

चरण 7 : कटाई की प्रक्रिया (Cutting Process)

शुष्क गर्म बनी हुई प्लाईवुड का आकार असमतल होता है जिसमें सभी दिशा में आकार की आवश्यकता होती है। इस प्रयोजन के लिए, कटाई के लिए मशीन की आरी को काम में लिया जाता है और प्लाईवुड के चारों किनारे प्लाईवुड की आवश्यक आकार में क्रमानुसार कटाई की जाती है। कटाई की प्रक्रिया एकरूपता सुनिश्चित करने और असमान वेनीयर के किनारे हटाने के लिए उपयुक्त होता है।

चरण 8 : बालुकायन (Sanding)

कटाई की प्रक्रिया के पश्चात्, प्लाईवुड को खुरदरी सतह से समतल सतह में बदलने के लिए रेत के लिए रेगमाल की आवश्यकता होती है। इस प्रयोजन के लिए रेत की मशीन का उपयोग किया जाता है जिसमें प्लाईवुड के दोनों ओर रेत भरी होती है। इस प्रक्रिया के दौरान, प्लाईवुड का स्तर प्लाईवुड के दोनों ओर से बहुत चिकनी होती है और यह उपभोक्ताओं की आपूर्ति के लिए तैयार हो जाती है।

चरण 9 : नामांकित करना (Labelling)

रेतीली प्रक्रिया के पश्चात्, प्लाईवुड को नामांकित किया जाता है और प्रेषण के लिए तैयार है।

चरण 10 : लदान (लोडिंग) और परिवहन (Loading And Transportation)

प्लाईवुड की अपेक्षित श्रेणियों को नियमित आधार पर ट्रकों द्वारा डीलर और खुदरा विक्रेताओं के पास ले जाया जाता है।

चरण 1 – कटाई और परिवहन
↓
चरण 2 – लकड़ी के लट्ठे का छीलन
↓
चरण 3 – वेनीयर (तहदार लकड़ी का पत्तर) की शुष्कता
↓
चरण 4 – चिपकाने के लिए
↓
चरण 5 – प्लाईवुड का निर्माण
↓
चरण 6 – गर्म प्रेस में प्लाईवुड दबाने के लिए
↓
चरण 7 – कटाई की प्रक्रिया
↓
चरण 8 – बालुकायन/रेतीला
↓
चरण 9 – नामांकित करना
↓
चरण 10 – लदान (लोडिंग) और परिवहन

क. **परतदार लकड़ी (Laminated wood)** : ये लकड़ी की परतों (लेमिनेटेड) से बना हुआ उत्पाद होता है जिसमें सभी परतें भिन्न सामानांतर होते हैं और चिपके हुए और अन्यथा आपस में बंधे होते हैं। चिपकी हुई परतदार लकड़ी को ग्लूलम (Glulum) कहा जाता है। परत को

बेनीयर के पतले बोर्ड के रूप में संदर्भित किया जाता है। परत (Lamina) एक भट्टी में होती है और इन्हें समान लंबाई और चौड़ाई में काटा जाता है। यह एक उचित क्रम में व्यवस्थित होते हैं। गोंद स्प्रेड को इसमें भरा जाता है और एक आवश्यक आकार में जमा होती है। इसके दबाव को उपयुक्त रूप से बाँधकर संयोजित कर काम लिया जाता है।

ख. **मुख्य (कोर) बोर्ड :** यह एक मिश्रित बोर्ड है जो कि चिपके हुए विभिन्न आयामों की लकड़ी की पट्टी की कोर संयोजित से मिलकर पट्टी के रूप में बना होता है। यह एक आंतरिक परत पर दो या दो से अधिक बाहरी परत के बीच चिपक जाती है जो भिन्न कोर स्ट्रिप्स की दिशा में होती है जो कि समीपवर्ती वेनीयर के लंबवत् होता है।

बोर्ड	चौड़ाई
आधारीय बोर्ड	7.5 सेमी.
ब्लैक बोर्ड	< 2.5 सेमी.
लैमिन बोर्ड	< 7.0 सेमी.

ग. **सैण्डविच बोर्ड :** इस शब्द का प्रयोग सामान्यत: रूप से कोर के हल्के पदार्थ, सामने की दोनों तरफ के साथ ही लकड़ी की पतली परतों के संबंध में उच्च सीधे गुणधर्म होते हैं। इसके पतले चेहरों को त्वचा कहा जाता है, जहाँ ये काफी मजबूत होते हैं, जिसमें अधिक शक्ति और कठोरता होती है। इसका उपयोग एयरक्राफ्ट, मोटर बोट, टेबल टॉप और कंटेनर के निर्माण में होता है।

घ. **फाइबर बोर्ड :** यह लकड़ी की फाइबर से बनी सामग्री की एक शीट होती है। फाइबर बोर्ड का निर्माण सभी प्रकार की अपशिष्ट लकड़ी और व्यर्थ कृषि उत्पादों से होती है। सबसे पहले लकड़ी के तंतुकृत और लुगदी की मेट में अंत: ऊन भरा जाता है। बंधक अनुपूरक और अतिरिक्त अनुपूरक के यांत्रिकी गुणों के मुधार पर फेल्टिंग चरण को जोड़ा जाता है। यह दबाव और ऊष्मा से समेकित किये जाते हैं। सैण्डविच एवं कोर बोर्ड, भवन बोर्ड, तापावरोधन बोर्ड और दीवार के बोर्ड में कोर सामग्री के रूप में इसका उपयोग किया जाता है। सघनता के आधार पर इनको (i) हार्डबोर्ड, (ii) अर्ध हार्डबोर्ड, (iii) मध्यम हार्डबोर्ड, (iv) सॉफ्ट बोर्ड के रूप में वर्गीकृत किया जाता है।

ङ. **कर्णीय बोर्ड :** इस बोर्ड और शीट का गठन लकड़ी के तंतुओं से होता है और अन्य लिग्नोसेल्यूलोसिक (लिग्नाइट) को जैविक बंधकों की सहायता से एक या अधिक एजेंटों जैसे ऊष्मा, दबाव, आर्द्रता, क्रिस्टलता आदि से बंधे होते हैं। यह चिप्स, परत और खंडों से बने होते हैं। इसके मुख्य प्रकार (1) पिच बोर्ड, (2) फ्लैक बोर्ड और शेविंग बोर्ड होते हैं।

अपशिष्ट पदार्शों को चिप्स में छिड़क दिया जाता है और जाँच की जाती है जहाँ से अवांछित सामग्री को हटा दिया जाता है। यांत्रिकी मिश्रण को जोड़ा जाता है और गर्म प्रक्रिया द्वारा समतल दबाया जाता है।

च. **उन्नत लकड़ी :** इसे सदैव ही संशोधित लकड़ी भी कहा जा सकता है। लकड़ी में यह एक सामान्य संबंध है जिसे विशेष रूप से विभिन्न तरीकों से काम रोकने और मजबूती बढ़ाने के लिए उपचारित किया जाता है।

लकड़ी के गुणों जैसे हाइग्रोस्कोपिसिटी, मजबूती, घनत्व आदि को रेजिन के साथ व्याप्त करने से या संपीड़न द्वारा और तापन द्वारा तैयार किये जाते हैं।

छ. **अंतर्भरित काष्ठ :** यह लकड़ी अंतर्भरित काष्ठ के साथ संषेचित की जाती है। सामान्य संषेचन को मोम, पेराफिन, रेजिन एवं ऑयल की प्रक्रिया में उपयोग किया जाता है। इसका मुख्य उद्देश्य लकड़ी को आयामी रूप से स्थिर बनाना और पानी के अवशोषण को रोकना होता है। अब वाणिज्यिक रूप से पानी में घुलनशील, थर्मोसेटिंग फॉर्मेल्डिहाइड रेजिन उपलब्ध होता है। निर्माण की प्रक्रिया में, सबसे पहले लकड़ी को वैक्यूम संषेचन के माध्यम से या दबाव के बिना संषेचन किया जा सकता है। इसका पुनः थर्मोसेटेड और संषेचन किया जाता है। उपचार के पश्चात्, प्रत्येक वस्तु को एक साथ बंधित किया जा सकता है।

ज. **ताप स्थायीकृत लकड़ी :** यह सरल तापन द्वारा भी प्राप्त किया जा सकता है। इसमें लकड़ी पिघली हुई धातु या मिश्रित नमक की सतह के नीचे से होती है। यह गैर-ऑक्सीकरण परिस्थितियों के तहत कुछ मिनट के लिए 260-315 डिग्री सेल्सियस के अंतर्गत होता है।

झ. **संपीड़ित लकड़ी :** इसमें लकड़ियाँ संषेचन के बिना संपीड़ित होती हैं। यह विशिष्ट गुरुत्व और लकड़ी की ताकत को बढ़ाता है ताकि यह उच्च विघर्षन को सहन कर सकें। संपीड़ित लकड़ी 90-140 किग्रा/सेमी.^{2} के दबाव में ठोस या परत में बनाई गई लकड़ी से बनती है। संपीड़न के बाद प्राप्त सामग्री में 1.2 से 1.3 का विशिष्ट गुरुत्व होता है।

ञ. **संयोजित लकड़ी :** यह लकड़ी को निर्दिष्ट करता है जो संषेचन और संपीड़न के अधीन होता है। लकड़ी को वेनीयर के साथ जोड़ दिया जाता है और यूरिया फॉर्मेल्डिहाइड से संपीड़न द्वारा संषेचन होता है। यह लचीली ताकत को बढ़ाता है और इंसुलेशन (तापावरोधन) के गुणों में वृद्धि करता है। इस उपचार के कारण, लकड़ी सामान्य लकड़ी की तुलना में 20 गुना अधिक सख्त हो जाती है।

ट. **ताप स्थिरीकृत लकड़ी :** ताप द्वारा लकड़ी के गुणों में वृद्धि की जाती है।

ठ. **रासायनिक रूप से संशोधित की गई लकड़ी :** इस लकड़ी में सेल्यूलोज़ के OH समूह को बदल दिया जाता है। इसके लिए प्रयुक्त होने वाले रसायन पाइरिडिन का एसिटिक एनहाइड्राइड का प्रभाव उत्प्रेरक के रूप में होता है। इसमें सदैव ही यूरिया हाइड्रोजाइलिन और सल्फ़्यूरिक एसिड का भी उपयोग किया जाता है। यह हाइग्रोस्कोपिसिटी (नमीग्राह्यता) और सदैव ही फूलाव और संकुचन को भी घटाती है।

सम्मिश्रित लकड़ी की उपयोगिता (Utility Of Composite Wood)

- सम्मिश्रित लकड़ी निर्माण उद्योगों के लिए उपयोगी होती है।
- ये दिखने में लचीले, एक समान और अनुकूल होती हैं एवं इनका उपयोग आंतरिक सजावट में किया जाता है।
- बहुमंजिला भवनों में मिश्रित लकड़ी को इसके हल्के वजन और स्थायित्व के कारण अधिक पसंद किया जाता है।
- कुछ सम्मिश्रित लकड़ी अधिक मजबूत और अधिक आयामी रूप से स्थिर होती हैं इसलिए ये लकड़ी के घरों के निर्माण में उपयोग की जाती हैं।

- मिश्रित लकड़ी का उपयोग सदैव ही हैडर, बीम, गर्डर्स, कॉलम एवं सदैव भारी ट्राउस बनाने के लिए किया जाता है।

वन उपयोगीकरण – गैर–लकड़ी वन उत्पाद (Forest Utilization – Non Wood Forest Products)

गैर लकड़ी के वन उत्पादों में लकड़ी व अन्य ईंधन लकड़ी को छोड़कर सभी प्रकार के वन उत्पादों को सम्मिलित किया जाता है। इसमें वन क्षेत्रों में पाये जाने वाली सभी वनस्पति, पशु और खनिज उत्पाद सम्मिलित होते हैं। भारतीय वनों के प्रमुख गैर–लकड़ी वनीय उत्पाद निम्नलिखित हैं–

क. रेशे (Fibre)

ख. कच्चा रेशम (Flosses)

ग. घास (Grasses)

घ. बाँस एवं सरकंडा (Bamboo And Canes)

ङ. टन (Tan)

च. रंजक (Dye)

छ. गोंद (Gum)

ज. रेजिन एवं ओली ओरेजिन (Resin And Oleoresin)

झ. आवश्यक ऑयल (Essential Oil)

ञ. ऑयल बीज (Oil Seed)

ट. पशु उत्पाद (Animal Products)

क. फाइबर (Fibre)

जिम्नोस्पर्म और डीक्टोलीडोन्स दोनों के फ्लोएम और बास्ट के मध्य अन्य लंबी, मोटी भित्ति (रेशेदार) स्क्लेरेंकाइमेटस ऊत्तक होते हैं। बास्ट के रेशे लकड़ी के रेशे की तरह लिग्नफाइड नहीं होते हैं और इसलिए, रस्सियों और डोरी के निर्माण के लिए वाणिज्यिक महत्त्व होता है। पत्तियाँ, बचे हुए डंठल और एकबीजपत्री फल से कठोर और लचीले रेशे उत्पन्न होते हैं।

रेशों का उपयोग (Uses Of Fibres)

- रेशों का प्रयोग रस्सी (डोरी, cordage) और वस्त्र उद्योग (कपड़ों के निर्माण और जाल बनाने) में किया जाता है। डोरी (twine), मछली लाइन (fish line) और कंबल की कई किस्में रस्सी (cordage) में से हैं। कपड़ों में पहनने वाले कपड़े एवं खुरदरे कपड़े भी सम्मिलित होते हैं, जैसे गनी और मोटे कैनवास।
- कठोर और ठोस तंतुओं का उपयोग ब्रुश और झाड़ू बनाने में किया जाता है।
- लचीले फाइबर का उपयोग लकड़ी की सींको की टोपी, बास्केट आदि बनाने में किया जाता है।
- लचीले रेशों को चटाई के लिए मोटे तौर पर बुने जाते हैं।

- गद्दे, कुशन आदि को भरने के लिए फाइबर का उपयोग किया जाता है।
- तंतुओं को जहाजों में तेजी को रोकने के लिए उपयोग किया जाता है।
- तंतुओं को प्लास्टर में मजबूती के रूप में और पैकिंग सामग्री के रूप में और
- फाइबर का उपयोग कागज के निर्माण में होता है।

तंतु पृथक्करण प्रक्रिया (Fibre seperation process)

फाइबर को कई अन्य तरीकों से एक-दूसरे से अलग किया जाता है और अलग करने की प्रक्रिया को रेटिंग कहा जाता है। किसी छाल को कुछ समय के लिए पानी में भिगोकर रखने की आवश्यकता होती है और फिर इन्हें पीटकर या काटकर साफ किया जाता है।

तंतुओं का वर्गीकरण (Classification of fibres)

रेशों को उस भाग के अनुसार वर्गीकृत किया जा सकता है, जहाँ से तना और पर्ण तंतु प्राप्त किये जाते हैं। उपयोगी रेशों को उत्पन्न करने वाले अधिकांश पौधे स्ट्रेकुलेशिया, तिलीसिया, लेग्यूमिनोसे, एसलेपाइडेसी और आर्टिटेक्सस कुल के परिवारों में आते हैं।

क्र.सं.	साधारण नाम	वैज्ञानिक नाम
	I. Stem Fibre	
1.	Elephant rope tree	*Slerculia vilosa*
2.	Indian screw tree	*Helicteres isora*
3.	Dhaman tree	*Grewia tiliifolia*
4.	Flame of the Forest, Bengal kino, Palas tree	*Butea monosperma*
5.	Bando Lata	*Butea parviflora*
6.	Crown flower	*Calotropis gigantea*
7.	Bark cloth tree, Upas tree	*Antiaris toxicaiia*
8.	Indian charcoal-tree pigeon wood	*Trema orienlalis*
9.	Marijuana, Hemp, Callow grass	*Cannabis sativa*
10.	Himalayan nettle, Nilgiri nettle	*Girardinia diversifolia*
11.	Sea / Beach hibiscus, Coastal cottonwood	*Hibiscus tiliaceus*
	II. Leaves Fibre	
12.	Screw pine, Palau Fruit	*Pandanus odoratissimus*
13.	Pandanus Palm, Australian Screw Pine	*Pandanus tectorius*
14.	Umbrella tree, Aromatic Screw tree	*Pandanus fascicularis*
15.	Fishtail palm	*Caryota urens*
16.	Palmyra palm	*Borassus Jlabellifer*
17.	Wight's Sago Palm	*Arenga wightii*
18.	Sentry plant, Century plant	*Agave americana*
19.	Caribbean agave	*Agave angustifolia*
20.	Aloe	*Aloe barbadensis*
21.	Pineapple	*Ananas sativus*

ख. कच्चा रेशम (Flosses)

ऐसे कई वनों के वृक्ष और पौधे हैं जो कि अपने फलों में कच्चा रेशम (रफ सिल्क) उत्पादित करते हैं।

कपोक (एक प्रकार की रूई) का वृक्ष

वाणिज्यिक कपोक बोम्बेसेसी वंश की महत्त्वपूर्ण प्रजातियाँ बोम्बेर और *एरियोडेन्ड्रोन* के फल केश में होता है। भारतीय कैपोक बोम्बेक्स वंश की प्रजातियों से उत्पन्न होता है। सही कैपोक (कैपोक जावा) *एरियोडेन्ड्रोन एन्फ्रैटोसम* से उत्पन्न होता है जिसे सीबा पेटांड्रा कहा जाता है। कैपोक को हल्के लोचदार, उत्प्लावक, कोमल एवं दीप्त सतह के लिए जाना जाता है। यह पानी विकर्षक गुणों के कारण गीला नहीं हो सकता है।

कच्चे रेशम का उपयोग (Uses of flosses)

- भारतीय रूई का उपयोग मुख्यत: तकिये, बिस्तर एवं गद्दे भरने के लिए किया जाता है।
- इसका उपयोग लाइफ बेल्ट एवं अन्य नौसैनिक जीवन-रक्षक उपकरणों के निर्माण के लिए होता है।
- घर के सजावटी सामान के लिए, कैपोक को सामान्यत: अन्य सभी में रेशे भरने के लिए पसंद किया जाता है।
- गैर-संचालन गुणों के कारण, इसका उपयोग गर्म कपड़ों में तापावरोधन एवं अस्तर लगाने के लिए होता है।
- हल्के होने के कारण, रूई का उपयोग हवाई जहाज के कोट एवं सदैव ही सैनिकों के गद्दे बनाने के लिए किया जाता है।

क्र.सं.	सामान्य नाम	वैज्ञानिक नाम
1.	Yellow Silk Cotton Tree	*Cochlospermum gossypium*
2.	Buttercup Tree	*Cochlospermum religiosum*
3.	Stripped Snake plant	*Sansevieria zeylanica*
4.	Crown flower	*Calotropis gigantea*
5.	Rubber Bush, French cotton	*Calotropis procera*

ग. घास (Grasses)

1. घास : उपयोगी बिंदु से, घास को मोटे तौर पर तीन समूहों में विभाजित किया जाता है, अर्थात्-

(i) चारायुक्त घास, (ii) फाइबर उपज एवं छतनुमा घास और

(iii) ऑयल उपज घास

(i) चारायुक्त घास (Fodder grasses)

Eriochloa polystachya, Sporobolus indicus, Sporobolus diander, Ischaemum pilosum, Andropogon pertusus, Cenchrus ciliaria.

(ii) फाइबर उपज एवं छतनुमा घास (Fibre yielding and thatching grasses)

भारतीय घास में से कोई भी कपड़ा फाइबर की आपूर्ति नहीं करता है, लेकिन कुछ उपयुक्त फाइबर का उपयोग ऊन, चटाई एवं कागज बनाने के लिए उपयुक्त होती है।

क्र.सं.	सामान्य नाम	वैज्ञानिक नाम
1.	Sabai grass	*Eliolopsis binata*
2.	Munj grass	*Saccharum munga*
3.	Hardy sugar cane grass	*Sacchamm arundinaceum*
4.	Bahia lovegrass	*Eragrostis cynosuroides*
5.	Elephant grass	*Typhci elephantine*
6.	Thatch grass	*Saccharum spontaneum*
7.	Satintail grass	*Imperata arundinaceae*
8.	Perennial tussock grass	*Heteropogon contortus*

(iii) ऑयल उपज घास (Oil Yielding Grasses)

क्र.सं.	सामान्य नाम	वैज्ञानिक नाम
1.	Vetiver	*Vetiveria zizanioides*
2.	Palmarosa	*Cymbopogon martinii var motia*
3.	Ginger grass	*Cymbopogon martinii var sofia*
4.	Citronella grass	*Cymbopogon nardus*
5.	Lemon grass	*Cymbopogon flexuosus*

घ. बाँस एवं सरकंडा (Bamboo And Canes)

कुछ महत्त्वपूर्ण बाँस की प्रजातियाँ निम्नलिखित हैं–

अरूंदिनेरिया फल्केट : देवदार और ओक के वनों में बहुत कम वृद्धि होती है, जो सामान्यत: 1,200–2,000 मी. की ऊँचाई पर नम छायादार स्थानों में होती है। इसमें क्लम्स (clums) की ऊँचाई 1.840 होती है एवं इसका उपयोग बास्केट बनाने, मछली पकड़ने एवं हुक्का पाइप बनाने के लिए होता है।

अरूंदिनेरिआ स्पेथीफ्लोरा : पश्चिमी हिमालय क्षेत्र में फिर, स्प्रूस एवं देवदार वन की वृद्धि के रूप में 2,000–2,700 मी. की ऊँचाई पर एक छोटा बाँस पाया जाता है।

बम्बूसा अरूंदीनेसी : एक कांटेदार बाँस में, 24–30 मीटर की ऊँचाई और 15–18 सेमी. का व्यास होता है। यह जंगली, विशेष रूप से पश्चिमी और दक्षिणी भारत के पहाड़ी वनों में 900 मी. तक बढ़ रहे हैं। बाँस का उपयोग कागज बनाने में किया जाता है।

डेंड्रोकैलमस गिगेंटस : यह पश्चिमी बंगाल, असम और मालाबार के कुछ भागों में कृषित होने वाला सबसे बड़ा बाँस है। इसकी ऊँचाई 24–30 मीटर एवं व्यास 20–25 सेमी. होता है।

डेंड्रोकैलेमस स्ट्रक्टस : यह भारत के संपूर्ण हिस्सों में, पतझड़ वाले वनों में, पहाड़ी ढलानों में 1000 मी. की ऊँचाई तक शुष्क वनों के लिए उपयोग होता है। यह सामान्यत: काफी ठोस 6×15

ऊँचा और 2.5–7.5 सेमी. का व्यास होता है। यह सभी बाँसों के लिए सार्वभौमिक रूप से उपयोग किया जाता है। इसको विभिन्न तरीकों से उपयोग किया जा सकता है।

डेंड्रोकैलेमस हैमिल्टोनिर : यह हिमालय के क्षेत्र में 900 मी. तक पाया जाता है। इसकी नाल 25 मीटर लंबी, 10–18 सेमी. व्यास के और पतली भित्ति होती है।

डेंड्रोकैलेमस लोंगिस्पैथस : यह पश्चिम बंगाल और असम के कुछ हिस्सों में प्रायः 1,200 मी. तक होता है। इसमें नाल की ऊँचाई 12.48 मी. तक एवं 7, 5, 10 सेमी. का व्यास होता है।

मैलोकैना बैम्बूसॉइड्स : यह बाँस असम के गरोल खासी और लुशाई पहाड़ियों पर पाया जाता है। इसमें नाल की लंबाई 2 मी. तक होती है एवं व्यास 9.5 सेमी. तक होता है। यह सामान्यतः मृदु होता है।

ऑक्लैंड्र ट्रेवंकोरिका : ये केरल, कर्नाटक और तमिलनाडु की पहाड़ियों पर पाये जाते हैं। यह सरकंडे की तरह खड़ा होता है, मिलनसार बम्बू जो कि बड़े क्षेत्रों में फैला होता है।

ऑक्सीटेनें शेरा निग्रोसिलिआटा : यह गुच्छों के रूप में उगने वाले बम्बू (tufted bamboo) के साथ ही इसकी नाल 9–15 मी. ऊँची एवं 1.3–10 सेमी. का व्यास होता है, एवं यह असम, ओड़िशा एवं अंडमान द्वीप में पाये जाते हैं।

अन्य बाँस (Other Bamboos) : *Bambusa balcooa, Bambusa tulda, Cephalostachyum pergracile, Gigantochloa macrostacliya, Ochlandra scriptoria, Oxytenanthera ritcheyi, Pseudostachyum polymorphum* are of importance.

बाँस का उपयोग (Uses Of Bamboos) :

I. लुगदी और कागज (Pulp and paper)

बाँस देश के वनों में विस्तृत वृद्धि करने वाला मुख्य उपयुक्त फाइबर वाली कच्ची सामग्री है। कागज बनाने के लिए बहुत बड़ी संख्या में मुख्य प्रजातियों का उपयोग किया जाता है : बैम्बूसा अरूंडिनेसीआ, बी.न्यूटैन्स, बै. बैलकूआ, बै. टुल्डा, बै. वल्गैरिस, डैड्रोकैलेमस स्ट्रिक्टस, डै. हैमिल्टोनी, मैलोकाना बर्नबूसोइड्स एवं ऑक्सीटेनेथेरा मोनोस्टिग्मा, ऑक्लेंड्रा रिदी एवं ओ. ट्रेबंकोरीआ, बैम्बू का उपयोग कागज के लगभग सभी सामान्य किस्मों जैसे लिखाई, छपाई, लपेटने वाले कागज एवं अख़बारी कागज की सजावट के लिए उपयोग किया जाता है।

II. फर्नीचर उद्योग (Furniture industry)

दुनिया भर में फर्नीचर उद्योग के लिए बाँस प्रमुख कच्ची सामग्री है एवं यह चीनी कारोबार का नेतृत्व कर रहे हैं। सरल हैंडलिंग एवं प्लास्टिसिटी के आकार के कारण लकड़ी आधारित की तुलना में बाँस आधारित फर्नीचर को उपभोक्ताओं द्वारा पसंद किया जाता है। कुर्सी, टेबल, स्टूल, दरवाजे, झोपड़ी आदि जैसी फर्नीचर की विस्तृत शृंखला बाँस की विभिन्न प्रजातियों से बनायी जाती है। कुछ प्रजातियाँ जैसे- डेंड्रोकैलेमर्स स्ट्रिक्टस, बैम्बूसा बैम्बोस, बैम्बूसा बालकूआ, डेंड्रोकैलेमस ब्रांडसी इत्यादि फर्नीचर उद्योग में महत्त्वपूर्ण भूमिका निभाते हैं।

III. बाँस आधारित जैवभार जनरेशन (Bamboo based biomass generation)

बायोमास पर आधारित शक्ति उत्पादन के आंशिक रूप में बाँस को कच्ची सामग्री में उपयोग करने के लिए इसमें रूचि बढ़ती है। बायोमास पॉवर उत्पादन के प्रत्येक मेगावाट के लिए, बाँस का आवश्यक अनुमान 1.5 टन होता है। बाँस में दहन और गैसों के ठहराव (gastification), दोनों ही तकनीक से पावर उत्पन्न की जा सकती है। इस उद्देश्य के लिए बैम्बूसा बल्कूआ जैसी बाँस की एक प्रजाति का उपयोग उच्च कैलोरी मान दहन की क्षमता और कम भस्म के कारण होता है। अत: बायोमास पावर उत्पादन में शामिल कॉपोरेट अपनी तीव्र वृद्धि और गुल्म (coppucino) बनाने की क्षमता के कारण बाँस का कच्ची सामग्री के रूप में उपयोग किया जाता है।

IV. बाँस आधारित सक्रिय कार्बन (Bamboo based active carbon)

कार्बन के सक्रिय उत्पादन में लगे उद्योगों ने बाँस को कच्ची सामग्री के रूप में सम्मिलित करना शुरू कर दिया। बाँस से उत्पन्न सक्रिय कार्बन को फिल्टर पेपर, पेंट, वार्निश, औषधि निर्माण उद्योगों आदि से काफी उपयोगी पाया जाता है और निगमित क्षेत्रों में महत्त्वपूर्ण भूमिका निभाता है।

V. महत्त्वपूर्ण रतन प्रजातियाँ (Important Rattan Species)

क्र.सं.	गण	पाये जाने वाले स्थान
1.	*Calamus*	Tropical Africa, India and Sri Lanka, China, south and east to Fiji, Vanuatu and eastern Australia
2.	*Calospatha*	Endemic to Peninsular Malaysia
3.	*Ceratolobus*	Malay Peninsula, Sumatra, Borneo, Java
4.	*Daemonorops*	India and China to westernmost New Guinea
5.	*Korthalsia*	Indo-China and Burma to New Guinea
6.	*Laccosperma*	Humid tropical Africa
7.	*Myrialepis*	Indo-China, Thailand, Burma, Peninsular Malaysia and Sumatra
8.	*Plectocomia*	Himalayas and south China to western Malaysia
9.	*Plectocomiopsis*	Laos, Thailand, Peninsular Malaysia, Borneo, Sumatra

ङ. टन (Tan)

टैनिंन जैविक यौगिक होते हैं, जो मुख्य रूप से ग्लूकोसो आइड्ल प्रकृति के होते हैं जिसमें अम्ल प्रतिक्रिया होती है और ये अत्यंत कठोर होते है। यह कोशिका रस के विलयन में पाये जाते हैं और पौधों के सभी भागों में पाए जाते हैं (मुख्यत: पैरेंकाइमैटस ऊत्तक में जैसे कि छाल और युवा लकड़ी के कुछ फल और पत्तियाँ एवं कुछ समय में पत्तियों पर चित्र बनाना), लेकिन इसकी मात्रा बहुत भिन्न होती है। ये केवल कुछ पौधों में ही होते हैं जो कि प्रचुर होते हैं।

टैनिन किफायती होते हैं क्योंकि इनमें एल्ब्यूमन और जिलैटिन के साथ मिलाने की क्षमता होती है जैसे कि जानवरों की त्वचा अविलेय संयोजक के रूप में होते हैं जो कि इनको सड़ने से रोकते हैं। इस कारण से पशु की खाल चमड़े के नाम से जानी जाने वाली मजबूत, लचीली और

प्रतिरोधी सामग्री में बदल जाती है। टैनिक-अम्ल लोहे के लवण को काला, स्लेटी, बैंगनी या हरा बना सकता है और टैनिन के इस गुण का प्रयोग स्याही बनाने में किया जाता है।

टैनिन को उस भाग के अनुसार वर्गीकृत किया जा सकता है जिसमें से उन्हें टन, फल टन और पत्ती टन के रूप में प्राप्त किया जाता है-

(i) छाल टन (Bark tans)

क्र.सं.	सामान्य नाम	वैज्ञानिक नाम
1.	Black wattle	*Acacia meamsii*
2.	Green wattle	*Acacia decurrens*
3.	Silver wattle	*Acacia dealbata*
4.	Golden wattle	*Acacia pycnantha*
5.	Avaram senna	*Cassia auriculata*
6.	Golden rain tree	*Cassia fistula*
7.	Babul	*Acacia arabica*
8.	Sal	*Shorea robusta*
9.	Aijuna tree	*Terminalia arjuna*

अन्य टन छाल (Other Tan Barks)

चिभिन्न मैंग्रोव की छाल जैसे कि रेजोफोरा मुकोनैटा टैनिंग एजेंट को वाणिज्यिक मूल्य प्रदान करती है। इसके अतिरिक्त ऐसे कई वृक्ष हैं जिनकी छाल में पर्याप्त मात्रा में टैनिन होता है। इनमें से कुछ हैं : *Emblica officinalis, Acacia suma, Zizyphus glaberrima, Lannea coramandelica, Syzygium cumini, Lagerstroemia parviflora, Terminalia tomentosa, Anacardium occidentale, Xÿlia xylocarpa* and *Careya arborea*.

(ii) फल टन (Fruit Tans)

विभिन्न वृक्षों के फलों का उपयोग टैनिंग प्रयोजनों के लिए होता है जो कि बहुत महत्त्वपूर्ण है-

क्र.सं.	सामान्य नाम	वैज्ञानिक नाम
1.	Chebulic myrabolan	*Terminalia chebula*
2.	Beleric myrabolan	*Terminalia bellerica*
3.	Emblic myrabolan	Emblica offcinalis
4.	Babul	*Acacia arabica*
5.	Kath Ber	*Zizyphus plaberrima*
6.	Midnight horror, Indian trumpet Flower	*Oroxylum indicum*
7.	Indian persimmon	*Diospyros peregrina*
8.	Divi-divi	*Caesalpinia coriaria*

(iii) पत्ती टन (Leaf Tans)

पत्तियाँ टन एजेंटों के लिए महत्त्वपूर्ण नहीं होती हैं। हालांकि विभिन्न पौधों की पत्तियों को टैनिंग के लिए उपयोग किया जा सकता है।

क्र.सं.	सामान्य नाम	वैज्ञानिक नाम
1.	Axle wood tree	*Anogeissus latifolia*
2.	Karunda	*Carissa spinarium*

टैनिंस का उपयोग (Uses of tannins)

- टैनिंस का उपयोग टैनिंग सामग्री के रूप में लैदर उद्योग के लिए होता है।
- यह कई लैदर उद्योगों में उपयोग होता है जैसे बैल्ट, जूते, चप्पल एवं सूटकेस आदि।
- टैनिंस का उपयोग गृह सामग्री उद्योगों में होता है।
- खेलकूद सामग्री उद्योगों के लिए टैनिंस का उपयोग
- औषधि निर्माण उद्योगों में इसका उपयोग होता है।
- कई आयुर्वेदिक औषधियों में टैनिंस का उपयोग
- कुछ टैनिन डाई प्रक्रिया में रंगबंधक के रूप में उपयोग होता है।

च. रंजक (Dyes)

रंजक विभिन्न छाल, लकड़ी, जड़ों, पत्ते, फूल, फल और बीज से बनते हैं। कई टैनिंग छाल और लकड़ी के अर्क का उपयोग रंजन के लिए भी किया जाता है। रंगों को अन्य पौधों से डाई करने के लिए कुछ पौधों को रंगने के काम में लिया जाता है।

रंजक का उपयोग (Uses of dyes)

- रंजकों का उपयोग विशिष्ट रंगाई प्रक्रिया पेंट, वार्निश, लैदर एवं पेपर उद्योग में किया जाता है।
- प्राकृतिक रंगाई प्रक्रिया को कपड़ा उद्योग में वनस्पति रंगों को अधिक पसंद किया जाता है।
- रासायनिक रंजकों के स्थान पर खाद्य एवं पेय उद्योगों में कुछ रंजक बहुत उपयोगी होते हैं।
- रेड सैंडर्स से प्राप्त रंग का उपयोग लैदर और स्टेनिंग वुड डाई करने के लिए किया जाता है। सूती कपड़े के मुद्रण में वानस्पतिक रंजकों का उपयोग किया जाता है।
- औषधि निर्माण उद्योगों में, रंजकों का उपयोग कैप्सूल रंगने के लिए होता है।
- कई प्रजातियों से प्राप्त रंजकों का उपयोग कॉस्मेटिक उद्योगों की विस्तृत श्रेणी में होता है।
- आईसक्रीम और मिठाइयों में रंगने की प्रक्रिया के लिए सदैव ही वानस्पतिक रंजकों का उपयोग होता है।

रंजक एवं उपयुक्त प्रजातियाँ (Dyes and suitable species)

छाल रंजक	काष्ठ रंजक	जड़ रंजक
Mimusops elengi	*Pterocarpus santalinus*	*Morinda tinctoria*
Lannea coromandelica	*Caesalpinia sappan*	*Punica granatum*
Casuarina equisetifolia	*Acacia catechu*	*Oldenlandia umbellate*
Terminalia tomentosa	*Artocarpus heterophyllus*	*Morinda citrifolia*
Cassia alata	*Artocarpus lakoocha*	
	Adenanthera pavonina	

पुष्प रंजक	पर्ण रंजक	फल रंजक
Butea monosperma	*Terminalia catappa*	*Mallotus Philippinensis*
Cedrela toona	*Wrightia tinctroria*	*Bixa orellana*
Michelia champaca		*Thespesis populnea*
		Wringhtia tinctoira

छ. गोंद (Gums)

गोंद बहुत कम या अधिक चिपचिपा पदार्थ होता है जो झाड़ियों और पर्वतारोही वृक्षों की छाल के मध्य दरारों या छिद्रों से निकलता है। गोंद में प्राकृतिक उत्पत्ति के बहुशर्कराइड्स (Polysaccharides) होते हैं, जिसके मिश्रण में चिपचिपाहट होने के कारण इनमें काफी वृद्धि होती है, यहाँ तक कि इनमें सांद्रता भी कम होती है।

गोंद स्त्राव की प्रक्रिया (Process of gum secretion)

गमोसिस के नाम से जाने वाली इस प्रक्रिया से, वास्तविक गोंद का निर्माण आंतरिक ऊतक के विघटन के परिणामस्वरूप, सेल्यूलोज का अपघटन मुख्य हिस्से के लिए होता है। गोंद मुख्यत: कॉर्टेक्स ऊत्तक में पाये जाते हैं। इनमें अधिक मात्रा में शर्करा पायी जाती है और पेक्टिन से घनिष्ठ संबंध होता है। ये पानी में घुलनशील होते हैं या फिर पूर्ण रूप से घुल जाते हैं और श्लेष्मा में फूलाव उत्पन्न होता है, किन्तु ये अल्कोहल या अन्य (रेजिन के विपरीत) में अघुलनशील होता है। ये स्वाभाविक रूप से तने से बाहर निकले होते हैं, विशेषकर जब छाल में दीर्घ ऊष्मा और वामन के प्रत्युत्तर में दरारें पड़ जाती हैं। वाणिज्यिक गोंद शुष्क नि:स्त्रावण के रूप में बाजार तक पहुँचते हैं। विशिष्ट गोंद शुष्क क्षेत्रों के पौधों में समान होते हैं।

गोंद का उपयोग (Uses of gums)

- गोंद का उपयोग मुख्यत: चिपकने वाले पदार्थ उद्योगों में होता है।
- सूती कपड़े के मुद्रण में इनकी गहरी उपयोगिता होती है।
- गोंद का उपयोग पेंट (रंगाई) और अन्य बंध सामग्री में होता है।
- गोंद का उपयोग भोजन उद्योगों में भी होता है।
- गोंद का उपयोग औषधि निर्माण उद्योगों में भी होता है।

(*i*) वास्तविक गोंद (True gums)

क्र.सं.	व्यापारिक नाम	वैज्ञानिक नाम
1.	Indian Gum Arabic	*Acacia Arabica*
2.	True gum Arabic	*Acacia Senegal*
3.	Brittle gum or Jhingan gum	*Macaranga beltata*
4.	Lannea gum	*Lannea coromandelica (L. grandis)*
5.	Amber gum	*Azadirachta indica (Neem)*
6.	Khair gum	*Acacia catechu*
7.	Dhaura gum	*Anogeissus latifolia*
8.	Reddish brown gum	*Aegle marmelos*
9.	Anacardium gum	*Anacardium occidentale*
10.	Feronia gum	*Feronia limonia*

(*ii*) स्यूडो–गोंद (Pseudo-gums)

गोंद जो पानी में घुलनशील नहीं होते हैं बल्कि पानी को तेजी से अवशोषित कर लेते हैं और जैली मास (जैली द्रव्यमान) में फुलाव आ जाता है। *'अस्ट्रगलस हेरेटेन्सिस'* से एक पेरिसन झाड़ी निकलती है जो 'कातिरा' नाम का एक गम कहलाता है। यह भारतीय वाणिज्य में 'गम ट्रेगकेंथ' के नाम से जाना जाता है। इस गोंद के लिए भारतीय विकल्प (भारतीय कातिरा या बसोरा गम) निम्नलिखित है–

क्र.सं.	व्यापारिक नाम	वैज्ञानिक नाम
1.	Karava or Kullu gum	*Streculia urens*
2.	Dark brown gum	*Bombax ceiba*
3.	White gum	*Moringa oleifera*
4.	White gum	*Cochlospcrmum religiosum*
5.	Pectin gum	*SaccopeJalum tomentosum*

(iii) सिकुड़ने वाला गोंद (Astringent gums)

क्र.सं.	व्यापारिक नाम	वैज्ञानिक नाम
1.	Gum Kino	*Pterocarpus marsupium*
2.	Bengal Kino	*Butea monsperma*

ज. रेजिन (Resins)

रेजिन विभिन्न आवश्यक तेलों के ऑक्सीकरण उत्पादों का प्रतिनिधित्व करते हैं और उनके रासायनिक में बहुत जटिल और विविध होते हैं।

रेजिन का उपयोग (Uses of Resins)

- रेजिन वार्निश में उपयोग किया जाता है। कठोर हो जाने की क्षमता होने के कारण व्यापारिक वार्निश का बनना संभव हो जाता है। औद्योगिक महत्त्व के रेजिन का एक अन्य गुण यह है कि वे साबुन बनाने के लिए क्षार में घुलने की क्षमता रखते हैं।
- रेजिन का दवा में भी उपयोग होता है।
- पेपर आकार के लिए
- मैट के लिए कठोर सामग्री के लिए
- मोम, धूप, इत्र आदि के सील को तैयार करने के लिए।

रेजिन को मुख्यत: दो वर्गों में वर्गीकृत किया जाता है

- पाइन रेजिन (Pine Resin)
- पतझड़ी प्रजातियों से रेजिन (Resins from broad-leaved species)

पाइन रेजिन (Pine resins)

पाइन रेजिन को *पाइनस रॉक्सबर्गी, पाइनस वेलीचियाना* (*पी. एक्सेल्सा*) एवं *पाइनस इंसुलेरिस* (*पी. खास्य*) से प्राप्त किया जाता है।

इसमें *पाइनस रॉक्सवर्धी* और चीर पाइन व्यवसायिक दृष्टि से अत्यंत महत्त्वपूर्ण हैं और भारत में केवल *पी. रॉक्सबर्धी* की व्यवस्थित टैपिंग प्रयोग की जाती है।

रेजिन, रेजिन नलिकाओं में पाये जाते हैं जो लकड़ी के माध्यम से ऊर्ध्वाधर और क्षैतिज दिशा में चलता है। हर्टवुड की अपेक्षा में, अधिक बहुतायत से सैपवुड में रेजिन का प्रवाह होता है, जहाँ रेजिन नलिकाओं का प्रवाह रुक जाता है।

रेजिन टैपिंग (Resin tapping)

जब वृक्ष जलने लगता है तो बड़ी संख्या में रेजिन नलिकाएँ टूटने लगती हैं और रेजिन द्रव का उसमें से स्त्राव होने लग जाता है। यह व्यावहारिक रेजिन टैपिंग का सिद्धांत है जो सार्वभौमिक रूप से नियोजित होते हैं। बल्कि वास्तविक विवरण भिन्न-भिन्न होते हैं।

विधि (Method)

- सबसे पहले बाहरी छाल को निकाल दिया जाता है, जहाँ पर आधार से 2 फीट के अंतराल पर (दक्षिण की ओर) नीचे से जला दिया जाता है 3 इंच से 3 फीट से ऊँचाई पर से कुल्हाड़ी से काट दिया जाता है। यह आग कम करने के लिए सुगम होता है।
- एक घुमावदार काट, जो लगभग 8 इंच चौड़ा होता है, जो कि जमीन से 6 इंच की ऊँचाई पर होता है। यह गैल्वनाइज्ड आयरन 6 इंच लंबे, 1½ से 2 इंच चौड़े जहाँ से प्रवाह होता है जिसमें इसकी ढलाने थोड़ी नीचे की ओर होती हैं एवं इसका कार्य रेजिन के प्रवाह के रूप में मिट्टी के बर्तन के कप में प्रवाह होता है, शीर्ष से यह 6 इंच ऊँचा एवं 4 इंच चौड़ा एवं एक निश्चित तल होता है।

- यह चैनल 6 इंच से 1 फुट लंबा, 4 इंच चौड़ा और लगभग 1½ इंच गहरा होता है और यह प्रदीप्त आधार के निकट अधिकतम गहराई पर होता है।
- इसमें रेजिन प्रदीप्ति के नीचे की ओर बहती है और एक कप में एकत्र हो जाती है।
- इसकी प्रदीप्ति 6 दिनों में एक बार ताजा होती है, अर्थात् महीने में 4 बार शुद्ध किया जाता है। शुद्ध करने से उसकी लकड़ी में पतला छीलन किया जाता है, जिससे भरी हुई रेजिन नलिकाएँ खुल जाती हैं।
- इस कार्य में, प्रत्येक शुद्धता पर ½ इंच से अधिक की लंबाई तक प्रदीप्ति नहीं होनी चाहिए।
- पहली ऋतु के अंत में लंबाई में 2 फीट या इससे अधिक हो जाती है।

टैपिंग की विधियाँ (Methods of tapping)

टैपिंग की दो विभिन्न विधियों को अपनाया जाता है।

(*i*) निरंतर सरल टैपिंग (Light continuous tapping)

इस विधि में 3 फीट 6 फीट और 7 फीट के बीच के सभी वृक्षों को एक चैनल और 7 फीट से अधिक को दो चैनल दिये जाते हैं। यह सबसे गर्म ऊष्मता के रूप में पहले चैनल को दक्षिणी सिरे से काटा जाता है और रेजिन की सबसे अच्छी पैदावार देता है। 5 वर्ष पश्चात्, पुराने चैनल के बायें सिरे से 4½ इंच से टैपिंग के नए सिरे का बनना शुरू होता है। फिर से पाँच वर्ष पश्चात् टैपिंग के तीसरे चैनल को दूसरी बार 4½ इंच पर काटा जाता है और इस प्रकार टैपिंग के आस-पास आगे नहीं बढ़ती है। जब वृक्ष इस प्रकार गोलाकार हो जाता है तो 4½ इंच के आंतरिक चैनल रिक्त स्थान पर चैनल आरंभ हो जाते हैं। इस विधि को तब अपनाया जाता है जब दो चैनलों को 4½ इंच पर अलग-अलग परिधि में 7 फीट से अधिक वृक्षों के लिए रखा जाता है। इस विधि में वृक्ष सदैव ही टैपिंग के अंतर्गत होते हैं। यह सरल उपाय लाभ और निरंतर उपज देता है।

(*ii*) भारी टैपिंग (Heavy tapping)

यहाँ टैपिंग को खत्म किया जाता है और यह उन क्षेत्रों के लिए अपनाया जाता है जहाँ वृक्षों को 5 वर्षों में काटा जाता है। जिन चैनलों की सहायता से संभव होता है तो उन वृक्षों को निकाल दिया जाता है जो रेजिन के अच्छे संभावित कट टर्न (cut turn) होते हैं जिसके लिए 5 वर्ष पूर्व इन्हें काटा जाता है।

मैदान (Yield)

वृक्ष के मध्यम दोहन से प्रति वर्ष औसतन 5 से 12 lbs के क्षेत्र पर अपरिशिष्ट रेजिन की पैदावार होती है। अशोधित रेजिन को डोरी की छलनी से पाइन नीडल (बारहमासी पौधों के महीन तीखी नोंक वाले पत्ते) को हटाया जाता है और अन्य अशुद्धियाँ एवं इनको बंद डिब्बों में आसवित किया जाता है।

रेजिन का निर्माण (The manufacture of resin)

अशोधित पाइन रेजिन में दो प्रमुख घटक होते हैं, (i) तारपीन, द्रव का ऑयल, (ii) रेजिन और कोलोफोनी, जो सामान्य तापमान पर ठोस होते हैं। यदि अशोधित रेजिन को थोड़े पानी से लगभग 158 °C तापमान पर गर्म किया जाता है तो यह तारपीन के तेल में विघटित हो जाती है और इसमें रेजिन पीछे रहता है। तारपीन के तेल को पुनः आसवित किया जाता है। पाइनस रॉक्सबर्घी के अशोधित रेजिन के एक मन (maund) पर औसतन उत्पादन तारपीन के तेल का औसतन 1½ गैलोन होता है और कोलोफोनी का ¾ मन (maund) होता है।

उपयोग (Uses)

- **तारपीन का तेल :** इसका उपयोग पेंट और वार्निश बनाने के लिए होता है, दवाइयों में विशेषतः मोच और गठिया रोग में होता है। रेजिन वसा और रबड़ को तोड़ने के लिए उपयोग होता है।
- **रेजिन :** इसका उपयोग मुख्यतः साबुन बनाने, कागज के नाग के लिए, कपड़ों के टाँका लगाने के लिए, सीसलिंग-वेक्स बनाने के लिए, वार्निश, मलहम, तेल के कपड़े और स्याही के लिए उपयोग होता है। इसका उपयोग सदैव ही पेंट, वार्निश एवं अन्य मशीनी बेल्ट के लिए ड्रेसिंग और वायलिन की पट्टियों को सुखाने के लिए होता है।

पतझड़ी प्रजातियों से रेजिन (Resins from broad-leaved species)

यह रेजिन सामान्यतः 'डैमर' (Dammer) के व्यापारिक नाम से जाना जाता है। सही डामर को '*अगेथिस लॉरेंथीफालिआ*' में पाया जाता है जो शंकुवृक्ष बोरनिओ और सुमात्रा में पाया जाता है।

डैमर का उपयोग मुख्यतः वार्निश और नाइट्रोसेल्यूलोज़ लैकर्स (Lacquers) बनाने में किया जाता है। ड्रैमर वार्निश को वार्निश कागज के लिए विशेष रूप से अपनाया जाता है उनमें चमक और हल्के रंग होते हैं।

क्र.सं.	व्यापारिक नाम	वैज्ञानिक नाम
1.	White dammar	*Vateria indica*
2.	Black dammar	*Canarium strictum*
3.	Sal dammar	*Shorea robusta*
4.	Rock dammer	*Hopea odorata*
5.	Green dammar	*Shorea tumbuggia*

गोंद रेजिन (Gum resins)

इस नाम से यह सुचित होता है कि गम रेजिन वास्तविक गम और रेजिन दोनों का मिश्रण होता है, और स्वाभाविक रूप से दोनों समूहों की विशेषताओं को मिला दिया जाता है। इनमें आवश्यक तेल और रंग-रूप पदार्थ की सूक्ष्म मात्रा भी बहुत कम होती है। गोंद रेजिन प्राकृतिक रूप से दूधिया रिसाव, आंसुओं के रूप में और अनियमित द्रव्यमान में पाये जाते हैं। ये शुष्क, सूखे क्षेत्रों के

अधिकांश हिस्सों, जो कि विशेष रूप से प्राकृतिक वर्ग की प्रजातियों द्वारा उत्पादित होते हैं। उम्बैलीफेरी और बसरैसी।

इसको इन रूपों में वर्गीकृत किया जा सकता है–

1. तैलीय (गोंद) [Emulsive (Gamboge)]
2. तीखी गंधयुक्त (हींग) [Foetid (Asafoetid)]
3. महकदार (Fragrant)

1. तैलीय (गोंद) [Emulsive (*Gamboge*)]

वाणिज्यिक गेम्बोज रंजक की गोंद रेजिन सीयामीसी गैम्बोज वृक्ष जैसे, गर्सीनिया हनबरी से निकलते हैं। गार्सिनिआ मोरला, सियामीसी गैम्बोज वृक्ष के निकट आती है। इस रेजिन का उपयोग रेशम के पीले रंग और वाटर कलर पेंट के लिए होता है।

2. तीखी गंधयुक्त (हींग) [Foetid (*Asafoetid*)]

वन महत्त्वता नहीं होती है।

फेरूला एसफ़ेटिडा (Ferula Asafetida)

जड़ें फलते–फूलते तने को बढ़ाती है जिसे काटकर रस के रूप में इकट्ठा किया जाता है। यह एक मोटा अपारदर्शी गोंद रेजिन है और यूरोपीय वाणिज्य के एसफेटिडा है।

3. सुगंधयुक्त (Fragrant)

सुगंधित गोंद रेजिन का उपयोग धार्मिक कार्यों के दौरान तथा इत्र बनाने और धूम्रदायक पाउडर के रूप में धूप बनाने के लिए होता है।

बॉस्वेलिआ सेर्राटा (Boswellia serrata)

भारतीय लोबान (olibanum) से एक गोंद अर्थात् 'सलाइ गम' निकलता है जिसे अगरबती (incense) के रूप में जलाया जाता है। इसका उपयोग सदैव ही मरहम पट्टी, विशेषत: गठिया रोग के लिए होता है।

एलेन्थस मलबैरिका : (एलेन्थस ट्रीफाइसा)

इस रेजिन का उपयोग धूप/अगरबत्ती के रूप में होता है। यह अधिक सुगंधित होता है।

ओलिओ रेजिन (Oleo resin)

ओलिओरेजिन में रेजिनयुक्त पदार्थों के अतिरिक्त आवश्यक ऑयल भी पर्याप्त मात्रा में पाये जाते हैं। फलस्वरूप प्रकृति में कम या अधिक तरल पदार्थ पाये जाते हैं। आवश्यक ऑयल परस्पर कोशिकीय अंतरालों से स्त्रावित होते हैं जहाँ से ओलीओरेजिन का उत्पादन रेजिन के बनने के साथ ही इनके मिश्रण से होता है जो कि तने से स्त्रावित होता है। इसकी एक विशिष्ट सुगंध होती है। इसे वुड ऑयल के रूप में भी जाना जाता है।

क्र.सं.	व्यापारिक नाम	वैज्ञानिक नाम
1.	Gurjun oil	*Dipterocarpus turbinatus*
2.	In-oil	*Dipterocarpus tuberculatus*
3.	Malabar Gurjun oil	*Dipterocarpus indicus*
4.	Balsam oil	*Hardwickia pinnata*

I. आवश्यक ऑयल (Essential Oil)

पौधों के विभिन्न भागों में प्राकृतिक रूप से वाष्पशील ऑयल पाये जाते हैं। जिसमें लकड़ी, पत्ते, जड़, घास, फूल और बीज सम्मिलित है। आवश्यक तेल के विभिन्न स्त्रोतों के उत्पादन में उपयोग की जाने वाली प्रजातियाँ तथा उनका वर्गीकरण निम्नलिखित है :

क्र.सं.	सामग्री का नाम	प्रजातियों से उत्पादित तेल
I. काष्ठ तेल (Wood oil)		
1.	Agar oil	*Aquillaria agallocha*
2.	Sandal wood oil	*Santalum album*
3.	Turpentine oil	*Pinus roxburghii*
4.	Deodar oil	*Cedrus deodara*
II. पर्ण तेल (Leaf oil)		
5.	Citriodora oil	*Eucalyptus citriodora*
6.	Cinnamom oil	*Cinnamomum zeylanicum*
7.	Eucalyptus oil	*Eucalyptus globules*
8.	Mint oil	*Mentha species*
9.	Geranium oil	*Pelargonium graveolens*
III. घास तेल (Grass oil)		
10.	Citronella oil	*Cymbopogon nardus*
11.	Ginger grass oil	*Cymbopogon martini*
12.	Lemon grass oil	*Cymbopogon flexuosus*
13.	Palmarosa oil	*Cymbopogon martini var. motia*
14.	Vetiver oil	*Vetiveria zizanioides*
IV. जड़ तेल (Root oil)		
15.	Costus oil	*Saussurea lappa*
16.	Indian Valerian oil	*Valeriana jatamansi*
17.	Curcuma oil	Curcuma aromatica
V. पुष्प तेल (Flower oil)		
18.	Jasmine oil	*Jasminum officinale*
19.	Rose oil	*Rosa damascene*

क्र.सं.	सामग्री का नाम	प्रजातियों से उत्पादित तेल
VI.	**बीज तेल (Seed oil)**	
20.	Muskdana oil	*Abelmoschus moschatus*

ञ. तैलीय बीज (Oil Seeds)

तेल वसीय एसिड होता है जो विभिन्न प्रजातियों के बीजों में उपस्थित होता है। इन बीजों में काफी मात्रा में ऑयल होता है इन्हें वृक्ष से उत्पादित होने वाले तेल के बीज (टीबीओ) के नाम से जाना जाता है और उन्हें कुचलने की प्रक्रिया द्वारा ऑयल स्त्रावण के लिए उपयोग किया जाता है। भारतीय वनों में वृक्षों की 100 से अधिक प्रजातियाँ पायी जाती हैं जिन्हें ऑयल देने वाले गुणों के रूप में जाना जाता है। ऑयल के उपज वाली महत्त्वपूर्ण प्रजातियाँ हैं :-

1. *Azadiracta indica* (Neem)
2. *Pongamia pinnata* (Pungam)
3. *Calophyllum inophyllum* (Punnai)
4. *Madhuca latifolia* (Madhuca)
5. *Jatropha curcas* (Physic Nut)
6. *Salvodara olllioides*
7. *Shorea robusta* (Sal)
8. *Mesua ferrea*
9. *Simarouba glauca* (Paradise tree)

टीबीओ का उपयोग (Uses of TBO's)

- पेड़ से प्राप्त ऑयल को खाद्य उद्देश्यों के लिए उपयोग किया जाता है।
- कुछ प्रजातियों के बीजों से अखाद्य तेल स्त्रावित होता है, लेकिन साबुन, पेंट और वार्निश उद्योगों में उनका प्रयोग होता है।
- कुछ प्रजातियों से प्राप्त ऑयल का उपयोग मक्खन के विकल्प के रूप में होता है।
- ट्रांसस्ट्रेफिकेशन प्रक्रिया के बाद बायोडीजल उत्पादन के लिए अखाद्य तेल बीजों का कच्ची सामग्री के रूप में उपयोग किया जाता है।
- विभिन्न औषधियों के सिद्धांत और आयुर्वेदिक सिद्धांत प्रणाली में इन प्रजातियों का उपयोग किया जाता है।
- अनेक प्रकार के ऑयल का उपयोग मंदिरों में दीपक जलाने के लिए किया जाता है।
- कुछ प्रजातियों के ऑयल का उपयोग चमड़ा शोधन उद्योगों में किया जाता है।

ट. पशु उत्पाद (Animal products)

मनुष्य जीवन में पशु महत्त्वपूर्ण भूमिका निभाते हैं। पशु और पक्षी मानव जाति के उपयोग उत्पाद प्रदान करने में अपनी गतिविधियों और उनकी भूमिका से लोगों को आकर्षित करते हैं। मनुष्य को आकर्षित करने वाले महत्त्वपूर्ण पशु उत्पाद सारणी 1 में सूचीबद्ध हैं।

क्र.सं.	जंतु उत्पाद	पशुओं से उत्पादित उत्पाद
1.	Horns	• Sambar deer • Spoted deer • Rhinoceros
2.	Ivory	• Elephants
3.	Hides and skins	• Buffaloes, Sheep, Goat, Deer, Crocodile,
4.	Edible bird nests	• *Collaclia inexpectata*- swifts
5.	Silk through sericulture	• *Morns* spp. (Mulberry silk) • *Terminalia arjuna* (Tassar silk) • Ricinus communis (Eri silk) • *Terminalia arjuna* (Muga silk)
6.	Lac through Lac culture	• *Laccifera lacca* • *Butea monosperma* (Ranjeni) • *Schleichera oleosa* (Kusum)
7.	Honey through apiculture	• *Apis dorsata* (Rock bee) • *Apis cerana indica* (Indian hive bee) • *Apis floreu* (Little bee) • *Apis mellifera* (European or Italian bee) • *Melipona irridipennis* (Dammer bee or stingless bee)

■ ■ ■

अध्याय 10

कृषि वानिकी पद्धति (Agroforestry System)

कृषि वानिकी प्राचीनकाल से प्रचलित पारंपरिक भूमि उपयोग प्रणालियों में से एक है, लेकिन कृषि वानिकी की संगठित पद्धति हाल ही में प्रारंभ हुई है और इसने संपूर्ण विश्व में उल्लेखनीय महत्त्व प्राप्त किया है। प्राकृतिक वनों से लकड़ी की सीमित आपूर्ति के साथ लकड़ी और लकड़ी उत्पादों की बढ़ती माँग के कारण कृषि की और अधिक उत्पादकता की आवश्यकता होती है। वैश्विक जलवायु परिवर्तन तथा इससे संबंधित पर्यावरणीय प्रभावों के कारण बढ़ती परेशानियों से कृषि वानिकी के क्रियान्वयन को भी आकर्षित किया है। SAU's के कई स्नातक कार्यक्रम में कृषि वानिकी के विषय को सम्मिलित करना आवश्यक है एवं इसलिए इस अध्याय की रूपरेखा निम्नलिखित उपशीर्षकों के साथ दी गई है।

- परिभाषा
- वर्गीकरण एवं प्रकार
    - कृषि वनसंवर्धन
    - सिल्विपेस्चर (Silvipasture)
    - एग्रीसिल्विपेस्चर (Agrisilvipasture)
    - अन्य प्रणालियाँ
- लाभ एवं सीमाएँ
- कृषि फसल एवं वृक्ष की पारस्परिक अतर्संबद्धता
    - भूसतह से ऊपर अंत:क्रिया
    - भूसतह से नीचे मृदा ने अंत:क्रिया
- पोषण चक्र
- विभिन्न पारिस्थितिकी क्षेत्रों के लिए कृषि वानिकी प्रणालियाँ
- औद्योगिक कृषि वानिकी
- राष्ट्रीय कृषि वानिकी नीति, 2014

परिभाषा (Definition)

सामान्यत: कृषि वानिकी शब्द का अर्थ कृषि फसलों के साथ संयुक्त रूप से वृक्ष उगाना होता है। यह कई सदियों पुरानी प्रथा है जो कि यह सबूत है कि दुनियाभर में इसके अंतर्गत कार्य किया जाता है। कृषि वानिकी की परिभाषा अनेक अनुसंधानकर्ताओं और संगठनों ने अलग-अलग तरीके से प्रस्तुत की है, परन्तु समस्त रूप से यह विविधतापूर्ण एवं सतत् भू उपयोग प्रणाली का प्रतिनिधित्व करती है। कुछ प्रस्तावित परिभाषाएँ नीचे दी गई हैं।

(अ) कृषि वानिकी सभी भूमि प्रणालियों और प्रथाओं के लिए सामूहिक नाम है, जहाँ काष्ठीय बारहमासी विशेष रूप से कृषि फसलों और/या पशुओं के साथ कुछ स्थानिक व्यवस्था या लौकिक अनुक्रम में उगाए जाते हैं (ICRAF/विश्व वानिकी कृषि केंद्र, नैरोबी) है।

(ब) कृषि वानिकी एक स्थायी भूमि प्रबंधन प्रणाली है जो भूमि इकाई की समग्र इकाई को बढ़ाता है और फसल (वृक्षी फसल सहित) तथा वनीय पौधों के उत्पादन को जोड़ती है और/या उसी भूमि की समान इकाई और उस प्रबंधकीय पद्धतियों को लागू करती हैं जो कि स्थानीय विधियों के सांस्कृतिक तरीकों (किंग और चंडलर, 1978) के अनुकूल है।

(स) कृषि वानिकी भूमि उपयोग की एक प्रणाली है जो पेड़ों, फसलों और पशुओं को इस तरह एकीकृत करती है कि वैज्ञानिक रूप से मजबूत टिकाऊ, पारिस्थितिकी दृष्टि से वांछनीय, व्यावहारिक रूप से उचित और सामाजिक रूप से किसानों (नायर, 1979) को स्वीकार्य है।

(द) कृषि वानिकी की परिभाषा भूमि उपयोग प्रणाली के रूप में की गई है, जो कृषि भूमि और ग्रामीण परिदृश्य पर वृक्षों और झाड़ियों को एकीकृत करती है। ताकि उत्पादकता, लाभ, विविधता और पारिस्थितिकी की स्थिरता में वृद्धि हो सकें। यह एक गतिशील, पारिस्थितिकी आधारित प्राकृतिक संसाधन प्रबंधन प्रणाली है, जो खेतों और कृषि परिदृश्य में काष्ठीय उपज के एकीकरण के माध्यम से उत्पादन में विविधता लाती है और उसे बनाए रखती है तथा सामाजिक संस्थाओं (राष्ट्रीय कृषि वानिकी नीति, 2014) का निर्माण करती है।

कृषि वानिकी का कार्यक्षेत्र और महत्त्वपूर्णता (Scope and Importance of Agroforestry)

पारस्परिक कृषि पद्धतियों के साथ अपने आंतरिक संबंध के कारण भारतीय कृषि के संदर्भ में कृषि वानिकी का काफी अच्छा कार्यक्षेत्र है। पर्यावरण की सुरक्षा के अतिरिक्त घरेलू (खाद्य, फाइबर, ईंधन और चारा) और औद्योगिक आवश्यकताओं लकड़ी, लुगदी, कागज, माचिस, वेनियर, प्लाईवुड, पैकिंग की स्थिति में, पेंसिल, खेल सामग्री, फर्नीचर आदि को पूरा करने में विशेष महत्त्व का स्कोप है। राष्ट्रीय वन नीति, 1988 में निर्धारित वन आवरण (33%) के लक्ष्य को प्राप्त करने के लिए कृषि वानिकी प्रमुख उपकरण है।

कृषि वानिकी की भूमिका (Role of Agroforestry)

अ. ईंधन की लकड़ी की आवश्यकता को पूरी करने के लिए कृषि वानिकी

ब. चारे

स. लकड़ी की आवश्यकता के लिए कृषि वानिकी

द. खाद्य सुरक्षा

य. औद्योगिक

र. जलवायु शमन और कृषि वानिकी

ल. मृदा उत्पादकता

व. कृषि वानिकी एवं आजीविका

अ. ईंधन लकड़ी की आवश्यकता को पूरी करने के लिए कृषि वानिकी (Agroforestry for meeting fuelwood requirement)

कृषि वानिकी में लोगों की घरेलू आवश्यकताओं विशेषत: ईंधन और चारे की आवश्यकता को पूरी करने की व्यापक संभावना है। देश में ईंधन की लकड़ी की आवश्यकता निरंतर बढ़ रही है जो वर्ष 2011 में लगभग 200 मिलियन टन अनुमानित थी जो कि अब बढ़कर 240 टन हो गई है। वनों की अधिकांश आवश्यकताएँ मुख्य रूप से कृषि वानिकी से पूरी होती है। यह अनुमान लगाया जाता है कि देश की ईंधन की आवश्यकता का 34% कृषि वानिकी की सहायता से पूरा किया जाता है।

ब. चारे की आवश्यकताओं को पूरा करने के लिए कृषि वानिकी (Agroforestry for meeting the fodder requirements)

कम अवधि के दौरान विशेषत: वृक्षों और शाखाओं की पत्तियां चारे के रूप में काफी मात्रा में योगदान करते हैं। चारागाह प्रणालियों के संवर्धन से चारे की आवश्यकता में वृद्धि की माँग को पूरा करने में मदद मिल सकती है। अकेसिआ, सुबाबूल, डलबर्जिआ, हार्डविकिआ, होलोटेलिआ, पिथेकोलोबियम, मोरस, मोरिंगा, मेलिआ आदि जैसी चारा वृक्ष प्रजातियों का समावेश देश की चारा आवश्यकता को पूरा करने में अधिक अवसर प्रदान करता है।

स. लकड़ी की आवश्यकताओं के लिए कृषि वानिकी (Agroforestry for timber requirements)

कृषि वानिकी समाज की लकड़ी की आवश्यकता को पूरा करने में प्रमुख भूमिका निभाता है। बढ़ती हुई आबादी और संबद्ध सामाजिक-आर्थिक विकास के लिए बहुत अधिक लकड़ी की आवश्यकता होती है। यह अनुमान लगाया जाता है कि लगभग 31 मिलियन मी.^{3} लकड़ी को फार्म (कृषि-भूमि) वानिकी से और लकड़ी की आवश्यकता को वन के बाहर कृषि वानिकी तथा पेड़ पौधों से प्राप्त किया जा सकता है। यह माना जाता है कि गैर-वनीय स्त्रोतों विशेषत: कृषि वानिकी और फार्म वानिकी से लगभग 50% लकड़ी की आवश्यकता होती है।

द. खाद्य सुरक्षा के लिए कृषि वानिकी (Agroforestry for food security)

पिछले छ: दशकों के दौरान भारत में खाद्य उत्पादन पर चार गुना वृद्धि हुई है, हालांकि देश के गरीब लोगों की पोषण संबंधी आवश्यकताओं को पूरा करने के लिए खाद्य आपूर्ति में सुधार

अपर्याप्त रहा है। इस समस्या का समाधान करने के लिए प्रोटीन से भरपूर खाद्य पदार्थों के उत्पादन और खपत को बढ़ाना आवश्यक होगा। विभिन्नता के आधार पर कृषि वानिकी दालों, फलों, पत्तेदार सब्जियों और अन्य बारहमासी खाद्य फसलों की खाद्य सुरक्षा सुनिश्चित करने के लिए काफी अवसर प्रदान करती है। एक अनुमान के अनुसार देश में खाद्य उत्पादन 320 मिलियन टन होगा और कृषि वानिकी की मात्रा लगभग 25 मिलियन टन प्रतिवर्ष योगदान के लिए होती है।

य. औद्योगिक आवश्यकताओं के लिए कृषि वानिकी (Agroforestry for industrial requirement)

कृषि वानिकी प्रणालियों से अनेक लकड़ी आधारित उद्योगों को अनेक प्रकार से कच्ची सामग्री उपलब्ध करवायी जा सकती है। भारत में, लगभग 26,000 लकड़ी आधारित उद्योग है, जिसमें से लगभग 40% प्रचलन में है ताकि औद्योगिक लकड़ी की निरंतर आपूर्ति हो सके। देश में लकड़ी पर आधारित उद्योग, विशेषत: लुगदी और कागज, प्लाई और वेनीयर, मैच और चीनी, खेलकूद की सामग्री, पेंसिल, फर्नीचर आदि की उत्पादन और स्थापित क्षमता दोनों में काफी वृद्धि हुई है। नीति और क़ानूनी नियमों के कारण, उन उद्योगों को, जो कभी प्राकृतिक वनों से कच्ची सामग्री प्राप्त कर रहे थे, वे कच्ची सामग्री की आवश्यकताओं को पूरी करने के लिए मजबूर कर दिया जाता है। इसीलिए राष्ट्रीय वन नीति (1988) ने अपने निज़ी कैप्टिव रोपण, फार्म वानिकी और कृषि वानिकी पहल को बढ़ावा देने के लिए कृषि आधारित उद्योगों को प्रमुखता दी गई और उन्हें निर्देशित किया। इसलिए, कृषि वानिकी की औद्योगिक कच्ची सामग्री की आवश्यकता को पूरी करने के लिए काफी संभावनाएँ हैं क्योंकि देश में लगभग ४ अरब अमेरिकी डॉलर की औद्योगिक लकड़ी का आयात कर रहा है जिसमें जब कृषि वानिकी के स्थान पर किसानों की आजीविका में सुधार के लिए और साथ ही राजकोष पर दबाव कम करने के लिए बेहतर साबित हो सकता है।

र. कृषि वानिकी एवं जलवायु शमन (Agroforestry and climatic mitigation)

बढ़ती हुई मानव गतिविधियों से सांद्र CO_2 के 396 ppm के स्तर पर बढ़ोतरी में सहयोग होता है और साथ ही अन्य ग्रीन हाऊस गैस (GHG) के उत्सर्जन के कारण पृथ्वी के चारों ओर जलवायु में बहुत अधिक परिवर्तन होते हैं। जलवायु में ये परिवर्तन ग्लोबल वार्मिंग पर एक गंभीर प्रभाव को दर्शाते हैं जिसके फलस्वरूप ध्रुवीय क्षेत्रों के पिघलने, समुद्री सतह के उत्थान, वर्षा के पैटर्न में परिवर्तन तथा इसके परिणामस्वरूप कृषि पर इनका प्रभाव पड़ता है। सामान्यत: अतिप्रचलित GHG_2 के लिए सिंक के रूप में कार्य करके वृक्षों की बहुत अधिक क्षमता इन स्थितियों को कम करने के लिए होती है। प्रमुख कार्बन सिंक के रूप में वृक्षों की भूमिका को वैज्ञानिक रूप से जाना जाता है ताकि लंबे समय तक कार्बन को बड़ी मात्रा में स्थिरीकृत किया जा सके। यह अनुमान लगाया जाता है कि प्रत्येक एक टन लकड़ी का उत्पादन करने से 0.5 टन कार्बन सिकुड़ी रहती है। वैश्विक अध्ययनों का अनुमान है कि कृषि वानिकी में, विशेष रूप से उष्ण कटिबंधी क्षेत्रों में, प्रभावी जलवायु संतुलन एवं दुष्प्रभावों के न्यूनीकरण का प्रमुख स्त्रोत बनने की क्षमता है।

ल. कृषि वानिकी एवं मृदा उत्पादकता (Agroforestry and soil productvity)

कृषि उत्पादकता के लिए मिट्टी एक महत्त्वपूर्ण कारक है और भारत में 175 मिलियन हैक्टेयर से अधिक भूमि क्षेत्र मृदा अपक्षरण के कारण निम्नकृत की जाती है। यह माना जाता है कि 1 सेमी.

मिट्टी की परत बनाने में 600 वर्ष लग जाते हैं, किन्तु 1 सेमी. मिट्टी की परत भी साधारण बारिश से कुछ ही सैकेंडों में बह जाती है।

वृक्ष अपनी विशाल जड़ प्रणाली के आधार पर मिट्टी की रक्षा करने और क्षरण को रोकने में मदद करते हैं। वृक्ष कैनोपी बारिश की गति को कम कर देता है और मिट्टी में प्रवेश कर जाती है। कृषि वानिकी में वृक्षों में नाइट्रोजन का स्थिरीकरण का समावेश नाइट्रोजन (N) के निर्धारण के कारण सकारात्मक रूप से मिट्टी की उर्वरता के स्थिरीकरण में सहायता करता है।

व. कृषि वानिकी और आजीविका (Agroforestry and employment)

कृषि वानिकी गतिविधियाँ आजीविका और आय की विभिन्न गतिविधियाँ प्रदान करता है। यह अनुमान लगाया गया है कि कृषि वानिकी गतिविधियाँ जैसे भूमि को तैयार करना, नर्सरी, गड्ढे, रोपण, प्रबंधन, कटाई और परिवहन से वृक्ष प्रजातियों और कृषि वानिकी प्रणालियों के प्रकार के अनुसार प्रति हैक्टेयर में 200-500 श्रमिक मेहनताना रोज़गार दिये जाते हैं।

कृषि वानिकी प्रणाली का वर्गीकरण (Classification Of Agroforestry Systems)

कृषि वानिकी को निम्नलिखित प्रकारों में वर्गीकृत किया जा सकता है-

क्र.सं.	वर्गीकरण का आधार		विभिन्न कृषि वानिकी प्रणालियाँ
1.	संरचनात्मक आधार	फसलों की प्रकृति एवं मिश्रण	(a) कृषि-संवर्धन (b) चारागाह संवर्धन (Silvipasture) (c) कृषि-चारा संवर्धन (d) प्रकीर्ण प्रणालियाँ
		विभिन्न घटकों की व्यवस्था	(a) भौगोलिक व्यवस्था (b) लौकिक व्यवस्था
2.	क्रियात्मक आधार		(a) उत्पादक कृषि वानिकी (b) संरक्षणात्मक कृषि वानिकी
3.	सामाजिक-आर्थिक आधार		(a) वाणिज्यिक कृषि वानिकी (b) जीविका कृषि वानिकी (c) मध्यम कृषि वानिकी
4.	पारिस्थितिकी आधार		(a) आर्द्र एवं उपआर्द्र कृषि वानिकी (b) शुष्क एवं अर्धशुष्क (c) उन्नत भूमि कृषि वानिकी

(I) संरचनात्मक आधार (Structural Basis)

यह प्रकृति के घटकों पर आधारित है

(अ) कृषि संवर्धन (Agri-Silviculture)

इस प्रणाली में, कृषि फसलें, वृक्ष फसलों के साथ संयोजित होकर बढ़ती हैं। भारत में मुख्यत: निम्नलिखित 9 प्रणालियाँ कार्य करती हैं–

क्र.सं.	उपसमूह	सामान्य वृक्ष–फसल संयोजन
1.	बेहतर आकृर्ष्य भूमि	यह प्रणाली उत्तर–पूर्वी भारत में कार्य करती है जहाँ स्थित कृषि स्थानांतरण की बढ़ोतरी के समावेशन के साथ ही विभिन्न फसलों के उच्च उपज से होता है।
2.	वनकृषि प्रणाली (Taungya system)	इसे पहाड़ी खेती भी कहा जाता है एवं यह पश्चिम बंगाल एवं उत्तर प्रदेश में सामान्य होती है। इस विधि में वन, वृक्षारोपण की स्थापना होती है एवं कृषि फसलों की बढ़ोतरी वृक्ष कैनोपी बनने तक होती है।
3.	विभिन्न वृक्ष बगीचे (Multiple tree garden)	यह विधि देश के विभिन्न हिस्सों में सामान्य होती है जहाँ वृक्ष की फसलों के साथ फल फसल, फल एवं चारा और लकड़ी उत्पन्न होती है। मुख्य फल वाली फसलों में आम, जैक के साथ ही लकड़ी की फसलें जैसे अकैसिआ, अल्विजिआ, टीक आदि सम्मिलित हैं।
4.	एली क्रॉपिंग (पंक्ति में फसल उगाने की विधि) (Alley cropping)	इसके अतिरिक्त इसे हैज़–रॉ इंटरक्रॉपिंग भी कहा जाता है। इस विधि में, बहुवर्षी वृक्षी फसलें बाड़े में उगायी जाती हैं और कृषि फसलें एक निश्चित पंक्ति में उगायी जातो हैं। बाड़ा प्रजातियाँ मुख्यत: N_2- निश्चित करता है एवं पत्तियों को इकट्ठा किया जाता है और इसका उपयोग घास–पात (mulching) के लिए होता है जो कि मृदा की उर्वरता बढ़ाता है। सामान्य वृक्षी फसलें– 1. *Leuceana* 2. *Gliricidia* 3. *Sesbania grandiflora* 4. *Cassia siamea* कृषि फसलें जैसे धान, दालें और तैलीय बीजों के अतिरिक्त फसलों में हरित खाद की बढ़ोतरी होती है।
5.	वृक्षों के साथ ही वृक्षारोपित फसलें (Trees with plantation crops)	इस विधि का मुख्यत: उपयोग दक्षिणी भारत एवं उत्तरी पूर्वी भारत में चाय कॉफी की खेती के लिए होता है। वृक्षी फसलें जैसे कैसिआ सिआमा, ग्रिवेलिआ रूबास्टा को चाय एवं कॉफी के लिए उगाया जाता है।

क्र.सं.	उपसमूह	सामान्य वृक्ष–फसल संयोजन
6.	खेतों में बहुउद्देश्यीय वृक्ष एवं झाड़ियाँ	इस प्रणाली में बहुउद्देश्यीय वृक्ष प्रजातियों के बीच में बंध (रोधिका पर) या सीमा पर या खेतों में रोपित किया जाता है। इसका मुख्य उद्देश्य विभिन्न उत्पादों का उत्पादन और पारिस्थितिकी तंत्र को संरक्षित करना होता है।
7.	होम–शेड रोपण	इस प्रणाली को उत्तर–पूर्वी राज्यों और केरल के उच्च वर्षा वाले क्षेत्रों में व्यापक रूप से अपनाया जाता है। फसल संयोजन में जैक, आम, नारियल, सुपारी, जायफल, काली मिर्च, सब्जियाँ आदि सम्मिलित हैं। इसे अनेक स्तरीय कृषि–वानिकी भी कहा जाता है। मैदानों पर जड़ी–बूटी के विभिन्न घटकों, पहले खंड पर फल तथा चारा वृक्षों के साथ निम्न झाड़ियों का उचित समावेश और ऊपरी परत में फसलों के साथ–साथ लकड़ी तथा रोपण वृक्षों का भी उपयोग किया जाता है।
8.	वातरोधी (Shelterbelt)	यह भारी हवा वेग के क्षेत्र में स्थापित है और इस प्रणाली में वृक्षों का एक खंड है जिसमें प्रचलित हवाओं के समकोण पर वृक्षों की कई पंक्तियाँ स्थापित की गई हैं। सामान्य त्रिकोण आकार के साथ 50m तक की चौड़ाई के लिए वातरोधक लगाया जाता है। प्रजातियों के प्रकार : **घास :** *Saccharum, Panicum* and *Cenchrus* **झाड़ियाँ :** *Calotropis, Cassia, Dodonea* spp. **वृक्ष :** *Acacia, Dalbergia, Lannea, Eucalyptus, Casuarina, Bamboos*
9.	वात पातन (Wind breaks)	पहाड़ों, घरों, नहरों, कृषि क्षेत्रों और अन्य क्षेत्रों को हवा से बचाने के लिए वायुरोधक वृक्षों की पट्टियाँ लगायी जाती हैं। विशेष प्रजातियाँ : *Casuarina, Eucalyptus, Cassia* and *Dalbergia*

(ब) चारा संवर्धन प्रणालियाँ (Silvipastoral systems)

यह एक प्रमुख कृषि वानिकी प्रणाली है जिसमें घास और वृक्ष की प्रजातियाँ उगायी जाती हैं। चारा संवर्धन प्रणालियों में वृक्ष प्रजातियों को सम्मिलित कर इसका उपयोग चारे से लकड़ी के लिए किया जा सकता है। चारा संवर्धन प्रणालियों को तीन श्रेणियों में वर्गीकृत किया जा सकता है जो कि निम्न हैं–

(i) वृक्ष और झाड़ियों के रूप में चारागाह

(ii) प्रोटीन आधारित चारा बैंक

(iii) चारा वृक्ष, झाड़ियों और बाड़े के रूप में

(*i*) चारागाह के रूप में वृक्ष और झाड़ियाँ

यह चारा संवर्धन प्रणालियों में से एक है जिसमें चारागाह भूमि में व्यवस्थित आकृति के साथ या बिना बहुउद्देश्यीय वृक्ष और झाड़ियाँ लगायी जाती हैं। चारागाह भूमि पर वृक्षों को उगाने का मुख्य ध्येय मौसम में चारा उपलब्ध कराना होता है।

पसंदीदा प्रजातियाँ- *Acacias, Prosopis, Tamarind, Emblica, Holoptelia, Hardwickia,* Neem.

(*ii*) प्रोटीन आधारित चारा बैंक (protein based fodder banks)

यह चारा संवर्धन प्रणालियों में से एक महत्त्वपूर्ण है जिसमें प्रोटीन से भरपूर वृक्ष चारागाह की भूमि में और उसके आस-पास लगाए जाते हैं। इन वृक्षों की प्रजातियाँ लीन मौसम में चारे के उत्पादन में वृद्धि करने के लिए प्रोटीन से भरपूर पत्तियों का चारा उपलब्ध कराती हैं।

प्रोटीन से भरपूर वृक्षों की प्रजातियाँ-

- *Acacia* spp.
- *Leuceana*
- *Sesbania*
- *Albizia*
- *Gliricidia*
- *Prosopis*

(*iii*) चारा वृक्ष, झाड़ियों और बाड़े के रूप में

इस प्रणाली में खेत की भूमि के आस-पास कई चारे के वृक्ष और झाड़ीदार बाड़ लगाए जाते हैं ताकि खेत की भूमि को फसल के सभी प्रकार के जैविक प्रभावों से बचाया जा सके। बाड़ लगाने के लिए पसंदीदा प्रजातियाँ निम्न हैं :

- *Gliricidia sepium*
- *Acacia leucopholea*
- *Euphorbia*
- *Sesbania grandiflora*
- *Protium cordatum*

(स) कृषि चारा संवर्धन प्रणाली (Agrisilvipastral system)

यह प्रणाली चारा संवर्धन एवं कृषि चारा संवर्धन पद्धति के बीच का संकरण है। यहाँ भूमि के प्रबंधन से फसलों, वनीय वृक्षों और मवेशियों की कृषि होती है। घरेलू उद्यान कृषि-विक्षेपकीय प्रणाली का एक उत्कृष्ट उदाहरण है जिसमें पशुओं के पालन-पोषण को फसल तथा वनीय पौधों के उत्पादन के साथ एकीकृत किया जाता है। मिट्टी और जल संरक्षण, हरी खाद उत्पादन आदि जैसे विभिन्न प्रयोजनों के लिए वृक्षों, वार्षिक फसलों और पशुओं का एकीकृत मिश्रण कृषि चारा संवर्धन प्रणाली का प्रतिनिधित्व करते हैं।

(द) विविध प्रणालियाँ (Miscellaneous systems)

भारत में अनेक कृषि वानिकी विधियाँ पायी जाती हैं जो कि मधुमक्खी, मछली संवर्धन और

बहुपयोगी मिश्रित लकड़ी की किस्मों को एकीकृत करते हैं। इसको इस रूप में वर्गीकृत किया जा सकता है –

(i) मधुवाटिका संवर्धन (Silvi-apiary)

(ii) एक्वाफॉरेस्ट्री/जलवानिकी (Aquaforestry)

(iii) मिश्रित लकड़ियाँ (Mixed woodlots)

(*i*) मधुसंवर्धन (Silvi-apiary)

यह कृषि वानिकी प्रणालियों में से एक है जो वृक्षों के साथ ही शहद के उत्पादन को एकीकृत करती है। इस प्रणाली में खेत की भूमि में बहुसंख्यात रूप से फूलों के वृक्षों से मधुरस एकत्रित करने के लिए मधुमक्खियाँ आकर्षित करते हैं।

उदाहरण : Azadirachta indica, Syzygium cuminii, Gliricidia sepium, Cassia spp. etc.

(*ii*) जलवानिकी (Aquaforestry)

यह विधि वृक्षों के साथ ही मत्स्य उत्पादन को एकीकृत करते हैं। अनेक वृक्षों के पत्ते और फली मछलियों के लिए आहार सामग्री का कार्य करते हैं। इसलिए वृक्षों की प्रजातियाँ मछलियों के तालाबों के चारों ओर लगाई जाती हैं जिससे मछलियों का उत्पादन सुनिश्चित होता है एवं मछलियों के तालाबों के बंध को स्थिर किया जाता है।

मुख्य प्रजातियाँ है–

- *Leuceana leucocephala*
- *Morus alba*
- *Acacia leucophloea*
- *Albizia*
- *Gliricidia*
- *Prosopis*

(*iii*) मिश्रित लकड़ियाँ (Mixed woodlots)

इस प्रणाली के अंतर्गत लकड़ी का उत्पादन मृदा संरक्षण, खाद्य उत्पादन, भूमि संशोधन के लिए कई बहुउद्देश्यीय वृक्ष प्रजातियों को मिश्रित उद्देश्यों के लिए उगाया जाता है।

उदाहरण : 1. Teak - (Border) + *Melia* (Plywood) + *Casuarina* (Pole & Papper), 2. *Melia* + *Gmelina* + Teak

विभिन्न घटकों की व्यवस्था (Arrangement Of Compoments)

कृषि वानिकी प्रणाली को घटक व्यवस्था के आधार पर दो प्रकारों में वर्गीकृत किया जाता है :

अ. भौगोलिक व्यवस्था (Spatial arrangements)

इस स्थिति में कृषि वानिकी प्रणाली को मिश्रित प्रजातियों के आधार पर वर्गीकृत किया जाता है। यह सघन मिश्रित फसल होती है जिसका कि घर के बगीचों में उपयोग किया जाता है या कम मिश्रित चारागाह भूमि में फसल के रूप में।

ब. अस्थायी व्यवस्था (Temporal arrangements)

इस प्रणाली में कृषि वन प्रणाली में फसलों की व्यवस्था का ध्यान रखा जाता है। अस्थायी व्यवस्था का संयोग जैसे शेड वृक्ष के अंतर्गत कॉफी और सहवर्ती (कृषि चारा संवर्धन प्रणाली) आंतरापिक (बाड़े के अंतर्गत फसल उत्पादन) और अंत:फसल (बाड़ उद्यान) हो सकते हैं।

(II) क्रियात्मक आधार (Functional Basis)

कृषि वानिकी को क्रियात्मक भूमिका के आधार पर दो वर्गों में वर्गीकृत किया जा सकता है।

अ. उत्पादित कृषि वानिकी (Productive Agroforestry)

इस प्रणाली में कृषि वानिकी को केवल उत्पादित कार्यों के लिए डिजाइन किया जाता है जैसे कि लकड़ी, भोजन, ईंधन, चारा, रेशा, औषधि उत्पाद, औद्योगिक कच्ची सामग्री आदि के लिए उत्पादित होता है।

उदाहरण : Teak - Timbers

Eucalyuptus - Pulpwood

Casuarina - Pole and Paper

Ailanthus - Matchwood

Melia - Plywood, Fodder

Subabul - Fodder & Paper

ब. सुरक्षात्मक कृषि वानिकी (Protective Agroforestry)

इस प्रणाली में वृक्ष प्रजातियों को खेत की भूमि में सम्मिलित किया जाता है जो कि मुख्यत: सुरक्षात्मक भूमिका निभाते हैं जैसे वातरोधक, शेल्टरबैल्ट, मृदा और जल संरक्षण, मृदा संशोधन, शेड आवश्यकता आदि।

उदाहरण : *Casuarina, Eucalyptus, Dalbergia - Windbreak*

Neem, *Pungam* - Shade

Acacia - Soil improvement and soil reclamation.

(III) सामाजिक-आर्थिक वर्गीकरण (Socio-Economic Classification)

कृषि वानिकी को सामाजिक-आर्थिक मापदंड के आधार पर तीन वर्गों में वर्गीकृत किया जाता है- अ. वाणिज्यिक कृषि वानिकी

ब. जीविका कृषि वानिकी

स. मध्यम कृषि वानिकी

(अ) वाणिज्यिक कृषि वानिकी (Commercial Agroforestry)

यह अधिक पसंदीदा कृषि वानिकी प्रणालियों में से एक है जिसे विशिष्ट वाणिज्यिक उद्देश्यों के लिए उत्पादित किया जाता है। औद्योगिक वानिकी, कृषि क्षेत्र वानिकी, रोपण वानिकी इस

वर्गीकरण के अंतर्गत आते हैं। इसको उत्पादित करने के मुख्य उद्देश्य, वाणिज्यिक लकड़ी और अन्य उत्पाद जैसे लकड़ी, कागज, मैच, प्लाईवुड, टेनिन और रेजिन उत्पादन हैं।

(ब) जीविका कृषि वानिकी (Subsistence Agroforestry)

इस प्रणाली में कृषि वानिकी किसानों की मूलभूत आवश्यकताओं को पूरी करने के लिए कार्य करता है एवं यह केवल किसानों और इसके परिवार के सदस्यों के लिए होता है।

(स) मध्यम कृषि वानिकी (Intermediate Agroforestry)

यह वाणिज्यिक एवं जीविका कृषि वानिकी के मध्य सम्मिश्रण होता है जिसगें बहुवर्षीय फसलों और जीविका संबंधी फसलों का उत्पादन मध्यम से छोटी श्रेणी के किसानों से लिया जाता है। इस प्रणाली में नक़दी (cash) फसलें आर्थिक आवश्यकता को पूरी करता है और खाद्य फसलें जीविका की आवश्यकता को पूरा करते हैं। भारत में अनेक कृषि वानिकी प्रणालियाँ इस वर्ग का प्रतिनिधित्व करती हैं।

IV पारिस्थितिकी वर्गीकरण (Ecological Classification)

पारिस्थितिकी कृषि वानिकी प्रणालियाँ कई प्रकारों में वर्गीकृत होती है जिसमें से प्रमुख निम्नलिखित हैं-

अ. आर्द्र एवं अर्ध-आर्द्र कृषि वानिकी

ब. शुष्क एवं अर्ध शुष्क

स. पर्वतीय कृषि वानिकी

(अ) आर्द्र एवं अर्ध-आर्द्र कृषि वानिकी

यह उन कृषि वानिकी प्रणालियों में से एक है जो आर्द्र एवं अर्ध-आर्द्र प्रणालियों के लिए कार्य करती है। यह विधि मुख्यत: स्थानिक आवश्यकताओं, प्राकृतिक घटकों और इसके प्रमुख कार्यात्मक लक्षणों पर निर्भर करती है। इस कृषि वानिकी प्रणाली का चयन मुख्यत: सामाजिक एवं आर्थिक कार्यों पर निर्भर करता है।

मुख्य प्रजातियाँ हैं-

1. *Acacia mangium*
2. *Albizia falcataria*
3. *Albizia lebbeck*
4. *Albizia procera*
5. *Gliricidia sepium*
6. *Leucaena leucocephala*
7. *Sesbania glandiflora*
8. *Calliandra calothyrsus*

(ब) शुष्क एवं अर्ध शुष्क कृषि वानिकी

कृषि वानिकी का मुख्य सर्वाधिक पारिस्थितिकी वर्गीकरण शुष्क एवं अर्ध शुष्क कार्यों से होता है जो कि भारत में कुछ कार्यों का प्रमुख प्रतिनिधित्व करते हैं।

मुख्य प्रजातियाँ हैं–

- *Acacia albida*
- *Acacia lorlilis*
- *Albizia am am*
- *Prosopis cineraria*
- *Hardwickia binnata*
- *Melia azaclirach*
- *Acacia nilotica*
- *Albizia lebbeck*
- *Leucaena leucocephala*
- *Sesbania aegyptica*
- *Dalbergis sissoo*
- *Azadirachta indica*

(स) पर्वतीय कृषि वानिकी (Highland Agroforestry)

कृषि वानिकी की यह प्रणाली मुख्यत: पर्वतीय क्षेत्रों में होती है जिसमें से अधिक पसंदीदा प्रजातियाँ निम्न हैं–

- *Acacia mearnsii*
- *Leuceana diversiflolia*
- *Albizia falcataria*

कृषि वानिकी के लिए उपयुक्त वृक्ष (Trees Suitable For Agroforestry)

कृषि वानिकी में वृक्ष प्रजातियों के साथ ही आवश्यक विशेष लक्षण होते हैं जो कि निम्न हैं–

- वृक्ष में शीघ्र वृद्धि और सरल प्रबंधन के लिए सराहनीय होने चाहिए।
- वृक्ष की प्रजातियों के पास वायुमंडलीय नाइट्रोजन सुनिश्चित करने की क्षमता होनी चाहिए।
- वृक्ष प्रजातियों के पास उच्च उत्तरजीविता दर होनी चाहिए एवं सरल स्थापना होनी चाहिए।
- वृक्ष प्रजातियाँ कृषि फसलों के लिए आर्द्रता, पोषकता, जल एवं अंतराल आदि के साथ बराबरी नहीं कर सकती हैं।
- इसकी वृक्ष प्रजातियाँ कोई अन्य जहरीला पदार्थ उत्पन्न नहीं कर सकती हैं एवं यह कोई एलीलोपैथी प्रभाव उत्पन्न नहीं करते हैं।
- वृक्ष प्रजातियों के पास विस्तृत अनुकूलन क्षमता होती है एवं बिना किसी परेशानी के यह स्वीकार्य होता है।
- वृक्ष प्रजातियों के पास उच्च उत्पादकता, अधिक उपज एवं उपजकर्त्ताओं (किसानों) को अधिकतम लाभ होना चाहिए।
- वृक्ष प्रजातियों के पास अच्छी कॉपिसिंग (गुल्म) क्षमता एवं छँटाई और पोलार्डिंग के लिए उपयुक्त होनी चाहिए।

- वृक्ष बहुउद्देश्यीय उपयोगी जैसे लकड़ी, चारा, ईंधन, नाइट्रोजन स्थिरीकरण आदि होने चाहिए।

बहुउद्देश्यीय वृक्ष प्रजातियाँ (Multipurpose Tree Species)

कृषि वानिकी प्रणालियों में वृक्षों का विस्तार करने के लिए कई निम्नलिखित उपयोगी गुणों को जरूरी माना जाता है।

- वृक्षों में उच्च ऊष्मीय मान होना चाहिए एवं इसका उपयोग सदैव ही ईंधन लकड़ी और ऊर्जा उत्पादन के लिए होता है।
- इसके वृक्षों की प्रजातियाँ लकड़ी उत्पादन में सक्षम होती है और मचान उद्योगों में खंभे एवं पोस्ट के लिए उपयुक्त होते हैं।
- वृक्ष कच्चे पदार्थों के लिए विभिन्न लकड़ी आधारित उद्योग जैसे लुगदी-लकड़ी, कागज, प्लाईवुड, मैचवुड आदि के रूप में उपयुक्त होता है।
- वृक्ष पशु एवं मानव उपयोग दोनों के लिए फलों तथा फूलों दोनों के उत्पादन के लिए सक्षम होते हैं।
- पत्तियाँ मानव और पशु उपभोग के लिए लाभदायक होनी चाहिए।
- इसके वृक्ष शहद, रेशम एवं कीटों के स्त्रोत के रूप में कार्य करते हैं।
- इसकी छाल से एक प्रकार का क्षार (tannin) स्त्रावित होता है जिसका उपयोग चमड़ा उद्योगों में होता है।
- इसके वृक्ष गोंद, रेज़िंग और वर्ण आदि के उत्पादन में सक्षम होते हैं।
- कुछ वृक्ष ऑयल प्रदान करते हैं जो कि घरेलू और मानव उपयोग दोनों के लिए जिम्मेदार होते हैं। पहचान किये गए बहुउद्देश्यीय वृक्ष प्रजातियों में उपर्युक्त सभी गुणों की आवश्यकता नहीं होती है, बल्कि इसमें कम-से-कम दो या तीन वर्ण होने चाहिए जिससे कृषि वानिकी प्रणाली में सम्मिलित होने की सुविधा हो सके ।

कृषि वानिकी के लाभ (Benefits Of Agroforestry)

(*i*) पर्यावरणीय लाभ (Environmental benefits)

- कृषि वानिकी वनों पर दबाव को कम करती है एवं पारिस्थितिकी प्रणाली के उत्तम संरक्षण को उत्तेजित करती है।
- इसकी पर्यावरणीय परिस्थितियों की सहायता से जैविक विविधता में वृद्धि होती है।
- किसी क्षेत्र की सूक्ष्म जलवायु की वृद्धि मृदा तापमान के निम्नीकरण, वाष्पीकरण की कमी और मृदा आर्द्रता के प्रबंधन से होती है।
- यह बहाव, पोषक तत्त्वों का निक्षालन और मृदा अपक्षरण को कम करता है।
- यह मिट्टी की उर्वरता में सुधार करती है।
- यह विभिन्न गहराई पर मिट्टी में पोषक तत्त्वों के पुन: उपयोग को बढ़ाता है।
- मिट्टी के कार्बनिक पदार्थ के परिवर्धन से मिट्टी की संरचना में सुधार होता है।

(*ii*) पारिस्थितिकी लाभ (Economical benefits)

- कृषि वानिकी उपज प्रति इकाई क्षेत्र (अन्य फसल प्रति इकाई क्षेत्र) पर पैदावार में वृद्धि करती है।
- कृषि वानिकी प्रणालियाँ फसल विफलता को कम करती है।
- इन सभी लाभ के परिणामस्वरूप यह फार्म की कमाई में वृद्धि करती है।

(*iii*) सामाजिक लाभ (Social benefits)

- कृषि वानिकी द्वारा ग्रामीण जीवन स्तर में सुधार व निरंतर रूप से आय में वृद्धि भी होती है।
- विविध पोषक तत्त्वों से भरपूर कृषि उत्पाद उपलब्ध करवाकर लोगों के स्वास्थ्य एवं पोषण में सुधार किया जाता है।
- कुछ असफलता के जोखिम के बिना कई पैदावार कृषि समुदायों को स्थिर बनाती हैं।

कृषि वानिकी की बाधाएँ (Constraints in agroforestry)

- वृक्षों के कारण भूमि की फसल में हस्तक्षेप के प्रभाव के कारण अवसाद उत्पन्न होता है।
- लंबी विकास प्रक्रिया की अवधि के कारण रोपित पौधों में विलंबित परिशोधन होना।
- वृक्षों से आकर्षित होने वाले पक्षियों के कारण वृक्षों को अधिक क्षति।
- कीटों के कारण फसलों को अधिक क्षति जिसके लिए वृक्ष वैकल्पिक परपोषी के रूप में कार्य करता है।
- एलीलोपैथी (Allelopathy) प्रभाव

पारस्परिक वृक्षी फसल (Tree Crop Interaction)

कृषि वानिकी एक सचेत संकलित मॉडल है जिसमें दो या अधिक कृषि संबंधी उद्यम जैसे भूमि की एक ही इकाई में कृषि, बागवानी, वानिकी और पशुधन सम्मिलित है। एक बार इन घटकों के साथ होने पर एक पारस्परिक क्रिया उत्पन्न होती है क्योंकि कृषि वानिकी प्रणाली के सभी सदस्य प्रकाश, जल और CO_2 जैसे विकास संसाधनों के समान भंडारण का उपयोग करते हैं।

इसके प्रत्येक घटक कृषि वानिकी प्रणाली के अन्य घटकों को प्रभावित करता है। घटक का शुद्ध प्रभाव या तो सकारात्मक या नकारात्मक हो सकता है। कृषि वानिकी की सफलता विभिन्न सकारात्मक पारस्परिक क्रिया के उपयोग पर अधिक निर्भर करती है एवं यह न्यूनतम या कुल नकारात्मक पारस्परिक क्रिया को हटा देती है। कृषि वानिकी में मौजूद कई पारस्परिक क्रिया पर जानकारी नीचे दी गई है।

पेड़ की फसल के प्रभाव को कम करने का मुख्य कारण प्रकाश, पानी, पोषक तत्त्वों और एलीलोपैथी के मध्य प्रतिस्पर्धा है।

(*i*) प्रकाश के लिए स्पर्धा (Competition For Light)

प्रकाश की मात्रा तथा इसकी तीव्रता पादपों की प्रकाश संश्लेषक गतिविधि ज्ञात करने का महत्त्वपूर्ण कारक है। अध्ययन से यह पता चलता है कि अधिकतम फसलों (फूल और फल) को

पुनः उत्पन्न करने के लिए विशेष मात्रा, तीव्रता, प्रकाश की लंबाई की बहुत आवश्यकता होती है जो कि अंत में कृषि संबंधी फसलों के वृक्षों में हमारी उपज होती है तथा शाखाओं के बीच की फसल को हमेशा रंग देता है और फसल को कम करता है। प्रथम दो वर्षों के दौरान वृक्षों में घने क्राउन (शीर्ष) नहीं होते हैं और अधिक धूप की आवश्यकता होती है। इसकी स्पर्धा वृक्ष की प्रगति के रूप में घनी होने की संभावना होती है।

(*ii*) आर्द्रता के लिए स्पर्धा (Competiton For Moisture)

कृषि वानिकी का सबसे प्रमुख अनुमान यह है कि वृक्षों में आर्द्रता के लिए गहरी जड़ें होती हैं और इसलिए वे छिछली (जिसकी ऊपरी सतह और तले के बीच दूरी कम हो) जड़ों वाली फसलों से स्पर्धा नहीं करते हैं। अनेक कृषि वानिकी वृक्षों की जड़ें लगभग 30 सेमी. मिट्टी के ऊपर होती हैं और अंत:फसल के साथ स्पर्धा करती हैं। यह स्पर्धा उच्च जड़ घनत्वता, उच्च मूल प्ररोह अनुपात, प्रति इकाई मृदा आयतन में उच्च मूल लंबाई के साथ आगे संबद्ध हैं।

(*iii*) पोषकतत्त्वों के लिए स्पर्धा (Competition For nutrients)

कृषि वानिकी प्रणाली के गुणों का आकलन कृषि संबंधी फसलों की उपज के आधार पर किया जाता है। इस प्रणाली में अंत:फसल के सबसे छोटे घटक की सख्त जड़ प्रणाली 50 सेमी से अधिक गहराई में नहीं फैली होती है। इसलिए यह केवल मिट्टी की ऊपरी परत पर ही पोषण प्राप्त कर सकती है। बड़ी जड़ वाले वृक्षों में ऊपरी मिट्टी की परत के उपयोग से लाभ होता है और वह फसल के घटक तक पहुँच कर मिट्टी की मात्रा का दोहन कर सकती है। इससे जड़ी-बूटी संबंधी फसलों पर गंभीर प्रभाव पड़ता है और यह ऐसे पोषक तत्त्वों से वंचित रह जाते हैं जो फसलों की पैदावार को और अधिक प्रभावित करते हैं।

(*iv*) एलीलोपैथी प्रभाव (Allelopathy)

एलीलोपैथी शब्द को सर्वप्रथम हैंस मॉलिस्च ने दिया जिसे ग्रीक शब्द ''mutual harm'' और ''suffering'' से लिया गया है।

एलीलोपैथी एक सामान्य जैविक घटना है जिसके द्वारा एक जीव जैव रसायन का उत्पादन करता है जो अन्य जीवों की वृद्धि, उत्तरजीविता, विकास और प्रजनन को प्रभावित करता है। एलीलोकैमिकल नामक अवरोधक रसायन प्राय: पौधों के किसी भी भाग जैसे पत्ते, छाल, जड़, टहनियाँ, फूल और फल में पाया जाने वाला द्वितीयक चयापचयों (metabolities) का उप-समूह है। ये रसायनों को लीचिंग, वाष्पीकरण, रिसाव, और अपघटन के माध्यम से स्त्रावण करते हैं। विभिन्न फसलों की वृद्धि और विकास पर अकैसिआ, कैसुरीना और यूकेलिप्टस पर अंकुरण की अवरोधक भूमिका पर काफी अच्छा आलेखन है।

पारस्परिक ऊपरी जमीन के लिए प्रबंधन नीतियाँ

(*i*) वृक्ष प्रबंधन/शीर्षस्थ प्रबंधन

यह विशिष्ट प्रबंधन तकनीक है जहाँ ये कृषि वानिकी प्रणालियों में वृक्ष एवं झाड़ियों के लिए लागू होती है। इनमें से कुछ तकनीकें वानिकी रोपण में वृक्षों प्रबंधन के उपयोग में समान हैं, लेकिन

कुछ अन्य भिन्न हैं। जमीन से ऊपर वृक्षों के हिस्से के संबंध में सबसे महत्त्वपूर्ण प्रबंधन तकनीक है–

अ. छँटाई (Pruning)
ब. लोपिंग (Lopping)
स. पोलार्डिंग (Pollarding)
द. गुल्म (Coppicing)
य. विरलन (Thinning)

अ. छँटाई (Pruning)

शीर्षस्थ वृक्षों के निचले हिस्से से शाखाओं का निष्कासन करने को प्रूनिंग या साइड प्रूनिंग के नाम से जाना जाता है। जब वृक्षों की प्रूनिंग की जाती है तो जड़ के निकट से सदैव ही शाखाओं को काटा जाता है।

कृषि वानिकी में छँटाई (प्रूनिंग) के तीन उद्देश्य निम्न हैं–

- वृक्ष के पास फसलों के लिए छाया की कमी।
- तने की गुणवत्ता में वृद्धि, मुख्यत: लकड़ी और पोल्स (poles) के लिए।
- सबसे पहले लकड़ी की टहनी को ईंधन और अन्य उपयोग के लिए काटना।

छँटाई करते समय नजदीक की फसलों की ऊँचाई तक कटाई करनी चाहिए यदि वृक्षों की वृद्धि हो तो इस प्रकार की छँटाई से कृषि कार्य में लाभ होता है तथा उनके मध्य प्रतिस्पर्धा कम होती है। छँटाई करने का सबसे अच्छा समय सूखे मौसम के अंत में होता है जब कृषि कार्य से फसल की पैदावार में कोई बाधा नहीं पड़ती और जब अन्य कृषि कार्यों में कार्यभार अधिक नहीं होता है।

ब. डाली काटना/डाल कटाई (Lopping)

लोपिंग, प्रूनिंग से पूरी तरह से विशिष्ट होती है जहाँ शाखाओं को आधारीय भाग से नहीं काटा जाता है। लोपिंग सदैव ही वृक्ष के नीचे से शुरू नहीं की जाती है, लेकिन यह अधिक अव्यवस्थित होती है। यदि शाखाओं में से कोई चयन किया जाता है तो मुख्य मानदंड सदैव ही अच्छी हरी पत्तियों वाला बायोमास होता है क्योंकि चारे के लिए शाखाएँ प्राप्त करने के लिए प्राय: लोपिंग की जाती है।

स. पेड़ की चोटी काटना (Pollarding)

सभी शाखाओं और वृक्ष को ऊपरी हिस्से से कटाई करने को पोलार्डिंग के नाम से जाना जाता है। यहाँ पोलाडिंग के विभिन्न उद्देश्य होते हैं :

- जल्दी ही लकड़ी, चारा और अन्य बायोमास का एकत्रीकरण।
- लकड़ी और चारे के उत्पादन को पशुओं से दूर रखा जाता है, इसलिए यहाँ विचरण से संरक्षण की कोई आवश्यकता नहीं होती है।

- निकटतम फसलों के लिए छाया की कमी।
- लकड़ी और पोल के लिए वृक्ष के शीर्षस्थ हिस्से में पुनरुत्पादन में तने की वृद्धि को बढ़ावा देती है।

द. गुल्म (Coppicing)

पद्धतिबद्ध गुल्मकारी (coppicing) वृक्ष, पंक्तिबद्ध फसल उगाने में इसे प्रबंधन तकनीक के रूप में लागू किया जाता है और मृदा संरक्षण संरचना पर वृक्ष के लिए अच्छा विकल्प हो सकता है। कुछ परिस्थितियों में वार्षिक कॉपिसिंग हो सकती है, लेकिन अन्य परिस्थितियों में जैसे पोल उत्पादन के लिए यूकेलिप्टस का पुनरुत्पादन, इसमें अधिकतम नहीं हो सकती है। इस स्थिति में, 6–8 वर्ष का अंतराल अधिक उपयुक्त होता है।

य. विरलन (Thinning)

इसमें वृक्षों की स्थापना सीधे ही बीजारोपण से होती है और इनके मध्य रोपण के अंतराल को बहुत कम किया जाता है जो कि कुछ अन्य पौधों के साथ स्पर्धा करते हैं। घने, खड़े वृक्षों में शुरुआत से सीधी वृद्धि और छोटी शाखाओं को बढ़ावा मिलता है, लेकिन बाद में वृक्षों को विरल किया जाता है अन्यथा वृक्ष बढ़ोतरी में अधिक पतले हो जाते हैं और अंत में उनको वांछित आकार नहीं मिल पाता है। पेड़-पौधों के लिए छँटाई विशेष रूप से महत्त्वपूर्ण होती है, लेकिन उन स्थितियों में भी लागू होती

है जहाँ वृक्ष एक-दूसरे के करीब बढ़ते हैं। उदाहरण के लिए, छँटाई के लिए प्रत्येक तीन वृक्षों में से प्रत्येक दो या दूसरे वृक्ष को निकाल दिया जाता है। विरलन भी शुरुआत की फसल प्राप्त करने का एक तरीका है।

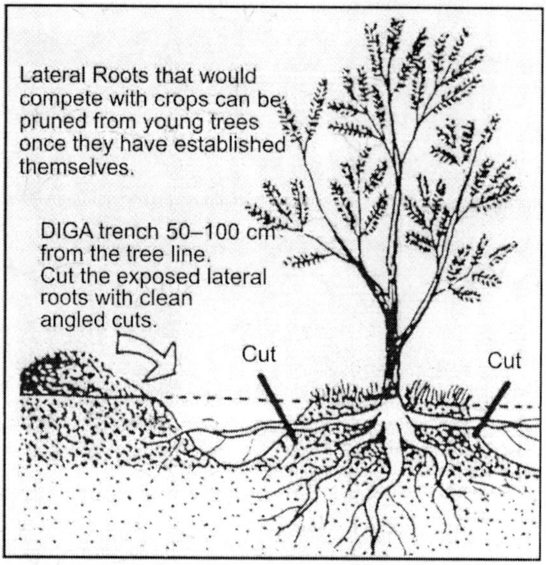

जमीन के नीचे पारस्परिक क्रियाओं के लिए प्रबंधन नीतियाँ (Management strategies for below ground interaction)

जड़ प्रबंधन एवं जड़ छँटाई (Root management And root pruning)

फसल की खेती में उगने वाले वृक्षों की जड़, इनकी जड़ों को वृक्षों के तने से 0.3-0.6 मी. की ऊँचाई तक काट सकती है। यह उन फसलों के लिए भी लागू होता है जो अन्य फसलों से प्रतिस्पर्धा कर सकती है। इससे प्रतिस्पर्धा कम करने में सहायता मिलती है।

वृक्ष की जड़ पद्धतियों के अपेक्षित अनुकूल प्रभावों, जैसे मृदा की उर्वरता और पोषक तत्त्वों से चक्र तथा वृक्ष और फसल की जड़ों के बीच प्रतिस्पर्धा में कृषि वानिकी में अंतर्निहित स्पर्धा है।

जड़ प्रबंधन मूल कार्यों को अनुकूलित करने और सुविधाजनक और पारस्परिक क्रिया को उत्तेजित करने में सहायता करता है। यह परिवर्तित विकास और जीवन प्रक्रिया के साथ अन्य जड़ प्रणालियों सहित पर्यावरणीय कारकों के प्रति प्रतिक्रिया के लिए जड़ प्रणाली की नमनीयता (plasticity) का उपयोग करते हैं। जड़ों के प्रबंधन के उपकरणों में प्रजातियों का चयन, अंतराल, पोषक तत्त्व वितरण और छँटाई आदि सम्मिलित है।

जड़ों के वितरण से मिट्टी में आने वाली जड़ों के अंत:क्रिया के संभावित क्षेत्र निर्धारित होते हैं, लेकिन इन पारस्परिक क्रियाओं के भी परिणाम होते हैं। पौधे अत्यधिक जड़स्पर्धा में जड़ प्रणाली स्तर और एकल जड़ प्रणाली को स्थानिक पृथक्करण पर ध्यान रखने से बचते हैं। परिणामस्वरूप, संबंधित पौधों की प्रजातियाँ कुछ कुछ परिस्थितियों में खड़ी स्तरित जड़ प्रणालियों का विकास करती है जिसके परिणामस्वरूप मृदा संसाधनों के उपयोग में पूरकता होती है।

पोषक–चक्र (Nutrient Cycle)

पोषक–चक्र विभिन्न पोषक पूल के बीच खनिजों के स्थानांतरण की सतत् प्रक्रिया है। मिट्टी की उर्वरता को बनाए रखने के लिए पोषक तत्त्वों का चक्रण बहुत महत्त्वपूर्ण है। कृषि वानिकी प्रणालियों में प्रचलित प्रमुख पोषक तत्त्व चक्र निम्नलिखित है।

i. कार्बन चक्र (Carbon cycle)
ii. नाइट्रोजन चक्र (Nitrogen cycle)
iii. ऑक्सीजन चक्र (Oxygen cycle)
iv. फॉस्फोरस चक्र (Phosphorus cycle)

पोषक तत्त्व, तत्त्व और यौगिक होते हैं, जो कि पौधों की वृद्धि के अस्तित्व के लिए आवश्यक होते हैं। पौधों को अधिक मात्रा में पोषक तत्त्वों की आवश्यकता होती है जैसे नाइट्रोजन (N), फॉस्फोरस (P), कार्बन (C), हाइड्रोजन (H), ऑक्सीजन (O), पोटेशियम (K), कैल्शियम (Ca) और मैग्निशियम, लेकिन कुछ कम मात्रा में पाये जाते हैं, जैसे बोरोन (B), मैंगनीज (Mn), आयरन (Fe), कॉपर (Cu), जिंक (Zn) और क्लोरीन (Cl) (सूक्ष्म पोषक तत्त्व) होते हैं।

वन पोषक तत्त्व चक्रण को, पारिस्थितिकी तंत्र के जीवित और अजीवित घटकों के मध्य तत्त्वों के स्थानांतरण के रूप में परिभाषित किया जाता है। वन पोषक तत्त्व के चक्र की प्रक्रिया को निम्न तरह से सम्मिलित किया जाता है-

- पोषक तत्त्व अंतर्ग्रहण
- वानस्पतिक बहुवर्षीय ऊतकों में भंडारण
- कचरे का उत्पादन
- कचरे का विघटन

पोषक तत्त्व का स्थानांतरण मृदा, जंतुओं (fauna) और पौधों (flora) से होता है, वातावरण से पोषक तत्त्वों का उपयोग और प्राथमिक खनिजों का अपक्षय तथा लीचिंग और गैसीय अंतरण द्वारा मिट्टी के पोषक तत्त्वों का निर्यात होता है।

मुख्य पोषण चक्र की विशेषताएँ/लक्षण (Features of the major nutrient cycles)

वन पारिस्थितिकी तंत्र में पोषक तत्त्वों का चक्रण मुख्यत: तीन कारकों द्वारा नियंत्रित होता है : जलवायु, स्थल, अजैविक गुण (स्थलीकृति, मूल सामग्री) तथा जैविक समुदाय।

तत्त्व	वृक्षों द्वारा अंतर्ग्रहण	वृक्ष अंतर्ग्रहण	सीमित परिस्थिति
Carbon	Atmosphere	Atmosphere	Atmospheric concentration may limit growth
Oxygen	Atmosphere	Atmosphere	Waterlogged soils
Hydrogen	Atmosphere	Atmosphere	Extremely acidic and alkaline conditions

तत्त्व	वृक्षों द्वारा अंतर्ग्रहण	वृक्ष अंतर्ग्रहण	सीमित परिस्थिति
Nitrogen	Soluble NO_3 and NH_4; N_2 for nitrogen fixing species	Soil organic matter; atmospheric N2 for nitrogen fixing species	Most temperate Forests, many boreal Forests and some tropical Forests
Phosphorus	Soluble phosphorus	Soil organic matter; adsorbed phosphate and mineral phosphorus	Old soils high in iron and aluminum, common in subtropical and tropical environment
Potassium calcium Magnesium	Soluble Resoluble Ca^{2+}/ soluble $Mg^{"+}$	Soil organic matter; exchange complex and minerals	Miscellaneous situations and some old soils

जर्मिल पोषक चक्र

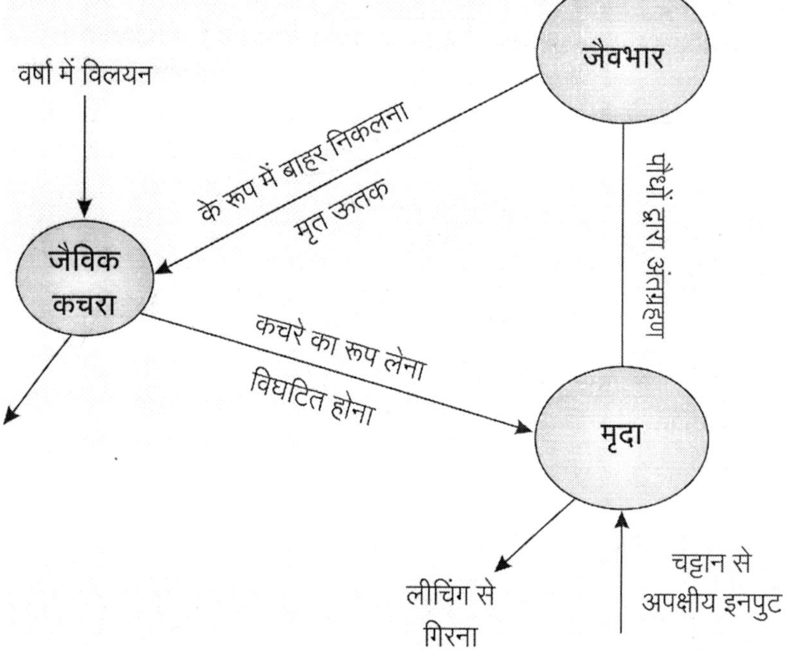

कृषि वानिकी प्रणाली में पोषक तत्त्व चक्रण (Nutrient Cycling In Agroforestry System)

कृषि वानिकी प्रणाली में, वृक्ष दो प्रक्रियाओं से नाइट्रोजन प्रदान करवा सकते हैं जिसमें जैविक नाइट्रोजन का निर्धारण, वृक्ष प्रजातियों में नाइट्रोजन निर्धारण (NEFT- Nitrogen Fixing Tree Species), और गहरी नाइट्रोजन प्रग्रहण से होता है। हालांकि जैविक नाइट्रोजन निर्धारण का आकार तय करने में विधिवत कठिनाई होती है, परन्तु फलीदार (leguminous) और गैर-फलीदार (non-leguminous) दोनों की श्रेणी 20 से 300किग्रा N/ha/gr. होती है। कृषि वानिकी प्रणालियों में NFTs को सम्मिलित करने के इस व्यवसाय के कारण यह धारणा उत्पन्न हो गई है कि

मूल पिंड (nodule) में निहित नाइट्रोजन का प्रयोग अन्य फसल के साथ किया जा सकता है, यद्यपि प्रत्यक्ष प्रमाणों का अभी भी अभाव है। NFTs से कचरे के वितरण से फसलों को पर्याप्त नाइट्रोजन मिल जाता है। दूसरी ओर, इस बात के पर्याप्त प्रमाण मिलते हैं कि चैरी और मेन्डरिन जैसे वृक्षों में, जहाँ नाइट्रोजन का स्थिरीकरण नहीं पाया जाता है, NFTs के रूप में पत्तियों से और अधिक मात्रा में N को एकत्रित किया जाता है। संभवत: अत्यधिक जड़ मात्रा के कारण एवं ऊपरी भूमि की मिट्टी से पोषक तत्त्वों को ग्रहण करने की क्षमता के कारण होता है। लेकिन, ये गैर NFTs केवल पोषक तत्त्वों के चक्र पर कार्य करते हैं न कि उनको तंत्र से जोड़ते हैं।

गहरे पोषक तत्त्वों को दूसरी प्रक्रिया से ग्रहण किया जा सकता है जिससे वृक्षों से नाइट्रोजन का निवेश वृक्षों की जड़ों के पोषक तत्त्वों की गहराई से किया जाता है, जहाँ पर फसलों की जड़ें उपस्थित नहीं होती हैं। कृषि वानिकी प्रणालियों में यह एक अतिरिक्त पोषक तत्त्व है क्योंकि ऐसे पोषक तत्त्वों को फसल के उपयोग के लिए निक्षालन किया जाता है और नष्ट कर दिया जाता है, लेकिन ये वृक्ष के कूड़े के सड़ने-गलने के माध्यम से भूमि में स्थानांतरित होने का कारण बन जाता है।

विभिन्न पारिस्थितिकी क्षेत्रों के लिए कृषि वानिकी प्रणालियाँ (Agroforestry Systems For Different Ecological Zones)

भारत में पाँच कृषि पारिस्थितिकी क्षेत्र पाये जाते हैं, जो कि निम्न है :-

(i) हिमालयी क्षेत्र (Himalayan Region)
(ii) सिंधु गंगा के मैदान (Indogangetic plains)
(iii) शुष्क एवं अर्धशुष्क क्षेत्र (Arid and semi arid Region)
(iv) आर्द्र एवं अर्ध आर्द्र क्षेत्र (Humid and subhumid Region)
(v) तटीय एवं आइलैंड क्षेत्र (Coastal and Icsland Region)

(*i*) हिमालयी क्षेत्र (Himalayan Region)

ए.एफ.एम.	उदाहरण
कृषि भूमि और बाँध क्षेत्र पर वृक्ष	Grewia opliva एवं अन्य वृक्ष जम्मू एवं कश्मीर, हिमाचल प्रदेश, सिक्किम, अन्य उत्तरी पूर्व पर्वतीय क्षेत्र।
फलोद्यानों में फलों पर अंत:फसलीकरण	औरैंज, अन्य साइट्रस और अमरूद के साथ ही अनाज, कंद एवं राइज़ोम फसलों को सिक्किम, मेघालय में अंत:रोपित किया जाता है।
वृक्षों की शेड के अंतर्गत फसलरोपण	बड़ी इलायची, कॉफी आदि मुख्यत: सिक्किम एवं नागालैण्ड में उत्पादित होते हैं; फलीदार वृक्षों के अंतर्गत चाय असम एवं पश्चिमी बंगाल में उत्पादित होती है।
संवर्धन कार्य	Grewia प्रजाति से वृक्ष के पर्ण का चारा; Celtis australis एवं अन्य प्रजाति हिमालय में

(*ii*) सिंधु गंगा के मैदान (Indogangetic plains)

ए.एफ.एम.	उदाहरण
वृक्षों के लिए मृदा संशोधन (क्षारीय/लवणीय/निम्निकृत मृदा)	*Prosopsis chilensis, Acacia nilotica, Parkinsonia aculeata* एवं अन्य के लिए जटिल मृदा
निम्निकृत चराई भूमि में चारायुक्त वृक्ष	चराईयुक्त भूमि में *Albizia lebbeck, Bauhnia purpurea, D. sissoo* etc.
कृषि युक्त भूमि के सीमा पर वृक्ष	*Populus* spp., Tamarindus, *Ceiba pentandra, Eucalyptus* spp etc.
चारा बैंक एवं कई काष्ठ	चारा वृक्ष- *Azadirachta indica, Melia, Albizia* spp., *Syzygium cumini* etc. Wood lots - *Casuarina equisetifolia*, Eucalyptus, Bamboos, *Dalbergia sissoo* etc.

(iii) शुष्क एवं अर्धशुष्क क्षेत्र (Arid and semi arid Region)

ए.एफ.एम.	उदाहरण
MPTson कृषि युक्त भूमि	*Prosopis cineraria, Zizipus* spp., *Acacia Senegal, Ailanthus excelsa* etc.
निम्नीकृत मृदा के संशोधन के लिए वृक्ष	*Albizia lebbeck, Casuarina equisetifolia, Acacia tortolis*, Neem and other spp.
वातरोधक एवं शेल्टरबैल्ट	*Acacia nilotica, Cassia* spp, *Azadirachta indica, Tamarix* spp., *Prosopis chilensis* etc.
चारा बैंक	*Prosopis cineraria, Ziziphus mammularia, Salvadora persica* etc.
रैंजलैंड पर वृक्ष (संवर्धन पद्धति)	*Prosopis chilensis, Acacia Senegal, Acacia Senegal, Prosopis cineraria, Zizipus* spp. etc.

(iv) आर्द्र एवं अर्ध आर्द्र क्षेत्र (Humid and subhumid Region)

ए.एफ.एम.	उदाहरण
घरेलू बगीचे/घरेलू भू–भाग	घरेलू बगीचे (Homegarden) केरल, असम, पश्चिम बंगाल आदि स्थान पर पाए जाते हैं जिसमें कई वृक्षों, झाड़ियों, शाखाओं का मिश्रण होता है। सुपारी/एरीकानट (Arecanut), एरीथिना, ग्लिरीसीडिआ के साथ ही काली मिर्च(मसाला), कोकाओ, कसावा और अन्य नकदी फसलें।
बहु प्रकार पद्धति या फसल रोपण संयोजन	नारियल, सुपारी/एरीकानट (Arecanut), एरीथिना और अन्य वृक्षों के साथ ही कॉफी/केला, अनानास,

ए.एफ.एम.	उदाहरण
	पपीता, काकाओं/कॉफी एवं काली मिर्च/बीटल वाइन (पान)/इलायची।
कृषि भूमि में बहुउद्देश्यीय वृक्ष	*Acacia ariculiformis, Aegle marmelos, Albizzici* spp., *Anogeiscus latifollia, Antliocephalus cliinensis, Artocarpus* spp. etc.

(v) तटीय एवं आइलैंड क्षेत्र (Laastal and Island Region)

ए.एफ.एम.	उदाहरण
वृक्षारोपण फसली संयोजन या बहुमंजिला	Coffee under *Erythrina lithosperma*, Cacao with coconut, Black pepper on *Gliricidia* spp, *Grevellia robusta*, Cardamum under *Toona ciliata, Artocarpus* etc.
वृक्षों के साथ जलीय कृषि	Composite fish culture in ponds and MPTs in Home steads
मैंग्रोव वृक्षारोपणघ घरेलू भू-भाग	*Acanthus ilicifolius, Avicenia officinalis, Azadirachta indica, Acacia Senegal* etc.
शेल्टरवैल्ट एवं वातरोधक	*Casuarina equisetifolia, Azadirachta indica, Prosopis chilensis* etc.
कृषि क्षेत्र की सीमा पर वृक्ष	*Acacia auriculiformis, Aegle marmelos, Anogeisus latifolia, Calliandra calothyrus* etc.

औद्योगिक कृषि वानिकी (Industrial Agroforestry)

परिभाषा (Definition)

औद्योगिक कृषि वानिकी एक विशिष्ट भूमि उपयोग प्रणाली है, जहाँ औद्योगिक उपयोग के लिए वृक्ष प्रजातियों को कृषि वानिकी प्रणालियों में रोपित किया जाता है, जहाँ कृषि एवं फार्म वानिकी दोनों को सम्मिलित किया जाता है।

औद्योगिक कृषि वानिकी का क्षेत्र (Scope of Industrial Agroforestry)

भारत में, लकड़ी और लकड़ी के उत्पादों की माँग भयप्रद दर से बढ़ती जा रही है और यह अनुमान लगाया गया है कि वर्ष 2020 के दौरान लकड़ी की 152 मिलियन मी.3 से भी अधिक आवश्यकता है हालांकि लकड़ी की वास्तविक सप्लाई 50 मिलियन मी.3 से भी कम होनी चाहिए। औद्योगिक कृषि वानिकी में लकड़ी की गिरावट 50% हो चुकी है और औद्योगिक कृषि वानिकी में भारी संवर्धन की आवश्यकता हुई है। देश में प्रमुख उद्योगों जैसे लकड़ी, लुगदी और कागज, प्लाईवुड और वेनीयर, माचिस की तीली और बॉक्स, पेंसिल, पैकिंग, डैड्री पॉवर, जैव ईंधन और निर्माण उद्योगों को बड़ी मात्रा में लकड़ी की आवश्यकता होती है और इसलिए औद्योगिक कृषि वानिकी में भारत में उत्कृष्ट उपयोग किया जाता है।

नीति निर्देश (Policy directions)

राष्ट्रीय वन नीति (1988) ने देश में सभी लकड़ी आधारित उद्योगों को वन विभाग की आपूर्ति के आधार पर अपनी कच्ची सामग्री की आवश्यकताओं के बारे में बताने के निर्देश दिए हैं। इसने उद्योगों को गुणवत्तापूर्ण पौध आपूर्ति, प्रौद्योगिक समर्थन, कृषि विकसित लकड़ी के समर्थन मूल्य तथा ऋण और बीमा सुविधा द्वारा किसानों के साथ उपयुक्त संबंध स्थापित करके कृषि वानिकी वृक्षारोपण को बढ़ावा देने का भी मार्गदर्शन दिया है। इसने उद्योगों को देश में औद्योगिक कृषि वानिकी बागान शुरू करने के लिए प्रेरित किया है। इसी प्रकार, राष्ट्रीय कृषि वानिकी नीति (2014) ने सभी भागीदारों के साथ उपयुक्त संबंध स्थापित करके औद्योगिक कृषि वानिकी पौधों के संवर्धन को तीव्र किया है। इसने औद्योगिक कृषि वानिकी की ओर अधिक किसानों को आकर्षित करने के लिए सरकार को भी निर्देशित किया है। इस नीति में आवश्यक बाजार क्रियाविधि की स्थापना के अतिरिक्त कृषि वानिकी बागानों में ऋण और बीमा सुविधाओं का भी विस्तार किया है।

मुख्य लकड़ी आधारित उद्योग एवं इनकी प्राथमिक प्रजातियाँ (Major Wood based industries and the prioritized species)

क्र.सं.	प्रमुख उद्योग	प्रजाति उन्नतिकरण एवं प्रसार
1.	काष्ठ एवं निर्माण उद्योग	*Tectona grand is., Dalbergia latifolia, Gmelina arborea, Shorea robusta, Pteroccirpits marsupium*
2.	लुगदी एवं कागज	*Eucalyptus tereticornis, Eucalyptus camaldulensis, Casuarina equisetifolia, Casuarina junghuhniana, Acacia hybrids, Acacia auriculiformis, Acacia mangium, Leucaena leucocephala, Bamboos* etc.
3.	प्लाईवुड़	*Populus deltoides, Eucalyptus, Melia dubia, Neolamarckia cadamba, Toona ciliata, Acrocarpus fraxinifolius etc.*
4.	माचिस काष्ठ (दियासलाई)	*Ailanthus excelsa, Populus deltoides, Albizia falcataria*
5.	दुम्र जैवभार	*Prosopis, Leucaena leucocephala, Dalbergia sissoo, Acacias, Casuarina, Eucalyptus*
6.	जैवईंधन	*Jatroplia curcas, Pongamia pinnata, Callophyllum inophyllum, Bascia latifolia* etc.

सफल औद्योगिक कृषि वानिकी बागान (Successful industrial agroforestry plantations)

दक्षिण भारत में प्रोत्साहित किए गए WIMCO कम्पनी और उत्तरी भारत में ITC कम्पनी द्वारा यूकेलिप्टस के पास पॉप्लर (poplar, पहाड़ी पीपल) आधारित औद्योगिक कृषि वानिकी बागानों के सफल प्रमाण हैं। तमिलनाडु में यह मॉडल तमिलनाडु कृषि विश्वविद्यालय द्वारा परिकल्पित

औद्योगिक कृषि वानिकी के माध्यम से विकसित किया गया था जिसमें लुगदी और कागज (TNPL और SPB), प्लाईवुड (सेंचुरी प्लाई/शेरोन/एम्बीप्लाई), लकड़ी (सुरेश टिम्बर), जैव ईंधन (औरोमिरा ऊर्जा और बनारी अमन ग्रुप ऑफ कम्पनी), मैच (बसन मैच और आइडियल स्प्लिंट) के परिणामस्वरूप 70,000 हैक्टेयर से अधिक विशिष्ट औद्योगिक कृषि वानिकी वृक्षों की स्थापना हुई है। इन घटनाओं ने कृषि में उगाए गए औद्योगिक लकड़ी के वृक्षों के लिए सहायक मूल्य सुनिश्चित करने के अतिरिक्त उत्तम रोपण सामग्री प्रौद्योगिकी समर्थन, कटाई और परिवहन की उपलब्धता सुनिश्चित की है। तमिल में वृक्ष बीमा योजना की शुरुआत ने औद्योगिक कृषि उत्पाद की ओर अधिक किसानों को आकर्षित किया है।

मौसम परिवर्तन से जुड़ी आपत्तियों की पूर्ति के अतिरिक्त घरेलू और औद्योगिक लकड़ी की आवश्यकता को पूर्ण करने के लिए विशेष रूप से कृषि वानिकी और औद्योगिक कृषि वानिकी पर दुनिया भर में काफी ध्यान दिया जा रहा है। जबकि कृषि वानिकी अभी भी पुरानी विधि है, लेकिन इस विषय की उपलब्धि उचित विज्ञान और तकनीकी प्रगति के साथ संबंद्ध आपूर्ति शृंखला प्रक्रिया में बुरी तरह से नहीं है। इन मुद्दों को हल करने के लिए, कई लकड़ी आधारित उद्योग प्रौद्योगिकीय, संगठनात्मक और विपणन हस्तक्षेपों, जो विकास और कार्यान्वयन के विभिन्न चरणों में हैं, औद्योगिक कृषि वानिकी को बढ़ावा देने के प्रयास में है।

राष्ट्रीय कृषि वानिकी नीति, 2014 (National Agroforestry Policy, 2014)

भारत में कृषि वानिकी नीति के लिए आवश्यकता

- समर्पित और केन्द्रीय राष्ट्रीय नीति का अभाव और संस्थागत व्यवस्था का समुचित होना।
- एकीकृत खेती प्रणाली दृष्टिकोण की कमी।
- प्रतिबंधात्मक नियमों के उदारीकरण में अपर्याप्त प्रयास
- अपर्याप्त अनुसंधान, विस्तार और क्षमता निर्माण
- गुणवत्तायुक्त रोपण सामग्री की कमी
- संस्थागत वित्त और बीमा कवरेज
- कृषि वानिकी उत्पादन के लिए कमजोर बाजार पहुँच
- अर्ध अनुकूल स्तर पर उद्योग संचालन

लक्ष्य (Goal)

नीतिगत लक्ष्य निम्नलिखित हैं :

- सरकार के कृषि, पर्यावरण, वानिकी और ग्रामीण विकास क्षेत्रों से संबंधित विभिन्न वर्तमान मिशन, कार्यक्रमों, योजनाओं और एजेंसियों में अव्यवस्थित कृषि वानिकी के विभिन्न तत्त्वों के बीच समन्वय, समरूपता और सहक्रिया द्वारा राष्ट्रीय कृषि वानिकी मिशन या कृषि वानिकी बोर्ड की स्थापना।
- ग्रामीण परिवारों की उत्पादकता, रोजगार, आय और आजीविका के अवसरों में सुधार करना, विशेष रूप से लघु-धारक किसानों को कृषि वानिकी के माध्यम से।

- लकड़ी, भोजन, ईंधन, चारा, उर्वरक, फाइबर और अन्य कृषि वानिकी वन का संरक्षण; पर्यावरण की रक्षा करना; साथ ही प्राकृतिक वनों के बाहर से भी इनकी बढ़ती हुई आवश्यकताओं को उपलब्ध कराना।

मूल उद्देश्य (Basic Objectives)

राष्ट्रीय कृषि वानिकी नीति के मूल उद्देश्य निम्नलिखित हैं-

- ग्रामीण परिवारों, विशेषकर लघु-धारक किसानों की उत्पादकता, रोजगार, आय और आजीविका में सुधार के लिए पशुओं और फसलों के अनुपूरकता और एकीकृत तरीके से वृक्षारोपण को बढ़ावा देना और उसका विस्तार करना।
- पर्यावरण प्रणालियों के संरक्षण और उन्हें स्थिर रखने के लिए और खराब मौसम की घटनाओं के दौरान खतरे को कम करने के लिए लचीली फसल और कृषि प्रणालियों को बढ़ावा देने के लिए अनुकूल परिस्थितियाँ उत्पन्न करना।
- लकड़ी आधारित उद्योगों की कच्ची सामग्री की आवश्यकताओं को पूरा करें और विदेशी वस्तु-विनिमय बचाने के लिए लकड़ी और लकड़ी के उत्पादों का आयात कम करें।
- कृषि वन उत्पाद (AFPs) जैसे कि ईंधन की लकड़ी, चारा, गैर-लकड़ी वन उत्पाद और ग्रामीण और जनजातीय लोगों की छोटी इमारती लकड़ी की उपलब्धता को पूरा करना, ताकि वर्तमान वनों पर दबाव कम किया जा सके।
- पारिस्थितिकी की स्थिरता को बढ़ावा देने के लिए विशेष रूप से कमजोर क्षेत्रों में, बढ़ते वन/वृक्ष आवरण के लक्ष्य प्राप्त करने के लिए अनुकूल बनाना।
- कृषि वानिकी में क्षमता विकसित करना और अनुसंधान को सुदृढ़ बनाना तथा इन उद्देश्यों की प्राप्ति के लिए व्यापक तौर पर लोगों की आवश्यकताओं को पूर्ण करना और मौजूदा वनों पर दबाव कम करना।

कार्य-नीति (Strategy)

- कृषि वानिकी को बढ़ावा देने के लिए राष्ट्रीय स्तर पर संस्थागत सेटअप की स्थापना।
- सरल नियामक तंत्र
- सुदृढ़-ठोस डाटाबेस और सूचना प्रणाली का विकास
- अनुसंधान, विस्तार और क्षमता निर्माण तथा संबंधित सेवाओं में निवेश करना।
- गुणवत्तापूर्ण रोपण सामग्री के लिए किसानों की आवश्यकताओं में सुधार।
- कृषि वानिकी के लिए संस्थागत ऋण और बीमा कवर प्रदान करना।
- कृषि वानिकी उत्पादन से संबंधित उद्योगों की बढ़ती सहभागिता को सुगम बनाना।
- वृक्ष उत्पादों के लिए बाजारों तक किसानों की पहुँच को मजबूत करना।
- कृषि वानिकी अपनाने के लिए किसानों का प्रोत्साहन।
- अक्षय (renewable) बायोमास आधारित ऊर्जा के लिए सतत् कृषि वानिकी।

वितरण योग्य नीति प्राप्त करने का मार्ग (Pathway for achiving policy Deliverables)

- मुख्यत: कृषि वानिकी में कृषि-नीतियाँ और कार्य-नीतियाँ।
- पर्यावरण और कानून को सक्षम करने और वानिकी सें संबंधित नियमों को सरल बनाना।
- कृषक समुदाय के आर्थिक और पारिस्थितिकी लाभों के लिए वृक्षों की प्रजातियाँ।
- आर्थिक रिटर्न और पारिस्थितिकीय सेवाओं में योगदान के लिए सार्वजनिक निजी भागीदारी (PPP) को प्रोत्साहित किया जाना।
- अच्छी गुणवत्ता और प्रमाणित पौधरोपण सामग्री प्रदान करना।
- राष्ट्रीय स्तर पर कृषि वानिकी उत्पादों के स्त्रोतों का डाटा संग्रहण करना।

■ ■ ■

अध्याय 11

सामाजिक वानिकी

(Social Forestry)

देश में वानिकी के संबंध में विभिन्न आयाम हैं और इसका एक महत्त्वपूर्ण आयाम सामाजिक वानिकी और इसकी उन्नति है। हालांकि सामाजिक वानिकी की धारणा काफी पुरानी है, लेकिन वेस्टोबी ने सामाजिक वानिकी के अनुलेखन के बाद वैज्ञानिक रूप से ध्यान दिया है। तब से, वन के सभी विकास कार्यों में वानिकी की सामालिक भूमिका को महत्त्वपूर्ण स्थान मिला है। सामाजिक वानिकी की मुख्य विशेषताओं में लोगों के लिए, लोगों द्वारा और वहाँ के लोगों के लिए बागान का विकास सम्मिलित है ताकि पौधारोपण विकास गतिविधियों के प्रत्येक चरण में समाज की भागीदारी सुनिश्चित की जा सके । यह अध्याय निम्नलिखित उपशीर्षकों के साथ प्रस्तुत किया गया है।

- परिभाषा (Definition)
- सिद्धांत (Principles)
- उद्देश्य (Objectives)
- सामाजिक वानिकी के पहलू (Facets of social Forestry)
- भारत में सामाजिक वानिकी कार्यक्रम (Social Forestry programmes in India)

परिभाषा (Definition)

सामाजिक वानिकी लोगों के लिए, लोगों की और लोगों द्वारा वानिकी है। वेस्टोबी ने, जिन्होंने पहली बार सामाजिक वानिकी शब्द का प्रयोग किया था, इसे वानिकी के रूप में परिभाषित किया जिसका उद्देश्य समुदाय को सुरक्षा और मनोरंजन के लाभों को अधिकतम उत्पन्न करना है।

सामाजिक वानिकी के सिद्धांत (Principles Of Social Forestry)

परियोजना के पूरा होने तक सामाजिक वानिकी के पास लोगों की सहभागिता का एक निश्चित सिद्धांत है। नियमित वानिकी कार्यक्रमों में सरकारी एजेंसियों द्वारा वृक्षों को लगाया जाता है और उनका प्रबंधन किया जाता है जबकि सामाजिक वानिकी में रोपण के लिए लोगों की

सहभागिता अनिवार्य होती है। लोगों की भागीदारी कभी-कभी स्वैच्छिक होती है और कई बार अनिवार्य सहभागिता सुनिश्चित की जाती है।

सामाजिक वानिकी के उद्देश्य (Objectives Of Social Forestry)

i. वन क्षेत्र में वृद्धि और पारिस्थितिकी संतुलन में वृद्धि (Increasing Forest Area and Restoring Ecological Balance)

- आर्द्रता संरक्षण- वृक्ष निचली मिट्टी की सतह से पानी लेकर लंबी जड़ प्रणाली में से उसे ऊपरी परत में ले आते हैं और वृक्ष ही पानी के वाष्पीकरण की जाँच करता है।
- मृदा संरक्षण- वृक्ष, वायु तथा जल के अपरदन को रोकने में सहायता करते हैं।
- प्राकृतिक आवास संरक्षण- वृक्ष बहुत से पक्षियों और पशुओं को आवास प्रदान करते हैं जिनमें से कुछ कृषि अनुकूल होते हैं।
- प्रतिकूल जलवायु कारकों से कृषि की सुरक्षा के लिए पर्यावरण में सुधार करना।

ii. मुख्य ग्रामीण आवश्यकताओं को पूरा करना (Meeting Basic Rural Needs)

- सामाजिक वानिकी बुनियादी ग्रामीण आवश्यकताओं को पूरा करता है, जिन्हें '5Fs'- आहार, ईंधन, चारा, उर्वरक (हरी खाद) और फाइबर कहा जाता है। सुलभ वनों में बड़े स्तर पर होने वाले क्षरण के कारण ईंधन की लकड़ी और चारे की अधिक मात्रा में कमी हो गई है। विक्षुब्ध करने वाली बात यह है कि ईंधन की लकड़ी में हुई कमी को गाय के गोबर से पूरा किया जा रहा है और इससे खाद का सस्ता स्त्रोत व्यर्थ हो रहा है।
- वृक्ष विभिन्न लघु और ग्राम उद्योगों के लिए छोटे लकड़ी और लघु वन उत्पादों के माध्यम से कच्ची सामग्री की आपूर्ति करते हैं।
- घरेलू उपयोग, ग्रामीण आवास के लिए छोटी लकड़ी, पशुओं के लिए चारा और स्थानीय उद्योगों के लिए लघु वन उत्पादों के लिए लकड़ी के ईंधन की आपूर्ति में वृद्धि करना।

iii. उत्तम भूमि उपयोग को सुनिश्चित करना (Ensuring Better Land Use)

- सामाजिक वानिकी मिट्टी के क्षरण को रोकने और सीमांत भूमि के सुधार को सुगम बनाने में संतुलित और व्यवहार्य भूमि उपयोग जल जमाव की जाँच करने और वानिकी, कृषि और पशुपालन को एकीकृत करने में सहायता मिलती है।
- परिदृश्य की प्राकृतिक सुंदरता में वृद्धि, ग्रामीण और शहरी आबादी के लाभ के लिए वनों को मनोरंजक बनाना।
- ग्रामीण और शहरी लोगों के जीवन-स्तर और जीवन की गुणवत्ता बढ़ाने के लिए।

iv. रोजगार उत्पादन (Generation of Employment)

- विशेषत: कम खेती के मौसम में ग्रामीण क्षेत्रों में सामाजिक वानिकी के कार्यों से रोजगार की स्थिति में सुधार हो सकता है। इससे समाज के कमजोर वर्गों की आय को स्थिर करने में मदद मिलती है।

v. **जनसंख्या नियंत्रण (Controlling Pollution)**

- वृक्ष हानिकारक गैसों को अवशोषित करने और ऑक्सीजन जारी करने के लिए जाने जाते हैं। इस तरह विशेषत: शहरी क्षेत्रों में वायु प्रदूषण को कम करने में सहायता मिलती है।

सामाजिक वानिकी के पहलू (Facets Of Social Forestry)

सामाजिक वानिकी के विभिन्न पहलू और उपयोग होते हैं और सबसे स्पष्ट सामाजिक वानिकी कार्यों का विवरण नीचे दिया जा रहा है–

I. फार्म वानिकी (Farm Forestry)

यह सामाजिक वानिकी का एक प्रकार है जिसमें खेत या गाँव की भूमि या सामुदायिक भूमि में वृक्ष की प्रजातियों को लगाने को सम्मिलित किया जाता है। फार्म वानिकी के मुख्य उद्देश्य निम्न हैं–

1. समाज की मूलभूत आवश्यकताओं को उपलब्ध करवाना जैसे– लकड़ी, ईंधन लकड़ी और कृषि औजार आदि।
2. मवेशियों के लिए चारा उपलब्ध करवाना।
3. अन्य उत्पादित वस्तुओं को उपलब्ध करवाना जैसे– फल, पत्तियाँ, छाल आदि।

II. कृषि वानिकी (Agroforestry)

यह सामाजिक वानिकी के एक पहलुओं में से एक है जिसका मुख्य उद्देश्य भूमि की उसी इकाई में वृक्ष की फ़सलों और/या पशु उत्पादन को सम्मिलित करके स्थायी भूमि प्रबंधन प्रणाली को लागू करना होता है।

III. सामुदायिक वानिकी (Community Forestry)

सामुदायिक वानिकी एक प्रकार की सामाजिक वानिकी है जिसमें समुदाय द्वारा ईंधन, लकड़ी, चारा और फल के लिए वृक्ष लगाए जाते हैं। इस सामुदायिक वानिकी में सरकारी और गैर–सरकारी भूमि दोनों का उपयोग किया जाता है।

IV. शहरी वानिकी (Urban Forestry)

यह एक प्रकार की सामाजिक वानिकी है जहाँ पर्यावरण और परिदृश्य में सुधार के उद्देश्य से शहरी क्षेत्रों में वृक्ष लगाए जाते हैं। फूलों और अन्य सजावटी वृक्षों या झाड़ियाँ शहरी या बंजर जमीन में रोपे जाते हैं ताकि लोगों को मनोरंजन के लिए लाभ मिल सके ।

V. पर्यावरणीय वानिकी (Envirobnmental Forestry)

पर्यावरण प्रदूषण से निपटने के लिए औद्योगिक क्षेत्रों में और आस पास के वृक्षों को वृक्षारोपण पर्यावरण वानिकी कहा जाता है।

सामाजिक वानिकी वृक्षारोपण (Social Forestry Plantations)

भारत में सामाजिक वानिकी वृक्षारोपण कार्यक्रम लगभग सभी राज्यों द्वारा किया जाता है। केवल सामाजिक वानिकी कार्यक्रम के माध्यम से सफल वृक्षारोपण पर ही विचार-विमर्श नीचे किया जा रहा है।

1. रेलवे लाइन वृक्षारोपण (Railway Line Plantations)

रेलवे लाइन के साथ लगे हुए बागानों को रेलवे लाइन वृक्षारोपण या रैखिक वृक्षारोपण कहा जाता है।

उद्देश्य (Objectives)

रेलवे लाइन के साथ रोपण के उद्देश्य हैं-

1. रेलवे ट्रेक के स्थिरीकरण और क्षरण को रोकने के लिए रेलवे ट्रेक की सुरक्षा।
2. स्थानीय लोगों के लिए आवश्यक उत्पादों का उत्पादन करने के लिए वृक्षों की खेती के लिए भूमि का अनुकूलतम उपयोग।
3. इस भूमि पर अवैध अतिक्रमण की रोकथाम।
4. इन पौधों के आकस्मिक आश्रय क्षेत्र प्रभाव और
5. रेलवे पटरियों पर पहुँचने वाली रेगिस्तानी क्षेत्रों से स्थानांतरित रेत की रोकथाम।

नीतियाँ (Orientation)

- रेलवे परिवहन की सुरक्षा, रोपण के लिए उपलब्ध भूमि की प्रकृति, टेलीफोन और बिजली लाइनों की स्थिति आदि पर विचार किया जाना चाहिए जब रेलवे लाइन के साथ रोपण किया जाता है।
- सुरक्षा की दृष्टि से, वृक्षों की प्रथम पंक्ति को रेलवे ट्रेक के बहुत निकट नहीं लगाया जाना चाहिए।
- वृक्षों की प्रथम पंक्ति को ट्रेक के केन्द्र से करीब 7.5 मीटर की दूरी पर रोपने की अनुशंसा की जाती है।
- इसके अतिरिक्त, पहली पंक्ति में वृक्ष ऐसा होना चाहिए कि वह रेलवे मार्ग से अपनी दूरी की तुलना में अधिक ऊँचाई प्राप्त न कर सके ताकि हवा के कारण वृक्ष का ऊपरी भाग रेलवे लाइन तक न पहुँच सके और यातायात का खतरा उत्पन्न न हो सकें।
- कर्ब्स के भीतरी साइड में नहीं बोना चाहिए जिससे ट्रेक साफ दिखाई दे।
- स्वचालित स्तर क्रॉसिंग के 100 मीटर के आस-पास दोनों तरफ वृक्ष नहीं रोपे जाने चाहिए। वृक्ष रेखा के दिशा निर्धारण के दौरान टेलीफोन लाइन के तहत कोई रोपण नहीं किया जाना चाहिए।

अंतराल (Spacing)

- एक वृक्ष तथा पंक्तियों के मध्य का अंतराल 5 मीटर, 3 मीटर या 2 मीटर का होना

चाहिए, जो लगाए जाने वाली प्रजातियों, साइट की उर्वरता तथा प्रबंधन के उद्देश्यों पर निर्भर करता है।

- वाणिज्यिक लकड़ी की प्रजातियों को तुलनात्मक रूप से लंबे समय तक 30 वर्ष के रोटेशन और अधिक को 5मी. × 5मी. के अंतराल पर रोपा जा सकता है। तेजी से बढ़ने वाली प्रजातियों जैसे यूकेलिप्टस को 1.5मी. × 1.5मी. और 2मी. × 1.5मी. के बीच के अंतराल में रोपा जा सकता है।

रोपण (Planting)

- रेलवे लाइन के लिए 3.6 फीट ऊँचे अंकुर को रोपना पसंद किय। जाता है। इसके गड्ढों का आकार 60सेमी. × 60सेमी. × 45सेमी. होना चाहिए। इन गड्ढों में 2 किलोग्राम फार्म यार्ड की खाद, 100 ग्राम नीम केक और 50 को आधारीय उपयोग के लिए भरा जाना चाहिए। ट्रैक्टर पर लगे हुए टैंकरों के जुड़े होने से पौधों की खेती करने पर उनकी प्रतिदिन सिंचाई की जाती है।

प्रजातियों का चयन (Choice Of Species)

- प्रजातियों का चयन जलवायु तथा स्थल कारकों और ऐसे क्षेत्रों से उत्पादित किए जाने वाले कारकों पर निर्भर करता है।
- सजावटी वृक्ष शहरों, रेलवे स्टेशनों, रोड क्रॉसिंग और स्थलों की प्राकृतिक सुंदरता और दर्शनीय स्थलों के निकट लगाए जाते हैं।
- भंगुर तनों और शाखाओं के वृक्षों को विशेषत: पहली पंक्ति में नहीं रोपा जा सकता है। रेलवे लाइन वृक्षारोपण के लिए पवन दृढ़ प्रजातियों के लिए ये लक्षण उपयुक्त होते हैं।
- रेलवे लाइन के साथ ही वृक्षारोपण को भी इंजन स्पार्क से होने वाली दुर्घटनाग्रस्त आग से खतरा रहता है जिसमें विशेषत: होते है घास और लंबी झाड़ी वाले पौधे कुछ क्षेत्रों में ऐसी प्रजातियों को रोपित किया जाता है जो कि दुर्घटनाग्रस्त आग को रोकने में सक्षम होती हैं।

उदाहरण : Acacia, Bauhinia, Casuarina, Dalbergia, Eucalyptus, Pungam, Neem, Peltophorum, Erythrina, Butea, Polyalthia etc.

2. नदी तटीय वृक्षारोपण (Canal Bank Plantations)

नदी के किनारों पर सौंदर्यपरक गुणवत्ता एवं नदियों के स्थिरीकरण के लिए इनके साथ वृक्षारोपण किया जाता है जिसे नदी तटीय वृक्षारोपण कहा जाता है।

उद्देश्य (Objectives)

नदी तटीय वृक्षारोपण के उद्देश्य निम्नलिखित हैं :

i. अपक्षरण के विरुद्ध नदी के किनारों का स्थायीकरण।

ii. रेगिस्तानी क्षेत्रों से नहर के साथ आने वाली रेत की रोकथाम।

iii. उपलब्ध भूमि का उपयोग वृक्षों की खेती और वृक्ष उत्पादों का उत्पादन के लिए होता है, विशेषत: स्थानीय लोगों के लिए ईंधन लकड़ी और छोटी लकड़ी।

iv. नहर की ओर सड़क का उपयोग कर यात्रियों के लिए आराम का प्रबंधन।

v. नहरों और आस पास के क्षेत्रों में स्ट्रिप्स में जल प्रवेश की जाँच करना।

vi. आस-पास के क्षेत्रों पर आश्रय का प्रभाव।

vii. क्षेत्रों में सौंदर्य का सुधार।

नीतियाँ (Orientation)

रोपाई जाने वाली पंक्तियों की संख्या और पहली पंक्ति की स्थिति नहर के किनारे पर रोपण के लिए उपलब्ध भूमि की चौड़ाई और प्रकृति पर निर्भर करता है। अनेक प्रकार के पौधों की स्थिति में वृक्षों की प्रथम पंक्ति को सामान्यत: नहर के बर्म से लगभग 7.5 मीटर की दूरी पर रोपा जाता है। इसके बाद की पंक्तियाँ, रोपित की जाने वाली प्रजातियों के अनुसार 5 मी. या 2 मी. की दूरी पर और इन नहर तटीय वृक्षारोपण के प्रबंधन के उद्देश्यों पर निर्भर होती हैं।

अंतराल (Spacing)

- एक पंक्ति में वृक्षों के बीच का अंतर, नियोजन तथा उपयुक्त अंतिम उत्पाद के लिए चयनित प्रजाति पर निर्भर करता है। वृक्षों की प्रथम पंक्ति छायादार वृक्षों की होनी चाहिए।
- सजावटी वृक्षों को पहली पंक्ति में और नगर के निकट बाग में, गाँवों में, विश्राम गृहों में, पिकनिक स्थलों में, पर्यटकों के रुचि वाले स्थानों और सड़कों के चौराहों पर रोपित किया जा सकता है।
- अधिकांश प्रजातियों के लिए 2मी. × 2मी. और 3मी. × 3मी. के बीच की दूरी को प्राथमिकता दी जाती है।

रोपण (Planting)

नहर के तट पर बिना मानसून के मौसम में या गर्मी के मौसम के दौरान रोपण किया जा सकता है, जिससे शीघ्र ही इनकी स्थापना सुनिश्चित हो सके और अधिक पानी के प्रवाह के साथ अंकुर अनुकूलनीय हो जाते हैं। नदी तटीय स्थापना में गहरे रोपण को प्राथमिकता दी जाती है। 45-60सेमी.^{3} के गड्ढों के आकार को उचित माना जाता है।

प्रजातियों का चयन (Choice Of Species)

- पहली पंक्ति में रोपण के लिए, वृक्षों के साथ ही सुदृढ़ मूल जड़ प्रणाली को वरीयता दी जानी चाहिए।
- बाद की पंक्तियों के लिए, ऐसी प्रजातियों का चयन किया जाता है जो स्थानीय लोगों के लिए वृक्ष उत्पादों की आवश्यकता को पूरी कर सके। प्रजातियों का चयन सदैव ही जलवायु, स्थानीय स्थिति, रोपण के उद्देश्य आदि पर निर्भर करता है। उप स्थानों पर जहाँ

पौधों की पट्टियाँ जल के जमाव से प्रभावित होती हैं, प्रजातियों का चयन सदैव ही जल जमाव के प्रति सहिष्णु होना चाहिए।

उदाहरण (Example) : टीक एवं डलबर्जिआ सिसो के रूप में तंजोर नहर के किनारे का वृक्षारोपण (Teak and Dalbergia sissoo as in Tanjore canal bank plantation)

3. टैंक बैड वृक्षारोपण (Tank Bed Plantations) जलाशयों के पेटे में वृक्षरोपण

टैंक बैड की महत्ता (Significance of Tank Bed)

- टैंक वर्षा जल संग्रह सामुदायिक सिंचाई जलशय होते हैं।
- एक ओर कई सौ हैक्टेयर के बीच टैंक का आकार होता है और एक छोटे कृषि समुदाय को सिंचाई के पानी की आपूर्ति के लिए तैयार किया जाता है।
- ये तालाब प्राय: गाँव के किनारों पर स्थित होते हैं और आंशिक रूप से पानी से भरे विशाल प्राकृतिक गर्त के रूप में दिखाई देते हैं।
- वर्ष के सबसे शुष्क महीनों के दौरान अधिकांश टैंक पूरी तरह से खाली रहते हैं और बरसात के मौसम की शुरुआत के 15–30 दिनों में ही ये टैंक पूरी तरह से भर जाते हैं।
- शुष्क मौसम में जब आस–पास के खेत की सिंचाई के लिए जब पानी बाहर जाता है, तो तालाब का जलस्तर कम होता है और अग्र तट के काफी बड़े क्षेत्र को उजागर किया जाता है।
- टैंक के अग्रभाग में टैंक की हल्की ढाल वाली भुजा होती है। अधिकांश गाँवों में अस्थायी रूप से खुले मैदानों के ये क्षेत्र सामान्यत: जमीन के बड़े क्षेत्र होते हैं जिन पर लकड़ी के ईंधन की खेती की जा सके।
- सामुदायिक भूमि परियोजना के वनीकरण में तालाब के तटों पर वनीकरण का सबसे बड़ा भाग है।
- नमी की उपलब्धता के कारण अधिकांश टैंक के अग्रभाग उत्पादक स्थल होते हैं। खाद का नियमित जमाव मिट्टी की उर्वरता बनाए रखने में सहायता करता है।
- गाँव के प्रत्येक टैंक का अग्रभाग भी समीप होना एक अन्य लाभ है, श्रम और उपभोक्ता दोनों ही निकट हो।
- इसके साथ ही, गाँव से निकटता मानव और पशुओं द्वारा क्षति के जोखिम को बढ़ाती है और परिणामस्वरूप ग्राम सहयोग तथा सामुदायिक सहभागिता सफल बागानों के निर्माण और समुचित संरक्षण और प्रबंधन के लिए आवश्यक है। इसके अतिरिक्त, यह एक उच्च दृश्यता गतिविधि है जो अच्छे प्रदर्शन मूल्य के साथ होती है।

उद्देश्य (Objectives)

- गाँवों के समुदाय के लिए यह वन, उत्पादित ईंधन और चारे पर दबाव को कम करते हैं।
- बंजर भूमि को पारिस्थितिकी उत्पादित भूमि में परिवर्तित करना।
- सामुदायिक प्रयोजनों के लिए कल्याणकारी उपाय करने के लिए पंचायतों के लिए वित्तीय संसाधन सृजित करना।

- ग्राम पंचायतों को भी सामुदायिक वानिकी में भागीदार बनाने के लिए।

नीतियाँ (Orientation)

- इन प्रजातियों को ब्लॉक मॉडल के रूप में लगाया जा सकता है जैसे कि टैंक बैड का क्षेत्र एक हैक्टेयर तक चलता है। इसे सभी पौधारोपण स्थापन प्रयोजनों के लिए सिंचित भूमि के रूप में देखा जा सकता है।

अंतराल (Spacing)

- टैंक बैड वृक्षारोपण के लिए अनुकूलित अंतराल 2मी. × 2मी. से 3मी. × 3मी. के बीच हो सकता है।
- टैंक बैड में रोपण बिना पानी के गर्मी के मौसम में लगाया जा सकता है। 30सेमी. के गड्ढे के आकार को 2 से 3 फुट ऊँचाई वाले रोपण के साथ वरीयता दी जाती है।

प्रजातियों का चयन (Choice of Species)

- टैंक अग्रभाग को रोपण के लिए उपयोग में ली जाने वाली मुख्य प्रजाति अकेसिंआ निलोटिका है। इसमें लंबे समय तक डुबे रहने और अत्यधिक बाढ़ से बचने में सक्षम होने की आवश्यक विशेषताएँ हैं।
- यह शीघ्रता से वृद्धि करता है और एक उत्कृष्ट ईंधन लकड़ी उत्पन्न करता है।
- यह भारत में सामाजिक वानिकी कार्यक्रमों की सबसे महत्त्वपूर्ण वृक्षों की प्रजातियों में से एक है। राजस्थान के अर्ध-शुष्क क्षेत्रों से तमिलनाडु तथा बिहार एवं ओड़िशा के अधिकांश भागों में इसका बहुत अधिक वितरण है।
- यह नदी के किनारों में भी वृद्धि करता है। ग्रामवासी वृक्ष के प्रत्येक भाग का किसी न किसी रूप में प्रयोग करते हैं। उदाहरण : तमिलनाडु के टैंक बैड में बबूल निलोटिका।

4. सड़क के किनारें वृक्षारोपण (Roadside Plantation)

सड़कों पर स्थापित बागानों का मुख्य उद्देश्य यात्रियों को अधिक आवश्यक छाया उपलब्ध कराना है, विशेष रूप से गर्मी के महीनों में सड़क के किनारों पर वृक्षों की छाया का अपना ही महत्त्व है।

उद्देश्य (Objectives)

सड़क के किनारे के वृक्ष निम्नलिखित उद्देश्यों को पूरा करने के लिए आवश्यक हैं।

i. यात्रियों की सुविधा का प्रावधान।

ii. सौंदर्यात्मक और पारिदृश्यिक सुधार।

iii. सड़कों के किनारों का स्थिरीकरण और रेगिस्तान के आस-पास के क्षेत्रों से सड़क पर रेत को स्थानांतरित होने की रोकथाम।

iv. पारिस्थितिकी परिस्थितियों में सुधार।

v. स्थानीय लोगों की आवश्यकताओं को पूरा करने के लिए स्थल की उत्पादकता को अधिकतम करना।

सड़क के किनारे रोपण की आकृति (Design Of Roadside Planting)

- सामान्यत: रोपण प्रणाली का निम्नलिखित प्रकारों से अनुसरण किया जाता है। जैसे, नियंत्रण रेखा, अनियंत्रित सतत् रेखा, अनियंत्रित असतत् रेखा, अनियत प्रणाली और पार्क वे प्रणाली। इनमें से पहले दो सबसे अधिक प्रचलित हैं।
- समान आकार वृक्ष की सतत् हरित भित्ति से उत्पन्न संतुलन रेखा होती है। असंतुलित सतत् रेखा के विभिन्न प्रजातियों के एकांतरिक रास्तों के परिणामस्वरूप सजावटी वृक्ष अधिक उपयुक्त होने चाहिए।
- यह भी सुनिश्चित किया जाना चाहिए कि यह मार्ग प्राकृतिक सौंदर्य के स्थलों, महत्त्वपूर्ण भू-चिह्नों एवं पर्यटकों की रुचित वाले स्थलों, झीलों और नहरों, सुंदर पहाड़ों अथवा देश की विशेषताओं और हिम चोटियों आदि की स्पर्धा से न निकलें। कुछ चुने हुए स्थानों पर, यात्रियों के लिए पिकनिक स्थलों और आराम के स्थानों के विकास के लिए, रोपण की पार्किंग प्रणाली अपनाई जा सकती है।

नीतियाँ (Orientation)

- वृक्षों की पहली पंक्ति और सड़क के दोनों और लगाई जाने वाली पंक्तियों की संख्या सड़क की श्रेणी की स्थिति पर निर्भर करती है। गाँव की सड़कों और अन्य जिला सड़कों पर एकल पंक्ति रोपण किया जाता है जबकि राजमार्ग सड़कों की स्थिति में एक से अधिक पंक्ति रोपी जा सकती है।
- कई पंक्तियों में पहली पंक्ति रोपण की स्थिति में सामान्यत: छाया और/या सजावटी वृक्ष लगाए जाते हैं और शेष पंक्तियों को थोड़े अंतराल समय में ही शीघ्र वृद्धि करने वाले वृक्षों के साथ लगाया जा सकता है ताकि वृक्ष उत्पादों को स्थानीय लोगों की आवश्यकताओं को पूरा करने के लिए उत्पादित किया जाता है।
- पहले और बाद की पंक्तियों में भी अंतराल को टेलीफोन या इलैक्ट्रिक लाइनों, नालियों की स्थिति या सड़क पर अन्य संरचनाओं के संबंध की स्थिति में समायोजन की आवश्यकता हो सकती है।
- वृक्षों को बिजली और टेलीफोन की लाइनों के नीचे नहीं लगाया जाना चाहिए। झाड़ियों और छोटे सजावटी वृक्षों को कुछ स्थानों पर लगाया जा सकता है। पहली पंक्ति में वृक्ष सामान्यत: बिजली और टेलीफोन लाइन से कम-से-कम 6 मीटर की दूरी पर लगाए जाते हैं।

अंतराल (Spacing)

- उच्च घनत्व से निम्न घनत्व से अंतराल भिन्न हो सकते हैं जैसे 1मी × 1मी से 5मी × 5मी अंतराल की उपलब्धता और प्रजातियों के चयन के आधार पर निर्भर करती है।

- छाया की प्रथम पंक्ति या सजावटी वृक्षों के बीच का अंतराल शेष पंक्तियों के वृक्षों के बीच के अंतराल से अधिक चौड़ा होना चाहिए। रोपित की जाने वाली प्रजातियों का शीर्षस्थ विस्तार इनके अंतराल का निर्धारण करते हैं।
- छायादार वृक्षों के लिए सामान्यत: 12 से 14 मी. अंतराल के मुख्य शीर्ष का सुझाव दिया जाता है। जबकि अधिक विस्तृत अंतराल यात्रियों के लिए छाया उपलब्ध करवाने के उद्देश्य को विफल कर सकता है, अधिक निकट का अंतराल दृश्यता पर प्रतिकूल प्रभाव डाल सकता है। अधिक अंतराल पर पहली पंक्ति में छायादार वृक्षों के रोपण से बाद में पौधे मरने पर रिक्त स्थान रह सकते हैं। इसलिए, रोपण के आरंभ में इनको निकट रखना उचित होगा ताकि आखिर में बचे रहने के लिए बेहतर वृक्षों का चयन हो सके।

रोपण (Planting)

- रोपण विशेषत: मानसून के मौसम में सितंबर से दिसंबर तक किया जाना चाहिए। 6–8 फीट ऊँचे अंकुर का रोपण सड़कों पर लगाने के लिए उचित माना जाता है। अच्छे अस्तित्व और स्थापन के लिए 60सेमी.³ के गड्ढे खोदकर गहरे रोपण की आवश्यकता होती है। उनकी स्थापना के लिए पानी होना अनिवार्य है।
- रोपण लगभग आधे वांछित स्थान पर किया जाता है, इसलिए इनका समर्थन किया जाता है और जब इन वृक्षों के शीर्ष के छूने की शुरुआत होती है तो कम उचित वृक्षों को विरलन किया जाता है और शेष वृक्षों को उपयुक्त आकार दिया जाता है। पहाड़ी सड़कों के साथ ही अधिक निकट अंतराल विशेषत: मोड़युक्त घुमावों पर बहुत खतरनाक होते हैं।
- जिन स्थानों पर पैदल चलने वाले अथवा घरेलू जानवर गाँवों के समीप की सड़क पार करते हैं, उन स्थानों पर वृक्षों के कारण दृश्यता क्षेत्र में बाधा नहीं डालनी चाहिए।

प्रजातियों का चयन (Choice Of Species)

- प्रजातियों का चयन मुख्यत: जलवायु, स्थल की स्थिति, रोपण के उद्देश्य, क्षतिकारक एजेंटों की तीव्रता आदि के द्वारा निर्धारण किया जाता है।
- विभिन्न स्थल की परिस्थितियाँ व्यक्तियों और उसके रूपांतरण पर लाए गए इसके रोड के निर्माण पर निर्भर करती है।
- सड़क निर्माण के लिए ऊपरी मिट्टी को हटाना केवल उपभूमि को छोड़ देता है एवं कई क्षेत्रों में जलजमाव की स्थिति उत्पन्न करता है क्योंकि सड़क के किनारे की पट्टी का स्तर पास की भूमि से नीचे हो जाता है और कई स्थानों पर सड़क का निर्माण प्राकृतिक जल निकासी मार्गों को बाधित करता है।
- प्रजातियों का चयन स्थल में लाये गए परिवर्तनों की दृष्टि से किया जाता है। इसके अतिरिक्त, प्रजातियों के चयन का निर्धारण एवेन्यू रोपण के उद्देश्यों से होता है, चाहे वह छाया के लिए हो, सजावटी हो या वृक्षों के उत्पादन के लिए, जो स्थानीय माँगों को पूरा करने के लिए आवश्यक हो।

उदाहरण : *Ailanthus excelsa, Albizia lebbeck, Albizia procera, Anthocephalus chinensis, Azadirachta indica, Dalbergia sissoo, Ficus glomerata, Kigelici pinnata, Madhuca longifolia, Mangiferci indica, Melia azedarach, Mimusops elengi, Peltophorum pterncarpum, Pithecolobium saman, Pongamia pinnata, Samanea saman, Spathodea campanulata, Syzygium cumini, Tamarindus indica, Terminalia arjuna, Terminalia catappa.*

सामाजिक वानिकी के लाभ (Benefits Of Social Forestry)

सामाजिक वानिकी के नाम से ही यह सूचित होता है कि यह समाज की सभी माँगों को पूरा करता है-

सामाजिक वानिकी प्रोग्राम से मुख्य वित्तीय फायदे (Major economic benefits from the social Forestry programmes)

(i) **ईंधन एवं ऊर्जा की आवश्यकता :** सामाजिक वानिकी वृक्षारोपण से स्थानीय लोगों की ऊर्जा आवश्यकता को पूरा करने में मदद मिल सकती है। भारत में, लगभग 50-60% आबादी ग्रामीण क्षेत्रों में निवास करती है जिसे घरेलू प्रयोजनों के लिए ईंधन की अधिक मात्रा में आवश्यकता होती है। इसलिए, सामाजिक वानिकी को कई अग्रिक्षमक लकड़ियाँ उपलब्ध करवा सकती है और यह प्राकृतिक वनों पर दबाव को कम करता है।

(ii) **चारे की आवश्यकता :** सामाजिक वानिकी वृक्षारोपण चारे को भी उपलब्ध करवाता है जो कि भेड़ और बकरी पालन के लिए फायदेमंद होती है। सामाजिक वानिकी में ये प्रजातियाँ जैसे *अकेसिया, प्रोसोपिस, टर्मिनेलिआ,* नीम, *अल्बिजिआ* को मवेशियों के लिए अच्छे चारे के रूप में कार्य करते हैं।

(iii) **कुटीर उद्योग :** सामाजिक वानिकी वृक्षारोपण कच्चे पदार्थ की विस्तृत शृंखला को उपलब्ध करवाता है जिसका उपयोग कई कुटीर-उद्योगों में हो सकता है जैसे- बास्केट निर्माण, फर्नीचर निर्माण, कृषि उपकरण, लकड़ी की कड़ी, पोल, पोस्ट, माचिस की तीली, पेंसिल निर्माण, खेलकूद सामग्री आदि में उपयोग होता है जो कि ग्रामीण आय और आजीविका गतिविधियों के लिए नयी आजीविका उपलब्ध करवाता है।

(iv) **उद्योग आधारित वन :** सामाजिक वानिकी वृक्षारोपण कई लकड़ी आधारित उद्योगों जैसे लुगदी और कागज, रेजिन, गोंद, शहद, लाख (Lac), ओलिओरिजिन, खाद्य तेल, अखाद्य तेल, प्लाईवुड आदि सभी कच्चे पदार्थ के अच्छे स्त्रोत के रूप में कार्य करते हैं जो कि समाज की सामाजिक-आर्थिक प्रोफाइल में वृद्धि करता है।

(v) **आजीविका :** सामाजिक वानिकी विशेष रूप से गरीबों और भूमिहीन श्रमिकों के लिए रोजगार की बढ़ती क्षमता प्रदान करता है। रोपण और नर्सरी गतिविधियाँ, समाज में कुशल और अर्ध-कुशल श्रमिकों को विस्तृत गतिविधियाँ प्रदान करती है। कुटीर उद्योग और वन आधारित उद्योग बहुत से अवसर प्रदान करते हैं और ग्रामीण जनता की आजीविका सुरक्षा को बढ़ावा देने में सहायता करते हैं।

(vi) **जल चक्र की निरंतरता :** सामाजिक वानिकी वृक्षोरापण विशेष रूप से जलग्रहण क्षेत्रों में जल को नियंत्रित करने में सहायता करते हैं। नदी के जल को अपनी प्राकृतिक क्षमता के कारण कई जलस्त्रोत के लिए वृक्ष गोदामों के रूप में कार्य करते हैं।

(vii) **बाढ़ नियंत्रण :** सामाजिक वानिकी के बागान सतह के बहाव को कम करने तथा नदियों के साथ लायी गई गाद को कम करने और नदी के तल स्तर को कम करने में सहायता करते हैं। बाढ़ के पानी का तेज बहाव वृक्ष से रुकता है जो कि अवरोधक के रूप में कार्य करते हैं एवं बाढ़ को कम करने में सहायता करते हैं।

सामाजिक वानिकी की बाधाएँ (Constraints In Social Forestry)

हालांकि, सामाजिक वानिकी का विज्ञान लोगों के लिए, लोगों के द्वारा और लोगों से इसे निम्नलिखित बाधाओं का अनुभव होता है।

1. जब तक कि परियोजना को लागू किया जाता है तब तक लोग उससे जुड़े रहते हैं। एक बार परियोजना के बंद होने पर, लोग परियोजना को अनदेखा कर देते हैं जिसके कारण परियोजना विफल हो जाती है।
2. भू स्वामित्व एक अन्य बाधा है जो कि परियोजना के विफल होने का एक और परिणाम है।
3. कानूनी संविधान के अभाव की पहचान एक और बड़ी बाधा के रूप में की गई है।
4. वृक्ष की लंबी विकास प्रक्रिया भी एक और बाधा है।

सामाजिक वानिकी कार्यक्रम (Social Forestry Programmes)

भारत में सामाजिक वानिकी कार्यक्रम की शुरुआत वर्ष 1950 में वृक्षारोपण समारोह से हुई थी और राष्ट्रीय वन नीति 1952 को स्थापित किये जाने के बाद दृढ़ता प्राप्त हुई थी। देश में कई राज्यों ने सामाजिक वानिकी परियोजना की शुरुआत की है। उनमें से गुजरात भारत का पहला ऐसा राज्य है जिसमें 1970 के दशक में पृथक सामाजिक वानिकी शाखा का निर्माण किया था। तमिलनाडु, पश्चिम बंगाल, उत्तर प्रदेश, ओड़िशा, पंजाब, हरियाणा, राजस्थान, मध्यप्रदेश और हिमाचल प्रदेश जैसे अन्य राज्यों ने भी निम्नलिखित अंतर्राष्ट्रीय एजेंसियों की वित्तीय सहायता से सघन सामाजिक वानिकी कार्यक्रम शुरू किए गये हैं।

सामाजिक वानिकी परियोजनाओं के लिए प्रायोजक एजेंसियाँ (Sponsoring agencies for social Forestry projects)

1. विश्व बैंक
2. स्वेडिश अंतर्राष्ट्रीय विकास एजेंसी (SIDA)
3. अंतर्राष्ट्रीय विकास के लिए संयुक्त राज्य एजेंसी (USAID)
4. कैनेडिया की अंतर्राष्ट्रीय विकास एजेंसी (CIDA)

बजट परिव्यय और परियोजना गतिविधियों के साथ-साथ प्रमुख सामाजिक वानिकी परियोजनाएँ और कार्यक्रम को सारणी 1 में प्रस्तुत किया गया है।

सारिणी 1. प्रमुख सामाजिक वानिकी कार्यक्रम

क्र. सं.	परियोजना गतिविधि का नाम एवं राज्य	दानकर्ता समूह	परियोजना अवधि	परियोजना लागत (लाख में)	परियोजना गतिविधि	
					फार्म वानिकी	ग्रामीण काष्ठ
1.	तमिलनाडु सामाजिक वानिकी परियोजना	Phase-I SIDA Phase-II SIDA	1981-82 to 1985-86 extended to 1987-88 1988-89 to 1992-93	591.38 854.00	P 85,165 F 50.80 P 18,000 F 154.40	131,405 178.94 56,300 247.50
2.	पश्चिम बंगाल सामाजिक वानिकी परियोजना	World Bank	1981-82 to 1986-87 extended to 1989-90	348.65	P 52,000 F 18.84	6,000 17.84
3.	महाराष्ट्र सामाजिक वानिकी परियोजना	USAID	1982-83 to 1989-90	564.00	P 44,035 F 257.74	33,975
4.	हरियाणा सामाजिक वानिकी परियोजना	World Bank DAN I DA	1982-83 to 1986-87 extended to 1989-90	333.25	P 30,000 F 25.65	12,000 46.39
5.	जम्मू एवं कश्मीर सामाजिक वानिकी परियोजना	World Bank DAN I DA	1982-83 to 1986-87 extended to 1989-90	237.40	P 19,000 F 17.40	5,000 17.00
6.	आंध्रप्रदेश सामाजिक वानिकी परियोजना	C1DA	1983-84 to 1987-88 extended to 1989-90	383.78	P 108,100 F 68.78	25,000 61.03
7.	उड़ीसा सामाजिक वानिकी परियोजना	Phase 1 SIDA Phase-11 SIDA	1983-84 to 1987-88 1988-89 to 1992-93	281.70 783.40	P 26,500 F 11.60 P 62,000 F 253.60	32,076 na 52,500 222.30
8.	कर्नाटक सामाजिक वानिकी परियोजना	World Bank ODA (U.K.)	1983-84 to 1987-88	552.30	P 120,500 F 180.00	26,946 98.50
9.	केरल सामाजिक वानिकी परियोजना	World Bank	1984-85 to 1989-90	599.11	P 69,200 F 162.25	14,100 na
10.	राष्ट्रीय सामाजिक वानिकी परियोजना उत्तरप्रदेश	World Bank USAID	1985-86 to 1989-90	1,611.60	P 147,210 F 536.20	14,000 150.40

क्र. सं.	परियोजना गतिविधि का नाम एवं राज्य	दानकर्ता समूह	परियोजना अवधि	परियोजना लागत (लाख में)	परियोजना गतिविधि	
					फार्म वानिकी	ग्रामीण काष्ठ
11.	राष्ट्रीय सामाजिक वानिकी परियोजना गुजरात	World Bank USAID	1985-86 to 1989-90	1,296.50	P 230,500 F 143.60	35,000 369.80
12.	राष्ट्रीय सामाजिक वानिकी परियोजना हिमाचल प्रदेश	World Bank USAID	1985-86 to 1989-90	572.90	P 66,838 F 139.30	41,000 201.20
13.	राष्ट्रीय सामाजिक वानिकी परियोजन राजस्थान	World Bank USAID	1985-86 to 1989-90	391.90	P 91,500 F 121.80	5.000 30.20
14.	बिहार सामाजिक वानिकी परियोजन	SIDA	1985-86 to 1990-91	538.57	P 71,750 F 156.28	30,750 21.52
कुल				**F 9940.44**	**P 1,242,293** **F 2,090.50**	**508,730** **1662.62**

■ ■ ■

अध्याय 12

संयुक्त वन प्रबंधन

[Joint Forest Management (JFM)]

राष्ट्रीय वन नीति 1988 की घोषणा के बाद से देश में वन प्रबंधन के उत्पादन से लेकर संरक्षण आधारित प्रबंधन में आमूल परिवर्तन देखा गया है। इसमें वन प्रबंधन का सहभागितापूर्ण साक्ष्य भी देखा गया है तथा सभी निर्णय लेने की प्रक्रिया में ग्रामीण समुदाय की भागीदारी सुनिश्चित की गई है। वानिकी की हितकर भूमिका का उपभोग लेने के अतिरिक्त, सिद्धांत में कई अकादमिक कार्यक्रमों को सम्मिलित किया गया है और इसलिए इस अध्याय की परिकल्पना की गई है और इसे निम्नलिखित विषयों के साथ प्रस्तुत किया गया है।

- परिभाषा (Definition)
- इतिहास एवं विकास (History and evolution)
- उद्देश्य (Objectives)
- कार्यक्रम (Programmes)
- संयुक्त वन प्रबंधन की सफल कहानियाँ
    - अराबरी अनुभव
    - बेहरूंगुडा अनुभव

संयुक्त वन प्रबंधन – परिभाषा (JFM - Definition)

शोधार्थी और नीति निर्माताओं ने संयुक्त वन प्रबंधन को विभिन्न तरीकों से परिभाषित किया जाता है–

i. वन संरक्षण एवं विकास के लिए फ्रिंज वन उपयोगकर्ता समूह और वन विभाग (FD) के आधार पर पारस्परिक विश्वास एवं संयुक्त पारिभाषिक भूमिका और जिम्मेदारियों के मध्य संयुक्त वन प्रबंधन (JFM) के सिद्धांत की विकासशील सहभागिता होती है।

ii. JFM एक वन प्रबंधन कार्यनीति है जिसके अंतर्गत सरकार (वन सरकार द्वारा प्रतिनिधित्व किया जाता है) ग्रामीण समुदाय पास के गाँवों का संयुक्त रूप से संरक्षण और प्रबंधन और उत्तरदायित्वों और लाभों का समझौता करने के लिए सम्मिलित होते हैं।

सिद्धांत (Priniciple)

- संयुक्त वन प्रबंधन (JFM) के मूलभूत सिद्धांत वहाँ के स्थानीय लोगों को वन विकासशील गतिविधियों से जोड़ता है जो कि निर्णय लेने की प्रक्रिया के कुछ या प्रत्येक चरण उपयुक्त स्थानीय लोगों को सम्मिलित करते हैं।
- यह1988 की राष्ट्रीय वन नीति के संदर्भ में यह कार्यक्रम शुरू किया गया है, जहाँ राज्य वन विभाग वहाँ के स्थानीय वन आवास और वन फ्रिंज समुदाय उनके साथ के वनों के संरक्षण और वन प्रबंधन और वनों की लागत, लाभ साब्ता करने और कई लाभ होते हैं।
- JFM का मुख्य तत्त्व यह है कि समुदायों में सदस्यों के द्वारा वनों के उपयोग को प्रबंधित करने और गैर सदस्यों को बाहर रखने की क्षमता होती है। इन लाभों का अधिकांशत: (गैर-काष्ठ वन उत्पाद) NTFPs के उपयोग और बिक्री तथा इमारती लकड़ी से प्राप्त आय तथा स्थानीय पारिस्थितिकी तंत्र सेवाओं जैसे जल पुनर्भरण, परागण, वन्य जीव आवास आदि से प्राप्त अन्य लाभों में प्रत्यक्ष अधिगम तथा नियंत्रण है।
- इस प्रकार वनों और वन्य जीवों के संरक्षण में समुदायों की सहभागिता अत्यंत रुचिप्रद है।

संयुक्त वन प्रबंधन का इतिहास, उद्भव एवं विकास (History, Origin And Evolution Of JFM)

- हालांकि संयुक्त वन प्रबंधन के विकास का बहुत पुराना इतिहास है, लेकिन इसकी तरफ ध्यान 1970 के बाद दिया गया। 1971-72 के दौरान पश्चिम बंगाल राज्य के अराबरी और मिदनापुर जिले में सामुदायिक आधारित वन संरक्षण संचलन की शुरुआत के कारण सफल स्थापना हुई।
- अराबरी में, वन राज्य विभाग के वन संवर्धन द्वारा इसकी गतिविधि को संवर्धन के द्वारा शुरू किया था जिन्होंने स्थानीय समुदायों को प्रोत्साहन देकर उन्हें साल के वनों (Sal Forests) को संरक्षित करने तथा उनका पुनर्गठन करने के लिए प्रेरित किया था।
- स्थानीय समुदायों को 'वन संरक्षण समुदायों' (FPCs) में आयोजित किया गया, निम्नीकृत वनों की अवैध कटाई, अतिचराई, आग एवं अतिक्रमण से संरक्षित किया जाता है।
- दूसरा प्रमाण 1980 के दशक में हरियाणा के सुखोमजरी गाँव में जीर्णोद्धार और कृषि प्रणालियों को ध्यान में रखते हुए दूसरा प्रमाण दिया गया था।
- हरियाणा राज्य सुखोमजरी गाँव में लोगों के बीच आंदोलन शुरू हुआ। मिट्टी के बाँधों का निर्माण गाँवों में कृषि-संबंधी उत्पादन का स्थायीकरण करता है।
- वनों में एवं सुखोमजरी गाँवों के आस-पास परिणामस्वरूप पुनर्जन्म हुआ। पुनर्जीवित वन वहाँ के स्थानीय समुदायों के भाबर धास के साथ मूल्यात्मक बायोमास उपलब्ध करवाते हैं।
- इस स्थिति में केन्द्र सरकार ने नीति निर्माताओं को 'वन संरक्षण अधिनियम, 1980' से भी आगे बढ़ने की आवश्यकता पर बल दिया गया।
- देश में वनों की कमी को रोकने के लिए संस्थागत उपायों पर सक्रिय रूप से विचार किया गया है। राष्ट्रीय वन नीति के अनुसार भारत सरकार द्वारा अधिनियमित करने के साथ ही

संरक्षण, पर्यावरणीय स्थिरता एवं पारिस्थितिकी नियंत्रण पर अच्छे से ध्यान दिया गया था जिससे कि वनों के जनजातीय एवं स्थानीय समुदायों में संरक्षण, पुनरुत्थान एवं विकास की सहकारिता की गई।

- 1988 की राष्ट्रीय वन नीति के अनुसरण में, अवक्रमित वनीय भूमि के संरक्षण एवं विकास में सम्मिलित गाँवों के समुदायों एवं गाँवों के संगठन में पुनरुत्थान के लिए भारत सरकार ने जून 1990 में 'परिपत्र' जारी किया गया था। यह भारत में संयुक्त वन प्रबंधन (JFM) के आंदोलन के जन्म को चिन्हित करता है।
- 1 जून, 1990 को, भारत सरकार ने अवक्रमित वनों के संरक्षण और विकास में स्थानीय समुदायों को सम्मिलित करने के लिए राज्य सरकार को दिशा निर्देश जारी किए गये। इस पर आधारित, JFM प्रोग्राम ने देश के 22 राज्यों को विस्तृत रूप से अपनाया गया।

संयुक्त वन प्रबंधन के उद्देश्य (Objectives Of JFM)

- वनों की परियोजना, प्रबंधन और संरक्षण में स्थानीय समुदायों की दृश्य भूमिका को उपलब्ध करवाते हैं और इन वनों से होने वाले लाभों का हिस्सा दिया जाता है।
- (क) निर्माण (ख) प्रबंधन और (ग) बागान की सुरक्षा में ग्रामीणों की सक्रिय भागीदारी को प्राप्त करना।
- लकड़ी और अन्य गैर-काष्ठ वन संसाधनों की स्थिर उत्पादकता के साथ ही पारिस्थितिकी आवश्यकताओं को पूरा करते हैं।
- स्थानांतरित कृषि से भूमि स्वामित्व समुदायों को अलग करके इनको वैकल्पिक रूप से अपनाया जाता है जैसे वृक्ष पालन।
- उपयोगी रूप से आक्रमित 'झूम-भूमि' का उपयोग करना चाहिए जिससे कि मृदा अपक्षरण को रोका जा सके।
- जैव-विविधता का संरक्षण लोगों की गतिविधि से होता है।
- ग्रामीणों के लिए वन-आधारित अर्थव्यवस्था को बनाना एवं उत्पन्न करना।

संयुक्त वन प्रबंधन की मुख्य विशेषताएँ (Salient Features Of JFM)

- संयुक्त वन भूमि प्रबंधन के स्थानीय लोगों और वन विभाग के मध्य साझेदारी को विकसित करके को बढ़ावा देते हैं।
- JFM वन विभाग और स्थानीय लोगों के मध्य विचार-विमर्श और बातचीत के लिए सामान्य रूपरेखा उपलब्ध करवाता है और स्थानीय समुदायों की वन भूमि के लिए कानूनी अवसर का आश्वासन देता है।
- यह लाभ सहभाजन प्रक्रिया को सुविधाजनक बनाते हैं और स्थानीय समुदायों के लिए आजीविका के अवसर को सुनिश्चित करते हैं।
- संयुक्त वन प्रबंधन प्रक्रिया चारे में आग और गैर-कानूनी गतिविधियों से वनों को स्थानीय लोगों से संरक्षित करने के लिए प्रोत्साहित किया जाता है।

- संयुक्त वन प्रबंधन प्रक्रिया को सुविधाजनक बनाने के लिए सभी निर्णय लेने की प्रक्रिया में स्थानीय लोगों को सम्मिलित किया जाता है।

संयुक्त वन प्रबंधन की संरचना (Structure Of JFM)

प्रत्येक राज्य में राज्य के लिए संयुक्त वन प्रबंधन के विभिन्न संरचना और नामकरण होते हैं। सामान्यत: संयुक्त वन प्रबंधन के लिए निम्नलिखित संरचना का चित्रण किया जा सकता है। संयुक्त वन प्रबंधन संरचना के आधार पर, ग्रामीण स्तर अनुसंधान को ''वन संरक्षण समुदाय'' के रूप में जाना जाता है। इन निकायों में ''सामान्य निकाय'' और ''कोर'' ''कार्यकारी'' अथवा ''प्रबंधन समिति''(MC) को आवंटित कार्यों के निर्वहन के लिए ''साधारण सभा'' द्वारा इकट्ठा किया जाता है। ''साधारण सभा'' में गाँवों के योग्य सदस्य होते हैं। प्रत्येक राज्य में सदस्यता के लिए योग्य मानदंड भिन्न होते हैं।

अधिकांश राज्यों में, वयस्क सामान्य निकाय में सम्मिलित होने के लिए योग्य होते हैं। ''साधारण सभा'' कार्यकारी समितियों में स्थानीय सामुदायिक प्रतिनिधियों का चुनाव करते हैं। कार्यकारिणी समिति 5 से 10 की संख्या में सदस्यों का चुनाव करती है। इसमें स्थानीय वन विभागों, स्थानीय एन.जी.ओ., गाँवों के विद्यालय, ग्राम प्रशासनिक और विकास अधिकारियों तथा कुछ स्थितियों में ग्राम या मंडल पंचायतों के प्रतिनिधियों सहित मनोनीत अथवा पदेन पूर्व अधिकारियों और बिना निर्वाचित हुए व्यक्तियों को सम्मिलित किया जाता है। अधिकांश राज्यों में कार्यकारी समितियों की कार्यविधि सामान्य: 2 से 5 सालों के लिए होती है। कार्यपालिका समिति प्रबंधन योजनाओं के निर्णय लेने, उनकी योजना बनाने और उनका कार्यान्वयन करती है।

वन संरक्षण समितियों की शक्तियाँ (Powers Of Forest Protection Committees)

1990 के बाद के चरण में वन संरक्षण समितियों की कार्यवाही से संकेत मिलता है कि वन संरक्षण समितियों द्वारा शक्तियों का निष्पादन किए जाने की स्थिति में व्यापक अंतर राज्य मतभेद है। प्रशासनिक, कार्यपालक और वित्तीय ऊर्जाओं की स्थिति में विभिन्न राज्य वन संरक्षण समितियों को विभिन्न लचीलापन प्रदान करते हैं। फिर भी वन संरक्षण समितियों को दी गई शक्तियों के मानक मापदंडों को मोटेतौर पर निम्नानुसार वर्गीकृत किया जा सकता है–

- वनों के प्रबंधन से संबंधित नियमों का निर्धारण।
- सामान्य निकायों की आयोजित बैठकों और प्रबंधन समिति की बैठकों के लिए प्रशासनिक शक्तियाँ।
- प्रबंधन/कार्यकारी समितियों में मतदान अधिकार।
- दंडात्मक शक्तियाँ – अपराधियों को दंड देने और जुर्माना लगाने की शक्तियाँ।
- विशिष्ट संसाधनों को इकट्ठा करने और उन्हें बेचने की शक्तियाँ।
- पुनरुत्थान और संरक्षण से होने लाभों का वितरण।
- दुर्दम्य सदस्यों की सदस्यता रद्द करना।
- वित्तीय शक्तियाँ–धन खर्च करना एवं सतत् बजट जारी करना, खातों को बनाए रखना।

संयुक्त वन प्रबंधन विधियाँ (JFM Methods)

(a) संयुक्त वन प्रबंधन उपकरण और तकनीकों के लिए सहभागिता ग्रामीण मूल्यांकन

सहभागिता ग्रामीण मूल्यांकन (Participation Rural Assessment (PRA)) उपकरणों से समुदायों के सदस्यों द्वारा और उनके द्वारा सूचना का संग्रहण और विश्लेषण किया जा सकता है। PRA स्थानीय जानकारी को महत्त्व देता है और स्थानीय वन प्रबंधन की खोज, निगरानी और योजना में समुदायों को सम्मिलित करता है। क्योंकि यह एक सहयोगात्मक प्रक्रिया है, सहभागिता ग्रामीण मूल्यांकन (PRA) अधिकारहीन पर आधारित समुदायों को सक्रिय रूप से समर्थ बनाता है, वर्गीकरण दबाव डालना और संसाधनों की आवश्यकता की पहचान करने में सहायता प्रदान करते हैं। इस मैनुअल में दिए गए उपकरण पर आधारित होते हैं। सहभागिता ग्रामीण मूल्यांकन (PRA) विधियाँ विभिन्न प्रयोजन उपलब्ध करवाते हैं। ये उन बाहरी लोगों को जानकारी प्रदान करते हैं जो यह जानना चाहते हैं कि समुदाय अपने संसाधनों और प्रबंधन का उपयोग कैसे करते हैं और वे इसके संसाधन प्रबंधन कार्यों के मूल्यांकन के लिए सामूहिक समुदाय को सूचना प्रदान करते हैं। सहभागिता ग्रामीण मूल्यांकन (PRA) सूचना एकत्र करने की प्रक्रिया उतनी ही महत्त्वपूर्ण है जितनी कि स्वयं डाटा समुदाय, फॉरेस्टर, गैर-सरकारी संगठन और स्थानीय सरकार से मौजूदा संसाधन उपयोग के तरीकों, संघर्षों और अवसरों की जाँच के लिए विचार-विमर्श शुरू करते हैं, जिससे अधिक सतत् और उत्पादक प्रबंधन प्रणालियों के विकास का आधार मिल सकता है।

(b) संवाद प्रक्रिया (Dialogue process)

(i) अर्ध-संरचित साक्षात्कार

इस तकनीक में केवल व्यक्तिगत समुदाय के सदस्यों या छोटे समूहों से बात करके महत्त्वपूर्ण जानकारी प्राप्त करना सम्मिलित है। यह केवल हितधारक की जानकारी प्राप्त करने तक ही सीमित नहीं है बल्कि इसका उपयोग पूरी तरह से अतिरिक्त जानकारी प्राप्त करने के अलावा समुदाय के संबंधों और वन संसाधनों, प्रबंधन के मुद्दों और उपलब्ध संसाधनों पर निर्भरता को अच्छे तरीके से समझने के लिए किया जाता है।

(ii) समूह विचार-विमर्श

सामुदायिक या अनेक हितधारकों के साथ समूह चर्चा अर्धसंरचनात्मक साक्षात्कार की तरह ही विभिन्न प्रयोजनों और रुचियों के बारे में विचार-विमर्श की अनुमति प्रदान करता है। समूह चर्चा की प्रक्रिया संसाधनों के प्रयोजनों और संघर्ष के बारे में जागरूकता उत्पन्न करते हैं और इन मुद्दों पर बातचीत के लिए एक मंच प्रदान करते हैं। ग्रुप मीटिंग के दौरान एकत्रित जानकारी से वन उपयोगकर्ता समूह को स्वीकार्य प्रबंधन योजना विकसित करने में सहायता मिल सकती है।

(iii) आरेख एवं सूचियाँ (Diagrams & Lists)

वेन आरेख (Venn diagram)

वेन आरेख में विभिन्न उपयोगकर्ता समूहों को सूचित करने के लिए तैयार किए गए गुट/मंडली (circles) होते हैं (ओवरलेप से समान सदस्यता परिवर्तित होती है।)। नेतृत्वकर्ता का पहचानना

एवं प्रतिनिधियों से संपर्क करना, बड़े जनसंचार वृत्त (circle) के अंतर्गत आते हैं। वन उपयोगकर्ता समूह के संबंध और उनके प्रत्येक समूह के संबंधों और उनके वन तथा एक-दूसरे पर निर्भर रहने में वेन आरेख उपयोगी होती है। वे संसाधनों के ऊपर भिन्नता की पहचान करने तथा स्थापित करने में सहायता कर सकते हैं जिसमें ग्राम संस्थान भागीदारी प्रबंधन की सहायता में अग्रणी भूमिका निभा सकते हैं।

प्रणाली आरेख (System Diagram)

यह तकनीक उपयोगकर्ता समूहों (ग्रामीण समुदायों, सहकारी क्षेत्र स्टाफ, वाणिज्यिक हितों, एन.जी.ओ. अनुसंधान) और उपयोगकर्ता समूहों एवं संसाधनों के मध्य पारस्परिक क्रिया को स्पष्ट करने का एक तरीका है।

मौसमी पंजिका (Seasonal Calendar)

मौसमी कैलेंडर में समय के साथ वन उत्पादों की अधिकता और मौसम के दौरान उत्पाद संग्रह में परिवर्तन का दस्तावेज दिया जाता है। यह जानकारी पैदावार का आकलन कर सकती है।

प्रवाह आरेख (Flow diagram)

यह आरेखन तकनीक कई तरह के उपकरणों में से एक है, जिनका प्रयोग उत्पादन प्रणाली का आर्थिक मूल्यांकन करने के लिए किया जा सकता है। पैदावार, श्रम और पूँजी लागत का आकलन करने के लिए अन्य आर्थिक तकनीकों के साथ मिलकर सहभागिता ग्रामीण मूल्यांकन उपकरणों से प्राप्त जानकारी प्राप्त की जा सकती है, लेकिन कठोर आर्थिक विश्लेषण प्राप्त करने से पहले अतिरिक्त अनुसंधान और पारिस्थितिकीय आँकड़ों की आवश्यकता होती है।

ऐतिहासिक खंड (Historical transect)

इस क्षेत्र में समुदाय निर्माण की तकनीक सफल और असफल प्रबंधन प्रणालियों को अभिज्ञात करने में मदद करते हैं ताकि एक नई प्रबंधन प्रणाली उन्हीं गलतियों से बच सके और समुदाय द्वारा समर्थित सकारात्मक पहलुओं को बढ़ावा दे सकते हैं। कुछ वन उत्पादों और प्रजातियों में गिरावट या वृद्धि इस प्रकार स्थापित की जा सकती है कि प्रबंधन योजना में इन मुद्दों पर ध्यान दिया जा सके।

प्रवृत्ति लाइनें (Trend lines)

एक ऐसा ग्राफ तैयार करना जिसमें समय के साथ महत्त्वपूर्ण वन उत्पादों की जनसंख्या, वर्षा और मात्रा के प्रवाह को दर्शाया गया हो, महत्त्वपूर्ण होता है। ट्रेंड लाइनों का उपयोग वनों की गड़बड़ी के पैटर्न और समय के साथ पुनरुत्थान के लिए भी किया जा सकता है।

(iv) सारिणी एवं रेखाचित्र (Tables & charts)

सूची निर्माण (List making)

यह सहयोगी प्रक्रिया (a) वन उत्पादों की पहचान और (b) वाणिज्यिक एवं जीविका उपयोग में वन उत्पादों के वर्गीकरण को यह अनुमति देती है। इसका वर्गीकरण उपयोगी श्रेणियों और उपयोगी प्रकारों को प्रदर्शित करना है। उपयोगी प्रकारों में निम्नलिखित को सम्मिलित किया जा सकता है : खाद्य वनस्पति (मशरूम, फल, बीज, नट्स (मेवा) आदि); खाद्य जीव-जंतु (कीट, शहद, मछली, जानवर

आदि); निर्माण सामग्री (दीवारों के लिए लकड़ी, रस्सी के लिए घास आदि); औषधीय (पत्तियाँ, छाल आदि); ईंधन (वृक्ष, झाड़ियाँ, पत्तियाँ आदि); चारा (वृक्ष, घास आदि) एवं अन्य (गोंद, रेजिन, लैक आदि)।

संगठनात्मक चार्ट (Organizational chart)

इनसे स्थानीय सरकारी संगठनों और तकनीकी एजेंसियों की संरचना और प्रत्येक की व्याख्या की जा सकती है। संगठनात्मक चार्ट का उपयोग सदैव ही ग्रामीण प्रमुखों, वरिष्ठ संस्थाओं, चिकित्सकों, जल प्रबंधन संगठनों एवं नेतृत्व पदों आदि को प्रतिबिंबित करने के लिए किया जा सकता है, परंतु पारंपरिक सामुदायिक नेतृत्व और संस्थागत संरूप रैखिक नहीं होते हैं; इसलिए अन्य दृश्य उपकरण जैसे वेन आरेख उनकी संरचना को प्रतिबंबित करने में अधिक प्रभावी हो सकते हैं।

समय अवधि (Time Line)

समय अवधि महत्त्वपूर्ण ऐतिहासिक घटनाओं को पहचानने में सहायता करती हैं। उदाहरण के लिए, अनावृष्टि, वन गिरावट, वन की आग आदि। यह सूचना क्षेत्रीय कार्यालय टीम को इस क्षेत्र के बारे में अधिक जानकारी और प्राकृतिक संसाधनों के संभावित जोखिमों के बारे में सहायता प्रदान करती है। इस बात को समझने से कि ऐतिहासिक घटनाओं के समय कैसे सामंजस्यपूर्वक काम किया है, टीम को विचार-विमर्श में सहायता मिल सकती है और उपयुक्ततर प्राथमिक पद्धतियों का चयन किया जा सकता है।

श्रेणी/रैंकिंग (Ranking)

समुदायों द्वारा पहचाने गए वनों के उत्पादों के मध्य यह प्रक्रिया महत्त्वपूर्ण क्रम को इंगित करती है। निम्न जटिल मुद्दों के लिए, ग्रामीणों से अर्ध संरचित के क्रम को इंगित करता है। कम जटिल मुद्दों के लिए, ग्रामीणों से अर्ध संरचित साक्षात्कार मुलाकातों के दौरान रद्द करने योग्य उत्पाद रैंक के लिए कहा जा सकता है। अधिक जटिल मुद्दों के लिए, संयुग्मित रैंकिंग प्रणाली और स्कोरिंग (मैट्रिक्स रैंकिंग) प्रणाली को विकसित करने में सहायक होती है। किसी विशेष प्रकार के उपयोग के लिए वनों के उत्पादों की तुलना करना आवश्यक होता है, अर्थात् ईंधन लकड़ी, निर्माण लकड़ी आदि। यह सदैव ही स्थान और अंक अर्जित करने के लिए वनों में उपस्थित उत्पादों/प्रजातियों की संख्या को सीमित करने में उपयोगी होती है। रैंक/स्कोर से प्रजातियों/उत्पादों के क्रम को सीमित करने में, ग्रामीणों से उपयोगी प्रकारों के अंतर्गत बहुत महत्त्वपूर्ण प्रजातियों की पहचान के लिए पूछा जाता है। इसमें सभी वाणिज्यिक प्रजातियों/उत्पादों को सम्मिलित किया जाता है।

गणना (आव्यूह श्रेणी के रूप में जानी जाती है) (Scoring)

यह प्रक्रिया घरेलू अर्थव्यवस्था के लिए प्रत्येक वन उत्पादों को पहचानने में सहायता करती हैं। तुलना में सहायता के लिए, ग्रामीणों को वन उत्पादों की तुलना प्रत्येक प्रकार से उपयोग के लिए, अर्थात् चारा, ईंधन, भोजन आदि में तुलना करने के लिए अनुमति देता है।

(v) स्थानिक विश्लेषण (Spatial analysis)

सामुदायिक स्कैच मैपिंग (Community sketch mapping)

सहभागितापूर्ण मानचित्रण तकनीकों में सुविधाजनक सामुदायिक सदस्यों को भूमि या कागज के एक टुकड़े पर मानचित्र बनाकर उनके क्षेत्रों के स्थानिक प्रतिनिधित्व के विकास में सुविधा प्रदान की जाती है। कुछ मानचित्र गाँवों, वनों, कृषि भूमि, जल संसाधनों तथा प्रबंधन के मुद्दों के स्थानों को दर्शाते हैं। मानचित्र बनाने और इसका विचार-विमर्श की प्रक्रिया से अभ्यास के महत्त्वपूर्ण निष्कर्ष निकलते हैं। मानचित्र सूचना को एक कागज और डिजिटल में स्थानांतरित किया जा सकता है, ताकि इसका अभिलिखित भविष्य संदर्भ के लिए किया जा सके ।

रेखाचित्रण मानचित्र संसाधन प्रणाली का त्वरित दृश्य प्रतिनिधित्व प्रदान करता है जिसे गाँव और वनवासियों द्वारा आसानी से समझा जा सकता है। मानचित्र तैयार करने से वन उत्पादों के स्त्रोतों का पता लगाया जा सकता है, परंतु इसका उपयोग वनों की परिस्थितियों और समुदाय के उपयोग के पैटर्न के बारे में बेहतर जानकारी प्राप्त करने के लिए भी किया जा सकता है। इस जानकारी का उपयोग प्रबंधन क्षेत्र के स्थानिक विश्लेषण के पूरक के लिए किया जा सकता है, अर्थात् विचार-विमर्श के अंतर्गत प्रबंधन क्षेत्र कहा है।

संयुक्त वन प्रबंधन के लाभ (Benefits Of JFM)

(a) संयुक्त वन प्रबंधन ने निर्णय लेने की प्रक्रिया के प्रत्येक चरण में लोगों के सहयोग को संस्थागत बना दिया गया है और इसने निम्नीकृत या अवक्रमित वनों के संरक्षण में सहायता दी है।

(b) इससे उन लोगों को सशक्तता मिलती है जिसके परिणामस्वरूप स्थानीय वनों के पुनरुत्थान, संरक्षण और प्रबंधन में समुदायों की सक्रिय भागीदारी हो जाती है।

(c) संयुक्त वन प्रबंधन में मिट्टी, पानी, वायु आदि जैसे पर्यावरण संसाधनों के प्रबंधन के बारे में जागरूकता उत्पन्न करने में सहायता करते हैं।

(d) संयुक्त वन प्रबंधन की गतिविधियाँ निम्नतर वनों के पुनरुत्थान करती है और इलाकों की जैव विविधता को समृद्ध बनाती है। इससे वन उत्पादों की गुणवत्ता और मात्रा में सुधार होता है तथा लाभ प्राप्त होते हैं।

(e) संयुक्त वन प्रबंधन सरकार के लिए एक नए तरीके को विकसित करता है। कार्यान्वयन के विकेंद्रीकरण और स्थानीय समुदायों की भागीदारी से वन विभागों के केवल भागीदारी को ही कम नहीं करता हैं बल्कि क्रियान्वयन की प्रक्रिया के दौरान इससे बेहतर अनुभव को साझा करता है।

(f) संयुक्त वन प्रबंधन अनुकूल दृष्टिकोण को तैयार करती है जिसके परिणामस्वरूप महिला स्वयं सहायता समूह, लाभों का समान वितरण, गरीबी रेखा की कमी, जलस्तर में वृद्धि और स्वास्थ्य सुविधा में सुधार आदि हो गए।

(g) संयुक्त वन प्रबंधन गतिविधियाँ प्राकृतिक स्त्रोत प्रबंधन की आवश्यकता को समुदायों तथा वन विभागों के विकास को अच्छे से समझने को विकसित करने में सहायता करती हैं।

संयुक्त वन प्रबंधन पर नीति निर्देशों की महत्त्वपूर्ण विशेषताएँ (Important Features Of Policy Directives on Joint Forest Management (JFM))

नीति निर्देश	मुख्य विशेषताएँ
The Circular (First) Concerning JFM, 1990	• निम्न वनों के पुनरुत्थान में ग्रामीण समुदायों और गैर-सरकारी संगठनों (NGOs) को सम्मिलित करना। • ग्रामीण समुदायों से लोगों की सहभागिता से लाभ।
संयुक्त वन प्रबंधन सेल निर्माण अधिसूचना, 1938	• राज्य सरकार द्वारा किए जा रहे JFM के प्रभाव की निगरानी के लिए सेल निर्माण।
स्थायित्व सामुदायिक अधिसूचना, 1988	• गैर वन क्षेत्र से JFM के विस्तार के लिए JFM के सभी कार्यकारी पहलुओं पर परामर्श।
संदर्भ अधिसूचना की शर्तें, 1999	• JFM कार्यान्वयन के अनुभवों को आपस में बाँटने से प्रत्येक राज्य ने JFM पर अपनी स्थिरता पारित कर दी है। • JFM प्रोग्राम की निगरानी। • JFM में विभिन्न एजेंसियों को सम्मिलित करके इनके परामर्श के लिए राष्ट्रीय स्तर पर।
संयुक्त वन प्रबंधन नेटवर्क के लिए अधिसूचना, 2000	• 'JFM नेटवर्क' का निर्माण युक्ति के रूप में करना। (क्रियाविधि)। • सभी हितधारकों से प्रतिनिधियों का चयन। • JFM के कार्यान्वयन के लिए JFM नीति। • निर्देश और मुख्य स्तर पर मूलभूत सिद्धांत। • JFM समितियों को कानूनी समर्थन। • महिलाओं की भागीदारी और संघर्ष। • समाधान को बढ़ावा देने जैसे उपाय।
सुदृढ़ीकरण के लिए दिशानिर्देश संयुक्त वन प्रबंधन, 2000, 2002	• वन विभाग और जेएफएम समुदायों के मध्य समझौता ज्ञापन जिसमें छोटी और दीर्घकालीन भूमिकाओं और उत्तरदायित्वों एवं किसी स्थान का लाभ उठाने के रूप में व्यक्त किया गया है। • गैर लकड़ी वन उत्पादों के प्रबंधन के लिए क्षमता भवन उपयोगकर्ताओं के लिए लाभदायक मूल्य उपलब्ध करवाते हैं।

नीति निर्देश	मुख्य विशेषताएँ
	• स्थायी वन विकास के लिए राष्ट्रीय वनीकरण कार्यक्रम के व्यवस्थापन से निकटतम सहभागिता को बढ़ावा देते हैं। • वन विकास एजेंसियों और JFM समुदायों की द्विस्तरीय प्रणाली से केन्द्रीय आयोजित वनीकरण योजना के कार्यान्वयन से। • वन विकास एजेंसियों के माध्यम से JFM समितियों की निधि का अंतरण।

संयुक्त वन प्रबंधन का मजबूतीकरण (Strengthening Of Joint Forest Management)

कई नए मुद्दों को ध्यान में रखते हुए भारत सरकार ने राज्य सरकारों, सरकारी संगठनों तथा अन्य हितधारकों के साथ विचार-विमर्श करके देश में संयुक्त राष्ट्र निधि कार्यक्रम की समय-समय पर समीक्षा की है। इस प्रोग्राम को और मजबूत बनाने की स्थिति में निम्नलिखित सुझावों पर कार्रवाई करते हैं।

(क) संयुक्त वन प्रबंधन में समुदायों के लिए कानूनी क्रिया

i. वर्तमान में, JFM समुदाय विभिन्न राज्यों में विभिन्न नागों में स्थिरता की अभिपूर्ति के अनुसार संयुक्त निधि समितियों का पंजीकरण किया जा रहा है। कुछ राज्यों के अतिरिक्त, जहाँ अधिकतम राज्यों में संबद्ध अधिनियम को समुदायों के अंतर्गत पंजीकृत किया जाता है। यहाँ इन समुदायों के लिए कोई कानूनी बैकअप नहीं होता है। इसलिए यह आवश्यक है कि सभी राज्य सरकार, सोसायटी पंजीकरण अधिनियम, 1860 (Societies Registration Act, 1860) के अंतर्गत् JFM तथा ग्रामीण समुदायों को कानूनी बैकअप उपलब्ध करवाते हैं। यह 31 मार्च, 2000 तक पूर्ण हो चुका था। स्थित JFM समुदाय के कुछ निर्माण के पूर्ण होने पर कृपया इस मंत्रालय को सूचित किया जाए।

ii. यहाँ विभिन्न राज्यों में JFM समुदायों के लिए विभिन्न नामकरण किए जाते हैं। यह तभी बेहतर होगा जब ये समितियाँ सभी राज्यों में संयुक्त JFM समितियों के रूप में समान रूप से जाना जाता है। समझे जाने वाले ज्ञापन में विभिन्न कार्यों और क्षेत्रों के लिए स्पष्ट रूप से निर्धारित भूमिका और उत्तरदायित्वों के साथ ही राजस्थान सरकार और समुदायों के बीच बाँटकर स्पष्ट रूपेण निर्धारित किया जाना चाहिए। ग्रामीण समुदायों के सभी वयस्क JFM समुदाय के सदस्य बनने के लिए अर्हक (योग्य) होने चाहिए।

(ख) संयुक्त वन प्रबंधन कार्यक्रम में महिलाओं की भागीदारी

संयुक्त वन प्रबंधन कार्यक्रम में महिलाओं की भागीदारी के लिए अत्यधिक क्षमता और वास्तविक आवश्यकता के विचार से निम्नलिखित दिशा निर्देशों का सुझाव दिया गया है, ताकि संयुक्त वन प्रबंधन में महिलाओं की सार्थक भागीदारी को सुनिश्चित किया जा सके।

i. संयुक्त वन प्रबंधन में सामान्य निकाय के कम-से-कम 50% महिला सदस्य होनी चाहिए। सामान्य निकाय की बैठक के लिए, लगभग 50% महिला सदस्यों की उपस्थिति सामान्य निकाय की बैठक आयोजित करने के लिए पूर्व अपेक्षित होनी चाहिए।

ii. संयुक्त वन प्रबंधन कार्यकारिणी समिति/प्रबंधन समिति में कम-से-कम 33% सदस्यता महिला सदस्यों के मध्य की जानी चाहिए। ऐसी कार्यकारी/प्रबंधन समिति की आयोजित मीटिंग के लिए निर्दिष्ट संख्या, महिला कार्यकारिणी सदस्यों की एक-तिहाई या अधिक होनी चाहिए। पदवाहक पदों में से एक पद अध्यक्ष/उपाध्यक्ष/सचिव पर समिति की महिला सदस्यों में से एक महिला को चुना जाना चाहिए।

(ग) अच्छे वन क्षेत्रों में JFM का विस्तार (Extension of JFM in good Forest areas)

- संसाधन आयोजना और सामूहिक प्रबंधन के लिए गाँवों से दूरी और वनों पर निर्भरता JFM कार्यक्रम के संचालन के लिए अनुमति देने के लिए मुख्य मानदंड होने चाहिए।
- इस प्रकार, JFM प्रोग्राम में निम्न तथा अच्छे वन (संरक्षित क्षेत्र नेटवर्क के अतिरिक्त) दोनों को सम्मिलित किया जाता है। जानकारी की छोटी योजनाएँ और उपचार योजना एवं ज्ञापन, निम्न वनों एवं अच्छे वनों (शीर्षस्थ घनत्व 40% से अधिक) के लिए भिन्न होनी चाहिए।
- अच्छे वन क्षेत्रों में, JFM गतिविधियाँ NTFP प्रबंधन पर केन्द्रित होगी और कार्ययोजना में मूल निर्धारित वन वर्धकीय के एकीकृत होने की अनुमति नहीं देता है बल्कि पुनरुज्जीवन को बढ़ावा देने, विकास एवं NTFP पर सतत् फसल कटाई को प्रोत्साहित करते हैं, जिसमें JFM के अंतर्गत मुफ्त और सुविधाजनक दरों के रूप में निम्न क्षेत्रों में वनों को दिया जा सकता है।
- वनों के अच्छे क्षेत्रों के लिए लाभ सहभागिता क्रियाविधि की व्यवस्था भी सदैव ही भिन्न होती है। JFM समितियाँ, लकड़ी के लिए लाभ वितरण के योग्य होते हैं, केवल वे अच्छे वनों को न्यूनतम 10 वर्षों तक संतोषजनक रूप से संरक्षित कर लेते हैं और साझा प्रतिशत को अंतिम वन कटाई से अधिकतम 20% राजस्व तक ही सीमित रखा जाता है।
- वृक्षों की कटाई और लकड़ी की कटाई, कार्य योजना के अनुसार अभिपूर्ति की जाती है। अंतिम फसल कटाई से राजस्व की निश्चित प्रतिशत से वनों के प्रबंधन और शस्यवानिकी की पुन: तैयारी की जा सकती है।
- अच्छे वन क्षेत्रों की सीमा, ग्रामीण परिवारों की संख्या पर निर्भर करने की अनुमति देता है तथा इसे अधिकतम 100 ha की सीमा तक रखा जाएगा एवं सामान्यत: यह ग्राम सीमा सामान्यत: 2 km तक सीमित रहेगा।
- जहाँ तक संभव हो, निम्न वनों के लिए JFM, वनों की सीमा से 5 किमी. तक पहले संकेंद्रित क्षेत्र होने चाहिए।
- अच्छे वन क्षेत्रों में JFM का कार्यान्वयन क्रमबद्ध तरीके से प्राथमिक आधार पर किया जाता है।

- कुछ वर्षों के लिए प्रायौगिक क्षेत्रों पर निकटता से निगरानी रखी जा सकती है तथा इसकी सफलता प्रतिपुष्टि (feedback) पर निर्भर करता है एवं प्रोग्राम की सफलता अर्जित करने के आधार पर केन्द्र सरकार से परामर्श करके आगे बढ़ाया जा सकता है।
- अच्छे वनों को प्रायौगिक आधार पर अनुमति देने से पूर्व, उस स्थान के सभी निम्न वनों को एक साथ आवरित किया जाता है।

(घ) संयुक्त वन प्रबंधन में छोटी योजनाओं की तैयारी (Preparation of Micro Plan in JFM areas)

i. नई कार्ययोजना की स्थिति में छोटी योजनाओं के लिए व्यापक प्रावधानों को सम्मिलित करने के लिए एक JFM अतिव्यापी कार्यचक्र प्रदान किया जाना चाहिए। इन परिवर्तनीय दिशा-निर्देशों की प्राप्ति के लिए छोटी योजनाओं पर आधारित स्थानीय आवश्यकताओं की तैयारियों के लिए सम्मिलित किया जा सकता है। इस प्रयोजना के लिए, कार्य योजना अधिकारी JFM अतिव्यापन कार्यक्षेत्र के निर्धारण के निश्चयात्मकता के लिए उस जिले के DFO और CF के साथ एक-दूसरे के क्रमबद्ध कार्य करते हैं।

   PRA अभ्यास विवरण के बाद छोटी योजनाओं को वन अधिकारी तथा वन संरक्षण समितियों के द्वारा तैयार किए जा सकते हैं एवं समान स्थिरता की बैठक के लिए प्रावधान के अतिरिक्त स्थानीय समितियों की आवश्यकताओं के उपयोग एवं जीविका पर प्रकाश डालना चाहिए। इसे स्थानीय रूप से उपलब्ध ज्ञान का उपगोग करना चाहिए और स्थानीय संस्थानों को मजबूत बनाना चाहिए। उसे संयोजकों को NTFPs के बेहतर लाभ के लिए खाता विपणन संपर्क भी लेना चाहिए और स्थानीय उद्योगों/बाजारों की आवश्यकताओं को भी देखना चाहिए। वनों के संभाव्य उत्पादकता और पर्यावरणीय कार्य के ध्यान के कारण के साथ ही पूरा होना चाहिए और इसके साथ में संरक्षण और जैव विविध मान्यताओं की क्षमता को साथ में ले चलते हैं।

ii. जिन क्षेत्रों में वर्तमान कार्य योजनाएँ लागू हैं (भविष्य में उनके संशोधन तक) कार्य योजनाओं में सूक्ष्म योजनाओं को सम्मिलित करने के लिए, सूक्ष्म योजनाओं के कार्यान्वयन के लिए PCCFs के द्वारा एक विशेष क्रम जारी किया जा सकता है। इन क्षेत्रों में, छोटी योजनाओं का उद्देश्य बहु-उत्पाद तथा NTFP केन्द्रित दृष्टिकोण को सुनिश्चित करना होना चाहिए। वन-संवर्धन के मूल सिद्धांतों को परिवर्तित किए बिना, आवश्यकता पड़ने पर मौजूदा कार्य योजनाओं में विचलन को अनुमोदित किया जा सकता है। यह सुनिश्चित करने के लिए संबंधित DFO और CF को कार्य योजनाओं के साथ सूक्ष्म योजनाओं की आवश्यकताओं पूरा करना चाहिए।

iii. सूक्ष्म योजना में अधिसूचित वन क्षेत्रों, पूर्वोत्तर के जिला परिषद् के क्षेत्रों सहित सामुदायिक भूमियों और अन्य सरकारी क्षेत्रों में रोपा जाने वाले/लगाए जाने वाले क्षेत्रों के लिए उपयुक्त सलाह दी जानी चाहिए।

iv. सूक्ष्म योजना के अंतर्गत आधारभूत संरचना/पर्यावरण विकास के लिए संबंधित विकास एर्जेसियों के माध्यम से इसके निधियन के लिए अलग से एक इकाई बनाई जानी चाहिए।

(ङ) मतभेद समाधान (Conflict resolution)

JFM समितियों के कार्यकरण में मतभेद का समाधान करने की स्थिति में एवं JFM में भाग लेने वाले विभिन्न समूहों के मध्य सांमजस्य बनाए रखने के लिए राज्य सरकारें और राज्य स्तरीय प्रतिनिधि मंचों या कार्यदल का गठन कर सकती हैं। इस मंच/समूह में गैर सरकारी संगठनों सहित सभी हितधारकों के प्रतिनिधियों को सम्मिलित किया जाना चाहिए। इस प्रयोजन के लिए आंध्रप्रदेश द्वारा निर्धारित मॉडल उपयुक्त होने अनुकरणीय हैं।

(च) स्व-पहलकर्त्ता/स्व-शुरुआत/स्व-प्रारंभिक समूहों की मान्यता (Recognition of Self-initiated groups)

ओड़िशा, बिहार, गुजरात, आंध्र प्रदेश और कर्नाटक में कई स्थानों पर सामुदायिक समूह वनों की सुरक्षा और पुनरुद्धार के आवश्यक कार्यों को पूरा कर रहे हैं। इन समूहों की रिकॉर्ड तथा जाँच के उचित सत्यापन के बाद JFM समितियों के रूप में पहचानने, मान्यता प्राप्त और पंजीकरण करने की आवश्यकता होती है। संरक्षण और पुनरुत्थान के लिए किए गए अस्तित्व और कर्त्तव्यों की अवधि उन्हें दिए जाने वाले उचित मूल्यांकन और दिए जाने वाले उचित महत्त्व के आधार पर दिए जाने चाहिए ताकि वे JFM प्रोग्राम के तहत लाभ प्राप्त कर सके।

(छ) संसाधनों के पुनरुद्धार के लिए योगदान (Contribution for regneration of resources)

दीर्घकालिक संसाधनों को स्थिर बनाए रखने के लिए यह आवश्यक है कि अंतिम फसल कटाई से आय अर्जित को एक निश्चित प्रतिशत राशि बचाकर अगली जुताई/रोपाई की व्यवस्था की जानी चाहिए। इस प्रयोजन के लिए ग्राम समुदाय का 25% से भी कम हिस्सा ऐसी बिक्री से अपने हिस्से से संरक्षण और विकास को पूरा करने के लिए ग्राम विकास कोष में जमा किया जाना चाहिए। विभिन्न भागीदारों के बीच लाभ वितरण के लिए आय की गणना के लिए पारदर्शी तंत्र होने चाहिए।

(ज) निगरानी एवं मूल्यांकन (Monitoring and evalution)

डिविजन एवं राज्य स्तर पर इस प्रोग्राम की प्रगति और कार्य निष्पादन की समवर्ती निगरानी की जानी चाहिए। कार्यक्रम का मूल्यांकन डिविजन और राज्य स्तर पर क्रमश: 3 वर्ष और 5 वर्ष के अंतराल पर किया जाना चाहिए।

भारत में संयुक्त वन प्रबंधन की सफल कहानियाँ (Success Stories of JFM In India)

अ. अरबारी अनुभव (Arbari experience)

मिदनापुर वन डिविजन के अरबारी वन श्रेणी, पश्चिम बंगाल में प्राकृतिक वनों का पूरी तरह से क्षरण हो गया है। विशेष रूप से साल के वनों (Sal Forests) और उससे संबंधित प्राकृतिक वनों के पुनरुत्थान का स्थानीय लोगों ने इस क्षेत्र का दोहन किया है जिससे आनुवांशिक संसाधनों की हानि होती है। अत: वन प्रबंधन में भागीदारी की दृष्टिकोण से DFO श्री A.K. बनर्जी ने अरबारी में सबसे पहले शुरुआत की थी। उन्होंने इस दृष्टिकोण के लिए 1272 हैक्टेयर के वनों का सर्वेक्षण

किया है और स्थानीय निवासियों की सहभागिता से इस क्षेत्र के पौधारोपण के साथ सफलतापूर्वक स्थापना की है। सहभागी दृष्टिकोण के अंतर्गत गाँव, रोजगार सृजन गतिविधियों के साथ ही सभी प्रकार की मुफ्त दरों की गैर लकड़ी वन उत्पादों को उपलब्ध करवाते हैं। ये गाँवों को धान, चारा, घास, मक्का और मूंगफली उपजाने की अनुमति दी जाती है। ये वन संरक्षण समितियों की स्थापना करके वनों को संरक्षित करते हैं। इससे उत्कृष्ट सुरक्षा मिलती है और वनों का पुनरुत्थान किया जाता है जो देश में JFM के कार्यान्वयन का आधार है।

ब बेहरूंगुडा अनुभव (Behroonguda experience)

आंध्रप्रदेश में बेहरूंगुडा 77,000 उपग्रामों (ढाणियों, मजरों) और गाँवों में से एक है। गोंड और नैकपोड जनजाति के 97 परिवार 1990 में वन सुरक्षा दल बन गए, लेकिन राज्य सरकार ने 1993 में उनके प्रयासों को अधिकारिक तौर पर मान्यता दी। वर्ष 1998 में, वन संरक्षण समिति को मान्यता प्राप्त करने के पाँच वर्ष पश्चात् वनों से प्राप्त लाभ VSS-बेहरूंगुडा निवासियों को लाभ प्रदान किए जाते हैं। उन्होंने जो खर्च उठाये हैं एवं आंध्रप्रदेश में संयुक्त वन प्रबंधन (JFM) के हिस्से के रूप में आवंटित 500 हैक्टेयर निम्नतर वन की सुरक्षा से लाभ प्राप्त हुए हैं। VSS को व्यापक रूप से सफल माना जाता है।

विश्लेषणात्मक पद्धति मिश्रित टीक वन प्रणाली और मध्यप्रदेश की साल कोपिस वन प्रणाली प्रबंधन के समुदायों के केस अध्ययनों के लिए विकसित और लागू की गई है, विश्लेषणात्मक परिणाम दर्शाते हैं कि–

(i) संयुक्त वन प्रबंधन को वन प्रणालियों में आर्थिक लाभ देना ही काफी होता है,

(ii) यहाँ वनों के समुदायों से आय में वृद्धि हुई है, लेकिन वन विभागों को सैद्धांतिक नुकसान हुआ है,

(iii) गैर–काष्ठ वन उत्पाद (NTFPs) के संग्रहण से आय में कमी होने से समुदायों में आय पहले घटती है फिर भी काष्ठीय उत्पादों से प्रवाह उल्लेखनीय रूप से बढ़ जाता है, जिसे आंशिक रूप से साल कॉपिस प्रणाली में पूर्ति की जाती है;

(iv) संयुक्त वन प्रबंधन में लाभ सदैव ही समान रूप से वितरित नहीं किए जा सकते हैं, जिसके परिणामस्वरूप ईंधन की लकड़ी के संग्रहकर्ता और कुछ NTFPs की कमी हो जाती है, हालांकि सकल लाभ इस प्रकार की छोटी–मोटी हानि की क्षतिपूर्ति करने के लिए पर्याप्त होते हैं।

■ ■ ■

अध्याय **13**

डेंड्रो (वृक्ष) ऊर्जा स्त्रोत

(Dendro Energy Resources)

किसी भी राष्ट्र की वृद्धि और विकास का मूल्यांकन ऊर्जा के उत्पादन और उपभोग के आधार पर किया जाता है। हालांकि भारत सतत् ऊर्जा की माँग करते रहने वाला देश बना हुआ है, लेकिन अपनी ऊर्जा उत्पादन और आयात दोनों के माध्यम से आवश्यकता को संतुष्ट करता है। देश में प्रतिव्यक्ति बिजली की खपत चिंताजनक दर से बढ़ रही है। इस समय 50% से अधिक ऊर्जा उत्पादन कोयला जैसे जीवाश्म ईंधन से होता है और बढ़ती पर्यावरणीय समस्याओं के लिए यह एक मुख्य कारक है। इसलिए सरकार को उन अक्षय संसाधनों से ऊर्जा उत्पन्न करने का अधिदेश दिया गया है जो हरित और स्वच्छ है। पुन:उपयोगी संसाधनों के मध्य, डेंड्रो आधारित संभावित वृक्ष को महत्त्वपूर्ण आकर्षण प्राप्त हुआ है जिसके परिणामस्वरूप कार्बन न्यूट्रल प्रक्रिया के रूप में वर्गीकृत किया गया है। इसलिए इस अध्याय में डेंड्रो ऊर्जा स्त्रोतों को सम्मिलित किया जाता है और निम्नलिखित विषयों के साथ प्रस्तुत किया गया है।

- परिभाषा
- जैवभार में ऊर्जा उपयोग
- डेंड्रो जैवभार के स्त्रोत (कच्चे पदार्थ)
- जैवभार बिजली उत्पादन के प्रकार
- महत्त्वपूर्ण ऊर्जा प्रजातियों के थर्मो कैमिकल गुण
- डेंड्रो ऊर्जा के लाभ

जैव भार ऊर्जा (Biomass Energy)

जब जैव भार में, प्रकाश संश्लेषण के परिणामस्वरूप पौधों को उत्पादित किया जाता है, सूर्य प्रकाश की कुछ ऊर्जा को रासायनिक ऊर्जा में परिवर्तित किया जाता है जो कि कार्बोहाइड्रेट अणुओं से विभिन्न अणु बंध होते हैं। शाकाहारी (जंतु जो केवल पौधों को खाते हैं) पौधों को खाते हैं और ऊर्जा के उपयोग से अपना स्वयं का जैवभार बनाते हैं तथा इस ऊर्जा को पौधों के जैवभार में संग्रहीत करते हैं, माँसाहारी (पशु जो केवल अन्य पशुओं को खाते हैं) अन्य पशुओं के जैवभार को

संग्रहीत करते हैं तथा इस प्रक्रिया में अपना स्वयं का जैव भार बनाते हैं। जब पौधे या जंतु मृत होते हैं, तब तक उनके बायोमास में अभिग्रहीत ऊर्जा बनी रहती है जब तक कि बायोमास प्राकृतिक तंत्रों से नष्ट नहीं हो जाता या मनुष्य द्वारा प्रक्रियान्वित नहीं हो जाता है। जैव भार ऊर्जा, कार्बनिक पदार्थों में संगृहीत ऊर्जा का उपयोग करते हैं। यह ऊर्जा का सबसे पुराना बाहरी मानवीय स्त्रोत है, जो प्रागैतिहासिक युग में मानव का अग्नि पर पहला प्रयोग है। और बायोमास अभी भी विश्व की ऊर्जा प्रणाली का महत्त्वपूर्ण हिस्सा है, विकासशील देशों में परंपरागत जैव ईंधन कोयला, जलाऊ लकड़ी तथा पशुओं के गोबर का उपयोग विश्व की प्राथमिक ऊर्जा आपूर्ति का लगभग 10% होता है।

- बायोमास का उपयोग गर्मी और बिजली के उत्पादन में या संयुक्त बिजली और गर्मी (सी एच पी) संयंत्रों में किया जा सकता है।
- क्षमता में सुधार करने और दहन अवशेषों के निर्माण को कम करने के लिए जीवाश्म ईंधन के संयोजन में बायोमास का उपयोग किया जा सकता है।
- बायोमास में परिवहन ईंधन के स्त्रोत के रूप में पेट्रोलियम की जगह लेने की क्षमता होती है।
- जैव ईंधन का उपयोग ''अपशिष्ट से ऊर्जा'' परियोजनाओं में बिजली उत्पादन के लिए जीवाश्म ईंधन के साथ भी किया जाता है। यह विशिष्ट अनुप्रयोग है, जो बायोमास पर निर्भर करते हैं जिनमें कोई अन्य वाणिज्यिक मूल्य नहीं है और यह अनुप्रयोग के निकट होता है।

अक्षय जैव द्रव्यमान (Renewable Biomass)

प्रकाश संश्लेषण के माध्यम से स्थिर कार्बन के रूप में सौर ऊर्जा पर स्थिर बायोमास के उपयोग के प्रमुख प्रारंभिक चरण हैं :

$$CO_2 + H_2O + \text{प्रकाश} + \text{क्लोरोफिल} \rightarrow CH_2O + O_2$$

यह अत्यंत महत्त्वपूर्ण फोटो रासायनिक प्रक्रिया है क्योंकि पौधे वास्तविकता में इस सौर ऊर्जा को अभिग्रहण और भंडारित कर सकते हैं। इस भंडारित ऊर्जा का प्रयोग बाद में ईंधन के स्त्रोत के रूप में किया जा सकता है। बायोमास को जलाने से CO_2 वापस लौटती है जो पौधों के विकास के साथ-साथ वायुमंडल में अवशोषित रहे तो बायोमास को सामान्यतः CO_2 का शुद्ध निर्मोचन नहीं कहा जाता है। (जिसे कार्बन न्यूट्रल भी कहते हैं)। यह पूर्ण तरह से सच नहीं है क्योंकि यह कुछ ऊर्जा (एवं इसलिए CO_2 का पुन: निष्कर्षण) का उत्पादन, फसल कटाई और/या ईंधन/स्त्रोत के उपयोग के रूप में जैवभार का परिवहन होता है। हालांकि जैव ईंधन के उपयोग से CO_2 के उत्सर्जन में आमतौर पर जीवाश्म ईंधन का उपयोग करके उत्सर्जित हो सकते हैं। यह विस्थापन पूरी तरह से उस क्षमता पर निर्भर करेगा जिससे बायोमास ऊर्जा का उत्पादन और उपयोग किया जा सके।

कार्बन के अवशोषण और रिलीज़ दर कार्बन चक्र का एक महत्त्वपूर्ण हिस्सा है, जिसे नीचे दर्शाया गया है :

कार्बन चक्र (Carbon Cycle)

सभी जीवित प्राणियों (पौधों और पशुओं) में कार्बन परमाणु होते हैं। सामान्य परिस्थितियों में कार्बन यौगिक ठोस, द्रव और गैस हो सकते हैं। कार्बन परमाणु, जीवित जीवों, महासागरों,

वायुमंडल और ग्रहों की परत में लगातार घूमते रहते हैं। प्रकाश संश्लेषण (प्राथमिक उत्पादन कहा जाना) के दौरान पौधे CO_2 को अवशोषित करते हैं और CO_2 के वापिस श्वसन के दौरान वातावरण में निर्मोचन करते हैं। महासागरों तथा वातावरण के मध्य पाये जाने वाले CO_2 का मुख्य स्थानांतरण होता है। प्रकाश संश्लेषण में समुद्री जीवों के द्वारा महासागरों में CO_2 का विलयन होता है। इस प्रकार की गतिविधि को कार्बन चक्र कहा जाता है। इस चक्र के माध्यम से कार्बन परमाणु के पथ अत्यंत जटिल होते हैं, और इस चक्र को पूरा करने में लाखों वर्ष लग जाते हैं।

बायोमास में ऊर्जा का उपयोग (Use of The Energy in Biomass)

यहाँ जैव ईंधन में ऊर्जा के लिए कई प्रकार के उपयोग होते हैं, जिसमें मौलिक जैविक क्रिया, प्रत्यक्ष दहन और कोयला, तरल ईंधन या गैसीय ईंधन का उत्पादन सम्मिलित है।

(अ) मौलिक जीवन प्रक्रिया के लिए उपयोग (Use for Basic Life Functions)

सभी जानवरों और मनुष्यों के जीवन कार्यों के लिए हम बायोमास से अच्छी तरह से परिचित हैं। हम जो भी भोजन खाते हैं उसमें बायोमास होता है, चाहे वह सब्जी, जानवर या उससे उत्पन्न उत्पाद हो। इन खाद्य पदार्थों में ऊर्जा वह है जो सभी जीवों में जीवन को कायम रखती है। खाद्य और ऊर्जा उत्पादन के लिए बायोमास के प्रतिस्पर्धात्मक उपयोग के बारे में पर्याप्त विचार विमर्श हुआ है।

(ब) बायोमास का प्रत्यक्ष दहन (Direct Combusion Of Biomass)

अधिकतम बायोमास ठोस रूप में होता है और इसे जलाया जा सकता है (हवा में ऑक्सीजन के साथ दहनशील) दहन प्रक्रिया के परिणामस्वरूप ऊष्मा (थर्मल ऊर्जा) उत्पन्न होती है जैसे कि जला हुआ कोयला ऊष्मा प्रदान करता है। जैव ईंधन के जलने से उत्पन्न ऊष्मा का उपयोग जगह गर्म करने (*उदाहरण*- भवनों को गर्म करने), भोजन पकाने के लिए और पानी गर्म करने के लिए होता है। इसका उपयोग पानी को गर्म करके भाप उत्पन्न करने के लिए भी किया जा सकता है, जिसमें इसका उपयोग टर्बाइन तथा इलैक्ट्रिक जनरेटर को चलाकर बिजली उत्पादन में किया जाता है जैसे कि कोयले का उपयोग अग्निशमक कोयले के पावर प्लांट में बिजली उत्पादन के लिए किया जाता है। जलाने से पूर्व बायोमास की प्रक्रिया की विशिष्ट मात्रा की आवश्यकता होती है (उदा. छोटा करने, सुखाने और आकार कम करने में)। भट्टी में कोयला और अन्य प्रकार के ईंधन को मिश्रित किया जा सकता है।

(स) बायोमास और दहन से कोयले का उत्पादन (Charcoal Production from Biomass and Combustion)

पानी (आर्द्रता) के अतिरिक्त लकड़ी में सामान्यत: ऐसे रसायन पाये जाते हैं जिसमें पानी को गर्म करने पर सभी कैमिकल वाष्पित हो जाते हैं। हवा में लकड़ी के दहन के दौरान अधिकांश वाष्पित पदार्थों का ऑक्सीकरण हो जाता है और दहन की प्रक्रिया में उत्सर्जित होने वाली ऊर्जा में वृद्धि करते हैं। हालांकि जब लकड़ी को हवा और ऑक्सीजन की अनुपस्थिति में गर्म किया जाता है तो वाष्पित पदार्थ को लकड़ी में से निकाल लिया जाता है, जिसे ताप-अपघटन (pyrolysis) प्रक्रिया कहा जाता है तथा शेष बचे पदार्थ को चारकोल/कोयला कहा जाता है। यह कार्बन लगभग

शुद्ध कार्बन होता है, जिसमें मूल लकड़ी के रूप में प्रति इकाई द्रव्यमान में लगभग दुगुनी ऊर्जा होती है। इसलिए यह लकड़ी से भी अधिक तापमान पर जल सकता है। हालांकि 1 किग्रा. कोयला बनाने में 4 से 10 किलोग्राम लकड़ी का उपयोग होता है। इसके अतिरिक्त यदि ताप अपघटन के दौरान यदि वाष्पशील गैसों को हटाया जाता है तो वे ग्रीन हाऊस गैस उत्सर्जन में योगदान देते हैं।

(द) बायोमास से द्रव ईंधन का उत्पादन (Production Of Liquid Fuels From Biomass)

बायोमास से उत्पन्न तरल ईंधन का उपयोग गैसोलीन या डीजल ईंधन के विकल्पी तौर पर क्रूड ऑयल संसाधनों के विस्तार हेतु किया जाता है। हालांकि गैसोलीन जैसे तरल ईंधन को बायोमास से बनाने के कई तरीके हैं, अधिकांश सामान्य गैसोलीन का प्रमुख विकल्प इथेनॉल ही होता है। सामान्य डीजल का विकल्प जैव डीजल है। बायोमास से उत्पन्न इथेनॉल तथा जैव डीजल की चर्चा नीचे की गई है।

बायोमास से इथेनॉल का उत्पादन (Ethanol Production From Biomass)

बायोमास से इथेनॉल उत्पादन की सबसे सामान्य विधि को किण्वन नाम से जाना जाता है, जो एक अवायवीय जैविक प्रक्रिया है, जिसमें यीस्ट जैसे सूक्ष्मजीवों द्वारा शर्करा को एल्कोहॉल में परिवर्तित किया जाता है। किण्वन एक ऐसी तकनीक है जिसका उपयोग कई सदियों से बीयर और वाइन बनाने में किया जाता है। इस प्रक्रिया में शर्करा की आवश्यकता होती है। यदि प्रारंभिक बायोमास में निहित कार्बोहाइड्रेट स्टार्च है, जैसे कि अनाज में पाए जाते हैं, तो स्टार्च युक्त पदार्थ को सबसे पहले शर्करा में बदलना होता है। संयोजी गैसोलीन के लिए ईथेनॉल बनाने के लिए संयुक्त राज्य अमेरिका में सबसे अधिक उपयोग होने वाली फसल धान है, जबकि ब्राजील जैसे उष्ण कटिबंधीय देशों में पसंद की फ़सल गन्ना है। एक आकलन है कि लीटर प्रति किलो (L/kg) बायोमास के प्रति यूनिट द्रव्यमान का उत्पादन इथेनॉल की मात्रा गन्ने के लिए 0.07 तक, लकड़ी के लिए 0.16 और अनाज के लिए 0.36 से भिन्न होती है। वार्षिक उपज प्रति इकाई भूमि क्षेत्र एक स्थान से दूसरे स्थान पर अलग-अलग होता है, लेकिन सामान्यत: गन्ने के लिए लगभग 400 से 12,000 लीटर प्रति हैक्टेयर प्रति वर्ष तक होती है, लकड़ी के लिए 160 से 4,000 एल/हैक्टेयर/वर्ष तक होती है और मक्का के लिए यह 250 से 2,000 लीटर प्रति हैक्टेयर प्रति वर्ष तक होती है।

बायोमास से जैवडीजल उत्पादन (Biodiesel production From Biomass)

सामान्यत: जैवडीजल का उत्पादन वनस्पति तेल, पशु, वसा या घास से होता है। इस प्रक्रिया में उत्प्रेरक और एल्कोहॉल का उपयोग सम्मिलित है। उत्प्रेरक सामान्यत: सोडियम हाइड्रोक्साइड और पोटेशियम हाइड्रोक्साइड होता है, जिसमे मिथाइल अल्कोहल विघटित होता है। बायोडीजल बनाने के लिए किसी भी प्रकार का वनस्पति तेल या खाना पकाने के तेल का उपयोग किया जा सकता है; सोयाबीन तेल से सबसे अच्छा बायोडीजल बनाया जा सकता है। शैवाल से बायोडीजल का उत्पादन अभी प्रायोगिक चरण में है। सोयाबीन और अन्य बीज फसलों की तुलना में शैवाल 10 से 100 गुना अधिक बायोडीजल के उत्पादन की अपेक्षा रखता है। बायोडीजल को प्राय: पेट्रोलियम डीजल के साथ 2% से 20% के अनुपात में मिलाया जाता है। इसे शुद्ध बायोडीजल के

रूप में भी उपयोग किया जा सकता है। जैव डीजल ईंधन का उपयोग इंजनों को बदले बिना नियमित रूप से डीजल वाहनों में किया जा सकता है। विद्यमान डीजल टैंक और उपकरण के उपयोग द्वारा भी इन्हें संग्रहीत व परिवहन किया जा सकता है।

(य) बायोमास से गैसीय ईंधन का उत्पादन (Production Of Gaseous Fuels From Biomass)

यह अच्छी तरह से ज्ञात है कि कार्बनिक पदार्थ का अवायवीय पाचन कार्बनिक गैस, अधिकतम मीथेन उत्पन्न करता है। प्राकृतिक प्रक्रिया का उदाहरण है कि नगर के लैंडफिल में विभिन्न सामग्री लैंडफिल (अपशिष्ट भराव क्षेत्र) है। बायोमास को बायोगैस के अंतर्गत नियंत्रित स्थितियों में भी रूपांतरित किया जा सकता है। इस उद्देश्य के लिए प्रयुक्त कार्बनिक पदार्थ अक्सर ही पशुओं के अपव्यय के लिए उपयोग होता है जैसे कि खाद/अवायवीय पाचन मूलत: ऑक्सीजन की अनुपस्थिति में जीवाणु द्वारा की जाने वाली जैविक प्रक्रिया है। बायोगैस का उत्पादन ठोस बायोगैस से रासायनिक रूप में भी किया जा सकता है। जैसे कि शहर (या कोयला) गैस का उत्पादन कोयले से होता है। बायोगैस का उपयोग प्राकृतिक गैस के समान कई उपयोगों में किया जा सकता है जैसे खाना पकाने, कमरों के ऊष्मीकरण, औद्योगिक ताप और बिजली उत्पादन।

वृक्षविज्ञान (डेंड्रो) जैवभार के स्त्रोत (कच्चे पदार्थ) (Sources Of Dendro Biomass) (Raw Materials)

जैव ईंधन के उत्पादन में प्रयुक्त होने वाले कच्चे पदार्थ देशभर में व्यापक रूप से उपलब्ध हैं तथा विभिन्न स्त्रोतों की बड़ी संख्या में आते हैं और विभिन्न रूपों में आते हैं। इन सभी रूपों का उपयोग ईंधन उत्पादन के लिए किया जा सकता है, हालांकि सभी ऊर्जा परिवर्तन की प्रौद्योगिकियाँ बायोमास के सभी रूपों के लिए उपयुक्त नहीं होती हैं। अकेले वानिकी क्षेत्र से ही बायोमास का स्त्रोत की आपूर्ति की जाती है।

अ. लकड़ी तथा लकड़ी के अवशेष (Wood and wood residues)

लकड़ी में लकड़ी तथा अन्य उत्पाद होते हैं जैसे कि छाल तथा बुरादा, जिसमें कोई रासायनिक उपचार तथा समापन नहीं होता है। लकड़ी कई स्त्रोतों से प्राप्त की जा सकती है जो इसकी रासायनिक एवं भौतिकी विशेषताओं को प्रभावित कर सकते हैं। लिग्नोसेल्यूलोसिक लकड़ी अनेक ऊर्जा अनुप्रयोगों के लिए उपयुक्त है। इसे स्केल की एक सीमा पर गर्मी और/या बिजली के लिए जलाया जा सकता है। नई दूसरी पीढ़ी की प्रौद्योगिकियों का विकास किया जा रहा है, जो लिग्नोसेल्यूलोसिक लकड़ी से तरल या गैसीय परिवहन जैव ईंधन की एक शृंखला का उत्पादन करने में सक्षम होता है।

i. छाल (Bark)

छाल को चीरकर (saw logs) हटाया जा सकता है और लकड़ी के संसाधन के अवशेष के रूप में उपलब्ध हो सकता है। सामान्यत: छाल में अधिक मात्रा में खनिज होते हैं और इसके फलस्वरूप उसमें राख और दहन की विधियों में कमी आ जाती है। हालांकि, यह अपने उत्पाद के

पास ही गर्मी उत्पन्न करने के लिए उपयुक्त ईंधन हो सकता है जैसे कि आरा चक्की पर शुष्क भट्टों को फायर करना। राख में खनिजों की मात्रा अधिक होती है और इसके परिणामस्वरूप इसे मिट्टी के उर्वरक के रूप में उपयोग किया जा सकता है।

ii. लॉग्स (Logs)

छोटी गोलाकार लकड़ी (SRW) को सामान्यत: लॉग्स में काटा जा सकता है। यह निष्कर्षण और देखभाल की आसानी और सुखाने में सहायता के लिए वन क्षेत्र में ही किया जा सकता है, इसमें समान आकार के 2–3 मीटर लंबाई के लॉग्स की कटाई सम्मिलित है।

iii. बुरादा (Sawdust)

बुरादा सामान्यत: लकड़ी के प्रौद्योगिकी और विनिर्माण के सह–उत्पाद उपलब्ध हो सकते हैं। यह उच्च नमी सामग्री का हो सकता है, जैसे कि आरा चक्की में हरी लकड़ी को काटना, या फर्नीचर निर्माण में लकड़ी को शुष्क करना। इसका अधिक घनत्व लकड़ी की मात्रा का 30% हो सकता है, और यदि बहुत सूखा हो तो भी ऊर्जा घनत्व कम हो सकता है, परंतु यह इतना अधिक सतही क्षेत्र मात्रा के अनुपात में प्रस्तुत करता है। और कुछ दहन तथा गैसीकरण प्रणालियों में जलाये जाने के लिए उपयुक्त होता है। बुरादा विशेष रूप से शुष्क चूरा, गुटिका की प्रक्रिया के लिए विशेष रूप से उपयुक्त है।

iv. लकड़ी के टुकड़े (Wood chips)

हालांकि लॉग्स को स्टैक (stack) के दौरान आसानी से परिवहन या संग्रहीत किया जा सकता है, लॉग पाइल अच्छी शुष्कता को अनुमति वायु–मार्ग (air-passage) देता है, यह स्वचालित प्रबंधन और फीडिंग के लिए अधिक सुविधाजनक नहीं होते हैं। मात्रा अनुपात में अपेक्षाकृत छोटा सतही क्षेत्र कुशल दहन तथा गैसीकरण के लिए उचित नहीं माना जाता है। वुड चिप्स सामान्यत: समान ईंधन के रूप में होते हैं, जिसका प्रवाह हो सकता है और इसे वाष्पित, गैसीय और अन्य रूपांतरित प्रणाली, ऑगर फीड और रूपांतरक (conveyor) के उपयोग के लिए नियमित ईंधन के रूप में जलाया जा सकता है। अधिक सतही क्षेत्र से मात्रा अनुपात के साथ ही इसे पर्याप्त रूप से जलाया जा सकता है। वुड चिप्स, ठोस लकड़ी की 50% अधिक ऊर्जा घनत्वता हो सकती है।

v. वुड पेलेट और ब्रीकेट (Wood pellets and briquettes)

वुड पेलेट का निर्माण उच्च दबाव के अंतर्गत शुष्क बुरादे के संपीडन से होता है और इन्हें मृत होने से निष्कासित कर दिया जाता है। निम्न स्तर के योजक पदार्थ को जोड़कर सम्मिलित किया जाता है, जैसे कि स्टार्च। इनमें से कुछ में भाप के अतिरिक्त और कुछ भी प्रयोग नहीं होता है। वुड पेलेट शुष्क, स्वच्छ, यांत्रिकी रूप से मजबूत होते हैं तथा उसमें उपयुक्त मानक के अनुसार राख की सामग्री होती है, इसमें क्लोरीन सामग्री जैसे अन्य तत्त्वों को परिभाषित किया जा सकता है। ब्रिक्वेट सामान्यत: वुड पेलेट के समान होते हैं जिसका आकार भौतिकी रूप से अधिक होता है। आकार भिन्न–भिन्न होता है, लेकिन ब्रिक्वेट व्यास में 50मिमी. से 100मिमी.+ भिन्न होता है। सामान्यत: ब्रिक्वेट का आकार 60मिमी. से 150मिमी. लंबाई के मध्य होता है।

vi. वृक्षारोपण से वृक्ष (Wood from plantations)

निजी एवं राज्य के स्व-वन एवं वृक्षारोपण से लकड़ियों को सम्मिलित किया जाता है। वन कटाई के अनुसार, लकड़ी में कई प्रकार होते हैं, एवं कई प्रकार के भौतिकी आकार होते हैं। फसल कटाई के अतिरिक्त, पूर्व प्रौद्योगिकी के कुछ स्तर की आवश्यकता होती है। परिवहन और भंडारण भी आवश्यक होता है।

(ब) लकड़ी बनाने में औद्योगिक सह-उत्पाद (Wood processing industry co-products)

काष्ठ संसाधन उद्योग जैसे कि चीरघर और इमारती लकड़ी के व्यापारिक शुद्ध लकड़ी के स्त्रोतों में से यह कटी हुई लकड़ी, छाल और बुरादे के रूप में होती है। बहुत से परिवहन, पूर्व संसाधित एवं भंडारण, मुद्दों, रोपण उत्पादों के लिए समान होते हैं, हालांकि ये पदार्थ रोपण और विषमता उत्पादों से विभिन्न रूपों में प्राप्त किया जा सकता है।

यहाँ विभिन्न विशेषताओं के साथ ही कई प्रकार के निष्कर्ष निकलते हैं :

- चीरघर के कटाव पर छाल के उच्च अनुपात को सम्मिलित किया जा सकता है।
- कुछ सामग्री को अत्यंत कम नमी सामग्री के साथ भट्ठी में सुखाया जा सकता है जिससे यह संभवत: वुड पेलेट बनाने या उच्च नमी सामग्री के साथ सम्मिश्रित होने के लिए बहुत उपयुक्त हो सकता है।
- प्रोसेसिंग की विभिन्न अवस्थाओं में काफी किस्म की नमी मात्रा में बुरादा देखा जा सकता हैं और फिर वुड पेलेट बनाने के लिए सुखे काष्ठ चूर्ण बहुत उपयुक्त हो सकते हैं।

जैव भार विद्युत उत्पादन के प्रकार (Types of Biomass Power generation)

पावर से बायोमास के लिए तीन प्रमुख प्रकार हैं : दहन, गैसीकरण एवं अवायवीय पाचन। दहन को आसानी से समझा जा सकता है; कोयले और अन्य जीवाश्म ईंधन के अतिरिक्त, टरबाइन चलाने में जैवभार का उपयोग भाप उत्पन्न करने में होता है। पावर के लिए जैवभार का दहन, किसी के साथ जलने/सह फायरिंग (जब यह कोयले के साथ जलता है) और दहन आधारित जैवभार की शुद्ध भूमिका, दोनों के रूप में होती है। गैसीकरण की स्थिति में, बायोमास को सबसे पहले गैसीकृत करते हैं और यह गैस, गैसीय इंजन में पावर उत्पन्न करती है।

अवायवीय पाचन को सामान्यत: बायोमास में लागू किया जाता है और विशिष्ट रूप से उनमें पानी की उच्च मात्रा होती है (अवायवीय पाचन का उपयोग सामान्यत: कार्बनिक अपशिष्ट के उपचार में होता है जैसे कि रसोई अपशिष्ट और गंदे अपशिष्ट को ऊर्जा में उपचारित किया जाता है।) इस मार्ग के तहत अवायवीय (वायु की अनुपस्थिति) परिस्थिति के अंतर्गत जैवभार में उपस्थित कार्बनिक पदार्थ पर सूक्ष्मजीव (microorganisms) पर कार्य करते हैं, एवं इसे बायोगैस में परिवर्तित किया जाता है। जैव भार आधारित पावर के लिए आने वाला मार्ग ताप-विघटन (pyrolysis) होता है। इसमें बायोमास वायु की अनुपस्थिति में 450-600°C पर तेजी से गर्म किया जाता है और इसके परिणाम में जैव-ऑयल को ताप-विघटन ऑयल कहा जाता है, जिसमें इसका उपयोग भट्टी को जलाने के लिए किया जाता है। 50-75% (भार द्वारा) कच्चे माल को ताप अपघटन ऑयल में रूपांतरित किया जाता है।

(अ) दहन (Combustion)

- विशेष रूप से यह 5MW से ऊपर कार्य करता है।
- अच्छे से स्थापित तकनीकी, नियमित रैंकिन चक्र पर कार्य करती है।
- भारत में क्षमता उत्पादन पर आधारित बायोमास के लिए स्थापित क्षमता को 85% से अधिक सम्मिलित किया जाता है (बायोमास सह-उत्पादन के निष्कर्षण)।
- बायोमास के अधिकांश प्रकारों के लिए अच्छे से कार्य करते हैं।

i. सह-फायरिंग (Co-firing)

शक्ति उत्पादन के आधार पर यह दहन का उपवर्ग है। कोयले के साथ ही सह-फायरिंग के लिए कुछ आधुनिक कोयला जलाने के पावर प्लांट में किया जाता है। यह काफी कुशल, किफ़ायती लागत एवं आवश्यक मध्यम योगात्मक पूँजी होती है। सामान्यत: बायोमास का कुशल दहन, कोयले के समान संस्थापन की तुलना में 10 प्रतिशत निम्न बिंदु पर हो सकता है, लेकिन बड़े पैमानें पर कोयला संयंत्र में निपुण सह-फायरिंग (35%-45%) जैव भार समर्पित संयंत्र की कुशलता से उच्च होती है। 5-10% जैवभार के सह दहन की स्थिति में (ऊर्जा संदर्भ में) हैंडलिंग उपकरण में केवल निम्न परिवर्तन किये जा सकते हैं और भट्टी को स्पष्ट रूप से अलग नहीं किया जा सकता है। 10% से अधिक बायोमास या यदि बायोमास और कोयले को अलग से जलाया जाता है तो मिलों, बर्नर और ड्रायर में बदलाव की आवश्यकता होती है। कई देशों (उत्तरी यूरोप, संयुक्त राज्य अमेरिका और ऑस्ट्रेलिया) में विभिन्न फीडस्टॉक (लकड़ी के बायोमास, अपशेष और फसलों) का उपयोग करते हुए कई देशों (उत्तरी यूरोप, संयुक्त राज्य अमेरिका और ऑस्ट्रेलिया) में कई सह-फायरिंग प्रौद्योगिकी विकल्प दर्शाए गए हैं।

संयत्र संचालन और उत्सर्जन पर सह-फायरिंग के प्रभाव (Effects of Co-firing on plant Operations and Emissions)

सह-फायरिंग के पास उत्सर्जन तथा संयंत्र संचालन के कई प्रभाव हैं : कोयले की तुलना में बायोमास नाइट्रोजन तथा सल्फर के निम्नीकरण के कारण सामान्यत: सकारात्मक प्रभाव में *SOX* तथा NO*X* उत्सर्जन में सामान्यत: कमी आती है। इसके अतिरिक्त, बायोमास राख में क्षार घटकों से SO*X* हटाने का प्रभाव हो सकता है। चूंकि जैवभार की मात्रा अधिक वाष्पशील होती है, कोयला से NO*X* में कमी के लिए इसका उपयोग सदैव ही ईंधन को पुन: जलाने के लिए हो सकता है। चूंकि जैवभार की मात्रा अधिक वाष्पशील होती है, कोयला में कमी के लिए इसका उपयोग सदैव ही ईंधन को पुन: जलाने के लिए होता है, जो कि NO*X* उत्सर्जन की महत्त्वपूर्ण कमी की संभावना अधिक होती है। सह-फायरिंग का नकारात्मक प्रभाव है, बायोमास पूर्व उपचार तथा भट्टी के रेट्रोफीटिंग के लिए अतिरिक्त निवेश लागत और बिजली की दक्षता में संभावित कमी (यदि उच्च ताप संक्षारण के कारण सुपरहीटर के तापमान को कम करना) होती है। SCR उत्प्रेरक की क्षमता की विषाक्तता के अतिरिक्त विद्युतस्थैतिक अवृक्षेपक की दक्षता को कम किया जा सकता है। इसके अतिरिक्त राख के उपयोगीकरण और फ्लू गैस सफाई प्रणाली (विशेष रूप से De-SO*X* के संस्थापन) को माना जा सकता है, जब सह-फायरिंग बायोमास हो। राख की गुणवत्ता पर क्षार

धातुओं से नकारात्मक प्रभाव हो सकता है और क्लोरीन बायोमास में हो सकता है। इसके अतिरिक्त बिना जली कार्बन की सामग्री भी आगे बढ़ सकती है।

ii. सह–उत्पादन (Cogeneration)

जब खोई का उपयोग चीनी मिलों में बॉयलर में वाष्प उत्पादन के कच्चे माल के रूप में भी किया जाता है तो इसका मुख्य उत्प्रेरण हीटिंग होता है और इस प्रकार विद्युत उत्पादन केवल एक सहायक लाभ है (यही कारण है कि ताप और विद्युत दोनों सह–उत्पादन के प्रकार हैं।) इसके परिणामस्वरूप विद्युत उत्पादन की क्षमता का निर्धारण ताप आवश्यकताओं पर आधारित होता है। इस प्रकार, गन्ने के मौसम में, इन मिलों में पर्याप्त खोई का उपयोग ताप और विद्युत उत्पादन दोनों के लिए किया जा सकता है। बिना मौसम के गन्ने के दौरान, बिजली उत्पादन के लिए कोयले का उपयोग किया जाता है, क्योंकि इसमें गर्म करने की कोई आवश्यकता नहीं होती है।

(ब) गैसीकरण (Gasification)

दहन की स्थिति में, बायोमास को भाप उत्पन्न करने के लिए जलाया जाता है, जिसमें पावर उत्पादन के लिए टरबाइन चलाया जाता है। गैसीकरण के मामले में गैसीकारक में बायोमास को मिश्रण में गैसीकृत किया जाता है। इस गैस को एक ऐसे इंजन में लिया जाता है जो पॉवर उत्पादन करते हैं। जैवभार गैसीकरण बायोमास के अपूर्ण दहन को संदर्भित करता है, जिसके परिणामस्वरूप कार्बन मोनोक्साइड (CO), हाइड्रोजन (H_2) एवं मीथेन (CH_4) के अवशेष से बनी ज्वलनशील गैसों का उत्पादन होता है। इस मिश्रण को गैस उत्पादक कहा जाता है। उत्पादित गैस का प्रयोग पावर उत्पादन के लिए इंजन के आंतरिक दहन (संपीढ़न और स्पार्क ज्वलन दोनों) को चलाने के लिए होता है, या सीधे ताप अनुप्रयोगों में फर्नेस (भट्ठी) ऑयल के संस्थापन के रूप में उपयोग होता है। वर्तमान तकनीक के साथ ही, गैसीफायर कम पैमाने पर कार्य करता है जैसे कि निम्न पैमाने पर 20KW तथा 2MW पर अच्छे से कार्य करता है। इस तकनीक का उपयोग गैसीकृत और गैस इंजन के दहन के लिए होता है। कई वर्षों से यह तकनीक प्रचलन में है, लेकिन यह अभी प्रचलन में है। वर्तमान में, भारत में 125 मेगावाट से कम संचयी संस्थापित क्षमता (कुल बायोमास पावर में 15% से कम बायोमास सह–उत्पादन सह–उत्पादन को छोड़कर) होती है। वुडी बायोमास के लिए यह सबसे अच्छा काम करते हैं, लेकिन नवीनतम गैसीफायर काफी हद तक गैरवुडी (उचित बायोमास सहित) के साथ कार्य करता है।

बायोमास गैसीफायर (Gasifier) एक भट्ठी है जो कि निम्न ऑक्सीजन को बायोमास में गर्म करने ईंधन गैस को पर्यावरण से उत्पादित करना जो कि प्राकृतिक गैस के आधे (one fifth) से 1½ (one half) (प्रक्रिया परिस्थिति पर आधारित) को रखते हैं। गैसीफायर से उत्पादित गैस से उच्च प्रभावित उपकरण चलते हैं जैसे कि जैनसेट टरबाइन और उत्पादित बिजली के ईंधन सेल।

गैस इंजन (Gas engines)

गैस इंजन का उपयोग गैस से उत्पादित पावर से गैसीकरण पावर यंत्र चलाने में होता है। इन इंजनों की उचित कार्यक्षमता होती है। उत्पादित गैस अन्य गैसों की तुलना में (प्राकृतिक गैस 17:1) कम हवा का ईंधन अनुपात (1:3:1) होता है। इसलिए इंजन को उत्पादित गैस और

प्राकृतिक गैस के लिए एक अलग से कार्ब्यूटर के साथ संचालित किया जाना चाहिए। उत्पन्न गैस को ऐसे इंजन में भी चलाया जा सकता है जिसका संपीड़न अनुपात उच्चतर होता है। उत्पन्न गैस के इंजनों की दक्षता कम होती है और ये सस्ते होते हैं। इन इंजनों की दक्षता 30% से अधिक होती है।

पावर निष्क्रमण प्रणाली (Power Evacuation System)

उपयुक्त निष्क्रमण प्रणाली को ग्रिड (यदि ग्रिड संयुग्मित हो) से विद्युत संचरण के क्रम के वितरण की आवश्यकता होती है या ऐसा स्थान जहाँ इसकी आवश्यकता से (यदि वह संयुग्मित हो)।

जैव भार ऊर्जा के फायदे (Advantages Of Biomass Energy)

जैव ईंधन की ऊर्जा का उपयोग अक्षय ऊर्जा के अन्य रूपों की तुलना में कई लाभदायक है और यह हमारे देश की ऊर्जा रणनीति का एक महत्त्वपूर्ण घटक है। बायोमास अनेक प्रकार से शक्ति (power) का एक नया स्त्रोत है। जबकि लकड़ी हमेशा अग्नि, ओवन और पारंपरिक ताप विधियों के लिए ईंधन के स्त्रोत के रूप में करती है, बायोमास ऊर्जा के कई फायदे आगे होते हैं। अब इन बायोमास ईंधन उत्पादों की कटाई की जा सकती है और बड़े पैमाने पर उत्पादन किया जाता है और इंजन से लेकर पावर संयंत्रों तक इसका उपयोग किया जाता है।

बायोमास ऊर्जा के साथ अन्य ऊर्जा स्रोतों की तुलना (Comparison of Biomass energy with other energy sources)

विवरण	जैवभार	सोलर	कोयला/गैस	परमाणु	वायु
Dispatchable/Baseload	√		√	√	
Availability	90%	15%	90%	90%	20%
Proven Technology	√	√	√	√	√
Cost-Effective	√		√	?	
Green	√	√			√

स्वच्छ ऊर्जा (Clean Energy)

संबंधित स्वच्छ उपयोग के कारण, जैवभार ऊर्जा का उपयोग वाणिज्यिक उद्योगों में होता है जैसे हवाई यात्रा, कुछ देशों जैसे संयुक्त राज्य अमेरिका में जमा कर में छूट। यह पर्यावरण तथा व्यापार के लिए अच्छा होता है। यह कार्बन डाइ ऑक्साइड को छोड़ती है, लेकिन स्वयं की वृद्धि के लिए जीवाश्म ईंधन से निकलने वाली कार्बन डाइ ऑक्साइड वायुमंडल में छोड़ दी जाती है। जो कि पर्यावरण के लिए हानिकारक है। इसे जमा रखती है।

प्रचुरता एवं नवीनीकरण (Abundant and Renewable)

जैवभार उत्पाद प्रचुर एवं नवीनीकृत होते हैं। इसलिए ये जीवित स्त्रोतों से आते हैं, और इनका जीवन चक्रिक होता है, ये उत्पाद संभवत: कभी खत्म नहीं होते हैं, इसके तहत यहाँ कुछ यौगिक पृथ्वी पर रहते हैं और यहाँ कुछ जीवित वस्तुओं को यौगिक से बदला जा सकता है और अपशिष्ट पदार्थों को ऊर्जा में बदला जा सकता है। संयुक्त राज्य अमेरिका में, जैवभार ईंधन का निर्माण

पुन:चक्रिक चिकन ड्रॉपिंग से होता है। संयुक्त राज्य अमेरिका और रूस में, यहाँ लकड़ी के लिए प्रचुर वन का उपयोग बायोमास ऊर्जा के उत्पादन के लिए होता है।

जीवाश्म ईंधन पर निर्भरता की कमी (Reduce Dependency on Fossil Fuels)

कई गृह मालिकों के लिए ईंधन के लगभग सभी स्त्रोत के रूप में यह विकसित है और जीवाश्म ईंधन की निर्भरता को कम करने में सहायता करते हैं।

भराव-क्षेत्र (लैंडफिल) को कम करना (Reduce Landfills)

इस ऊर्जा का एक अन्य लाभ यह है कि यह अपशिष्ट ले सकता है जो कि पर्यावरण के लिए हानिकारक है और इसे उपयोगी बना सकते हैं। उदाहरण के लिए, कचरे के रूप में लैंडफ़िल को आंशिक रूप से जलाकर उपयोगी बायोमास ऊर्जा बनायी जा सकती है।

विभिन्न उत्पादों को बनाने के लिए उपयोग

बायोमास ऊर्जा सदैव ही अस्थायी होती है, जिससे कार्बनिक पदार्थ के विभिन्न रूपों के उपयोग से विभिन्न उत्पादों को बनाया जा सकता है। इथेनॉल और इसके समान ईंधन का निर्माण धान और फसल से हो सकता है। धरती पर कई सजीव वस्तुओं के साथ ही इसकी खोज और उपयोग की कोई सीमा नहीं है।

जैवभार ऊर्जा के नुकसान (Disadvantages of Biomass Energy)

इनके लाभ के अतिरिक्त यहाँ कई नकारात्मक पहलू होते हैं। इस नुकसान को कुछ नीचे दर्शाया गया है।

महंगे (Expensive)

सबसे पहले, यह महंगे होते हैं। ईंधन के लिए पशुओं के अपशिष्ट पदार्थों का प्रयोग करते समय, जीवित वस्तुओं की देखभाल, भोजन और घर की देखभाल करना महंगा होता है और इस पर विचार किया जाना चाहिए।

जीवाश्म ईंधन की तुलना में अक्षम

दूसरा बिंदु, जो कि पहले से जुड़ा हुआ, जो कि जैवभार ऊर्जा के अक्षम संबंधी होता है। इथेनॉल, बायोडीजल के रूप में गैसोलीन की तुलना में अधिक अक्षम होता है और यह प्राय: कुछ गैसोलीन के साथ मिश्रित होते हैं जो कि किसी भी तरीके से अच्छे से कार्य करते हैं। जैसा कि पहले दर्शाया गया है, दहन इंजनों के लंबे उपयोग के लिए हानिकारक होते हैं।

पर्यावरण के लिए हानिकारक

तृतीय, पावर इंजन से पशु और मानव अपशिष्ट का उपयोग, कार्बन डाइ ऑक्साइड के उत्सर्जन पर सुरक्षित किया जा सकता है, लेकिन मीथेन गैस में वृद्धि होती है, जो कि पृथ्वी की ओजोन परत के लिए हानिकारक होते हैं तो वास्तव में, पर्यावरण की दृष्टि से कोई भी ऐसी स्थिति नहीं है जहाँ हम इसका उपयोग कर सके। और अपशिष्ट उत्पादों के उपयोग के बारे में चर्चा करते

हुए, इसकी गंध पर विचार के लिए है। जहाँ यह शारीरिक रूप से हानिकारक नहीं है, यह निश्चित रूप से अप्रिय है, और अवांछित कीटों (चूहों, मक्खियों) को आकर्षित कर सकता है और बैक्टीरिया एवं संक्रमण का प्रसार कर सकता है।

अधिक ईंधन का उपभोग (Consume More Fuel)

अंत में, पावर मशीनों में वृक्षों और वृक्षों के उत्पादों का उपयोग भी अक्षम होता है। परंपरागत ईंधनों के उपयोग से समान कामों में अनेक ईंधनों की आवश्यकता होती है, बल्कि इससे पर्यावरण संबंधी समस्याएँ भी उत्पन्न होती हैं।

अधिक भूमि की आवश्यकता

जैवभार उत्पादन के दहन में कुछ अधिक भूमि की आवश्यकता होती है जहाँ इनको आसानी से जलाया जा सकता है। तब, यह गैसों को उत्पादित करता है जैसे वायुमंडल में मीथेन; इसलिए इन्हें उन क्षेत्रों में उत्पादित किया जा सकता है जो कि रहवासीय घरों से बहुत दूर है।

उचित डेंड्रो ऊर्जा प्रजातियों के ताप रासायनिक गुण

प्रजातियों की विस्तृत श्रेणी को ताप रासायनिक गुणों के लिए वर्णन किया जाता है जैसे कि विशिष्ट गुरुत्व, उचित राख, निश्चित कार्बन, कैलोरी मान, ईंधन मान, ऊष्मा मान आदि सारणी 1 में प्रस्तुत किया गया है। स्थानीय, औद्योगिक और प्रबंधन आवश्यकताओं के कारकों पर आधारित प्रजातियों को चुना, गृहीत एवं बढ़ावा दिया जा सकता है।

सारणी 1. जैवभार पावर उत्पादन के लिए उपयुक्त प्रजातियों की ताप रासायनिक गुण

क्र.सं.	प्रजातियाँ	विशिष्ट गुरुत्व	वाष्पशील सामग्री (%)	अपशिष्ट सामग्री (%)	निश्चित कार्बन (%)	ऊष्मा मान (Kc/Kg	ईंधन मान इंडेक्स	अपशिष्ट विरूपण	अपशिष्ट विलयन तापमान (°C)	लिग्निन सामग्री (%)	हीटिंग मान (MJ Kg^{-1})
1.	*Acacia holosericea*	0.54	66.53	4.58	21.25	3692	27.29	1043.33	1080.00	29.67	27.84
2.	*Acacia auriculifonnis*	0.49	66.83	3.50	21.00	3557	30.23	1080.00	1140.00	30.00	28.45
3.	*Anacardium occidentcile*	0.50	66.33	4.07	21.60	3441	28.16	1100.00	1180.00	30.00	28.38
4.	*Bambusa vulgaris*	0.54	66.21	3.71	22.92	4130	109.86	1130.00	1210.00	33.17	30.57
5.	*Bambusa bambos*	0.56	66.66	2.92	23.08	4150	115.51	1136.67	1205.00	32.00	30.59
6.	*Casuarina equisetifolia*	0.58	67.62	2.33	23.38	4593	251.65	1156.67	1230.33	34.33	31.35
7.	*Cassia siamea*	0.48	65.87	4.47	21.17	3462	25.15	1050.00	1110.00	28.00	28.18

क्र.सं.	प्रजातियाँ	विशिष्ट गुरुत्व	वाष्पशील सामग्री (%)	अपशिष्ट सामग्री (%)	निश्चित कार्बन (%)	ऊष्मा मान (Kc/Kg)	ईंधन मान इंडेक्स	अपशिष्ट विरूपण	अपशिष्ट विलयन तापमान (°C)	लिग्निन सामग्री (%)	हीटिंग मान ($MJ\ Kg^{-1}$)
8.	*Caesalpinia pulcherimma*	0.43	66.00	4.38	22.12	3479	23.32	1080.00	1120.00	28.17	28.21
9.	*Dalbergia sissoo*	0.58	66.43	2.88	23.75	4314	236.81	1136:67	1230.00	33.25	30.81
10.	*Eucalyptus tereticornis*	0.61	67.00	2.50	23.85	4614	240.69	1150.00	1241.67	33.67	31.02
11.	*Gliricidia septum*	0.44	65.50	4.75	20.58	3913	21.31	1083.33	1136.67	29.00	27.61
12.	*Lannea coromandelica*	0.45	66.33	4.37	21.30	3812	23.29	1060.00	1136.67	27.00	27.85
13.	*Leucaena leucocephala*	0.62	68.08	1.75	24.33	4552	265.68	1173.33	1273.33	34.42	31.50
14.	*Prosopis juliflora*	0.78	68.17	1.48	24.88	4860	303.72	1220.00	1290.00	35.17	31.69
15.	*Simarouba glauca*	0.55	65.83	4.97	21.70	3781	31.48	1056.67	1196.67	29.33	28.02

डेंड्रो ऊर्जा के लाभ (Benefits Of Dendro Energy)

- डेंड्रो ऊर्जा स्त्रोत, विकेन्द्रीकरण ऊर्जा उत्पादन प्रक्रिया में सहायता करते हैं।
- यह उत्पादित भूमि उपयोग प्रणाली को देश में उपलब्ध अपशिष्ट भूमि के बड़े विस्तार में रूपांतरित करने में सहायक होता है, इस प्रकार से, यह अनुत्पादक भूमि को लाभदायक उत्पादक भूमि में बदला जा सकता है।
- यह व्यापक वृक्षारोपण एवं पुन: वृक्षारोपण (reforestation) प्रोग्राम से आय तथा रोजगार उत्पन्न गतिविधियों को उत्पन्न करने में सहायता करते हैं।
- ऊर्जा उत्पादन आधारित डेंड्रो बायोमास से दूरस्थ क्षेत्रों के विकास प्रक्रिया में जोड़ने में सहायता मिलती है।
- यह ऊर्जा का बहुत छोटा स्त्रोत है।
- यह स्थानीय समाज की लकड़ी और गैर-लकड़ी आवश्यकताओं को संतुष्ट करने में सहायता करने के अतिरिक्त ऊर्जा उत्पन्न भी करते हैं।
- यह बिजली उत्पन्न करने में सहायता करता है, जहाँ ग्रिड जुड़ाव एक समस्या है।
- डेंड्रो जैवभार ऊर्जा स्वच्छ एवं हरित ऊर्जा प्रक्रिया है और यह वायुमंडल में ऑक्सीजन तथा सांद्र CO_2 को संतुलित करने में सहायता करते हैं।

- यह ऊर्जा उत्पन्न प्रक्रियाओं की विभिन्न क्षमताओं को स्थापित करने में सहायता करते हैं।
- यह कैप्टिव पॉवर वृक्षारोपण को बढ़ावा देने के माध्यम से कम लागत पर ऊर्जा को उत्पन्न किया जा सकता है।
- यह सभी प्रकार प्रदूषण और उत्सर्जन को कम करता है और इस प्रकार सरकार द्वारा लिये जाने वाले उत्सर्जन में कमी के लक्ष्य को प्राप्त करने में मदद करता है।
- यह जीवाश्म ईंधन पर निर्भरता और बोझ को कम करता है और सभी जीवाश्म ईंधन के आयात में कमी के कारण देश के विदेशी राजकोष को कम करने का प्रयास करती है।
- सबसे अधिक डेंड्रो बायोमास ऊर्जा, ऊर्जा के अक्षय स्त्रोत हैं, स्वच्छ, हरित तथा इसमें विशाल ग्रामीण रोजगार के अवसर उत्पन्न करने की क्षमता है।

■ ■ ■

अध्याय **14**

भूमंडलीय ऊष्मीकरण (ग्लोबल वार्मिंग)
(Global Warming)

अब तक का सबसे स्पष्ट शब्द वायुमंडल में ''ग्लोबल वार्मिंग'' है। कई वर्षों से पृथ्वी निरंतर रूप से गर्म हो रही है। जिसके कारण वायुमंडल में कार्बन डाइ ऑक्साइड की सांद्रता बढ़ रही है। वायुमंडल में कार्बन डाइ ऑक्साइड केवल एक फिल्टर के रूप में कार्य करती है और यह तापमान वृद्धि का कारण है। इसलिए यह समझने की आवश्यकता है कि तापमान बढ़ने और मापन की प्रक्रिया को ग्लोबल वॉर्मिंग प्रक्रिया में नियंत्रित और सीमित करते हैं। ग्लोबल वॉर्मिंग प्रक्रिया को कई मुख्य स्नातक और स्नातकोत्तर प्रोग्राम में मुख्य विषय के रूप में सम्मिलित करते हैं और इसलिए वर्तमान अध्याय को निम्नलिखित उपशीर्षकों के साथ प्रस्तुत किया गया है।

- परिभाषा (Definition)
- हरित गृह प्रभाव और ग्लोबल वॉर्मिंग (Green House Effect And Global Warming)
- कारण और प्रभाव (Causes, Impacts And Effects)
- शमन के उपाय (Mitigation Measures)
- अनुकूलन उपाय (Adaptation Measures)
- निवारक उपाय (Preventive Measures)

वायुमंडल में कार्बन डाइ ऑक्साइड की सांद्रता को बढ़ाना, वायु प्रदूषण का सबसे बड़ा कारण है। वैज्ञानिकों का मानना है कि कार्बन डाइ ऑक्साइड और अन्य गैसों की मात्रा में वृद्धि से ग्लोबल वार्मिंग नामक घटना के लिए जिम्मेदार है। ग्लोबल वार्मिंग पृथ्वी की सतह के तापमान में अप्राकृतिक वृद्धि को दर्शाती है।

यह एक ऐसी घटना है जिसके कारण पृथ्वी के वायुमंडल में कार्बन डाइ ऑक्साइड (CO_2), जल वाष्प और मीथेन जैसी गैसों को कहते हैं। प्राकृतिक ग्रीन हाऊस प्रभाव के बिना, पृथ्वी की सतह जीवन को बनाए रखने के लिए बहुत ठंडी होती है। यह ग्रीन हाऊस गैसों की प्राकृतिक सीमा से अधिक की मात्रा में वृद्धि है जो चिंता का एक कारण है।

परिभाषा (Definition)

''भूमंडलीय स्थिरीकरण (ग्लोबल वॉर्मिंग) का अर्थ पृथ्वी की सतह और क्षोभमंडल (troposphere) के निकट वायुमंडल के तापमान में औसतन वृद्धि होती है, जिसमें भूमंडलीय जलवायु पैटर्न में परिवर्तन होते हैं।''

''ग्लोबल वॉर्मिंग प्राय: मानव गतिविधियों से ग्रीन हाउस गैसों के बढ़ते उत्सर्जन के परिणामस्वरूप होने वाली वार्मिंग को संदर्भित करता है।''

हरित गृह प्रभाव और ग्लोबल वॉर्मिंग (Green House Effect And Global Warming)

गैस जैसे कार्बन-डाइ-ऑक्साइड (CO_2), क्लोरोफ्लोरोकार्बन (CFCs), मीथेन (CH_4), ओज़ोन (O_3), नाइट्रस ऑक्साइड (N_2O) आदि ग्रीन हाउस के काँच के समान कार्य करते हैं। यह सूर्य से आने वाली प्रकाश की विकिरणों को अवशोषित करता है और पृथ्वी का तापमान बढ़ाता है। वायुमंडल अत्यंत ग्रीन हाउस और ग्रीन हाउस गैसों की सांद्रता में वृद्धि होकर यह सूर्य के प्रकाश को रखती है वायुमंडल की ऊष्णता में परिणामस्वरूप पुन: परावर्तित नहीं होते हैं। इस प्रक्रिया को ग्रीन हाउस प्रभाव कहते हैं जिसके कारण ग्लोबल वॉर्मिंग हो सकती है।

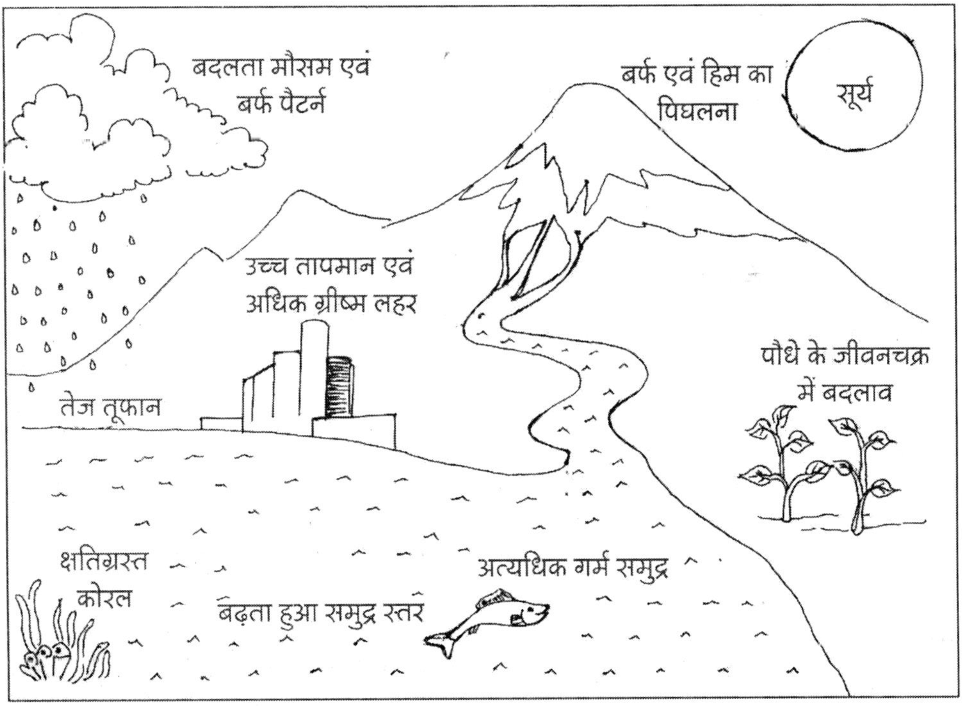

ग्लोबल वार्मिंग के प्रभाव

ग्रीन हाउस गैसें एवं इसके स्त्रोत (Green House Gases (GHGS) And Their Sources)

मुख्य ग्रीन हाउस गैसें- कार्बन-डाइ-ऑक्साइड (CO_2); मीथेन (CH_4); नाइट्रस ऑक्साइड (N_2O); हाइड्रोफ्लोरोकार्बन (HFCs); प्रति फ्लोरोकार्बन (PFCs) एवं सल्फर

हेक्साफ्लोराइड (SF_6)। किसी भी का प्रभाव इसकी सांद्रता में बढ़ता परिमाण, वायुमंडल में इसकी अवधि और अवशोषण की वैवलैंथ (तरंगदैर्घ्य) पर आधारित होता है।

1. **कार्बन–डाइ–ऑक्साइड** ग्रीन हाउस गैस (GHG) है जिसमें वातावरण में सबसे अधिक सांद्रता उपस्थित होती है। इसका उत्सर्जन मुख्यत: जीवाश्म ईंधन (Fossil Fuel) के दहन से होता है। यह प्रति वर्ष लगभग 0.5% की वृद्धि दर से बढ़ रही है।
2. **क्लोरोफ़्लोरोकार्बन (CFCs)** का उत्पादन मानव जनित गतिविधियों के कारण होता है। ओज़ोन की परत समतापमंडल में उपस्थित होती है जहाँ पराबैंगनी किरणें ऑक्सीजन को ओजोन में बदल देती हैं। अत: पराबैंगनी किरणें धरती की सतह तक नहीं पहुँच पाती हैं। क्लोरोफलोरोकार्बन समतापमंडल में जाने वाली ओजोन को नष्ट कर देते हैं, जो सबूत के तौर पर अंटार्कटिका पर दिखाई देती है। समताप मंडल में ओजोन सांद्रता में कमी को ओज़ोन छिद्र के रूप में जाना जाता है। इस प्रकार यह ओजोन छिद्र UV किरणों को क्षोभमंडल से होकर गुजरने देता है।
3. **नाइट्रस ऑक्साइड** सामान्यत: महासागरों और वर्षावनों द्वारा प्राकृतिक रूप से उत्पन्न होती है। नाइट्रस ऑक्साइड के मानव निर्मित स्त्रोतों में नाइलोन और नाइट्रिक एसिड का उत्पादन, कृषि में उर्वरक का उपयोग, उत्प्रेरण परिवर्तन वाली कोर और कार्बनिक पदार्थों को जलाना सम्मिलित है।
4. **हाइड्रो फ्लोरोकार्बन (HFCs)** का उपयोग ठंडा करने में होता है, विशेष रूप से ओजोन नष्ट करने वाले CFCs मांट्रियल प्रोटोकॉल के अंतर्गत होने के पश्चात्।
5. **प्रति फ्लोरोकार्बन (PFCs) :** फ्लोराइट के उत्पादन के परिणामस्वरूप इसका उत्सर्जन होता है, वातावरण में इन गैसों का 1000 वर्ष से अधिक का अस्तित्व बना रहता है।
6. **सल्फर हेक्साफ्लोराइड (SF_6) :** इस सबसे सशक्त ग्रीन हाउस गैस का अभी तक पता चला है कि यह फ्लोराइट्स के उत्पादन के परिणामस्वरूप उत्सर्जित होती है।

ग्लोबल वॉर्मिंग के कारण एवं प्रभाव (Causes and Impacts of Global Warming)

ग्लोबल वार्मिंग के निम्नलिखित गंभीर प्रभाव हैं :

i. **समुद्री सतह का विकास :** जलवायु परिवर्तन और उससे संबंधित ग्लोबल वार्मिंग लंबे समय से चली आ रही है, परंतु हाल ही समय में पृथ्वी गर्म हो रही है और पिछले दो दशकों में 9 वर्ष सबसे अधिक गर्म वर्ष रहे हैं। वर्ष 1997 में पृथ्वी का औसत तापमान पिछले 26 वर्षों की तुलना में 0.43 °C अधिक था।

ii. **ध्रुवीय बर्फ का पिघलना :** ग्लोबल वार्मिंग और तापमान में वृद्धि के कारण, ध्रुवीय बर्फ के शीर्ष पिघलने लगते हैं जिसके परिणामस्वरूप समुद्र स्तर में वृद्धि होती है। इस वृद्धि में 2030 से 18cm और 2090 तक 58cm होने का अनुमान है। इससे निचले क्षेत्रों में बाढ़ आ सकती है तथा बहुत से द्वीप समुद्र के जल में डूब सकते हैं।

iii. **वर्षा पैटर्न में बदलाव :** जलवायु परिवर्तन और इसके साथ होने वाली ग्लोबल वार्मिंग से भी वर्षा और कृषि में खाद्य उत्पादन प्रभावित होता है। वर्षा अत्यधिक अनियमित हो

सकती है जिसके परिणामस्वरूप कुछ क्षेत्रों में अत्यधिक वर्षा होती है तथा अन्य क्षेत्रों में कम वर्षा होती है जिससे संबंधित क्षेत्रों में बाढ़ और सूखा आ जाता है। ये जलवायु परिवर्तन फूल, बीज उत्पन्न करने की समस्या उत्पन्न कर सकते हैं और अंततः विकासशील देशों में खाद्य उत्पादन में कमी से कई लोगों में तीव्र अभिलाषा हो सकती है।

iv. **बर्फ शिखरों का पिघलना :** बर्फ की चोटियों के पिघलने के कारण ध्रुवों के पास आवास नहीं रह जाता है। अब हिमपातों में गिरावट के कारण ध्रुवीय भालुओं के खाने की अवधि में कमी होने से बहुत खतरे में पड़ जाते हैं।

v. **हिम नदियों का पिघलना :** यहाँ पुरानी हिमनदी का पिघलना अत्यंत गंभीर विषय है।

vi. **बीमारी का विस्तार :** नए और वर्तमान गर्म क्षेत्रों में पहुँच जाने के कारण मलेरिया जैसे रोगों का विस्तार हुआ है।

vii. **कोरल (मूंगे) की भित्तियों का विरलन :** कार्बोनेट के अम्ल के अम्लीकरण के कारण लगभग एक तिहाई प्रवाल भित्तियों को ग्लोबल वार्मिंग से भारी क्षति हो गई है।

viii. **समुद्र गर्म होने के कारण प्लवक की क्षति :** बड़ा (900 मील लंबा) एल्यूटाइन आइसलैंड का पारिस्थितिकी तंत्र व्हेल, समुद्री शेर, समुद्री जलसाही, केल्प बैड और अन्य जलीय जानवरों के कारण प्लावक की हानि से कम हो गया है।

शमन के उपाय (Mitigation Measurement)

- ऊर्जा दक्षता कार्य।
- अक्षय ऊर्जा का अधिक से अधिक प्रयोग।
- औद्योगिक प्रक्रियाओं का विद्युतीकरण।
- परिवहन कार्यान्वयन के कुशल साधन विद्युत सार्वजनिक परिवहन, साइकिल, साझा करें।
- कार्बन कर और उत्सर्जन बाजार।

अनुकूलन उपाय (Adaptation Measurement)

अनुकूलन उपायों के संदर्भ में, ऐसे कई कार्य हैं जो परिणामों के प्रति संवेदनशीलता को कम करने में मदद करते हैं।

- स्थान और अवसंरचना की अधिक सुरक्षित सुविधा।
- परिदृश्य पुनरुत्थान (प्राकृतिक परिदृश्य) और पुनर्वनीकरण।
- प्राकृतिक आपदाओं के लिए तैयार परिवर्तनीय और विविध खेती।
- संभावित दुर्गति, तापमान परिवर्तन आदि पर अनुसंधान और विकास।
- निवारक और रोकथाम उपाय (निकासी योजनाएँ, स्वास्थ्य समस्याएँ आदि)।

ग्लोबल वार्मिंग के लिए रोकथाम उपाय (Preventive Measurement For Global Warming)

वैश्विक तापमान में वृद्धि के रूप में, ग्लोबल वार्मिंग एक बढ़ती चिंता का विषय है। नासा के अनुसार, वायुमंडल में कार्बन डाइ ऑक्साइड का वर्तमान स्तर, इतिहास के किसी भी बिंदु से उच्च हुआ है, और पिछले 1300 वर्षों के किसी भी बिंदु की तुलना में ग्लोबल वार्मिंग में तीव्र दर से वृद्धि हो रही है। वैज्ञानिक संगठनों, जिसमें सम्मिलित नासा और राष्ट्रीय महासागर और वायुमंडलीय प्रशासन (NOAA) ने यह माना है कि मानव व्यवहार और गतिविधियाँ वार्मिंग का मुख्य कारण है। प्रचलित क्षति को कम करने और ग्लोबल वार्मिंग को तीव्र होने से रोकने के लिए निम्नलिखित उपाय किए जा सकते हैं।

1. वनीकरण में वृद्धि (Increased Afforestation)

वनीकरण और पुनर्वनीकरण गतिविधियाँ, वायुमंडल में सांद्र CO_2 को कम करने के लिए उत्कृष्ट सिंक के रूप में कार्य कर सकती है। प्रकाश संश्लेषण के दौरान वृक्ष CO_2 को अवशोषित करते हैं और O_2 को मुक्त करते हैं जिससे वायुमंडल को नियंत्रित रखने में सहायता मिलती है। यह अनुमान लगाया गया है कि एक वृक्ष अपने जीवन चक्र के दौरान लगभग 1 टन CO_2 को अवशोषित करते हैं और इसलिए वनीकरण और पुनर्वनीकरण ग्लोबल वार्मिंग को कम करने के लिए मुख्य योजना है।

2. कमी, पुन: उपयोग और पुन: चक्रण (Reduce, Reuse And Recycling)

3R योजना हरित गृह गैसों के स्तर को कम करने की महत्त्वपूर्ण योजना है और ग्लोबल वार्मिंग को घटाने का प्रयास करते हैं। ग्रीन हाउस गैसों के उत्सर्जन को कम करने के लिए अपशिष्टों को कम करना और उपयोगी पदार्थों के पुन: चक्रण के साथ ही संयुग्मित उत्पादों का पुन: उपयोग करने में महत्त्वपूर्ण भूमिका निभाते हैं। यह अनुमान लगाया गया है कि घर के अपशिष्टों का 50% पुन: चक्रण कर CO_2 उत्सर्जन के लगभग 2,400 पाउंड को कम किया जा सकता है।

3. जीवाश्म ईंधन का सीमित उपयोग (Limited Use Of Fossil Fuel)

जीवाश्म ईंधनों का उपयोग जैसे कोयला और अन्य पेट्रोलियम उत्पाद ग्रीन हाउस गैस के उत्सर्जन की वृद्धि के मुख्य वितरणकर्ता हैं। इसलिए जीवाश्म ईंधन के उपयोग को कम करने तथा वैकल्पिक ऊर्जा के स्त्रोत को उपयोग, ग्रीन हाउस गैस के उत्सर्जन को कम करने में महत्त्वपूर्ण भूमिका निभाते हैं और अंतत: ग्लोबल वार्मिंग के प्रभाव को कम करते हैं।

4. अक्षय संसाधनों का उपयोग (Utilization Of renewable resources)

अक्षय संसाधनों का उपयोग और विकास जैसे सोलर, हवा, जल और बायोमास का उपयोग पर्यावरणीय प्रदूषण को कम करने का एक संभावित विकल्प है और यह ग्लोबल वार्मिंग को भी कम करता है। बायोमास आधारित ऊर्जा उत्पादन के उपयोग को सह-तटस्थ परियोजना माना गया है और विकेन्द्रीकृत पावर उत्पादन योजना के लिए यह अनुकूल है और इसलिए ग्लोबल वार्मिंग को कम करने के लिए यह संभावित योजना हो सकती है।

5. जैवईंधन का प्रचार (Promotion Of Biofuels)

अधिकांश ग्रीन हाउस गैसों के लिए जीवाश्म ईंधन प्रमुख वितरक हैं जो कि वैकल्पिक ईंधनों के लिए आवश्यक रूप से खोजते हैं। वैकल्पिक ईंधनों में बीफॉल जैसे बायोपेट्रोल (स्थेनॉल) और बायोडीजल की संभावना काफी अच्छे से देखी गई है। इस तरह बीफॉल जैसे पेट्रोल और बायोडीजल के लिए इथेनॉल के उपयोग से या तो पूरी तरह या आंशिक रूप से ग्रीन हाउस गैस उत्सर्जन और संबद्ध ग्लोबल वार्मिंग को कम करने में मदद मिलती है।

6. कृषि संबंधी कार्यों में बदलाव (Changes In Agricultural practices)

अनेक दोषयुक्त कृषि प्रथाएँ, ग्रीन हाउस गैसों के उत्सर्जन के मुख्य स्त्रोत हैं। इसलिए कृषि पैटर्न में बदलाव जैसे प्रसारित जैविक कृषि, उर्वरक का दक्ष उपयोग और पौध संरक्षण के उपाय, खेती के किसी भी कार्य/कम जुताई का संचालन, फसल पद्धति में बदलाव जैसे ग्लोबल वार्मिंग के प्रभाव को कम करने में महत्त्वपूर्ण भूमिका निभा सकते हैं।

7. वनोन्मूलन की कमी (Reduced Deforestation)

ग्लोबल वार्मिंग के लिए वनोन्मूलन एक मुख्य कारण है और यह अनुमान लगाया गया है कि वैश्विक स्तर पर वनोन्मूलन दर 3 मिलियन हैक्टेयर/वर्ष से अधिक है। अफ्रीका और एशिया में कई देशों में वनोन्मूलन की एक विस्तृत शृंखला देखी गई है। वनोन्मूलन में कमी से अधिक कार्बन को कम करने और ग्लोबल वार्मिंग प्रक्रिया को कम करने में सहायता मिलती है।

■ ■ ■

अध्याय **15**

कार्बन पृथक्करण
(Carbon Sequestration)

पर्यावरण की गुणवत्ता पर बढ़ती चिंता सामान्य लोगों, योजनाकर्त्ताओं और नीति निर्माताओं के मध्य गंभीर मुद्दों का निर्माण करती है। वायुमंडल में कार्बन डाइ ऑक्साइड की सांद्रता की वृद्धि होना एक प्रमुख खतरा है और इसका संबंध अनेक पर्यावरणीय संकटों से है। मौसम के पैटर्न में परिवर्तन, समुद्र स्तर में वृद्धि, बढ़ता तापमान, फसल के व्यवहार में बदलाव, पौधों और पशुओं का प्रवास तथा मानव स्वास्थ्य पर खतरे जैसे कई बुरे प्रभाव हैं। इसलिए कार्बन की सांद्रता को नियंत्रित करने तथा न्यूनीकरण और अनुकूलन के लिए योजनाएँ अपनाने की आवश्यकता है। अनेक कार्यनीतियों में, सामान्य पौधों और विशिष्ट वृक्षों द्वारा कार्बन पृथक्करण की संभावना ने संपूर्ण विश्व में महत्त्वपूर्ण आकर्षण प्राप्त किया है। इस पृथक्करण में, कार्बन पृथक्करण के इस अध्याय पर विचार किया गया है और पाठकों के लाभ के लिए निम्नलिखित उपविषय प्रस्तुत किए गए हैं।

- परिभाषा (Definition)
- महत्त्वपूर्ण शब्दावलियाँ और परिभाषाएँ (Important Terminologies And Definitions)
- पृथक्करण के प्रकार (Kind Of Sequestration)
- पृथक्करण की विधियाँ (Methods Of sequestration)
- प्राकृतिक वनों के संभावित कार्बन पृथक्करण (Carbon Sequestration Potential Of Natural Forest)
    - वैश्विक कार्बन भंडारण (Global Carbon Stock)
    - भारतीय कार्बन भंडारण (India's Carbon stock)
- कृषि वानिकी के संभावित कार्बन पृथक्करण (Carbon Sequestration Potential Of Agroforestry)

परिभाषा (Definition)

"कार्बन पृथक्करण, कार्बन पकड़ने (Capture) की प्रक्रिया में सम्मिलित है और वायुमंडलीय कार्बन डाइ ऑक्साइड के भंडारण की लंबी विधि है।" कार्बन डाइ ऑक्साइड के

भंडारण की लंबी विधि को कार्बन पृथक्करण में सम्मिलित किया जाता है और कार्बन के अन्य रूपों को कम करना और ग्लोबल वार्मिंग को स्थगित करने को कार्बन पृथक्करण में सम्मिलित किया जाता है।

कार्बन पृथक्करण को कार्बन के पकड़ने तथा सुरक्षित भंडारण के रूप में परिभाषित किया जाता है और इसे वायुमंडल में छोड़ना या बनाए रखने के रूप में सम्मिलित किया जा सकता है। इसके कार्यनीति उद्देश्य–

- सुरक्षित भंडारण से इसको पकड़े रखने और वितरण के द्वारा वायुमंडल में पहुँचकर मानव गतिविधियों द्वारा उत्पादित कार्बन उत्सर्जन को बनाए रखना।
- वातावरण को कार्बन के विभिन्न तरीकों से हटाना और उसे भंडारित करना।

महत्त्वपूर्ण शब्दावलियाँ और परिभाषाएँ (Important Terminologies And Definitions)

कार्बन सिंक (Carbon sink)

कार्बन सिंक, कृत्रिम तथा प्राकृतिक बड़े भण्डार (वनक्षेत्र) होते हैं जो कि संचित और भंडारित कार्बन को अनिश्चित अवधि के लिए रासायनिक यौगिकों के रूप में रखती है। इस प्रक्रिया में कार्बन सिंक वायुमंडल से कार्बन डाइ ऑक्साइड को हटाती है जो कि कार्बन पृथक्करण के रूप में जाना जाता है।

वृक्षों की वृद्धि मुख्यत: बायोमास में से उत्पादों के रूपांतरण तथा मृदा से जल, पोषक तत्त्वों और हवा के अवशोषण के कारण होती है। कार्बन के कारण वृक्षों का शुष्क भाग लगभग 50% होता है। वैश्विक कार्बन कई प्रकार के रूपों में आयोजित किया जाता है, जैसे दलदलों, आर्द्र भूमि, वन तथा वनीय भूमि, घास के मैदानों तथा कृषि भूमि को स्टॉक (भंडार) कहा जाता है। स्टॉक, जो कि कार्बन का भंडारण करता है उसे कार्बन सिंक कहा जाता है।

कार्बन स्त्रोत (Carbon source)

कार्बन, जीवन को बनाए रखने के लिए मूल तत्त्व है और मैक्रोमोलक्यूल (वृहद अणु) के सभी वर्गों का मुख्य तत्त्व है। सभी कोशिकाओं को प्रमुख तत्त्वों के रूप में कार्बन आवश्यक होता है। शुष्क भार के आधार पर एक सामान्य कोशिका 50% कार्बन होती है। कार्बन स्त्रोत किसी भी कार्बनिक अणुओं के संश्लेषण में प्रयुक्त किसी जीव द्वारा प्रयुक्त अणु कार्बोहाइड्रेट, अमीनो अम्ल, वसा युक्त एसिड, कार्बन डाइ ऑक्साइड से युक्त किसी भी कार्बन को निर्दिष्ट करता है। उनके कार्बन स्त्रोत के आधार पर जीव या तो परपोषी होते हैं, जिसमें कार्बनिक स्त्रोतों पर एक या अधिक कार्बनिक यौगिकों की आवश्यकता होती है, और स्वपोषी, जहाँ कार्बन स्त्रोत CO_2 है।

कार्बन स्टॉक (Carbon stock)

यह एक निर्दिष्ट समय पर एक पूल के भीतर आयोजित कार्बन की पूर्ण मात्रा को संदर्भित करता है।

कार्बन पूल (Carbon pool)

कार्बन पूल, कार्बन का एक प्रमुख बड़ा भण्डार–स्त्रोत है। यह एक ऐसी प्रणाली है जिसमें मुक्त कार्बन को संचित करने की क्षमता होती है।

कार्बन फ्लक्स (Carbon flux)

जैसे-जैसे वन वृद्धि होती है, जैवभार दशकों और यहाँ तक कि सदियों तक संचित हो जाता है जिससे कार्बन का महत्त्वपूर्ण पृथक्करण (भंडारण) होता है।

वातावरण से वन तक कार्बन के बहाव को कार्बन फ्लक्स कहा जाता है। द्रव्यमान प्रति इकाई क्षेत्रफल एवं समय के मापन के लिए कार्बन को एक पूल से दूसरे में स्थानांतरित करना होता है। (*उदाहरण :* t C ha-1 yr-1)

कार्बन न्यूट्रल (Carbon neutral)

यह एक परिपक्व वन संतुलन कार्बन डाइ ऑक्साइड के पृथक्करण और ऑक्सीजन को छोड़ने को संदर्भित करता है।

कार्बन पदचिह्न (Carbon footprint)

कार्बन पदचिह्नों को प्रत्यक्ष उत्सर्जन (सामान्यत: घर और परिवहन में उपयोग होने वाली ऊर्जा से, जिसमें कार, हवाई जहाजों, रेल और अन्य सार्वजनिक परिवहन की यात्रा सम्मिलित है) या अप्रत्यक्ष उत्सर्जन के परिणामस्वरूप अच्छी और सुविधाजनक होती है। यह कार्बन डाइ ऑक्साइड की इकाइयों में उत्पादित ग्रीन हाउस गैसों की मात्रा के परिवेश पर प्रभाव का आकलन है। प्रत्येक इकाई CO_2 की एक मीट्रिक टन की कमी के बराबर होती है। इस शब्द के प्रयोग से यह धारणा उत्पन्न हो जाती है कि व्यक्ति की गतिविधियों के परिणामस्वरूप पदचिह्न ही रह जाते हैं। इसका उद्देश्य ग्लोबल वार्मिंग में योगदान के लिए व्यक्तिगत (या संगठनात्मक) प्रभाव के परिणामों का विचार करने के लिए व्यक्तियों, राष्ट्रों और संगठनों के लिए उपयोगी होना है।

कार्बन क्रैडिट (Carbon credits)

कार्बन क्रैडिट दो अलग-अलग प्रकार के होते हैं; जैसे कार्बन ऑफसेट क्रैडिट (COCs) और कार्बन घटाव क्रैडिट (CRCs)।

कार्बन ऑफसेट क्रैडिट (COCs) का अर्थ है कि ऊर्जा के स्वच्छ रूपों का उत्पादन जैसे हवा, सौर, हाइड्रो और बायोमास आधारित ऊर्जा का उत्पादन। कार्बन कटौती क्रैडिट का अर्थ है कि वन रोपण, पुन: रोपण, महासागर और मृदा संग्रहण और किसी भी अन्य रूप में भंडारण के माध्यम से वातावरण से कार्बन का संग्रहण और भंडारण। वैश्विक कार्बन उत्सर्जन संकट को कम करने के लिए दोनों दृष्टिकोणों को प्रभावी माना गया है।

कार्बन पृथक्करण के प्रकार (Kinds Of Carbon Sequestration)

i. महासागरीय पृथक्करण (Ocean Sequestration)

ii. भूगर्भिक पृथक्करण (Geologic Sequestration)

iii. स्थलीय पृथक्करण (Terrestrial Sequestration)

iv. वनों के रूप में कार्बन पृथक्करण (Forests as Carbon Sequestration)

i. महासागरीय पृथक्करण (Ocean Sequestration) : प्रत्यक्ष घुलनशीलता और उर्वरक के माध्यम से महासागरों में कार्बन संग्रहित होती है।

ii. भूगर्भिक पृथक्करण (Geologic Sequestration) : भूगर्भिक संरचनाओं में प्राकृतिक विचारिक अंतराल दीर्घकालिक, कार्बन डाइ ऑक्साइड भंडारण के लिए भण्डार के रूप में कार्य करते हैं। ''वातावरण से कार्बन को हटाने और इसे वन-भण्डारों में संचित करने की प्रक्रिया हो।'' विशेष रूप से इसे कार्बन डाइ ऑक्साइड हटाने के रूप में भी जाना जा सकता है जो कि भू आभियांत्रिकी का एक रूप है।

iii. स्थलीय पृथक्करण (Terrestrial Sequestration) : बड़ी मात्रा में कार्बन मृदा और वनस्पति में संचित रखा जाता है, जो हमारे प्राकृतिक कार्बन सिंक हैं। प्रकाश संश्लेषण द्वारा कार्बन स्थिरीकरण को बढ़ाना, कार्बनिक पदार्थों के विघटन को कम करना तथा भूमि के उपयोग के तरीकों में परिवर्तन के कारण इन प्राकृतिक सिंकों में कार्बन की तेज गति से वृद्धि हो सकती है।

iv. वनों के रूप में कार्बन पृथक्करण (Forests as Carbon Sequestration) : सामान्य रूप से वनों और विशेष रूप से वृक्षों को उत्कृष्ट कार्बन पृथक्कारी माना जाता है। वृक्ष वातावरण से कार्बन को अवशोषित करते हैं और इनका उपयोग प्रकाश संश्लेषण के माध्यम से करते हैं और बायोमास का उत्पादन करते हैं जो पौधों की वृद्धि और विकास का उपयोग करते हैं। इस प्रक्रिया के कारण वातावरण में कार्बन डाइ ऑक्साइड की सांद्रता बहुत अधिक संतुलित होती है, जिससे ग्लोबल वार्मिंग के खतरे को कम किया जा सकता है।

इस पृथक्करण की संभावना के कारण, IPCC ने कृषि वानिकी को भूमि के उपयोग की संभावना के रूप में पहचान लिया, जबकि कार्बन उत्सर्जन की सघन मात्रा और वायुमंडल की सांद्रता को नियंत्रित करते हैं।

कार्बन पृथक्करण की विधियाँ (Methods Of Carbon Sequestration)

1. ऊपरी भूमि पर बायोमास पृथक्करण (Above ground biomass carbon sequestration)

उपरोक्त भूजल बायोमास में पौधे, पशु और घास-फूस सम्मिलित है। इन पदार्थों में भंडारित कार्बन की मात्रा विभिन्न प्रजातियों पर निर्भर करती है। सामान्यत: पौधों में प्रकाश संश्लेषण की प्रक्रिया के माध्यम से CO_2 की खपत द्वारा निश्चित किया जा सकता है। इस वायुमंडलीय कार्बन को बायोमास में परिवर्तित कर दिया जाता है और इससे उसमें सड़न आ जाती है। इसके शुष्क वजन के आधार पर कार्बन, वृक्षों की लकड़ी में 25-48 प्रतिशत तक पाए जाते हैं। वन में कार्बन पृथक्करण में एक बड़ी क्षमता है।

ऊपरी भूमि पर बायोमास कार्बन पृथक्करण के लिए दृष्टिकोण (Approaches for above ground biomass carbon sequestration)

- वन आवरण को बनाए रखना
- वनोन्मूलन में कमी
- प्राकृतिक वनों का पुनरुत्थान

- वृक्ष रोपण और कृषि वानिकी की स्थापना
- कृषियुक्त मिट्टी और विस्तृत भूमि के प्रबंधन में सुधार
- उर्वरक उपयोग दक्षता में सुधार
- निचली जमीन पर कार्बन पृथक्करण

निम्न जमीन पर कार्बन पृथक्करण में मृदा, मृदा जीवाणुओं आदि द्वारा निश्चित कार्बन को सम्मिलित किया जाता है। कार्बन स्टॉक में मृदा से दो से पाँच कारकों से वनस्पति में कार्बन स्टॉक की वृद्धि होती है। वैश्विक मृदा वायुमंडल में अधिक कार्बन रखती है (1400-1500 Gt C)। मृदा कार्बन पूल दो यौगिकों से मिलकर बने होते हैं। मृदा और वनस्पति दोनों में परिवर्तन 100 Gt C प्रति वर्ष पर होता है। भारत में, मृदा में भंडारित कार्बन की मात्रा 23.4–27.1 Gt होती है जिसमें वैश्विक आरक्षण 1.6.1.8% होता है।

मृदा कार्बन पृथक्करण (Soil carbon sequestration)

सामान्यत: यह मिट्टी में विभिन्न भौतिक, रासायनिक, जैव रासायनिक और जैविक प्रक्रियाओं के माध्यम से स्थलीय मृदा पारिस्थितिकी तंत्र में कार्बन के माध्यम और दीर्घकालिक (15–50 वर्ष) भंडारण से संबंधित है। मृदा में प्रकाश संश्लेषण द्वारा वातावरण में पर्याप्त मात्रा में कार्बन के समायोजन की क्षमता होती है और इसे लंबे समय तक पृथक करती है। मिट्टी में अंतर्गत ऊपरी सीमा अथवा ''कार्बन संतृप्ति स्तर'' होता है, जिसके ऊपर कार्बन को भंडारित नहीं किया जा सकता है। संतृप्ति सीमा को नियंत्रित करने की प्रक्रिया से कार्बन सिंक में मृदा को नियंत्रित और तैयार किया जा सकता है एवं अधिक समय अवधि जिसमें मृदा को कार्बन पृथक्करण के लिए शोषित किया जा सकता है।

मृदा कार्बन पृथक्करण की क्रियाविधि

भौतिकी कार्बन पृथक्करण

इसे मिट्टी में कार्बनिक कार्बन मिट्टी खनिज मैट्रिक्स और समुच्चय के साथ रखा जाता है जिसमें रोगाणुओं तक पहुँच और उनके एंजाइमों को रोकता है। द्वितीय, SOC को मिट्टी की सतह पर अवशोषित किया जाता है जो कि रोगाणुओं तक नहीं पहुँच सकते हैं। अंत: स्तर में SOC का प्रवेश इसके समान ही होता है।

रासायनिक संरक्षण और स्थिरीकरण क्रियाविधि (Chemical protection and stabilization mechanisms)

इस क्रियाविधि में, SOC को गैर अपघटन कार्बन पदार्थ में विभिन्न रासायनिक प्रक्रियाओं जैसे चारकोल जलाना, ह्यूमसीकरण आदि के माध्यम से परिवर्तित किया जाता है।

जैविक संरक्षण और स्थिरीकरण क्रियाविधि (Biological protection and stabilization mechanisms)

जैविक जीव, मिट्टी की संचित संरचना में सुधार करते हैं और अप्रत्यक्ष रूप से SOC में सुधार करते हैं। विशिष्ट सूक्ष्मजीव उत्पाद का अपक्षय का भारी विरोध करते हैं।

मिट्टी के कार्बन पृथक्करण के लिए दृष्टिकोण (Approaches for soil carbon sequestration)

- अपक्षयी वनों का पुन: नवीनीकरण
- घास की भूमि और वनीय मृदा के प्रबंधन में सुधार
- न्यूनतम और संरक्षित खेती
- जल संरक्षण
- परिशिष्ट और खाद प्रबंधन
- घास-पात कार्य
- मृदा अपक्षय कम करने के लिए प्रबंधन

वनों द्वारा कार्बन पृथक्करण (Carbon Sequestration By Forests)

वन, वायुमंडल और मृदा के मध्य समायोजन के रूप में कार्य करने से वैश्विक कार्बन चक्र में महत्त्वपूर्ण भूमिका निभाते हैं। इसलिए, वन, कार्बन के लिए स्त्रोत और सिंक के मध्य स्विच के रूप में कार्य करते हैं। वन लगभग 50% वैश्विक स्थलीय बायोमास कार्बन का भंडारण रखते हैं (IPCC, 2007; FAO, 2000)। कई अध्ययनों से यह सूचित होता है कि संभावित वैश्विक के लिए वन तथा कृषि पारिस्थितिकी में कार्बन भंडार को बेहतर बनाने में कार्बन की लगभग 60-90 पेयग्राम की आवश्यकता होती है। यह माना गया है कि कार्बन स्त्रोतों को कम करने और कार्बन सिंक को बढ़ाने के उद्देश्य, मौजूदा वनों में कार्बन पूल को संरक्षित करने में सक्षम होते हैं।

(अ) वैश्विक कार्बन भंडार (Global Carbon stock)

वन, जलवायु परिवर्तन में शमन तथा अनुकूलन प्रक्रिया में महत्त्वपूर्ण भूमिका निभाते हैं। इनकी प्रकाश संश्लेषण की गतिविधि से वनों से कार्बन पृथक् होता है और लकड़ी तथा मृदा में इसको भंडारित करते हैं। यह वृक्ष के संभावित पृथक्करण की तुलना में अन्य कोई भूमि उपयोग प्रणाली तथा जलवायु परिवर्तन प्रक्रिया को तैयार करने में महत्त्वपूर्ण भूमिका निभाते हैं।

वनों के संभावित पृथक्करण से यह हितधारकों को अपनी ओर आकर्षित करते हैं जिसके परिणामस्वरूप संपूर्ण विश्व में विभिन्न वन प्रकारों के वितरण से वास्तविक कार्बन स्टॉक की निश्चित मात्रा का निर्धारण करते हैं। वृद्धि और विकास की प्रक्रिया के दौरान सामान्य रूप से वृक्षों और विशिष्ट रूप से कार्बन में वन और परिपक्वता पर वृक्षों को कार्बन के साथ रखा जाता है।

FAO, 2015 के अनुमान के दौरान वैश्विक वनों के संभावित कार्बन स्टॉक का आकलन किया गया है और इसे सारिणी 1 और 2 में दर्शाया गया है।

यह भी अनुमान लगाया गया है कि दुनिया के वन, कार्बन का 485141 मिलियन टन रखा जाता है जिसमें वास्तविक वन स्त्रोतों से 455893 मिलियन टन को सम्मिलित किया जाता है और अन्य काष्ठ भूमि में से 29248 मिलियन टन को सम्मिलित किया जाता है।

- ऊपरी भूमि पर बायोमास
- निम्न भूमि पर बायोमास

- मृत लकड़ी
- घासफूस
- मृदा कार्बनिक कार्बन

विभिन्न बायोमास में से, ऊपरी भूमि बायोमास ने कार्बन स्टॉक की ओर अधिक योग़दान देता है (208126 मिलियन टन), इसके बाद कार्बनिक मृदा कार्बन (188960 मिलियन टन), भूमि बायोमास के नीचे (51258 मिलियन टन), घास-फूस (21263 मिलियन टन) और मृत लकड़ी (15534 मिलियन टन) का योगदान है।

इसी प्रकार FAO ने भी प्रत्येक देश में वन एवं लकड़ी की कार्बन स्टॉक क्षमता का अनुमान लगाया है और इसकी स्थिति रिपोर्ट (FAO, 2015) में प्रदर्शित की है।

केवल शीर्ष दस देशों को संभावित उच्च कार्बन स्टॉक के साथ दर्ज किया गया है और इसको चिन्हित और प्रदर्शित सारिणी 1 में किया गया है। शीर्ष दस देशों में, रूस समुदाय को कार्बन के 127900 मिलियन टन दर्ज किया गया है जिसके बाद ब्राजील, संयुक्त राज्य अमेरिका, कोंगो, इंडोनेशिया, कोलंबिया, तंजानिया, चाइना, भारत और गुयाना को सारिणी 1 में सूचित किया गया है।

काष्ठयुक्त भूमि के संभावित कार्बन स्टॉक की स्थिति में कई देशों में से अर्जेंटीना को 4114 मिलियन टन की संभावित कार्बन के अनुमान के साथ पहले स्थान पर रखा गया है, इसके बाद दक्षिण अफ्रीका, रूस समुदाय, ब्राजील, मेडागास्कर, USA, मोज़म्बिक, कोंगो और तंजानिया को सारिणी 2 में प्रदर्शित किया गया है।

सारिणी 1. वन कार्बन स्टॉक वाले शीर्ष दस देश

देश/क्षेत्र	वनीय कार्बन भंडारण (मिलियन टन)						
	भू-जैवभार से अधिक	भू-जैवभार से कम	मृत काष्ठ	कचरा	मृदा	कुल	प्रतिशतता
रूस संघ	26200	6600	7450	9650	78000	127900	28.05
ब्राजील	48741	10481	737	1205	21065	82229	18.04
संयुक्त राज्य अमेरिका	14466	2864	2412	4535	16950	41227	9.04
कोंगो	15678	3763	–	324	9918	29683	6.51
इंडोनेशिया	9391	3098	–	–	–	12489	2.74
कोलंबिया	7249	1617	–	–	–	8866	1.94
तजानिया	4386	1053	54	–	2506	7999	1.75
चीन	5144	1642	1041	–	–	7827	1.72
भारत	2006	641	27	132	3948	6754	1.48
गुआना	3900	909	215	93	1598	6715	1.47

(FAO, 2015)

सारिणी 2. काष्ठ भूमि कार्बन स्टॉक वाले शीर्ष दस देश

देश/क्षेत्र	काष्ठ भूमि (मिलियन टन)					
	भू–जैवभार से अधिक	भू–जैवभार से कम	मृत काष्ठ	कचरा	मृदा	कुल
अर्जेंटिना	1127	361	–	180	2446	4114
दक्षिण अफ्रीका	669	322	139	–	1547	2677
रूस संघ	260	130	260		2000	2650
ब्राजील	157	381	3	83	1458	2082
मेडागास्कर	627	125	–	31	685	1468
संयुक्त राज्य अमेरिका	230	43	29	447	675	1424
मोज़म्बिक	696	195	–	30	447	1368
चैड	336	134	–	41	743	1254
कोंगो	460	92	–	22	493	1067
तंजानिया	66	16	9	–	937	1028

(FAO, 2015)

सारिणी 3. काष्ठ भूमि और विश्व वनों के संभावित कार्बन स्टॉक

क्र.सं.	घटक	दुनिया के वनों में कार्बन भंडारण	काष्ठ भूमि में कार्बन भंडारण	कुल
1.	भू–बायोमास से अधिक	201004	7122	208126
2.	भू–बायोमास से कम	48707	2551	51258
3.	मृत्त काष्ठ	14951	583	15534
4.	कचरा	20003	1260	21263
5.	मृदा कार्बनिक कार्बन	171228	17732	188960
कुल		**455893**	**29248**	**485141**

(FAO, 2015)

(ब) भारतीय कार्बन स्टॉक (India's Carbon stock)

भारतीय वन सर्वेक्षण (FSI) ने भारतीय वनों की संभावित कार्बन स्टॉक के साथ ही वन मूल्यांकन को संचालित किया है। वनों के संभावित कार्बन स्टॉक ने 1997 क्योटो प्रोटोक़ोल के बाद दुनिया भर से विशेष आकर्षण और ध्यान अर्जित किया है। वन और जलवायु परिवर्तन का समग्र दृष्टिकोण जलवायु, वर्षा, भूजल और पृथ्वी की मिट्टी को नियंत्रित करने का है।

भारतीय वन सर्वेक्षण (FSI) ने भारतीय वनों की संभावित कार्बन स्टॉक का मूल्यांकन और राज्यानुसार वनों के संभावित कार्बन स्टॉक को सारिणी 4 में प्रदर्शित किया गया है।

यह अनुमान लगाया गया है कि भारतीय वन, 2017 के मूल्यांकन के अनुसार संभावित कार्बन पृथक्करण 7082 मिलियन टन हैं और वर्ष 2015 के मूल्यांकन के बाद इस अनुमान में वृद्धि 39 मिलियन टन से अधिक है। भारतीय वनों की कार्बन स्टॉक की वृद्धि की वार्षिक दर का अनुमान 19.5 मिलियन टन है जो कि कार्बन डाइ ऑक्साइड के 71.5 मिलियन टन के लगभग बराबर होता है। कार्बन स्टॉक मूल्यांकन को निम्नलिखित यौगिकों के मूल्यांकन करने से निष्कर्षण निकलते हैं।

ऊपरी भूमि बायोमास : मिट्टी के ऊपर सभी सजीव बायोमास को सम्मिलित करते हैं जैसे तना, शाखाएँ, पत्तियाँ, छाल, बीज आदि।

निम्न भूमि बायोमास : 2मिमी. के व्यास वाली जड़ के हिस्से को सम्मिलित करना। **निर्जीव वुडी :** बायोमास में खड़े और जमीन के नीचे हो इसमें जड़ों को भी सम्मिलित किया जाता है।

कूड़ा-कचरा : इसमें सभी निर्जीव बायोमास के साथ ही 5 मिमी. से भी कम व्यास को सम्मिलित किया जाता है।

मृदा जैविक कार्बन : इसमें खनिज और जैविक मिट्टी में 30 सेमी. की गहराई तक जैविक कार्बन सम्मिलित है।

विभिन्न राज्यों में विभिन्न वन प्रकारों के कार्बन स्टॉक की क्षमता का भी आकलन किया गया है और सूचित किया गया है कि अरुणाचल प्रदेश में 994.5 मिलियन टन का अधिकतम कार्बन स्टॉक दर्ज किया गया है और इसके बाद मध्यप्रदेश (695.5 मिलियन टन), छत्तीसगढ़ (560.9 मिलियन टन) और महाराष्ट्र (493.0 मिलियन टन) का आकलन लगाया गया है।

प्रति हैक्टेयर कार्बन स्टॉक सबसे अधिकतम अंडमान एवं निकोबार महाद्वीप (170.68 टन प्रति हैक्टेयर) इसके बाद अरुणाचल प्रदेश (148.52 टन प्रति हैक्टेयर), सिक्किम (145.14 टन प्रति हैक्टेयर) एवं कर्नाटक (126.52 टन प्रति हैक्टेयर) होता है। कार्बन स्टॉक के विभिन्न पूल में से, मृदा जैविक कार्बन, ऊपरी भूमि बायोमास के बाद 56% दर्ज हुआ है जो कि कार्बन स्टॉक का 32% है।

सारिणी 4. भारत में 2015 और 2017 के मध्य वनों में कार्बन स्टॉक में बदलाव (मिलियन टन)

क्र. सं.	घटक	ISFR 2015 के अनुसार वनों में कार्बन भंडारण	2017 में वनों में कार्बन भंडारण	कार्बन भंडारण में नेट परिवर्तन	कार्बन भंडारण में वार्षिक वृद्धि
1.	भू-बायोमास से अधिक	2220	2238	18	9.00
2.	भू-बायोमास से कम	695	699	4	2.00
3.	मृत्त काष्ठ	29	30	1	0.50
4.	कचरा	131	136	5	2.50

क्र. सं.	घटक	ISFR 2015 के अनुसार वनों में कार्बन भंडारण	2017 में वनों में कार्बन भंडारण	कार्बन भंडारण में नेट परिवर्तन	कार्बन भंडारण में वार्षिक वृद्धि
5.	मृदा कार्बनिक कार्बन	3969	3979	10	5.00
6.	**कुल**	**7044**	**7082**	**38**	**19.00**

(FSI, 2015, 2017)

सारिणी 5. भारत में प्राकृतिक वनों का राज्यानुसार कार्बन स्टॉक (प्रति हैक्टेयर 1 हजार टन)

क्र. सं.	राज्य	भू–जैवभार से अधिक	भू–जैवभार से कम	मृत कचरा	कचरा	मृदा	कुल
1.	आंध्रप्रदेश	100539 (35.72)	38585 (13.71)	568 (0.20)	4527 (1.61)	118471 (42.09)	262690 (93.33)
2.	अरुणाचल प्रदेश	243462 (36.36)	53378 (7.97)	4305 (0.64)	16231 (2.42)	677163 (101.12)	994,539 (148.52)
3.	असम	47343 (16.85)	10824 (3.85)	1093 (0.39)	5240 (1.86)	112352 (39.98)	176,852 (62.93)
4.	बिहार	19063 (26.12)	6707 (9.19)	138 (0.19)	625 (0.86)	28864 (39.55)	55,397 (75.90)
5.	छत्तीसगढ़	206678 (37.21)	68,159 (12.27)	2588 (0.47)	7628 (1.37)	275927 (49.67)	560,980 (100.99)
6.	दिल्ली	230 (11.98)	52 (2.71)	2 (0.10)	11 (0.57)	653 (34.01)	948 (49.38)
7.	गोवा	5153 (23.12)	1512 (6.78)	250 (1.12)	417 (1.87)	11684 (52.42)	19,016 (85.31)
8.	गुजरात	32668 (22.14)	11719 (7.94)	322 (0.22)	993 (0.67)	64995 (44.04)	110,697 (75.01)
9.	हरियाणा	3736 (23.53)	1269 (7.99)	20 (0.13)	74 (0.47)	7312 (46.05)	12,411 (78.15)
10.	हिमाचल प्रदेश	70655 (46.79)	18691 (12.38)	739 (0.49)	2511 (1.66)	83186 (55.09)	175,782 (116.41)
11.	जम्मू एवं कश्मीर	112919 (48.59)	30083 (12.94)	1004 (0.43)	3529 (1.52)	128391 (55.24)	275,926 (118.72)
12.	झारखंड	86006 (36.52)	33173 (14.08)	438 (0.19)	1298 (0.55)	101967 (43.29)	222,882 (94.63)

क्र. सं.	राज्य	भू–जैवभार से अधिक	भू–जैवभार से कम	मृत कचरा	कचरा	मृदा	कुल
13.	कर्नाटक	128098 (34.11)	35045 (9.33)	2545 (0.68)	19745 (5.26)	289652 (77.14)	475,085 (126.52)
14.	केरल	74166 (36.50)	19245 (9.47)	1058 (0.52)	7436 (3.66)	153976 (75.77)	255,881 (125.92)
15.	मध्यप्रदेश	266040 (34.37)	101516 (13.11)	1654 (0.21)	7741 (1.00)	318713 (41.17)	695,664 (89.86)
16.	महाराष्ट्र	142651 (28.15)	48947 (9.66)	1986 (0.39)	9385 (1.85)	290052 (57.23)	493,021 (97.28)
17.	मणिपुर	27253 (15.71)	8821 (5.09)	530 (0.31)	3909 (2.25)	102578 (59.14)	143,091 (82.49)
18.	मेघालय	25168 (14.68)	6835 (3.99)	881 (0.51)	5184 (3.02)	117772 (68.69)	155,840 (90.89)
19.	मिजोरम	15359 (8.45)	3173 (1.74)	633 (0.35)	2652 (1.46)	73224 (40.26)	95,041 (52.26)
20.	नागालैण्ड	16151 (12.93)	4150 (3.32)	666 (0.53)	2432 (1.95)	101661 (81.40)	125,060 (100.14)
21.	ओडिशा	152525 (29.71)	50407 (9.82).	2108 (0.41)	9,087 (1.77)	238776 (46.50)	452,903 (88.21)
22.	पंजाब	5095 (27.74)	1883 (10.25)	26 (0.14)	63 (0.34)	8971 (48.84)	16,038 (87.31)
23.	राजस्थान	32558 (19.65)	12736 (7.69)	216 (0.13)	721 (0.44)	43429 (26.21)	89,660 (54.10)
24.	सिक्किम	13379 (40.01)	3735 (11.17)	211 (0.63)	585 (1.75)	30624 (91.58)	48,534 (145.14)
25.	तमिलनाडु	84067 (31.99)	29252 (11.13)	1006 (0.38)	5579 (2.12)	109434 (41.64)	229,338 (87.26)
26.	तेलंगाना	72498 (35.51)	28388 (13.90)	333 (0.16)	3117 (1.53)	80639 (39.49)	184,975 (90.59)
27.	त्रिपुरा	15674 (20.29)	3224 (4.17)	556 (0.72)	1613 (2.09)	42341 (54.80)	63,408 (82.07)
28.	उत्तरप्रदेश	47752 (32.53)	14264 (9.72)	444 (0.30)	1824 (1.24)	60850 (41.45)	125,134 (85.25)
29.	उत्तराखंड	105173 (43.29)	26961 (11.10)	1316 (0.54)	5665 (2.33)	145549 (59.91)	284,664 (117.17)

क्र. सं.	राज्य	भू–जैवभार से अधिक	भू–जैवभार से कम	मृत कचरा	कचरा	मृदा	कुल
30.	पश्चिम बंगाल	45382 (26.94)	13916 (8.26)	434 (0.26)	2585 (1.53)	100884 (59.88)	163,201 '(96.87)
31.	अंडमान एवं निकोबार द्वीप	39426 (58.48)	11901 (17.65)	2048 (3.04)	3702 (5.49)	57996 (86.02)	115,073 (170.68)
32.	चंडीगढ़	61 (27.73)	19 (8.64)	0 (0.00)	2 (0.91)	122 (55.45)	204 (92.73)
33.	दादर एवं नागर हवेली	447 (21.59)	106 (5.12)	10 (0.48)	35 (1.69)	827 (39.95)	1,425 (68.84)
34.	दमन एवं दीव	11 (5.50)	2 (1.00)	0 (0.00)	2 (1.00)	76 (38.00)	91 (45.50)
35.	लक्षद्वीप	55 (20.37)	0 (0.00)	1 (0.37)	5 (1.85)	100 (37.04)	161 (59.63)
36	पुदुचेरी	108 (20.00)	23 (4.26)	1 (0.19)	8 (1.48)	311 (57.59)	451 (83.52)
	कुल	**2237549 (31.59)**	**698701 (9.86)**	**30130 (0.43)**	**136161 (1.92)**	**3979522 (56.19)**	**7,082,063 (99.99)**

(FSI, 2017)

सारिणी 6. भारत में वन प्रकार आधारित कार्बन स्टॉक ('000' tonnes with per ha stock in tonnes)

क्र. सं.	राज्य	भू–जैवभार से अधिक	भू–जैवभार से कम	मृत कचरा	कचरा	मृदा	कुल
1.	उष्णकटिबंधीय आर्द्र सदाबहार वन	100004 (47.91)	34458 (16.51)	3567 (1.71)	9216 (4.42)	180825 (86.64)	328070 (157.18)
2.	उष्णकटिबंधीय अर्ध सदाबहार वन	274741 (28.02)	56508 (5.76)	5861 (0.60)	32009 (3.26)	755307 (77.04)	1124426 (114.69)
3.	उष्णकटिबंधीय आर्द्र पतझड़ी वन	331701 (22.92)	68224 (4.71)	10752 (0.74)	40400 (2.79)	871939 (60.24)	1323016 (91.40)
4.	समुद्रतटवर्ती एवं दलदली वन	26955 (40.59)	9324 (14.04)	14 (0.02)	475 (0.72)	36796 (55.42)	73564 (110.79)

क्र. सं.	राज्य	भू–जैवभार से अधिक	भू–जैवभार से कम	मृत कचरा	कचरा	मृदा	कुल
5.	उष्णकटिबंधीय शुष्क पतझड़ी वन	1042208 (37.29)	409233 (14.64)	4638 (0.17)	28372 (1.02)	1185892 (42.43)	2670343 (95.54)
6.	उष्णकटिबंधीय कंटीले वन	9280 (6.93)	3619 (2.70)	220 (0.16)	1263 (0.94)	30102 (22.47)	44484 (33.20)
7.	उष्णकटिबंधीय शुष्क सदाबहार वन	2785 (31.76)	1094 (12.47)	40 (0.46)	130 (1.480)	4198 (47.87)	8247 (94.04)
8.	उपोष्णकटिबंधीय पृथुपर्णी वन	39623 (20.68)	14600 (7.62)	672 (0.35)	4391 (2.29)	156353 (81.61)	215639 (112.55)
9.	उपोष्णकटिबंधीय चीड़ वन	56838 (28.57)	14347 (7.21)	769 (0.39)	2320 (1.17)	123087 (61.87)	197361 (99.21)
10.	उपोष्णकटिबंधीय शुष्क सदाबहार वन	633 (34.59)	248 (13.55)	5 (0.27)	7 (0.38)	1271 (69.45)	2164 (118.25)
11.	पर्वतीय आर्द्र शीतोष्ण वन	13432 (26.94)	3391 (6.80)	338 (0.68)	1008 (2.02)	37948 (76.12)	56117 (112.57)
12.	हिमालयी आर्द्र शीतोष्ण वन	155932 (53.37)	39361 (13.47)	1793 (0.61)	7407 (2.54)	210647 (72.10)	415140 (142.09)
13.	हिमालयी शुष्क शीतोष्ण वन	34057 (65.71)	9234 (17.82)	277 (0.53)	696 (1.34)	34582 (66.72)	78846 (152.12)
14.	अर्ध अल्पाइन वन	57564 (44.54)	15607 (12.08)	647 (0.50)	1384 (1.07)	88973 (68.85)	164175 (127.04)
15.	आर्द्र अल्पाइन झाड़ीदार वन	3092 (27.10)	838 (7.34)	51 (0.45)	88 (0.77)	7163 (62.78)	11232 (98.44)
16.	शुष्क अल्पाइन झाड़ीदार वन	5846 (35.95)	1585 (9.75)	59 (0.36)	175 (1.08)	8064 (49.59)	15729 (96.73)
17.	वृक्षारोपण	82854 (16.61)	17031 (3.41)	429 (0.09)	6820 (1.37)	246374 (49.39)	353508 (70.87)
	कुल	**2237545 (31.59)**	**698702 (9.86)**	**30132 (0.43)**	**136161 (1.92)**	**3979521 (56.19)**	**7082061 (99.99)**

(FSI, 2017)

कृषि वानिकी द्वारा कार्बन पृथक्करण (Carbon Sequestration By Agroforestry)

कृषि वानिकी संपोषनीय भूमि उपयोग प्रबंधन प्रणाली है जो कि समान भूमि उपयोग प्रणाली में वृक्ष और जंतुओं को मिलाने से लगभग उत्पादकता में वृद्धि होती है। कृषि वानिकी प्रणाली में कार्बन के सिंक के रूप में कार्य करने के अतिरिक्त आजीविका के अवसरों को बढ़ाने का अच्छा लाभ है। कार्बन को कम करने और उसके शमन तथा अनुकूलन के तरीकों के स्त्रोत के रूप में कार्य करने के लिए कृषि वानिकी एक संभावित भूमि उपयोग प्रणाली के रूप में चिन्हित किया गया है। कृषि वानिकी की कार्बन पृथक्करण क्षमता को शोधकर्ताओं द्वारा बहुत अधिक प्रलेखित किया गया है और मुख्य विशेषताएँ प्रस्तुत की गईं हैं।

- कृषि वानिकी ऊपरी एवं निम्न जमीनी स्तर दोनों में कार्बन पृथक्करण की क्षमता महत्त्वपूर्ण है। ऊपरी जमीनी बायोमास में कार्बन को स्टैंडिंग बायोमास में भंडारित किया जाता है। निचली जमीन में कार्बन को मृदा कार्बन और जड़ बायोमास की वृद्धि के रूप में भंडारित किया जाता है।
- कृषि नानिकी प्रणाली गें ऊपरी एवं निम्न जमीनी बायोमास में उपस्थित कार्बन सामान्यत: वृक्षों के बिना समान भूमि उपयोग की तुलना में कुछ अधिक होता है।
- कृषि वानिकी प्रणाली के पास अगले 50 वर्षों से अधिक स्थलीय पारिस्थितिकी तंत्र में कार्बन की शमन क्षमता 1.1 से 1.2 Pg होती है।
- कृषि वानिकी में गैर उत्पादित कृषि भूमि का 630 मिलियन हैक्टेयर का संरक्षण की क्षमता वर्ष 2040 में 5,86,000 Mg कार्बन प्रति वर्ष होती है।
- भारत में, यह अनुमान लगाया गया है कि कृषि वानिकी आधारित उपयोगी भूमि प्रणाली की पृथक्करण की क्षमता 68 से 228 Mg कार्बन प्रति हैक्टेयर होती है। (Dixon *et al.*, 1994)
- यह भी अनुमान लगाया गया है कि कृषि वानिकी प्रणाली में कार्बन का भंडारण लगभग 83.6 टन मृदा/गहराई का 30 कार्बन प्रति हैक्टेयर तक होता है। (Jha et al., 2001)
- पर्यावरणीय लाभों के अतिरिक्त, उत्पादक और फार्म आय के बढ़ते हुए संभावित पारिस्थितिकी लाभ हैं।
- कृषि वानिकी सदैव ही सजीव बायोमास के साथ-साथ मृदा में महत्त्वपूर्ण संचित कार्बन को दर्शाती है।
- कृषि वानिकी प्रणाली सदैव ही कार्बन डाइ ऑक्साइड उत्सर्जन में कमी की ओर योगदान दे सकती है।
- कृषि वानिकी के पास प्रणाली को लचीलापन देने की क्षमता होती है और जलवायु परिवर्तन के घातक प्रभाव के विरुद्ध प्रबंध करती है।
- उपरोक्त सभी कृषि वानिकी प्रणालियाँ मृदा, जल को संरक्षित करती हैं तथा क्षेत्र की सूक्ष्म जलवायु को बेहतर बनाती है।

■ ■ ■

अध्याय 16

वन आधारित उद्योग
(Forest Based Industries)

लकड़ी आधारित उद्योगों के कच्चे पदार्थ सामग्री के विस्तार में वन महत्त्वपूर्ण भूमिका निभाते हैं, लेकिन नीति बदलाव और कानूनी नियमों के कारण, वन विभाग आपूर्ति पर निर्भर हुए बिना उद्योग इनके कच्चे पदार्थ स्त्रोतों को उत्पादित करने का आदेश देते हैं। कच्चे पदार्थ की उपलब्धता और वनों की महत्ता गंभीर चिंता का विषय बन गई है और निर्भर उद्योग बढ़ती हुई चिंता के रूप में चिंताग्रस्त होते हैं। इसलिए, देश के भीतर और बाहर, लकड़ी आधारित उद्योगों की उपलब्धता, कच्ची सामग्री की स्थिति और संबद्ध आपूर्ति शृंखला का आकलन करने की आवश्यकता है। उद्योगों की विस्तृत शृंखला प्रचलित होती है और केवल संगठित उद्योगों के क्षेत्रों को मान्यता दी गई है और मौजूदा माँग आपूर्ति का पैटर्न केवल इन उद्योगों पर आधारित होता है। यहाँ विस्तृत शृंखला में असंगठित उद्योग हैं और लकड़ी को कच्चे माल के रूप में उपयोग करते हैं और ये कच्ची सामग्री की औद्योगिक माँग को प्रमाणित नहीं करते हैं। इसलिए, वनों पर आधारित उद्योगों का वर्तमान अध्याय निम्नलिखित विषयों पर आधारित है।

- मुख्य लकड़ी आधारित उद्योग (Major wood based industries)
- मुख्य उद्योगों के लिए लकड़ी की माँग (Wood demand for major industries)
- लकड़ी उत्पादन (Wood production)
- लकड़ी उपभोग (Wood consumption)
- कच्ची सामग्री और प्रजातियाँ (Raw material and species)

लकड़ी आधारित उद्योग (Wood Based Industries)

भारत में वन को प्राथमिक रूप से सामाजिक और पर्यावरणीय संसाधन माना जाता है और द्वितीयक रूप से वाणिज्यिक संसाधन को माना जाता है। लकड़ी और लकड़ी के उत्पादों की देश की माँग मुख्य रूप से हाल के समय में निजी भूमि पर निर्भर करती है। वन संरक्षण अधिनियम और राष्ट्रीय वन नीति 1988 लागू करने से पूर्व देश के अधिकांश लकड़ी आधारित उद्योग मुख्यत: वनों से अपनी कच्ची सामग्री प्राप्त कर रहे थे और उचित कीमतों पर वन उत्पादों को पुन: लेना जारी रखते हैं।

कुछ राज्य सरकारों सरकारों ने कच्ची सामग्री की सुरक्षा के लिए स्थायी और प्रगतिशील योजना के बिना वन से कच्ची सामग्री की आपूर्ति के लिए उद्योगों के साथ दीर्घ-कालिक समझौता किया है। इसके परिणामस्वरूप लंबे समय तक वनों से कच्ची सामग्री को लगातार वापिस लिया जाता रहा है। जिसके परिणामस्वरूप बड़े पैमाने पर प्राकृतिक वनों का क्षरण हुआ है।

ठोस नीति और कानूनी प्रतिबंधों के बाद इन उद्योगों को अपनी कच्ची सामग्री के संसाधन उत्पन्न करने के लिए बाध्य किया गया है। 1988 की राष्ट्रीय वन नीति ने देश में पहली बार लकड़ी आधारित उद्योगों के लिए दिशा-निर्देश और विनियम दिए हैं और इन लकड़ी आधारित उद्योगों को अपने कच्ची सामग्री के संसाधनों का मूल्यांकन करने के लिए निर्देश दिए हैं।

प्रशासित मूल्य पर उद्योगों को नियमित रूप से कच्ची सामग्री की आपूर्ति करने का कार्य लगभग बंद हो गया है। नीति निर्देशक ने लकड़ी आधारित उद्योगों को निर्देश दिए हैं कि वे आवश्यक निवेश, प्रौद्योगिकी, ऋण सविधाएँ और मूल्य सहायक तंत्र का आश्वासन देकर किसानों और व्यक्तियों के साथ-सीधा संबंध स्थापित करते रहें।

हालांकि, कई उद्योगों ने यद्यपि कुछ नीति को गंभीरता से नहीं लिया गया है, लेकिन कई उद्योगों ने विभिन्न हितधारकों के साथ मिलकर औद्योगिक लकड़ी वृक्षारोपण कार्यक्रम शुरू किए हैं।

मुख्य लकड़ी आधारित उद्योग (Major Wood Based Industries)

ऐसे उद्योग जो मुख्य रूप से लकड़ी और लकड़ी के अवशेषों का उपयोग करते हैं, वन या लकड़ी आधारित उद्योग माने जाते हैं। लकड़ी पर आधारित उद्योग जो कच्ची सामग्री के लिए वन या वृक्षारोपण पर निर्भर करते हैं, वे लुगदी और कागज, मिलान, सावन लकड़ी, लिबास, प्लाईवुड, पार्टिकल बोर्ड, खेल की सामग्री, कृषि उपकरण, निर्माण उद्योग आदि हैं। भारत में उपलब्ध विभिन्न लकड़ी आधारित उद्योगों की सूची नीचे दी गई है।

1. कागज और पेपरबोर्ड
2. समाचार-पत्र
3. निर्माण-उद्योग
4. फर्नीचर
5. पैकेजिंग
6. रेयॉन ग्रेड लुगदी
7. ऑटो मोबाइल
8. कृषि उपकरण
9. रेलवे स्लीपर
10. खेल सामग्री
11. हस्त-शिल्प (हैंडीक्राफ्ट)
12. प्लाईवुड
13. वेनीयर
14. पर्टिकल बोर्ड
15. बोर्ड
16. मैच बॉक्स
17. खनिज
18. लकड़ी के बर्तन
19. पेंसिल उद्योगों
20. विविध उद्योग

इन उद्योगों के लिए लकड़ियों की माँग तेजी से बढ़ती जा रही है, लेकिन यहाँ वृक्षारोपण का संलग्न विकास नहीं हुआ है जिसके परिणामस्वरूप भारी आयात करना पड़ रहा है।

मुख्य उद्योगों के लिए लकड़ी की माँग (Wood Demand For Major Industries)

वर्ष 2020 के लिए कुल औद्योगिक लकड़ी की माँग 153 मिलियन मी.^{3} अनुमानित है जो कि वर्ष 2010 से 2020 के दौरान 58 मिलियन मी.^{3} बढ़ गयी है।

लकड़ी की भविष्य की माँग का वृद्धि प्रतिमान

वर्ष	माँग (दस लाख m^3)	प्रतिशत में वृद्धि (प्रति वर्ष औसत)
2010	95.00	5.68
2015	123.00	5.89
2020	153.00	4.88

लकड़ी की माँग को शॉर्ट रोटेशन प्रजाति और लॉग रोटेशन प्रजाति में वर्गीकृत किया गया है। शॉर्ट रोटेशन प्रजातियों का प्राथमिक उपयोग लुगदी और कागज उद्योग, पैकिंग कृषि संबंधी उपकरण, खेल की सामग्री, प्लाईवुड, मैच और अन्य विविध उद्योगों में होता है। अधिकांश स्थितियों में, शॉर्ट रोटेशन प्रजातियाँ मुख्यत: सॉफ्टवुड होती है जिसका उपयोग अधिकांश लकड़ी आधारित उद्योगों की वृद्धि में होता है। FAO के साथ MoEF के सहयोग से विस्तृत अध्ययन किया गया है और विभिन्न लकड़ी आधारित उद्योगों के लिए उपयुक्त शॉर्ट रोटेशन प्रजातियों के लिए माँग को प्रायोजित करते हैं। लघु आवर्तनकाल प्रजातियों के लिए प्रयोजित माँग 0.35 मिलियन मी.^{3} (वेनीयर) और 35.84 मिलियन मी.^{3} (पेपर और पेपर बोर्ड) के मध्य मापी गई है। विभिन्न लकड़ी आधारित उद्योगों के लिए प्रायोजित माँग वर्ष 2015 में 6.76 मिलियन मी.^{3} अनुमानित थी और वर्ष 2020 के लिए यह लगभग 87.70 मिलियन मी.^{3} है।

SR प्रजातियों से RWE के लिए अनुमानित माँग

क्र.सं.	उद्योग	2010	2015	2020
1	कागज और पेपर बोर्ड (100%)	15.50	26.64	35.84
2	अखबारी कागज (100%)	3.42	4.63	6.22
3	रेयान ग्रेड गूदा (पल्प) (100%)	3.10	3.40	3.80
4	निर्माण उद्योग (20%)	4.42	5.26	5.70
5	पैकेजिंग (50%)	3.20	3.78	4.50
6	कृषि औजार (50%)	1.25	1.25	1.25
7	खेल के सामान (50%)	0.49	0.84	1.37
8	तहदार लकड़ी/प्लाईवुड (50%)	8.98	11.45	14.60
9	पोशिश (तहदार लकड़ी का पत्तर) (50%)	0.22	0.27	0.35
10	माचिस (100%)	3.00	3.40	4.00
11	खनन (50%)	2.00	2.25	2.50
12	विविध उद्योग (50%)	4.70	5.60	7.58
	कुल	**50.18**	**68.76**	**87.70**

दीर्घ आवर्तनकाल वाली प्रजातियों से लकड़ी की माँग वर्ष 2005 से लघु आवर्तनकाल की प्रजातियों से लगभग बराबर होती है, लेकिन वर्ष 2020 के दौरान शॉर्ट रोटेशन प्रजातियों से लकड़ी के लिए अनुमानित माँग, दीर्घ रोटेशन प्रजातियों की तुलना में 33% उच्च होती है। वर्ष 2020 के लिए दीर्घ रोटेशन प्रजातियों की अनुमानित माँग 0.16 मिलियन मी.^{3} (लकड़ी के बर्तन) और 22.80 (निर्माण उद्योग) के मध्य मापी गई है। दीर्घ रोटेशन प्रजातियों से लकड़ी के लिए लगभग अनुमानित माँग क्रमश: 54.40 मिलियन मी.^{3} (2015) और 65.10 मिलियन मी.^{3} (2020) होती है जो कि लघु रोटेशन प्रजातियों से अनुमानित माँग की तुलना में कम होता है। दीर्घ रोटेशन और लघु रोटेशन प्रजातियों से दोनों लकड़ी उद्योगों उद्योगों की अनुमानित माँग का तुलनात्मक विश्लेषण किया गया है।

LR प्रजातियों से RWE के लिए अनुमानित माँग

क्र.सं.	उद्योग	2010	2015	2020
1	निर्माण उद्योग (80%)	17.68	21.04	22.80
2	पैकेजिंग (5%)	3.20	3.78	4.50
3	फर्नीचर (100%)	4.62	5.9	7.53
4	ऑटो मोबाइल (100%)	0.41	0.60	0.87
5	कृषि उपकरण (50%)	1.25	1.25	1.25
6	रेलवे स्लीपर्स (100%)	0.22	0.02	0.02
7	खेल सामग्री (50%)	0.49	0.84	1.37
8	हस्तनिर्मित कार्य (100%)	0.65	0.78	0.95
9	प्लाईवुड (50%)	8.98	11.45	14.60
10	पोशिश (50%)	0.22	0.27	0.35
11	पार्टिकल बोर्ड (100%)	0.22	0.28	0.35
12	MDF बोर्ड (100%)	0.21	0.24	0.28
13	खनन (50%)	2.00	2.25	2.50
14	कटमरैन (100%)	0.07	0.11	0.16
15	विविध उद्योग (50%)	4.70	5.60	7.58
	कुल	**44.92**	**54.40**	**65.10**

SR और LR प्रजातियों से औद्योगिक लकड़ी की माँग प्रयोजना का विवरण (in million m^3)

क्र.सं.	उद्योग	2010	2015	2020
1	SR प्रजातियों से लकड़ी	50.18	68.76	87.70
2	LR प्रजातियों से लकड़ी	44.92	54.40	65.10
	कुल (% वृद्धि)	95.10 (5.68)	123.16 (5.89)	152.80 (4.88)

(FAO, 2009)

लकड़ी उत्पादन (Wood Production)

हाल ही के दशकों में वनों के बाहरी वृक्षों का बढ़ता हुआ भंडार लगभग स्थिर रहा है, इसलिए यह माना जा सकता है कि वनों के बाहरी वृक्षों का उत्पादन वर्ष 2011 के आकलन (2015 के बढ़ते स्टॉक का 1,573 मिलियन घ.मी.) पर 2015 में 25 मिलियन घ.मी. की सीमांत वृद्धि पर विचार करते हुए यह भी स्थिर या कम हो गया है।

FAO के 2015 में वैश्विक वन आकलन पर रिपोर्ट के अनुसार 2015 में भारत में निकाली गई कुल लकड़ी 434.77 मिलियन घनमीटर थी, जिसमें से ईंधन की लकड़ी 385 मिलियन घनमीटर या 231.15 मिलियन टन थी।

भारत में अनुमानित वार्षिक लकड़ी उत्पादन

श्रेणी	उत्पादन (मिलियन m^3)
वनों से लकड़ी का अनुमानित उत्पादन (FDCs को छोड़कर)	1.205
वन विकास कॉर्पोरेशन से काष्ठ उत्पादन (FDCs)	1.97
TOF से काष्ठ का वार्षिक उत्पादन	44.34
भारत में बाँस उत्पादन	5.38
आयात (2015 में सभी काष्ठ एवं सहबद्ध उत्पाद)	18.01
कुल काष्ठ उत्पादन	70.9
ईंधन लकड़ी उत्पादन	385.25
कुल लकड़ी उत्पादन	456.15

भारत में वार्षिक लकड़ी की खपत (उपभोग)

श्रेणी	लकड़ी का उपयोग (मिलियन m^3)
निर्माण, फर्नीचर एवं कृषि उपकरण	48.00
प्लाईवुड एवं पैनल	8.47
पेपर, पेपरबोर्ड एवं न्यूज़प्रिंट	12.52
ईंधन लकड़ी	333.00
कुल वार्षिक लकड़ी उपभोग	402.00
कुल वार्षिक काष्ठ उपभोग	69.00

(CSE, 2017)

कच्ची सामग्री एवं प्रजातियाँ (Raw Material And Species)

कई उद्योग कुछ प्रजातियों के लिए अद्वितीय हैं, लेकिन लुगदी और कागज, प्लाईवुड, वेनीयर, MDF और निर्माण उद्योग में अनेक प्रजातियों का उपयोग करते हैं। उपयुक्त कच्ची सामग्री

की कमी के लिए कई उद्योगों ने उपलब्ध वैकल्पिक प्रजातियों के उपयोग शुरू किये गए हैं। लकड़ी पर आधारित उद्योगों के लिए प्रजातियों के चयन को छोटे, मध्यम तथा लंबे चक्र के रूप में वर्गीकृत किया गया है।

कटाई आवर्तन (Rotation)

कटाई अवधि एक निर्धारित वर्ष की संख्या या किसी वृक्ष के खड़े होने और फसल कटाई की स्थिति या अंतिम कटाई के बीच समय अवधि होती है।

वृक्ष प्रजातियों का कटाई आवर्तन काल निम्न रूप में वर्गीकृत है :

i. लघु आवर्तन

ii. मध्यम आवर्तन

iii. दीर्घ आवर्तन

i. लघु आवर्तन (Short Rotation)

लघु आवर्तन शब्द उन प्रजातियों को संदर्भित करता है, जो तेजी से वृद्धि करते हैं और बहुत ही कम समय अवधि में काटा जाता है, अर्थात् 5 से 6 वर्ष के भीतर।

> ***उदाहरण*** *: Casuarina* spp., *Eucalyptus* spp., *Melia dubia, Neolamarckia cadamba.*

ii. मध्यम आवर्तन (Medium Rotation)

मध्यम आवर्तन प्रजातियों को 7 से 15 वर्ष के मध्य काटा जाता है, जहाँ प्रजातियाँ उस उम्र में फसल स्थिर संपत्ति को प्राप्त करती हैं।

> ***उदाहरण*** *: Ailanthus excelsa, Dabergia sissoo, Swietenia macrophylla, Acrocarpus fraxinifolius.*

iii. दीर्घ आवर्तन (Long Rotation)

दीर्घ आवर्तन फसलों की आवर्तन आयु 15 वर्ष से अधिक होती है, जहाँ प्रजातियों को 20 वर्ष की आयु के पश्चात् काटा जाता है।

> ***उदाहरण*** *: Tectona grandis, Dalbergia latifolia, Pterocarpus santalinus, Santalum album.*

विभिन्न लकड़ी आधारित उद्योगों के लिए उपयुक्त प्रजातियाँ

क्र.सं.	लकड़ी आधारित उद्योग	उपर्युक्त प्रजातियाँ
1	पेपर एवं पेपरबोर्ड	*Eucalyptus terticomis, Eucalyptus hybrid, Casuarina equisetifolia, Leucaena leucocephala, Bamboo* spp., *Acacia auriculiformis, Pinus* spp. and *Melia dubia*

क्र.सं.	लकड़ी आधारित उद्योग	उपर्युक्त प्रजातियाँ
2	न्यूजप्रिंट	*Eucalyptus camaldulensis, Bamboo* spp., *Boswellia serrata* and *Kydia calycina*
3	निर्माण उद्योग	*Acacia nilotica, Albizia* spp., *Adina cerdifolia, Artocarpus* spp, *Anoguissus* spp., *Abies pindrow, Pinus roxburgliii* and *Toona ciliata*
4	फर्नीचर	*Tectona grandis, Dalbergia sissoo, Artocarpus* spp., *Ougeinia oojeinensis, Dalbergis latifolia, Pterocarpus marsupium, Gmelina arborea* and *Shorea robusta*
5	पैकेजिंग	*Abies pindrow, Picea smithiana, Pinus wallichiana, Bombax ceiba, Mangifora indica, Neolanarckia cadamba, Ailanthus malabarica, Alstonia scholciris, Vateria indica, Boswellia serrata* and *Ailanthus excelsa.*
6	रेयोन श्रेणी लुगदी	*Neolanarckia cadamba, Alstonia scholaris, Vateria indica, Eucalyptus* spp and *Poplars.*
7	ऑटोमोबाइल	*Guaiacum officinale, Guaiacum sanctum, Nanika littoralis, Hardwickci binnata, Mesuafora* and *Xylia xycocarpa*
8	कृषि उपकरण	*Acacia nilotica, Acacia catechu, Anogeissus latifolia, Cassia fistula, Chloroxylon swietenia, Diospyros melanoxylon, Grewia tiltifolia, Hopea oderata, Mesua ferra* and *Xylia xycocarpa*
9	रेलवे स्लीपर्स	*Shorea robusta, Cedrus deodara, Mesua ferra, Xylia xylocarpa, Lagerstroemia parviflora, Pterocarpus marsupium* and *Hopea parviflora*
10	खेल सामग्री	*Diospyros melanoxylon, Taxusbaccata, Salix alba, Morus alba, Arundinaria falcate, Ocotea rodioei, Carya* spp., *Dalbergia sissoo, Fraxinus* spp., *Acer* spp., *Fagus* spp., *Lagerstroemia lanceolata.*
11	हस्तनिर्मित	*Adina cordifolia, Artocarpus beterophyllus, Dysoxylwn malabarium, Gardenia latifolia, Miliasa tomentosa, Mitragyna paivifolia, Wringhtia tinctoria, Gmelina arborea* and *Aegle marmelos*
12	प्लाईवुड	*Dipterocarpus macrocarpus, Acrocarpus fraxinifolius, Mangifera indica, Vateria indica, Ailanthus* spp., *Toona ciliata, Melia dubia, Eucalyptus* spp. and *Swielenia* spp.

क्र.सं.	लकड़ी आधारित उद्योग	उपर्युक्त प्रजातियाँ
13	पोशिश	*Syzygium cumini, Terminalia bellerica, Dalbergia latifolia, Dysoxylwn malabaricum, Swietenia* spp. and *Tectona grandis*
14	पार्टिकल बोर्ड	*Anacardium occidentle, Mangifera indica*
15	MDF बोर्ड	*Mangifera indica, Abies pindrow, Pinus wallichiana, Bombax ceiba, Neolanarckia cadamba*
16	मैच बॉक्स	*Populus deltoides, Populus tremula, Tilia japonica, Bombax ceiba, Ailanthus excelsa, Ailanthus triphysa, Pinus lambertiana, Canarium strictum, Sterculia villosa, Trewia nudifolia, Neolanarckia cadamba Alstonia scholaris, Albizia falcatoria* and *Erythina* spp.
17	खनन	*Xylia dolabriformis, Tectona grandis, Hardwickia binata, Xylia xylocarpa, Acacia nilotica, Mesua ferrea* and *Hopea parviflora*
18	कटमरैन	*Albizia falcatoria* and *Albizia lebbeck*
19	पेन्सिल उद्योग	*Juniperus virginiana, Juniperus procera, Alnus nepalensis, Juniperus macropoda, Neolanarckia cadamba* and *Cedrus deodara*
20	विविध उद्योग (मोटर-ट्रक बॉडी)	*Artocarpus hirsatus, Calophyllum* spp, *Terminalia bialata, Dysoxylum malabaricum* and *Lagerstroemia lanceolata*

■ ■ ■

अध्याय **17**

वानिकी में संगठन

(Organizations In Forestry)

वन विकास और संरक्षण और प्रबंधन के लिए संबद्ध कार्यनीतियाँ सार्वजनिक और निजी दोनों क्षेत्र संगठनों द्वारा की जाती हैं। ये संगठन संरक्षण कार्यक्रमों-विकास प्रक्रियाओं, प्रबंधन के मुद्दों को सम्मिलित करते हैं और प्रमाणन की प्रक्रिया में लगे होते हैं। दुनिया भर में कई संख्या में संगठन उपलब्ध हैं और उनके गुण और कार्य काफी रुचि के हैं। इन विषयों में स्नातक स्तर के पेशेवरों को इन संगठनों से अवगत होना चाहिए और इसलिए वानिकी के संगठनों के बारे में इस अध्याय की परिकल्पना की गई है और उसे इन उपशीर्षकों से प्रस्तुत किया गया है।

- **राष्ट्रीय संगठन :** भारतीय वन सर्वेक्षण (FSI), भारतीय वानिकी अनुसंधान एवं शिक्षा परिषद् (ICFRE), भारतीय जीव-जन्तु कल्याण बोर्ड (ANFPDC, AWBI), भारतीय वनस्पति सर्वेक्षण (BSI), केन्द्रीय कृषि अनुसंधान संस्थान (CAFRI), केन्द्रीय चिड़ियाघर प्राधिकरण (CZA), विज्ञान एवं पर्यावरण केंद्र (CSE), केन्द्रीय बारानी कृषि अनुसंधान संस्थान (CRIDA)।

  वन अनुसंधान संस्थान, देहरादून (FRI), भारतीय कृषि अनुसंधान परिषद् (ICAR), भारतीय प्लाईवुड उद्योग अनुसंधान और प्रशिक्षण संस्थान (IPIRTI), इन्दिरा गाँधी राष्ट्रीय वन अकादमी, देहरादून (IGNFA), केरल वन अनुसंधान संस्थान (KFRI), NBA, NBW, NTCA, WCCB, ZSI, WTI.

- **अन्तर्राष्ट्रीय संगठन :** CIFOR, ITTO, विश्व कृषि वानिकी केंद्र (ICRAF), IUCN, WWF, IUFRO, INBAR, FSC, FAO, IPCC.

राष्ट्रीय संगठन (National Organizations)

1. भारतीय वन सर्वेक्षण (Forest Survey Of India)

भारतीय वन सर्वेक्षण (FSI), पर्यावरण और वन मंत्रालय के अधीन एक प्रमुख राष्ट्रीय संगठन है, जो नियमित रूप से देश के वन संसाधनों के आंकलन और निगरानी के लिए उत्तरदायी

है। यह प्रशिक्षण, अनुसंधान और विस्तार की सेवाएँ भी प्रदान करने में लगी हुई है। 1 जून, 1981 को स्थापित, भारत के वन सर्वेक्षण में FAO और UNDP के प्रयोजनों से भारत सरकार द्वारा 1965 में शुरू की गई एक परियोजना के ''वन संसाधनों का निवेश सर्वेक्षण'' (Preinvestment Survey of Forest Resources- PISFR) में सफलता मिली है।

भारतीय वन सर्वेक्षण के उद्देश्य और गतिविधियाँ (Objectives and Activities of FSI)

- प्रत्येक दो वर्षों में एक बार राज्य वनों की रिपोर्ट तैयार की जाती है और देश में नवीनतम वन आवरण का मूल्यांकन उपलब्ध करवाते हैं और वन आवरण परिवर्तन को संभालते हैं।
- भारतीय वन सर्वेक्षण, वन और गैर वन का आविष्कार करती है और वन वृक्ष संसाधनों का डाटाबेस विकसित करती है। भारतीय वन सर्वेक्षण ने 1 : 50000 पैमाने पर विषयगत मानचित्र विकसित किया है।
- यह वन संसाधनों के स्थानिक डाटाबेस के संग्रहण, संकलन, भंडारण और प्रसार के लिए नोडल एजेंसी के रूप में कार्य करता है।
- यह वानिकी कर्मियों को संसाधन सर्वेक्षण, रिमोट सेंसिंग, GIS आदि से संबंधित प्रौद्योगिक के अनुप्रयोग के लिए क्षमता निर्माण कार्यक्रम भी उपलब्ध कराता है।
- भारतीय वन सर्वेक्षण, अनुसंधान और विकास मूल संरचनाओं को मजबूत बनाता है और लागू वन सर्वेक्षण तकनीकों पर अनुसंधान करता है।
- भारतीय वन सर्वेक्षण, वन संसाधन सर्वेक्षण, मानचित्रण और आविष्कार में राज्यों और संघ राज्य क्षेत्रों के वन विभाग को सहायता करते हैं।
- यह वानिकी से संबंधित अध्ययन और सलाहकार भी कार्य करते हैं।
- यह परियोजना के माध्यम से राज्य वन विभागों और अन्य संगठनों के लिए कस्टम मेड प्रशिक्षण पाठ्यक्रम भी चलाते हैं।

2. भारतीय वानिकी अनुसंधान एवं शिक्षा परिषद् [Indian Council Of Forestry Research And Education (ICFRE)]

वानिकी अनुसंधान, शिक्षा और विस्तार की आवश्यकताओं को पूरा करने के अनिवार्य उद्देश्यों के साथ वर्ष 1986 में ICFRE की स्थापना की गई थी। ICFRE का मुख्यालय देहरादून में है और देश के विभिन्न जैव भौगोलिक क्षेत्रों में इसके नौ क्षेत्रीय अनुसंधान संस्थान और पाँच केन्द्र (centres) हैं। क्षेत्रीय अनुसंधान संस्थान जोधपुर, शिमला, हैदराबाद, कोयंबटूर, राँची, बेंगलुरु, जोरहाट और जबलपुर में स्थित है और ये केन्द्र अगरतला, अजावल, इलाहाबाद, छिंदवाड़ा और विशाखापट्टनम में स्थित है।

उद्देश्य एवं गतिविधियाँ (Objectives and Activities)

- ICFRE वानिकी अनुसंधान, शिक्षा और विस्तार का संवर्धन एवं समन्वय करती है।
- वानिकी और संबद्ध विज्ञान के राष्ट्रीय सूचना केन्द्र का विकास और रखरखाव करती है।

- यह वनों, जैव विविधता, पर्यावरण और पारिस्थितिकी से संबंधित अनुसंधान के लिए एक समाशोधन गृह के रूप में कार्य करता है।
- ICFRE में बड़े पैमाने पर विस्तार कार्यक्रम में व्यवस्थित विस्तार मशीनरी द्वारा सम्मिलित है।
- यह वानिकी के क्षेत्र में परामर्शी सेवाएँ और प्रशिक्षण कार्यक्रम को आयोजित करते हैं।
- ICFRE वनों से जुड़े मुद्दों के समाधान के लिए ज्ञान, प्रौद्योगिकी और समाधान तैयार करने, संरक्षित करने, प्रसारित करने तथा उन्नत बनाने में सहायता करते हैं।
- ICFRE सतत् आधार पर लोगों, वन और पर्यावरण के बीच संबंधों को बढ़ावा देते हैं।

3. अंडमान एवं निकोबार द्वीप समूह वन एवं पौध रोपण विकास निगम [Andaman & Nicobar Islands Forest and Plantation Development Corporation (ANIIDCO)]

अंडमान एवं निकोबार द्वीप समन्वित विकास निगम लिमिटेड (ANIIDCO) को 28 जून, 1988 को कंपनी अधिनियम, 1956 के अंतर्गत् द्वीप समूह की तीव्र आर्थिक वृद्धि के लिए जोड़ा गया। निगम का मुख्य उद्देश्य क्षेत्र के संतुलित और पर्यावरणीय अनुकूल विकास के लिए प्राकृतिक संसाधनों के विकास और वाणिज्यिक रूप से उपयोग करना है।

भूमिका और उद्देश्य (Role And Objectives)

- लोहा और इस्पात, पेट्रोलियम उत्पादों, शराब और दूध का व्यापार करना।
- मेगा पोड रिसॉट, मेगापोड कैंपिंग रिसोर्ट और एयर टिकटिंग एजेंसी
- औद्योगिक संस्थाओं की वित्तीय सहायता।
- संरचनात्मक विकास : पर्यटन और मत्स्य पालन।

4. भारतीय पशु कल्याण बोर्ड, चेन्नई (Animal Welfare Board of India, Chennai)

भारतीय पशु कल्याण बोर्ड, पशु कल्याण कानूनों पर एक सांविधिक सलाहकार निकाय है और देश में पशु कल्याण को बढ़ावा देता है। पशुओं के प्रति क्रूरता निवारण अधिनियम, 1960 (1960 का नं. 59) की धारा 4 के तहत, भारतीय पशु कल्याण बोर्ड की स्थापना स्वर्गीय श्रीमती रुक्मिणी देवी अरुंडेल, प्रसिद्ध मानवतावादी सुधारक के नेतृत्व में शुरू की गई थी।

उद्देश्य एवं गतिविधियाँ (Objectives and Activities)

- पशु कल्याण बोर्ड (AWB) निरंतर अध्ययन के तहत जानवरों के साथ क्रूरता की रोकथाम के लिए लागू कानून रखता है।
- यह सरकार को समय-समय पर पशुओं से संबंधित कानूनों के संशोधन करने की भी सलाह देती है।
- AWB सरकार को इस अधिनियम के तहत नियम बनाने के लिए संबोधित करते हैं ताकि जानवरों को अनावश्यक पीड़ा और दर्द से बचाया जा सकता है।
- प्रारूप जानवरों पर बोझ को कम कर वाहन तैयार करने की भी सलाह दी जाती है।

- वध गृहों की स्थापना, सलाह और डिज़ाइन की अनुमति दी जाती है।
- यह पिंजरापोल, बचाव गृहों, पशुओं के शरण स्थलों, अभयारण्यों की स्थापना तथा पशु कल्याण संगठनों के गठन के लिए वित्तीय सहायता भी उपलब्ध कराता है।
- यह पशुओं और पक्षियों के प्रति निर्दयता को रोकने के उद्देश्यों से अन्य संगठनों और निकायों के साथ कार्य की स्थापना और समन्वय भी करती है।
- यह सरकार को पशुओं के अस्पतालों में चिकित्सा देखभाल से संबंधित मामलों की सलाह देती है और वित्तीय सहायता भी देती है।
- यह लोगों को पशु कल्याण के प्रोत्साहन के लिए भी सम्मिलित करती है।
- अंत में, यह सरकार को पशुओं के कल्याण से जुड़े मसलों पर सलाह देती है।

भारत का वानस्पतिक सर्वेक्षण [Botanical Survey Of India (BSI)]

भारतीय वनस्पति सर्वेक्षण की स्थापना सन् 1890 में देश के पौधों के संसाधनों की खोज और आर्थिक गुणों के साथ पौधों की प्रजातियों की पहचान के उद्देश्यों के साथ की गई थी। सन् 1954 में, सरकार ने BSI का पुनर्गठन निम्न उद्देश्यों के साथ किया।

भूमिका एवं उद्देश्य (Role and Objectives)

- BSI द्वारा गहन वानस्पतिक सर्वेक्षण किया जाता है तथा देश में पौधों की उपस्थिति, वितरण, पारिस्थितिकी और आर्थिक उपयोगिता के बारे में सही और विस्तृत जानकारी एकत्र की जाती है।
- यह शैक्षिक और अनुसंधान संस्थान के लिए उपयोग की जाने वाली सामग्री का संग्रहण, पहचान और वितरण करता है।
- यह सुनियोजित हर्बेरियमों में किए गए प्रामाणिक संग्रह के संरक्षण के रूप में कार्य करता है और वनस्पति संसाधनों में स्थानीय, जिला, राज्य तथा राष्ट्रीय वनस्पति के रूप में कार्य करता है।

5. केन्द्रीय कृषि वानिकी अनुसंधान संस्थान [Central Agroforestry Research Institute (CAFRI)]

केन्द्रीय कृषि वानिकी अनुसंधान ने कृषि वानिकी को दृढ़ और समायोजन बनाने के लिए राष्ट्रीय अनुसंधान केन्द्र के रूप में इसका नामकरण किया था। यह 8 मई, 1988 को झाँसी (उत्तर प्रदेश) में स्थापित हुई थी। कृषि वानिकी पर सफल अनुसंधान और विकास गतिविधियों के 26 वर्षों के बाद ICAR ने भारतीय कृषि वानिकी अनुसंधान केन्द्र (NRCAF) को भारतीय कृषि वानिकी अनुसंधान संस्थान (CAFRI) का दर्जा 1 दिसंबर 2014 को बढ़ा दिया था।

भूमिका (Role)

- इस संस्थान की मुख्य भूमिका पारिस्थितिकीय, पर्यावरणीय और सामाजिक लाभों के लिए कृषि परिदृश्य पर एकीकृत समन्वय से ग्रामीण लोगों की जीवन की गुणवत्ता में सुधार होता है।

- इसका लक्ष्य मृदा संरक्षण, प्राकृतिक संसाधनों के संरक्षण, पारिस्थितिकी संतुलन का पुनरुद्धार, गरीबी उन्मूलन और मौसम परेशानियों के जोखिम को कम करने के लिए मिट्टी के संरक्षण, पोषक तत्त्वों और जैव विविधता के माध्यम से भूमि उत्पादकता में सुधार लाने के लिए कृषि प्रणाली में लकड़ी के बारहमासी तत्त्वों का एकीकरण है।

उद्देश्य (Objectives)

- भारत के विभिन्न कृषि जलवायविक क्षेत्र में फार्मों, सीमांत, भूमि और बंजर भूमि के लिए स्थायी कृषि वानिकी पद्धतियों का विकास करता है।
- अंत:क्षेत्र के लिए कृषि वानिकी प्रौद्योगिकी की पहचान के लिए नेटवर्क अनुसंधान समन्वय।
- पारिस्थिति तंत्र विश्लेषण के लिए कृषि वानिकी अनुसंधान में प्रशिक्षण।
- विभिन्न कृषि जलवायु क्षेत्रों में कृषि वानिकी प्रौद्योगिकी का अंतरण।

6. केन्द्रीय चिड़ियाघर प्राधिकरण (Central Zoo Authority)

भारत में चिड़ियाघरों के कार्य का संचालन केन्द्रीय चिड़ियाघर प्राधिकरण द्वारा किया जाता है जिसका गठन वन्य जीव (सुरक्षा) अधिनियम प्रावधानों के तहत किया गया है। प्राधिकरण में एक अध्यक्ष, दस सदस्य और सदस्य सचिव होते हैं।

भूमिका (Role)

- देश की जैव विविधता के संरक्षण के लिए राष्ट्रीय प्रयासों को जोड़ना और सुदृढ़ बनाना, विशेष रूप से फोना कोड एक्स सीइ संरक्षण को इन–सीटु के माध्यम से संरक्षित करते हैं।
- भारत में चिड़ियाघरों में रहने वाले जंगली जानवरों की बेहतर देखभाल और पशु चिकित्सा सुविधा प्रदान करना ताकि प्रबंधन के सर्वोत्तम तरीकों के माध्यम से उनका संरक्षण सुनिश्चित किया जा सके और लोगों में शिक्षा और जागरूकता लाई जा सके।

उद्देश्य एवं गतिविधियाँ (Objectives and Activities)

- चिड़ियाघर में जानवरों के आवास, अनुरक्षण और पशु चिकित्सा की देखभाल के लिए न्यूनतम मानदंड को उल्लेखित करते हैं।
- निर्धारित मानक या मानदंडों के अनुसार चिड़ियाघर के कार्य का मूल्यांकन किया जाता है।
- मान्य एवं गैरमान्यता प्राप्त चिड़ियाघर।
- प्रजनन के उद्देश्यों से जंगली जानवरों की लुप्तप्राय प्रजातियों की पहचान करना और चिड़ियाघर के संबंध में जिम्मेदारी देना।
- प्रजनन उद्देश्यों के लिए पशुओं के लाभ, विनिमय और उद्धार में समन्वय करना।
- कैद में पले जंगली जानवरों की लुप्तप्राय प्रजातियों की 'स्टड–बुक्स' का रखरखाव सुनिश्चित करना।

- चिड़ियाघर में बंदी पशुओं के प्रदर्शन के संबंध में प्राथमिकताओं और विषय की पहचान।
- भारत में तथा भारत के बाहर चिड़ियाघर के कार्मिकों के प्रशिक्षण का समन्वय करना तथा चिड़ियाघर के उद्देश्यों के लिए बंदी प्रजनन और शैक्षिक कार्यक्रमों में अनुसंधान करना।
- चिड़ियाघरों को उनके उचित प्रबंधन और विकास के लिए वैज्ञानिक आधार पर तकनीकी और अन्य सहायता उपलब्ध कराते हैं।

7. विज्ञान और पर्यावरण के लिए केन्द्र [Centre For Science And Environment (CSE)]

विज्ञान और पर्यावरण केन्द्र (CSE) नई दिल्ली में स्थित एक सार्वजनिक हित अनुसंधान एवं समर्थन संगठन है। CSE अनुसंधान करता है, जनमत तैयार करता है और उसे विकास की अनिवार्यता बताता है जो कि चिरस्थाई और समतापूर्ण दोनों है।

भूमिका एवं उद्देश्य (Role and Objectives)

- इन चिंताओं को उठाना, उत्तरों को प्राप्त करना तथा अधिक महत्त्वपूर्ण बातों के जवाब देने में भाग लेना तथा इन्हें नीति में परिवर्तित करना और इसलिए व्यावहारिक बनाना।
- अनुसंधान के माध्यम से सुधार करना तथा प्रकाशनों के माध्यम समुदायों को समझना।

8. केन्द्रीय शुष्क भूमि कृषि अनुसंधान संस्थान केन्द्र [Centre Research Institute for Dry Land Agriculture (CRIDA)]

केन्द्रीय शुष्क भूमि कृषि अनुसंधान संस्थान (CRIDA) 1985 में स्थापित भारतीय कृषि अनुसंधान परिषद् (ICAR) के अंतर्गत् एक राष्ट्रीय अनुसंधान संस्थान है जो हैदराबाद, तेलंगाना राज्य में स्थित है।

भूमिका और उद्देश्य (Role and Objectives)

- वर्षा आधारित क्षेत्रों में सतत् प्रतिरोध क्षमतापूर्ण कृषि के लिए आधारभूत एवं व्यावहारिक अनुसंधान।
- वर्षा आधारित क्षेत्रों में स्थान विशिष्ट प्रौद्योगिकीयों के सृजन के लिए नेटवर्क अनुसंधान का समन्वय।
- शुष्क क्षेत्रों में प्राकृतिक संसाधन प्रबंधन की क्षमता वृद्धि के लिए केन्द्र।

गतिविधियाँ (Activities)

- वर्षा आधारित खेती के मूल और व्यावहारिक अनुसंधान के लिए CRIDA को जनादेश दिया गया है।
- यह संस्थान राष्ट्रीय/अंतर्राष्ट्रीय सहयोग और परामर्श योजनाओं का भी दायित्व रखते हैं।
- यह अग्रणी संस्थान है और जलवायु प्रतिरोधक्षमतापूर्ण कृषि में राष्ट्रीय नवान्वेषण के लिए राष्ट्रीय नोडल बिंदु (NICRA) है जो ICAR के राज्य कृषि विश्वविद्यालय के अनेक अनुसंधान संस्थानों तथा 100 KVKs में कार्यान्वित किया जा रहा है।

9. वन अनुसंधान संस्थान [Forest Research Institute (FRI)]

वन अनुसंधान संस्थान (FRI), वानिकी अनुसंधान और शिक्षा के भारतीय परिषद् का संस्थान है और भारत में वानिकी अनुसंधान के क्षेत्र में प्रमुख संस्थान है। यह उत्तराखंड में देहरादून पर स्थित है, और यह सभी संस्थानों में सबसे पुराना संस्थान है। 1991 में, यूनिवर्सिटी ग्रांट कमीशन द्वारा इसे मानित विश्वविद्यालय घोषित कर दिया गया।

इसकी स्थापना 1878 में, डीट्रीच ब्रांडीस द्वारा ब्रिटिश इम्पीरियल फॉरेस्ट स्कूल के रूप में जाना जाता था। 1906 में, ब्रिटिश साम्राज्य वानिकी सेवा के अंतर्गत रॉयल (शाही) वन अनुसंधान संस्थान के रूप में पुन: स्थापित किया गया। भारतीय वन विद्यालय (Indian Forest Collage) की स्थापना 1938 में हुई थी, राज्य एवं अन्य भागों द्वारा उच्चतर वन सेवाओं से चयनित अधिकारियों को यहाँ प्रशिक्षित किया जाता है।

भूमिका एवं उद्देश्य (Role and Objectives)

वर्तमान अनुसंधान का मुख्य क्षेत्र निम्नलिखित के लिए प्रौद्योगिकी का विकास करना है-

- वन उत्पादकता को बेहतर बनाना
- रोपण स्टॉक का सुधार
- बंजर भूमि का पुनरुद्धार
- लकड़ी और गैर लकड़ी वन उत्पादों का दक्ष उपयोग
- पारिस्थितिकी उत्पादों और प्रक्रियाओं का विकास

10. भारतीय कृषि अनुसंधान परिषद् [Indian Council of Agricultural Research (ICAR)]

भारतीय कृषि अनुसंधान परिषद् (ICAR) भारत में कृषि शिक्षा और अनुसंधान समन्वय के लिए उत्तरदायी एक स्वायत्त निकाय है। यह कृषि अनुसंधान एवं शिक्षा विभाग, कृषि मंत्रालय को रिपोर्ट करता है। केन्द्रीय कृषि मंत्री इसके अध्यक्ष के रूप में कार्य करते हैं। यह विश्व में कृषि अनुसंधान और शिक्षा संस्थानों का सबसे बड़ा नेटवर्क है।

उद्देश्य एवं गतिविधियाँ (Objectives and Activities)

- उत्पादकता और लाभप्रदता बढ़ाने के लिए राष्ट्रीय कृषि अनुसंधान प्रणाली का समन्वय, सहायता और समर्थन करता है।
- देश में व्यवसायिक मानव शक्ति की आवश्यकता को बनाने के लिए कृषि और संबद्ध विज्ञान शैक्षणिक गतिविधियों को सदृढ़ बनाते हैं और सहायता करते हैं।
- इस तकनीक को कृषि भूमि में प्रभावी रूप से अंतरित करने के लिए संगठित विस्तार मशीनरियों के माध्यम से प्रौद्योगिकियों को दर्शाता है और वितरित करता है।
- जलवायु स्मार्ट कृषि की आवश्यकताओं को पूरा करने के लिए प्रौद्योगिकियों का विकास।

11. भारतीय प्लाइवुड उद्योग अनुसंधान एवं प्रशिक्षण संस्थान [Indian plywood Industries Research and Training Institute (IPIRTI)]

इस संस्थान की स्थापना वर्ष 1962 में बैंगलोर, कर्नाटक में प्लाईवुड उद्योगों के समन्वय अनुसंधान संस्था के रूप में स्थापना हुई। यह वर्ष 1990 में, MOEF के अंतर्गत स्वायत्त संगठन में आते है। यह संस्थान मानित अनुसंधान है और मैकेनिकल लकड़ी उद्योगों में विशेषज्ञता के केन्द्रों को बनाते है और आधुनिक संरचना के साथ अद्यतन करते हैं।

भूमिका एवं उद्देश्य (Role and Objectives)

- काटी हुई लकड़ी के उत्पादन के सभी पहलुओं पर अनुसंधान, प्लाईवुड निर्माण कार्य और अन्य संबंधी इंजीनियरी और पुनर्गठित लकड़ी तथा लिग्नो सेल्यूलोसिक उत्पादों सहित सामग्री में सुधार, निर्माण प्रक्रिया, मशीनों तथा उपकरणों, कारखानों में कार्य मानकों के समय और गति अध्ययन शर्तों सहित।
- प्लाईवुड उद्योग और व्यापार तथा संबद्ध उद्योगों के लिए वन उत्पाद उपयोग के संबंध में प्रशिक्षण/स्नातक, स्नातकोत्तर में तकनीकी शिक्षा और/या प्रशिक्षण देना और/या कृषि एवं वन उत्पादों की प्रौद्योगिकी के क्षेत्र में किसी भी अन्य स्तर का प्रबंधन, चिपकने और लेमिनेटस और/या सिंथेटिक फिनिशिंग, निर्माण मशीनरी।
- सभी वन उत्पादों का निरीक्षण, परीक्षण और प्रमाणन जैसे प्लाईवुड, लकड़ी, टिम्बर, हार्डबोर्ड, पर्टिकल बोर्ड, चिप बोर्ड, फर्नीचर, ग्लू-गम, कोम्प्रोज, दरवाजे, पैनल दरवाजे, फ्लेश दरवाजे, वेनीयर, लेमिनेटेड पैनल, संयुक्त बोर्ड और संबंधित व्यापार और उद्योग के उत्पाद।
- विस्तार में प्रौद्योगिकी का वाणिज्यिकरण, उद्यमी विकास, अनुसंधान/तकनीकी रिपोर्टों के माध्यम से सूचना प्रसार, तिमाही समाचार पत्र, प्रदर्शनी में भागीदारी, सेमिनार, सम्मेलन, कार्यशाला, वैज्ञानिक प्रक्रिया और उत्पाद विकास में सहायता करने के लिए प्रयास होते हैं।

12. इंदिरा गाँधी राष्ट्रीय वन अकादमी [Indira Gandhi National Forest Academy (IGNFA)]

इंदिरा गाँधी राष्ट्रीय वन अकादमी (IGNFA) का गठन वर्ष 1987 में पूर्व भारतीय वन महाविद्यालय का नाम बदलकर किया गया था, जिसकी स्थापना वर्ष 1938 में वरिष्ठ वन अधिकारियों के प्रशिक्षण के लिए हुई थी। यह देहरादून शहर चकराता रोड (NH-72) पर वन अनुसंधान संस्थान के लिए वन परिसर में स्थित है। IGNFA वर्तमान में भारतीय वन सेवा (IFS) के अधिकारियों के लिए स्टाफ कॉलेज के रूप में कार्य कर रहा है।

अकादमी का प्रमुख कार्य पेशेवरों को ज्ञान और कौशल प्रदान करना और उन्हें स्थायी आधार पर वन और वन्य जीव संसाधनों के प्रबंधन के लिए क्षमता विकसित करने में सहायता विकसित करना है। अकादमी के प्रशिक्षण में भारतीय वन सेवा के नए प्रवेशकों को सेवा में प्रशिक्षण देने के अतिरिक्त विभिन्न स्तरों पर वरिष्ठता प्रदान की जाती है।

भूमिका एवं उद्देश्य (Role and Objectives)

- IGNFA कक्षा-कक्ष सत्रों, भ्रमण, पर्यटन और विशेष मॉड्यूल की एक शृंखला के माध्यम से IFS के क्षेत्र के प्रशिक्षण के लिए व्यवसायिक वानिकी प्रशिक्षण को आयोजित करता है। यह उन युवा वनार्थियों को पोषण देती है जो हमारे देश की पर्यावरण परिसम्पत्तियों को उनके मध्य मानव मूल्यों तथा व्यवसायिक नैतिकता का समावेश करने के अतिरिक्त उनके प्रबंधन में अंतर करने में सक्षम होते हैं।
- राज्य वन सेवा (SFS) को संवेंदनशील बनाने और उन्हें अखिल भारतीय सेवाओं के लोकाचार और कार्यकरण के प्रति उन्मूख करने और उन्हें वन प्रबंधन, विकास और प्रशासन के तेजी से बदलते परिदृश्य के साथ संबंध रखने के लिए IFS में सम्मिलित कौशल उन्नयन कार्यक्रमों को शामिल किया जाता है।
- यह सेवा के तीन चरणों में IFS अधिकारियों के लिए मध्य कैरियर प्रशिक्षण कार्यक्रम अर्थात् III, IV और V वरिष्ठता के लिए क्रमश: 7, 8, 16-18 वर्षों के लिए होता है। इसका लक्ष्य देश और विदेश के कुछ अग्रणी प्रशिक्षण संस्थानों को बाध्य करके अधिकारियों को सर्वोत्तम प्रशिक्षण अवसर प्रदान करते हैं। अधिकारियों को यह मौका मिलता है कि वे अपने-अपने क्षेत्रों के विशेषज्ञों से विचार-विमर्श करें और विदेशों में प्राकृतिक संसाधनों के प्रबंध के बेहतर तरीके को जान लिया जाए।
- यह तीन अखिल भारतीय सेवाओं, उच्च न्यायपालिका के सदस्यों, वन प्रबंधन के क्षेत्र में अनुभव और सीखने के लिए एक प्लेटफॉर्म प्रदान करने के प्रयास के साथ के साथ अन्य सेवाओं के अधिकारी प्रशिक्षुओं से संपर्क के लिए प्रशिक्षण कार्यक्रम और कार्यशालाएँ प्रदान करता है।

13. केरल वन अनुसंधान संस्थान [Kerala Forest Research Institute (KFRI)]

केरल वन अनुसंधान संस्थान (KFRI) की स्थापना वर्ष 1975 में हुई और इसे वर्ष 2002 में विज्ञान तकनीक और पर्यावरण राज्य परिषद् केरल में सम्मिलित किया गया। यह संस्थान केरल राज्य में पीची, श्रीसुर में स्थित है।

उद्देश्य एवं गतिविधियाँ (Objectives and Activities)

- इसके द्वारा संस्थान, तटीय वानिकी और वनों पर अनुसंधान करने के लिए आदेश दिए जाते हैं।
- इस संस्थान की कल्पना उष्णकटिबंधी वानिकी में उत्कृष्ट केन्द्र के रूप में की गई है।
- यह वानिकी संबंधी मामलों पर निर्णय लेने के लिए वैज्ञानिक सहायता प्रदान करता है, विशेष रूप से इसके संरक्षण, स्थायी उपयोग और प्राकृतिक संसाधनों के वैज्ञानिक प्रबंधन पर बल दिया जाता है।
- यह संस्थान प्राकृतिक संसाधनों के जैविक संरक्षण और प्रबंधन से संबंधित मुद्दों पर राष्ट्रीय और अन्तर्राष्ट्रीय एजेंसियों के लिए परामर्श कार्यक्रम चलाता है।

- KFRI को PhD डिग्री प्राप्त अनुसंधान कार्यक्रम के लिए विद्यार्थियों को भर्ती करने के लिए FRI विश्वविद्यालय देहरादून, कालीकट विश्वविद्यालय और कोचीन विज्ञान और प्रौद्योगिकी विश्वविद्यालय के अनुसंधान केन्द्र के रूप में मान्यता प्राप्त है।

14. राष्ट्रीय जैव विविधता प्राधिकरण [National Biodiversity Authority (NBA)]

राष्ट्रीय जैव विविधता प्राधिकरण (NBA) की स्थापना वर्ष 2003 में केन्द्र सरकार द्वारा भारत के जैव विविधता अधिनियम (2002) को लागू करने के लिए की गई थी। NBA का मुख्यालय चैन्नई, तमिलनाडु में है। प्राधिकरण, सचिवालय, SBPs. BMC और विशेषज्ञ समितियों के माध्यम से अपना कार्य देखता है।

NBA की गतिविधियाँ (Activities Of NBA)

NBA द्वारा जैव विविधता के संरक्षण, जैविक संसाधनों के स्थायी उपयोग तथा जैविक संसाधनों के उपयोग से होने वाले उचित तथा समान भागीदारी से संबंधित स्थितियों पर केन्द्र सरकार को सलाह दी जाती है।

NBA ने जैव विविधता महत्त्व के क्षेत्रों के चयन में राज्य सरकारों को विरासत स्थलों के प्रबंधन के लिए अधिसूचित करने के लिए धारा 37 की उपधारा (1) के तहत अधिसूचित करने का सुझाव दिया है।

NBA अधिनियम की धारा 3, 4 और 6 में उल्लेखित गतिविधि के लिए स्वीकृति देकर अन्यथा अनुरोध पर विचार करता है।

अपनी स्थापना से अब तक, 29 राज्यों में SBBs के निर्माण को समर्थन दिया है और 62,500 BMCs की स्थापना की सुविधा प्रदान की है।

15. राष्ट्रीय वन्यजीव बोर्ड (National Board of Wildlife)

राष्ट्रीय वन्यजीव बोर्ड एक ''सांविधिक संगठन'' है जिसका गठन वन्यजीव संरक्षण अधिनियम, 1972 के अंतर्गत किया गया।

बोर्ड की गतिविधियाँ और कार्य (Activities and Functions of the Board)

- यह बोर्ड प्रकृति में सलाहकार है तथा देश में वन्य जीवों के संरक्षण के लिए नीतियाँ और उपाय बनाने के बारे में केन्द्र सरकार को सलाह देता है।
- राष्ट्रीय वन्यजीव बोर्ड अत्यंत महत्त्वपूर्ण निकाय है क्योंकि यह सभी वन्य जीवन से संबंधित मामलों का निरीक्षण करके तथा राष्ट्रीय उद्यानों और अभयारण्यों के आस-पास की परियोजना को स्वीकृति देने के लिए शीर्ष निकाय के रूप में कार्य करता है।
- राष्ट्रीय वन्यजीव बोर्ड का प्राथमिक कार्य वन्य जीवों और वन के संरक्षण और विकास को बढ़ावा देना है।
- यहाँ पर सभी वन्य जीवों से संबंधित मामलों की समीक्षा करने तथा राष्ट्रीय उद्यानों और अभयारण्यों के आस-पास परियोजनाओं का अनुमोदन करने का अधिकार है।

- NBWL की स्वीकृति के बिना राष्ट्रीय उद्यानों और वन्य जीव अभयारण्यों की सीमा में कोई परिवर्तन नहीं किया जा सकता है।
- NBWL की अध्यक्षता प्रधानमंत्री करते हैं। इसमें प्रधानमंत्री सहित 47 सदस्यों को सम्मिलित करते हैं। इन सबके बीच, 19 अधिकारी पदेन सदस्य हैं। अन्य सदस्यों में संसद के तीन सदस्य (लोकसभा के दो और राज्य सभा से एक), 5 NGO से और 10 प्रतिष्ठित पारिस्थितिकी विशेषज्ञ, संरक्षणवादी और पर्यावरणवादियों को सम्मिलित किया जाता है।

16. राष्ट्रीय बाघ संरक्षण प्राधिकरण, नई दिल्ली (National Tiger Conservation Authority, New Delhi)

राष्ट्रीय बाघ संरक्षण प्राधिकरण (NTCA), मंत्रालय का एक सांविधिक निकाय है, जिसमें वन्य जीव संरक्षण अधिनियम, 1972 में प्रदान की गई पर्यवेक्षण/समन्वय की भूमिका है।

भूमिका एवं उद्देश्य (Roles and Objectives)

यह बाघ के संरक्षण के लिए बाघ परियोजना में चल रही केन्द्रीय आयोजित योजना के अंतर्गत राज्य को केन्द्रीय सहायता प्रदान करते हैं, जो कि बाघ संरक्षण के कार्य की वार्षिक योजना में प्रवर्तित इनके बाघ संरक्षण योजना की महत्त्वपूर्ण गतिविधि के रूप में कार्य करते हैं।

NTCA/परियोजना बाघ, चार वर्षों में एक बार बाघों की स्थितियाँ, सह-परभक्षी, शिकार और आवास की स्थिति, परिशुद्ध प्रणाली विज्ञान के उपयोग, टाइगर टास्क फोर्स की स्वीकृति का संचालन करते हैं।

- NTCS राज्य सरकारों को आवश्यक होने पर चेतावनी देते हैं और शिकारियों से संबंधित सूचनाओं के पश्चगामी/अग्रगामी संबंध को प्रसारित करते हैं।
- यह राज्यों के लिए वन की धरती की जुताई कर फंदा/जाल तथा प्रति शिकार कार्यों के लिए जाँच की सलाह देती है।
- राष्ट्रीय बाघ संरक्षण प्राधिकरण और इसके क्षेत्रीय कार्यालयों के माध्यम से पर्यवेक्षी क्षेत्र का दौरा।
- कॉर्बेट में लॉन्च किए गए थर्मल कैमरों के माध्यम से बेहतर निगरानी (ई-आइ सिस्टम) के लिए सूचना प्रौद्योगिकी का उपयोग करना।
- बाघ की सांख्यिकी के राष्ट्रीय डेटा बेस तैयार करता है जिसे जीवित या मृत बाघों के शरीर के अंगों के साथ संयोजन स्थापित करने के लिए पकड़ा जाता है।
- बाघ के गहन संरक्षण और पारिस्थितिकी स्थिति (M-STrIPES) के लिए निगरानी प्रणाली के माध्यम से संरक्षण उन्मुख निगरानी को परिष्कृत करने में राज्यों की सहायता करते हैं।

17. वन्य जीव अपराध नियंत्रण ब्यूरो [Wildlife Crime Control Bureau (WCCB)]

वन्य जीव अपराध नियंत्रण ब्यूरो, भारत सरकार द्वारा पर्यावरण एवं वन मंत्रालय के अधीन देश में संगठित वन्य जीव अपराधों को रोकने के लिए एक सांविधिक बहुआयामी निकाय है। दिल्ली,

कोलकाता, मुंबई, चेन्नई और जबलपुर में ब्यूरो का मुख्यालय नई दिल्ली और पाँच क्षेत्रीय कार्यालय में स्थित है; गुवाहाटी, अमृतसर और कोचीन में तीन उपक्षेत्रीय कार्यालय और पाँच सीमावर्ती ईकाइयों रामनाथपुरम, गोरखपुर, मोतीहारी, नाथुला और मोरह में स्थित है।

ब्यूरो की गतिविधियाँ एवं कार्य (Activities and Functions of of the Bureau)

- इसे संगठित वन्य जीव अपराध गतिविधियों से संबंधित सूचना एकत्र करने का जनादेश दिया जाता है तथा अन्य राज्यों में समान प्रसार किया जाता है और अन्य प्रवर्तन एजेंसियों को प्रसार के लिए अपराधियों को गिरफ्तार करके शीघ्र ही कार्यवाही की जा सकती है।
- केन्द्रीय वन्य जीव अपराध डाटा बैंक की स्थापना के लिए आदेश दिया जाता है।
- यह अधिनियम के प्रावधानों के प्रवर्तन के संबंध में विभिन्न एजेंसियों द्वारा कार्रवाइयों का समन्वय करता है।
- यह वन्यजीव अपराध नियंत्रण के लिए समन्वय और सार्वभौमिक कार्रवाई के लिए संबंधित विदेशी प्राधिकरण और अन्तर्राष्ट्रीय संगठन की सहायता करते हैं।
- यह वन्यजीव अपराधों के बारे में वैज्ञानिक तथा व्यवसायिक जाँच के लिए वन्यजीव अपराध प्रवर्तन एजेंसियों को क्षमता निर्माण प्रदान करता है और वन्य जीव अपराधों से संबंधित मामलों में सफल होने के लिए राज्य सरकारों की सहायता करता है।
- यह वन्यजीव अपराधों से संबंधित मुद्दों पर सलाह दी जाती है जो कि राष्ट्रीय और अन्तर्राष्ट्रीय, उचित नीति तथा नियमों को रखते हैं।
- यह वन्य जीव संरक्षण अधिनियम, CITES और EXIM नीति के प्रावधानों के अनुसार पेड़ पौधों और जीव-जंतुओं के प्रेषित माल का निरीक्षण करने में सीमा शुल्क प्राधिकारियों को सहायता तथा परामर्श देता है।

18. भारतीय प्राणी सर्वेक्षण, कोलकत्ता [Zoological Survey of India (ZSI), Kolkata]

भारतीय प्राणी विज्ञान सर्वेक्षण की स्थापना 1 जुलाई, 1916 को भूतपूर्व 'ब्रिटिश भारतीय साम्राज्य' के असाधारण समृद्ध जीवन के विभिन्न पक्षों के बारे में सर्वेक्षण, खोज और अनुसंधान को बढ़ावा देने के लिए की गई। इस सर्वेक्षण की उत्पत्ति सन् 1875 में कलकत्ता में भारतीय संग्रहालय के प्राणी विज्ञान विभाग की स्थापना में हुई।

उद्देश्य एवं गतिविधियाँ (Objectives and Activities)

- भारत के विभिन्न संरक्षित क्षेत्रों, पारिस्थितिकी प्रणालियों और विभिन्न राज्यों में जंतु विविधता की खोज, सर्वेक्षण, पर्यवेक्षण और निगरानी करते हैं।
- एकत्रित सभी जीव-विज्ञान संबंधी अध्ययन।
- संकटात्मक और स्थानिक प्रजातियों की स्थिति की आवधिक समीक्षा।
- रेड डाटा बुक, भारत के पशुवर्ग और राज्यों के पशुवर्ग को तैयार करना।
- चयनित महत्त्वपूर्ण समुदायों/प्रजातियों पर जैव पारिस्थितिकी अध्ययन।
- देश की दर्ज प्रजातियों के लिए डाटाबेस तैयार करना।

- राष्ट्रीय प्राणी संग्रहण का प्रबंधन और विकास।
- प्रशिक्षण, क्षमता निर्माण और मानव संसाधन विकास।
- पशु-वर्ग पहचान, सलाहकार सेवाएँ और लाइब्रेरी सेवा।
- भारत के पशु वर्ग और राज्यों के जीव-जंतुओं सहित परिमाणों का प्रकाशन।
- पर्यावरणीय प्रभाव अध्ययन।
- मुख्यालय और क्षेत्रीय स्टेशनों में संग्रहालय का प्रबंधन और विकास।
- ENVIS और CITES केन्द्रों का विकास।
- अनुसंधान फैलोशिप, साहचर्य और एमिरेट्स वैज्ञानिक कार्यक्रम।
- अन्य संगठनों के साथ जैव विविधता पर सहयोगी अनुसंधान कार्यक्रम।
- जैव विविधता तथा चयनित संकटात्मक प्रजातियों के लिए भौगोलिक संकेत प्रणाली और दूर संवेदी अध्ययन।
- गुणसूत्र मानचित्रण और DNA फिंगर प्रिंटिंग

19. भारतीय वन्यजीव ट्रस्ट (Wild Trust Of India (WTI))

भारतीय वन्यजीव ट्रस्ट (WTI) एक अग्रणी भारतीय प्रकृति संरक्षण संगठन है जो प्रकृति की सेवा के लिए प्रतिबद्ध है। इसका मिशन वन्यजीव और इसके आवास का संरक्षण करना तथा समुदायों और सरकारों के साथ मिलकर जंगली पशुओं के कल्याण के लिए कार्य करते हैं। भारत के 150 समर्पित पेशेवरों के दल भारत की सुरक्षित प्राकृतिक धरोहर, छः प्राथमिकता वाले परिदृश्यों में, समग्र रूप से एक साथ नौ प्रमुख रणनीतियों या प्रमुख विचारों से गठित, अपने दृष्टिकोण को प्राप्त करने के लिए कार्य करते हैं।

भूमिका एवं उद्देश्य (Roles and Objectives)

- भारत की सुरक्षित प्राकृतिक धरोहर।
- वन्यजीवों का संरक्षण और उनके आवास और वनीय जानवरों के कल्याण के लिए कार्य, समुदाय और सरकार के साथ सहभागिता।

अंतर्राष्ट्रीय संगठन (International Organizations)

1. अन्तर्राष्ट्रीय वानिकी अनुसंधान केन्द्र [Center for International Forestry Research (CIFOR)]

अन्तर्राष्ट्रीय वानिकी अनुसंधान केन्द्र (CIFOR), इंडोनेशिया गैर लाभकारी वैज्ञानिक अनुसंधान संगठन है जो कि बैगोर और इंडोनेशिया (Indonasia) में स्थित है। यह विकासशील देशों में उष्णकटिबंधीय वनों पर विशेष ध्यान देते हुए वनों के प्रबंधन और उपयोग पर अनुसंधान करता है।

CIFOR के अनुसंधान से तीन CGIAR प्रणाली के स्तर के परिणामों में योगदान मिलता है- गरीबी में कमी, बेहतर खाद्य और पोषण सुरक्षा, और प्राकृतिक संसाधन प्रणालियों में सुधार और

पारिस्थितिकी तंत्र की सेवाएँ। इससे नए संयुक्त राष्ट्र के सतत् विकास लक्ष्य तथा देशों द्वारा पेरिस समझौते में की गई प्रतिबद्धताओं तथा जलवायु परिवर्तन पर संयुक्त राष्ट्र के फ्रेमवर्क सम्मेलन से संबंधित अन्य समझौते में योगदान मिलता है।

भूमिका एवं उद्देश्य (Roles and Objectives)

- **वन तथा मानव कल्याण :** केन्द्रीय औद्योगिक सुरक्षा आयोग का उद्देश्य ऐसे नीतिगत निर्णयों के लिए आवश्यक प्रमाण उपलब्ध कराना है जो मानव की खुशहाली तथा समृद्धि में वनों के योगदान को बढ़ावा देते हैं और गरीबी कम करने के लिए वनों और उनकी सेवाओं तथा उत्पादों का उपयोग करते हैं।
- **स्थायी परिदृश्य और खाद्य :** CIFOR स्वस्थ और विविध आहार में योगदान देने वाली वन और वृक्ष आधारित कृषि प्रणालियों द्वारा किए गए योगदान के स्थलों पर व्यापक परिप्रेक्ष्य और लैंडस्केप पैमाने की तुलना की जा रही है।
- **समान अवधि, लिंग, न्याय और पदावधि :** CIFOR द्वारा वनों के अधिकारों का वितरण किस प्रकार वनों तथा संरक्षण के परिणामों, आजीविका तथा स्थानीय शासन को प्रभावित करता है तथा इस प्रकार निर्णय लेने वालों को इसकी सूचना दी जाती है। CIFOR का उद्देश्य महिला और बालिकाओं के सशक्तिकरण तथा लैंगिक समानता को आगे बढ़ाना है।
- **जलवायु परिवर्तन, ऊर्जा एवं निम्न कार्बन विकास :** CIFOR के अनुसंधान का उद्देश्य न केवल जलवायु परिवर्तन की तकनीकी समझ और वन तथा भू-दृश्यों के साथ विचार-विमर्श में सुधार करना है अपितु जलवायु परिवर्तन के सामाजिक प्रभावों को समझना भी है ताकि ग्रामीण भूमि का उपयोग करने वालों के उचित निर्णय लेने में परिलक्षित हो सके।
- **मूल्य शृंखला, वित्त और निवेश :** CIFOR का लक्ष्य समावेशी व्यापार मॉडल सहित लाभ सहभाजन में सुधार लाने, लघुधारक प्रणाली को उन्नत करने तथा उत्तरदायी वित्त का समर्थन करने के लिए संपोषणीयता प्राप्त करने के लिए विभिन्न शासन व्यवस्थाओं का समर्थन करना है।
- **वन प्रबंधन और पुनरुद्धार :** इस क्षेत्र में अनुसंधान में दो मुद्दों पर ध्यान दिया जाता है : विकासशील देशों में ग्रामीण लोग किस प्रकार वन संसाधनों की जाँच कर सकते हैं और अनेक संसाधनों से वन उत्पादन को बढ़ाकर वन संसाधनों को किस तरह से प्रबंधित किया जा सकता है।

2. अंतर्राष्ट्रीय उष्णकटिबंधीय लकड़ी संगठन [International Tropical Timber Organization (ITTO)]

अंतर्राष्ट्रीय उष्णकटिबंधीय लकड़ी संगठन एक अंतर सरकारी संगठन है जो उष्णकटिबंधीय वन संसाधनों और उनके सतत् प्रबंधन, उपयोग और व्यापार के संरक्षण को बढ़ावा देता है। इसके सदस्य विश्व के लगभग 80% उष्णकटिबंधीय वनों और भूमंडलीय उष्णकटिबंधीय काष्ठ व्यापार का प्रतिनिधित्व करते हैं।

अन्तर्राष्ट्रीय उष्णकटिबंधीय लकड़ी संगठन (ITTO) की स्थापना 1986 में संयुक्त राष्ट्र के तत्त्वावधान में उष्णकटिबंधीय वनों के भविष्य के बारे में विश्वव्यापी चिंता के बीच की गई थी। हालांकि अधिकांश लोग वनों के विनाश की दर से भयभीत हो गए, परंतु इस बात पर भी काफी सहमति हुई कि उन देशों के आर्थिक विकास की एक कुंजी उष्णकटिबंध लकड़ी का व्यापार है।

भूमिका एवं उद्देश्य (Roles and Objectives)

- यह विश्व काष्ठ अर्थव्यवस्था के सभी संगत पक्ष के संबंध में सभी सदस्यों के मध्य परामर्श, अन्तर्राष्ट्रीय सहयोग और नीति विकास के लिए प्रभावी संरचना प्रदान करता है।
- यह स्थायी विकास की प्रक्रिया का योगदान करते हैं।
- वर्ष 2002 तक स्थायी रूप से प्रबंधित स्त्रोतों से उष्ण कटिबंधी लकड़ी और काष्ठ उत्पादों के निर्यात को प्राप्त करने की कार्य नीति को कार्यान्वित करने के सदस्यों की क्षमता में वृद्धि हुई है।
- ITTO अन्तर्राष्ट्रीय बाजारों में संरचनात्मक स्थितियों में सुधार करके स्थायी स्त्रोतों से उष्णकटिबंधीय लकड़ी में अन्तर्राष्ट्रीय व्यापार के विस्तार और विविधिकरण को बढ़ावा देता है।
- यह वन प्रबंधन और लकड़ी के उपयोग में दक्षता सुधार लाने के साथ-साथ लकड़ी उत्पादित उष्णकटिबंधीय वनों में अन्य वन महत्ता में सुधार करना और बढ़ती हुई क्षमताओं को संरक्षित करने के साथ ही यह विकास और अनुसंधान को बढ़ावा देता है।
- इस समझौते के उद्देश्यों को प्राप्त करने के लिए सदस्यों की वृद्धि की क्षमता बढ़ाने के कौशल की आवश्यकता होती है और नए तथा अन्य अतिरिक्त वित्तीय संसाधनों की प्रक्रिया को विकसित करना और उसमें योगदान करना।
- अन्तर्राष्ट्रीय इमारती लकड़ी बाजार में अधिक पारदर्शिता सुनिश्चित करने की दृष्टि से यह बाजार सूचना में सुधार करता है।
- ITTO बढ़ते हुए सदस्य देशों में स्थायी स्त्रोतों से उष्णकटिबंधीय लकड़ी की बढ़ती हुई प्रक्रिया को बढ़ावा देना ताकि उनके औद्योगीकरण को बढ़ावा दिया जा सके और इस प्रकार उनके रोजगार के अवसर और निर्यात आय में वृद्धि हो सके।
- ITTO औद्योगिक उष्णकटिबंधीय लकड़ी के पुन:रोपण और वन प्रबंधन क्रियाकलापों और इसके अतिरिक्त निम्नीकृत वन भूमि का पुनरुद्धार करने के लिए प्रोत्साहित करता है।
- ITTO स्थायी रूप से प्रबंधित स्त्रोतों से उष्णकटिबंधीय लकड़ी के निर्यात के विपणन और वितरण में सुधार हुआ है।
- ITTO अन्तर्राष्ट्रीय लकड़ी के बाजार पर सूचना-साझाकरण को प्रोत्साहित करता है।

3. विश्व कृषि वानिकी केन्द्र, नैरोबी, केन्या (World Agroforestry Centre, Nairobi, Kenya)

विश्व कृषि वानिकी केन्द्र (कृषि वानिकी में अनुसंधान के लिए अन्तर्राष्ट्रीय केन्द्र ICRAF द्वारा उपयोग लिया जाने वाला ब्रांड नाम), एक अन्तर्राष्ट्रीय संस्था है जिसका मुख्यालय नैरोबी,

केन्या में है और 1978 में ''इंटरनेशनल काउंसिल फॉर रिसर्च इन एग्रोफोरेस्ट्री'' (''एग्रोफोरेस्ट्री में कृषि वानिकी के लिए अन्तर्राष्ट्रीय परिषद्'') के रूप में स्थापना की गई थी।

यह केन्द्र उष्णकटिबंधीय वर्षा वन और प्राकृतिक वस्तुओं का स्थायी प्रबंधन, संरक्षण और विनियमन में विशेष होने से यह 15 कृषि अनुसंधान केन्द्रों में से एक है जो वैश्विक नेटवर्क CGIAR के रूप जाने जाते हैं।

यह केन्द्र कृषि आधारित अनुसंधान प्रणालियों के साथ सहयोग में कृषि और अनुसंधान का आयोजन करता है, जिसमें अधिक स्थायी और उत्पादक भूमि उपयोग विकसित किया जा सकता है। इसके अनुसंधान का फोकस विकासशील देशों में स्थित देश/क्षेत्र है, जिसमें विशेष रूप से मध्य और दक्षिण अमेरिका, दक्षिण-पूर्वी एशिया, दक्षिण एशिया, पश्चिम अफ्रीका, पूर्वी अफ्रीका और मध्य अफ्रीका के कुछ हिस्सों के कटिबंध में है।

वर्ष 2002 में, केन्द्र ने वर्ल्ड एग्रोफोरेस्ट्री ब्रांड नाम अपनाया, हालांकि इंटरनेशनल सेंटर फॉर रिसर्च इन एग्रोफोरेस्ट्री इसका कानूनी नाम बना हुआ है और यह संक्षिप्त रूप से आई सी आर ए एफ का उपयोग कर नाम जारी रखता है।

वर्ष 2017 में, ICRAF ने संयुक्त राष्ट्र जलवायु परिवर्तन सम्मेलन में एक अध्ययन जारी किया जिसमें कृषि वानिकी और वनों के कटाई से कार्बन के उत्सर्जन पर एक केन्द्र है।

भूमिका एवं उद्देश्य (Roles and Objectives)

- ICRAF राष्ट्रीय कृषि वानिकी नीतियों के विकास का समर्थन करता है।
- यह वृक्ष विशेषताओं के विकास में सम्मिलित होता है और प्रायोजित ग्रामीण सलाहकार सेवाओं को दृढ़ बनाता है।
- यह स्वास्थ्य भूमि मूल्यांकन विधि और विभिन्न भू-स्थैतिक विश्लेषण का विकास करता है।
- यह विज्ञान परिप्रेक्ष्य और वार्ता समर्थन टूल्स समर्थन प्रणाली को तैयार करता है।
- आइ सी आर ए एफ उपकरण जलवायु संतुलन संबंधी दृष्टिकोण और जैव ऊर्जा विकसित करता है।

4. अन्तर्राष्ट्रीय प्रकृति संरक्षण संघ (International Union for Conservation of Natur; IUCN)

अन्तर्राष्ट्रीय प्रकृति संरक्षण संघ (IUCN : अधिकारिक रूप से, प्रकृति और प्रकृति स्त्रोतों के संरक्षण के लिए अन्तर्राष्ट्रीय संघ) प्रकृति संरक्षण और प्रकृति स्त्रोतों के स्थायी उपयोग के क्षेत्र में कार्य करने वाला अन्तर्राष्ट्रीय संगठन है।

यह आंकड़ों के एकत्रीकरण और विश्लेषण, अनुसंधान, क्षेत्र परियोजनाओं, समर्थन और शिक्षा में कार्यरत है। इसका मिशन ''प्रकृति के संरक्षण के लिए विश्व भर में समाजों को प्रभावित, प्रोत्साहित और सहायता करना है और यह सुनिश्चित करना है कि प्राकृतिक संसाधनों का कोई भी उपयोग न्यायसंगत और पारिस्थितिकी दृष्टि से कायम रहे।

पिछले दशकों के दौरान, IUCN ने .अपना ध्यान पारिस्थितिकी संरक्षण की ओर बढ़ाया है और अब इसमें अपनी परियोजनाओं में सतत् विकास से जुड़े मुद्दों को भी सम्मिलित किया है। अन्य कई अन्तर्राष्ट्रीय पर्यावरणीय संगठनों से भिन्न, IUCN का स्वयं का लक्ष्य प्रकृति संरक्षण के समर्थन में लोगों को सगठित करने का उद्देश्य नहीं है। समझौता बनाने से तथा सूचना एवं सलाह के वितरण से सरकार, व्यवसायी तथा अन्य हित धारकों की कार्यवाही को प्रभावित करने का प्रयास करता है। इस संगठन को विस्तृत लोगों के लिए, संकटात्मक प्रजातियों की IUCN लाल सूची में सम्मिलित और प्रकाशित करने के लिए जाना जाता है जो कि दुनिया भर की प्रजातियों की संरक्षण स्थितियों का मूल्यांकन करते हैं।

IUCN के पास 1400 से अधिक सरकारी और गैर-सरकारी संगठनों की सदस्यता है। अपनी इच्छा के आधार पर, कुछ 16,000 वैज्ञानिक और विशेषज्ञ IUCN समिति के कार्य में सहभागी बनते हैं। 50 से अधिक देशों में इसके लगभग 1000 पूर्णकालिक कर्मचारी हैं। इसका मुख्यालय इग्लैंड और स्विट्जरलैंड में स्थित है।

IUCN का संयुक्त राष्ट्र में प्रेक्षक और परामर्शी वैधानिक स्थित है और प्रकृति संरक्षण तथा जैव विविधता संबंधी अनेक अन्तर्राष्ट्रीय संयोजनों में कार्यान्वयन की भूमिका निभाता है। यह प्रकृति और विश्व संरक्षण निगरानी केन्द्र के लिए विश्वव्यापी निधि की स्थापना में लगा हुआ था। अब तक, IUCN की आलोचना इस प्रकार की गई है कि प्रकृति के हितों की रूचि स्थानीय लोगों के लिए की जा सके। हाल ही के वर्षों में, व्यवसायी क्षेत्र में विवाद के कारण इनमें सघन संबंध स्थापित हुए हैं।

IUCN की स्थापना वर्ष 1948 में हुई थी। इसे पहले अन्तर्राष्ट्रीय प्रकृति सुरक्षा संघ (International Union for the protection of Nature)(1948-1956) तथा विश्व संरक्षण संघ (World Conservation Union)(1990-2008) कहा जाता था।

5. प्रकृति के लिए विश्वव्यापी कोष [World Wide Find for Nature (WWF)]

प्रकृति के लिए विश्वव्यापी कोष (WWF), 1961 में स्थापित एक अन्तर्राष्ट्रीय गैर-सरकारी संगठन है, यह वनों के संरक्षण के क्षेत्र में कार्य करता है तथा पर्यावरण पर मानव प्रभाव को कम करता है। इसका पूर्व में नाम विश्व वन्य जीव कोष रखा गया था, जिसका अधिकारिक नाम कनाडा और संयुकत राष्ट्र में रखा गया था। जीवित ग्रह (धरती) रिपोर्ट 1998 से प्रत्येक दो वर्षों से प्रकाशित होती है; यह एक जीवित ग्रह सूचकांक और पारिस्थितिकी पदचिह्न पर आधारित है।

यह विश्व का सबसे बड़ा संरक्षण संगठन है, जो विश्व में 5 मिलियन से अधिक समर्थकों के साथ 100 से अधिक देशों में कार्य कर रहा है और लगभग 1,300 संरक्षण और पर्यावरण परियोजनाओं को सहयोग दे रहा है। WWF एक ऐसी नींव है जिसमें 55% व्यक्तिगत और वसीयत से धन की राशि, सरकारी स्त्रोतों से 19% (जैसे विश्व बैंक, DFID, USAID) और निगमों से 8% है।

भूमिका एवं उद्देश्य (Roles and Objectives)

- WWF दुनिया की जैविक विविधता के संरक्षण में सम्मिलित होता है।

- यह पुनरुपयोगी प्राकृतिक संसाधन के सतत् उपयोग को सुनिश्चित करती है।
- यह प्रदूषण को कम करने तथा अपशिष्ट खपत को बढ़ावा देता है।

6. अंतर्राष्ट्रीय वन अनुसंधान संगठन संघ [International Union of Forest Research Organization (IUFRO)]

अन्तर्राष्ट्रीय वन अनुसंधान संगठन संघ (IUFRO) ऑस्ट्रिया में स्थित, वन वैज्ञानिकों का गैर-लाभकारी और गैर-सरकारी अन्तर्राष्ट्रीय नेटवर्क है। आईयूएफआरओ ने110 देशों के लगभग 700 सदस्यीय संगठनों में 15,000 से अधिक वैज्ञानिकों को सम्मिलित किया है। IUFRO में वैज्ञानिक स्वैच्छिक आधार पर सहयोग करते हैं।

यह वनों से संबंधित अनुसंधान में वैश्विक सहयोग को बढ़ावा देते हैं और वनों तथा वृक्षों के पर्यावरणीय, आर्थिक और सामाजिक पक्षों की समझ को बेहतर बनाते हैं। यह हित-धारकों और निर्णय-निर्माताओं के लिए वैज्ञानिक ज्ञान का प्रसार/बढ़ाता है और वन नीति तथा जमीनी वन प्रबंधन में योगदान देता है। IUFRO की परिकल्पना विश्व की आर्थिक, पर्यावरणीय और सामाजिक लाभों के लिए स्थायी रूप से विज्ञान आधारित प्रबंधन का है।

2015-2019 की कार्यनीति के साथ ही, IUFRO पाँच अनुसंधान विषयों तथा संबद्ध प्रमुख क्षेत्रों और तीन संस्थागत लक्ष्यों को संबोधित करता है। निम्नलिखित पाँच विषयों का उद्देश्य वर्तमान कार्यनीति अवधि में IUFRO के ग्लोबल नेटवर्क में विज्ञान के सहयोग को निर्देशित करता है;

- लोगों के लिए वन
- वन एवं जलवायु परिवर्तन
- एक हरित भविष्य के लिए वन तथा वन आधारित उत्पाद
- जैव विविधता, पारिस्थितिकी सेवाएँ और जैविक आक्रामक वन, मृदा एवं जल इंटरेक्शन
- ये तीन संस्थागत लक्ष्य हैं -
    - लक्ष्य 1 - अनुसंधान उत्कृष्टता : गुणवत्ता, प्रासंगिकता और सहक्रिया के लिए प्रयास
    - लक्ष्य 2 - नेटवर्क सहयोग : संचार, दृश्यता और आउटरीन को बढ़ाना
    - लक्ष्य 3 - नीति प्रभाव : विश्लेषण, गहन जानकारी और विकल्प प्रदान करते हैं।

7. बाँस और रतन के लिए अन्तर्राष्ट्रीय नेटवर्क [International Network for Bamboo and Rattan (INBAR)]

बाँस और रतन के लिए अन्तर्राष्ट्रीय नेटवर्क की स्थापना वर्ष 1997 में स्वतंत्र अंतशासकीय संगठन की स्थापना बाँस और रतन के उपयोग से गरीबी और पर्यावरणीय सतत्ता के नवीन समाधानों के विकास और संवर्धन के लिए की गई थी। इसका मुख्यालय चाइना में है और इसका क्षेत्रीय कार्यालय भारत, घाना, इथोपिया और इक्वाडोर में है।

बाँस और रतन के लिए अन्तर्राष्ट्रीय नेटवर्क की भूमिका

- सभी रूपों में गरीबी समाप्त करना
- सभी के लिए सस्ती, स्थायी और विश्वसनीय आधुनिक ऊर्जा सेवाओं का प्रबंध कराना।
- पर्याप्त और किफायती आवास तक पहुँच
- प्राकृतिक संसाधनों का निपुण उपयोग
- जलवायु परिवर्तन संबोधन
- स्थलीय पारिस्थितिकी तंत्र का संरक्षण और पुनर्स्थापना

उद्देश्य (Objectives)

- **नीति निर्माण :** यह सभी के लिए सस्ती, स्थायी और विश्वसनीय आधुनिक ऊर्जा सेवाओं का प्रबंध करता है।
- **प्रतिनिधित्व और समर्थन :** बाँस और रतन के लिए अन्तर्राष्ट्रीय नेटवर्क अपने सदस्यों और भागीदारों के बढ़ते वैश्विक नेटवर्क से बाँस और रतन पर इनपुट का समन्वय करता है और वैश्विक नीति क्षेत्र में सदस्यों की आवश्यकताओं का प्रतिनिधित्व करता है।
- **ज्ञान को साझा करना और शिक्षण :** बाँस और रतन के लिए अन्तर्राष्ट्रीय नेटवर्क बाँस और रतन (INBAR) के रूप में मजबूत स्त्रोत और सामान के प्रासंगिकता के बारे में, जागरूकता उत्पन्न करते हैं, विस्तृत प्रशिक्षित अध्यायों का विनिमय और संचार, प्रशिक्षण उपलब्ध कराते हैं जो कि स्थायी विकास के अन्य लक्ष्यों, REDD + तथा अन्य वैश्विक, क्षेत्रीय और राष्ट्रीय संरचना में प्रत्यक्ष समर्थन करते हैं।
- **अनुसंधान कार्यवाही तथा देशों का समर्थन :** बाँस और रतन के लिए अन्तर्राष्ट्रीय नेटवर्क (INBAR) उत्तम प्रचलन चालक केस अध्ययन को बढ़ावा देने से अनुकूलनीय अनुसंधान और मौलिक नवाचारों को बढ़ावा देते हैं, तथा सदस्य राज्यों तथा अन्य के साथ अच्छे प्रचलन और नवाचारों को समर्थन करता है।

8. वन प्रबंध परिषद् [Forest Stewardship Council (FSC)]

वन प्रबंध परिषद् (FSC) 1993 में स्थापित एक अन्तर्राष्ट्रीय गैर लाभकारी, अति हितकारी संगठन है जो दुनिया के वनों के जिम्मेदार प्रबंधन को बढ़ावा देने का दावा करता है। FSC ने वनों के उत्पादों के बारे में मानकों का निर्धारण करके उन्हें पर्यावरण के अनुकूल बताया है।

भूमिका एवं उद्देश्य (Roles and Objectives)

- वन प्रबंध परिषद् (FSC) विश्व के वनों के पर्यावरण के उपयुक्त, सामाजिक रूप से लाभकारी और आर्थिक रूप से व्यवहार्य प्रबंधन को बढ़ावा देती है।
- दुनिया के वनों में भावी पीढ़ियों के अधिकारों से समझौता किए बिना वर्तमान पीढ़ी के सामाजिक, पारिस्थितिकी और आर्थिक अधिकारों और आवश्यकताओं की पूर्ति करते हैं।

लक्ष्य (Goal)

- FSC का जारी मिशन "दुनिया के वनों के लिए पर्यावरण के अनुकूल, सामाजिक रूप से लाभप्रद और आर्थिक रूप से व्यवहार्य प्रबंधन को बढ़ावा देना है।" अंत में यह पाँच लक्ष्यों के साथ एक वैश्विक योजना को प्रकाशित करता है :
- विश्व स्तर पर जिम्मेदार वन प्रबंधन को आगे बढ़ाना।
- एफसएसी प्रणाली के लाभों के लिए समान अधिगम सुनिश्चित करना।
- एफसएसी प्रणाली की अखंडता, विश्वसनीयता और पारदर्शिता को सुनिश्चित करना।
- 1 लक्ष्य से 4 माध्यम से वितरित करने के लिए वैश्विक नेटवर्क को मजबूत करना।

क्षेत्रों की गतिविधियाँ (Areas of Activities)

- वन
- संरक्षण में लेने की कड़ी
- सामाजिक नीति
- निगरानी और मूल्यांकन
- गुणवत्ता आश्वासन
- पारिस्थितिकी सेवाएँ

FSC के प्रतीक चिह्न (logo) से यह माना जाता है कि उत्पाद उत्तरदायी स्त्रोतों से आता है- पर्यावरण के अनुकूल, सामाजिक रूप से लाभप्रद और आर्थिक रूप से व्यवहार्य। FSC लेबल का उपयोग लकड़ी और गैर लकड़ी उत्पादों की एक विस्तृत शृंखला पर किया जाता है, कागज और फर्नीचर से लेकर दवा और गहने तक, और इसका उद्देश्य उपभोक्ताओं को उत्तरदायी वानिकी का समर्थन करने का विकल्प देना है।

9. खाद्य और कृषि संगठन [Food and Agriculture Organization (FAO)]

खाद्य और कृषि संगठन (FAO) संयुक्त राष्ट्र की विशेष एजेंसी है जो खाद्य की कमी से निपटने के लिए अन्तर्राष्ट्रीय प्रयासों की अगुआई करता है। इसका मुख्यालय रोम, इटली में स्थित है।

इसका लक्ष्य सभी के लिए भोजन पहुँचाना है तथा यह सुनिश्चित करना है कि लोगों के सक्रिय रहने और स्वस्थ जीवन के लिए लोगों के पास निरंतर रूप से पर्याप्त उच्च गुणवत्ता के भोजन की सुविधा प्राप्त हो। FAO में राज्य में 194 सदस्यों से अधिक और दुनियाभर में 130 से अधिक देश कार्य कर रहे हैं।

भूमिका एवं उद्देश्य (Role and Objectives)

1. कृषि की विरासत प्रणाली के महत्त्व और उनकी सुरक्षा के लिए संस्थागत समर्थन के वैश्विक और राष्ट्रीय को मान्यता प्रदान करना;
   - ➤ विश्व में कृषि विरासत प्रणाली श्रेणियों के निर्माण के माध्यम से मान्यता प्राप्त की

जा रही है, FAO सरकारी निकाय, UNE SCO, विश्व धरोहर केन्द्र और अन्य सहभागी;

➤ इस तरह की कृषि प्रणालियों को उनके वैश्विक महत्त्व तथा उनके द्वारा सभी स्तरों पर उपलब्ध कराए जा रहे लाभों के बारे में खतरे/संकट की समझ बढ़ाने के द्वारा राष्ट्रीय मान्यता और जागरूकता उत्पन्न की गई है।

2. स्थानीय कृषि समुदायों तथा स्थानीय और राष्ट्रीय संस्थाओं की क्षमता निर्माण के लिए GIAHS के संरक्षण और प्रबंधन, आय की शुरुआत, स्थायी रूप से ऐसी प्रणालियों की वस्तुओं तथा सेवाओं का आर्थिक गुण संवर्धन;

➤ जैव विविधता के क्षरण तथा परंपरागत ज्ञान, भू-क्षरण तथा भू-मंडलीय प्रक्रियाओं से उत्पन्न खतरों की विपत्ति को कम करने के उपायों की पहचान करना;

➤ जैव विविधता और प्राकृतिक संसाधनों के संरक्षण और स्थायी उपयोग को सुदृढ़ करना, जलवायु परिवर्तन के प्रति संवेदनशीलता को कम करना, स्थायी कृषि और ग्रामीण विकास में वृद्धि करना और इसके परिणामस्वरूप खाद्य सुरक्षा और गरीबी उन्मूलन में योगदान करना;

➤ स्थानीय लोगों द्वारा अपने संसाधनों के संरक्षण और उनके सतत् उपयोग तथा उनकी कुशल प्रणालियों से प्राप्त लाभों को बढ़ाना और पर्यावरण सेवाओं, इको लेबलिंग, पारिस्थितिकी पर्यटन तथा अन्य इंसेंटिव प्रक्रिया और बाजार अवसरों के वेतन से उनको लाभप्रद बनाना।

3. GIAHS के संरक्षण, विकासवादी अनुकूलन और व्यवहार्यता के समर्थन देने के लिए नियामक नीतियों और प्रोत्साहित परिवेशों का मूल्यांकन करना है;

➤ मौजूदा नीतियों और इंसेंटिव प्रक्रिया का मूल्यांकन तथा स्थायी कृषि पद्धतियों के लिए समर्थन देने की रूपरेखा की पहचान।

➤ विकसित नीतियों और इंसेंटिव प्रक्रिया की ओर राष्ट्रीय और अन्तर्राष्ट्रीय प्रक्रियाओं की वृद्धि करना।

10. जलवायु परिवर्तन पर अंतर-सरकारी पैनल [Intergovernmental panel on Climate Change (IPCC)]

जलवायु परिवर्तन पर अंतर-सरकारी पैनल (IPCC) संयुक्त राष्ट्र संघ के तत्त्वावधान में वैज्ञानिक और अंत:सरकारी हिस्सा है जिसका गठन विश्व की सभी सदस्य सरकारों द्वारा किया गया है जो जलवायु परिवर्तन की परिकल्पना तथा उसके राजनीतिक एवं आर्थिक प्रभाव के प्रति समर्पित है।

- इसकी स्थापना सर्वप्रथम 1988 में दो संयुक्त राष्ट्र संगठनों, विश्व मौसम विज्ञान संगठन (WMO) तथा संयुक्त राष्ट्र पर्यावरण प्रोग्राम (UNEP) और बाद में संयुक्त राष्ट्र महासभा द्वारा प्रस्ताव 43/53 के माध्यम से इसका समर्थन किया गया था।
- जलवायु परिवर्तन पर अंतर-सरकारी पैनल की सदस्यता WWO व UNEP के सभी सदस्यों के लिए खुली है।

- जलवायु परिवर्तन पर अंतर-सरकारी पैनल (IPCC) ने जलवायु परिवर्तन पर संयुक्त राष्ट्र समझौते (UNFCC) की एक रिपोर्ट तैयार की है जिसे जलवायु परिवर्तन पर मुख्य अन्तर्राष्ट्रीय संधि के रूप में देखा गया है। UNFCC का मौलिक उद्देश्य ''वातावरण में ग्रीन हाउस गैस सांद्रता को एक स्तर पर स्थिर करना होता है जो कि जलवायु परिवर्तन के साथ ही मानवजनित हस्तक्षेप को रोकते हैं।''
- जलवायु परिवर्तन पर अंतर-सरकारी पैनल (IPCC) के विवरण के अनुसार,''मानव द्वारा जलवायु परिवर्तन के जोखिम (विपत्ति) के मानव आधार के हेतु वैज्ञानिकों, तकनीकी और सामाजिक-आर्थिक सूचनाओं को समझते हैं तथा अनुकूलन और कमी के विकल्प पर संभावित प्रभाव डालते हैं।
- जलवायु परिवर्तन पर अंतर-सरकारी पैनल (IPCC) की स्थापना नीति-निर्माताओं और अन्य जलवायु परिवर्तन में रूचि रखने वालों के साथ ही जलवायु परिवर्तन के बारे में सूचना के स्त्रोतों को प्रदान करते हैं।

■ ■ ■

अध्याय 18

वानिकी घटनाएं/तिथियां

(Forestry Events/Dates)

कई हितधारकों के मध्य वन को जैविक संसाधनों के रूप में महत्त्वपूर्ण स्थान मिला है। इसके परिणामस्वरूप पर्यावरण एवं वन से संबंधित महत्त्वपूर्ण घटनाक्रमों एवं तिथियों को ऐतिहासिक महत्त्व दिया गया है। प्रत्येक घटना और तिथियाँ जहाँ प्रसंग (theme) और दर्शन ज्ञान (philosophy) जिसमें समाज के विभिन्न हिस्सों (section) में फैला हुआ है। इसलिए वानिकी घटनाओं/तिथियों पर एक अध्याय तैयार किया गया है और निम्नलिखित उप शीर्षकों के साथ प्रस्तुत किया गया है।

i. वानिकी से संबंधित महत्त्वपूर्ण सप्ताह (Important Weeks related to Forestry)
ii. वानिकी से संबंधित महत्त्वपूर्ण वर्ष (Important Years related to Forestry)
iii. वानिकी से संबंधित महत्त्वपूर्ण घटनाएँ/तिथियाँ (Important Events / Dates related to Forestry)
iv. महत्त्वपूर्ण दशक (Important Decades)

I. महत्त्वपूर्ण सप्ताह (Important Weeks)

घटना/कार्यक्रम	सप्ताह	महत्ता/महत्त्व (Significance)
राष्ट्रीय हरित सप्ताह	फरवरी में प्रथम सप्ताह	राष्ट्रीय हरित सप्ताह एक वार्षिक कार्यक्रम है जो सतत् केन्द्रित अध्याय, परियोजनाओं और गतिविधियों के बारे में फरवरी के पहले पूर्ण सप्ताह के मध्य संलग्न करने का सामर्थ्य प्रदान करता है।
राष्ट्रीय वन्यजीव सप्ताह	अक्टूबर में प्रथम सप्ताह	इस अभियान का वार्षिक विषय पशुवर्ग के संरक्षण को बढ़ावा देना है। महत्त्वपूर्ण कार्यवाही के माध्यम से वन्यजीव के जीवन की दीर्घकालिक लक्ष्य की सुरक्षा के लिए जागरूकता बढ़ाने का संपूर्ण लक्ष्य है।

घटना/कार्यक्रम	सप्ताह	महत्ता/महत्त्व (Significance)
राष्ट्रीय परागकण सप्ताह	जून का तीसरा सप्ताह	परागकारी सप्ताह अब मधुमक्खियों, पक्षियों, तितलियों, चमगादड़ और भृंगों द्वारा प्रदान की जाने वाली महत्त्वपूर्ण पारिस्थितिकी सेवाओं के अंतर्राष्ट्रीय उत्सव के रूप में जाना जाता है।
पुनर्चक्रण (रिसाइकल) सप्ताह	20 से 26 जून 2011	सप्ताह का उद्देश्य लोगों को प्रोत्साहन देता है कि वे घर के सभी पुन:चक्रण की सभी वस्तुओं के लाभों का प्रदर्शन करके उन्हें और अधिक पुन: चक्रित करें। Co_2, औद्योगिक और समुदाय पुन: चक्रण की शुरुआत को बढ़ावा देना है।
शून्य अपशिष्ट सप्ताह	सितम्बर का प्रथम सप्ताह	अपशिष्ट भराव क्षेत्र को कम करने के लिए वार्षिक जागरूकता अभियान, शून्य अपशिष्ट सप्ताह है।

II. महत्त्वपूर्ण वर्ष (Important Years)

घटना/कार्यक्रम	वर्ष	महत्त्व
विश्व जनसंख्या वर्ष	1974	• यह वर्ष विश्व समुदाय द्वारा मानव के लिए बेहतर जीवन स्तर सुनिश्चित करने की ओर कार्य करने की प्रतिबद्धता का वर्ष है। • अन्तर्राष्ट्रीय महासागर वर्ष को लोगों, सरकारों और निर्णय-निर्माताओं पर महासागरों की प्रचुर महत्त्वपूर्णता पर इनके ध्यान को केंद्रित और सुदृढ़ बनाने के लिए अपनाया जाता है, और स्थायी विकास के लिए स्त्रोतों के रूप में समुद्री पर्यावरण होता है।
महासागर के अंतर्राष्ट्रीय वर्ष (IYO)	1998	• 1998 के दौरान संयुक्त प्रयासों का मुख्य उद्देश्य सरकारों की कार्रवाई करने, पर्याप्त संसाधन उपलब्ध कराने और समुद्री तथा तटीय क्षेत्रों में प्राथमिकता प्रदान करने से जागरूकता उत्पन्न करना था जिसके लिए वे सीमित पारिस्थितिकी के रूप में सीमित होते हैं। • संयुक्त राष्ट्र संघ ने विश्व के पहाड़ों की महत्ता के बारे में जागरूकता बढ़ाने और सतत् विकास के माध्यम से उनके दुर्बल संसाधनों को संरक्षित करने की आवश्यकता के रूप में वर्ष 2002 में पर्वतों के अंतर्राष्ट्रीय वर्ष (IYM) को घोषित किया गया।

घटना/कार्यक्रम	वर्ष	महत्त्व
		• संपूर्ण वर्ष में विश्व के सभी लोग पर्वतों के उत्सव मनाने और सतत् विकास तथा संरक्षण को बढ़ावा देने के विभिन्न तरीकों की चर्चा करने वाली घटनाओं/कार्यक्रम में भाग लेते हैं।
अंतर्राष्ट्रीय पर्वत वर्ष (IYM)	2002	• IYM पर्वतीय मुद्दों को वैश्विक एजेंडे पर आगे बढ़ने का एक विशिष्ट अवसर प्रदान करता है और 21वीं शताब्दी में पर्वतों पर दीर्घकालिक, सतत् और ठोस कार्यवाही के लिए स्प्रिंगबोर्ड और उत्प्रेरक के रूप में कार्य करना चाहिए। • सभी देशों की I.Y.M. समितियाँ स्थापित करने तथा उन राष्ट्रीय और स्थानीय कार्यक्रमों की सहायता करने के लिए प्रोत्साहित किया गया है जो सतत् पर्वत विकास से संबंधित नीति और कार्यक्रमों पर ध्यान केंद्रित करती है।
पर्यावरर्णीय पर्यटन का अंतर्राष्ट्रीय वर्ष (IYE)	2002	• विश्व भर में, पर्यावरणीय पर्यटन के अनुभवों का निरीक्षण/समीक्षा करने का अवसर प्रदान करता है ताकि भविष्य में इसके सतत् विकास को सुनिश्चित करने के लिए उपकरण और संस्थागत संरचनाओं को सुनिश्चित किया जा सके। इसका ध्येय पर्यावरण पर्यटन से आर्थिक, पर्यावरणीय और सामाजिक लाभ को बढ़ाना है, जबकि इसकी पिछली कमियों और नकारात्मक प्रभावों से बचना है।
अंतर्राष्ट्रीय स्वच्छ जल वर्ष (IYF)	2003	• मानवता के समक्ष आज स्वच्छ, साफ जल की उपलब्धता सभी महत्त्वपूर्ण मुद्दों में से एक है- और इसकी भविष्य के लिए निरंतर गंभीरता बढ़ रही है, आपूर्ति की बढ़ती माँग और प्रदूषण निरन्तर ही नदियों, झीलों को निरंतर प्रदूषित कर रहे हैं।
अंतर्राष्ट्रीय रेगिस्तान और मरुस्थल वर्ष	2006	• इस वर्ष का उद्देश्य विश्व के रेगिस्तानी क्षेत्रों और विशेषत: मरुस्थलीकरण की समस्या के बारे में जागरूकता को विस्तृत करना है। हर वर्ष विश्व के रेगिस्तानों के साथ-साथ आकर्षक पारिस्थितिकी पर ध्यान दिया जाता है, जो कि प्राचीन सभ्यता है। अंत: WDCD से हमारे रेगिस्तान की विरासत और सुंदरता में भी प्रसिद्धि प्राप्त है।
अंतर्राष्ट्रीय पृथ्वी वर्ष	2008	• सतत् विकास के उत्थान/वृद्धि के लिए पृथ्वी विज्ञान के महत्त्व की जागरूकता बढ़ाने के लिए संयुक्त राष्ट्र महासभा ने वर्ष 2008 में इसे पृथ्वी ग्रह के अंतर्राष्ट्रीय वर्ष के रूप में घोषित किया।

घटना/कार्यक्रम	वर्ष	महत्त्व
		• UNESCO को नेतृत्व एजेंसी (lead agency) के रूप में नियुक्त किया गया था। इस कार्य वर्ष के कार्य में तीन वर्ष 2006-2009 का समय व्यतीत हुआ। • पृथ्वी ग्रह के अंतर्राष्ट्रीय वर्ष का उद्देश्य विश्व के 40,000 पृथ्वी वैज्ञानिकों द्वारा संचित ज्ञान को समाज द्वारा अधिकाधिक और अधिक प्रभावी उपयोग को सुनिश्चित करना है। वर्ष का उपशीर्षक 'समाज के लिए पृथ्वी विज्ञान' में विश्व भर के सुरक्षित, स्वस्थ और धनी समाजों के निर्माण में सहायता करने का वर्ष का अंतिम लक्ष्य व्यक्त किया गया है। • स्वच्छता की प्राप्ति की ओर विश्व के विभिन्न भागों में MDG की प्रगति धीमी और विविध रही है।
अंतर्राष्ट्रीय स्वच्छता वर्ष	2008	• वर्ष 2008 को अंतर्राष्ट्रीय स्वच्छता वर्ष घोषित करने का मुख्य उद्देश्य, 2015 तक मूल स्वच्छता तक पहुँचे बिना जीवन जीने वाले लोगों के अनुपात को कम करने के लिए पूर्व कार्यक्रमों को सही रास्ते पर वापस लाने में मदद करना है। • वर्ष का उद्देश्य सहस्त्रशताब्दी विकास लक्ष्यों के स्वच्छता लक्ष्य को पूरा करने के लिए जागरूकता और कार्यशीलता को विकसित करना है। इसकी विशिष्ट चिंताएँ : स्वच्छता के आस-पास स्टिग्मा का हटाना, ताकि स्वच्छता के महत्त्व पर और आसानी से तथा सार्वजनिक रूप से चर्चा की जा सके। यहाँ गरीबी उन्मूलन, स्वास्थ्य और बेहतर स्वच्छता व्यवस्था, घरेलू स्वच्छता व्यवस्था और अपशिष्ट जल उपचार से प्राप्त होने वाले अन्य लाभों पर प्रकाश डाला जा रहा है।
प्राकृतिक फ़ाइबर का अंतर्राष्ट्रीय वर्ष	2009	• IYFN का उद्देश्य प्राकृतिक फ़ाइबर पशु और वनस्पति उत्पत्ति और भव्य कपड़ों से लेकर पारंपरिक और गैर--पारंपरिक औद्योगिक उपयोग तक के उपयोग को कवर करना था। इस तरह के प्राकृतिक फाइबर के प्रोफ़ाइल को बढ़ाने के लिए IYNE से अपेक्षा की गई थी। प्राकृतिक रेशों के उत्पादकों के सहयोग पर वर्ष का अनुसरण प्राकृतिक रेशों के सकारात्मक गुणों पर महत्त्व देने के लिए किया गया।
अंतर्राष्ट्रीय गोरिल्ला वर्ष	2009	• वर्ष 2009 को UNEP प्रवासी (Migratory) प्रजाति सम्मेलन (CMS), UNEP/UNESCO महान वानर,

घटना/कार्यक्रम	वर्ष	महत्त्व
		उत्तरजीविता साझेदारी (GRASP) और विश्व चिड़ियाघर तथा मत्स्यालय संघ (WAZA) द्वारा सबसे बड़ी जीवित प्राइमेट के विलुप्त होने से बचने के लिए गोरील्ला वर्ष (YoG) घोषित किया गया। • इस वैश्विक अभियान में गोरिल्ला और उनके संकटात्मक स्थितियों के बारे में लोगों को जागरूक और शिक्षित किया गया; इसके साथ ही भू-संरक्षण कार्य पर ठोस रूप से सगान समय के लिए धन में वृद्धि की।
अंतर्राष्ट्रीय जैवविविधता वर्ष	2010	• संयुक्त राष्ट्र ने 2010 को जैवविविधता का अंतर्राष्ट्रीय वर्ष घोषित किया। यह पृथ्वी पर जीवन का और हमारे जीवन के लिए जैव विविधता के महत्त्व का उत्सव है। • धरती पर विभिन्न प्रकार के जीवन की रक्षा के लिए वर्ष 2010 में दुनिया को एक्शन लेने के लिए आमंत्रित किया गया है; जैव विविधता/संयुक्त राष्ट्र ने 2010 को जैव विविधता का अंतर्राष्ट्रीय वर्ष घोषित किया और विश्व भर के लोग इस अपरिवर्तनीय प्राकृतिक संपदा की रक्षा करने तथा जैव विविधता को कम करने के लिए कार्य कर रहे हैं। यह वर्तमान और आगामी मनुष्य भलाई (wellbeing) के लिए महत्त्वपूर्ण है। हमें यह और अधिक करने की आवश्यकता है।
वनों का अंतर्राष्ट्रीय वर्ष	2011	• सभी प्रकार के वनों के स्थायी प्रबंधन, संरक्षण और सतत् विकास को वर्तमान और भावी पीढ़ीयों के लाभ के लिए जागरूकता बढ़ाना और उसे मजबूत बनाना।
अंतर्राष्ट्रीय मृदा वर्ष	2015	• संयुक्त राष्ट्र के खाद्य एवं कृषि संगठन को IYS, 2015 के नाम से कार्यान्वित किया गया है, जिसमें संयुक्त राष्ट्र सम्मेलन ने मरुस्थल के प्रतिरोध के सचिवालय और वैश्विक मृदा समझौते की संरचना एवं सरकारों के साथ ही IYS, 2015 का उद्देश्य खाद्य सुरक्षा और आवश्यक पारिस्थितिकी कार्यों के लिए इसकी महत्ता की समझना और जागरूकता बढ़ाना है।
दालों का अंतर्राष्ट्रीय वर्ष	2016	• अंतर्राष्ट्रीय वर्ष की नियुक्ति, दुनिया/विश्व के भोजन में फलियाँ (beans), चना, मैसूर और अन्य दालों की भूमिका के बारे में जागरूकता बढ़ाने और उनकी प्रसिद्धि का अभूत

घटना/कार्यक्रम	वर्ष	महत्त्व
		पूर्व अवसर मिलता है। इससे भी अधिक महत्त्वपूर्ण बात यह है कि दालों के योगदान को स्वास्थ्य, पोषण और सततृता में आगे बढ़ाने के लिए प्रमुख कार्यकारी संस्थाओं को आगे एक साथ लाने का सुनहरा अवसर होगा। • IYP, 2016, खाद्य सुरक्षा और पोषण के लिए सतत् खाद्य उत्पादन के भाग के रूप में दालों के पोषण के लाभों के बारे में लोगों की जागरूकता बढ़ाने का लक्ष्य है। यह वर्ष खाद्य शृंखला के माध्यम से इनका संयोजन बढ़ाने का विशिष्ट अवसर बनता है। जिससे दाल आधारित प्रोटीन का अच्छे से उपयोग, दालों का वैश्विक उत्पादन, फसल–चक्र का अच्छे से उपयोग और दालों के व्यापार की चुनौतियों का समाधान होता है।
सभी के लिए सतत् पर्यटन का अंतर्राष्ट्रीय वर्ष	2017	• इस अंतर्राष्ट्रीय वर्ष का उद्देश्य नीतियों में बदलाव, व्यवसाय, कार्य और उपभोक्ता व्यवहारों में परिवर्तन का समर्थन करना है, जो SDGs को प्रभावी तरीके से योगदान दे सकता है।

III. महत्त्वपूर्ण तिथियाँ (Important Dates)

महीना/दिन	घटना/कार्यक्रम	महत्ता (Significance)
फरवरी (February)		
2 फरवरी	विश्व आर्द्र भूमि दिवस	• इस दिन वर्ष 1971 में आर्द्रभूमि के महत्त्व पर रामसर सम्मेलन पर हस्ताक्षर किए गए। आर्द्रभूमि हमारी जैव विविधता का बहुत महत्त्वपूर्ण हिस्सा है और यह देखना आवश्यक है कि उनका अच्छे से संरक्षण किया जा सके।
27 फरवरी	अंतर्राष्ट्रीय ध्रुवीय भालू दिवस	• यह दिन, ध्रुवीय भालू और संरक्षण के प्रयासों के बारे में और अधिक जानने का है जिसमें ध्रुवीय भालू का संबंध है।
28 फरवंरी	राष्ट्रीय विज्ञान दिवस	• यह दिन पर्यावरण के संरक्षण में विज्ञान की भूमिका को स्पष्ट/प्रकाशित करने के लिए मनाया जाता है।
मार्च (March)		
3 मार्च	विश्व वन्य जीव दिवस	• विश्व वन्य जीव दिवस को वन्य जीव–जन्तुओं और वनस्पति के संरक्षण के बारे में जागरूकता

महीना/दिन	घटना/कार्यक्रम	महत्ता (Significance)
		बढ़ाने के लिए मनाया जाता है और साथ ही वन्य जीव-जन्तुओं और वनस्पतियों द्वारा लोगों को लाभ उपलब्ध करना। • नदियों के लिए अंतर्राष्ट्रीय कार्यवाही दिवस बाँध हटाने और नदी पुनः स्थापन जैसी सफलता को मनाने का दिन है। • इस दिन निर्णय-निर्माताओं के कार्यों और नीतियों में पथ, स्पष्टीकरण और आवश्यकताओं में सुधार लाया जाता है।
14 मार्च	नदियों के लिए अंतर्राष्ट्रीय कार्य दिवस	• यह दिन, नदियों के समक्ष संकट के बारे में एक-दूसरों को शिक्षित/जागरूक करता है और हम बेहतर जल तथा ऊर्जा समाधानों के बारे में सीखते हैं। • मार्च 1997 में ब्राजील में बाँधों से प्रभावित लोगों की पहली अंतर्राष्ट्रीय बैठक की शुरुआत की गई थी, और इसका आयोजन, अंतर्राष्ट्रीय नदी आयोजन, दिन का वैश्विक होना, त्यौहारों से लेकर विस्तृत सार्वजनिक कार्यक्रमों, नदी की सफाई, विरोध, धार्मिक उत्सव तथा आयोजन के आरंभ होने से होता है। • विश्व गौरैया दिवस को गौरैया के प्रति जागरूकता लाने के लिए इस दिन को नामित किया जाता है, और इसके बाद अन्य सामान्य पक्षियों के बारे में शहरी पर्यावरण तथा आबादी के लिए संकट उत्पन्न होने के कारण इस दिवस को मनाया जाता है।
20 मार्च	विश्व गौरैया दिवस	• यह इको-सिस एक्शन फाउंडेशन (फ्रांस) और दुनिया भर के कई राष्ट्रीय और अंतर्राष्ट्रीय संगठनों के साथ मिलकर नेचर फॉरएवर सोसायटी ऑफ इंडिया की एक अंतर्राष्ट्रीय शुरुआत/पहल है।
21 मार्च	विश्व वानिकी दिवस	• विश्व वानिकी दिवस 21 मार्च को जागरूकता वृद्धि और वनों की भूमिका और इसके संरक्षण के लिए इसकी आवश्यकता में वृद्धि के लिए यह प्रतिवर्ष मनाया जाता है।

महीना/दिन	घटना/कार्यक्रम	महत्ता (Significance)
22 मार्च	विश्व जल दिवस	• जल संसाधनों में तेजी से कमी के संरक्षण और न्यायिक उपयोग के बारे में जागरूकता उत्पन्न करने के लिए विश्व जल दिवस मनाया जाता है।
23 मार्च	विश्व मौसम विज्ञान दिवस	• यह दिन स्मरण करने के लिए मनाया जाता है कि मौसम पर्यावरण का अभिन्न अंग है और समाज में जागरूकता उत्पन्न करना है।
अप्रैल (April)		
7 अप्रैल	विश्व स्वास्थ्य दिवस	• विश्व स्वास्थ्य संगठन (WHO) की स्थापना इसी दिन वर्ष 1948 को हुई थी एवं स्वास्थ्य दिवस को यह बताने/सूचित करने के लिए मनाया जाता है कि स्वास्थ्य पर्यावरण परिवर्तन में महत्त्वपूर्ण है।
22 अप्रैल	विश्व पृथ्वी दिवस	• वर्ष 1970 में संयुक्त राज्य अमेरिका में लोगों के एक समूह ने मिलकर विश्व का ध्यान आधुनिकीकरण के कारण पृथ्वी की समस्याओं की ओर आकर्षित किया। तब से यह दिन पृथ्वी दिवस के रूप में संपूर्ण विश्व में मनाया जता है।
मई (May)		
3 मई	अंतर्राष्ट्रीय ऊर्जा दिवस	• विश्व ऊर्जा दिवस को संरक्षण के प्रति जागरूकता उत्पन्न करने, ऊर्जा सततृता को बढ़ावा देने के लिए ऊर्जा का औचित्य पूर्ण उपयोग करने के लिए मनाया जाता है।
8 मई	विश्व प्रवासी पक्षी दिवस	• विश्व प्रवासी पक्षी दिवस (WMBD) की शुरुआत वर्ष 2006 में की गई थी और यह एक वार्षिक जागरूकता अभियान है जो प्रवासी पक्षियों और उनके आवास स्थलों के संरक्षण की आवश्यकता को प्रकाशित/उजागर करता है। • इसकी एक वैश्विक पहुँच है और यह एक प्रभावी उपाय है जो प्रवासी पक्षियों के समक्ष आने वाले संकट उनके पारिस्थितिकी महत्त्व और उनके संरक्षण के लिए अंतर्राष्ट्रीय सहयोग की आवश्यकता के बारे में जागरूकता बढ़ाने में सहायता करता है।

महीना/दिन	घटना/कार्यक्रम	महत्ता (Significance)
11 मई	राष्ट्रीय प्रौद्योगिकी दिवस	• पोखरण में परमाणु परीक्षणों के सफल परीक्षण को मान्यता देने के लिए राष्ट्रीय प्रौद्योगिकी दिवस की शुरुआत की गई। इसके अतिरिक्त, पहले स्वदेशी विमान ''हंसा–3'' का परीक्षण इस दिन बैंगलोर में किया गया था और भारत ने उसी दिन त्रिशूल मिसाइल का सफल परीक्षण किया था। तकनीकी उपलब्धियों को देखते हुए, 11 मई को, राष्ट्रीय प्रौद्योगिकी दिवस को स्मरणोत्सव के रूप में चुना गया। • राष्ट्रीय प्रौद्योगिकी दिवस को ''समावेशी और सतत् विकास के लिए प्रौद्योगिकी'' के रूप में जाना जाता है।
14 मई	स्थानीय पक्षी दिवस	• स्थानीय पक्षी दिवस, मई में भारत में आयोजित वार्षिक कार्यक्रम है, यह एक विश्व व्यापी प्रयास है जिसमें 24 घंटे की अवधि में अनेक प्रजातियों को दिखाया जा सकता है।
22 मई	विश्व जैव विविधता दिवस	• जैव विविधता के मुद्दों की समझ और जागरूकता बढ़ाने के लिए संयुक्त राष्ट्र ने 22 मई को अन्तर्राष्ट्रीय जैव विविधता दिवस (IDB) की घोषणा की है।
23 मई	विश्व कछुआ दिवस	• विश्व कछुआ दिवस का उद्देश्य, 23 मई 2000 से 'अमेरिकी कछुआ बचाव' द्वारा वार्षिक रूप से प्रायोजित, ध्यान आकर्षित करना और कछुओं और कछुओं के लिए सम्मान और ज्ञान में वृद्धि करना और उन्हें जीवित और विकसित होने में मदद करने के लिए मानवीय कार्यवाही को प्रोत्साहित करना है।
जून (June)		
5 जून	विश्व पर्यावरण दिवस	• इस दिन वर्ष 1972 में मानव पर्यावरण पर स्टॉक होम सम्मेलन स्वीडन में हुआ। दुनिया भर से एक बहुत बड़ी सभा हुई थी और लोगों ने पर्यावरण की बढ़ती हुई समस्याओं पर अपनी चिंता/समस्याओं पर अपनी चिंता व्यक्त की।

महीना/दिन	घटना/कार्यक्रम	महत्ता (Significance)
8 जून	विश्व महासागर दिवस	• यह दिन विभिन्न तरह से मनाया जाता है, जिसमें नए अभियान और शुरुआत, मत्स्यालय और चिड़ियाघरों पर विशेष कार्यक्रम, बाहरी अन्वेषण जलीय और समुद्रतट सफाई, शैक्षिक और संरक्षण कार्यक्रम, कलात्मक प्रतियोगिताएँ, फिल्म उत्सव और स्थायी खाद्य कार्यक्रम सम्मिलित है।
9 जून	कोरल त्रिकोण दिवस	• कोरल त्रिकोण दिवस का उद्देश्य, कोरल त्रिकोण दिवस के समस्त बैनर के तहत महासागर संरक्षण का संदेश जारी करना है। कोरल त्रिकोण दिवस एक वार्षिक एवं ओपन-सोर्स की घटना/कार्यक्रम है जो वर्ष के किसी विशिष्ट दिन पर व्यक्तियों, सगठनो तथा सस्थानो को साथ मे लाता है ताकि वे महासागर संरक्षण को प्रकाशित कर सके तथा कोरल के त्रिकोण की सुरक्षा एवं संरक्षण के अनेक उपाय कर सके।
15 जून	वैश्विक पवन दिवस	• यह एक विश्व व्यापी कार्यक्रम है जो वर्ष में 15 जून को होता है। यह दिन, हवा, इसकी क्षमता/शक्ति और दुनिया को बदलने के लिए इसकी संभावनाओं की खोज के लिए होता है। यह दिन जब पवन ऊर्जा उत्सव मनाने, सूचना का आदान-प्रदान और युवा तथा बच्चों द्वारा पवन ऊर्जा को जानने और दुनिया के बदलने के लिए संभावनाओं के बारे में पता चलता है।
17 जून	विश्व मरुस्थलीकरण और सूखा/शुष्कता रोकथाम दिवस	• यह दिन सूखा और मरुस्थलीकरण के बारे में जागरूकता उत्पन्न करने, समाज पर इसके निहितार्थ और विद्यार्थियों के मध्य समस्या को कम करने के तरीके उत्पन्न करना है।
जुलाई (July)		
1 जुलाई - 7 जुलाई	वन महोत्सव सप्ताह	• इस सप्ताह के दौरान छात्रों को वन-महोत्सव सप्ताह, इसके इतिहास तथा जैव विविधता तथा पेड़-पौधों के कुछ कार्य करने के लिए प्रोत्साहित किया जाता है।

महीना/दिन	घटना/कार्यक्रम	महत्ता (Significance)
3 जुलाई	विश्व समुद्री पक्षी दिवस (World Seabird Day)	• विश्व सीबर्ड (पंछी) यूनियन है, एक संगठन जिसमें दुनिया की कई सीबर्ड सोसायटी सम्मिलित है, 3 जुलाई, 2017 को विश्व सीबर्ड दिवस की घोषणा हुई। ग्रेट ऑक (पिंगुश्नुसिपेंनिस) को अंतिम बार 3 जुलाई, 1844 को देखा गया था और समुद्रपक्षी समस्त विश्व के वैज्ञानिक, प्रबंधक और समर्थक इस तिथि को याद रखते हैं। • समुद्री पक्षी, महासागरीय स्वास्थ्य के लिए कोयला खान में कैनरीज़ हैं और समुद्री पक्षी संघ का उद्देश्य अपने समक्ष समस्त खतरों और चुनौतियों को प्रकाशित करना है।
11 जुलाई	विश्व जनसंख्या दिवस (World Population Day)	• विश्व जनसंख्या दिवस का उद्देश्य विभिन्न जनसंख्या मुद्दों जैसे कि परिवार नियोजन की महत्ता में सम्मिलित लिंग समानता, गरीबी, मातृ स्वास्थ्य और मानवाधिकारों के बारे में लोगों की जागरूकता बढ़ाना है। छात्र प्रतियोगिता के माध्यम से जानकारी को साझा करते हैं।
26 जुलाई	अंतर्राष्ट्रीय मैंग्रोव दिवस	• मैंग्रोव पारिस्थितिकी के संरक्षण की ओर जागरूकता बढ़ाने के लिए यह दिवस मनाया जाता है।
29 जुलाई	अंतर्राष्ट्रीय बाघ दिवस	• वैश्विक बाघ दिवस को अंतर्राष्ट्रीय बाघ दिवस कहा जाता है, जो कि प्रतिवर्ष 29 जुलाई को, बाघों के संरक्षण के प्रति जागरूकता बढ़ाने के लिए मनाया जाता है। यह सेंट पीटर्सबर्ग टाइगर समिट पर 2010 को बनाया गया था। इस दिवस का लक्ष्य बाघों के प्राकृतिक आवास को संरक्षित करने के लिए वैश्विक प्रणाली की वृद्धि/प्रोत्साहित करना और लोगों की जागरूकता बढ़ाना और बाघ संरक्षण मुद्दों के लिए समर्थन करना है।
अगस्त (August)		
10 अगस्त	विश्व सिंह दिवस	• विश्व सिंह दिवस प्रति वर्ष 10 अगस्त को मनाया जाता है। विश्व सिंह दिवस का उद्देश्य प्रभावशाली

महीना/दिन	घटना/कार्यक्रम	महत्ता (Significance)
		शिकारियों के प्रति जागरूकता बढ़ाना है, जिसे सामान्यत: जंगल का राजा कहा जाता है। शेर, पेंथेरा वंश की सबसे बड़ी बिल्ली (आकार में) में से एक है और यह फैलिडी कुल का सदस्य है। जंगली प्रदर्शनी में शेर को दिखाना सामान्य आचरण है, सामान्यत: जब छोटी मादा को सम्मिलित किया जाता है तो उनमें सिंह अधिक मुख्य होते हैं।
12 अगस्त	विश्व हाथी दिवस	• अंतर्राष्ट्रीय हाथी दिवस का उद्देश्य अफ्रीकी और एशियाई हाथियों की तत्कालिक स्थिति के बारे में जागरूकता उत्पन्न करना और बंदी तथा जंगली हाथी की बेहतर देखभाल और प्रबंध के लिए ज्ञान और सकारात्मक समाधानों का आदान-प्रदान करना है।
22 अगस्त	मधुमक्खी दिवस	• राष्ट्रीय मधुमक्खी दिवस (पूर्व में राष्ट्रीय मधुमक्खी जागरूकता दिवस) एक जागरूकता दिवस है जिसे मधुमक्खी उद्योग के बारे में शिक्षा और संवर्धन के माध्यम से सामुदायिक जागरूकता उत्पन्न करने के लिए संयुक्त राज्य अमेरिका में मधुमक्खीपालकों द्वारा शुरू किया गया है।
सितम्बर (September)		
16 सितम्बर	विश्व ओज़ोन दिवस	• संयुक्त राज्यों ने इस दिवस को ओज़ोन परत के संरक्षण के लिए अंतर्राष्ट्रीय दिवस के रूप में घोषित किया गया। इसी दिन मोंट्रियल प्रोटोकोल पर हस्ताक्षर किए गए।
21 सितम्बर	शून्य उत्सर्जन दिवस	• शून्य उत्सर्जन दिवस एक विश्व व्यापी गतिविधि है और इसे वार्षिक तौर पर सार के साथ देखा जाता है,''बडी अप'' (Buddy up) (दोस्तों और परिवार के साथ शून्य-उत्सर्जन दिवस को साझा करना से यह ''गेट क्रिएटिव'' हो सकते हैं।)
26 सितम्बर	विश्व पर्यावरण स्वास्थ्य दिवस	• विश्व पर्यावरण स्वास्थ्य दिवस, 26 सितंबर को दुनिया के कई देशों में वार्षिक रूप से मनाया जाता

महीना/दिन	घटना/कार्यक्रम	महत्ता (Significance)
		है। इस परियोजना की शुरुआत इंडोनेशिया में वर्ष 2011 में की गई थी। • विश्व पर्यावरणीय स्वास्थ्य दिवस की शुरुआत IFEH परिषद् (अंतर्राष्ट्रीय पर्यावरण स्वास्थ्य संघ) द्वारा की गई थी। यह संगठन लोगों में पर्यावरणीय स्वास्थ्य के बारे में जानकारी का प्रसार करता है तथा हमारी पृथ्वी की पर्यावरणीय स्थिति में सुधार करने के लिए देशों के मध्य सहयोग को बढ़ावा देता है।
28 सितम्बर	हरित उपभोक्ता दिवस	• उपभोक्तावाद और पर्यावरण पर इसके प्रभाव की समस्या, आज दुनिया में प्रमुख चिंता का विषय है। पुनः चक्रण–पुनः उपयोग–कमी के महत्त्व के बारे में जागरूकता को गंभीरता से लेना चाहिए।
अक्टूबर (Octobar)		
3 अक्टूबर	विश्व प्राकृतिक दिवस, विश्व आवास दिवस	• पृथ्वी न केवल मनुष्यों बल्कि सभी जीवित प्राणियों का निवास स्थान है। मानवों की बढ़ती गतिविधियों में वृद्धि से अन्य जीवित प्राणियों के आवास को संकट है इसलिए, इस दिवस को मनाया जाता है।
4 अक्टूबर	अन्तर्राष्ट्रीय पशु दिवस	• इस दिवस को यह सूचित करने के लिए मनाया जाता है कि पशुओं के कल्याण को ध्यान में रखा जाए तथा इन्हें महत्त्व दिया जाए।
6 अक्टूबर	विश्व वन्य जीव दिवस	• विश्व वन्य जीव दिवस, कई वन्य जंतुओं और पशुओं की सुंदरता और विविध रूपों को मनाने का एक अवसर है और लोगों को संरक्षण प्रदान करने वाले असंख्य लाभों के बारे में जागरूकता उत्पन्न करते है। इसी के साथ ही, यह दिन वन्य जीव अपराध के समक्ष शीघ्र संघर्ष करने की आवश्यकता है, जिसके व्यापक आर्थिक, पर्यावरणीय और सामाजिक प्रभाव पड़ते हैं।
13 अक्टूबर	प्राकृतिक आपदाओं को कम करने के लिए	• पर्यावरण में परिवर्तन के कारण यहाँ प्राकृतिक आपदाओं में वृद्धि हुई है। इन आपदाओं को कम

महीना/दिन	घटना/कार्यक्रम	महत्ता (Significance)
	अन्तर्राष्ट्रीय दिवस	करने के लिए प्रयास किए जाते हैं और इसीलिए इस दिवस को मनाया जाता है।
24 अक्टूबर	अन्तर्राष्ट्रीय जलवायु परिवर्तन कार्रवाई दिवस	• अंतर्राष्ट्रीय जलवायु परिवर्तन कार्रवाई दिवस, दुनिया भर के जलवायु परिवर्तन कार्यों के आयोजन के लिए लोगों में जागरूकता करने के लिए यह एक पर्यावरण स्मारक दिवस है।
नवम्बर (November)		
6 नवम्बर	युद्ध तथा सशस्त्र संघर्ष में पर्यावरण के दोहन को रोकने के लिए अन्तर्राष्ट्रीय दिवस	• संयुक्त राष्ट्र यह सुनिश्चित करने के लिए अधिक महत्त्व देते हैं कि पर्यावरण पर कार्यवाही संघर्ष रोकने का एक अंग है। शांति एवं शांति निर्माण की नीतियाँ – क्योंकि यदि आजीविका और पारिस्थितिकी तंत्र को बनाए रखने वाले प्राकृतिक संसाधनों को नष्ट कर दिया जाए तो वहाँ कोई स्थायी शांति नहीं हो सकती है। 27 मई 2016 को, संयुक्त राष्ट्र पर्यावरण विधानसंभा ने संकल्प UNEP/EA.2/Res 15. को अपनाया, जिसमें सशस्त्र संघर्ष की आपत्ति को कम करने के लिए स्वस्थ पारिस्थितिकी तंत्र और स्थायी रूप से प्रतिबंधित संसाधनों की भूमिका को मान्यता देते हैं और सामान्य असेम्बली स्थिरता 70/1 में सूचीबद्ध स्थायी विकास के लक्ष्यों के पूर्ण कार्यान्वयन के प्रति अपनी दृढ़ प्रतिबद्धता की पुष्टि की है, जिसका शीर्षक ''हमारी दुनिया का रूपांतरण : स्थायी विकास के लिए 2030 का एजेंडा'' है। इसका उद्देश्य लोगों को युद्ध के नुकसानदायक प्रभावों और पर्यावरण पर सशस्त्र संघर्ष के दुष्प्रभावों के बारे में शिक्षित करना है।
12 नवम्बर	विश्व पक्षी दिवस	• यह दिवस, पक्षी संरक्षण की और इसके विशिष्ट ध्येय (theme) की जागरूकता बढ़ाने में मदद करने के लिए मनाया जाता है।
14 नवम्बर	विश्व ऊर्जा संरक्षण दिवस	• विश्व ऊर्जा संरक्षण दिवस को ऊर्जा उपभोक्ताओं की महत्ता को प्रकाशित करने और वैश्विक पारिस्थितिकी प्रणाली की सततृता पर इसका

महीना/दिन	घटना/कार्यक्रम	महत्ता (Significance)
		दैनिक जीवन में उपयोग, इसका अभाव और इसके प्रभाव के लिए इस दिवस को मनाया जाता है। ऊर्जा के संदर्भ में मानवता के भविष्य के समक्ष महत्त्वपूर्ण मुद्दों पर हमारा ध्यान केंद्रित करने के लिए बल दिया जाता है। यह दिन सम्मिलित मुद्दों को समझने का संकेत देता है।
दिसम्बर (December)		
2 दिसम्बर	राष्ट्रीय प्रदूषण रोकथाम दिवस	• यह दिवस, विद्यार्थियों से प्रदूषण के प्रकार, कमी के बारे में, कानून, स्थानीय मुद्दे और समाधान खोजने के बारे में जानकारी साझा करते हैं। पारिस्थितिकी कार्यों को बढ़ावा देना जैसे पॉलीथीन पर प्रतिबंध, साइकिल का उपयोग या पैदल चलना, वृक्षारोपण, जल-संरक्षण कार्य।
5 दिसम्बर	विश्व मृदा दिवस	• विश्व मिट्टी दिवस (WSD) को स्वस्थ मिट्टी की महत्ता पर ध्यान केंद्रित करने और मृदा संसाधनों के स्थायी प्रबंधन के समर्थन के लिए इस दिवस को मनाया जाता है। • इस अंतर्राष्ट्रीय दिवस को अंतर्राष्ट्रीय मृदा विज्ञान संघ (IUSS), ने 2002 में मृदा की अनुशंसा करने के लिए मनाया जाता है। • विश्व मृदा दिवस 2017 की गतिविधि का उद्देश्य, खाद्य सुरक्षा, स्वस्थ पारिस्थितिकी और मानव कल्याण के लिए मृदा गुणवत्ता की महत्ता पर सामुदायिक संदेश देना है।
11 दिसम्बर	अन्तर्राष्ट्रीय पर्वतीय दिवस	• अंतर्राष्ट्रीय पर्वतीय दिवस, को सतत् पर्वत विकास के विभिन्न प्रासंगिक विषय के साथ ही प्रतिवर्ष प्रेक्षण किया जाता है। • FAO, अंतर्राष्ट्रीय पर्वतीय दिवस का अनुसरण करने का आदेश संयुक्त दिवस, 2010 का सार/विषय "पर्वतीय अल्पसंख्यक और स्वदेशी लोग" था। • इसका उद्देश्य स्थानीय लोगों तथा अल्पसंख्यक जो कि पहाड़ी पर्यावरण में रहते हैं, इनके प्रति

महीना/दिन	घटना/कार्यक्रम	महत्ता (Significance)
		जागरूकता बढ़ना तथा उनकी सांस्कृतिक विरासत, परंपराओं और रीति-रिवाजों में प्रासंगिकता उत्पन्न करना है।
14 दिसम्बर	राष्ट्रीय ऊर्जा संरक्षण दिवस	• लोगों को ऊर्जा के महत्त्व तथा कम ऊर्जा का उपयोग करके ऊर्जा की बचत और संरक्षण के बारे में जागरूक करने के लिए यह दिवस मनाया जाता है। ऊर्जा संरक्षण का उचित माध्यम ऊर्जा के अनावश्यक उपयोगों से बचकर कम ऊर्जा का उपयोग करना है।

VI. महत्त्वपूर्ण दशक (Important Decades)

कार्यक्रम	दशक	महत्त्वता (Significance)
अंतर्राष्ट्रीय पेयजल दशक, 1981	1980s	• प्रथम पेयजल दशक, दस वर्षों की अवधि 1981-1990 को संयुक्त राष्ट्र द्वारा घोषित किया गया था तथा दुनियाभर में साफ और स्वच्छ पानी की ओर लोगों का ध्यान आकर्षित किया जा सके। दशक 1990 तक सभी के लिए सुरक्षित पानी और स्वच्छता की ओर ध्यान केंद्रित किया जा सके।
प्राकृतिक आपदा में कमी के लिए अन्तर्राष्ट्रीय दशक	1990s	• इसका मूल उद्देश्य प्राकृतिक आपदाओं के कारण जीवन, संपत्ति के विनाश और सामाजिक और आर्थिक विक्षोभ को कम करना है, जैसे कि भूकंप, सुनामी, बाढ़, भू-स्खलन, ज्वालामुखी विस्फोट, सूखा, टिड्डी का प्रकोप और प्राकृतिक उत्पत्ति की अन्य आपदाओं को कम करना है। • विशेष रूप से विकासशील देशों में जीवन की हानि, संपत्ति क्षति और प्राकृतिक आपदाओं के कारण पारिस्थितिकी विघटन जैसे कि भूकंप, आँधी, सुनामी, बाढ़, भू-स्खलन, ज्वालामुखी विस्फोटों, वन्य अग्नि और प्राकृतिक उत्पत्ति के अन्य आपदाओं जैसे टिड्डी और टिड्डी के प्रकोप को संयुक्त अंतर्राष्ट्रीय कार्यों के माध्यम से कम करना। • इस दशक की उद्घोषणा के पीछे एक मूल विचार था और यह अब भी अस्वीकार्य, बढ़ता हुआ स्तर और हानियाँ

कार्यक्रम	दशक	महत्त्वता (Significance)
		बनी हुई हैं जिसमें एक और विपदाओं का सामना करना पड़ रहा था और दूसरी ओर वैज्ञानिक तथा इंजीनियरी की ऐसी संपदा की उपस्थिति का विचार था जिसका उपयोग आपदाओं से होने वाली हानि को कम करने के लिए किया जाता है।
सतत् विकास के लिए शिक्षा के राष्ट्रीय संघ दशक	2005–2014	• DSED की मूल परिपकल्पना है कि प्रत्येक को शिक्षा से लाभ उठाने तथा स्थायी भविष्य तथा सकारात्मक सामाजिक परिवर्तन के लिए आवश्यक मूल्यों, आचरण तथा जीवन शैली को सीखने का अवसर मिलता है। • संयुक्त राष्ट्र महासभा संकल्प 59/237 में DSED के प्राथमिक लक्ष्य निर्धारित किए हैं जिसमें सामान्य असेंबली का लक्ष्य ''सरकारों को अपने–अपने शिक्षण प्रणालियों और रणनीतियों में दशक लागू करने के उपायों को सम्मिलित करने के लिए प्रोत्साहित करते हैं और जहाँ उपयुक्त, राष्ट्रीय विकास योजना हो।'' • सामान्य असेंबली ''सिविल समाज और अन्य संबंधित हितधारकों को, विशेष रूप से इस दशक के शुरुआत में सहयोग और शुरुआत करके जागरूकता को बढ़ावा देने और व्यापक भागीदारी के लिए सरकारों को आमंत्रित करती है।
जीवन के लिए जल दशक	2005–2015	• जीवन के लिए, जल के लिए इस दशक के दौरान इसका लक्ष्य वर्ष 2015 तक जल के क्षेत्रों में अंतर्राष्ट्रीय प्रतिबद्धताओं को पूरा करने के प्रयासों को बढ़ावा दिया जाना चाहिए। वैश्विक एजेंडे में जल की रूपरेखा को बढ़ाने और जलापूर्ति, जीवनरक्षा, जल कार्यक्रमों और परियोजनाओं के कार्यान्वयन से किए गए कार्यों के सशक्तिकरण पर दुनिया का ध्यान केंद्रित करना है। हमने सरकारों और अन्य हितधारकों के मध्य, राष्ट्रों और विविध समुदायों के मध्य, आर्थिक हितों और पारिस्थितिकी प्रणालियों की आवश्यकता और गरीबों के मध्य सहयोग को और बढ़ाने के लिए ब्रिज का कार्य करने की कोशिश करते हैं। • जल और स्वच्छता की सहभागिता को सुनिश्चित करने के प्रयासों को बढ़ावा देते हैं।

कार्यक्रम	दशक	महत्त्वता (Significance)
मरुस्थलीकरण के विरुद्ध युद्ध हेतु यूनाइटेड नेशंस संयुक्त राष्ट्र संघ मरुस्थल दशक	2010–2020	• इस दशक का मुख्य उद्देश्य सभी स्तरों पर जलसंबंधी मुद्दों पर और जल संबंधी कार्यक्रमों के कार्यान्वयन पर अधिक ध्यान केंद्रित करना चाहिए, ताकि एजेंडा–21 संयुक्त राष्ट्र सहस्त्राब्दी विकास संघ लक्ष्य और कार्यान्वयन की जोहांसबर्ग योजना में सम्मिलित जल संबंधी लक्ष्यों पर अंतर्राष्ट्रीय सहमति प्राप्त की जा सके। इस प्रस्ताव के लिए प्रेरक पक्ष सभी क्षेत्रों में मरुस्थलीकरण की बिगड़ती स्थिति के बारे में चिंतित थे, जिसमें सहस्त्राब्दि विकास लक्ष्यों, विशेष रूप से गरीबी उन्मूलन और पर्यावरणीय सततृता सुनिश्चित करने के व्यापक परिणाम हैं।
जैव विविधता पर संयुक्त राष्ट्र संघ दशक	2011–2020	• जैव विविधता पर संयुक्त राष्ट्र का एक दशक जैव–विविधता के कार्य योजना और सूची जैवविविधता कार्ययोजना के लिए इनके उद्देश्यों को पूरा करने में सहायता और प्रोत्साहित करते हैं, ताकि जैवविविधता के नुकसान को कम किया जा सके। • जैव विविधता पर राष्ट्रीय संघ दशक का उद्देश्य जैव विविधता की कार्ययोजना के क्रियान्वयन में सहयोग देना और प्रकृति के साथ सामंजस्य स्थापित करने के इसके समस्त दृष्टिकोण को बढ़ावा देना है। • जैव विविधता 2011–2020 और ऐसी जैव विविधता लक्ष्य के लिए महत्त्वपूर्ण योजना के कार्यान्वयन के लिए उचित संरचना उपलब्ध करवाते हैं। • महत्त्वपूर्ण योजना के कार्यान्वयन और लक्ष्यों की प्राप्ति में इसकी भूमिका के साथ ही क्षेत्रीय और अंतर्राष्ट्रीय संगठनों को मार्गदर्शन प्रदान करते हैं। • जैव विविधता मुद्दों के बारे में जन–जागरूकता कार्य में तत्पर रहते हैं।

■ ■ ■

अध्याय 19

अधिनियम एवं नीतियां

(Acts and Policies)

भारत में वनों का प्रबंधन मजबूत नीतिगत निर्देशों के साथ-साथ उपयुक्त कानूनों के साथ किया जाता है जो वन प्रशासन और प्रबंधन की सुविधा प्रदान करते हैं। संसाधनों की रक्षा, संरक्षण और प्रबंधन के लिए देश ने अनेक प्रकार की नीतियाँ और अधिनियम बनाये हैं, लेकिन वर्तमान माँगों के अनुसार इन नीतियों और अधिनियमों को समय-समय पर बदला या संशोधित किया जाता है। इसलिए अधिनियमों और नीतियों के बारे में इस अध्याय को सम्मिलित किया गया है और उन्हें निम्नलिखित उपशीर्षकों के साथ प्रस्तुत किया गया है-

- राष्ट्रीय वन नीतियाँ - 1894, 1952, 1988
- मुख्य विशेषताएँ
- भारतीय वनों में महत्त्वपूर्ण अधिनियम
  - भारतीय वन अधिनियम, 1927 और इसका संशोधन
  - वन्य जीव (संरक्षण) अधिनियम, 1972 और इसका संशोधन
  - वन (संरक्षण) अधिनियम, 1980 और इसका संशोधन
  - पर्यावरण (संरक्षण) अधिनियम, 1986 और इसका संशोधन
  - जैव विविधता अधिनियम, 2002
  - जनजातीय अधिनियम, 2006

I. वन नीति-1894 (Forest Policy-1894)

पृष्ठभूमि (Background)

डॉ. वॉल्कर (1893)- ''भारतीय कृषि में सुधार''- वानिकी के लिए पृथक् रूप से एक अध्याय (संसख्या-8) - (स्ट्रेस्ड फार्मूलेटिंग फॉरेस्ट पॉलिसी ऑफ 1894) (पुस्तक प्रकाशन वर्ष 1897)

मुख्य विशेषताएँ (Salient Features)

- वनों के प्रबंधन का मुख्य उद्देश्य जन-हित है।
- देश की जलवायु और भौतिकी परिस्थितियों का संरक्षण।
- वाणिज्यिक प्रयोजनों के लिए मूल्यात्मक लकड़ी की आपूर्ति।
- छोटे वन।
- चारागाह भूमि।
- स्थायी कृषि।
- स्थानीय लोगों की मूल वन आवश्यकताओं की संपूर्ण पूर्ति।
- अधिकतम आय।

राष्ट्रीय वन नीति, 1894 में कमियाँ (Defects in the National Forest Policy of 1894)

- यह नीति ब्रिटिश शासन द्वारा प्रतिस्थापित की गई थी, जिसे ब्रिटिश शासन की आवश्यकताओं के अनुकूल बनाई गई थी।
- इस नीति ने केवल एक ही मुद्दे के रूप में सार्वजनिक लाभ को अधिदेशित किया है और अन्य संरक्षण मुद्दों पर विचार नहीं किया है।
- इस नीति से कृषि प्रयोजनों के लिए वन भूमि के रूपांतरण का संकेत मिलता है जिसके परिणामस्वरूप कृषि प्रयोजनों के लिए वनों में विशाल परिवर्तन हुआ है।
- इस नीति मे समाज और उद्योगों की बढ़ती माँग को ध्यान में नहीं रखा जाता है जिससे वनविनाश में वृद्धि हो गई है।
- इस नीति में व्यवस्थित वानिकी शिक्षा के माध्यम से प्रोफेशनल मानव शक्ति की आवश्यकताओं को ध्यान में नहीं रखा गया है।
- यह संरक्षण के साथ-साथ उत्पादन के लिए वानिकी कार्यक्रम के सुव्यवस्थित शोध पर मौन(चुप) हैं।
- वन्य जीवन वन प्रबंधन का एक प्रमुख भाग है और इस नीति में वन्य जीवों के संरक्षण और प्रबंधन के लिए कोई प्रावधान नहीं किया गया है जो मानवीय क्रियाओं के कारण कम होते जा रहे हैं।
- इस नीति में जल और अन्य पारिस्थितिकी संसाधनों के नियमन पर विचार नहीं किया गया है जिसके परिणामस्वरूप इन संसाधनों में तीव्र कमी हो गई है।

II. राष्ट्रीय वन नीति-1952 (National Forest Policy-1952)

पृष्ठभूमि (Background)

- मानव और पशु आबादी/जनसंख्या में वृद्धि के कारण वन उत्पादों और बढ़ते भोजन के लिए भूमि की आवश्यकता।
- वन उत्पादों का उपयोग कई उद्योग करते हैं।
- यह स्थानांतरण कृषि की समस्या पर ध्यान देता है।

- वन्यजीव प्रबंधन की महत्ता।
- वन प्रबंधन की निरंतर उपज।
- देश के कुल भूगोल क्षेत्र के संबंध में वन आवरण का अनुपात।
- वानिकी अनुसंधान और प्रशिक्षण का महत्त्व मिलता है।

आवश्यकता (Needs)

- वन भूमि का संतुलन और अनुकूल उपयोग।
- पर्वतीय क्षेत्र में निरूपण और ट्री-लेस नदी तटों के क्षरण की रोकथाम।
- प्रत्येक संभावित भूमि पर वृक्षों की स्थापना।
- कृषि उपकरण और अग्निशामक लकड़ी के लिए चारा और छोटी लकड़ी की आपूर्ति की अनुमति देना।
- रक्षा, संचार और उद्योग के लिए लकड़ी की निरंतर आपूर्ति।
- आय आवश्यकताओं की पूर्ति।

वनों के क्रियात्मक वर्गीकरण (Functional Classification of Forest)

- **संरक्षित वन** – भौतिकी और जलवायु विचारों के लिए संरक्षित।
- **राष्ट्रीय वन** – रक्षा, संचार और उद्योग की आवश्यकताओं को बनाए रखना और प्रबंधित करना।
- **ग्राम वन** – स्थानीय आवश्यकताओं के लिए चारा, अग्निशमक लकड़ी और छोटी लकड़ी को उपलब्ध कराना।
- **वृक्ष भूमि** – देश की बेहतर स्थिति के लिए वन के बाहरी प्रबंधन।

राष्ट्रीय वन नीति 1952 के मुद्दे (Issues in the National Forest Policy of 1952)

राष्ट्रीय वन नीति, 1952 के प्रस्तुतीकरण के बाद, लकड़ी और लकड़ी उत्पादों की उपयोगिता, उद्योगों की अल्प अवधि में बढ़ोतरी, गैर वानिकी प्रयोजनों के लिए वन भूमि का उपयोग, सड़कों और संचार सुविधाओं जैसे बुनियादी ढाँचों के विकास, बाँधों और जलाशयों आदि के निर्माण की दृष्टि से देशभर में बहुत अधिक विकास हुआ है, जिसके परिणामस्वरूप वनों की कटाई दर चिंताजनक हो गई है। यह अनुमान लगाया गया है कि वर्ष 1950 से 1980 के दशक की अवधि में देश की 1.5 मिलियन हैक्टेयर प्रति वर्ष से अधिक हानि हुई है। इसके कारण वन नीति में परिवर्तन करना आवश्यक होता है जिसका राष्ट्रीय वन नीति, 1952 में समाधान नहीं किया गया है।

i. **उत्पादन *बनाम* संरक्षण :** वन नीति, 1952, उत्पादन की ओर वानिकी कार्यक्रम के लिए अधिक लक्षित थी, जिसके परिणामस्वरूप बड़े पैमाने पर वनों की कटाई हुई। हालांकि वर्ष 1960 और 1980 के दशक के दौरान उत्पादन वानिकी से संरक्षण वानिकी और वानिकी के अंतर्गत व्यापक परिवर्तन पर विशेष महत्त्व दिया जाता है।

ii. **अल्प अवधि में उद्योगों की वृद्धि :** वर्ष 1952 के पश्चात् संपूर्ण देश में उद्योगों की अल्प अवधि में स्थापना की गई है जैसे सॉ मिल, लुगदी और कागज, प्लाईवुड, वेनीयर, पर्टिकल बोर्ड, मैच स्प्लिंट, खाद्य सामग्री, कृषि उपकरण और निर्माण उद्योग। इन उद्योगों ने भारतीय वनों की काफी खपत की है और वर्ष 1952 में वन नीति ने औद्योगिक कच्ची सामग्री की पूर्ति के लिए किसी मुद्दे को निर्देशित नहीं किया गया है।

iii. **सरकारी *बनाम* सहभागिता प्रबंधन :** परंपरागत रूप से भारतीय वन का प्रबंधन कठोर नियमों और विनियमों के साथ वन विभाग द्वारा किया जाता था। वन नीति 1952 में सहभागिता के माध्यम से वनों के प्रबंधन में लोगों की भूमिका को ध्यान में नहीं रखा गया है, जो कि इस वन नीति का एक प्रमुख दोष/कमी है।

iv. **पारिस्थितिकी नियंत्रण का रखरखाव :** वन नीति 1952 ने पारिस्थितिकी संतुलन को बनाए रखने में ध्यान नहीं रखा जाता है। जैसा कि पूर्व में यह संकेत मिलता है कि घरेलू और औद्योगिक माँग को पूरा करने के लिए लगातार दोहन से वनों का क्षरण हो गया है जिसके कारण पारिस्थितिकी में असंतुलन उत्पन्न हो गया है। इसका वर्ष 1952 में राष्ट्रीय वन नीति द्वारा ध्यान नहीं दिया जाता है।

v. **अधिकार और रियायत/छूट :** राष्ट्रीय वन नीति 1952 ने स्थानीय निवासियों के अधिकारों और रियायतों पर विचार नहीं किया है। यद्यपि इसने पड़ोसी/निकटवर्ती समुदायों के दावे दिए हैं, परंतु अधिकारों और रियायतों के बारे में कोई स्पष्टता नहीं है।

vi. **वानिकी शिक्षा :** वन नीति 1952 का कार्य केवल वानिकी सेवा शिक्षा में किया गया था और इसमें व्यावसायिक वानिकी शिक्षा को महत्त्व नहीं दिया गया है।

vii. **वानिकी अनुसंधान :** शिक्षा के समान ही नीति में वन विभाग के बाहरी अनुसंधान पर भी ध्यान नहीं दिया गया है। यह कृषि वानिकी अनुसंधान पर कोई निर्देश नहीं देता है, जो घरेलू और औद्योगिक आवश्यकता की माँग को पूरा करने के लिए महत्त्वपूर्ण भूमि उपयोग प्रणालियों में से एक है।

III. राष्ट्रीय वन नीति 1988 (National Forest Policy, 1988)

पृष्ठ भूमि (Background)

इस नीति का उद्देश्य सभी जीवों, मनुष्य, पशुओं और पौधों को जीवित रखने के लिए पारिस्थितिकी संतुलन को बनाए रखना और पर्यावरण स्थिरता को सुनिश्चित करना है। इस राष्ट्रीय वन नीति को निम्नलिखित आवश्यकताओं के कारण प्रतिपादित किया गया है :

- जनसंख्या की बढ़ती ऊर्जा माँगों को पूरा करना।
- भारतीय संविधान में दिए गए नए निदेशक सिद्धांतों और कर्त्तव्यों का पालन करना।
- 1976 के संवैधानिक संशोधन और पर्यावरण पर इसका प्रभाव।
- इस युग/वर्ष में वन आधारित उद्योगों में वृद्धि।
- वन्यजीवों के संरक्षण पर दिशा निर्देशों की आवश्यकता।

आधारभूत उद्देश्य (Basic Objectives)

- संरक्षण के माध्यम से पारिस्थितिकी पुनरुद्धार और पर्यावरण स्थिरता को बनाए रखना।
- जलग्रहण क्षेत्रों और बाढ़ के शमन में मृदा अपक्षरण और निरावरण की रोकथाम।
- रेगिस्तान और तटीय भूमि में रेत के बालू स्तूप विस्तार की रोकथाम।
- वन और वन आवरण की माँग और निम्निकृत भूमि की वृद्धि।
- जनजातीय लोगों की आवश्यकता को पूरा करना।
- प्राकृतिक धरोहर का संरक्षण।
- विभिन्न आवश्यकताओं को पूरा करने के लिए वनों की उत्पादकता की वृद्धि।
- लकड़ी के विकल्पों द्वारा लकड़ी के उपयोग में कमी लाकर वनों को बचाना।
- व्यापक तौर पर मानवीय गतिविधि बनाना और उपलब्ध वनों पर दबाव को कम करना।

वन प्रबंध के लिए आवश्यक (Essential for forest management)

- उपयुक्त वन संरक्षित और इसकी उत्पादकता में सुधार होना चाहिए।
- कृषि भूमि को वानिकी में लगाने के लिए हतोत्साहित करना चाहिए।
- जैव विविधता के संरक्षण को राष्ट्रीय उद्यान, अभयारण्य और ज़ीवमंडल भंडारों के माध्यम से मजबूत किया जाना चाहिए।
- वनोत्पादन प्रोग्राम, ईंधन की आवश्यकताओं को पूरा करने के लिए प्रोत्साहित करते हैं।

प्रबंधन कार्यनीति (Management strategy)

- वनाच्छादित क्षेत्र के कुल भौगोलिक क्षेत्र का कम-से-कम 1/3 भाग होना चाहिए जिसमें पर्वती और पहाड़ी क्षेत्र के 2/3 हिस्से आवरित होने चाहिए।
- वनरोपण, सामाजिक वानिकी और कृषि वानिकी कार्यक्रम को प्रोत्साहित किया जाता है।
- स्थानीय लोगों के अधिकारों और रियायतों का उपयुक्त समाधान करना।
- गैर-वानिकी प्रयोजनों के लिए वन भूमि के परिवर्तन को यह प्रोत्साहित करते हैं।
- वन्य जीवन संरक्षण की ओर अधिक महत्त्व दिया जाता है।
- स्थानांतरी कृषि कार्यों को हतोत्साहित किया जाता है और कृषि उद्यान तथा वृक्ष पनपाने के माध्यम से बारहमासी फसलों की खेती को प्रोत्साहित किया जाता है।
- अग्नि और चराई प्रबंधन पर विशेष ध्यान दिया जाता है।
- वन आधारित उद्योगों को वनों के बाहरी कच्ची सामग्री की आवश्यकताओं को पूरा करने की सलाह दी जाती है।
- वन विस्तार, अनुसंधान और व्यक्तिगत प्रबंधन पर अधिक महत्त्व दिया जाता है।

वन नीतियों की तुलना (Comparision Of Forest Policies)

क्र. सं.	प्राचल (पैरामीटर)	राष्ट्रीय वन नीति, 1894	राष्ट्रीय वन नीति, 1952	राष्ट्रीय वन नीति, 1988
1.	उद्देश्य	कृषि और मानव रूचि एवं अधिकारों का सुधार	वन उत्पादों का संतुलित और अनुकूल उपयोग	प्राकृतिक धरोहर, जैव विविधता और आनुवांशिक स्त्रोतों का संरक्षण
2.	वन वर्गीकरण	लकड़ी उत्पादन के लिए वन छोटे वन, संरक्षित वन, चारागाह भूमि	संरक्षित वन, राष्ट्रीय वन, ग्राम वन, वृक्ष भूमि	कोई वर्गीकरण नहीं
3.	जन-जातीय लोग एवं वन	–	कोई दिशा-निर्देश नहीं है	वन विभाग और जन-जातीय समुदायों के मध्य सहजीवी संबंध
4.	बढ़ते वन आवरण के लिए स्कोप	–	रेलवे, PWD भूमि के रोपण माध्यम से वानस्पतिक आवरण में वृद्धि	विभिन्न मापों के माध्यम से व्यापक वनीकरण प्रोग्राम का महत्त्व
5.	निजी वनों का नियंत्रण	–	कुछ दिशा-निर्देश दिए गए हैं	विस्तृत दिशा निर्देश दिए गए हैं
6.	वन क्षेत्र का अनुपात	–	क्षेत्र का हिस्सा, 60% में पहाड़ और 20% समतल	वन आवरण के अंतर्गत 33% और पहाड़ों में 66% वृक्ष आवरण
7.	वन्य जीवों की सुरक्षा	–	केवल दुर्लभ और संकटात्मक प्रजातियों का संरक्षण	नेटवर्क के माध्यम से संरक्षण की मजबूती
8.	चराई	–	चराई को नाममात्र फीस के साथ अनुमति देना	वहन क्षमता के अनुसार चराई की अनुमति दी जाती है
9.	स्थानांतरी खेती	–	इस खेती को रोकने के लिए कोई प्रतिरोधी उपाय नहीं है	स्थानांतरी खेती को निरुत्साहित करना

क्र. सं.	प्राचल (पैरामीटर)	राष्ट्रीय वन नीति, 1894	राष्ट्रीय वन नीति, 1952	राष्ट्रीय वन नीति, 1988
10.	स्थायी उपज	–	सीमित स्कोप	विस्तृत उपाय दिए गए हैं
11.	वन प्रशासन/ प्रबंधन	–	प्रशिक्षित वनपाल की आवश्यकता	व्यावसायिक वनपालों के लिए व्यक्तिगत प्रबंधन
12.	वानिकी विधि-समूह	–	वन कार्य का अधिनियमन	उपयुक्त कानून दिए गए हैं
13.	वानिकी प्रशिक्षण शिक्षा और अनुसंधान	–	रेंजर्स महाविद्यालय और विश्व विद्यालय के माध्यम से कुछ दिशा-निर्देश दिए गए हैं	प्रशिक्षित और वैज्ञानिक वानिकी अनुसंधान, उत्पादकता, वनीकरण, वन्यजीव और लकड़ी स्थिरता के लिए दिशा-निर्देश दिए गए हैं।
14.	स्थानीय लोगों की इच्छा	–	लोगों के सहयोग की आवश्यकता के निर्देश	वन प्रबंधन में लोगों की सहभागिता पर ध्यान केंद्रित करना।

भारतीय वनों के बारे में महत्त्वपूर्ण अधिनियम (Important Acts In Indian Forest)

i. भारतीय वन अधिनियम, 1927 और इसका संशोधन
ii. वन्य जीव सुरक्षा अधिनियम, 1972 और इसका संशोधन
iii. वन संरक्षण अधिनियम, 1980 और इसका संशोधन
iv. पर्यावरण सुरक्षा अधिनियम, 1986 और इसका संशोधन
v. जैव विविधता अधिनियम, 2002 और इसका संशोधन
vi. जन-जातीय अधिनियम, 2006 और इसका संशोधन

I. भारतीय वन अधिनियम, 1927 और इसका संशोधन (Indian Forest Act, 1927 and its Amendments)

भारतीय वन अधिनियम, 1927 के अधिनियम को मजबूत किया जा सकता है जब वन से संबंधित प्रचलित कानूनों, वन उत्पादों और कार्यों का पारगमन जो कि अधिनियम के सेक्शन 2(iv)(a) और (b) में ''वन उत्पाद'' को परिभाषित किया जा सकता है। इस अधिनियम में आरक्षित वन, ग्रामीण वन, संरक्षित वन, वनों तथा भूमि पर नियंत्रण सरकार की संपत्ति नहीं हैं, लकड़ी तथा अन्य वन उत्पाद पर कार्य/ड्यूटी, वन उत्पादों का विनियमन पारगमन, लकड़ी का संग्रहण, सजा तथा कार्यप्रणाली, पशु-अतिक्रमण, वन अधिकारियों और अन्य विविध प्रावधानों का विवरण दिया गया है।

इस अधिनियम में वनों के लिए एक विशिष्ट परिभाषा निर्धारित नहीं की गई है। इस अधिनियम में तीन श्रेणी के वन आरक्षित वन, संरक्षित वन और ग्रामीण वन स्थापित किए गए हैं। आरक्षित वन (1927 के अधिनियम की धारा 3 से 27) को राज्य सरकारों पर अन्य वन भूमि और बंजर भूमि द्वारा अधिसूचित किया जा सकता है जिसमें सरकार का स्वामित्व या अधिकार है। आरक्षित वन के रूप में वर्गीकृत करने के लिए, यह भूमि वन भूमि तथा बंजर भूमि की अनुपस्थिति में होना चाहिए जिसमें अधिसूचना को रद्द किया जा सकता है। भारतीय वन अधिनियम, 1927 की धारा 26 में अनेक गतिविधियों का निषेध किया गया है, जिसमें स्वच्छ समाशोधन, वृक्ष की कटाई, लूपिंग, चराई, उत्खनन, जलाना और निर्माण गतिविधियों, शिकार, आखेट आदि को वन में सम्मिलित किया जा सकता है। धारा 26 के प्रावधान के उल्लंघन के लिए विशेष रूप से वृक्षों में आग लगाना, वृक्ष कटाई, लूपिंग आदि सभी प्रकार के उत्खनन और निर्माण कार्य के लिए नियम को तोड़ने दंड देने के साथ ही सजा/कैद दी जा सकती है जिसमें दो साल की सजा और साथ में जुर्माना, जो कि 20,000 से अधिक या यह रु. 5000/- से कम नहीं हो सकते हैं।

धारा 26 के तहत अन्य अपराधों के लिए 6 महीने का कारावास या 1000 रु. तक का जुर्माना या दोनों और बाद में यदि यह अपराध पुन: किया जाता है तो उसमें 6 महीने के कारावास के साथ ही 2000 रु. तक का जुर्माना या दोनों दिए जा सकते हैं। यह वन अधिकारियों, अपील और डीनोटिफिकेशन की अनुमति के अनुसार स्थानीय लोगों द्वारा वनों के अधिकारियों, उपयोग के न्यायनिर्णयन की व्यवस्था करते हैं। धारा 25 विशेष रूप से वन अधिकारी को आरक्षित वन में किसी भी सार्वजनिक या निजी मार्ग या पानी को रोकने के लिए प्राधिकृत करते हैं। इस अधिनियम में वन सैटलमेंट अधिकारी की नियुक्ति के बारे में अधिसूचना जारी करने और गतिविधियाँ तथा दावों के लिए भी अनुमति देने का प्रावधान है।

धारा 28 में किसी ग्रामीण समुदाय को आरक्षित वन या संरक्षित वन या राज्य सरकार के वन के अधिकार देने का प्रावधान है और सरकार के आरक्षित वन, संरक्षित वन या वन से संबंधित प्रावधान लागू होंगे। ऐसे वनों को ग्राम वन कहा जाता है।

धारा 29 में संरक्षित वनों की अधिसूचना के लिए प्रावधान है। संरक्षित वनों को वन भूमि या बंजर भूमि पर भी सूचित किया जा सकता है। धारा 30 के प्रावधान के अंतर्गत राज्य सरकार, किसी संरक्षित वन में वृक्ष या वृक्ष के वर्ग को आरक्षित किया जा सकता है। यह संरक्षित क्षेत्रों में प्रतिबंधित गतिविधियों के क्षेत्र-उल्लंघन के अंतर्गत् विनिर्दिष्ट गतिविधियों को भी प्रतिबंधित किया जा सकता है जैसा कि धारा 30 और 32 में निर्धारित किया गया है - दंडनीय अपराध है जिसमें दो वर्ष की कैद या 5,000/- रु. का जुर्माना या दोनों हो सकते हैं और पुन: यह दोषसिद्धि होने पर 2 वर्षों के कारावास के साथ ही जुर्माने में बढ़ोतरी होकर 10,000/- रु. हो जाते हैं।

राज्य सरकार के पास यह अधिकार है कि वह ऐसे वन तथा भूमि मालिकों को उपयुक्त अवसर प्रदान करने के पश्चात् किसी वन या बंजर भूमि में गतिविधियों को विनियमित या प्रतिबंधित करने का अधिकार रखती है।

धारा	संशोधन	वर्ष	संशोधन के लिए कारण
68. अपराधों का शमन			
(1) राज्य सरकार सरकारी राजपत्र में अधिसूचना, वन अधिकारी का सशक्तिकरण कर सकती है। (a) किसी ऐसे व्यक्ति से जिसके विरुद्ध कोई उचित संदेश विद्यमान है, तो उस व्यक्ति को यह स्वीकार करना है कि उसने, **धारा 62 या धारा 63** में विनिर्दिष्ट अपराध के अतिरिक्त, किसी अन्य वन अपराध को किया है, उस अपराध के लिए क्षतिपूर्ति के रूप में कुछ रुपए लिए जाते हैं, जो कि ऐसे व्यक्ति से संदेह के लिए प्रतिबद्ध होते हैं, और (b) जब किसी संपत्ति को जब्त किया गया हो तो उस संपत्ति के मूल्य के भुगतान पर उसको मुक्त करने के दायित्व में हो। (2) ऐसी धनराशि का भुगतान करने या ऐसा मूल्य या दोनों, जैसी भी स्थिति, पर ऐसे अधिकारी, संदिग्ध व्यक्ति को कस्टडी में रखा जाए तो उसे सेवामुक्त कर दिया जाएगा, संपत्ति यदि जब्त कर दी गई हो तो उसे निर्मुक्त कर दिया जाता है और ऐसे व्यक्ति या संपत्ति के विरुद्ध कोई कार्यवाही नहीं की जाती है।	भारतीय वन अधिनियम, 1927 की धारा 68 की उपधारा (3) में, (a) शब्द ''मासिक वेतन की राशि कम से कम 100 रु. की रसीद'' को **लोपित** (हटाया) किया जाता है; (b) ''पचास रुपये'' शब्द के स्थान पर ''दस हजार'' शब्द **प्रतिस्थापित** किए जाते हैं। (c) उपधारा (3) के पश्चात्, निम्नलिखित को **अंत:स्थापित** किया जाता है, जिसके नाम: (4) अनुसूचित क्षेत्रों में, वन अधिकारी इस खंड के अंतर्गत स्थिर शक्तियों का प्रयोग करने से पूर्व संबंधित ग्राम सभा के विचार प्राप्त कर रिकॉर्ड प्राप्त करेगा।	2012	(*i*) अपराध के समाधान के प्रयोजन के लिए एक वन-अधिकारी को लगाया जाता है, जो कि एक रेंजर से कम नहीं होना चाहिए और मासिक वेतन की राशि कम-से-कम एक सौ रु. प्राप्त होने चाहिए, और (*ii*) उपधारा (1) के खंड (a) के तहत क्षतिपूर्ति के रूप में स्वीकार की गई राशि पचास रु. से अधिक नहीं होनी चाहिए। उपर्युक्त अधिकारों के कंपाउंड के लिए पूर्ववर्ती पैराग्राफ को सशक्त करने के लिए सब पैराग्राफ (i) में निर्दिष्ट वन अधिकारी की मासिक वेतन सीमा व्यर्थ होती है और इसलिए उपर्युक्त उपधारा (3) से वेतन सीमा को शामिल नहीं करने का प्रस्ताव है। पचास रुपए से अधिक राशि को स्वीकार नहीं करने का प्रावधान है जिसको वर्ष 1927 में निश्चित कार्यवाही पैराग्राफ का उल्लेखन पैराग्राफ (ii) में किया गया है जो कि बहुत कम है। यह पचास रुपए से दस हजार रुपए तक की सीमा को प्रस्तावित करते हैं। यह सदैव ही भारतीय वन अधिनियम, 1927 की धारा 68 में नई उपधारा (4) में प्रस्तावित किया गया है।

धारा	संशोधन	वर्ष	संशोधन के लिए कारण
(3) किसी वन अधिकारी को इस धारा के अंतर्गत अधिकार नहीं दिया जाएगा, जब तक कि वन अधिकारी न हो जो किसी रेंजर से कम न हो और कम-से-कम **मात्र एक सौ रुपए की मासिक वेतन की राशि** की होनी चाहिए और, उपधारा (1) के खंड (a) के तहत क्षतिपूर्ति के रूप में स्वीकृत धन राशि किसी भी स्थिति में **पचास रुपए** से अधिक नहीं होनी चाहिए।			जिससे यह वन अधिकारी के लिए अनिवार्य बनाते हैं, अपराधों के समाधान से पूर्व ग्राम सभा के दृष्टिकोण को रिकॉर्ड और प्राप्त करते हैं ताकि अपराधों के समाधान में स्पष्टता को और ग्राम पंचायत स्तर पर लोगों की सहभागिता को सुनिश्चित किया जा सके।
35. विशेष प्रयोजनों के लिए वनों का संरक्षण			
(1) राज्य सरकार, किसी भी वन या बंजर भूमि में शासकीय राजपत्र (Official Gezzette) में अधिसूचना को नियमित या प्रतिबंध कर सकते हैं (*a*) कृषि के लिए भूमि को पृथक् या साफ करते हैं (*b*) पशुओं को चराना, और (*c*) वनस्पतियों को जलाना और साफ करना; जब ऐसे विनियमन और प्रतिबंध निम्नलिखित उद्देश्यों में से किसी के लिए आवश्यक प्रतीत होते हैं (*i*) तूफान, हवाएँ, रोलिंग पत्थर, बाढ़ और हिमस्खलन के समक्ष संरक्षण के लिए;	भारतीय वन अधिनियम, 1927 (जिसे इसके बाद मुख्य अधिनियम कहा जाता है) में अध्याय 5 में धारा 35 के लिए निम्न खंड को प्रतिस्थापित किया जाता है : अर्थात्; "35. **राज्य सरकार अपनी संपत्ति के अतिरिक्त, राज्य सरकार किसी भी वन अथवा भूमि पर इस प्रयोजन के लिए संसद द्वारा पारित विधि के अनुसार**	5 अगस्त, 2016	संरक्षित वन, ग्रामीण वन और संरक्षित वन के लिए भारतीय वन अधिनियम, 1927 को लागू करते हैं। हालांकि अध्याय 5 के अधिनियम, धारा 35 से 38 के वन और भूमि को विनियमित करते हैं जो कि राज्य सरकार की संपत्ति नहीं होती है, इसे मुख्यत: 'निजी वन' कहा जाता है। कुछ राज्य सरकारों ने निजी वनों की पहचान के लिए सर्वे करना प्रारंभ किया है। यद्यपि सर्वेक्षण के दौरान यहाँ विशाल क्षेत्रों में बागवानी/वृक्षारोपण, कृषि, उद्यान-कृषि, बाग भूमि को "निजी वन" के रूप में सम्मिलित या पहचान की जाती है।

धारा	संशोधन	वर्ष	संशोधन के लिए कारण
(*ii*) पहाड़ी क्षेत्रों की घाटियों, भूमि फिसलन या गड्ढों के निर्माण के संरक्षण और मूसलाधार वर्षा और अपक्षरण के समक्ष भूमि का संरक्षण, मृदा कंकड़ और बजरी पर डिपोज़िट इनके संरक्षण के लिए; (*iii*) झरनों, नदी और टैंक में जल आपूर्ति के रख-रखाव के लिए; (*iv*) रोड, सेतु, रेलवे और संचार की अन्य लाइन के संरक्षण के लिए; (*v*) जन-स्वास्थ्य के संरक्षण के लिए; (2) राज्य सरकार, अन्य किसी प्रयोजन के लिए, किसी अन्य भूमि और बंजर भूमि पर इसके स्वयं के व्यय से निर्माण कर उचित समझ जा सकता है। (3) कोई अधिसूचना उपधारा (1) के तहत नहीं की जाएगी और न ही कोई कार्य उपधारा (2) के तहत शुरू किया जाएगा, जब तक कि ऐसी सूचना में उचित अवधि के भीतर, कारण बताने के लिए, उसके लिए सूचना जारी करने के पश्चात् ऐसी अधिसूचना क्यों नहीं बनाई जानी चाहिए या	**कोई नियंत्रण नहीं रखते है।**'' सिद्धांत अधिनियम की धारा 36 के लिए, यह निम्नलिखित धारा को प्रतिस्थापित करते हैं अर्थात् :- ''36. **राज्य सरकार, इस अध्याय के उद्देश्य के कार्यावयन के प्रयोजन के लिए इन नियमों को सरेखित किया गया है।**'' **धारा** 37. के सिद्धांत की धारा को शामिल नहीं किया जाता है। **धारा** 38. के सिद्धांत अधिनियम को सम्मिलित नहीं किया जाएगा।		अधिकांश स्थितियों में, भूमि के मालिक, जो कि निजी वन के रूप में घोषित होते हैं, वह अपनी भूमि के प्रति जागरूक नहीं होते हैं, जिसके कारण इसे घोषित कर दिया जाता है। वन सर्वेक्षण को शुरू करने से पूर्व राज्य सरकार द्वारा कोई नीति दिशा-निर्देश को जारी नहीं किया जाता है, जो कि सर्वेक्षण करने के कार्य को सुपुर्द कर देते थे। अधिकांश स्थितियों में भूमि जो कि 'निजी भूमि' से आवरित मिश्रित भूमि है जहाँ कृषि, बागवानी, वृक्षारोपण, उद्यान भूमि समीप-समीप है। इसलिए, भारतीय वन अधिनियम, 1927 तथा वन (संरक्षण) अधिनियम 1980 तथा अन्य सभी संबंधित अधिनियमों को सम्मिलित करते हुए वनों पर व्यापक विधान बनाने की अत्यधिक आवश्यकता है। हालांकि किसी स्थिति में, इस विषय पर कोई विधि निर्माण किए बिना किसी भूमि को निजी वन घोषित किया जाना चाहिए जैसा कि निजी वनों को सूचित करने के वर्तमान कार्य के रूप में दांडिक अपराध को रोक दिया

धारा	संशोधन	वर्ष	संशोधन के लिए कारण
कार्य नहीं किया जाना चाहिए, और जब तक कि उसकी आपत्ति हो और साक्ष्य हो, जो कि उसके समर्थन में प्रस्तुत करें, उस ओर से विधिवत् नियुक्त अधिकारी द्वारा सुना गया है और राज्य सरकार ने उन पर विचार किया है।			जाना चाहिए।
36. वनों के प्रबंधन को प्राप्त करने की शक्ति			
धारा 35 के तहत किसी नियमन या निषेध की उपेक्षा या जान बूझकर की जाने वाली अवज्ञा या धारा 35 के तहत किसी नियमन या निषेध की स्थिति में या उस धारा के तहत बनाए जाने वाले किसी काम के प्रयोजनों के लिए अपेक्षा की जा सकती है तो राज्य सरकार के लिए ऐसे वन या भूमि को मालिक को लिखित सूचना देने के बाद और यदि कोई हो तो उसे वन अधिकारी के नियंत्रण में रख सकते हैं कि आरक्षित वन से संबंधित इस अधिनियम के सभी या प्रावधान ऐसे वन और भूमि पर लागू होंगे।			
(2) कुछ भूमि या वनों के प्रबंधन से प्राप्त लाभ को उस संपत्ति के मालिक को भुगतान किया जाएगा।			

धारा	संशोधन	वर्ष	संशोधन के लिए कारण
37. विशिष्ट स्थितियों में वनों को जब्त करना।			
(1) इस अध्याय के अंतर्गत कोई भी मामला, जिसमें राज्य सरकार यह विचार करती है कि किसी वन या भूमि को किसी वन अधिकारी के नियंत्रण में रखने के स्थान पर उसे लोक प्रयोजनों के लिए प्राप्त किया जाना चाहिए, राज्य सरकार भूमि अधिग्रहण अधिनियम, 1894 (1 of 1894) द्वारा उचित तरीके से प्राप्त करने के लिए आगे आ सकती है।			
(2) धारा 35 के तहत किसी अधिसूचना में सम्मिलित किसी वन या भूमि के मालिक की तिथि से कम-से-कम तीन या बारह वर्ष किसी भी समय यह अपेक्षा की जा सकती है कि ऐसे वन या भूमि को सार्वजनिक प्रयोजनों के लिए प्राप्त किया जाए और राज्य सरकार को इसके अनुसार ऐसे वन या भूमि की आवश्यकता होगी।			
2. स्पष्टीकरण खंड			
(7) ''**वृक्ष**'' पाम (palm), बैम्बू, स्कम्प, ब्रुश वुड और केन (गन्ने) को सम्मिलित करते है।	भारतीय वन अधिनियम, 1927 में धारा 2 में, खंड (7) में ''बैम्बू'' को सम्मिलित नहीं किया जाएगा।	23 नवम्बर, 2017	''**वृक्ष**'' जिसमें ताड़ का वृक्ष, बैम्बू, स्कम्प, वुड और केन को सम्मिलित किया जाता है। बाँस हालांकि टैक्सोनोमिक रूप से कथित अधिनियम के प्रयोजन के लिए वृक्ष के रूप में माना

धारा	संशोधन	वर्ष	संशोधन के लिए कारण
	(1) भारतीय वन (संशोधन), अध्यादेश, 2017 इसके द्वारा निरस्त किया गया है। (2) इस तरह के निरसन के होते हुए भी, उक्त अध्यादेश द्वारा संशोधित भारतीय वन अधिनियम, 1927 के अधीन किए गए किसी भी कार्य या किए गए किसी कार्य को इस अधिनियम द्वारा संशोधित कथित अधिनियम के अनुरूप प्रावधानों के अंतर्गत लिया गया है या माना गया है।		जाता है और इसलिए, कथित अधिनियम के तहत पारगमन के लिए परमिट की आवश्यकता को आकर्षित करते हैं। हालांकि बहुत से राज्यों ने अपने राज्यों में बाँस की विभिन्न प्रजातियों की कटाई और पारगमन की छूट दी है, फिर भी बाँस के अंतर्राज्य आंदोलन के लिए अन्य राज्यों के माध्यम से पारगमन में होने पर परमिट की आवश्यकता होती है। किसानों को या राज्य के बाहर या राज्य में बाँस की कटाई और पारगमन के लिए कठिनाई का सामना करना पड़ रहा है, जिसमें भूमि पर किसानों द्वारा बाँस की खेती की प्रमुख बाधा को पहचाना जाता है।

II. वन्य जीव संरक्षण अधिनियम (1972) और इसका संशोधन [Wild Life Protection Act (1972) and its Amendments]

भारतीय वन्य जीवन अधिनियम, 1972 में पहली बार राष्ट्रीय उद्यानों के रूप में निर्दिष्ट खेल उद्यानों की स्थापना और नियंत्रण का विनियमन किया गया था और अनेक प्रजातियों को संरक्षित पशुओं के रूप में घोषित किया गया और यह सदैव ही शिकारियों (poachers) और अन्य लोग जो पशुओं की हत्या करते हैं उनके लिए यह कठोर दंड/सजा देते हैं। प्रभावी तरीके से इस अधिनियम से लोगों के आनंद और खेल के लिए यह शिकार पर प्रतिबंध लगाता है।

वन्य जीवन अधिनियम की मुख्य विशेषताएँ (Salient Features of Wildlife Act)

- वन्य जीव अधिनियम का उद्देश्य वन्यजीव को सुरक्षा और संरक्षण प्रदान करना है तथा यह वर्ष 1972 में शुरू हुआ।
- इस अधिनियम में वन्य जीव संरक्षण के लिए संरक्षित क्षेत्रों के रूप में राष्ट्रीय उद्यान और वन्य जीव अभयारण्यों की परिकल्पना की गई है।

- इस अधिनियम के तहत वन्य जीवों की जनसंख्या पर नियमित रूप से नजर/निगरानी रखी जाती है तथा उनकी सुरक्षा के लिए प्रबंधन रणनीतियाँ बनाई गईं हैं।
- इस अधिनियम में वन निवासियों के अधिकारों को सम्मिलित किया जाता है। इस अधिनियम द्वारा अभयारण्यों में चराई प्रतिबंधित है, लेकिन राष्ट्रीय उद्यानों में इसे प्रतिबंधित किया जाता है। यह अधिनियम गैर वन लकड़ी के संकलन को भी रोकता है जिससे कि सिस्टम को हानि न पहुँचे।
- वन नीति 1988 से मान्यता प्राप्त वनवासियों के अधिकार संशोधित वन्य जीव अधिनियम 1991 द्वारा लिए गए हैं।
- यह अधिनियम केन्द्र सरकार को कानून बनाने में सक्षम बनाते हैं।
- यह अधिनियम, वन्यजीव सलाहकार बोर्ड, वन्य जीव संरक्षक और विशेषत: उनके कर्त्तव्यों और शक्तियों को क्रियान्वित करते हैं।
- यह अधिनियम में लुप्तप्राय प्रजातियों की एक व्यापक सूची प्रदान की गई है और इसके शिकार को प्रतिबंधित करने की व्यवस्था की गई है।
- यह लुप्त प्राय पौधों का संरक्षण करते हैं जैसे बैडोम साइकेड, ब्लू, वंदना, लेडीज़ स्लिपर ऑर्किड, पीचर प्लांट आदि।
- यह अधिनियम राष्ट्रीय उद्यानों, वन्यजीव अभयारण्य आदि की स्थापना करते हैं।
- यह अधिनियम केंद्रिय चिड़ियाघर प्राधिकरण के गठन के लिए प्रावधान करता है।
- जहाँ कुछ वन्य प्रजातियों में बिक्री, खरीद, अंतरण आदि के लाइसेंस के साथ ही व्यापार और वाणिज्य का भी प्रावधान है।
- यह अधिनियम वाणिज्यिक पशुओं के व्यापार या वाणिज्य पर प्रतिबंध लगाता है।
- यह अधिनियम अपराधियों को दंडित करने के लिए अधिकारियों को कानूनी शक्तियाँ प्रदान करता है।
- इस अधिनियम के तहत, लुप्तप्राय प्रजातियों के लिए कैप्टिव प्रजनन कार्यक्रम शुरू किए गए हैं।

  उदाहरण : सिंह (1972), बाघ (1974), मगरमच्छ (1974) और ब्राउन एंटलर्ड हिरण (1981) के लिए संरक्षण परियोजना।

इस अधिनियम में 6 कार्यक्रम/कार्य-योजना है जिसमें वन्य जीव के संपूर्ण क्षेत्र को समाविष्ट किया गया है।

- अनुसूची I और II इस अधिनियम के सबसे सशक्त भाग हैं। इस धारा में उन जानवरों को सम्मिलित किया जाता है जो कि लुप्तप्राय: प्रजातियों की श्रेणी में हैं। इस सूची में यह धारा विशिष्ट प्रजातियों को वास्तविक संरक्षण और इनका किसी भी कारण से उल्लंघन नहीं किया जा सकता है। इन धाराओं का महत्त्व इस बात से देखा जा सकता है कि प्रसिद्ध अभिनेता सलमान ख़ान को राजस्थान में काले हिरण की हत्या के लिए 5 साल के सख्त कारावास की सजा सुनाई गई। यह मामला उच्च न्यायालय में अपील के अधीन

है। इसके अतिरिक्त, 16 व्यक्ति अपराधी हैं और बाघ की हत्या के लिए उन्हें सात साल तक की सजा दी गई है।

- अनुसूची III और IV : इनकी भी धारा 1 और 2 के लगभग एक समान प्रावधान है, लेकिन यह उन जानवरों को आवरित करता है जो कि विलुप्त होने के खतरे में नहीं हैं। इस धारा के तहत दंड/जुर्माना, अनुसूची 1 और 2 की तुलना में कम हैं।
- अनुसूची V उन पशुओं का वर्णन करती है जिनका शिकार किया जा सकता है जैसे कि बत्तख और हिरण। इस प्रयोजन के लिए, शिकारी को जिला वन अधिकारी के पास लाइसेंस के लिए आवेदन करना होता है जो कि शिकारी को किसी विशेष सीजन और प्रतिबंधित क्षेत्र में शूट करने की अनुमति देता है। किसी भी नियमों का उल्लंघन करने से शिकारी का लाइसेंस रद्द हो सकता है।
- अनुसूची VI खेती और पौधों जीवन से संबंधित है और अधिक संरक्षित पशु उद्यान की स्थापना के लिए सुझाव देते हैं।
- भारतीय वन्य जीव संरक्षण अधिनियम भारत में वन्य जीव संरक्षण के लिए भेजा गया देवतातुल्य है और कानून प्रवर्तन प्राधिकरणों को इस अधिनियम के तहत किसी को दंडित करने की व्यापक शक्ति देता है।

संशोधन (Amendments)

वन्य जीव संरक्षण अधिनियम, 1972

धारा	संशोधन	वर्ष	संशोधन के लिए कारण
लंबे शीर्षक में संशोधन	वन्य जीव (संरक्षण) अधिनियम, 1972 (इसके बाद मुख्य अधिनियम के रूप में उल्लेखित) में लंबे शीर्षक के लिए निम्नलिखित लंबे शीर्षक का प्रतिस्थापन किया जाएगा।	**2003**	देश की पारिस्थितिकीय तथा पर्यावरणीय सुरक्षा सुनिश्चित करने के उद्देश्य से वन्य जीवों, पक्षियों तथा पौधों और उनसे संबंधित मामलों के लिए अथवा उससे संबंधित आनुषंगिक व आनुषंगिक मामलों की सुरक्षा करने वाला अधिनियम।
धारा 2 खंड (1) ''पशु में उभयचर, पक्षी, स्तनधारी, सरीसृप को सम्मिलित करता है और पक्षी तथा सरीसृप को तो सदैव सम्मिलित करता है	''पशु'' में स्तनधारी, पक्षी, सरीसृप, उभयचर,	**2003**	

धारा	संशोधन	वर्ष	संशोधन के लिए कारण
खंड (4) निम्नलिखित खंड को प्रतिस्थापित किया जाएगा, अर्थात् :– (4) ''बोर्ड'' अर्थात् राज्य वन्य जीवन बोर्ड का गठन धारा 6 की उपधारा (1) के तहत किया गया है; खंड (8) : खंड 9 के लिए छोड़ा जाएगा, निम्नलिखित खंड को प्रतिस्थापित किया जाएगा, अर्थात् :– (9) ''कलैक्टर'' से अभिप्राय इस जिले के राजस्व प्रशासन का प्रमुख अधिकारी या उप जिलाधीश के पद से कम का कोई अन्य अधिकारी है जिसकी नियुक्ति राज्य सरकार द्वारा इस संबंध में धारा 18B के अधीन की गई है।	मछली, अन्य रज्जुकी तथा अकशेरूकी सम्मिलित है तथा उनमें बच्चे तथा अंडे सम्मिलित हैं।		
वन्य जीव (संरक्षण) अधिनियम, 1972 (इसमें मुख्य अधिनियम के रूप में उल्लेखित)(1972 के 53) को अध्याय IVA के बाद निम्नलिखित अध्याय जोड़े जाएंगे।		**2006**	वन्य जीव (संरक्षण) अधिनियम, 1972 (इसमें मुख्य अधिनियम के रूप में उल्लेखित) (1972 के 53) को अध्याय IVA के बाद निम्नलिखित अध्याय जोड़े जाएंगे।
नए अध्याय IVD का अन्त:स्थापन	राष्ट्रीय राइनो संरक्षण प्राधिकरण	**2017**	नए अध्याय IVD का सम्मिलन

III. वन संरक्षण अधिनियम (1980) और इसका संशोधन [Forest Conservation Act (1980) and Its Amendment]

वनों के संरक्षण और उनसे जुड़े या उससे संबंधित आनुषंगिक या आनुषंगिक मामलों के लिए प्रावधान करने वाला अधिनियम।

इसे भारत गणराज्य के 31वें वर्ष में संसद द्वारा अधिनियमित किया गया है :

1. छोटा शीर्षक, विस्तार और प्रारंभ

(1) इस अधिनियम को वन (संरक्षण) अधिनियम, 1980 कहा जा सकता है।

(2) यह जम्मू और कश्मीर को छोड़कर संपूर्ण भारत में विस्तारित है।

(3) यह 25 अक्टूबर 1980 को लागू हो गया था।

2. वनों का अनारक्षण रोकने और वन भूमि का गैर-वनीय प्रयोजन के लिए उपयोग पर प्रतिबंध

किसी राज्य में उस समय प्रचलित किसी अन्य कानून के अंतर्निर्दिष्ट के बावजूद, केन्द्र सरकार के अनुमोदन के बिना, कोई राज्य सरकार या अन्य प्राधिकारी का गठन नहीं किया जाता है, जिसके आदेश निर्देशित हैं-

(i) कि कोई भी आरक्षित वन (उस राज्य में प्रचलित समय में किसी कानून के रूप में ''आरक्षित वन'' को इसके अर्थ के रूप में व्यक्त किया गया है) या उसके किसी भी भाग को आरक्षित नहीं किया जाता है।

(ii) किसी वन भूमि या उसके किसी भाग का किसी भी गैर-वन प्रयोजन के लिए उपयोग किया जाता है;

(iii) किसी भी वन भूमि या किसी भी पट्टे/लीज़ के रूप में या अन्यथा किसी निजी व्यक्ति या किसी प्राधिकरण निगम, एजेंसी या अन्य किसी संगठन को सौंपा जा सकता है जिसका कोई स्वामित्व नहीं है, या सरकार द्वारा प्रतिबंधित या नियंत्रित नहीं है;

(iv) वन भूमि या उसके किसी भाग पर उन वृक्षों को हटा दिया जाता है जो कि उस भूमि या भाग पर प्राकृतिक रूप से उग जाते हैं ताकि भूमि का उपयोग पुनर्वनरोपण के लिए किया जा सके।

स्पष्टीकरण - इस धारा के प्रयोजन हेतु ''**गैर-वन उद्देश्य**'' का अर्थ है किसी वन भूमि या इसके भाग को तोड़ना या साफ करना-

(a) यह चाय, कॉफी, मसालों, रबड़, पाम (ताड़-वृक्ष), ऑयल-बियरिंग पौधे, बागवानी, फसलों और औषधि पौधों की खेती करते हैं।

(b) पुनर्वनरोपण से भिन्न किसी प्रयोजन के लिए; परंतु यह वनों और वन्य जीवों के संरक्षण, विकास और प्रबंधन के किसी अनुषंगी या संबंधित कार्य को सम्मिलित करते हैं, अर्थात् यह चैक-पोस्ट, अग्निशमन लाइनों, वायरलेस संचार और बाड़ (fencing) का निर्माण, पुल बनाने, बाँध बनाने, जलगर्त, ट्रेंच चिह्न, सीमा चिह्न, पाइपलाइन और अन्य जैसे प्रयोजनों की स्थापना की जाती है।

3. सलाहकार समिति का गठन (Constitution Of Advisory Committee)

केन्द्र सरकार ऐसी समिति का गठन करती है जो कि सरकार को उचित सलाह देने के लिए अनेक संख्या में लोगों को सम्मिलित है जो कि निम्न से संबंधित होते हैं-

(i) धारा 2 के तहत अनुमोदन प्रदान करना; तथा

(ii) वनों के संरक्षण से संबंधित कोई अन्य विषय जो केन्द्रिय सरकार द्वारा उसे निर्देशित किया जा सकता है।

3-क. अधिनियम के प्रावधान के उल्लंघन हेतु दंड/जुर्माना (Penalty for contravention of the provision of the Act)

जो कोई भी धारा 2 के किसी प्रावधान का उल्लंघन या उसका सहयोग करता है, तो उस अवधि के लिए साधारण कारावास की सजा दी जाती है जो कि 15 दिन तक की हो सकती है।

3-ख. अधिकारियों और सरकारी विभागों द्वारा किए गए अपराध (Offences by the Authorities and Government Departments)

(1) इस अधिनियम के तहत कोई भी अपराध संलग्न है–

(a) कोई भी सरकारी विभाग या विभागाध्यक्ष द्वारा

(b) किसी प्राधिकरण द्वारा, प्रत्येक व्यक्ति जो अपराध के समय सीधे प्रभारी था और प्राधिकरण तथा प्राधिकरण के कार्य के संचालन के प्रति उत्तरदायी था, तो उसे अपराध के लिए दोषी माना जाएगा और इसके अनुसार कार्यवाही की जाती है और दंडित किया जाएगा।

परन्तु इस उपधारा में निहित किसी भी विभागाध्यक्ष या खंड (ख) में उल्लेखित किसी व्यक्ति को, यह सिद्ध करना होता है कि वह अपराध उसकी जानकारी के बिना किया गया था या वह ऐसे अपराध को रोकने के लिए पूरी सावधानी का प्रयोग करते थे, किसी भी प्रकार की सजा के लिए उत्तरदायी होगा।

(2) उपधारा (1) में किसी वर्णन के होते हुए भी, जहाँ अधिनियम के तहत दंडनीय अपराध के किसी सरकारी विभाग या अन्य किसी प्राधिकारी द्वारा इसे संलग्नित कर उपधारा (1) के खंड (b) में उल्लेखित किया जाता है और यह सिद्ध किया जाता है कि अपराध को स्वीकृति या सहमति के साथ किया जाता है, या किसी विभागाध्यक्ष के अतिरिक्त या किसी अधिकारी की ओर से किसी भी उपेक्षा का कारण हो सकता है या प्राधिकारी की स्थिति में उपधारा (1) के खंड (ख) में उल्लेखित व्यक्तियों के अतिरिक्त कोई भी व्यक्ति उस अपराध के लिए दोषी माना जाएगा और उसके विरुद्ध कार्यवाही की जा सकती है और इसके अनुसार दंड दिया जा सकता है।

4. नियम बनाने की शक्ति (Power to make rules)

(1) केन्द्र सरकार, सरकारी राजपत्र में अधिसूचना को प्रकाशित करके इस अधिनियम के प्रावधानों को कार्यान्वित करने के लिए नियम बना सकती है।

(2) इस अधिनियम के अधीन बनाए गए प्रत्येक नियम बनाए जाने के पश्चात् यथाशीघ्र, संसद के प्रत्येक सदन के समक्ष, जब सत्र में हो, कुल तीस दिन की अवधि के लिए रखा जाता है। यह अवधि एक सत्र में दो या अधिक आनुक्रमिक सत्रों में पूरी हो सकेगी। यदि उस सत्र के या पूर्वोक्त आनुक्रमिक सत्रों के ठीक पश्चात् के सत्र के अवसान के पूर्व दोनों सदन उस नियम में कोई परिवर्तन करने के लिए सहमत हो जाएँ तो तत्पश्चात् वह ऐसे परिवर्तित रूप में ही प्रभावी होगा। यदि उक्त अवसान के पूर्व

दोनों सदन सहमत हो जाएँ कि वह नियम नहीं बनाया जाना चाहिए तो तत्पश्चात् वह निष्प्रभावी हो जाएगा, किंतु नियम के ऐसे परिवर्तन या निष्प्रभाव होने से उसके अधीन पहले की गई किसी बात की विधिमान्यता पर प्रतिकूल प्रभाव नहीं पड़ेगा।

5. **निरसन और बचत (Repeal and saving)**

(1) वन (संरक्षण) अध्यादेश, 1980 को इसके द्वारा प्रतिस्थापित किया गया है।

(2) इस तरह के निरसन के बावजूद, कथित अध्यादेश के प्रावधानों के तहत की गई भी क्रिया या कार्रवाई इस अधिनियम के तत्संबंधी प्रावधानों के तहत की गई या मान ली जाएगी।

IV. पर्यावरण संरक्षण अधिनियम (1986) और इसका संशोधन [Environment protection Act (1986) And Its Amendments]

यह अधिनियम नवंबर, 1986 से लागू हुआ है। इसकी मुख्य विशेषताएँ इस प्रकार हैं :

- केन्द्र सरकार को शक्तियाँ प्रदान करने के लिए :
  - i. पर्यावरण की गुणवत्ता की सुरक्षा के लिए सभी प्रकार के आवश्यक उपाय/युक्तियाँ काम में लेनी चाहिए।
  - ii. इस अधिनियम के तहत राज्यों, अधिकारियों और अन्य प्राधिकारियों के कार्यों का समन्वय
  - iii. पर्यावरण प्रदूषण की रोकथाम, नियंत्रण और उप शमन के लिए राष्ट्रव्यापी कार्यक्रम की योजना और निष्पन्न
  - iv. पर्यावरण प्रदूषण के निर्वहन के लिए मानकों को उचित स्तर पर रखना
  - v. किसी भी व्यक्ति के प्रवेश करने, निरीक्षण करने, नमूने लेने और परीक्षण के लिए सशक्त
  - vi. पर्यावरणीय प्रयोगशालाओं की स्थापना या पहचान
  - vii. सरकारी विश्लेषकों को नियुक्त या पहचान, मानकों या पर्यावरण की गुणवत्ता को निर्धारित करना
  - viii. उन क्षेत्रों को प्रतिबंधित करना चाहिए, जहाँ कुछ सुरक्षा उपायों के अधीन किसी भी उद्योग, संचालन या प्रक्रियाएँ नहीं की जा सकती हैं
  - ix. दुर्घटना की रोकथाम के लिए सुरक्षा उपायों को निर्धारित करना और ऐसे दुर्घटना की स्थिति में सुधारात्मक उपाय करना
  - x. हानिकारक उपायों से निपटने के लिए प्रक्रियाएँ और सुरक्षा उपाय
  - xi. शक्तियों का प्रयोग करने के लिए एक अधिकार का गठन
  - xii. किसी उद्योग, प्रचालन या प्रक्रिया को प्रत्यक्ष रूप से बंद करने, निषेध करने अथवा विनियमन करने की शक्ति सहित किसी व्यक्ति, अधिकारी या प्राधिकरण को निदेश जारी करना।

xiii. किसी भी व्यक्ति, अधिकारी या प्राधिकरण को कोई निर्धारित जानकारी देने की आवश्यकता होती है और

xiv. किसी राज्य या प्राधिकरण के किसी अधिकारी को शक्तियां प्रत्यायोजित करना;

- यह व्यक्तियों को वह शक्तियाँ प्रदान करता है कि वे निर्धारित प्राधिकारियों को 60 दिन की सूचना के पश्चात् अधिनियम के प्रावधानों के किसी भी उल्लंघन के संबंध में न्यायालयों की शिकायत करे।
- अधिनियम में व्यक्ति के लिए एक स्थान के प्रभारी व्यक्ति के लिए निर्धारित मानकों से अधिक प्रदूषक के किसी भी आकस्मिक निर्वहन के बारे में निर्धारित अधिकारियों को सूचित करना अनिवार्य बना दिया जाता है।
- ऐसी सूचना प्राप्त होने पर संबंधित प्राधिकरण इन दुर्घटनाओं के कारण होने वाले प्रदूषण को रोकने या शमन के लिए सुधारात्मक उपाय करते हैं और सुधारात्मक उपाय को ध्यान में रखते हुए प्राधिकारी द्वारा किया गया व्यय, उस प्रदूषक से ब्याज सहित पुन: प्राप्त/वसूला जाता है;
- यह अधिनियम के प्रावधानों के उल्लंघन के लिए सख्त सजा/दंड निर्धारित करता है; तथा
- अधिनियम के अधीन सिविल न्यायालयों की अधिकारिता वर्जित है।

पूर्ववर्ती कानूनों में देखी गई इस कमी को दूर करने और इस विषय पर एक ही विधान के रूप में कार्य करने के लिए वर्ष 1986 में एक व्यापक पर्यावरण (संरक्षण) अधिनियम अस्तित्व में आया।

वायु (प्रदूषण निवारण एवं नियंत्रण) अधिनियम, 1981 तथा जल (प्रदूषण निवारण एवं नियंत्रण) अधिनियम, 1974 में संशोधन किया गया ताकि उनके प्रावधानों को पर्यावरण (संरक्षण) अधिनियम, 1986 के समकक्ष लाया जा सके और कार्यान्वयन एजेंसियों को अधिक अधिकार दिए जा सके।

V. जैव विविधता अधिनियम, 2002 (Biological Diversity Act, 2002)

इसमें व्यापक और गहन विचार-विमर्श की प्रक्रिया में यह हितधारकों को सम्मिलित करने के बाद भारत सरकार, जैव विविधता अधिनियम, 2002 को लाया गया है।

- जैविक संसाधनों के उपयोग से उत्पन्न होने वाले लाभों में देश के जैविक संसाधनों तक समान हिस्सेदारी के विनियमन हेतु।
- जैविक विविधता का संरक्षण एवं सतत् उपयोग करना।
- राष्ट्रीय जैवविविधता प्राधिकरण (NBA), राज्य जैवविविधता बोर्ड (SBB) और जैवविविधता प्रबंधन समिति (BMC's) की स्थापना।
- NBA और SBB को अपने अधिकार क्षेत्र में जैव संसाधन/संबंधित ज्ञान से इससे संबंधित निर्णयों में BMC's से परामर्श करने की आवश्यकता है।
- जैवविविधता के संबंध में स्थानीय समुदायों के परांपरागत ज्ञान को सुरक्षित एवं ध्यान में रखा जाता है।

- जैविक संसाधनों के संरक्षक के रूप में स्थानीय लोगों और ज्ञान के धारकों और उससे संबंधित जानकारी के जैविक संसाधनों के उपयोग के साथ ही लाभों को सुरक्षित सहभाजन/साझा करते हैं।
- सभी विदेशी राष्ट्रों/संगठनों को उपयोग के लिए जैविक संसाधन और/या संबंधित जानकारी प्राप्त करने के लिए NBA के पूर्व अनुमोदन की आवश्यकता होती है।
- भारतीय वैज्ञानिक/व्यक्तियों को अनुसंधान के परिणामों को विदेशी नागरिकों/संगठनों को हस्तानांतरित करने के लिए NBA की स्वीकृति की आवश्यकता होती है।
- जैविक विविधता के विरासत/धरोहर स्थलों के रूप में इसे घोषित कर जैविक विविधता के दृष्टिकोण से क्षेत्र की महत्त्वपूर्णता/महत्वत्ता का संरक्षण या विकास करते हैं।
- संकटात्मक प्रजातियों की सुरक्षा और पुन: आवास।
- समितियों के गठन के माध्यम से जैविक विविधता अधिनियम के कार्यान्वयन की विस्तृत योजना में राज्य सरकार के संस्थानों की सहभागिता।
- इस तरह के उपयोग से उत्पन्न होने वाले लाभों को साझा किए बिना विदेशी व्यक्तियों और संगठनों द्वारा उनके उपयोग के समक्ष भारत की समृद्ध जैव विविधता और संबंधित ज्ञान को सुरक्षित रखना चाहिए और बायोपाइरेसी की जाँच करनी चाहिए।
- भारतीय उद्योग को जैव संसाधन प्राप्त करने के लिए SBB को पूर्व सूचना की आवश्यकता होती है। SBB को संरक्षण और स्थायी उपयोग और लाभ सहभाजन का उल्लंघन करने पर प्रतिबंध लगाने का अधिकार है।
- राज्य सरकार द्वारा स्थानीय निकाय के परामर्श से धरोहर स्थलों को सूचित करने का प्रावधान।
- राष्ट्रीय, राज्य और स्थानीय जैवविविधता निधि का सृजन और जैव विविधता के संरक्षण के लिए इसका उपयोग।
- भारत में या जैव विविधता पर भारत से बाहर के किसी आविष्कार/खोज में IPRs के लिए NBA से पूर्व स्वीकृति की आवश्यकता है।

VI. वन अधिकार अधिनियम, 2006 (Forest Rights Act, 2006)

अनुसूचित जनजाति और अन्य परंपरागत वन निवासी (वन अधिकारों की मान्यता) अधिनियम, 2006 को संक्षिप्त रूप से वन अधिकार अधिनियम कहा गया है।

अधिनियम की मुख्य विशेषताएँ (Salient Features of the Act)

- यह जम्मू एवं कश्मीर राज्य को छोड़कर संपूर्ण भारत में फैला हुआ है [धारा 1(2)]
- सभी वन भूमि पर वन निवासी अनुसूचित जनजाति और अन्य पारंपरिक वन निवासियों के पास वन अधिकारों के निम्नलिखित आधिपत्य होंगे; [धारा 3(1)]
  - क. निवास के लिए सामान्य व्यक्ति या आधिपत्य के लिए या आजीविका के लिए स्व. खेती के तहत वन भूमि में रहने या धारण करने का अधिकार।

ख. निस्तार जैसे सामुदायिक अधिकार।

ग. मछली, जल निकायों के अन्य उत्पादों, चराई और पारंपरिक मौसमी संसांधनों तक पहुँच तथा घूमंतु (Itinerant) और पशुचारण समुदायों के उपयोग के अन्य समुदाय अधिकार

घ. लघु वन उत्पादों के संग्रहण, उपयोग और निपटान के लिए स्वामित्व का अधिकार।

ङ. निवास और आवास के सामुदायिक कार्यकाल सहित अधिकार।

च. किसी राज्य में किसी नामपद्धति के तहत विवादित से अधिक या अधिकार में जहाँ दावा विवादित हो जाता है।

छ. किसी स्थानीय प्राधिकरण अथवा राज्य सरकार द्वारा वन भूमि के टाइटल (स्वामित्व) पर जारी पट्टों या ग्रांट में परिवर्तन का अधिकार।

ज. राजस्व गाँव में चाहे दर्ज हो, अधिसूचित हो या न हो, वन में सभी गाँवों, पुरानी बस्तियों, सर्वेक्षण न किए गए गाँवों और वन के अन्य गाँवों के समाधान और रूपांतरण के अधिकार।

झ. किसी सामुदायिक वन संसाधन की सुरक्षा, पुनरुद्धार या संरक्षण या प्रबंधन का अधिकार जिसमें वे इसके सतत् उपयोग के लिए पारंपरिक रूप से सुरक्षा या संरक्षण करना।

ञ. ऐसे अधिकार जिनको किसी स्वायत्त जिला परिषद् या स्वायत्त क्षेत्रीय परिषद् की राज्य विधि या कानून के अंतर्गत् मान्य है जो कि ऐसे राज्यों की संबंधित जनजातियों के किसी परांपरागत या प्रथागत कानूनों के अंतर्गत जनजातियों के अधिकारों के रूप में स्वीकार किया गया है।

ट. जैविक विविधता और समुदाय के बौद्धिक संपदा अधिकार और जैव विविधता तथा सांस्कृतिक विविधता से संबंधित पारंपरिक ज्ञान तक पहुँच का अधिकार।

ठ. वन्य जानवरों की किसी प्रजाति का शिकार करना या फसाने के पारंपरिक अधिकार को छोड़कर कोई अन्य पारंपरिक अधिकारी

ड. उन मामलों में वैकल्पिक भूमि सहित स्वास्थ्यवर/पुनरुद्धार पुनर्वास का अधिकार जहाँ अनुसूचित जनजातियों और अन्य पारंपरिक वनवासियों को अवैध रूप से निकाल/बेदखल कर दिया गया या किसी वर्णन की वन भूमि से विस्थापित कर दिया गया है, उन्हें 13 दिसम्बर, 2006 से पूर्व यह कानूनी अधिकार प्राप्त नहीं हुआ था।

- वन (सरंक्षण) अधिनियम, 1980 के होने के बावजूद भी, केन्द्र सरकार द्वारा निम्नलिखित सुविधाओं के प्रबंधन के लिए वन भूमि के परिवर्तन/मोड़ (Diversion) के लिए प्रबंध कराते हैं जिसमें वृक्षों की कटाई, 75 वृक्ष प्रति हैक्टेयर से अधिक नहीं होनी चाहिए, अर्थात् विद्यालय, औषधालय या चिकित्सालय, आँगनवाड़ी, उचित दुकान पर मूल्य, बिजली और टेलीकॉम लाइन, टैंक और अन्य जल निकाय, पीने के पानी की आपूर्ति और जल पाइप लाइन, जल या वर्षा जल संचयन संरचनाएँ, लघु

सिंचाई नहरें, ऊर्जा के अपारंपरिक स्त्रोत् कौशल उन्नयन या व्यावसायिक प्रशिक्षण केन्द्र, सड़क और सामुदायिक केन्द्रों को सम्मिलित करते हैं। [धारा 3(2)]

- इसके अनुसार वन भूमि के इस तरह के मोड़/परिवर्तन की अनुमति प्रत्येक स्थिति में एक हैक्टेयर से कम होनी चाहिए और ग्राम सभा द्वारा इसकी अनुशंसा की जाए।
- इस अधिनियम में राष्ट्रीय उद्यानों और अभयारण्यों के महत्त्वपूर्ण वन्य जीव आवास के अंतर्गत् मान्यता प्राप्त वन अधिकारों को इसके पश्चात् संशोधित या पुनर्व्यवस्थित किया जा सकता है, इसके अनुसार वन अधिकार रखने वाले व्यक्तियों का पुनर्निधारण नहीं किया जाएगा और वन्य जीव संरक्षण के लिए अनुल्लंघनीय क्षेत्रों को बनाने के उद्देश्यों के लिए अधिकार कई प्रकार से प्रभावित नहीं होते हैं। [धारा 4(2)]
- इस अधिनियम के तहत वन निवासी अनुसूचित जनजाति और वन भूमि के संबंध में किसी राज्य या संघ राज्य क्षेत्र के संबंध में अन्य पारंपरिक वन निवासियों के लिए वन अधिकारों की मान्यता और निहित होना शर्त के अधीन होगा कि ऐसी अनुसूचित जनजाति या जलजातीय समुदायों ने 13 दिसंबर 2005 से पूर्व वन भूमि पर कब्जा/जब्त कर लिया गया था। [धारा 4(3)]
- इस अधिनियम के तहत प्रदत्त अधिकार, आनुवंशिक होगा, लेकिन इसे हस्तानांतरित या स्थानांतरित नहीं किया जाएगा और विवाहित लोगों की स्थिति/मामले में दोनों जीवनसाथी का नाम संयुक्त रूप से पंजीकृत होगा और किसी एकल व्यक्ति द्वारा घरेलू नेतृत्व की स्थिति में एकल प्रधान के नाम में तथा प्रत्यक्ष वारिस/उत्तराधिकारी की अनुपस्थिति में, आनुवंशिक अधिकार परिजनों को दिया जाता है। [धारा 4(4)]
- वन भूमि में रहने और रखने के लिए वन अधिकार इस अधिनियम के प्रारंभ होने की तिथि के वास्तविक व्यापार/आधिपत्य के तहत क्षेत्र के लिए सीमित किया जाएगा और किसी भी स्थिति में यह चार हैक्टेयर से अधिक नहीं होगा। [धारा 4(6)]
- इस अधिनियम में विनिर्दिष्ट के अतिरिक्त वन भूमि के परिवर्तन/मोड़ के लिए 'प्रतिपूरक वनीकरण' और 'शुद्ध वर्तमान मूल्य' को व्यय करने की आवयकता वन (संरक्षण) अधिनियम, 1980 के तहत सभी भारग्रस्त या कार्यविधि संबंधी आवश्यकता के वन अधिकारों को मुफ्त में प्रदत्त किया जाएगा। [धारा 4(7)]
- इस अधिनियम के तहत वन अधिकारों को मान्यता प्राप्त या निहित वन अधिकारों में वन निवास अनुसूचित जनजाति और अन्य पारंपरिक वन निवासियों के लिए भूमि के अधिकार को शामिल करना होता है जो कि यह स्थापित कर सकते हैं कि वे अपने निवास से स्थापित हो गए हैं और राज्य विकास व्यवधान के कारण भूमि क्षतिपूर्ति के बिना खेती कर रहे हैं और यहाँ भूमि का उपयोग उन उद्देश्यों के लिए नहीं किया जाता है जिसके कारण कथित अधिग्रहण के पाँच वर्षों के भीतर अधिग्रहण किया गया था। [धारा 4(8)]
- दावा प्राप्त करने, मजबूत करने और उनकी पुष्टि करने तथा प्रत्येक सुझाए गए दावे के क्षेत्र के मानचित्र को रेखांकित करने के द्वारा स्थानीय क्षेत्राधिकार के भीतर वन अधिकार

के स्वरूप और विस्तार के निर्धारण की प्रक्रिया ग्राम सभा को शुरू करने के प्राधिकार में होगा। इसके पश्चात् यह एक प्रस्ताव पारित कर उप मंडल स्तर समिति को इसकी एक प्रति अग्रेषित करेगी। [धारा 6(1)]

- ग्राम सभा द्वारा पारित प्रस्ताव की जाँच करने के लिए राज्य सरकार उप प्रभागीय स्तर की समिति का गठन करेगी और वन अधिकार के रिकॉर्ड/अभिलेखों को तैयार करेगी तथा अंतिम निर्णय के लिए उपमंडल अधिकारी के माध्यम से जिला स्तरीय समिति को अग्रेषित करेगी। [धारा 6(3)]
- राज्य सरकार उप-मंडल स्तरीय समिति द्वारा तैयार वन अधिकारों के रिकॉर्ड पर विचार करने और उन्हें स्वीकृति देने के लिए जिला स्तरीय समिति का गठन करेगी। [धारा 6(5)]
- वन अधिकारों के अभिलेख पर जिला स्तरीय समिति का निर्णय अंतिम और बाध्यकारी होगा। [धारा 6(6)]
- यदि कोई प्राधिकरण या समिति या ऐसी प्राधिकारी या समिति के सदस्य इस अधिनियम के किसी प्रावधान अथवा वन अधिकारों की मान्यता के विषय में बनाए गए किसी नियम का उल्लंघन करता है तथा उनके द्वारा इस अधिनियम के तहत अपराधी या दोषी माना जाएगा और उन पर कार्रवाई की जा सकती है और दंड दिया जा सकता है जो 1 हजार रुपए तक हो सकता है। [धारा 7]
- केन्द्र सरकार या राज्य सरकार के किसी अधिकारी या अन्य कर्मचारी पर जो कुछ भी मुकदमा, अभियोजना या कानूनी कार्रवाई नहीं की जाएगी।
- केन्द्रीय सरकार जनजातीय मामलों के कार्य को देखता है या इस संबंध में केन्द्रीय सरकार द्वारा प्राधिकृत कोई अधिकारी या प्राधिकरण इस अधिनियम के प्रावधानों के क्रियान्वयन के लिए नोडल एजेंसी होती है।

अधिनियम के तहत प्राप्त होने वाले लाभ (The benefits that will accure from the Act)

- उनकी आजीविका के लिए भूमि की स्व-खेती के लिए उनके आवास तथा उनके आधिपत्य के तहत वन भूमि पर इस अधिनियम के परिणामस्वरूप वन भूमि पर रहने वाली अनुसूचित जनजातियों और अन्य पारंपरिक वनवासियों के वन अधिकारों को मान्यता देते हैं।
- लघु वन उत्पादों को उनकी पहुँच, उनका उपयोग या व्यवस्थित/निपटाना होता है।
- इनके आधिपत्य के तहत वन भूमि से निष्कासन या हटाने के संकट का सामना नहीं करना होगा।
- ये अपने पक्ष में भूमि का स्पष्ट स्वामित्व निहित करने के बाद सरकार की विभिन्न योजनाओं के लाभ के हकदार/अधिकारी होंगे।
- चूंकि ग्राम सभा को अनुसूचित जनजाति और अन्य पारंपरिक वनवासियों को दिए जाने वाले व्यक्तिगत या सामुदायिक अधिकारों के स्वरूप और विस्तार के निर्धारण की

प्रक्रिया आरंभ करने के लिए सक्षम प्राधिकारी के रूप में नियुक्त किया गया है, इससे स्थानीय समुदायों को पंचायतों के प्रावधान (अनुसूचित क्षेत्रों पर विस्तार) अधिनियम, 1996 (PESA) के प्रावधानों के साथ टंक (tunc) में अपने प्राकृतिक संसाधनों के प्रबंधन को सशक्त करते हैं।

- वनों में रहने वाली अनुसूचित जनजातियों और अन्य पारंपरिक वनवासियों में वन तथा जैव विविधता, वन्य जीवों के संरक्षण तथा पुनरुद्धार, संरक्षण के उत्तरदायित्व को सम्मिलित कर वन अधिकारों की मान्यता और निहित करते हैं, इस अधिनियम में विवाहित पति या एक ही व्यक्ति की स्थिति में एकल शीर्ष के नाम पर या संयुक्त रूप से पंजीकृत कराने का प्रावधान है। इससे वन में रहने वाली महिलाओं को भी लाभ होता है।

■ ■ ■

अनुलग्नक I

संक्षिप्त रूप
(Abbreviations)

ACF : सहायक वन संरक्षक (Assistant Conservator Of Forest)

AFPs : कृषि वानिकी उत्पाद (Agroforestry Products)

AFS : कृषि वानिकी प्रणाली (Agroforestry Systems)

ANIIDCO : अंडमान एवं निकोबार द्वीप एकीकृत विकास निगम लिमिटेड (Andaman And Nicobar Islands Integrated Development Corporation Limited)

AWB : पशु कल्याण बोर्ड (Animal Welfare Board)

BCFT : वानिकी शब्दावली के लिए ब्रिटिश परिषद् (British Council For Forestry Terminologies)

BNHS : मुंबई प्राकृतिक इतिहास सोसायटी (Bombay Natural History Society)

BSI : भारतीय वानस्पतिक सर्वेक्षण (Botanical Survey Of India)

CAFRI : केन्द्रीय कृषि वानिकी अनुसंधान संस्थान (Central Agroforestry Research Institute)

CAMPA : क्षतिपूरक वनीकरण प्रबंधन एवं योजना प्राधिकरण (Compensatory Afforestation Management And Planning Authority)

CAR : केन्द्रीय अफ्रीकी गणराज्य (Central African Republic)

CF : वन संरक्षक (Conservator Of Forest)

CHP : संयुक्त ताप और विद्युत (Combined Heat And Power)

CIDA : कनाडा अन्तर्राष्ट्रीय विकास समिति (Canadian International Development Agency)

CITES : वन्यजीवों एवं वनस्पतियों की विलुप्तप्राय प्रजातियों अन्तर्राष्ट्रीय व्यापार पर कन्वेंशन (Convention On International Trade In Endangered Species Of Wild Fauna and Flora)

CMS : प्रवासी प्रजातियों पर सम्मेलन (Convention On Migratory Species)
COCs : कार्बन-ऑफसेट क्रैडिट (Carbon-Offset Credits)
CRCs : कार्बन कटौती क्रैडिट (Carbon Reduction Credits)
CRIDA : शुष्क भूमि कृषि के लिए केन्द्रीय अनुसंधान संस्थान (Central Research Institute For Dryland Agriculture)
CSE : विज्ञान एवं पर्यावरण केन्द्र (Centre for Science And Environment)
CZA : केन्द्रीय चिड़िया घर प्राधिकरण (Central Zoo Authority)
DAP : डी-अमोनियम फॉस्फेट (Di Ammonium phosphate)
DBH : वक्ष ऊँचाई पर व्यास (Diameter at Breast Height)
DCF : वन उप-संरक्षक (Deputy Conservator Of Forest)
DFO : जिला वन अधिकारी (District Forest Officer)
EPA : पर्यावरण सुरक्षा प्राधिकरण (Environment Protection Act)
ETPs : संपूर्ण प्रत्यारोपण रोपण (Planting Entire Transplants)
FAO : खाद्य एवं कृषि अनुसंधान (Food And Agricultural Organization)
FCA : वन संरक्षण अधिनियम (Forest Conservation Act)
FCRI : वन महाविद्यालय एवं अनुसंधान संस्थान (Forest College And Research Institute)
FD : वन विभाग (Forest Department)
FDCs : वन विकास कॉरपोरेशन (Forest Development Corporation)
FPCs : वन सुरक्षा समिति (Forest Protection Committees)
FRA : वन अधिकार अधिनियम (Forest Right Act)
FRI : ञन अनुसंधान संस्थान (Forest Research Institute)
FSC : वन प्रबंध परिषद् (Forest Stewardship Council)
FSI : भारतीय वन सर्वेक्षण (Forest Survey of India)
FYM : फार्म यार्ड खाद (Farm Yard Manure)
GA : जिब्रेलिक एसिड (Gibberellic Acid)
GBH : वक्ष ऊँचाई माप (Girth at Breast Height)
GHG : ग्रीन हाउस गैस (Green House Gas)
GIM : ग्रीन इंडिया मिशन (Green India Mission)
GRASP : विशाल वानर उत्तरजीविता सहभागिता (Great Ape Survival Partnership)
ICAR : भारतीय कृषि अनुसंधान परिषद् (Indian Council Of Agricultural Research)

ICFRE : भारतीय वन अनुसंधान एवं शिक्षा परिषद् (Indian Council Of Forest Research & Education)

IDB : अन्तर्राष्ट्रीय जैविक विविधता दिवस (International Day For Biological Diversity)

IFA : भारतीय वन अधिनियम (Indian Forest Act)

IFEH : अन्तर्राष्ट्रीय पर्यावरणीय स्वास्थ्य संघ (फेडरेशन) (International Federation Of Environmental Health)

IFS : भारतीय वन सेवा (Indian Forest Service)

IGNFA : इंदिरा गांधी राष्ट्रीय वन अकादमी (Indira Gandhi National Forest Academy)

IIFM : भारतीय वन प्रबंधन अनुसंधान (Indian Institute Of Forest Management)

INBAR : अन्तर्राष्ट्रीय बैम्बू एवं रतन नेटवर्क (International Network For Bamboo And Rattan)

IPCC : जलवायु परिवर्तन पर अंत:सरकारी पैनल (Inter-Governmental Panel On Climate Change)

IPIRTI : भारतीय प्लाईवुड औद्योगिक संस्थान एवं प्रशिक्षण संस्थान (Indian Plywood Industries Research And Training Institute)

IUCN : अन्तर्राष्ट्रीय प्रकृति संरक्षण संघ (International Union For Conservation of Nature)

IUFRO : अन्तर्राष्ट्रीय वन अनुसंधान संगठन संघ (International Union Of Forest Research Organizations)

IUSS : अन्तर्राष्ट्रीय मृदा विज्ञानसंघ (International Union Of Soil Sciences)

IYE : अन्तर्राष्ट्रीय पारिस्थितिकी पर्यटन वर्ष (International Year Of Ecotourism)

IYF : अन्तर्राष्ट्रीय स्वच्छ जल वर्ष (International Year Of Freshwater)

IYM : अन्तर्राष्ट्रीय पर्वत वर्ष (International Year Of Mountains)

IYO : अन्तर्राष्ट्रीय समुद्र वर्ष (International Year Of the Ocean)

JFM : संयुक्त वन प्रबंधन (Joint Forest Management)

JFMC : संयुक्त वन प्रबंधन समिति (Joint Forest Management Committees)

KFRI : केरल वन अनुसंधान संस्थान (Kerala Forest Research Institute)

KW : किलोवॉट (Kilo Watt)

LR : दीर्घ फसल कटाई आवर्तन काल (Long Rotation)

MAB : मानव और जीवमण्डल (Men And Biosphere)

MOEF : पर्यावरण एवं वन मंत्रालय (Ministry Of Environment And Forest)
MSL : मध्य समुद्र स्तर (Mean Sea Level)
MW : मेगा वॉट (Mega Watt)
NAP : राष्ट्रीय वन रोपण प्रोग्राम (National Afforestation Programme)
NAPCC : जलवायु परिवर्तन पर राष्ट्रीय कार्य योजना (National Action Plan On Climate Change)
NASA : राष्ट्रीय वैमानिकी और अंतरिक्ष प्रबंधन (National Aeronautics And Space Administration)
NBA : राष्ट्रीय जैव विविधता प्राधिकरण (National Biodiversity Authority)
NBWL : राष्ट्रीय वन्य जीव बोर्ड (National Board For Wild Life)
NFTS : नाइट्रोजन-स्थिरीकरण वृक्ष प्रजातियाँ (Nitrogen-Fixing Tree Species)
NGOs : गैर-सरकारी संगठन (Non-governmental Organizations)
NGT : राष्ट्रीय हरित प्राधिकरण अधिनियम (National Green Tribunal Act)
NOAA : राष्ट्रीय महासागरीय एवं वायुमण्डलीय प्रशासन (National Oceanic And Atmospheric Administration)
NRCAF : कृषि वानिकी के लिए राष्ट्रीय अनुसंधान केन्द्र (National Research Centre For Agroforestry)
NTCA : राष्ट्रीय बाघ संरक्षण प्राधिकरण (National Tiger Conservation Authority)
NWDB : राष्ट्रीय बंजरभूमि विकास बोर्ड (National Wasteland Development Board)
NWFP : गैर-लकड़ी वन उत्पाद (Non-Wood Forest Products)
PCCF : प्रधान मुख्य वन संरक्षक (Principal Chief Conservator Of Forests)
PISFR : वन संसाधन पूर्वनिवेश सर्वेक्षण (Preinvestment Survey Of Forest Resources)
PPP : पब्लिक-प्राइवेट पार्टनरशिप (Public Private Partnership)
PRA : ग्रामीण सहभागी मूल्यांकन (Participatory Rural Appraisal)
RFA : संरक्षित वन अधिनियम (Reserved Forest Area)
SIDA : स्वीडिश अंतरर्राष्ट्रीय विकास एजेंसी (Swedish International Development Agency)
SOC : मृदा कार्बनिक कार्बन (Soil Organic Carbon)
SPB : शेषासायी पेपर और बोर्ड लिमिटेड (Seshasayee Paper And Boards Limited)

SR	:	लघु फसल कटाई आवर्तन काल (Short Rotation)
SRW	:	लघु गोलाकार लकड़ी (Small Round Wood)
TBO's	:	वृक्ष जनित तैलीय बीज (Tree Borne Oil Seeds)
TNPL	:	तमिलनाडु समाचार छपाई और पेपर लिमिटेड (TamilNadu Newsprint and Papers Limited)
TOF	:	वनों के बाहरी वृक्ष (Trees Outside Forest)
UNESCO	:	संयुक्त राष्ट्र शैक्षिक, वैज्ञानिकी और सांस्कृतिक संगठन (United Nations Educational, Scientific And Cultural Organization)
USAID	:	अन्तर्राष्ट्रीय विकास के लिए संयुक्त राज्य एजेंसी (United States Agency for International Development)
VA's	:	ग्रामीण संघ (Village Associations)
WAZA	:	विश्व चिड़ियाघर एवं मत्स्यालय एसोसिएशन (World Association Of Zoos And Aquariums)
WCCB	:	वन्य जीवन अपराध नियंत्रण ब्यूरो (Wildlife Crime Control Bureau)
WHO	:	विश्व स्वास्थ्य संगठन (World Health Organization)
WII	:	भारतीय वन्यजीव संस्थान (Wildlife Institute of India)
WMBD	:	विश्व प्रवासी पक्षी दिवस (World Migratory Bird Day)
WPA	:	वन्य जीव संरक्षण अधिनियम (Wild Life Protection Act)
WSD	:	विश्व मृदा दिवस (World Soil Day)
WTI	:	भारतीय वन्य जीव ट्रस्ट (Wildlife Trust Of India)
WWF	:	वर्ल्ड वाइड फंड फॉर नेचर (World Wide Fund for Nature)
ZSI	:	भारतीय प्राणी सर्वेक्षण (Zoological Survey of India)